中国石油大学（北京）学术专著系列

NMR Scientific Instruments
at Downhole Extreme Environments

井下极端环境
核磁共振科学仪器

肖立志　著

科　学　出　版　社
北　京

内 容 简 介

本书首先系统介绍了各种各样的核磁共振仪器，引出井下极端环境核磁共振科学仪器的基本问题及其研究历史和技术现状，然后提出总体设计思想和关键技术问题解决方案。在此基础上，围绕"探头"、"谱仪电子线路"、"软件"、"降噪"四个核心技术内容展开详细而深入的讨论，每个部分都包括理论基础、设计思想、详细方案、研制过程、测试验证以及优化提升等各个关键环节。

本书是作者科研团队多年从事井下核磁共振理论探索和仪器研制工作的总结，可供从事核磁共振，特别是极端环境核磁共振领域中理论、方法、仪器和应用方面的化学工作者、物理工作者、地球科学工作者、石油工程师、井下地球物理探测工程技术人员及其他相关学科的科研人员参考。

图书在版编目 (CIP) 数据

井下极端环境核磁共振科学仪器 / 肖立志著 . —北京：科学出版社，2016. 2
（中国石油大学（北京）学术专著系列）
ISBN 978-7-03-047148-2

Ⅰ. ①井… Ⅱ. ①肖… Ⅲ. ①井下作业–核磁测井–测磁仪器 Ⅳ. ①P631.8
②TH762.3

中国版本图书馆 CIP 数据核字（2016）第 017344 号

责任编辑：霍志国 / 责任校对：张小霞
责任印制：肖 兴 / 封面设计：东方人华

科 学 出 版 社 出版

北京东黄城根北街 16 号
邮政编码：100717
http://www.sciencep.com

中国科学院印刷厂 印刷
科学出版社发行 各地新华书店经销

*

2016 年 2 月第 一 版 开本：720×1000 1/16
2016 年 2 月第一次印刷 印张：32 3/4
字数：660 000
定价：**150.00 元**
（如有印装质量问题，我社负责调换）

丛　书　序

　　大学是以追求和传播真理为目的，并为社会文明进步和人类素质提高产生重要影响力和推动力的教育机构和学术组织。1953 年，为适应国民经济和石油工业发展需求，北京石油学院在清华大学石油系并吸收北京大学、天津大学等院校力量的基础上创立，成为新中国第一所石油高等院校。1960 年成为全国重点大学。历经 1969 年迁校山东改称华东石油学院，1981 年又在北京办学，数次搬迁，几易其名。在半个多世纪的历史征程中，几代石大人秉承追求真理、实事求是的科学精神，在曲折中奋进，在奋进中实现了一次次跨越。目前，学校已成为石油特色鲜明，以工为主，多学科协调发展的"211 工程"建设的全国重点大学。2006 年 12 月，学校进入"国家优势学科创新平台"高校行列。

　　学校在发展历程中，有着深厚的学术记忆。学术记忆是一种历史的责任，也是人类科学技术发展的坐标。许多专家学者把智慧的涓涓细流，汇聚到人类学术发展的历史长河之中。据学校的史料记载：1953 年建校之初，在专业课中有90% 的课程采用前苏联等国的教材和学术研究成果。广大教师不断消化吸收国外先进技术，并深入石油厂矿进行学术探索。到 1956 年，编辑整理出学术研究成果和教学用书 65 种。1956 年 4 月，北京石油学院第一次科学报告会成功召开，活跃了全院的学术气氛。1957～1966 年，由于受到全国形势的影响，学校的学术研究在曲折中前进。然而许多教师继续深入石油生产第一线，进行技术革新和科学研究。到 1964 年，学院的科研物质条件逐渐改善，学术研究成果以及译著得到出版。党的十一届三中全会之后，科学研究被提到应有的中心位置，学术交流活动也日趋活跃，同时社会科学研究成果也在逐年增多。1986 年起，学校设立科研基金，学术探索的氛围更加浓厚。学校始终以国家战略需求为使命，进入"十一五"之后，学校科学研究继续走"产学研相结合"的道路，尤其重视基础和应用基础研究。"十五"以来学校的科研实力和学术水平明显提高，成为石油与石化工业的应用基础理论研究和超前储备技术研究以及科技信息和学术交流的主要基地。

　　在追溯学校学术记忆的过程中，我们感受到了石大学者的学术风采。石大学者不但传道授业解惑，而且以人类进步和民族复兴为己任，做经世济时、关乎国家发展的大学问，写心存天下、裨益民生的大文章。在半个多世纪的发展历程中，石大学者历经磨难、不言放弃，发扬了石油人"实事求是、艰苦奋斗"的优良作风，创造了不凡的学术成就。

学术事业的发展有如长江大河，前浪后浪，滔滔不绝，又如薪火传承，代代相继，火焰愈盛。后人做学问，总要了解前人已经做过的工作，继承前人的成就和经验，在此基础上继续前进。为了更好地反映学校科研与学术水平，凸显石油科技特色，弘扬科学精神，积淀学术财富，学校从 2007 年开始，建立"中国石油大学（北京）学术专著出版基金"，专款资助教师们以科学研究成果为基础的优秀学术专著的出版，形成《中国石油大学（北京）学术专著系列》丛书。受学校资助出版的每一部专著，均经过初审评议、校外同行评议、校学术委员会评审等程序，确保所出版专著的学术水平和学术价值。学术专著的出版覆盖学校所有的研究领域。可以说，学术专著的出版为科学研究的先行者提供了积淀、总结科学发现的平台，也为科学研究的后来者提供了传承科学成果和学术思想的重要文字载体。

石大一代代优秀的专家学者，在人类学术事业发展尤其是石油石化科学技术的发展中确立了一个个坐标，并且在不断产生着引领学术前沿的新军，他们形成了一道道亮丽的风景线。"莫道桑榆晚，为霞尚满天。"我们期待着更多优秀的学术著作，在园丁们灯下伏案或电脑键盘的敲击声中诞生，展现在我们眼前的一定是石大寥廓邃远、星光灿烂的学术天地。

祝愿这套专著系列伴随新世纪的脚步，不断迈向新的高度！

中国石油大学（北京）校长

张来斌

2008 年 3 月 31 日

序

It is a great pleasure for me to be invited to write this preface for **NMR Scientific Instruments at Downhole Extreme Environments**, written by my friend and colleague Professor Lizhi Xiao of the China University of Petroleum.

NMR is a truly remarkable spectroscopy. Seventy years after the discovery of the basic methodology, scientists and engineers are still exploring new and revolutionary uses and implementations of the technique. NMR is in common use for molecular stricture determination of large and small molecules, and it is commonly employed in medical diagnostic imaging. But one of the most intriguing developments in NMR technology in the last few decades has been the creation of downhole NMR Logging instruments for use in the petroleum industry. NMR is usually considered a laboratory technique, requiring high field magnets, stable environmental conditions, low vibration, and isolation from sources of potential RF noise. Downhole NMR logging violates all of these precepts. Most notable are the high pressures and high temperatures, as high as 140 MPa and 175° C, at which downhole logging instruments must function.

Prior to Professor's Xiao's work at the China University of Petroleum, most research and development relating to downhole NMR logging was undertaken by industry with the details of instrument fabrication, and data acquisition, veiled in secrecy. Professor Xiao's research group is the leading academic research laboratory world-wide in the area of down-hole NMR devices and applications. He has a super background for this book through his education in both well logging and NMR Physics, plus his own industry experience, and in addition has a large and very capable laboratory such that they can successfully undertake pulse programming, data processing, magnet design, signal detection and hardware integration for downhole NMR logging.

Professor Xiao's laboratory has successfully cooperated with the three main Chinese petroleum companies to develop down-hole NMR tools and these tools are in use domestically and internationally. The design, use and optimization of down-hole tools have been the subject of more than 50 technical papers and 40 invention patents of Professor Xiao.

This is not Professor Xiao's first foray into publishing. His first book in English, written while employed by Halliburton, NMR Logging Principles and Applications is the bible of the field and has been translated into Russian, Spanish and Chinese.

His new book, the subject of this preface, is hardware oriented and it will find a ready audience among those who care, as I do, about NMR hardware employed in extreme conditions. It draws heavily on his own practical experience and I trust it will also become a standard in the field.

BruceJ. Balcom
Fredericton, New Brunswick

前　言

Nuclear Magnetic Resonance (NMR) is a physical resonance phenomenon between radio waves and the motion of atomic nuclei in magnetic fields. It finds widespread use in a diverse range of scientific and technological applications. Medical doctors call it magnetic resonance imaging and generate images of the human body with it to diagnose illness and understand the function of the brain. Chemists call it NMR spectroscopy and analyze the details and function of complex life- sustaining molecules. And engineers employ it to study chemical processes and the properties of materials such as polymers and fluid filled porous media. Most NMR instruments work with strong magnetic fields generated by high currents through superconducting wires cooled down to temperatures a few degrees above absolute zero by liquid helium. These instruments are huge, expensive, and delicate to maintain, and demand the skills of trained experts for operation. On the other hand, materials can be analyzed with very different NMR instruments employing permanent magnets, which can even be operated in the harsh environments of high pressure and high temperature encountered a few kilometers below the earth's surface from where oil and gas can be retrieved to satisfy the energy needs of modern society.

Every few minutes a hole is being drilled into the earth's crust in search for further oil and gas resources. Each drilling operation is accompanied with a range of analytical studies down hole and at the surface to optimize the drilling process. Among the many down-hole analytical techniques in oil and gas exploration, NMR is one of the techniques in great demand, because rock porosity, pore connectivity and the type of fluid contained in the pores of the borehole wall can be determined with NMR instruments residing in the borehole either as part of the drill string or lowered into the holewith wire line after drilling. It is a well- kept secret in the multi- billion dollar oil and gas business how to build such instruments and how to operate them best. Clearly, the principles are the same as MRI, but the details and technological advances that generate the profit are kept proprietary. Yet the advances in NMR methodology and ap- proaches to materials characterization developed in response to the pressing needs of the oil and gas industry leave a growing impact in the multi- facetted landscape of

NMR, which in the past has been primarily determined by the demands defined in medicine and chemistry.

This book on *NMR Scientific Instruments at Downhole Extreme Environments* is written by one of the world's most eminent scientists in the field of downhole NMR and NMR of porous media. I got to know Prof. Lizhi Xiao first through his famous book on NMR Logging Principles and Applications (Halliburton, Houston, 1999) and subsequently on a visit to Beijing following word of mouth about this scientist from China who has worked for quite some years in the oilfield service industry in the United Kingdom and the USA. Professor Xiao has since returned to China and diligently built up a most prominent team of skilled scientists at China University of Petroleum, which moves forward the frontiers of downhole NMR on the international world scale. Evidence of this are his role as the chair of the 11th International Conference on Magnetic Resonance Microscopy in Beijing in 2011 and now this book. It is the first book on downhole NMR instruments. It is structured into four main parts: ① Probe, ② Electronics; ③ Software; ④ Data Processing. More than 450 figures illustrate the text and the list of references covers over 500 citations from the scientific literature. The book is a timely intellectual resource in one of the fastest moving frontiers of NMR today. May it soon become available also in English to enrich the strategies for global solutions to the energy needs of our modern society by advanced NMR instruments and methodologies.

Bernhard Blümich

Aachen

目　　录

第一部分　探　　头

第二部分　谱仪电子线路

第三部分　软　　件

第四部分　降　　噪

绪　　论

0.1　各种各样的 NMR 仪器

核磁共振（nuclear magnetic resonance，NMR）自 1946 年诞生开始，即成为十分重要的分析测试方法和科学研究工具，在化学、物理学、生物学、医学、材料科学、农林科学、环境科学、食品科学、地球科学等领域已经得到广泛应用。NMR 信息的独特性和丰富性，对这些学科领域发现新现象、探索新规律起到了至关重要的作用。在化学领域，NMR 是解析分子结构的有力工具；在医学领域，NMR 是疾病诊断成像的重要手段；在材料、农林及食品领域，NMR 是微观结构及相应机理机制无损检测的有效方法；在地学领域，NMR 是地层孔隙结构描述与流体识别及定量评价的独有途径。已经至少有六位科学家因为对 NMR 技术的突破而获得诺贝尔奖，如图 0.1 所示。

Kurt Wüthrich,
1938.
2002年
诺贝尔化学奖

Felix Bloch,
1905—1983.
1952年
诺贝尔物理学奖

ENC Boston 1995

Sir Peter Mansfield,
1933.
2003年
诺贝尔医学奖

Richard R. Ernst,
1933.
1991年
诺贝尔化学奖

Edward M. Purcell,
1912—1997.
1952年
诺贝尔物理学奖

Paul Lauterbur,
1929.
2003年
诺贝尔医学奖

图 0.1　NMR 领域六位诺贝尔奖得主

NMR 是一门交叉学科的发展受到"科学逻辑"和"应用需求"的双轮驱动。科学逻辑上,新概念新理论不断突破,并通过新仪器的设计实现完成验证,产生新的科学仪器,解决应用领域更多的问题;应用需求上,新问题新环境不断出现,通过新仪器的研发制作使之满足,产生新的科学仪器,推动科学领域更深的研究。科学仪器创新是 NMR 技术发展的标志和载体,NMR 波谱、弛豫及成像等技术,均以探头、谱仪、脉冲序列和数据分析方法的不断进步为基本特征。经过近 70 年的不懈努力,形成了各种各样的 NMR 仪器(图 0.2 ~ 图 0.5)。

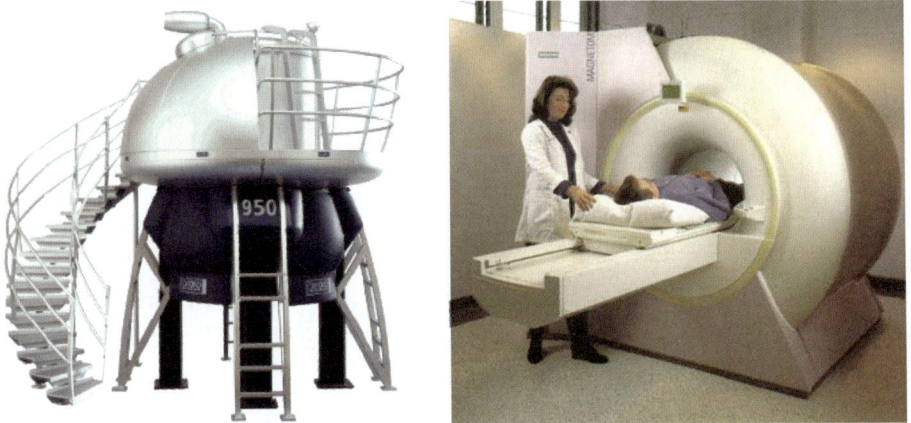

图 0.2　核磁波谱仪器(左),向高场、高分辨率方向不断突破核磁成像仪器(右),向快速、高分辨率、组合化方向快速发展

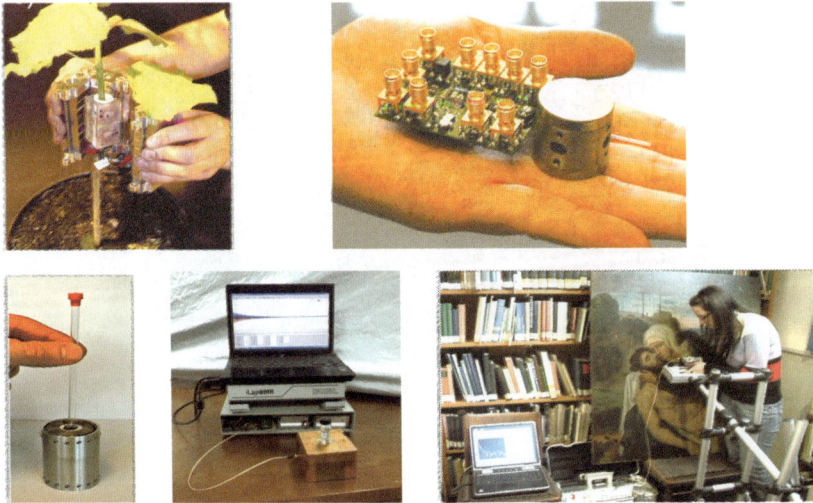

图 0.3　核磁弛豫仪器,向便携、单边、在线、个性化、掌上化方向发展并创新应用于农学–林学–食品–文物–建材–地磁场–水资源–油井–血管–管道流体检测

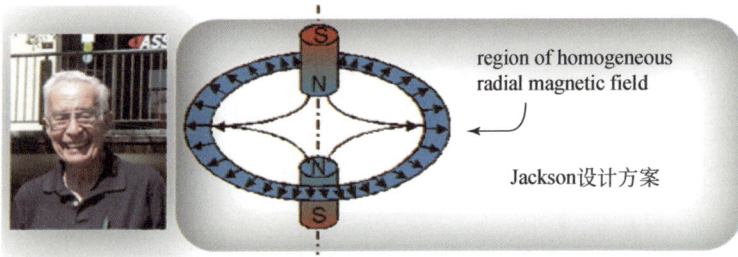

(a)

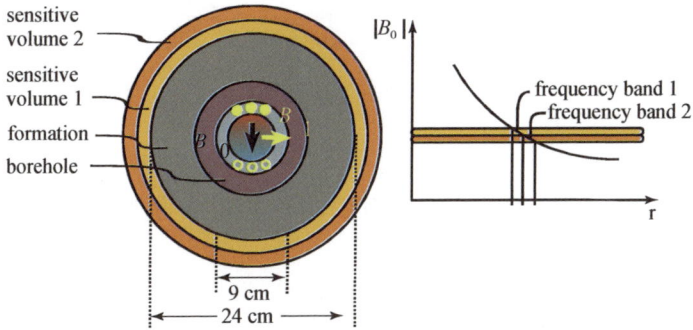

(b)

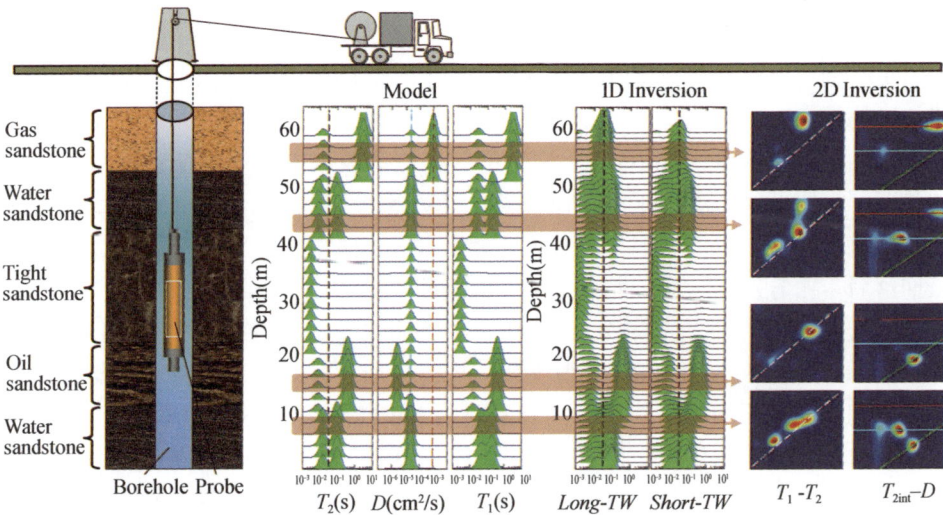

(c)

图 0.4　Jasper Jackson 设计的 "Inside-out" 方案为井下 NMR 提供了可能

（a）Jackson 于 1980 年左右采用极性相向的两个磁体试图在径向产生均匀磁场；

（b）Miller 和 Taizer 于 1986 年改进 Jackson 设计，在径向产生梯度磁场；

（c）把设计精巧的磁体和天线放到数千米深的井筒中对其外围地层进行探测，采用丰富的脉冲序列，
实现各种信息的采集和处理，已经得到广泛应用

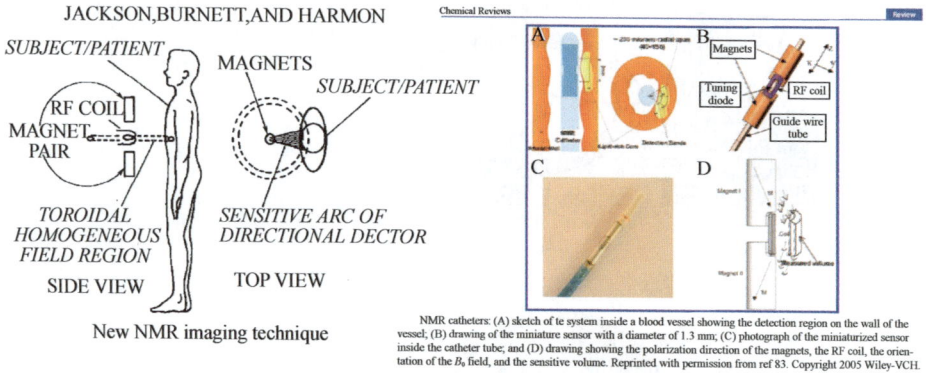

图 0.5　Jackson 方案在医学中也具有良好的应用前景

0.2　井下极端环境 NMR 科学仪器的基本问题

油气是一种流体矿藏，深埋地下岩层孔隙中，看不见，摸不着。

井筒地球物理探测，俗称"测井"，它把设计精巧的声、电、核辐射、NMR 等探测器和相应电子装置放到井下进行测量，获取地下油气信息，回答"哪儿有油气，有多少，有多少能够开采出来"等基本和关键问题，具有经济性、便捷性、实时性、可重复性等特点，其应用贯穿于井筒的整个生命周期，从而也覆盖油气田的整个生命周期。

俗话说"上天难入地更难"。把精密的探测器及其电子系统放置在数千米深的井下，需要面对高温高压、体积受限、运动测量、低信噪比等极端环境产生的一系列特殊困难。所以，测井是技术密集、难度极高的行业。我国在这一领域，长期落后于西方发达国家，尤其受到美国垄断。

油气井 NMR 探测是要把医学 NMR 的原理和方法，通过仪器的巧妙创新，在井下极端环境实现 NMR 信息的观测和应用，从而更好地解决复杂油气储层评价的根本问题。地层中的油气水，具有不同的 NMR 特性，利用这种差异，便可以对油气水进行识别与评价。由于 NMR 对流体灵敏，而且能够提供孔隙结构和流体特性等重要信息，在复杂油气藏和非常规油气藏勘探开发中具有独特和无法替代的价值，受到广泛重视。

井下极端环境的 NMR 探测，在与实验室可控环境完全不同的状态下实现，为 NMR 理论和仪器研制提出了特殊的科学问题，也为 NMR 科学与技术发展提供了新的机遇和挑战。这些特殊科学问题的解决，将对 NMR 技术本身形成驱动和反馈，从而丰富和发展 NMR 探测理论。其中，利用 NMR 技术在陆上及海洋地层深处井筒环境下进行地层岩石孔隙结构与流体赋存状态的原位探测，是极端环境最典型的代表，几乎面对 NMR 科学仪器的全部难题。这种极端环境和对 NMR 仪器的独特要求，以及特殊的探测对象所提出的理论与工程问题，把 NMR 探测技术推向了新的高度。

本书所说的极端环境是指：探头和谱仪的体积严格受限；仪器处于运动状态（纵向移动、径向振动、周向旋转，存在其中的一种或者多种运动）；低场、低信号强度、低信噪比；可能面临高温（>175℃）、高压（>140MPa）；要求单边测量，且观测对象十分复杂。

这些环境特征，在井下原位 NMR 探测时必然会全部遇到，而在其他情况下可能会部分遇到，因而极端环境是 NMR 科学仪器的共性问题，具有普遍意义。极端环境 NMR 科学仪器的设计与制作涉及的关键科学问题的解决，有助于 NMR 科学仪器整体水平的提升；仪器的实现又将使应用领域的科学难题得到有效解决，从而促使仪器的规模化应用。

目前世界上只有少数几家著名石油服务公司具有井下极端环境 NMR 仪器的研发和制造能力。这些仪器的技术细节受到知识产权的高度保护，常常是公司的最高商业机密，很少有文字资料可以参考。本书在国际上公开的专利资料和作者团队长期"理论探索积累"、"仪器设计制作"、"引进、吸收、集成、原创"的基础上撰写而成。对这类仪器所面临的科学、技术及工程问题进行梳理，将不同领域应用的 NMR 仪器关键共性技术进行比对，试图通过发展共性技术，提升 NMR 科学仪器水平，推动我国 NMR 相关领域原始创新。

极端条件 NMR 科学仪器，首先要求探头和谱仪硬件足够紧凑，静磁场和射频场足够强大，能够深入到探测目标内部建立 NMR 条件；其次，要能够检测到来自敏感区域的微弱信号，能够在复杂运动条件下完成 NMR 快速测量，能够充分利用多维 NMR 技术，通过降噪和反演处理，识别或评价复杂样品的多种特性与特征。

概括起来，极端环境 NMR 科学仪器基本组成如图 0.6 所示，面临的关键问题有①NMR 探头；②NMR 谱仪；③低信噪比 NMR 信号提取；④运动状态快速探测的 NMR 脉冲序列；⑤NMR 数据反演的新理论与新方法。后续讨论以此为基础展开。

1. 探头

NMR 探头设计是一个电磁场问题，同时也包含结构优化与材料优选。极端环境 NMR 探测极富挑战性，它以地下数千米深处地层复杂孔隙流体中的氢核为探测和研究对象，探测环境多变，对仪器的可靠性、重复性、时效性等提出了苛刻要求。探头结构复杂，工艺要求高，是极端环境 NMR 科学仪器的核心部件和发展标志（图 0.7）。

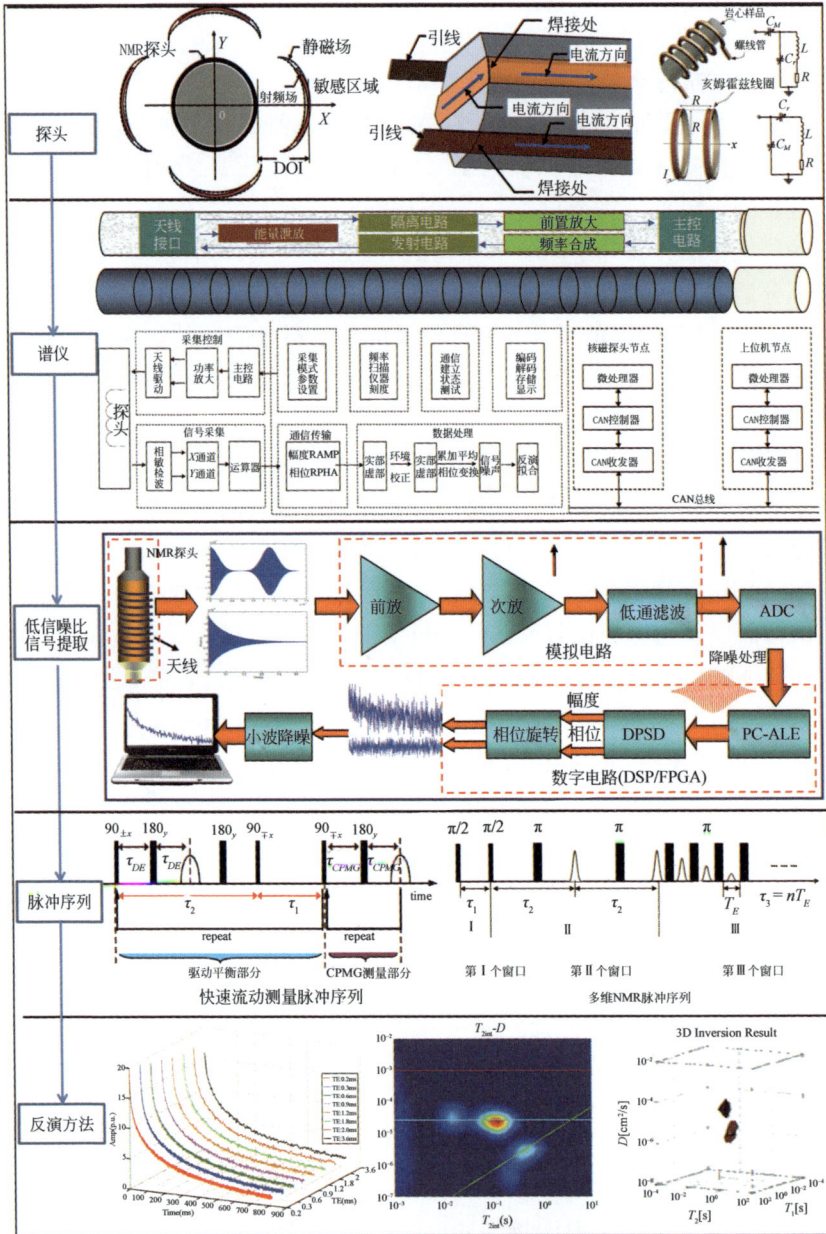

图 0.6　极端环境 NMR 科学仪器组成示意图

"体积受限；运动状态；单边测量；高温高压"是探头结构设计和材料优选的基本约束条件。"静磁场与射频场匹配；敏感区域可控；发射功率强大；信号强度尽可能高；探测深度尽可能大；能够快速进行多频和多维 NMR 测量"，是极端环境 NMR 科学仪器的关键。

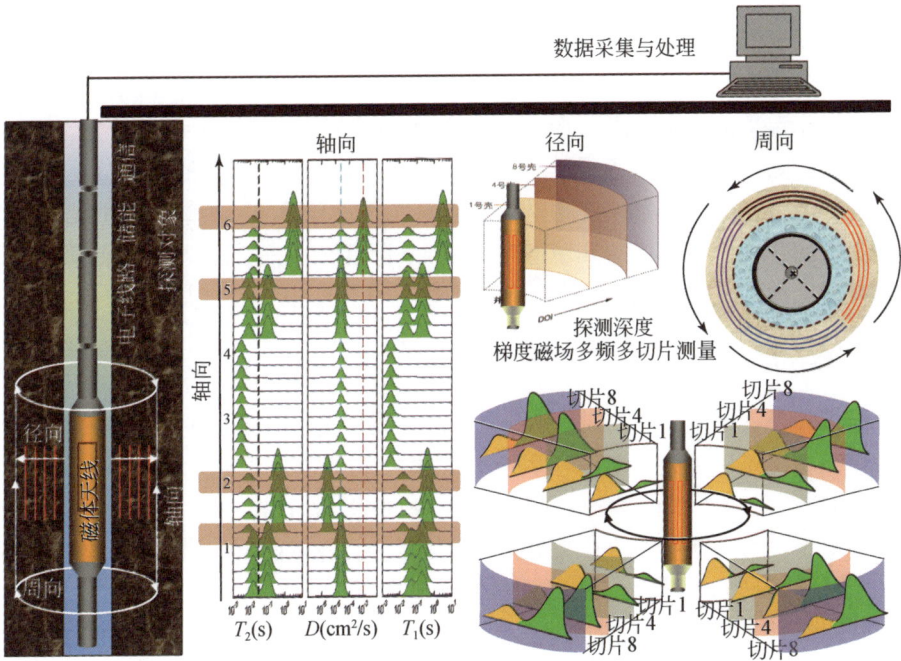

图 0.7　探头

2. 谱仪

NMR 谱仪设计是一个测控电子工程问题，包含模拟电路与数字电路的优化设计及元器件的优选。与极端环境 NMR 探头探测特性对应，"探测对象复杂多样，且含量少；体积受限；运动状态、低场、单边测量；探测深度足够大"等，对谱仪提出了苛刻要求。

谱仪的发射功率影响探测深度。为了使探测深度足够大，需要采用超大功率发射电路。而随着探测深度的增加，又导致回波信号的进一步减弱，要求接收电路能够对极微弱信号进行检测。探测对象的多样性与复杂性，需要先进数字电路实现多频与多维 NMR 脉冲序列以及各种各样的刻度信号和质量控制信号。由于地层孔隙介质弛豫时间短，要求回波间隔尽可能小，必须尽量缩短天线能量泄放时间。这其中，许多因素互相牵制，互相矛盾，必须在高可靠元器件允许的前提下，通过电子线路优化设计来折中权衡。

3. 降噪

信噪比始终是 NMR 仪器的瓶颈。极端环境 NMR 科学仪器，面临的原始信号强度极其微弱，通常只有数个到数十个纳伏。而开放式的单边 NMR 天线，探测效率低，而且容易受到各种噪声的强烈干扰，NMR 信号通常与噪声相当，甚至被噪声淹没。低信噪比条件下有效信号的提取，成为极端环境 NMR 科学仪器面临的另一个关键问题。

信噪比包括信号和噪声两个方面。极端环境 NMR 探测受到"低场、单边、运动状态、氢核含量少"等限制，尽管寻找提高原始信号强度的方法总是最有吸引力的，但是，原始信号强度的提高也是困难的和有限的，"降噪"便成为一个必须重视的替代途径。极端环境 NMR 噪声来源复杂多样，理清噪声来源及其特征，发展有效的降噪方法，势在必行。

4. 脉冲序列

极端环境 NMR 科学仪器大多用于原位在线探测，探测对象复杂多变，单一参数单一方法难以见效，多频、多维快速脉冲序列必不可少。多维 NMR 利用纵向弛豫时间（T_1）、横向弛豫时间（T_2）、扩散系数（D）、内部磁场梯度（G）两个或多个参数的联合分布，来获取探测对象内部结构、流体类型、流体含量、流体物理化学性质等信息。

针对极端环境 NMR 探测方式，快速多频、多维脉冲序列在运动状态下与复杂探测对象（样品）之间的作用机理与机制，以及已知探测对象在多频、多维脉冲序列的响应特征（正演）及其影响因素，对探测结果的实时处理与可视化，是重要的科学问题和核心研究内容。

5. 反演理论

极端环境多频、多维 NMR 探测，为复杂对象提供了包含 T_1、T_2、D 和 G 等在内的丰富信息。探测信息的增加给 NMR 反问题求解带来了新问题：原始数据暴增，需要快速高效的反演算法；多频、多维脉冲序列，不同频率和维度之间信噪比可能不同；低信噪比下反演结果的多解性、稳定性及对噪声的依赖性问题。此外，复杂探测对象往往需要多种不同来源的信息（如电、声、光、核辐射等）对其进行综合评价，才能得到探测对象的完整表征和准确描述。NMR 信息与其他来源信息的匹配及多源数据融合，成为实际应用中的重要科学问题。

总之，极端环境 NMR 科学仪器的研发和创新具有高度综合性和复杂性，涉及的共性技术具有普遍意义，能够丰富 NMR 科学理论，发展 NMR 分析技术。同时，在具体应用领域，如材料科学、农林食品科学、地球科学等，极端环境 NMR 科学仪器对获取新信息、发现新现象、揭示新规律、验证新原理等，具有良好前景。

0.3　研究历史与技术现状

0.3.1　探头

探头是 NMR 仪器的核心部件，由磁体和天线组成。磁体建立静磁场；天线提供射频场，并接收 NMR 原始信号。探头决定仪器的测量方式、共振区域、原始信号强度，是后续信号处理与资料应用的基础。

1960 年，Brown 和 Gamson 研制出利用地磁场、采集 FID 信号的井下 NMR 仪器样机，并进行了油田现场试验。地磁场 NMR 仪器由于井筒泥浆信号淹没地层信号以及 FID 采集时间太长等问题，没能规模化推广应用。

1978 年，Jackson 提出"Inside-out"概念，设计单边测量的探头结构，通过井筒里的磁体在地层某处产生一个均匀磁场区域，利用磁体间的天线发射 CPMG 脉冲序列，在均匀磁场区域观测回波串，其样机在 Houston 大学 API 刻度井中进行了试验，获得了有意义的实验结果。此方案及其设计思想，成为后续极端环境 NMR 科学仪器的重要基础。

1985 年，Taicher 和 Shtrikman 提出一种探头设计方案，放置在井筒里的磁体在地层中产生梯度磁场，利用磁体外面的天线发射 CPMG 脉冲序列，对由梯度磁场和射频脉冲频率及频带确定的探测区域观测回波串，使信噪比得到显著提升，成为真正具有实用价值的极端环境 NMR 科学仪器。梯度磁场为多频、多维脉冲序列的应用奠定了基础。

1992 年，Kleinberg 提出一种探头设计方案，在井筒外面的地层仍然形成均匀磁场，^{1}H 共振频率为 2MHz，敏感区域为距探头 2.5cm、高 15cm 的圆柱。1997 年，把最小回波间隔缩短到 0.2ms。1999 年，采用预极化磁体，增加对仪器运动速度的适应性。2005 年，采用自动调谐方式，适应因温度变化而引起的敏感区域位置及频率的变化。

2002 年，N. J. Heaton 和 L. DePavia 等提出一种新型探头结构，即仍然采用贴井壁的单边测量方式，利用梯度磁场、多天线、多频率的测量方式，并采用高度灵活的脉冲序列编辑器和扩散编辑脉冲序列，实现二维 T_2-D 或多维 NMR 探测。

2003 年，S. Chen 和 A. Reiderman 等提出 MR Explorer（MREx）探头设计，可以进行多频、多维、贴井壁单边测量。探头两端配有加长预极化磁体，敏感区域为 120° 瓦形壳，具备二维 NMR 测量和分析能力。

上述 NMR 探头均采用电缆方式工作，通过电缆供电和传输数据，能够在较高运动速度下采集多频、多维 NMR 信息。然而，在实际应用中，并非总有电缆存在，探测环境可能更加恶劣，例如，测量时探头处于强烈复杂运动（径向振动、周向转动以及纵向运动），探头装配在快速旋转的机械装置上，这在石油工业中称为随钻 NMR 探测，或 LWD NMR 科学仪器，相关科学、技术和工程问题更加复杂，以后另文讨论。

0.3.2 谱仪

谱仪是 NMR 仪器的核心部件，由发射、接收、快速泄放、主控等基本电路组成，用于提供射频场发射所需要的能量、微弱信号接收后的放大、数据采集、有效信号提取等。

1998 年，Halliburton 的 M. Miller 与其团队采用软脉冲发射，最大幅值为 900 V，脉冲发射完成后天线两端的电压幅值已很小，天线 Q 值转换通过控制并联在天线两端二极管的导通来实现，二极管的导通电阻很小，此时天线的 Q 值很低，可以快速将剩余能量泄放掉；前置放大电路的第一级采用低噪声三极管的设计方案，其外围电路设计复杂，通过程控衰减保证电路具有较大的动态范围，最大增益为 95.5 dB；回波信号采集采用 8 位 ADC，ADC 的动态范围较小，采样时钟频率为四倍的拉莫尔频率，这在一定程度上减少了回波信号提取所用的时间，但是不利于提高回波信号的信噪比；脉冲序列的时序生成和仪器控制信号的参考时钟为固定的独立时钟，时钟的同步设计由 FPGA 实现，在选定好采集模式的参数后，FPGA 中各寄存器的参数就会固定下来。主要不足是功放输出电压不够高、功率不够大；前置放大增益不足，降低了对极微弱回波信号的检测能力；脉冲序列可调性差，难以实现多维检测。

2003 年，Baker Hughes 的研究人员采用硬脉冲发射模式完成射频脉冲的发射，功率放大电路是由 8 个功率 MOS 管组成的双全桥结构，可以直接激励高阻抗的天线，输出电压幅值为 1200 V，电路输出直接和天线相连，利用天线的谐振电路特点滤除方波中的谐波成分；天线的 Q 转换通过控制 MOS 管开关将低阻值无感电阻并联在天线两端来实现，此时天线的 Q 值降低以快速泄放天线中储存的能量；前置放大电路的第一级采用低噪声结型场效应管的设计方案，电路增益为 86 dB，由于没有采用程控衰减的方案，电路的动态范围较小；回波信号采集所用 ADC 为 12 位，ADC 的动态范围较大，采样时钟频率为 8 倍的拉莫尔频率；脉冲序列的时序生成和仪器控制信号的参考时钟由 DDS 提供，在改变频率时需要重新加载各寄存器的值。主要不足是前置放大增益不足，降低了对极微弱回波信号的检测能力。

同一时期，L. Depavia 与 N. Heaton 在 20 世纪 80 年代 NMR 仪器的基础上实现的电路设计更加复杂，采用硬脉冲发射；功率放大电路采用双半桥开关和变压器的设计结构，输出电压幅值为 900 V，电路输出直接和天线相连，利用天线的谐振电路特点滤除方波中的谐波成分；天线的 Q 转换通过控制 MOS 管开关来实现，MOS 管的导通电阻直接并联在天线两端来降低天线的 Q 值，以达到快速泄放天线能量的目的；前置放大电路的第一级采用低噪声三极管的设计方案，程控衰减，电路的动态范围较大，最大增益为 111.8 dB；回波信号采集所用 ADC 为 10 位，采样时钟频率为 8 倍的拉莫尔频率，回波信号的包络由专门的相敏检波芯片实现；脉冲序列的时序生成和仪器控制信号的参考时钟由 DDS 提供，在改变频率时需要重新加载各寄存器的值。主要不足是功放输出电压不够高、功率不够大。

超大功率发射、微弱信号检测、天线能量快速泄放、多频多维时序脉冲编程器设计等是实现极端环境 NMR 探测的基础，还有很大的发展潜力。

0.3.3　低信噪比 NMR 信号提取

极端环境 NMR 探测仪器基于 "Inside-out" 方案，采用单边和开放式测量方式。噪声来源复杂，具有高斯分布特性，通常采用均值、方差、自相关、互相关、功率谱密度等概率统计方法对其描述，发展了多种降噪和信号提取方法。

1. 自适应谱线增强（adaptive line enhancement，ALE）

ALE 降噪方法的思想来源于自适应滤波原理。将自适应滤波器应用于降噪处理时，发展成了自适应噪声抵消技术，有补偿法、最小均方误差法、最小二乘法、最大信噪比法、统计检测法等。

2000 年，S. Pajevic 等利用噪声的自相关系数比信号的自相关系数衰减更快的特点，选取最优的延迟时间检测 FID（free induction decay）信号，增强 NMR 信号的信噪比，得到 NMR 峰值幅度和高品质的谱线。

2008 年，C. Cochrane 等提出自适应信号平均方法加速连续波磁共振成像时间。使用基于 EWRLS 算法的自适应线性预测，可以减少每个通道中的噪声方差，并应用于任何连续波 NMR 成像实验的噪声衰减，减少累加次数，节省实验时间。

2. 数字相敏检波方法（digital phase-sensitivity detection，DPSD）

对于确定性信号，不同时刻的取值具有一定的相关性；而噪声的随机性特点，不同时候的取值相关性差。基于这种差异区分信号和噪声，发展相关检测方法。

基于相关检测的 DPSD 方法适用于 NMR 低频信号检测，具有较高的线性度和较宽的动态范围（可大于 120 dB）。低场 NMR 探测质子自旋回波信号的幅度、频率和相位，对于叠加在 Larmor 频率上的谐波分量并不关心。DPSD 算法在检测低信噪比和强噪声背景下的弱信号幅值时具有较高的精度。

3. 小波变换降噪

小波变换可分为连续小波变换 CWT（continuous wavelet transform）和离散小波变换 DWT（discrete wavelet transform）。针对信号的不同特点，常用的小波降噪方法有：S. Mallat 等 1989 年提出的模极大值重构降噪，Y. S. Xu 等 1994 年提出的空域相关法降噪，D. L. Donoho 等 1995 年、G. X. Song 等 2001 年提出的阈值降噪等。阈值降噪法直接在各尺度上对小波系数进行阈值处理，关键是确定阈值，噪声能得到较好抑制，信号特征突变点能得到较好保留。

S. Mallat 等 1996 年提出多分辨率 SURE 算法，对信号采用多尺度、自适应、软取阈值的分析方法，在不同的分解层次上选取不同的阈值对小波系数进行滤波处理，把信号与噪声的小波系数分辨出来，达到降噪目的。

在小波分析基础上发展的小波包分析，属于信号后处理技术。J. Wood 等 1999 年认为在低信噪比（SNR<5）下，对于含有 Rician 噪声的幅度 NMR 成像，降噪性能会下降，通过小波包分析可以抑制磁共振成像中的 Rician 噪声。S. Halouska 等 2006 年利用主分量分析方法分析了随机噪声对 NMR 谱的影响。通过在 PCA 方法上设定一个合理的阈值抑制噪声。谢庆明等 2010 年根据 NMR 回波信号的特点，分别选用 Symlets 小波、Daubechies 小波作为基函数，通过尺度因子、消失矩、相关系数三者的组合图版，选取最大相关系数下的尺度因子和消失矩对信号进行分解，运用 SURE 算法在不同的分解层次下对低信噪比 NMR 回波信号进行降噪处理，能获得更高的信噪比。

0.3.4 脉冲序列

脉冲序列是获取探测对象信息的重要保障。极端环境 NMR 科学仪器为脉冲序列的发展提供硬件和软件基础，而脉冲序列的设计则要充分利用仪器软硬件潜力，尽可能多地获得探测对象的表征信息，同时，满足"快速采集"和"快速反演"的需求。

在早期的单频和多频极端环境 NMR 探测中，常用脉冲序列是通过单个 CPMG 测量标准 T_2 谱；通过两个 CPMG 测量两个等待时间的 DTW 或两个回波间隔的 DTE，采集到回波串，表征 T_2 分布，或 T_1 加权的 T_2 分布，或 D 加权的 T_2 分布。过去十年里低场多维 NMR 成为活跃的研究方向，目的是通过 T_1、T_2、D

和 G 的联合测量，识别样品的组分。

2002 年，Song、Hürlimann、Sun 和 Dunn 等分别提出了 T_2-D，T_1-T_2，T_2-G 三种二维 NMR 测量方法。这些方法比一维 NMR 更有效，但是，由于耗时长，效率较低，并不适合运动状态下的在线测量。

2005 年，Sun 和 Dunn 提出多维 NMR 的全局最优化反演，通过改变 CPMG 脉冲序列的回波间隔和等待时间来编辑扩散系数 D 与纵向弛豫时间 T_1 的信息，与 CPMG 脉冲序列提供的横向弛豫时间 T_2 一起组成三维空间，利用 NMR 数据得到三维结果。此方法数据量大，处理速度慢，对内存要求高，而且分辨率低。2007 年，Arns 等利用三维反拉普拉斯变换，应用脉冲磁场梯度岩心分析仪求取了 T_2-D-DG_{in}^2、T_2-D-$|G_{in}|$ 三维分布，G_{in} 为内部磁场梯度。

2009 年，Mitchell 等提出 DECPMG（Driven-Equilibrium Carr-Purcell Meiboom-Gill）脉冲序列，只需两次一维扫描（一次 DECPMG 脉冲序列、一次独立的 CPMG 脉冲序列），即可得到二维 T_1/T_2-T_2 分布，进而得到 T_1-T_2 分布。这是一种快速测量二维 T_1-T_2 分布的方法，但是，对连续运动样品，由于流动流体的 D 会随流速变化，影响 T_2，所以不适用于流动流体测量。

0.3.5 反演理论

采集到的 NMR 信号需要经过反演处理才能得到反映探测对象特征的 NMR 参数。早期的极端环境 NMR 探测以 CPMG 脉冲序列为主，采集到的回波串经过多指数反演得到 T_2 分布，再与 T_1 加权的 T_2 分布，或 D 加权的 T_2 分布，或其他来源的信息，进行联合反演，完成对探测对象的表征、描述和综合评价。

2002 年，二维 NMR 方法提出时，采用降维方法，将二维数据体转换到一维，通过一维反演方法处理后再恢复成二维图。2003 年，Venkataramanan 提出基于张量结构的第一类 Fredholm 积分方程，求解二维和 2.5 维整体反问题。

2005 年，Sun 和 Dunn 提出多维 NMR 全局反演方法。2007 年，Arns 等利用三维反拉普拉斯变换，求取 T_2-D-DG_{in}^2、T_2-D-$|G_{in}|$ 三维分布。2013 年，张宗富等提出将三维反拉普拉斯变换转变成二维反演问题，通过零阶 Tikhonov 正则化方法压缩数据求解二维核函数，并利用 S-曲线法确定最优平滑因子，提高了计算效率、降低了计算资源需求，使这一技术达到实用水平。

极端环境 NMR 科学仪器的动态、实时、多频多维脉冲序列，对数据反演提出更高要求，需要大数据高效率反演方法，只有对多频多维脉冲序列不同级别信噪比数据的同步处理，有效约束反演多解性，综合处理才能得到优化反演结果。

0.4 总体设计思想与关键问题解决方案

0.4.1 探头

1. 设计目标

探头需要有良好的探测特性，能够探测到足够大的样品体积，确保原始信号强度和信噪比；足够的探测深度，以便获得探测目标的真实信息；灵活的脉冲序列，方便实现多频和多维 NMR 信息采集，满足体积受限/高温/高压等各项要求。

2. 探头和敏感区总体方案

针对体积受限，考虑两种工作方式。一是探头紧贴被测样品表面，减小导电介质对射频场的衰减，确保探测深度；敏感区域呈扇形，开角应在 60° ~ 120°，使被测样品体积足够大。二是探头居于井筒中心，敏感区域呈仪器轴对称，360°空心圆柱壳。

3. 探头结构设计思想

永磁体产生静磁场，天线采用相控发射，实现贴壁测量或居中测量。贴壁时，开角由天线组合决定；居中时，相控实现周向扇区分辨能力。径向为梯度磁场，实现多频和多维脉冲序列；纵向上下加预极化磁体，实现运动补偿。结构参数由 Bloch 方程数值模拟确定。

根据上述思想，设计了贴壁与居中两种探头结构，每种探头都包括磁体、天线和骨架。磁体有圆柱形、长方体形以及其他不规则形状；天线有半圆柱形、弧形以及其他不规则形状；骨架由磁体和天线结构确定。磁体和天线设计时，要考虑极端环境下静磁场与射频场的正交匹配，足够大的敏感区域，足够大的探测深度，同时，还要兼顾探头的整体机械特性与装配工艺要求。

电磁场有限元数值模拟贯穿于探头设计与制作的整个过程，以加快研制进度，减少物理模拟成本。径向上具有一定梯度的静磁场，可以实现多频和多维脉冲序列。居中探头静磁场和射频场的等值线均具有对称轴，互相垂直，探测区域具有轴对称性，仪器转动不受影响。贴壁探头的开角则要注意射频场等值云图的形态，使探测区域内质子能够被均匀激化。

4. 关键技术问题解决方案

探头在极端环境工作，空间狭小，呈运动状态，需单边测量，原始信号强度极低。首先要拟定具体的探测目标和仪器指标，再通过数值模拟进行反设计，并通过实际制作予以验证和优化，最终确定磁体及天线的结构、材料、各项参数及相应的加工工艺。

0.4.2　谱仪

1. 设计目标

谱仪需要具备强大的脉冲发射功率，灵敏的微弱信号检测，灵活的脉冲序列编写，快速能量泄放，频率控制和相位控制能力，较短回波间隔，充分的刻度与质量控制信息，满足体积受限/高温/高压等各项要求。

2. 谱仪和关键电路总体方案

针对狭小空间和高温高压环境，通过高性能元器件优选和高可靠性小型化设计，实现分频/分相位/超大功率发射，极弱信号检测，复杂对象探测，能量快速泄放。

3. 谱仪电子线路设计思想

（1）超大功率发射电路。提供大功率射频脉冲给天线，对敏感区域的质子进行激发，实现90°及180°脉冲。避免高温大功率变压器的使用，采用双全桥结构设计来生成高压射频脉冲。发射电路采用硬脉冲发射，由功率放大驱动电路、功率放大电路和储能电路组成。

（2）极弱信号放大电路。接收电路的功能是低噪声放大天线接收到的 NMR 信号，以满足后级数据采集电路对输入信号范围的要求。目前，低噪声运放的噪声性能已毫不逊色于低噪声三极管，并且具有电路简单的优点。接收电路的第一级放大可采用低噪声运放方案，结合天线差分结构的特点采用仪用放大器结构，使用程控衰减以增加电路的动态范围，输入端可用 MOS 管对电路进行保护。

（3）多频/相控/多维脉冲序列实现。多维脉冲序列由控制器 FPGA 内时序脉冲编程器设计实现。以 CPMG 为基础，分为标准 CPMG 和加权 CPMG。多频/相控分别由相应硬件实现。

（4）天线能量快速泄放。通过 Q-转换电路，在脉冲发射完成后降低天线品质因数 Q，从而快速泄放天线中储存的能量，缩短天线恢复时间。常采用控制并联在天线两端 MOS 管的导通，来降低天线 Q 值，并控制发射脉冲的泄放波形。

谱仪高可靠小型化。谱仪包含数字控制系统、功率放大电路、回波前置放大电路、隔离电路、Q-转换电路等。模块多，器件多，因此通常体积较大。通过采用功能集成、器件集成等方法将谱仪系统尽量小型化。数字控制电路采用高性能 FPGA 实现对整个系统的单核心控制。功率放大电路，采用双全桥结构设计，避免多级放大对空间的占用。把回波前置放大电路与隔离电路设计在一起，减少封装对空间的占用。通过对小型集成器件的筛选，寻求到最合适的器件，实现谱仪系统的小型化。

0.4.3 低信噪比 NMR 信号提取

极端环境 NMR 探测在低场、低含氢量、单边测量、运动状态下进行，原始信号强度极低，而且不能多次累加。此时，信号提取的关键是降噪，降噪的关键是弄清噪声来源，了解噪声特性和特征，然后根据这些特性和特征，或是绝对降低噪声，或是从低信噪比信号中提取有效信号。考察医学成像及波谱等各领域 NMR 降噪方法，根据极端环境 NMR 探测特点，分析噪声特性，发展在极端环境下提高信噪比的理论、方法和技术。

考虑极端环境 NMR 探测过程，采用"预处理"、"实时处理"和"后处理"的多级降噪方法，最大程度抑制噪声。

预处理时，采用 PC-ALE 方法降噪。由于时间域的延迟会导致频率域的相位漂移，相位漂移会导致 NMR 谱发生偏移，影响回波的幅度、相位，因此，在预处理时增加相位校正方法，在频率域对延迟造成的相位漂移进行补偿，消除降噪过程中 NMR 谱的相位漂移问题。通过数值模拟，考察不同自适应算法对回波串噪声的抑制效果，从而选取最佳自适应降噪算法。复杂算法尽管降噪效果优越，但只能在 PC 机处理，难以移植到极端环境低信噪比 NMR 仪器中。选择自适应算法，需要考虑元器件的运算速度、数据吞吐能力和存储能力。

实时处理时，采用 $\Delta\omega$-DPSD 检测方法。从回波信号中提取幅度、相位和频率偏置信息。对均匀静磁场，回波频率和参考频率的差很小，$\Delta\omega$-DPSD 检测方法退化为 DPSD 方法；对非均匀静磁场，回波信号的频率会是一个分布，在此分布范围内，求取参考频率与回波信号频率的差可得到 $\Delta\omega$-DPSD 检测方法的偏置频率。根据偏置频率不断实时调整参考频率，使参考频率与回波信号频率达到最大相关性，再从回波包络中提取准确的幅度和相位信息，增强信噪比。

后处理时，采用小波变换降噪。采用基于小波变换的多分辨率 Stein 无偏风险估计算法，通过尺度因子和分解层次的相关系数图版确定最优化参数，根据噪声分量在不同分解层次的差异，在不同分解尺度下采用自适应、软取阈值的方式有效消除回波信号中的噪声，提高信噪比。

回波信号随时间指数衰减，而且与敏感区域样品量有关，因此从小波基的选择、分解层次的取值、阈值选取策略、降噪算法性能等都可能影响 NMR 回波信号，尤其是低浓度样品的降噪性能。

对单次采集回波串，分析正交采集通道信号的特点，利用数学方法消除振铃噪声，得到被测样品的回波信号，避免回波串叠加来消除振铃噪声。回波信号随相位改变，而振铃噪声不随相位改变，利用强制恢复脉冲序列以及回波间的叠加方法来消除振铃，可以提高信噪比和测量效率。

0.4.4　脉冲序列

井下极端环境 NMR 科学仪器通过丰富的脉冲序列来解决复杂探测对象的科学问题，包括"获取新信息"、"发现新现象"、"揭示新规律"、"验证新原理"。实验室 NMR 技术对孔隙介质做了深入系统的研究，发展了丰富的脉冲序列，其中一些可以直接用于极端环境 NMR 探测，一些需要改进以便适应极端环境，一些则需要重新探索。"低场"、"单边"、"运动状态"、"多频/相控"、"多维"是极端环境 NMR 脉冲序列需要面对的约束条件。

常规 CPMG 脉冲序列在早期极端环境 NMR 探测中起到核心作用，其变形的 T_1 加权和 D 加权 CPMG 在流体分析与定量识别中得到明显效果。二维 NMR 在流体识别中受到关注，三维 NMR 成为探索方向。

提出一种三维 $T_1\text{-}D\text{-}T_2$ 或 $T_1\text{-}DG\text{-}T_2$ 脉冲序列，包含三个独立窗口，第Ⅰ个窗口，通过改变等待时间 τ_1，编辑 T_1 信息。接着是扩散编辑脉冲序列，包含两个部分。第Ⅱ个窗口，改变回波间隔 τ_2 来编辑扩散信息，由于此部分只包含两个回波的横向弛豫衰减，可近似认为其磁化矢量衰减均由扩散弛豫引起。第Ⅲ个窗口，常规 CPMG 脉冲序列，利用短回波间隔 T_E 来编辑 T_2 信息。

三个窗口相互独立，分别编辑不同信息，三个变化时间只对它所在窗口起作用。对应的三个反演核函数可以写成

$$k_1(\tau_1,x)=1-\exp(-\tau_1/x)$$
$$k_2(\tau_2,y)=\exp(-y\cdot G^2\cdot\gamma^2\cdot\tau_2^3/6)\exp(-2\tau_2/z)$$
$$k_3(\tau_3,z)=\exp(-\tau_3/z)$$

式中，x，y，z 分别表示 T_1，D，T_2；G 为恒定梯度；γ 为质子旋磁比。$\exp(-2\tau_2/z)$ 通常情况近似为 1，因此，k_2 写成 $k_2(y,\tau_2)=\exp(-y\cdot G^2\gamma^2\cdot\tau_2^3/6)$。

三维 NMR 提供 T_2、D、T_1 的联合分布，包含孔隙介质众多信息，如孔径分布、孔隙度、流体分布、流体饱和度等。空间分布易于识别流体，为稠油和束缚水识别提供了新方法。三维 NMR 分布可提取多个二维分布以及 T_2、D、T_1 一维分布。理论上讲，三维分布涵盖涉及的所有相关信息，具有重要意义和用途。

三维 NMR 脉冲序列的可行性和有效性需要进一步验证。通过正演模拟再施加高斯白噪声，得到采集数据；对模拟数据进行逆 Laplace 反演；通过改变反演中平滑因子和信噪比，把结果与初始模型进行比对，验证反演效果；最后通过实验测量，可以考察三维方法的可行性。与此同时，需要对运动状态三维 NMR 的数据采集、信噪比、反演算法等进行进一步验证。

0.4.5　反演理论

极端环境 NMR 反演面临低信噪比和实时快速两个基本挑战。针对一维和二维脉冲序列采集的 NMR 数据，已经有成熟的方法。三维 NMR 采集数据，遵守第一类 Fredholm 方程，即

$$M(\tau_1, \tau_2, \tau_3) = \iiint k_1(x, \tau_1)k_2(y, \tau_2)k_3(z, \tau_3)f(x, y, z)\mathrm{d}x\mathrm{d}y\mathrm{d}z + \varepsilon(\tau_1, \tau_2, \tau_3)$$

式中，$\varepsilon(\tau_1, \tau_2, \tau_3)$ 为噪声项，通常认为是高斯白噪声；$f(x, y, z)$ 为需要求取的联合概率密度函数，即三维空间解；k_1、k_2、k_3 为核函数，大多数情况下是已知的连续平滑函数。利用 Laplace 反演，从采集数据中获取 $f(x, y, z)$，方程通常是病态的，对噪声依赖性较大。

三维 NMR 反问题的求解可以采用逐次降维的思想，即把三维 NMR 反演问题转化为二维问题，然后利用现有二维 NMR 技术求解，再把二维解分配到三维空间。该方法包括数据预处理、数据压缩、逆 Laplace 反演、最优平滑因子选取。

0.5　本书的结构

井下极端环境 NMR 科学仪器是一个具有高度综合性和复杂性的仪器系统，面临 NMR 理论与脉冲序列、磁体与天线的材料及结构参数、谱仪电子线路、降噪理论与方法、数据反演处理与分析、资料解释与应用等多方面的挑战。

本书在多年仪器研制的基础上试图建立一个框架，对学习者，展示极端环境 NMR 科学仪器的知识全貌和来龙去脉；对研究者，介绍仪器研发的相关技术细节。

参 考 文 献

[1] Blumich B, Perlo J, Casanova F. Mobile single-sided NMR. Progress in Nuclear Magnetic Resonance Spectrosscopy, 2008, (52): 197-269.

[2] Casanova F, Perlo J, Blumich B. Single-sided NMR. Springer-Verlag Berlin Heidelberg, 2011.

[3] MitchellJ, Gladden LF, Chandrasekea TC, Fordham EJ. Low-field permanent magnets for industrial process and quality control. Progress in Nuclear Magnetic Resonance Spectrosscopy, 2014 (76): 1-60.

[4] ZalesskiySS, DalieliE, Blumich B, Ananikov VP. Miniaturization of NMR system: desktop spectrometers, microcoil spectroscopy, and "NMR on a chip" for Chemistry, Biochemistry, and industry. Chemical Reviews, 2014, 114 (11): 5641-5694.

第一部分 探 头

第1章 探 头 概 述

井下极端环境 NMR 仪器由探头、谱仪电子线路、储能短节、推靠器（或扶正器）以及地面数据采集、分析、处理、解释系统组成，如图 1.1 所示。探头是 NMR 仪器的核心，功能是极化和激发地层孔隙流体中的质子并接收 NMR 信号。谱仪电子线路是 NMR 测井仪的重要组成部件，功能是实现整个 NMR 仪器系统的控制，包括大功率发射、微弱信号接收、信号放大和各种时序的实现。储能短节为 NMR 仪器井下工作提供能量。地面系统则实现整个 NMR 仪器的控制以及测量数据的分析处理与成果显示等。

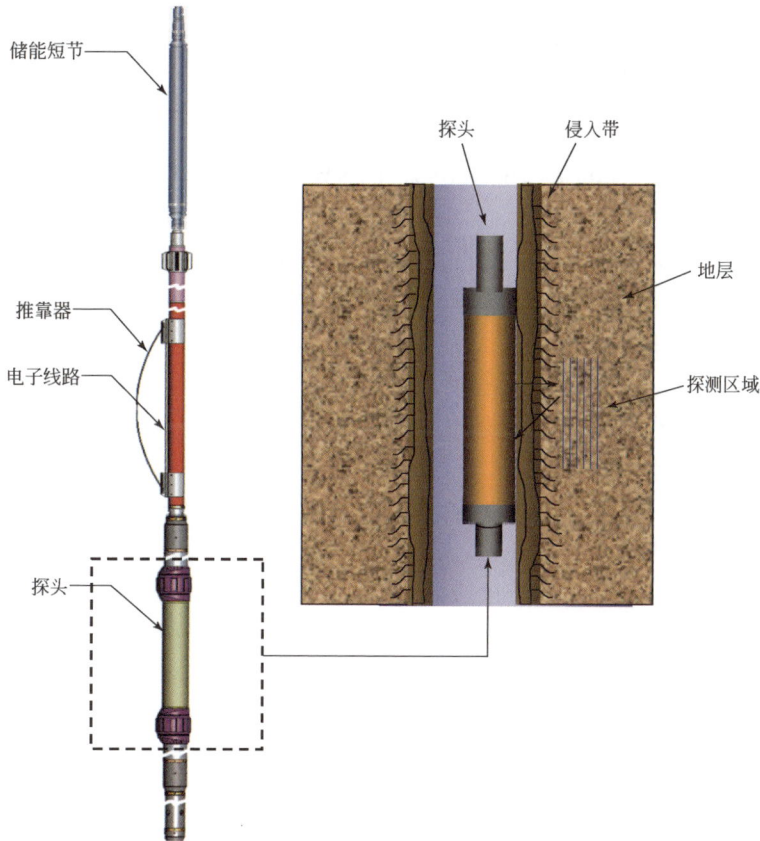

图 1.1 井下极端环境 NMR 仪器基本组成

探头由磁体、天线、骨架和外壳等组成。

磁体产生静磁场 B_0，使井周地层原子核磁化，由杂乱无章的随机取向逐渐沿外加静磁场方向极化，形成可观测的宏观磁化量。

天线产生射频场 B_1，使满足拉莫尔频率条件的原子核发生磁共振，同时，接收 NMR 信号，实现对宏观磁化量及其衰减过程的观测。

骨架提供支撑，使磁体和天线固定。骨架中心通常需要留孔，让导线贯通。对骨架材料的选取十分讲究，除机械强度，还要考虑其对静磁场和射频场的可能影响。

外壳使磁体、天线、骨架等与外部环境隔离，对探头内部的磁体和天线起到保护作用，承受仪器工作时的拉力或剪切力。外壳选材要求足够的机械强度，同时，也要考虑其对静磁场和射频场的可能影响。通过外壳与硅油压力平衡系统的巧妙设计，使 NMR 探头能够在高温高压环境下工作。

探头结构复杂，且处于运动状态，磁体与天线的结构参数与运动速度及脉冲序列参数往往相互制约，进一步增加了设计难度。

井下 NMR 仪器可采用均匀磁场或梯度磁场，居中或贴壁测量。为了获取更多的地层信息，甚至可以采用多个天线。

1.1　地磁场井下 NMR 仪器

1960 年，Chevron 公司的 Brown 和 Gamson[23] 研制出利用地磁场的 NMR 测井仪样机。线圈是探头的一个主要部件，如图 1.2 所示，通过向线圈中施加强电流产生极化磁场，用来极化地层中水、油和气中的质子。

在施加足够长的电流使得地层中质子得到充分极化之后，快速撤走极化磁场，使得极化质子在地磁场下进动，这时在同一个线圈感应出一个逐渐衰减的信号。地磁场强度通常约为 0.5×10^{-4}T，因此该信号的频率约为 2kHz。电缆将信号送到地面处理系统后，就可以通过不同的方式分析和显示出来。测井得到的信号幅度反映了仪器周围的氢核数量。

在实际操作时，快速撤走极化磁场有一定技术难度，因此一般采用分级逐步撤除的方法。第一步，用比 T_1 短得多的时间 t_1 使极化磁场降低到高于地磁场 5 ~ 10 倍的剩余极化磁场 B_{0c}；第二步，用一个很短的时间 $t_2 \leqslant \dfrac{1}{\gamma B_{0c}}$，完全断开剩余极化磁场。而测量信号的幅度、衰减特性以及信号幅度与极化时间之间的关系都可以用来研究线圈周围地层流体的信息。

图 1.3 所示为在强极化磁场中测量地层流体自由感应衰减信号的过程。图 1.3 (a) 所示为地层流体质子被极化的过程，当宏观磁化矢量到 $P(T_p)$ 后开始测量信号（此时质子并未达到热平衡状态），如图 1.3 (b) 所示。连续且有规律

地改变极化时间 T_p，可以得到 $P(T_p)$ 的一组测量值，根据 $P(T_p)$ 随时间变化的指数表达式，即可计算地层流体的 T_1。

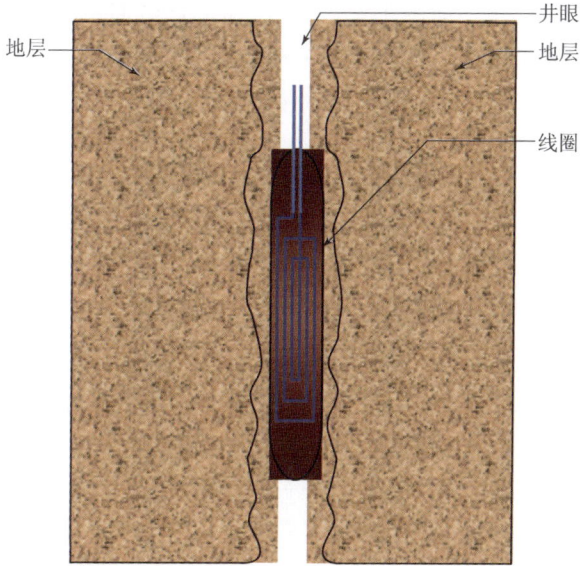

图 1.2 地磁场井下 NMR 仪

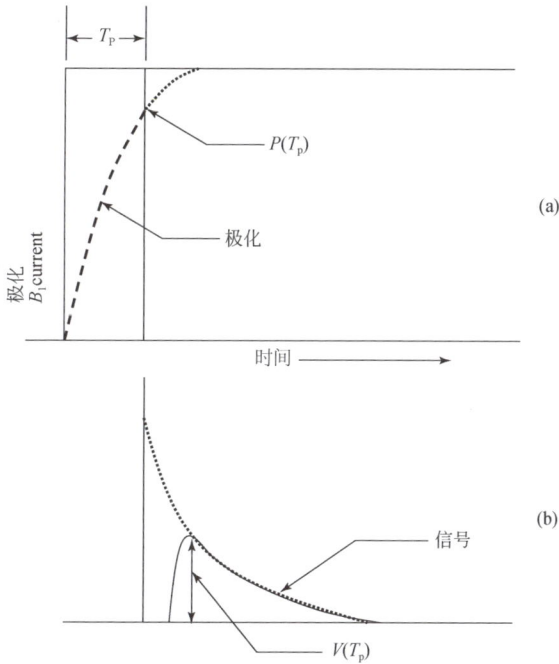

图 1.3 强极化磁场中的测量过程

（a）地层流体中质子极化过程；（b）自由感应信号采集

图 1.4 所示为弱极化磁场中测量地层流体自由感应衰减信号的过程。图 1.4（a）所示为地层流体质子被极化的过程，当宏观磁化矢量到热平衡状态后并衰减 T_L 时间后开始测量信号，如图 1.4（b）所示。连续且有规律地改变衰减时间 T_L，可以得到 $P(T_L) - P(\infty)$ 的一组测量值，根据 $P(T_L) - P(\infty)$ 随时间变化的指数表达式，即可计算地层流体的 T_1。

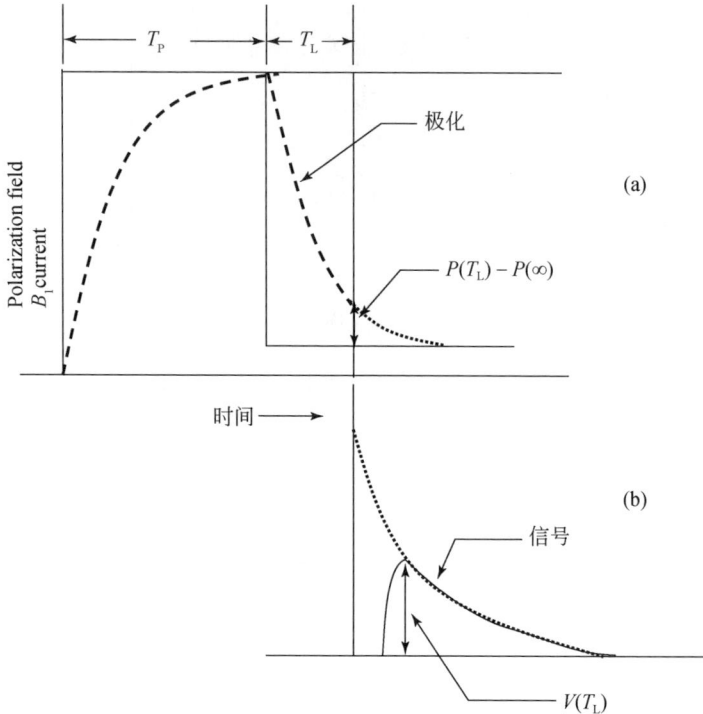

图 1.4 弱极化磁场中的测量过程
（a）地层流体中质子极化过程；（b）自由感应信号采集

这种仪器利用地磁场作为均匀场，但地磁场的均匀程度一般较差，其结果是记录不到 FID 信号，或者记录到的信号幅度衰减非常快。特别是，由于钻井液中的质子也会被磁化，其 NMR 信号与地层流体信号叠加在一起，对资料分析处理和解释带来很大困扰。为了消除钻井液的影响，可以在钻井液中加入顺磁物质，加快钻井液中质子的弛豫速率，使得井眼流体产生的 NMR 信号在仪器的"死时间"之内全部衰减掉，但这一方法操作非常麻烦且很耗时。这种设计方案的信号强度和信噪比低，在油田没有见到实际应用效果。

1.2　"Inside-out"井下 NMR 仪器

　　1978 年，Jasper Jackson 在访问了 Chevron 的 NMR 测井现场之后，开始寻找新的仪器设计方案，很快提出"Inside-out"概念[24-27]，成为井下 NMR 和单边 NMR 仪器的基础。用永磁体在地层中形成一个人工磁场代替地磁场，并且人工磁场在地层中聚焦，并通过天线射频脉冲的频率来选择共振区域，而不需要像早期仪器那样为了消除井眼流体影响而往钻井液中掺杂顺磁物质。人工磁场方法使得作业成本降低，工作效率提高，而且为脉冲 NMR 应用提供了硬软件基础，使自旋回波及多维脉冲序列成为可能。

　　如图 1.5 所示，在仪器的轴向上（井轴方向），两个柱状磁体同极相对放置，磁体极化方向为轴向，这样一个磁体组合产生的磁场呈发散状进入地层，且沿井轴环形分布。在径向上，随着距离的增大，磁场强度有一个相对均匀的环形区域，即为共振区域。发射天线和接收天线为同一个线圈，此线圈固定于两块磁铁中间，且线圈轴向与井轴方向一致，通过调节射频脉冲的频率使磁场相对均匀的环形区域成为共振区域。

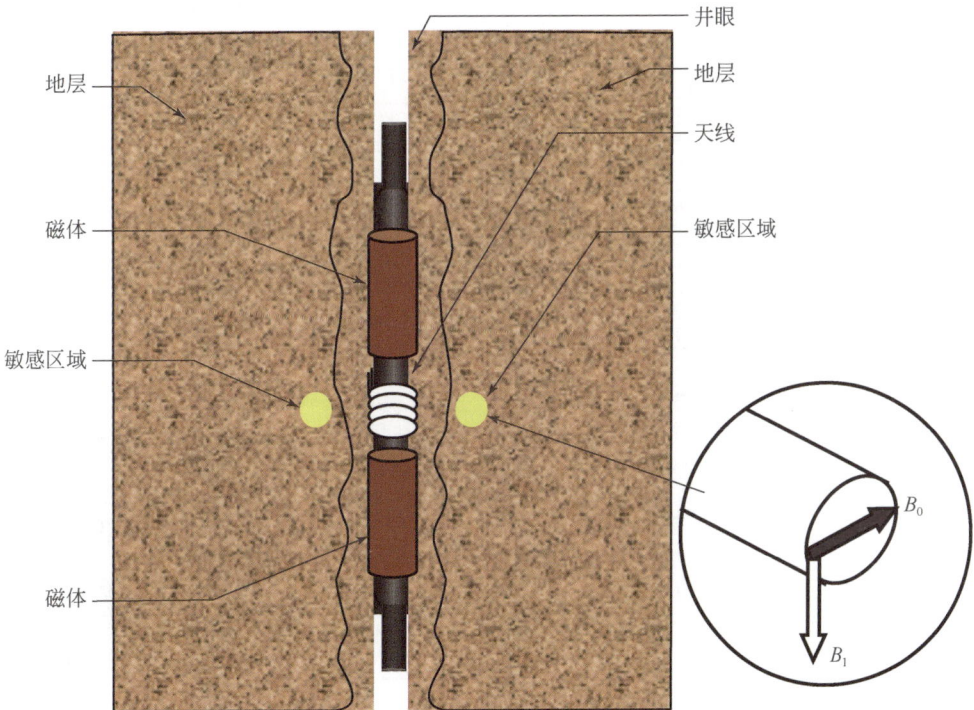

图 1.5　"Inside-out"设计

这种设计静磁场均匀范围通常很窄，信号强度小，信噪比很低。而且，测量时，对仪器运动速度敏感。由于人工磁场强度随温度变化，共振频率很容易随温度（即深度）而变化，而天线发射频率却不是随意可以改变的。

1.3　MRIL-P

1985 年，Numar 公司的 Schmuel Shtrikman[28] 和 Zvi Taicher[29] 提出一种新型井下 NMR 探头方案。Halliburton 公司的 MRIL[30] 方案就是以这一结构为蓝本发展而来，1990 年，MRIL 型 NMR 测井仪投入油田服务，并很快在全球范围内得到成功应用。MRIL 是一个系列，从 1985 年至今，已经发展出 MRIL-B、MRIL-C、MRIL-C/TP、MRIL-Prime[31]、MRIL-XL[32] 五个不同型号。

图 1.6 是 MRIL-P 探头示意图。探头磁体由多个小磁块组合而成，组合后整体呈圆柱状，静磁场是一个在径向上强度逐渐减小的梯度磁场。发射天线和接收天线为同一个线圈，缠绕在磁体的外部。由于采用梯度磁场，仪器采用多个操作频率，能够观测到 9 个不同深度点的地层信息，即具有 9 个切片。该仪器的共振区域是一个圆柱壳，可以探测到井眼周围 360° 范围的地层信息。因此，仪器具有较强的信号强度和信噪比，以及较好的测量重复性。然而，该仪器容易受到井眼

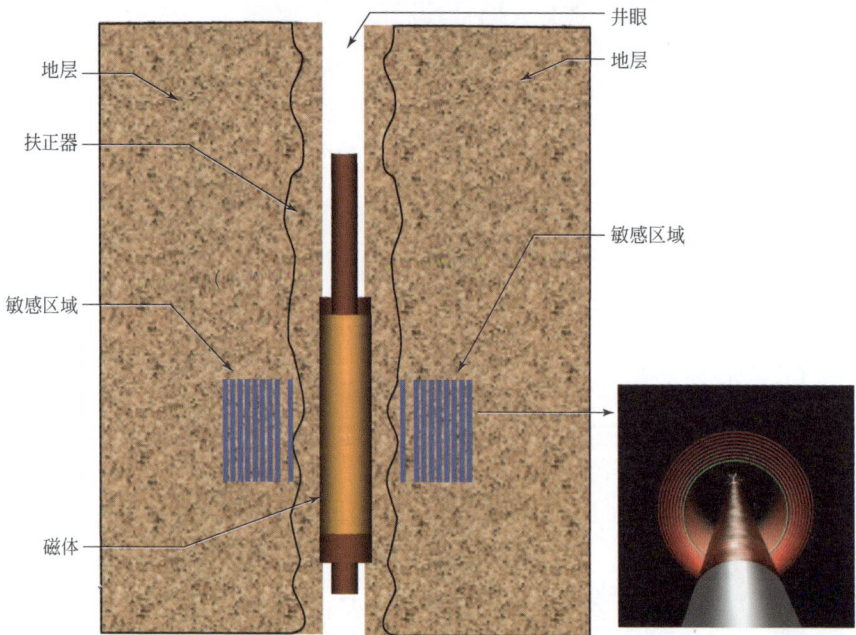

图 1.6　MRIL-P 探头示意图

钻井液的影响，特别是当井眼质量不好时，如扩径严重，其测量区域中可能会有钻井液存在，测量结果就会受到钻井液的影响。

1.4　CMR

Schlumberger 公司在 20 世纪 90 年代提出一种贴井壁可组合式 NMR 测井仪 CMR[33-35]，如图 1.7 所示。

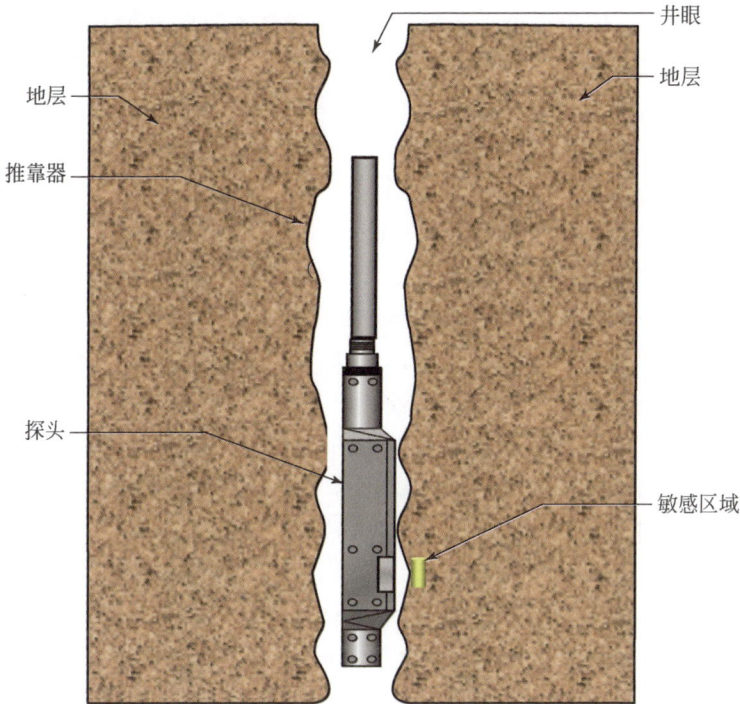

图 1.7　CMR 探头示意图

该仪器采用三块磁体组合，磁体极化方向一致且极化方向与井轴垂直。这三块磁体平行放置在探头内部，在距离井壁约为 2.5cm 处形成一个直径约为 3cm 的均匀磁场区域。其天线结构采用半同轴线结构，为了增加天线的效率，在天线中设计了软磁铁氧体材料。这种设计方案使得其探头结构非常复杂，对仪器的制作工艺要求高。为了在井眼环境下形成均匀磁场，其探头磁体结构经过多次调整，而为了形成与静磁场相匹配的射频场，其天线结构也是经过多次试验和修改才最终成型[36]。由于采用均匀磁场，该仪器只有一个探测频率。在井底条件下，仪器工作温度可达 175℃，而永磁体在高温环境下其磁性会有所降低。这也就是说，当仪器在井底条件下工作时，其产生的磁场强度会发生变化，在探测区域范围内，磁场强度发生变化会带来拉莫尔频率的漂移。对于 CMR 而言，由于其采用均匀磁场，当磁场强度发生变化后，其天线的工作频率就应重新调整，以选择均匀磁场区域为敏感区域。因此，该仪器在井底条件下工作时，需要不停地寻找均匀磁场所对应的工作频率，这就对仪器的电子线路有更高的要求。

CMR 采用贴井壁测量方式，井眼钻井液对测量信号没有影响，不必往井眼中添加掺杂剂，既提高了测井数据的质量，又降低了测井成本。由于该仪器的天线长度只有 15cm，因此仪器具有较高的纵向分辨率。但是仪器的径向探测深度比较浅，并且探测区域体积很小，导致仪器信号强度较弱，信噪比低，为了提高仪器的信噪比，需要对测量得到的数据进行多次叠加，这样虽然提高了数据信噪比，但也降低了仪器的纵向分辨率。CMR 仪器系列到目前为止共发展了 CMR-A、CMR-200[37]、CMR-Plus[38] 三个型号，其中 CMR-Plus 在探头内部增加了预极化磁体，提高了仪器的测井速度。

1.5　MREx

Baker Hughes 公司在 2002 年提出了一种贴井壁型仪器 MREx[39,40]。该仪器探头磁体由两个磁体组合构成，称为主磁体和小磁体，这两块磁体的极化方向一致，且与井轴方向垂直。这种特殊的磁体结构不仅能够增大仪器的探测区域范围，同时能够降低静磁场对天线中磁芯的影响。MREx 的天线结构为双天线，其中一个为主天线，用来发射射频脉冲和接收信号；另外一个为扰流天线，用来消除井眼钻井液对 NMR 测井信号的影响，确保仪器接收到的信号全部来自地层流体。MREx 在地层中形成一个沿径向逐渐衰减的梯度磁场，因此仪器设计了多个工作频率，其最大探测深度约为 10cm，其探测区域的开角约为 120°（以仪器探头的中心轴为圆心），如图 1.8 所示。

1.6　MR Scanner

Schlumberger 公司最新一代的贴井壁型 NMR 测井仪 MR Scanner[41-43]，如图 1.9 所示。与之前的 CMR 仪器不同，该仪器采用梯度磁场，永磁体结构与 MRIL-P 的磁体相似，为圆柱体结构。磁体极化方向与井轴方向垂直，在地层中产生一个沿径向逐渐衰减的梯度磁场。其采用多天线结构，其中一个为主天线，另外两个为高分辨率天线，通过对比不同天线的输出结果识别轻烃。主天线的最大探测深度约为 10cm，另外两个高分辨天线只有一个的探测深度点约为 3.2cm。该仪器的探测区域范围开角约为 60°（以仪器探头中心轴为圆心），这一范围比 MREx

的探测范围小，因此仪器的信号强度较低。

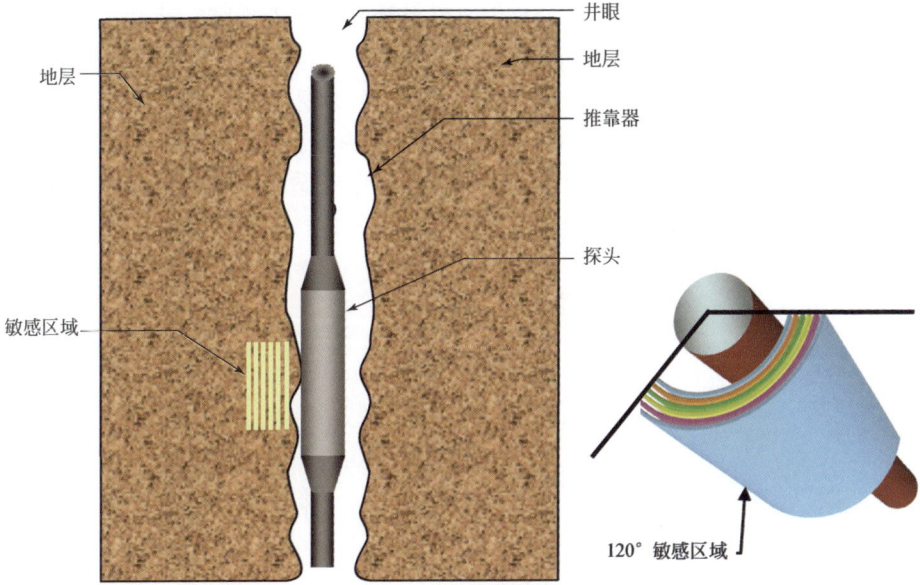

图 1.8　MREx 探头示意图

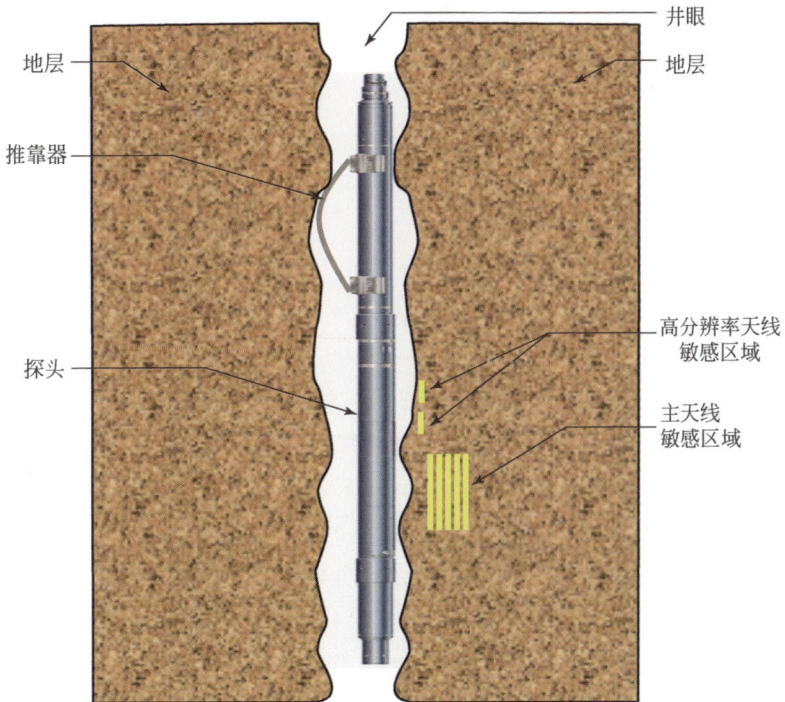

图 1.9　MR Scanner 探头示意图

　　上述几种 NMR 仪器，探头结构各有差异，探测特性也不相同，在特殊环境下测量，都会受到井周非均质性、高温、钻井液、井眼不规则及运动速度等的影响。利用有限元数值模拟技术剖析探头结构和设计思想，提出新探头设计方案，并利用数值模拟完成详细设计、材料选取和探测特性评价；通过仪器制作和水箱测试，验证探头设计的合理性和可靠性；用实验考察振铃噪声对 NMR 信号的影响，研究振铃噪声消除方法；研究井下流体电阻率和钠离子对射频场及数据采集的影响并提出相应校正方法。

第 2 章　探头设计的数值方法

探头是 NMR 仪器的核心。设计和制作性能良好的探头能够提高仪器的原始信号强度，增强仪器信噪比，实现功能强大的脉冲序列，通过数据分析处理方法得到更多的有效信息。井下 NMR 仪器结构复杂，各个部件都需要特殊定制，对部件性能要求高，因此，通过数值模拟方法来计算磁场分布，优化探头结构和参数[57]，选取合适材料，确定各部件的加工工艺等，成为必不可少的环节[58-60]。

2.1　设计原理与数学方法

2.1.1　设计原理

NMR 测井仪在数千米深的井下工作，探头设计[61,62]受到高温高压、体积受限、单边测量、运动状态等诸多制约，使磁体与天线结构较为奇异。

把 NMR 探头设计看作是一个逆向架构过程，因为在 NMR 测井仪探头结构设计的前期，会提出总体设计目标和部分具体的性能参数，这主要包括仪器在井下的工作方式（居中测量或贴井壁测量）、敏感区域范围、探测深度 DOI（distance of investigation）、测井速度 v、回波间隔 TE、回波个数 NE、等待时间 TW 等参数。

图 2.1 所示为 NMR 测井仪探头横截面坐标及三维坐标定义。图 2.1（a）所示为探头横截面坐标，坐标轴原点为探头的外壳所在圆的圆心点；图 2.1（b）所示为探头三维坐标，其中 Z 轴与井轴方向一致。NMR 测井仪器在井下的工作方式决定了探头内部磁体和天线的大致结构，如果采用居中测量方式，则应在井眼周围形成一个沿 X 轴、Y 轴（以仪器横截面中心点为原点）对称分布的静磁场。并且天线产生的射频场也具有这种对称分布的特点，同时能够与静磁场相匹配，这就基本决定了磁体和天线结构应采用对称结构。如果采用贴井壁测量方式，为了减小井眼中钻井液对测井响应的影响，增强天线的探测效率，则磁体和天线在探头内部大致上应分居两侧，且天线所在的一侧贴靠在井壁上。贴井壁型测井仪器的磁体一般采用多个磁体组合，为了与静磁场相匹配，天线的结构多为奇异形。

敏感区域的范围也决定了天线的结构，这主要是因为 NMR 测井仪天线采用条带形表面天线，天线在探头中的位置与天线结构决定了射频场的范围，而射频

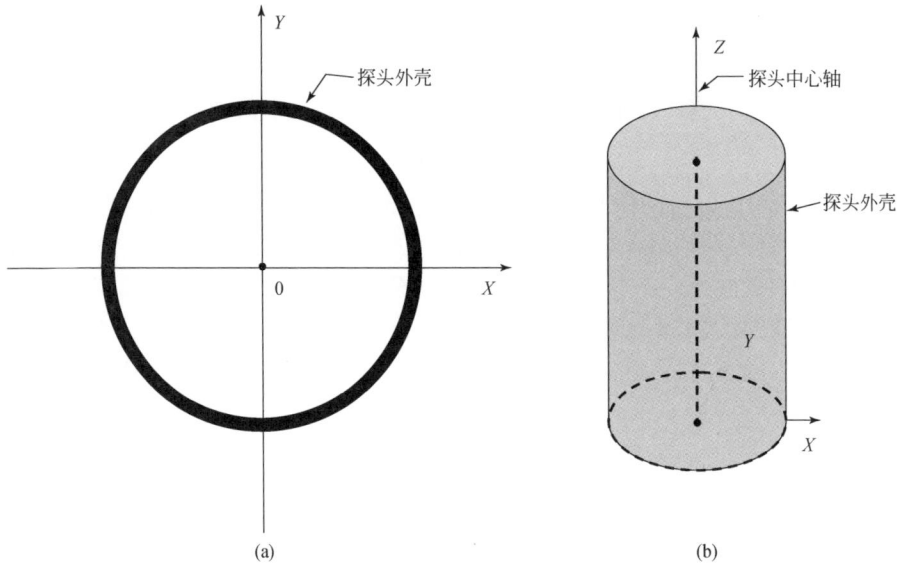

图 2.1　探头坐标定义

（a）二维平面坐标；（b）三维柱坐标

场的范围也决定了敏感区的范围。因此，天线结构的设计也是一个逆向架构的过程。

　　探测深度 DOI 是指敏感区域距离仪器外壳的距离，如图 2.2 所示，而敏感区主要由磁场匹配区域、静磁场强度、射频场频率等参数共同决定，这不仅需要对磁体和天线结构进行优化设计使得磁场分布在探测区域范围内达到正交匹配的关系，同时还需要磁体能够产生足够强度的磁场。良好的天线结构对产生满足设计要求的射频场分布至关重要，这不仅要求射频场强度在规定时间内达到扳转质子的水平，同时还要求射频场范围能覆盖整个敏感区域，达到均匀极化的效果。

　　测井速度 v、回波间隔 TE、回波个数 NE、等待时间 TW 等参数则主要决定了磁体长度以及天线长度。因为 NMR 测井仪在井底条件下工作时处于运动状态，以上提测井为例，仪器上方未极化的质子在进入探头静磁场范围内时被逐渐极化，与此同时，仪器下方已经被极化的质子离开探头静磁场范围。进入探头静磁场范围内的质子，其完全极化的时间由质子的纵向弛豫时间 T_1 所决定，在到达天线的探测范围时，这一部分质子应完全极化，因此在仪器探头中会增加预极化磁体，而预极化磁体的长度由仪器的运动速度和质子完全极化所用时间所决定。

　　NMR 测井仪采用 CPMG 脉冲序列测量地层流体的横向弛豫时间[63]，CPMG 脉冲序列的起始脉冲为 90° 扳转脉冲，90° 扳转脉冲施加过后，由于仪器处于运动状态，一部分未被扳转的质子进入天线的探测范围，与此同时一部分已被扳转的

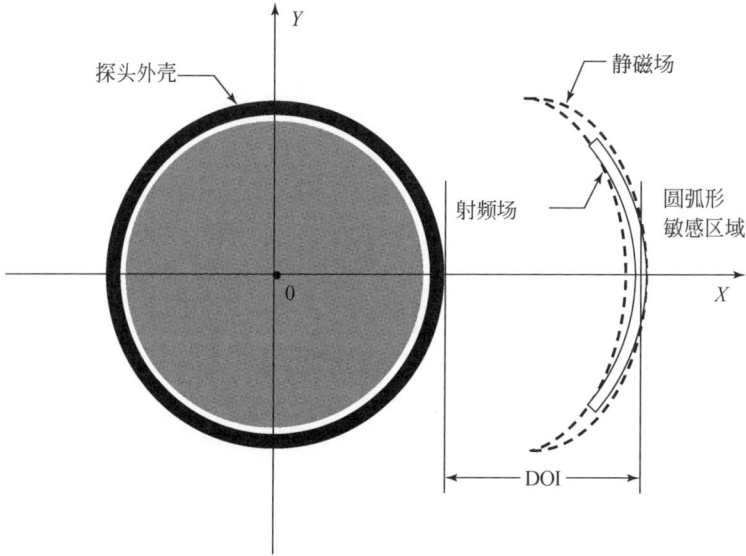

图 2.2　探头敏感区示意图

质子离开天线的探测范围。在实际测量中，天线过短或测速过快，回波的幅度会大大偏低[64]。因此，天线长度与测井速度之间存在一个相互制约的关系，以保证回波幅度的变化在可忽略的范围内。

2.1.2　电磁场反问题求解

NMR 探头设计本质上是电磁场的问题[65]，而关于电磁场问题的求解，可以分为正问题和反问题。对于已知场源，如电荷密度、电流密度、永磁体等，来求解磁场的分布，这一类问题称为正问题。而反问题则是指已知磁场的分布，如梯度磁场、均匀磁场、电磁场等，求解能够产生该磁场分布的场源。

Turner 在 1986 年提出目标场法[66,67]，为解决电磁反问题提供了很好的思路。目标场法是一种利用解析法求解的方法，其求解主要步骤是：首先设定敏感区域内的磁场分布，然后根据已知的磁场分布计算出与之相对应的电流密度，最后用有限个绕组线圈近似表达电流密度，通常采用流函数[68,69]技术来完成这一近似。

如图 2.3 所示，在圆柱坐标系下，引入一个物理量——矢量磁势 $\vec{A}$（$\vec{B} = \nabla \times \vec{A}$），来描述磁场分布，在圆柱坐标下其分量可表示为

$$A_\rho = \frac{\mu_0}{4\pi} \int \frac{J_{\varphi'}(r)\,\mathrm{d}\nu'\sin(\varphi - \varphi')}{|r - r'|} \tag{2.1}$$

$$A_\varphi = \frac{\mu_0}{4\pi} \int \frac{J_{\varphi'}(r')\,\mathrm{d}\nu'\cos(\varphi - \varphi')}{|r - r'|} \tag{2.2}$$

$$A_z = \frac{\mu_0}{4\pi} \int \frac{J_z(r')\,\mathrm{d}\nu'}{|r - r'|} \tag{2.3}$$

式中，J 为面电流密度。由于在大部分问题中，径向没有电流，因此 J 只有 z 和 φ 分量。

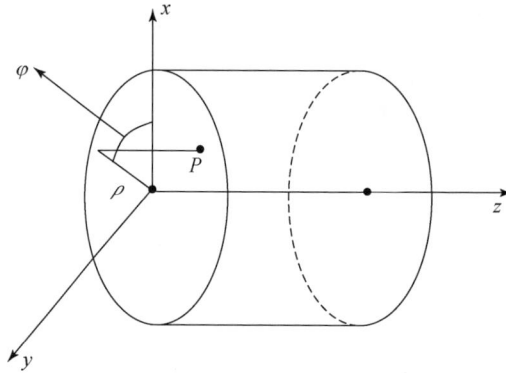

图 2.3 圆柱坐标系

面电流密度 J 的傅里叶变换表示如下：

$$j_z(m, k) = \frac{1}{2\pi} \int_{-\pi}^{\pi} \mathrm{e}^{-im\varphi}\,\mathrm{d}\varphi \int_{-\infty}^{+\infty} J_z(\varphi, z)\mathrm{e}^{-ikz}\mathrm{d}z$$
$$j_\varphi(m, k) = \frac{1}{2\pi} \int_{-\pi}^{\pi} \mathrm{e}^{-im\varphi}\,\mathrm{d}\varphi \int_{-\infty}^{+\infty} J_\varphi(\varphi, z)\mathrm{e}^{-ikz}\mathrm{d}z \tag{2.4}$$

式中，j_z 为圆柱表面电流密度的轴向分量；j_φ 为圆柱表面电流密度的角向分量。

已知电流连续性方程：

$$\nabla \cdot J = 0 \tag{2.5}$$

因此有

$$\frac{\partial J_\varphi(\varphi, z)}{a\partial\varphi} + \frac{\partial J_z(\varphi, z)}{\partial z} = 0 \tag{2.6}$$

对式（2.6）进行傅里叶变换可得

$$j_z(m, k) = -\frac{m}{ka} j_\varphi(m, k) \tag{2.7}$$

式中，a 为圆柱的半径；当 $\rho \leqslant a$ 时，用柱函数将磁场展开得到

$$B_z(\rho,\ \varphi,\ z) = -\frac{\mu_0 a}{2\pi} \sum_{m=-\infty}^{\infty} \int_{-\infty}^{\infty} \mathrm{d}k e^{i(m\varphi+kz)} |k| j_\varphi(m,\ k) I_m(|k|\rho) K'_m(|k|a)$$

$$(2.8)$$

在柱坐标系中，格林函数可以展开为傅里叶–贝塞尔级数：

$$\frac{1}{|r-r'|} = \frac{1}{\pi} \sum_{m=-\infty}^{\infty} \int_{-\infty}^{\infty} \mathrm{d}k e^{im(\varphi-\varphi')+ik(z-z')} \begin{cases} I_m(k\rho)K_m(ka) & (\rho < a) \\ I_m(ka)K_m(k\rho) & (\rho > a) \end{cases} \quad (2.9)$$

式中，I_m、K_m 分别为第一类和第二类变形贝塞尔函数。

对式 (2.8) 进行傅里叶变换得

$$B_z(\rho,\ m,\ k) = \frac{1}{2\pi} \int_{-\pi}^{\pi} e^{-im\varphi} \mathrm{d}\varphi \int_{-\infty}^{\infty} B_z(\rho,\ \varphi,\ z) e^{-ikz} \mathrm{d}z \quad (2.10)$$

已知半径为 b 处的磁场 $B_z(b,\ m,\ k)$，就可以得到

$$j_\varphi(m,\ k) = -\frac{B_z(b,\ m,\ k)}{\mu_0 a |k| K'_m(|k|a) I_m(|k|b)} \quad (2.11)$$

然后利用傅里叶逆变换得到时域的电流密度。

此后，Turner 又分别引入电感最小化[70]、功耗和储能最小化[71]的约束条件对这一方法进行了优化。

目标场方法在梯度线圈的设计中得到成功应用，然而，采用目标场法设计的这种线圈结构，一般都是基于"Outside-in"的理念，即被测样品处在线圈的内部。而井下 NMR 探头方案设计采用"Inside-out"理念，即被测样品处在线圈和磁体的外部。此外，由于在复杂几何形状下获取正交函数展开式十分困难，因此目标场法主要应用在一些具有简单规则的几何形状的问题中。而井下 NMR 探头结构的特殊性使得其部件结构呈奇异形，因此目标场法并不适合直接应用在探头结构设计中，但仍然提供了一个好的思路，即根据已知的磁场分布进行逆向设计。

2.1.3 电磁场正问题求解

电磁场正问题就是已知场源，例如，已知磁体的尺寸与结构或者线圈的尺寸与结构，求解相应的磁场分布。利用这种方法求解，就必须通过迭代不断调整场源的尺寸与结构，直到设计方案满足对磁场分布的要求。这就需要设计者具备丰富的设计经验，且对总体问题做到全面认识，准确判断结构设计的调整方向。

在实际的工程设计中，由于不规则的结构、复杂的物理参数等，解析法在电磁场问题求解过程中遇到很大困难，甚至很多时候是无法求解的。而数值法是通过把所需要求解的问题进行离散化，将要求解的连续变量转变为有限的离散量，

这就把原问题转化为代数方程的求解，大大提高了问题的可求解性。

电磁场数值求解方法主要有有限差分法、有限元法、矩量法、边界元法。本书采用有限元方法求解磁场的分布，有限元方法是基于变分原理和离散化而取得近似解的方法，并且广泛地应用于以拉普拉斯方程和泊松方程所描述的各类物理场中，同时，具有良好的效能。

有限元方法的求解思路是从偏微分方程边值问题出发，在第一类边界条件下，将求解问题转化为条件变分问题。在求解时，将问题的求解区域剖分成有限个单元，然后在单元中构造出插值函数并代入泛函积分式，再把泛函离散化成多元函数求极值，得到一个代数方程组，最后求解得到整体问题的数值解。

其具体过程是根据麦克斯韦方程，引入矢量磁势 $\vec{A}$，得到矢量磁势满足的偏微分方程为

$$\begin{cases} \nabla^2 A_z = \dfrac{\partial^2 A_z}{\partial x^2} + \dfrac{\partial^2 A_z}{\partial y^2} = -\mu J_z \\[2mm] A_z \mid_{\Gamma_1} = A_{z0} \\[2mm] \dfrac{\partial A_z}{\partial n} \mid_{\Gamma_2} = -\dfrac{H_t}{\gamma} \end{cases} \qquad (2.12)$$

式中，矢量磁势 $\vec{A}$ 为

$$\vec{B} = \nabla \times \vec{A} = \frac{\partial A_z}{\partial y} i - \frac{\partial A_z}{\partial x} j$$

利用变分原理对式（2.12）所示的电磁场问题构造泛函，如式（2.13）所示。

$$\Pi(\vec{A}) = \left\{ \iint_\Omega \frac{1}{2\mu} \left[\left(\frac{\partial \vec{A}}{\partial x} \right)^2 + \left(\frac{\partial \vec{A}}{\partial y} \right)^2 \right] - J_z \vec{A} \right\} \mathrm{d}x\mathrm{d}y + \int_{\Gamma_2} H_t \vec{A} \mathrm{d}l = \min \quad (2.13)$$

式中，H_t 为磁场强度切向分量；μ 为磁导率；J 为电流密度矢量。

有限元数值模拟方法求解上述的电磁场问题是将问题的求解区域进行单元剖分。以三角形单元为例，则对于求解区域内的任意一个三角形单元，设其三个节点编号分别为 i、j、m，对矢量磁势 $\vec{A}$ 进行线性插值，则有

$$\begin{cases} \vec{A_i}(x_i, \ y_i) = \alpha_1 + \alpha_2 x_i + \alpha_3 y_i \\[2mm] \vec{A_j}(x_j, \ y_j) = \alpha_1 + \alpha_2 x_j + \alpha_3 y_j \\[2mm] \vec{A_m}(x_m, \ y_m) = \alpha_1 + \alpha_2 x_m + \alpha_3 y_m \end{cases} \qquad (2.14)$$

式中，x、y 为节点坐标；α_1、α_2、α_3 为待定系数，由式（2.14）求解得到，则单元矢量磁势 $\vec{A}$ 的线性插值为

$$\vec{A}(x, \ y) = N_i A_i + N_j A_j + N_m A_m = \sum_{k=i, \ j, \ m} N_k A_k \tag{2.15}$$

式中, N 为形状函数。

在整个求解区域范围内, 单元个数为 k, 则总的能量泛函为

$$\Pi(\vec{A}) = \sum_{k=1}^{N} \Pi(\vec{A}) = \sum_{k=1}^{N} \left[\Pi'(\vec{A}) + \Pi''(\vec{A}) \right] \tag{2.16}$$

则式 (2.13) 所示的问题转化为

$$\Pi'(\vec{A}) = \iint_{\Omega} \left\{ \frac{1}{2\mu} \left[\left(\sum_k \frac{\partial N_k}{\partial x} A_k \right)^2 + \left(\sum_k \frac{\partial N_k}{\partial y} A_k \right)^2 \right] - J_z \sum_k N_k A_k \right\} \mathrm{d}x\mathrm{d}y \tag{2.17}$$

对式 (2.17) 求一阶偏导, 并写为矩阵形式, 则有

$$\frac{\partial \Pi'}{\partial A_l} = [k]\{\vec{A}\} - \{R\} \tag{2.18}$$

已知当能量函数对各节点势函数的一阶偏导数为零时, 能量函数达到极值, 因此问题的总体方程为

$$[k]\{\vec{A}\} = \{R\} \tag{2.19}$$

式中, $[k]$ 为系数矩阵; $\{\vec{A}\}$ 为待求的势函数列向量; $\{R\}$ 为已知列向量。求解式 (2.19) 得到矢量磁势 $\vec{A}$, 进一步就可以求得整个区域内的磁场分布 $\vec{B}$。

2.2　探测特性评价

根据上述的数值模拟方法可以计算得到探头磁场分布[72,73], 包括静磁场 $B_0(r)$ 和射频场 $B_1(r, \ t)$, 而探头结构设计最终需要确定整个探头的总体方案以及各个部件的详细结构与机械参数。因此, 如何利用数值模拟计算得到的磁场分布来评价总体方案所具备的探测特性, 以确定设计结果是否满足设计要求, 并论证总体方案的合理性, 就成为探头结构优化设计过程中的一个重要环节。

在外加磁场中, 处于这一磁场中的质子以拉莫尔频率 f 进动, 且 f 由式 (2.20) 确定:

$$f = \frac{\gamma B_0}{2\pi} \tag{2.20}$$

式中, γ 是旋磁比, 代表核磁强度。不同的原子核, 其 γ 值也不同。对于氢核, $\gamma/2\pi = 42.58\mathrm{MHz/T}$。根据 NMR 基本原理, 当质子在外加静磁场 $B_0(r)$ 的作用下达到热平衡状态之后, 通过施加一个与静态磁场 $B_0(r)$ 相垂直的射频场 $B_1(r)$, 使得磁化矢量从纵向扳转到横向平面, 并且, 射频场 $B_1(r)$ 的频率必须与质子进

动的拉莫尔频率相等。在 NMR 测井中,其核磁信号的贡献包含两个部分,一部分是静磁场 $B_0(r)$ 和射频场 $B_1(r)$ 具有良好的正交匹配关系的区域所贡献的核磁信号;另一部分是静磁场 $B_0(r)$ 和射频场 $B_1(r)$ 偏离正交关系(90°)一定角度(一部分大于90°,一部分小于90°)的部分区域所贡献的核磁信号。后面这一部分信号是与静磁场 $B_0(r)$ 正交的射频场分量所产生的,这一分量表示如下[74]:

$$B_{1c} = \frac{1}{2}\left[B_1(r) - B_0(r) \frac{B_1(r) \cdot B_0(r)}{B_0(r) \cdot B_0(r)} \right] \tag{2.21}$$

在 NMR 中,仪器线圈发射的射频脉冲频率 ω_{RF} 应与质子进动的拉莫尔频率 $\omega_0 = \gamma B_0$ 相等,在此,定义发射频率与拉莫尔频率之间的偏移量:

$$\Delta\omega_0 = \omega_{RF} - \gamma B_0 \tag{2.22}$$

在产生 NMR 时,$\Delta\omega_0 = 0$。

与静磁场正交的射频场将宏观磁化矢量扳转到横向平面,而质子被扳转的角度与射频场的强度和射频场作用的时间呈正比,由式(2.23)确定:

$$\theta = \gamma B_1 \tau \tag{2.23}$$

对射频场 $B_1(r)$ 作变换,用角频率表示其强度,则有

$$-\gamma B_1(t) = \omega_1 \cos(\omega_{RF} t + \phi) \tag{2.24}$$

$$\omega_1 = \frac{-\gamma B_1(t)}{\cos(\omega_{RF} t + \phi)} \tag{2.25}$$

式中,ϕ 是射频场脉冲的相位。

在梯度场中线圈中的感生电压信号表达如下:

$$V_{x,y}(t) = \frac{2\chi}{\mu_0} \int dr \Phi(r) B_0^2(r) \frac{\omega_1(r)}{I} F[\Delta\omega_0(r)] m_{xy}(rt) \tag{2.26}$$

式中,χ 为静态磁化率,在室温状态下,对水而言,静态磁化率 $\chi = 4.04 \times 10^{-9}$(MKS 单位制);$\mu_0$ 为磁导率;$\Phi(r)$ 为被测样品的孔隙度;I 为线圈中发射 $\omega_1(r)$ 时的电流强度;$\omega_1(r)/I$ 代表线圈的发射效率;$F(\Delta\omega_0)$ 是整个探测系统的频率响应,包括线圈响应以及硬件和软件滤波;宏观磁化矢量 $m_{xy}(rt)$ 是在空间 r 和时间 t 下的横向磁化强度,与热平衡状态下的纵向磁化强度 $M_0(r) = \chi/\mu_0 B_0(r)$ 相当。

将空间维度 r 利用 $\Delta\omega_0$ 和 ω_1 转变,则式(2.26)可写为

$$V_{x,y}(t) = \frac{2\chi}{\mu_0} \iint d\Delta\omega_0 d\omega_1 f(\Delta\omega_0, \omega_1)(\omega_{RF} - \Delta\omega_0)^2 \times F(\Delta\omega_0) m_{x,y}(\Delta\omega_0, \omega_1)$$

$$\approx \frac{2\chi}{\mu_0} \iint d\Delta\omega_0 d\omega_1 f(\Delta\omega_0, \omega_1) \omega_{RF}^2 \times F(\Delta\omega_0) m_{x,y}(\Delta\omega_0, \omega_1) \tag{2.27}$$

式中,分布函数 $f(\Delta\omega_0, \omega_1)$ 由静磁场 $B_0(r)$ 和射频场 $B_1(r)$ 以及孔隙度分布 $\Phi(r)$ 所决定。

对于具有相位循环的 $m_{x,y}(\Delta\omega_0, \omega_1)$ 可表示如下：

$$m_{\infty,y}(\Delta\omega_0, \omega_1) = \frac{\omega_1}{\Omega} \frac{\sin(\Omega t_{90})}{1 + \left[\dfrac{\Omega}{\omega_1}\sin(\Delta\omega_0 t_E/2)\cot(\Omega t_{180}/2) + \dfrac{\Delta\omega_0}{\omega_1}\cos(\Delta\omega_0 t_E/2)\right]^2}$$

$$(2.28)$$

其中，$\Omega = \sqrt{\Delta\omega_0^2 + \omega_1^2}$。

图 2.4 ~ 图 2.6 所示为根据式（2.28）得到的分布。图 2.4 所示为其三维分布，图 2.5 为二维分布，从图中可以看出，峰值点出现在 $\Delta\omega_0 = 0$，ω_1 为奇数的地方，由于式（2.28）的值正负交替，因此在 $\omega_1 = 3$ 处，其达到最低。图 2.6 所示为全部取绝对值后的结果。图 2.4 ~ 图 2.6 中坐标为 $(\Delta\omega_0, \omega_1)$，且 $\Delta\omega_0$、ω_1 分别是 $B_0(r)$、$B_1(r)$ 的函数，而 $B_0(r)$、$B_1(r)$ 是空间上静磁场和射频场的分布。将 $B_0(r)$、$B_1(r)$ 代入式（2.28），再代入式（2.27）就可以得到核磁信号的分布图。对于不同的仪器而言，其 $B_0(r)$、$B_1(r)$ 不同，因此其核磁信号的分布图也不一样，即具有不同的探测特性。

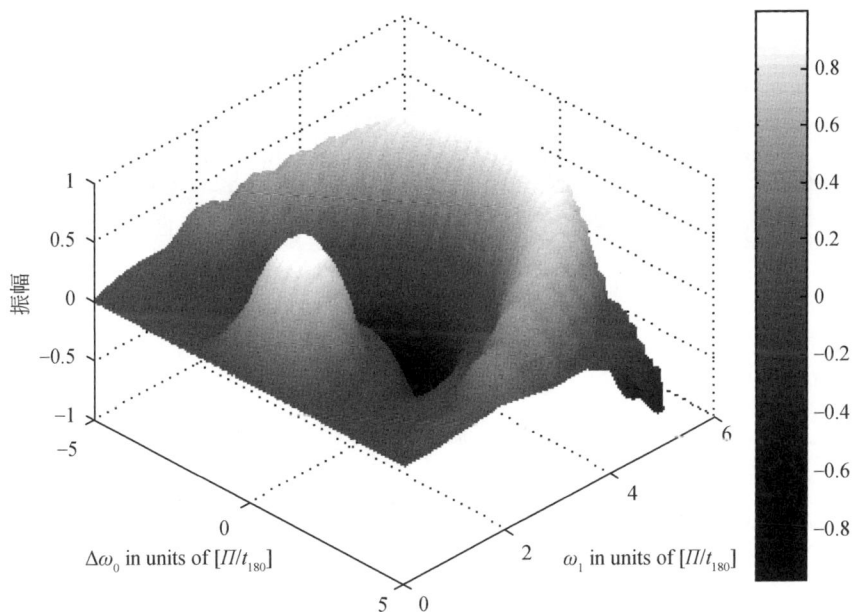

图 2.4　$(\Delta\omega_0, \omega_1)$ 维度下的宏观磁化量三维图

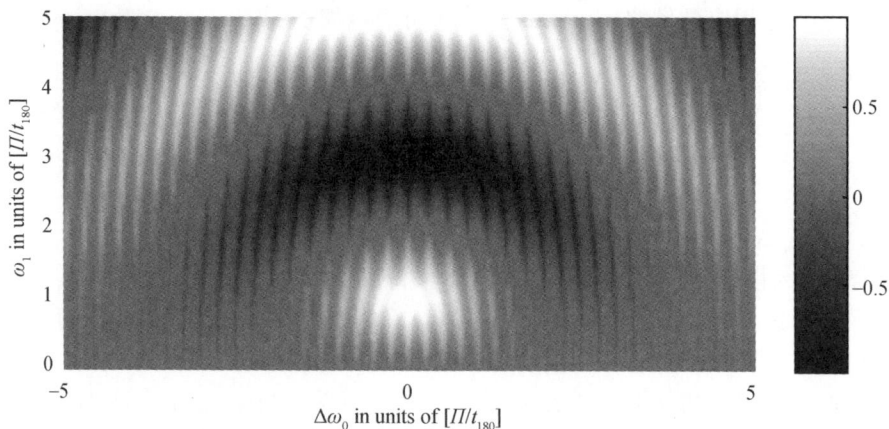

图 2.5　（$\Delta\omega_0$，ω_1）维度下的宏观磁化量二维图

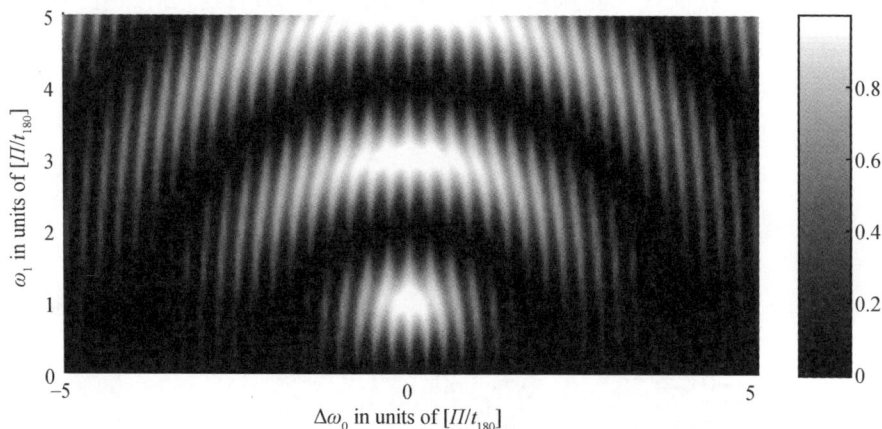

图 2.6　（$\Delta\omega_0$，ω_1）维度下的宏观磁化量绝对值

2.3　磁 性 材 料

　　井下 NMR 探头利用永磁材料提供所需的静磁场分布，而仪器在井眼环境下工作，因此永磁材料的磁性能和温度性能等参数就成为选取磁性材料类型的重要依据。永磁材料的性能参数主要包括磁感矫顽力 H_{cb}、剩磁感应强度 B_r、居里温度、温度系数、电阻率 ρ 等。

　　探头所用永磁体在成形和机械加工之前并不具有磁性（未磁化），而是加工成形后通过充磁使得永磁体具有磁性（磁化），以产生所需的静磁场分布。图 2.7 所示为永磁材料的磁滞回线。曲线 0-a 称为初始磁化曲线，指未磁化过的磁性物质在外加磁场的作用下，磁感应强度 B（也是本书后面所述的磁场强度）随

着外加磁场强度 H 的增大而逐渐增大。撤掉外加磁场 H ，永磁体磁感应强度降低至 B_r ，称为剩磁感应强度。若要使永磁体的磁感应强度为 0 ，则必须施加一个反向磁场强度。使磁感应强度为 0 的反向磁场强度 H_{cb} 就称为矫顽力。继续增大反向磁场强度，则磁体被反向磁化并达到饱和。若再让磁场强度 H 减小为 0 ，则磁感应强度降为 $-B_r$ ，其中 "$-$" 代表方向。要使磁感应强度为 0 ，则要在正向上施加磁场强度。当磁场强度在 H 和 $-H$ 之间来回变换，则磁感应强度按照曲线 *abcdefa* 来回变化，曲线 *abcdefa* 称为磁滞回线。

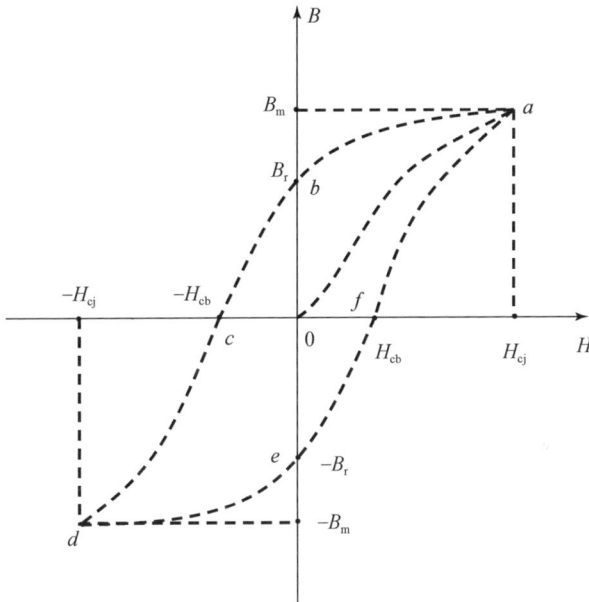

图 2.7　永磁体的磁滞回线

　　永磁材料的磁性会随温度变化。一般来说，已经磁化的永磁体，具有一个临界温度，低于这个温度则该磁性材料表现为铁磁性，此时永磁体具有磁性；当高于这个温度时则该磁性材料表现为顺磁性，此时永磁体失去磁性。这个临界温度就是该磁性材料的居里温度。

　　永磁体的温度系数[75]定义如下：

$$\alpha(B_r) = \frac{B_r(T_{b2}) - B_r(T_{b1})}{B_r(T_{b1})(T_{b2} - T_{b1})} \tag{2.29}$$

式中，$\alpha(B_r)$ 为剩磁温度系数（%/K）；T_{b1} 为基础温度（K）；T_{b2} 为温度变化的上限温度（K）；$B_r(T_{b1})$ 为当温度为 T_{b1} 时的剩磁（T）；$B_r(T_{b2})$ 为当温度为 T_{b2} 时的剩磁（T）。

　　表 2.1 所示为钕铁硼、钐钴和铁氧体永磁材料大概的磁性能参数。

表 2.1　磁性材料参数

材料	参数					
	剩磁强度(T)	居里温度(℃)	矫顽力(kA/m)	温度系数	磁能积(kJ/m³)	电阻率(Ω·m)
钕铁硼	1.2	380	970	-0.4%/K	280	144
钐钴	1.1	850	840	-0.03%/K	220	$10^{-2} \sim 10^{3}$
铁氧体	0.44	450	300	-0.2%/K	31	10^{5}

2.4　探头特性的数值模拟

国际主流 NMR 测井仪，如 MRIL-P、CMR、MREx、MR Scanner，通过数值模拟方法来分析其探测特性，剖析其结构和选材依据，验证数值模拟方法的适用性，为设计新的探头提供工具和思路。

2.4.1　居中型梯度磁场 NMR 探头

图 2.8 所示是 Strikman 提出的居中型仪器方案，采用圆柱形磁体结构，天线缠绕在磁体外部。

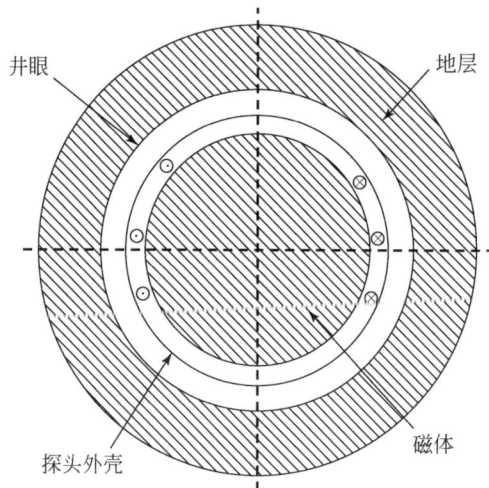

图 2.8　MRIL 探头方案结构

以该方案为基础建立模型，以磁体横截面的中心为原点建立平面坐标系，探头磁体的具体尺寸如图 2.9 所示，数值模型中包括仪器外壳、井眼以及地层，其中磁体采用径向极化。由于该磁体结构在横截面上关于 X、Y 轴对称，且在其纵向 Z 轴上的每一点处，其横截面结构一致，因此在数值模拟的过程中建立了二维模型进行分析。

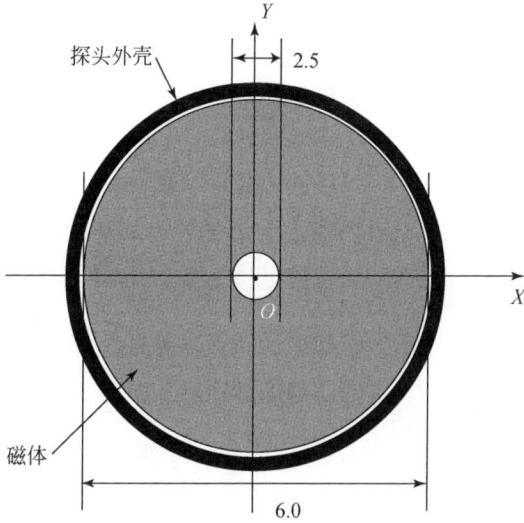

图 2.9　MRIL 探头磁体模型尺寸（cm）

利用有限元分析软件 Ansys 对该模型进行分析，图 2.10 为其磁力线分布图，在磁体极化方向上，磁力线射入地层，然后向两侧弯曲经过井眼周围的地层后返回磁极，且磁场关于 X、Y 轴对称。

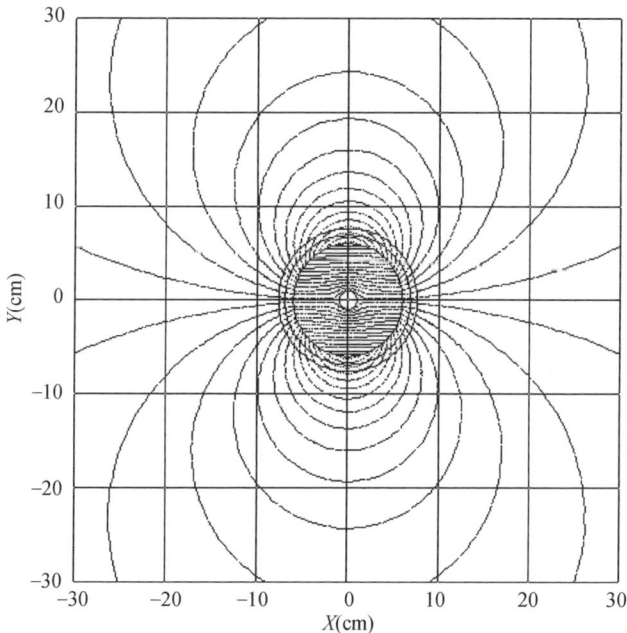

图 2.10　MRIL 静磁场磁力线分布

图 2.11 所示为磁场的等值云图。其中，图 2.11（a）中永磁体的矫顽力
$H_{cb}=230\text{kA/m}$，图中清晰显示出该磁场的等值云图近似为圆环形，且内圈的磁场
强度要高于外圈的磁场强度；图 2.11（b）所示为当永磁体矫顽力 $H_{cb}=350\text{kA/m}$
时的磁场等值云图分布，该等值云图的形状与图 2.11（a）所示的等值云图形状
一致，而磁场强度明显增大。

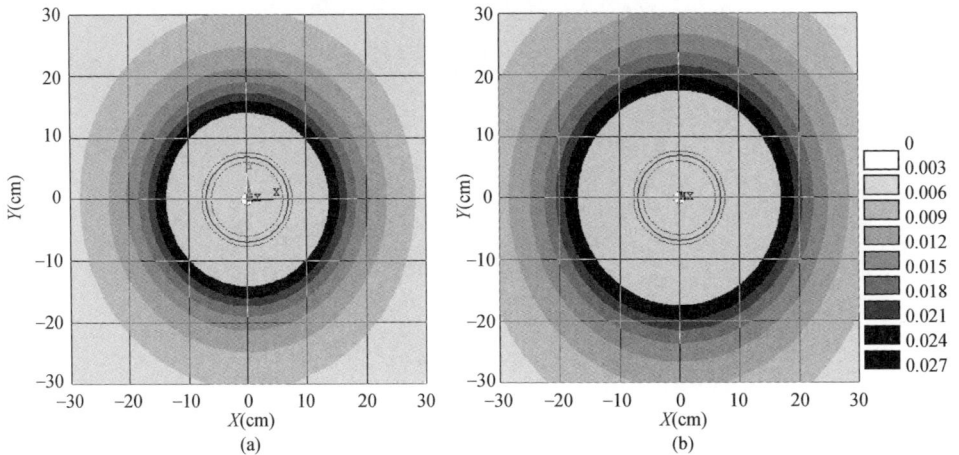

图 2.11　不同磁性材料属性对 MRIL 静磁场云图分布的影响（T）
（a）$H_{cb}=230\text{kA/m}$；（b）$H_{cb}=350\text{kA/m}$

该磁体产生的磁场强度随径向距离增加的变化趋势如图 2.12 所示，从图中
可以看出，磁场强度（以图中左侧数据轴为标示）随着径向距离的增加而逐渐
减小（从仪器外壳起），该磁场为梯度磁场；图中给出了不同磁体矫顽力得到的
磁场分布曲线，可以看出随着磁体矫顽力的增大，磁场强度整体增大。NMR 测
井仪工作频率一般选为 $500\sim1000\text{kHz}$，根据拉莫尔频率公式［式（2.20）］，则
其对应的磁场强度为 $0.012\sim0.023\text{T}$。在探测区域 $8\sim12\text{cm}$ 范围内，磁体产生的
磁场范围应在 $0.012\sim0.023\text{T}$，此时，对应磁体的矫顽力为 $200\sim260\text{kA/m}$。为
了进一步确定磁体材料的属性，图 2.12 中还给出了当磁体矫顽力 $H_{cb}=220\text{kA/m}$
时，产生的磁场强度所对应的拉莫尔频率（以图中右侧数据轴为标示），此时，
仪器工作频率为 $590\sim910\text{kHz}$，这一范围恰好落在 $500\sim1000\text{kHz}$ 范围内。

图 2.13 给出了在距离仪器外壳 8cm 处的磁场强度随磁性材料属性变化的趋
势。由于该磁场为梯度磁场，磁场强度随径向深度的增大而减小，在 8cm 处磁场
强度应在 0.023T 左右。从图 2.13 可知，此时对应的磁体材料 H_{cb} 约为 235kA/m。
对于该磁体结构，其磁体体积大，因此对磁性材料属性要求低，选用铁氧体永磁
材料就能满足要求。然而，由于铁氧体磁材料的居里温度较低，仪器在井底条件

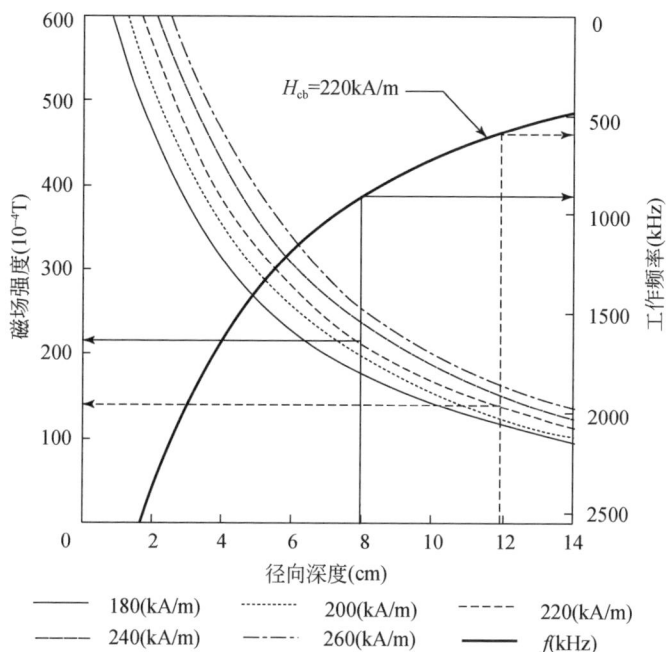

图 2.12　不同磁性材料 MRIL 静磁场径向分布

下工作时，温度可达175℃，因此磁体的磁性能会降低，这样带来的后果是磁场强度随径向距离变化而变化的整体趋势会发生改变，如图 2.14 所示。在高温状态下工作时，磁场强度发生了衰减。然而，此时依然能够测到信号，这是因为静磁场为一个梯度分布，虽然磁场强度降低，但对应于同一工作频率，仍然能够测量到一个"切片"的信号，只是此时探测深度变浅。图 2.14 中实线为常温（25℃）条件下静磁场强度随径向深度的变化趋势，虚线为在井底高温（100℃及 175℃）条件下静磁场强度随径向深度的变化趋势。在高温条件下，静磁场强度整体下降，其下降的幅度由式（2.30）计算得到：

$$B_{1, \alpha} = B_1 \times (1 - F \times \Delta T) \qquad (2.30)$$

式中，$B_{1, \alpha}$ 为井底条件下的静磁场强度；B_1 为常温状态下的静磁场强度；F 为温度系数；ΔT 为温度变化值。

　　NMR 测井仪天线射频场也是一个梯度磁场，且随着径向距离的增大而降低。然而，射频场强度不受温度的影响，因此在高温环境下，当静磁场强度降低造成切片的径向距离变浅时，切片位置所对应的射频场能量也变强。如图 2.15 所示（射频场强度归一化处理），当切片深度由 DOI-1 降低到 DOI-2 时，射频场能量由 B_1（DOI-1）升高到了 B_1（DOI-2），在测量时，会出现质子过扳转的情况，因此需要对这一情况进行校正，主要是针对井下温度对发射的射频场能量进行校正。

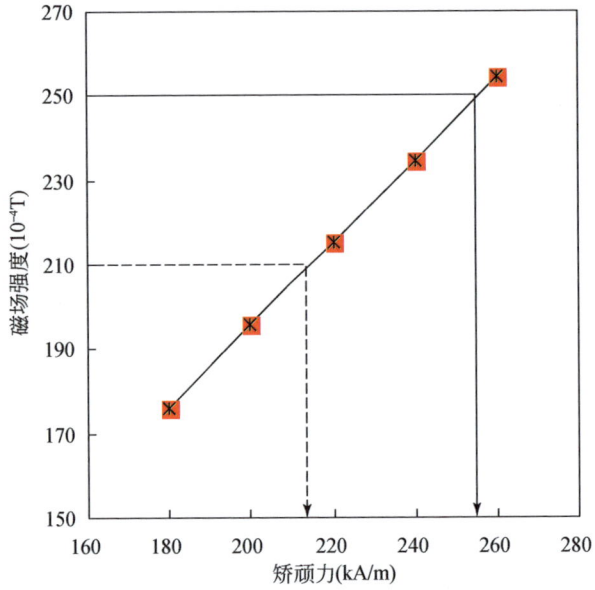

图 2.13　磁性材料对 MRIL 静磁场强度的影响（取距仪器外壳表面 8cm 处的磁场强度）

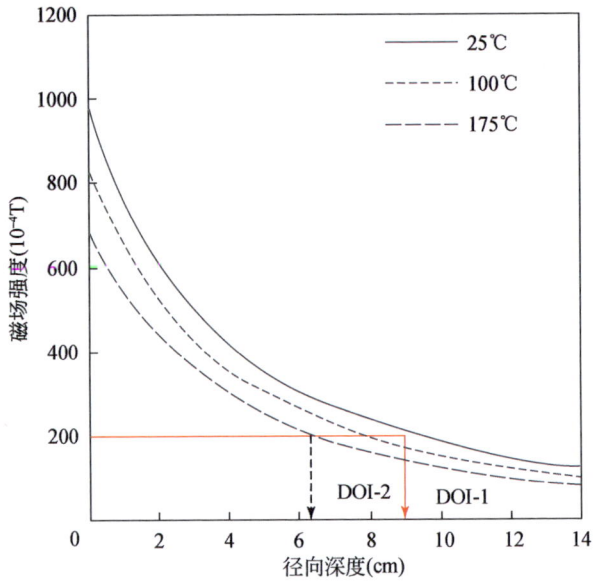

图 2.14　井下温度对 MRIL 静磁场的影响

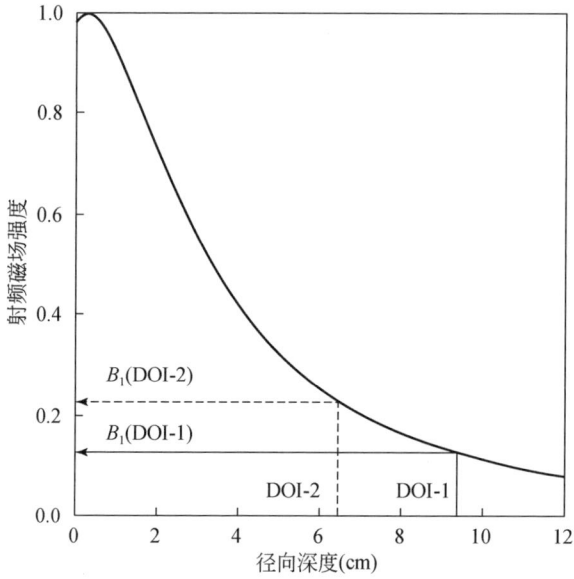

图 2.15　不同探测深度处的射频场能量

2.4.2　贴井壁型均匀磁场 NMR 探头

　　贴井壁型均匀磁场 NMR 测井仪指的是 CMR[33]，该仪器探头结构设计相对复杂，探头外形也呈不规则形状，如图 2.16 所示。

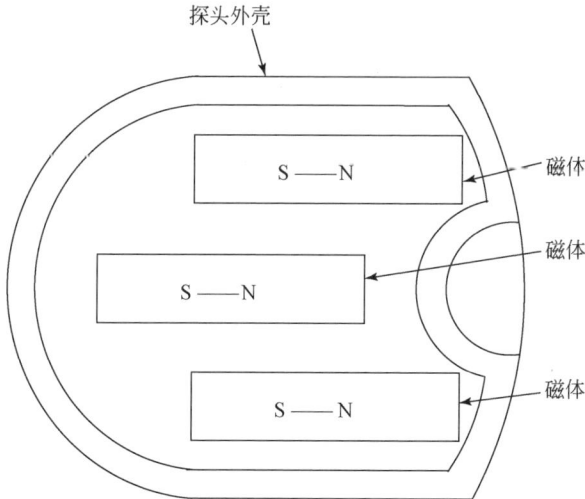

图 2.16　CMR 探头方案结构

　　图 2.17 所示为 CMR 探头横截面尺寸，该探头采用三个小磁体组合形成均匀磁场，且磁体的极化方向一致，为了方便，这里给磁体编号为 Mag1、Mag2、Mag3。在井轴方向 Z 轴上的每一点处的横截面上，其磁场分布可以认为是近似相同的，因此可以建立二维平面模型来计算其磁场分布，这样可以简化模型的复杂程度，同时也大大降低了计算量。

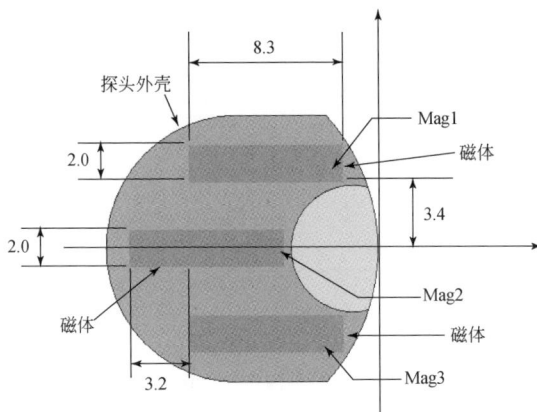

图 2.17　CMR 探头磁体模型尺寸（cm）

　　图 2.18 所示为采用图 2.17 中的模型计算得到的 CMR 磁场磁力线分布，静磁场近似直射进入地层，且在一定的径向范围内形成一个均匀磁场。

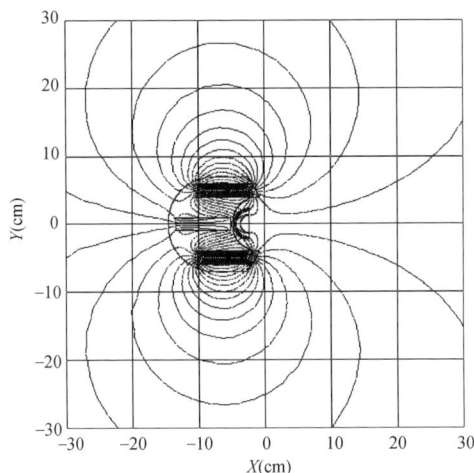

图 2.18　CMR 静磁场磁力线分布

CMR 探头静磁场等值云图分布如图 2.19 所示，图中的磁场分布结果分别对应的磁性材料属性如表 2.2 所示，随着 Mag1 号和 Mag3 号磁体的磁性能增强，磁场强度逐渐增强，且图 2.19（b）所示的磁场结果比较好。这里需要特别注意的是，Mag2 号的磁性材料属性与 Mag1 号和 Mag3 号磁体的磁性材料属性不相同。

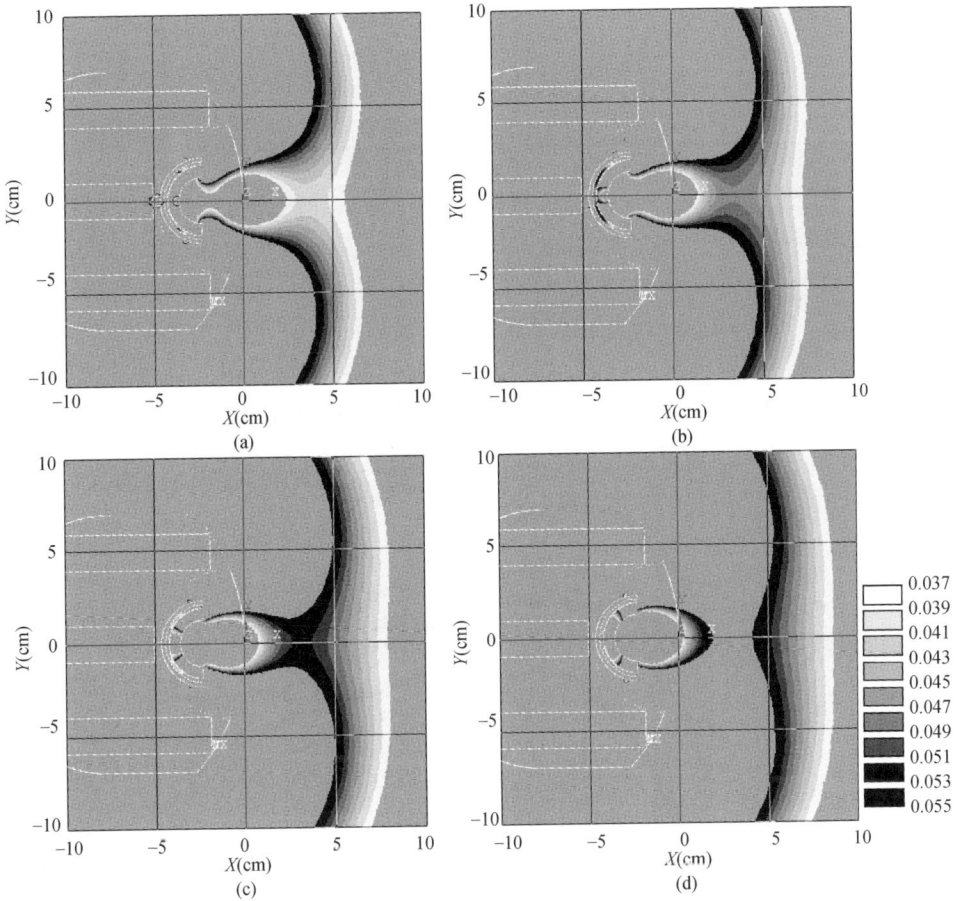

图 2.19 不同磁性材料属性对 CMR 静磁场云图分布的影响（T）

（a）H_{cb}_Mag1 = H_{cb}_Mag3 = 1300kA/m, H_{cb}_Mag2 = 400kA/m;（b）H_{cb}_Mag1 = H_{cb}_Mag3 = 1300kA/m, H_{cb}_Mag2 = 620kA/m;（c）H_{cb}_Mag1 = H_{cb}_Mag3 = 1300kA/m, H_{cb}_Mag2 = 800kA/m;（d）H_{cb}_Mag1 = H_{cb}_Mag3 = 1300kA/m, H_{cb}_Mag2 = 1000kA/m

表 2.2　数值模拟计算中所用的磁性材料属性参数

计算结果	材料属性		
	H_{cb}_Mag1 (kA/m)	H_{cb}_Mag2 (kA/m)	H_{cb}_Mag3 (kA/m)
图 2.19 (a)	1300	400	1300
图 2.19 (b)	1300	620	1300
图 2.19 (c)	1300	800	1300
图 2.19 (d)	1300	1000	1300

　　图 2.20 给出了采用不同的磁性材料，CMR 探头静磁场强度随径向深度的增加而变化的趋势。CMR 操作频率为 2MHz，根据拉莫尔频率公式可知，对应的静磁场强度约为 0.047T。从图 2.20 看出，当 CMR 探头的三个磁体磁性材料属性一样且都为 $H_{cb}=800$kA/m 时，静磁场的均匀区域靠近探头外壳，仪器的探测深度约为 2cm，仪器的探测深度较浅。而当磁体采用非均匀极化时，即 Mag2 号的磁性材料属性与 Mag1 号和 Mag3 号磁体的磁性材料属性不相同，如表 2.2 所示

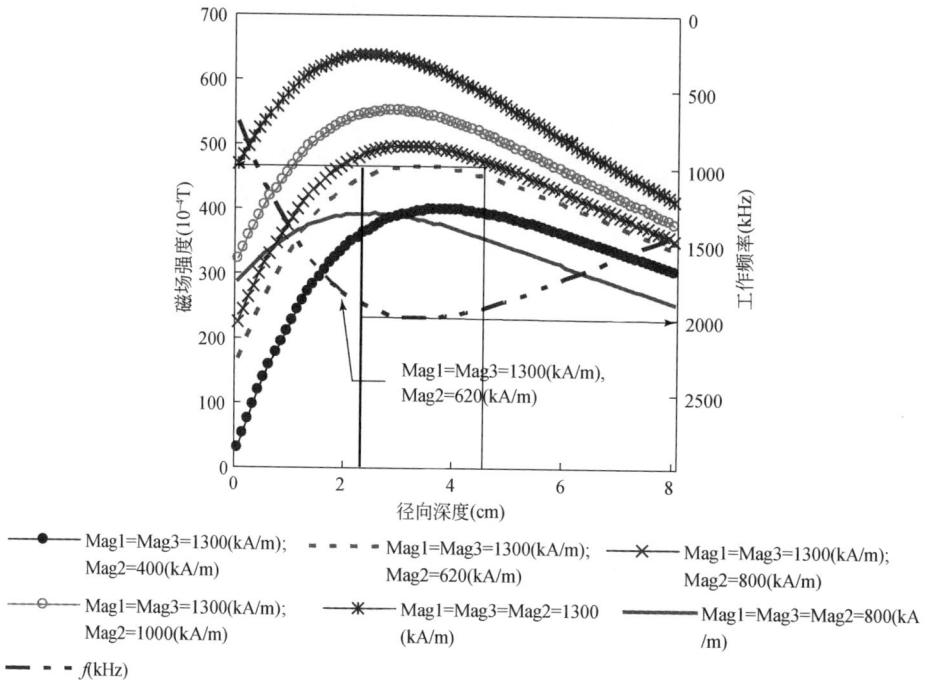

图 2.20　不同磁性材料属性 CMR 静磁场径向分布

［图 2.19（b）］，此时仪器的探测深度约为 3.2cm，如图 2.20 所示。根据以上分析可知，CMRNMR 测井仪对磁体的要求较高，不仅要求磁材料具有较强的磁性能，需要选用钐钴材料，同时对磁体的极化程度要求也不一样，这就提高了仪器制作工艺的要求。

2.4.3　贴井壁型梯度磁场 NMR

贴井壁型梯度磁场 NMR 测井仪包括 MREx[40] 和 MR Scanner[43]。MREx 探头磁体由主磁体和小磁体组成，这两个磁体具有相同的极化方向，如图 2.21 所示。与 CMR 方案，以及下述的 MR Scanner 方案相比较，MREx 探头磁体的极化方向是朝向探头敏感区域的两侧，而 CMR、MR Scanner 探头方案磁体的极化方向是正对着敏感区域。MREx 的这种组合磁体结构的设计不仅能降低天线中磁芯对静磁场的影响，同时还能够得到最大的方位共振区域。

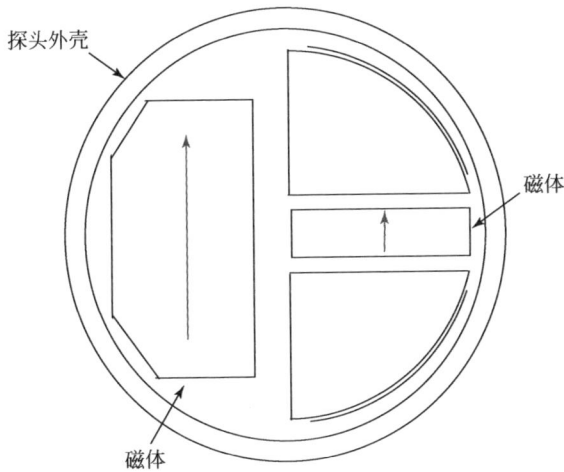

图 2.21　MREx 探头方案结构

根据图 2.21 所示 MREx 探头方案结构，建立如图 2.22 所示的结构模型，由于探头结构在 Z 轴上每一处的横截面结构一致，因此建立二维平面模型。

图 2.23 所示为 MREx 探头静磁场磁力线分布，从图中可以清楚地看出，其静磁场从探头的上侧（或下侧）穿过地层回到磁体的另一极，这一磁场架构理念与 CMR 以及 MR Scanner 的静磁场架构理念不同。

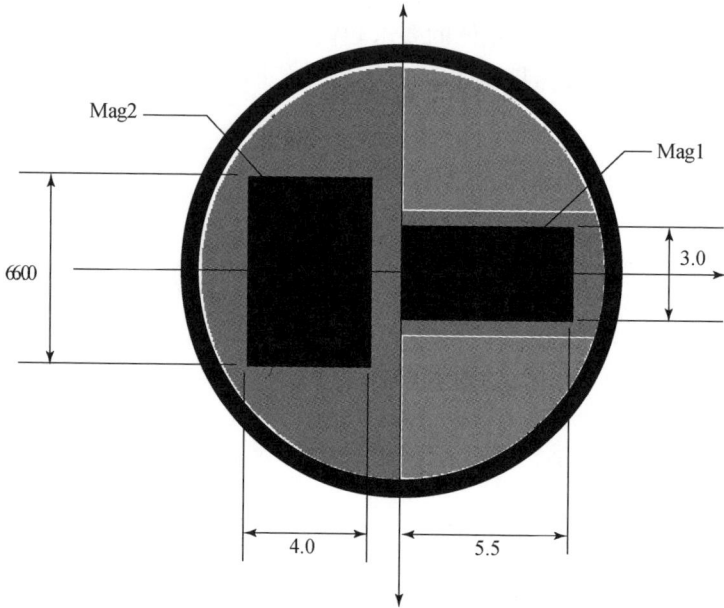

图 2.22　MREx 探头磁体模型尺寸（cm）

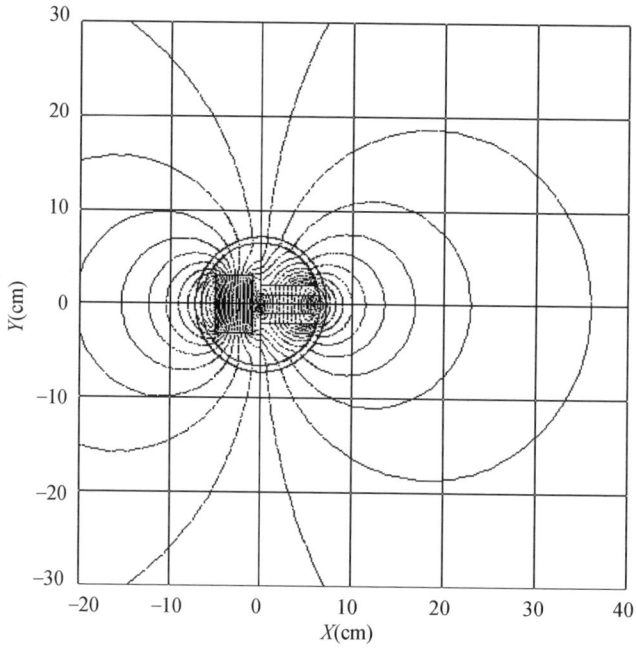

图 2.23　MREx 静磁场磁力线分布

采用如表 2.3 所示的材料参数，得到静磁场等值云图的分布如图 2.24 所示。采用不同的磁材料参数，MREx 探头静磁场等值云图有明显变化。对比图 2.24 (a) 与图 2.24 (b) 可以看出，随着磁体性能的增强，静磁场等值云图明显向外移动，磁场强度整体增强。而图 2.24 (c) 与图 2.24 (d) 对两块磁体分别采用了不同磁性能参数，图 2.24 (c) 中的静磁场等值云图整体变化趋势平滑，且在探头的右侧（安装天线的一侧）静磁场等值云图的形状更接近于一个半圆形。

表 2.3 数值模拟计算中所用的磁性材料属性参数

计算结果	材料属性	
	H_{cb}_Mag1（kA/m）	H_{cb}_Mag2（kA/m）
图 2.24 (a)	400	400
图 2.24 (b)	600	600
图 2.24 (c)	600	400
图 2.24 (d)	400	600

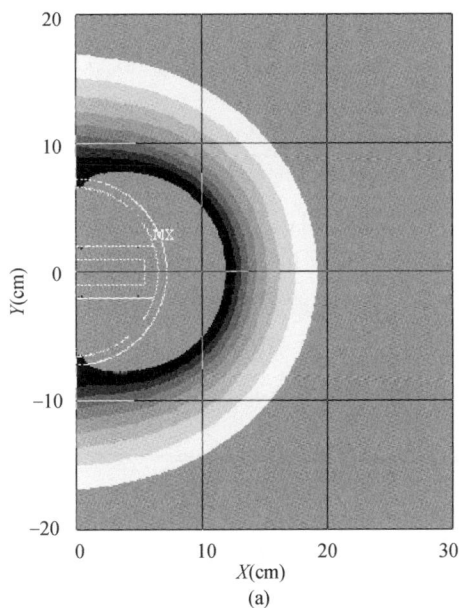

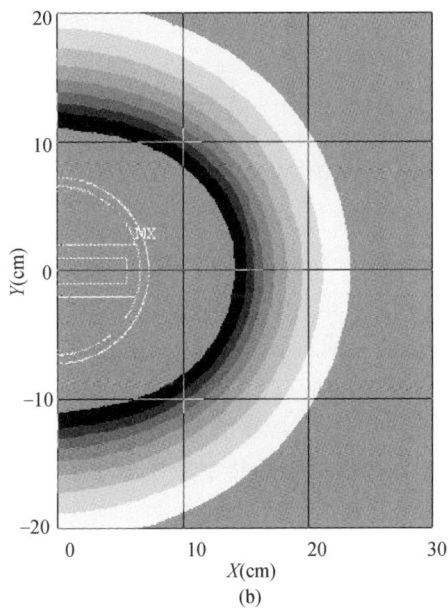

(a) (b)

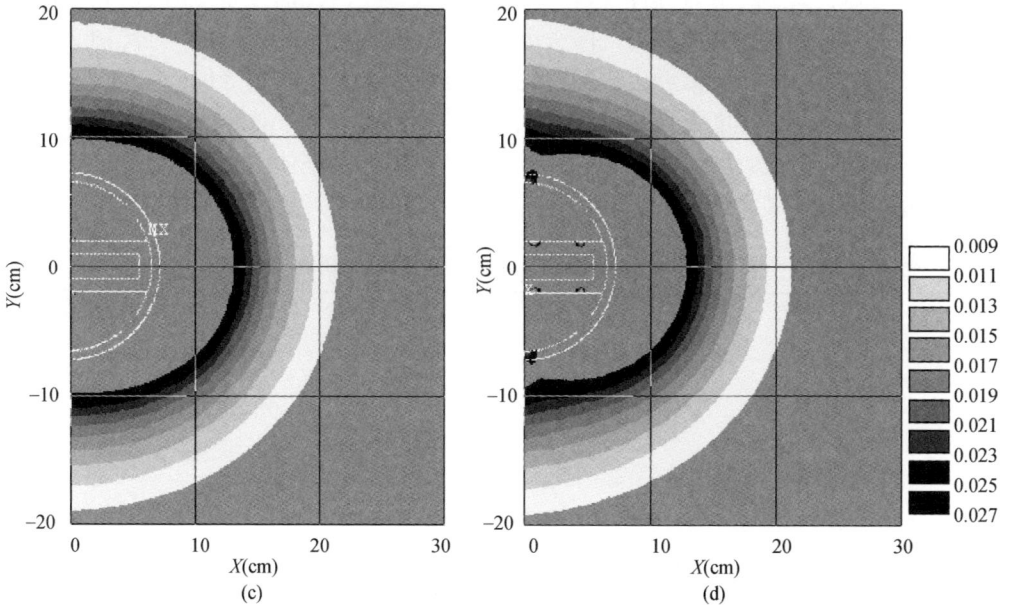

图 2.24　不同磁性材料属性对 MREx 静磁场云图分布的影响（T）

(a) H_{cb}_Mag1 = H_{cb}_Mag2 = 400kA/m；(b) H_{cb}_Mag1 = H_{cb}_Mag2 = 600kA/m；

(c) H_{cb}_Mag1 = 600kA/m, H_{cb}_Mag2 = 400kA/m；(d) H_{cb}_Mag1 = 400kA/m, H_{cb}_Mag2 = 600kA/m

　　图 2.25 所示为 MREx 探头磁体产生的静磁场强度随径向距离增加而变化的曲线，从图中可以看出，该静磁场为梯度磁场，磁场强度（以图中左侧数据轴为标示）随着径向距离的增加而逐渐减小。图 2.25 中给出了不同磁性材料磁体得到的磁场分布曲线，图中可以看出，随着磁体矫顽力的增大，磁场强度整体增大。MREx 的工作频率范围为 500 ~ 900kHz，其对应的静磁场强度为 0.0117 ~ 0.0211T。通过对照图 2.25 的数值模拟结果可以看出，MREx 探头磁体的材料属性约为 400kA/m。对照表 2.1 可知，该探头磁体的材料应选用钐钴材料。

　　贴井壁型 NMR 的另一典型设计方案是 MR Scanner，其探头结构如图 2.26 所示，该仪器采用贴井壁方式测量。该仪器的特点是在探头内部设计有三个天线，其中主天线有三个操作频率，探测深度范围为 1.5 ~ 4.0in[①]（3.8 ~ 10.2cm），主要用来进行流体评价。而另外两个高分辨率天线采用单频操作，探测深度约为 1.25in（3.2cm），主要用来提供岩性参数。MR Scanner 探头磁体与 MRIL-P 探头磁体相似，为一个圆柱形，采用径向极化。

————————————

　　① in 为英寸，长度单位，1in = 2.54cm。

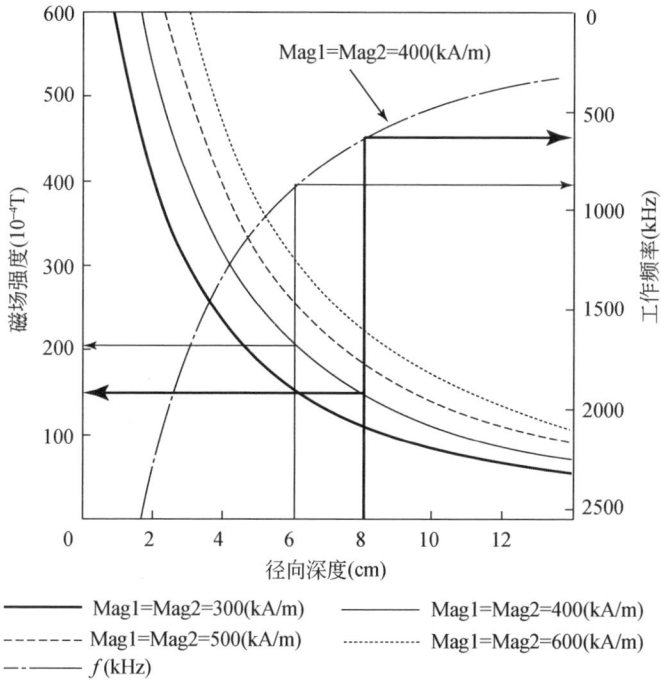

图 2.25　不同磁性材料属性下 MREx 静磁场径向分布

由于 MR Scanner 探头在 Z 轴上每一处的横截面结构相同，因此建立如图 2.27 所示的平面模型进行计算。

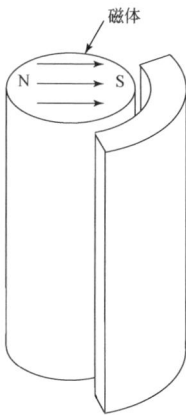

图 2.26　MR Scanner 探头
　　　　方案结构

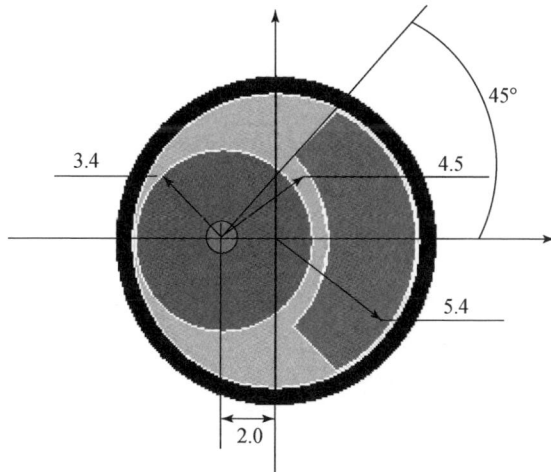

图 2.27　MR Scanner 探头模型尺寸（cm）

根据图 2.27 所示的模型进行数值模拟，得到的磁场分布如图 2.28 所示，MR Scanner 探头磁体结构与 MRIL 的磁体结构相似，因此图 2.28 所示的 MR Scanner 的静磁场分布与图 2.10 中所示的 MRIL 探头静磁场分布相似。

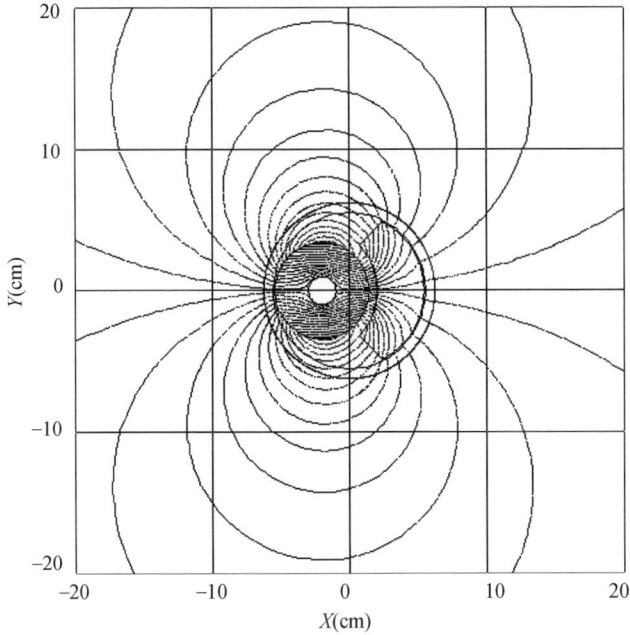

图 2.28　MR Scanner 静磁场磁力线分布

表 2.4 给出了数值模拟过程中对 MR Scanner 磁体所采用的不同磁性材料的属性参数。

表 2.4　数值模拟计算中所用的磁性材料属性参数

计算结果	材料属性	
	H_{cb}（kA/m）	磁芯材料
图 2.29（a）	400	有
图 2.29（b）	600	有
图 2.29（c）	570	有
图 2.29（d）	570	无

MR Scanner 静磁场等值云图分布如图 2.29 所示，在探头区域范围内其探头静磁场等值云图为椭圆形，这是因为其磁体在探头内部偏向左侧。图 2.29（c）和图 2.29（d）分别给出了有磁芯材料和无磁芯材料时的静磁场等值云图，对比

这两张图，可见磁芯材料的添加对磁体静磁场的等值云图分布影响不大。但由于天线中的磁芯材料为高磁导率材料，因此磁芯对静磁场强度的分布会有一定的影响。

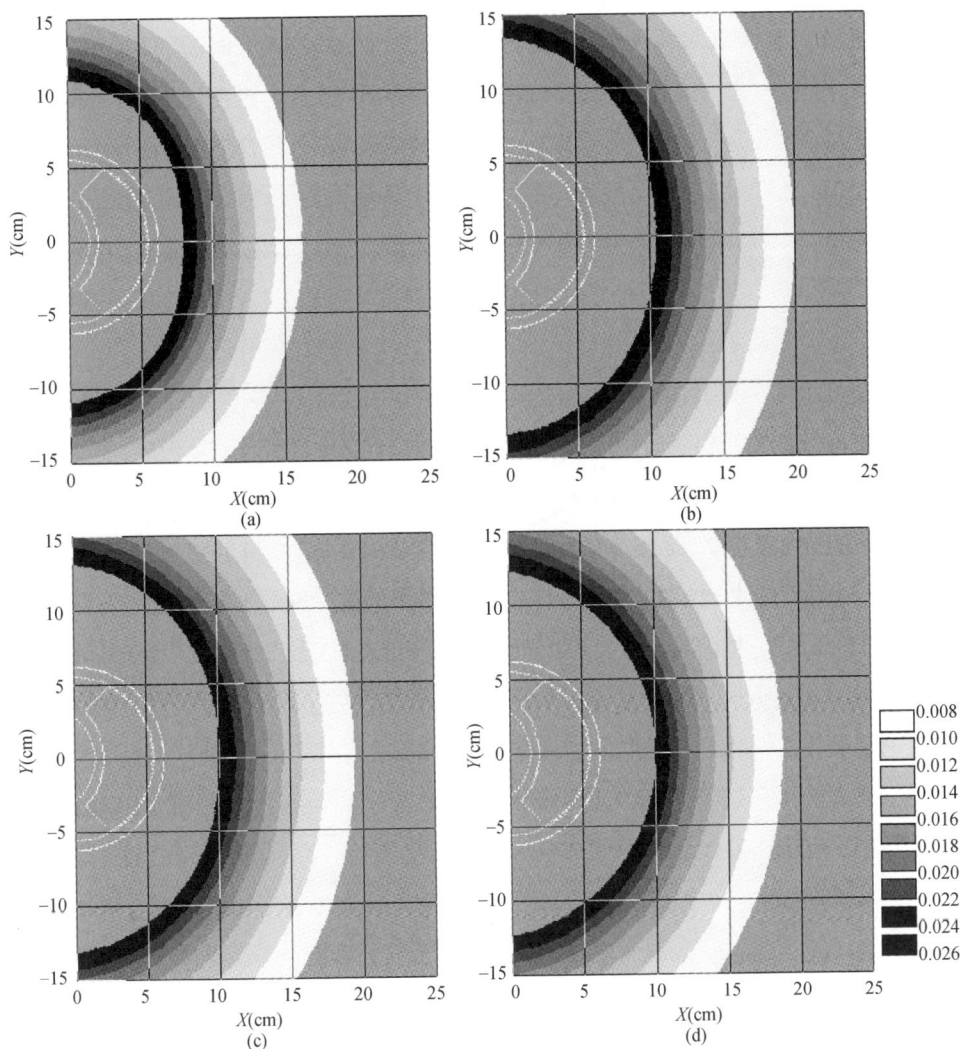

图 2.29　不同磁性材料属性对 MR Scanner 磁场云图分布的影响（T）

（a）$H_{cb} = 400kA/m$，且有磁芯材料；（b）$H_{cb} = 600kA/m$，且有磁芯材料；

（c）$H_{cb} = 570kA/m$，且有磁芯材料；（d）$H_{cb} = 570kA/m$，没有磁芯材料

图 2.30 给出了不同磁性材料属性参数下的静磁场强度分布，从图中可以看出，该磁场为梯度磁场，且随着磁性材料属性参数的增强，磁场强度整体增大。

磁芯对静磁场强度有一定的影响，在靠近探头外壳区域约 3cm 范围内，增加磁芯材料后得到的磁场强度比不增加磁芯材料得到的磁场强度低，但是在探测区域 4～10cm 范围内，增加磁芯材料后得到的磁场强度比不增加磁芯材料得到的磁场强度高约 0.001T。选取磁体矫顽力为 570kA/m，得到的静磁场强度分布如图 2.30 所示，在探测区域 4～10cm 范围内磁场强度为 0.0114～0.0255T，相应的拉莫尔频率范围为 485～1086kHz，这一范围符合仪器的工作频率范围，因此可知，MR Scanner 探头磁体选取钐钴材料。

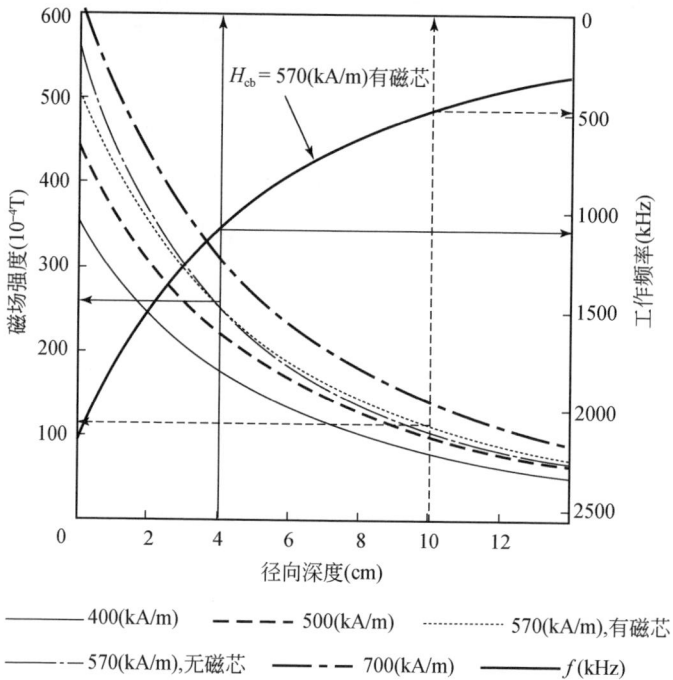

图 2.30　不同磁性材料属性 MR Scanner 静磁场径向分布

2.4.4　仪器探测特性

　　井下 NMR 探头按工作方式分为居中型（MRIL）和贴壁型（CMR、MREx、MR Scanner），按磁场类型可分为梯度磁场（MRIL、MREx、MR Scanner）和均匀磁场（CMR）。其中，居中型探头采用梯度磁场，在井下工作时，探头通过扶正器位于井眼中间，探头外壳与井壁没有接触，因此在外壳与井壁之间有钻井液存在。而钻井液的电阻率对仪器的探测性能有影响，表现在低电阻率钻井液会直接导致天线产生的射频场 B_1 被衰减，在探测深度处达不到扳转磁化矢量的强度。因此，居中型探头正常工作所能适应的最低钻井液电阻率为 0.02Ω·m。贴井壁型探头既可以采用梯度磁场也可以采用均匀磁场，仪器在井下工作时，仪器探头通过推靠器贴靠在井壁上，探头外壳与井壁相接触，这两者之间没有钻井液存在或有少量的钻井液存在，因此贴井壁型探头几乎不受井眼中钻井液电阻率的影响。相比之下，贴井壁探头更适合在低电阻率钻井液井眼环境和大斜度井中作业。此外，贴井壁型探头不受井眼尺寸的影响，然而由于其探测区域范围小，测量重复性比居中型探头差。

居中型探头敏感区域是一个以井轴为中心的圆柱壳，能够探测到井眼周围360°范围地层信息；而贴井壁型探头敏感区域是一个瓦型壳，且敏感区域开角最大能够达到120°，因此从所测样品体积大小来看，居中型探头的样品体积大于贴井壁型探头的样品体积，这就使得居中型探头信号强度大于贴井壁型探头信号强度。表 2.5 中为这四种 NMR 测井仪的参数与探测特性对比。

表 2.5 井下 NMR 仪器基本参数与探测特性对比

	MRIL-P	CMR	MREx	MR Scanner
工作方式	居中	贴井壁	贴井壁	贴井壁
磁场类型	梯度磁场	均匀磁场	梯度磁场	梯度磁场
探测深度（in）	8，井轴开始	1.12，井壁开始	2.2~4.0	1.5~4.0
纵向分辨率（in）	24（点测）	6（点测）	18（点测）	7.5（点测）
回波间隔（ms）	0.6	0.2	0.3	0.45
井眼范围（in）	7~16	>5.875	>5.875	>5.875
操作频率数	9 频	单频	6 频	6 频
工作频率范围（kHz）	500~800	2	450~880	1100（高分辨率天线） 1000~500（主天线）
钻井液电阻率（Ω·m）	>0.02	不受限制	不受限制	不受限制

表 2.5 显示，贴壁型梯度磁场的探测深度从井壁算起可达 10cm 左右，且不受井眼尺寸和钻井液电阻率的影响；居中型探头，对于不同尺寸的井眼需要采用不同尺寸的探头。由于受到井眼环境（井眼尺寸和高温高压）的约束和影响，要在井底条件下实现均匀磁场非常困难，因此采用均匀磁场的方案较少。根据以上分析可以看出，将来的 NMR 测井仪应兼顾居中型和贴井壁型仪器的优点，采用梯度磁场和多天线结构，一次下井即可获得多组不同采集参数的回波串，并能便捷地获取多维 NMR 信息，结合新的数据处理和解释方法，扩大和提高其在油气资源评价中的应用范围和效果。

第3章 探 头 设 计

在国际主流井下 NMR 仪器探头技术特性基础上，针对油气勘探开发实际需求，提出探头设计目标：

(1) 能够适应咸水泥浆（钻井液）钻井的井眼环境和大斜度井测井，以及适应海上复杂油气田测井评价与油气识别需要；

(2) 探头具有良好的探测特性，磁体和天线的结构能够探测到足够大的样品体积，确保测井信号强度与信噪比；

(3) 仪器探测深度在 7cm 左右，以便获得地层的真实信息；

(4) 具有多个操作频率，能够观测到多个切片；

(5) 能够实现总孔隙度、T_1 加权和 D 加权等多种测量模式。

根据以上所述的总体方案设计目标，结合目前主流 NMR 测井仪的设计方案可知：①对于咸水泥浆钻井的井眼环境和大斜度井测井，居中型 NMR 测井仪不能很好地适应这样的环境。因为居中型仪器在井底条件下工作时，仪器通过扶正器在井眼中处于居中的状态，由于探头直径尺寸小于井眼尺寸，在探头周围会有钻井液的存在，而咸水泥浆具有低电阻率特性，这对居中型 NMR 测井仪的射频场有很大的衰减作用；此外，在大斜度井中，由于重力场作用，居中型仪器并不能很好的处于居中的状态。而贴井壁型仪器在井底条件下工作时，受钻井液电阻率影响小，且能够适应大斜度井测井，因此该 NMR 测井仪探头设计方案定位于贴井壁型 NMR 测井仪。②对于贴井壁型 NMR 测井仪，要确保仪器具有良好的探测特性，使得仪器能够探测到足够大的样品体积，则敏感区域的开角不能太小，应在 60°~120°。③仪器的探测深度由两个关键因素所决定：一是磁体的结构设计和材料属性使得静磁场的分布满足设计要求；二是在考虑仪器电子线路所能提供的功率条件下，天线的结构设计和性能使得射频场分布能够达到扳转磁化矢量并接收信号的水平。而这两点都需要通过数值模拟计算来详细考察。④均匀磁场 NMR 测井仪只有一个工作频率，要实现多个操作频率，则探头磁场应设计成梯度磁场分布。⑤按照以上设计要求，同时与数据处理方法相结合，通过实验测试来逐步确定仪器的各种观测模式，优化仪器的性能。

根据以上分析，结合目前实际的实际需求进一步明确了总体方案的设计目标和特性，如表3.1所示。

表 3.1 设计目标

指标名称	探头设计指标与特性	指标名称	探头设计指标与特性
工作方式	贴井壁	操作频率数	4
磁场类型	梯度磁场	探头尺寸	14cm
探测深度	8cm（井壁开始）	工作频率范围	500～1000kHz
纵向分辨率	60cm（点测）	测井速度	90～500m/h
井眼范围	>5.875in（15cm）		

3.1 结 构 设 计

3.1.1 总体方案设计

在给定材料属性的情况下，磁体体积越大，磁体所能产生的磁场强度越大。然而，由于 NMR 测井仪在井底条件下工作，为了方便仪器下井，仪器的尺寸不能大于井眼尺寸，因此 NMR 测井仪探头外形尺寸应考虑一般情况的井眼尺寸，在此设定仪器探头的外径约为 14cm。

一般来说，NMR 测井仪探头内部包含三大部件：磁体、天线和骨架。对于贴井壁型 NMR 测井仪探头，其磁体和天线部件在探头内部分居探头的两侧，如图 3.1 所示，其中磁体的结构设计有圆柱形、长方体形及其他不规则的结构；天线部件结构一般为半圆柱形、弧形及其他不规则的结构；而骨架一般在探头中根据磁体部件和天线部件结构而定。因此在设计磁体结构和天线结构时，既要考虑在井底条件下实现 NMR 的磁场正交匹配关系，增大仪器探测区域范围，同时还要兼顾考虑探头的整体机械结构与装配。

3.1.2 磁体结构、材料选取与磁场特性分析

根据以上分析，新的 NMR 测井仪探头磁体部件和天线部件分别设计为两个半圆形，从半圆形结构出发逐步优化，如图 3.2 所示，图中磁体和天线结构分别位于探头的两侧，中间留出一定的空间用于骨架以及贯通孔。仪器在井下工作时，B 侧贴靠在井壁。

磁体部件初步结构外形如图 3.3 所示，Z 轴方向为探头中心轴方向，在 Z 轴方向上的每一处，磁体横截面结构尺寸相同。在不考虑磁体两端磁场分布的特殊性时，可近似认为每一处横截面上磁场分布相同。为了简化模型结构，减少计算量，对该磁体结构建立 XY 平面的二维模型。

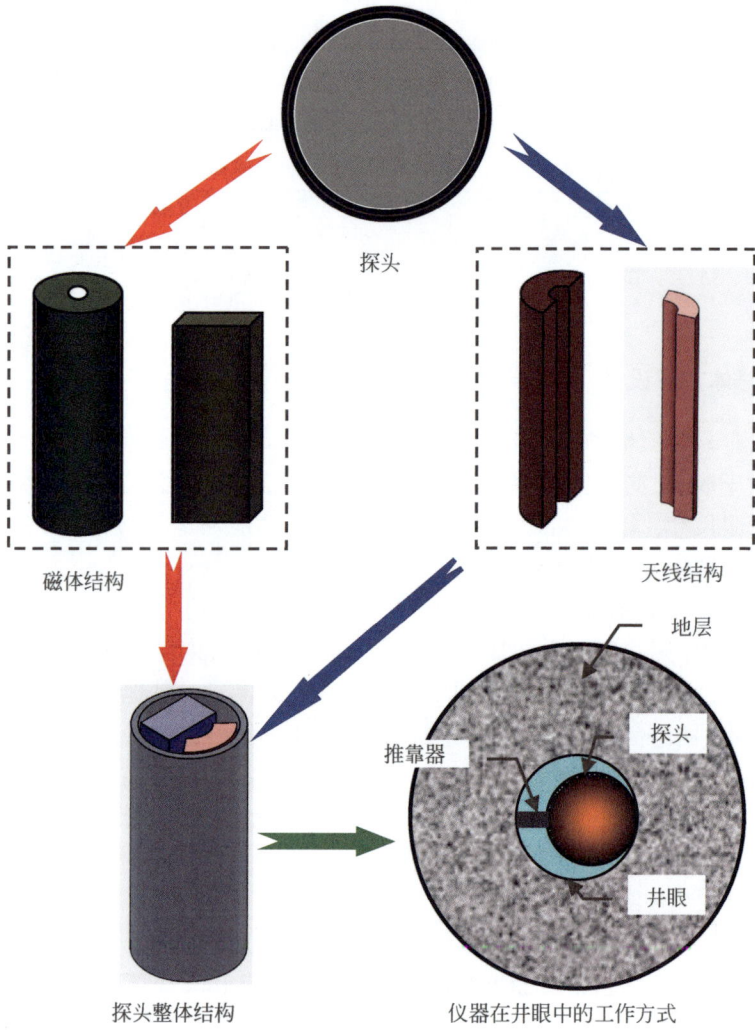

探头

磁体结构

天线结构

地层

推靠器

探头

井眼

探头整体结构

仪器在井眼中的工作方式

图 3.1 探头结构组成示意图

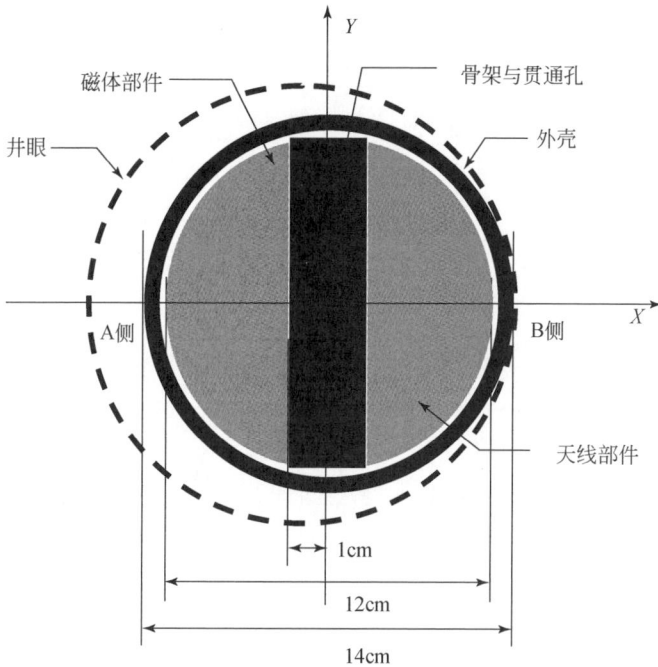

图 3.2 探头结构初步方案

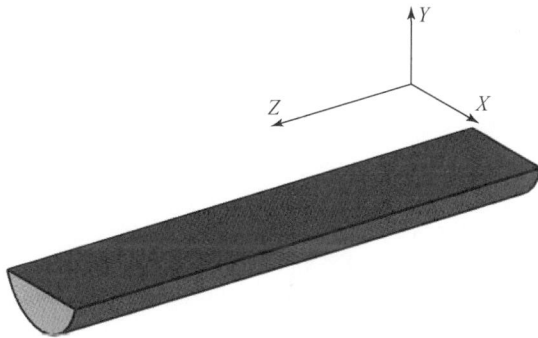

图 3.3 磁体外形

图 3.4 所示为计算得到的磁体静磁场分布，此时模型中没有考虑天线部件。对于磁体材料属性主要考虑两个参数，即矫顽力 H_{cb} 和相对磁导率 μ_m ，其中磁体材料和矫顽力范围需要经过数值模拟计算与优化设计才能确定。由于 NMR 测井仪需要向地层中发射射频脉冲激发质子，因此探头的外壳材料选用非金属材料；同时，外壳材料还要能承受井底条件下的高温高压环境，故外壳材料选用玻璃钢外壳。从图 3.4 可以看出，在探头的右侧，磁力线射入地层并向两边分开穿过地层回到磁体的另一极，该磁场分布关于 X 轴对称。

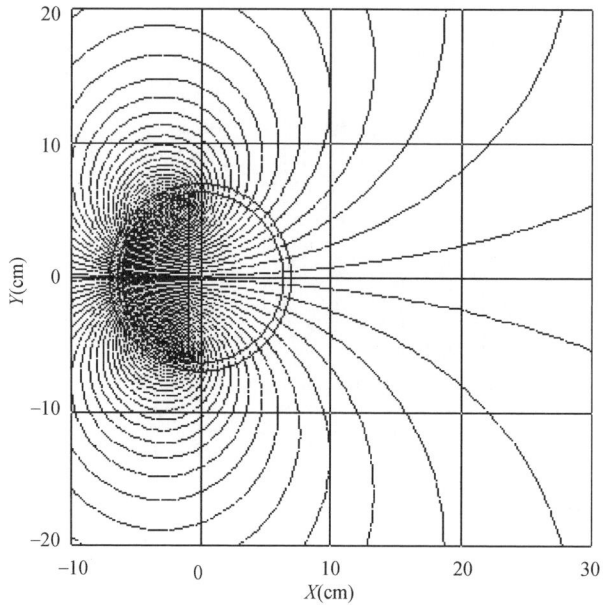

图 3.4　静磁场磁力线分布

图 3.5 所示为静磁场等值云图分布，其中，磁体的磁性材料 $H_{cb} = 900\text{kA/m}$，图中显示的磁场范围为 0 ~ 0.45T。在靠近磁体的地方，磁场强度大，而在探头的 B 侧（右侧）磁场强度相对其 A 侧（左侧）小很多。

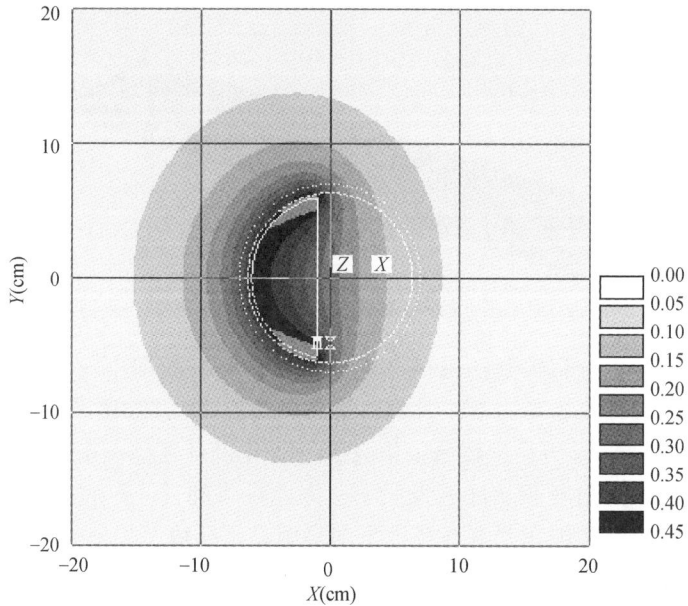

图 3.5　静磁场等值云图分布（T）

将磁场强度的显示范围调整到 0.004 ~ 0.022T, 得到如图 3.6 所示的磁场等值云图分布, 从图中可以看出磁场的等值云图呈圆弧形分布。改变磁体的性能参数得到的磁场强度随径向距离变化而变化的趋势如图 3.7 所示。

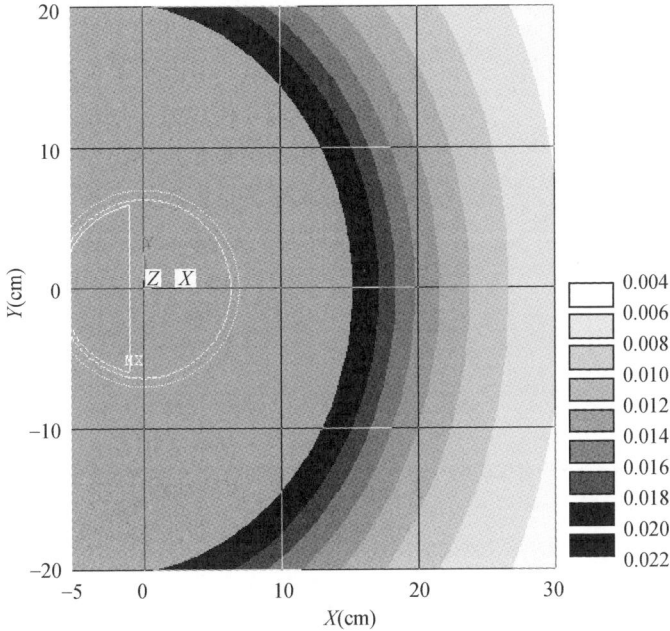

图 3.6 静磁场等值云图分布（T）

图 3.7 给出了当磁性材料属性 H_{cb} 为 400kA/m, 600kA/m, 800kA/m, 900kA/m 时的磁场强度变化趋势（以图中左侧数据轴为标示）以及当 $H_{cb}=800$kA/m 时对应的拉莫尔频率范围（以图中右侧数据轴为标示）。NMR 测井仪工作频率一般选为 500 ~ 1000kHz, 根据拉莫尔频率公式, 则其对应的磁场强度范围为 0.012 ~ 0.023T。设仪器的探测深度为 7 ~ 9cm, 当磁性材料属性 $H_{cb}=800$kA/m 时, 在此范围内磁体产生的磁场范围为 0.016 ~ 0.0198T。此时, 对应的仪器工作频率为 681 ~ 843kHz, 如图 3.7 右侧箭头所指, 这一范围正好落在 500 ~ 1000kHz 范围内。符合这一标准的磁性材料有钐钴和钕铁硼, 虽然钕铁硼的磁性能比钐钴好, 但是钕铁硼的居里温度较低, 约为 380℃, 且在高温环境下其磁性能衰减很大, 其温度系数约为−0.4%/K, 而 NMR 测井仪要求仪器能在井下 175℃（448K）环境下工作。由式（2.30）可知:

$$\Delta B_r = \alpha(B_r)[B_r(T_{b1})(T_{b2} - T_{b1})] \tag{3.1}$$

在此, 将永磁体剩磁变化近似为探测深度范围内磁场强度的变化。

若使用钕铁硼材料, 在地面常温条件下（25℃, 298K）, 磁体在探测区域范

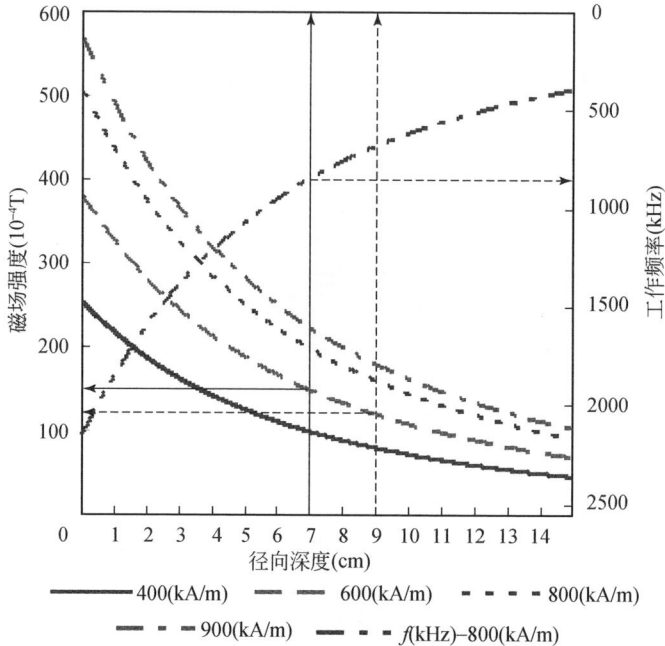

图 3.7　不同磁性材料属性下静磁场径向分布

围内产生的磁场强度为 0.012~0.023T, 而当仪器在井下工作时, 磁场强度降低到 0.0048~0.0092T, 如式 (3.2)、式 (3.3) 所示:

$$0.0120 \times [1-0.4\% \times (175-25)] = 0.0048T \tag{3.2}$$

$$0.0230 \times [1-0.4\% \times (175-25)] = 0.0092T \tag{3.3}$$

若采用钐钴材料, 其温度系数约为 -0.03%/K, 则在相同条件下, 其受温度的影响小。在 175℃ 时, 其磁场强度降低为 0.0115~0.022T, 如式 (3.4)、式 (3.5) 所示, 这一影响远小于温度对钕铁硼材料的影响。

$$0.0120 \times [1-0.03\% \times (175-25)] = 0.0115T \tag{3.4}$$

$$0.0230 \times [1-0.03\% \times (175-25)] = 0.022T \tag{3.5}$$

因此选用钐钴作为磁体材料, 钐钴的矫顽力高、剩磁大且具有良好的温度性能。

图 3.8 给出了不同磁性材料所对应的拉莫尔频率范围, 从图中可以看出, 当磁性材料选用 800kA/m 时, 拉莫尔频率范围位于 500~1000kHz 的中间位置, 考虑到仪器在井底条件下工作时, 磁场强度会有所降低, 因此最终的磁性材料属性应选择略高于 800kA/m。

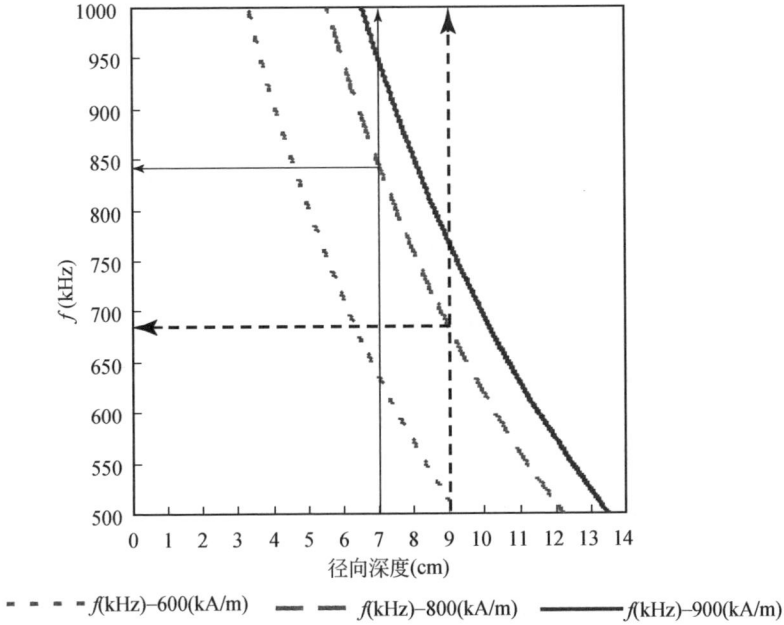

图 3.8 磁性材料的选取

钐钴是一种脆性磁材料，在受到击打或较强的机械应力时会出现破裂断开等现象，因此在设计磁体结构时应尽量避免出现有尖锐的结构，同时还要考虑到磁体能够方便装配在骨架上。基于上述原因，对图 3.3 中的磁体结构进行了改进，如图 3.9 所示，将磁体两边的锐角部分裁剪掉，既消除了尖锐的结构，同时方便磁体在骨架上的固定。

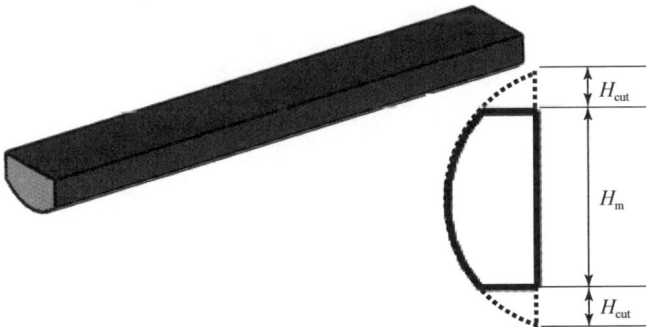

图 3.9 改进后的磁体结构

图 3.10 所示为将磁体尖角裁剪 $H_{cut}=1.1$ cm 后数值模拟计算得到的磁力线分布，与图 3.4 所示的磁力线分布基本上一致。

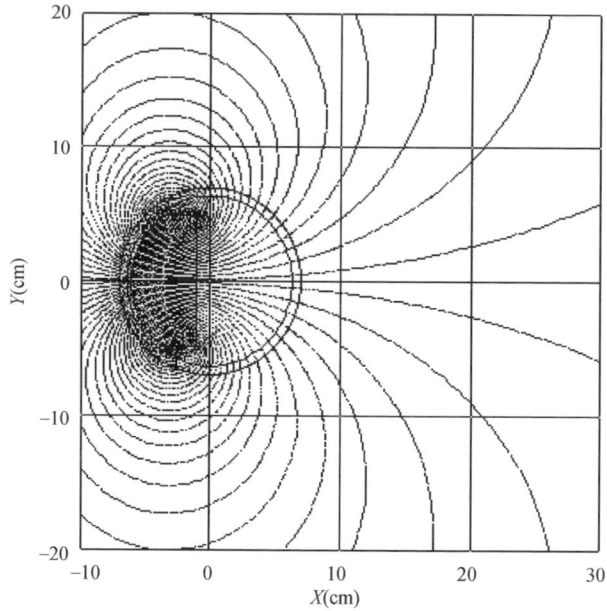

图 3.10　改进磁体结构后静磁场磁力线分布

图 3.11 所示为将磁体尖角裁剪 H_{cut} = 1.1cm 后数值模拟计算得到的静磁场等值云图分布（ H_{cb} = 800kA/m），与图 3.6 所示的磁场等值云图分布相比变化不大。

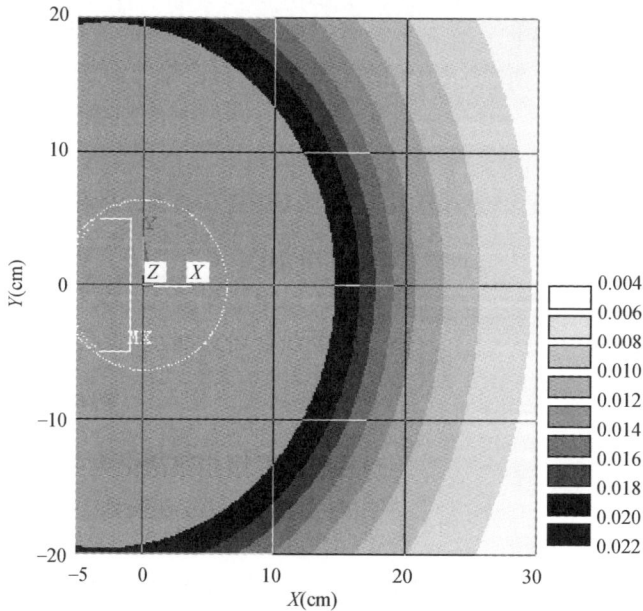

图 3.11　改进磁体结构后静磁场等值云图分布（T）

当裁剪掉磁体的尖角部分 $H_{cut} = 1.1cm$ 之后，在径向深度 7~9cm 范围内，磁场强度为 0.0148~0.0183T（$H_{cb} = 800kA/m$），如图 3.12 所示，与未对磁体尖角裁剪时的磁场强度相比降低了约 0.0012T。

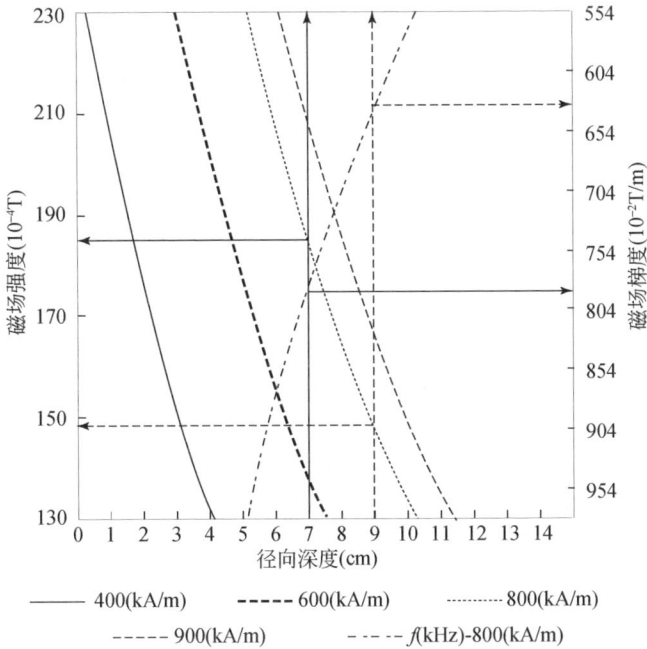

图 3.12　$H_{cut} = 1.1cm$ 时，不同磁性材料属性下静磁场径向分布

其他结构与参数不变，当裁剪掉磁体的尖角部分 $H_{cut} = 2.1cm$ 之后，得到的磁场分布如图 3.13 所示，在径向深度 7~9cm 范围内，磁场强度为 0.0126~0.0157T，已经低于先前设定的 0.013~0.023T。

从以上分析可知，对尖角部分的裁剪会造成磁场强度的衰减，且在其他条件不变的情况下，裁剪的尺寸越大，磁场强度降低的幅度越大。图 3.14 给出了不同磁体尺寸和不同磁性材料属性条件下的磁场强度变化趋势，其中，磁场强度取自距离探头外壳约为 8cm 点处。

在设计探头的整体结构时，应考虑给骨架和贯通孔留出一定的空间。因此，对磁体的弦线部分也进行裁剪 D_{cut}，如图 3.15 所示，这样既可以缩小磁体体积，节约经济成本，又可以给骨架和贯通孔留出空间。

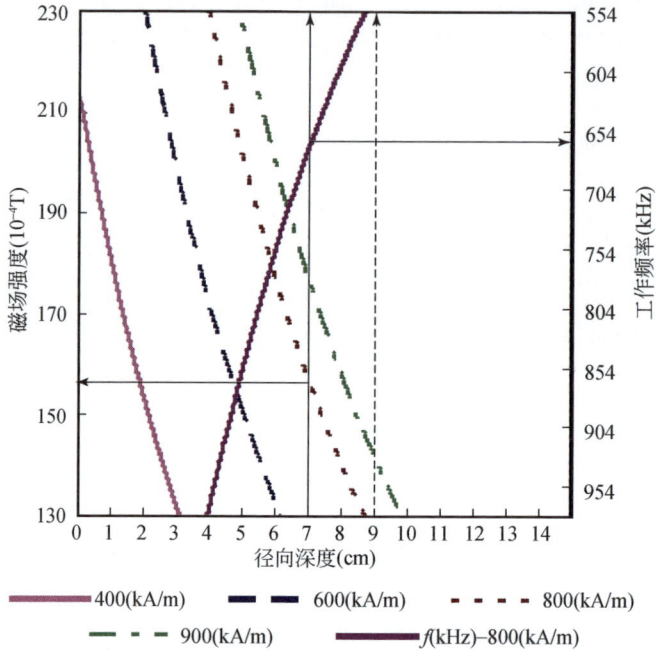

图 3.13　当 $H_{cut} = 2.1\,\mathrm{cm}$ 时，不同磁性材料属性下静磁场径向分布

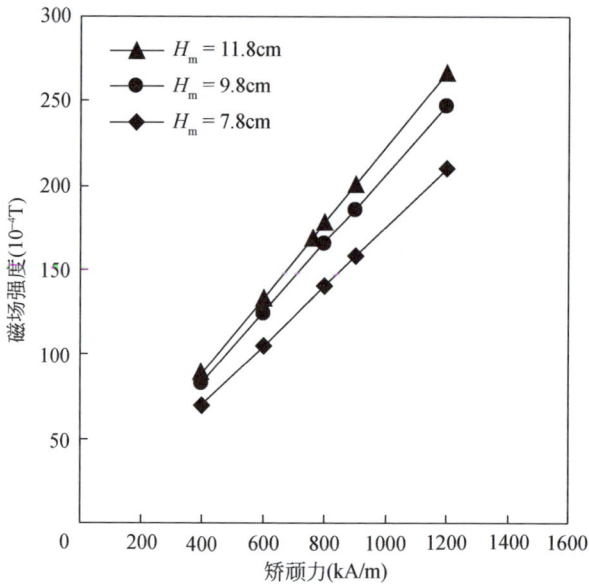

图 3.14　磁体结构尺寸和磁性材料属性对磁体静磁场强度的影响

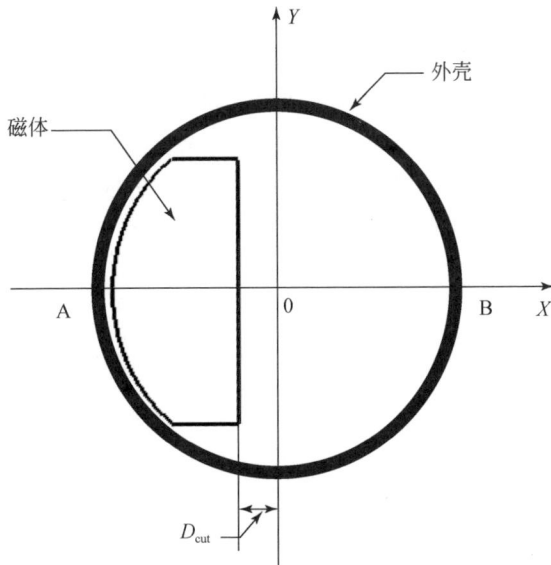

图 3.15 磁体结构进一步改进的方向

图 3.16 给出了不同裁剪尺寸 D_{cut} 下得到的磁场分布（$H_{cb}=800\text{kA/m}$）。从图中可以看出，在 7~9cm 范围内，当 $D_{cut}=0.9~1.3\text{cm}$ 时，磁场强度在可接受的范围内。

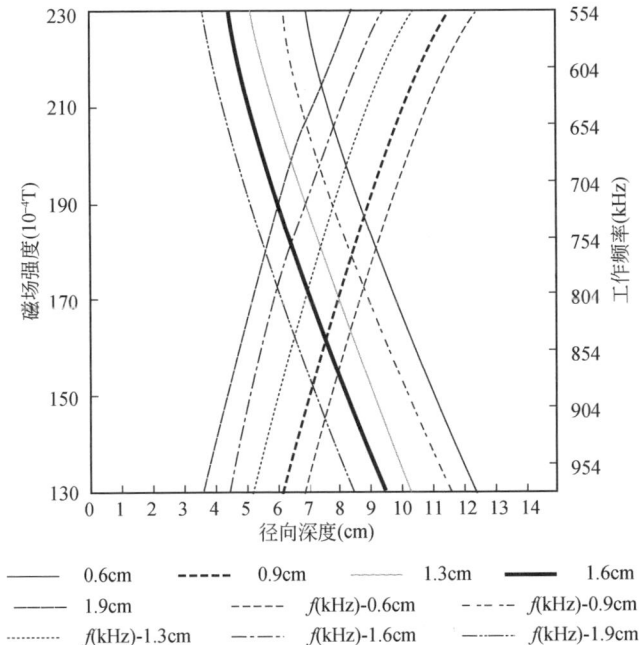

图 3.16 磁体结构尺寸对静磁场的影响

　　对磁体结构的改进是基于以下两点考虑：一是在磁体结构中避免了锐角结构，方便磁体的制作和装配；二是在磁性材料属性能够满足设计要求的情况下减小了磁体体积，降低了仪器的成本，同时也减轻了仪器的重量。图 3.17 给出了 $D_{cut} = H_{cut} = 1cm$ 时，NMR 测井仪静磁场强度和磁场梯度的分布（计算模型中加入磁芯材料），在 7~9cm 范围内，静磁场强度为 0.0168~0.0213T，相应仪器的工作频率范围则为 715~907kHz，磁场梯度范围则为 0.17~0.26T/m。

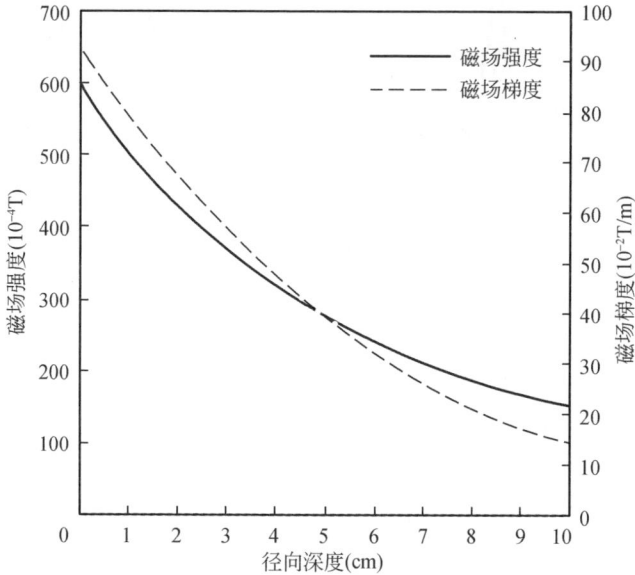

图 3.17　静磁场强度与梯度分布

3.1.3　数值模拟过程中的误差分析

　　在磁场数值模拟计算的过程中，模型形状、模型尺寸、单元类型对磁场数值模拟结果的精度有很大的影响。建立合适的数值模型，设定合适的模型尺寸，选取合适的单元类型会大大提高数值方法的精度。在进行数值模拟计算之前，定义如图 3.18 所示的坐标，并定义路径 AB 和 C_1C_2。

　　1. 模型形状对数值模拟结果的影响

　　分别建立方形边界模型和圆形边界模型计算探头静磁场分布，比较这两种不同模型计算得到的结果，如图 3.19 所示。图 3.19 （a）所示为磁场径向分布偏差（方形边界模型磁场分布与圆形边界模型磁场分布之差），径向路径为图 3.18 所示的 $AB = 15cm$。在径向路径 AB 上，方形边界模型磁场分布比圆形边界模型磁

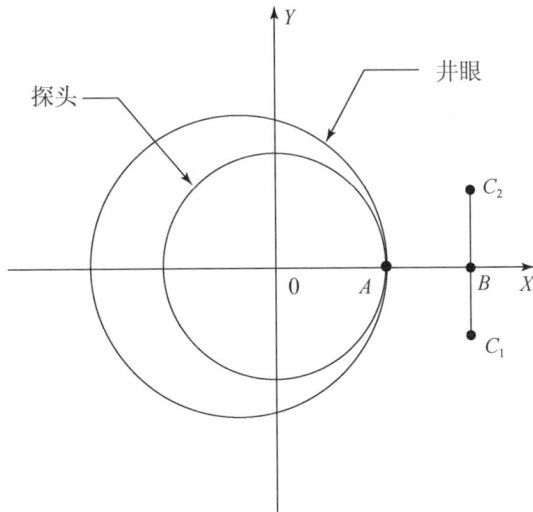

图 3.18 坐标定义

场分布大 0.00015~0.00025T。

图 3.19（b）所示为在纵向路径上，方形边界模型磁场分布与圆形边界模型磁场分布之差，所取磁场路径为图 3.18 所示 $C_1C_2=20\text{cm}$，且此时 $AB=7\text{cm}$，点 B 为 C_1C_2 中点。在纵向路径 C_1C_2 上，方形边界模型磁场分布比圆形边界模型磁场分布大 0.00005~0.0002T。出现这一现象的主要原因是，方形模型并不能很好地适应探头磁场的分布与回路走向，造成在边界附近的磁力线偏离其实际回路，引起磁场的增大。

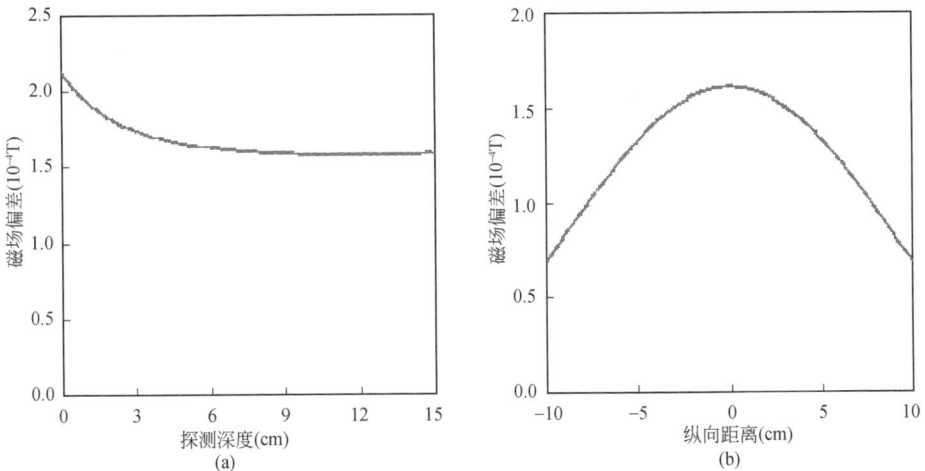

图 3.19 模型形状对磁场分布的影响

（a）径向（AB）磁场偏差；（b）纵向（C_1C_2）磁场偏差

2. 模型尺寸对数值模拟结果的影响

在数值模拟计算的过程中，全尺寸模型最能反映真实问题，但是在一些数值问题中全尺寸的模型并不一定适合该问题的求解。在电磁场问题中，认为场源产生的磁场强度在无限远处为零，然而在实际问题中，不可能建立无限大的远场模型来进行计算；且由于地磁场（约为 0.5×10^{-4} T）的影响以及其他环境因素的影响，全尺寸模型并不适合问题的求解。

图 3.20 所示为当边界模型（圆形）直径分别为 1m、3m 时的数值模拟结果对比。图 3.20（a）所示为 $F_{1r} - F_{3r}$（F_{1r}、F_{3r} 为当边界直径分别取 1m、3m 时计算得到的径向路径 AB 上的磁场分布），其差值在 $-0.0035 \sim -0.002$T。图 3.20（b）所示为 $F_{1l} - F_{3l}$（F_{1l}、F_{3l} 为当边界直径分别取 1m、3m 时计算得到的纵向路径 C_1C_2 上的磁场分布），其差值在 $-0.0025 \sim -0.001$T。可以看出，边界模型尺寸越大，磁场强度越大。这是因为在磁场场源一定的情况下，边界模型尺寸过大，造成磁场的衰减比小尺寸模型中的磁场衰减慢。

边界模型尺寸选取过小，会造成磁场快速衰减，数值模拟得到的结果比实际结果偏小；而边界模型尺寸选取过大，则造成磁场衰减缓慢，数值模拟的结果比实际结果偏大。对于 NMR 测井仪探头静磁场分布而言，其数值模型边界范围应选取在 10~15 倍探头直径之间。在这一范围内，探头静磁场已经衰减至与地磁场相当的水平。

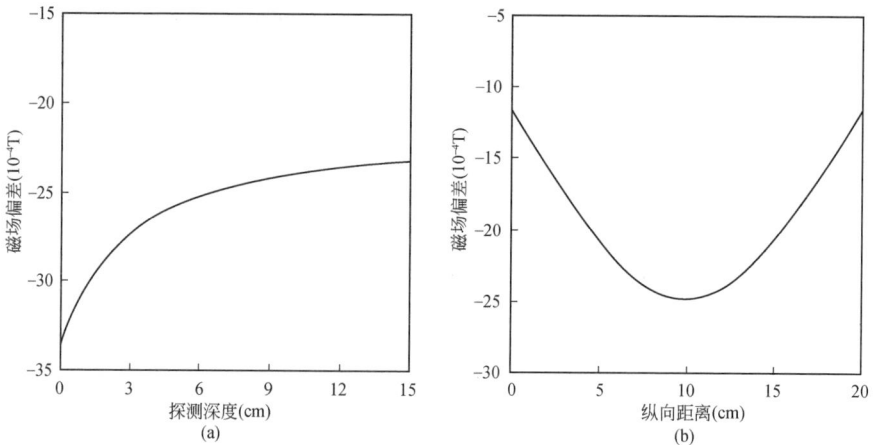

图 3.20　模型尺寸对 NMR 测井仪探头磁场分布的影响
（a）径向（AB）磁场偏差；（b）纵向（C_1C_2）磁场偏差

3. 单元类型对数值模拟结果的影响

根据有限元理论，在连续体应力分析中，四边形单元的形函数是双线性的，其单元内部应变分布状态是变化的，精度高。而三角形单元的形函数是线性的，所以单元内部应变是常数，因此只能反映简单的应变状态。然而，四边形单元不能很好地逼近曲线边界或非直角的直线边界，且不能随意改变大小来实现局部加密。

保持剖分单元尺度不变，改变单元类型，计算 NMR 测井仪探头磁场分布。如图 3.21 所示为分别采用三角形单元、四边形单元得到的探头静磁场等值云图，其中图 3.21（a）所示为三角形单元数值模拟结果，在图中虚线椭圆区域中，磁场等值云图分布光滑。图 3.21（b）所示为四边形单元数值模拟结果，在图中虚线椭圆区域中，磁场等值云图分布出现多处畸变的情况（图中箭头所指处）。

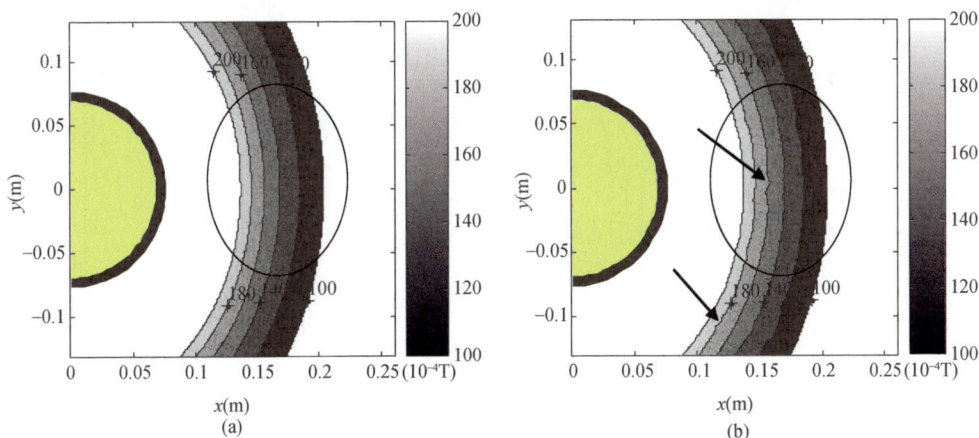

图 3.21　选取不同单元计算得到的静磁场等值云图分布
（a）三角形单元；（b）四边形单元

图 3.22 所示为单元类型对探头静磁场分布的影响，图 3.22（a）所示为 $F_{t,r} - F_{q,r}$（$F_{t,r}$、$F_{q,r}$ 为分别采用三角形单元、四边形单元计算得到的径向路径 AB 上的磁场分布），从图中可以看出采用四边形单元计算得到的 NMR 测井仪磁场径向分布发生畸变，范围在 0.0003 ~ 0.0002T。图 3.22（b）所示为 $F_{t,l} - F_{q,l}$（$F_{t,l}$、$F_{q,l}$ 为分别采用三角形单元、四边形单元计算得到的纵向路径 $C_1 C_2$ 上的磁场分布），采用四边形单元计算得到的纵向静磁场分布畸变范围在 $-0.0004 ~ 0.0001T$。这说明四边形单元不能很好地拟合模型中的弧形边界，并且由于在探头中部件尺寸变化范围大（其中天线最小尺寸可达 0.1mm），这些因素共同导致四边形单元的数值模拟结果发生畸变。

因此，在利用有限元数值方法计算探头的磁场分布时，建立圆形边界模型，且边界模型尺寸范围设定为 10 ~ 15 倍探头外径，采用三角形单元对模型进行网格剖分能够提高计算结果的精度，增强设计方案的可靠性。

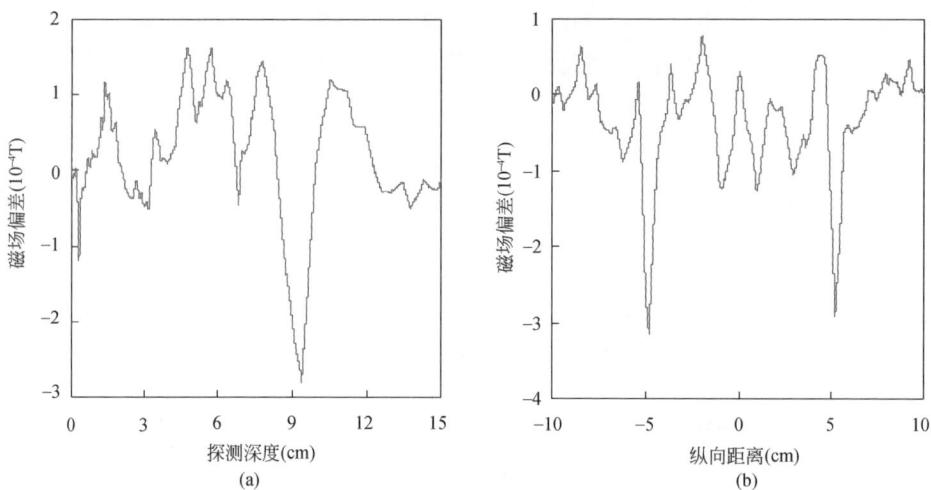

图 3.22 单元类型对磁场分布的影响

（a）径向（AB）磁场偏差；（b）纵向（C_1C_2）磁场偏差

3.1.4 天线结构与磁场特性分析

在 NMR 探头天线部件中设计了磁芯材料，磁芯材料为软磁材料，其主要作用是提高天线的效率。在强磁环境下，软磁材料会被饱和而失去作用，因此在磁体与磁芯之间应留有一定的距离，如图 3.23 所示为磁芯结构。

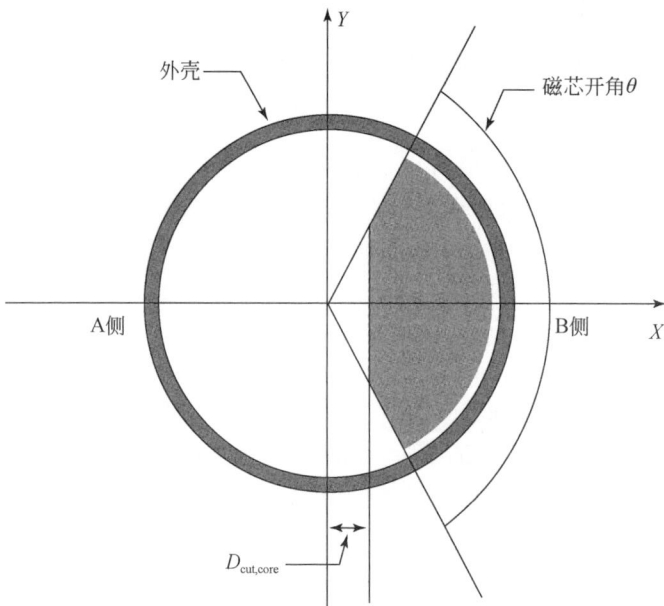

图 3.23 天线部件中的磁芯横截面结构

探头天线的结构为表面条带形天线，其整体结构如图 3.24 所示，天线初步设计为单个回路，其横截面结构如图 3.25 所示。

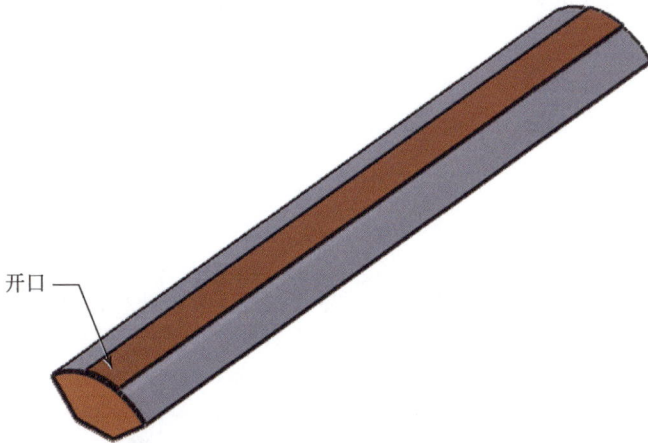

图 3.24　条带形天线

图 3.25 所示为 NMR 探头天线部件横截面结构，天线结构采用单条带形天线，在磁芯的左侧为天线回路，在磁芯右侧的天线产生的射频场则用来激发地层的极化质子。

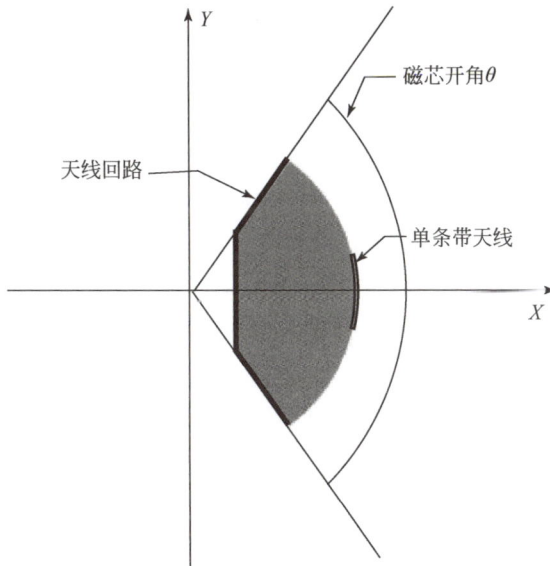

图 3.25　单条带天线横截面结构

对天线射频场数值模拟计算需要考虑的参数包括天线材料的电阻率 ρ_a，磁导率 μ_a；磁芯材料的电阻率 ρ_c，磁导率 μ_c；骨架材料的电阻率 ρ_{fra}，磁导率 μ_{fra}；场源设定为 800kHz 的交流电源，通过数值模拟得到的射频场分布如图 3.26 所示。

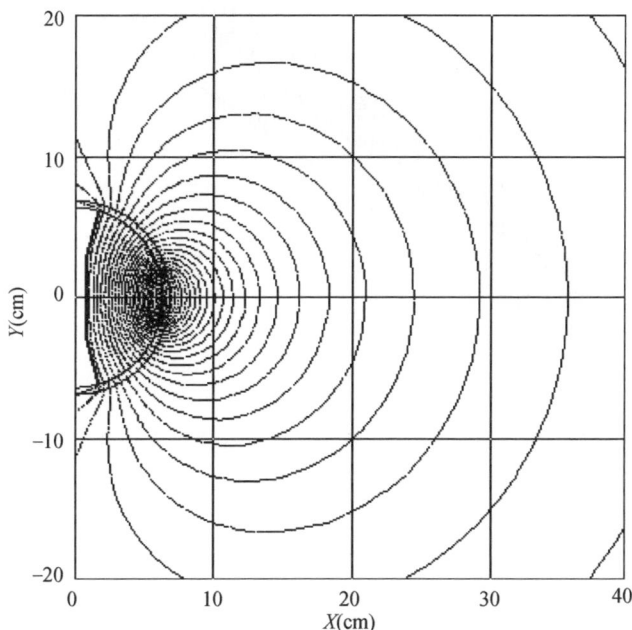

图 3.26　单条带天线射频场磁力线分布

图 3.27 所示为静磁场等值云图分布，从图中可以看出射频场的等值云图为弧线形与静磁场等值云图形状相似。

图 3.28（a）~（d）分别为当磁芯开角 $\theta=60°$、$90°$、$120°$、$150°$时磁体静磁场与天线射频场之间的匹配关系，图中两条实线之间的夹角为 $90°$。从图 3.28 可以看出，磁芯开角对磁体静磁场与天线射频场之间的匹配关系影响不大。

为了进一步考察磁芯开角对磁场匹配关系的影响，图 3.29 给出了采用单条带天线结构对应于不同的磁芯开角时的磁场匹配关系。图 3.29 给出的是在 $90°$开角附近的磁场匹配关系，如图 3.28 的实线方框所示的区域。

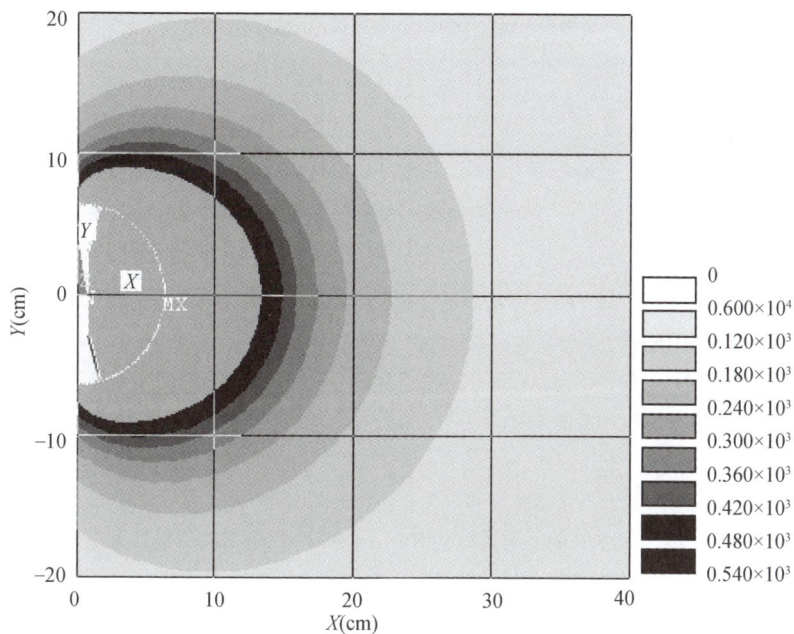

图 3.27 单条带天线射频磁场等值云图分布（T）

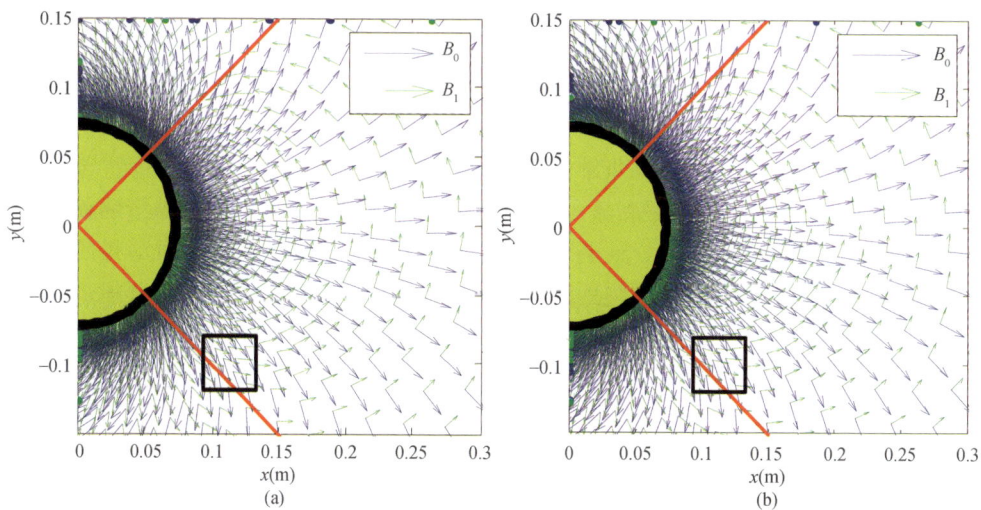

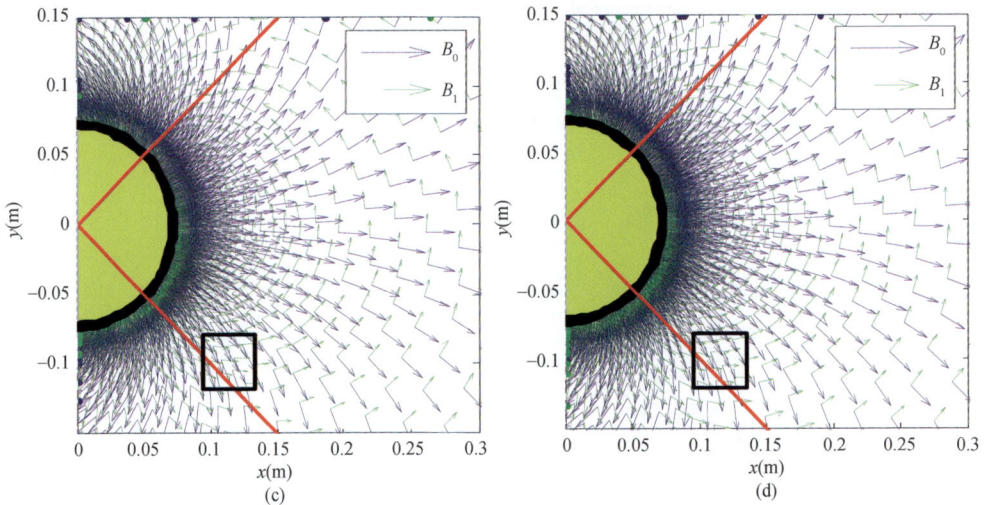

图 3.28　采用单条带天线结构时，不同磁芯开角下的磁场匹配关系

(a) $\theta=60°$；(b) $\theta=90°$；(c) $\theta=120°$；(d) $\theta=150°$

设两个矢量分别为 $a\ (\ x_1,\ y_1)$，$b\ (\ x_2,\ y_2)$，这两个矢量之间的角度为 ϕ（ϕ 为锐角），则有

$$\cos\phi = \frac{x_1 x_2 + y_1 y_2}{\sqrt{x_1^2 + y_1^2}\ \sqrt{x_2^2 + y_2^2}} \tag{3.6}$$

因此有

$$\phi = \arccos\left(\frac{x_1 x_2 + y_1 y_2}{\sqrt{x_1^2 + y_1^2}\ \sqrt{x_2^2 + y_2^2}}\right) \tag{3.7}$$

图 3.29 中显示采用单条带天线结构时，实线方框中的磁场匹配角度 ϕ 随着磁芯开角的增大呈逐渐增大的趋势，且当磁芯开角最大为 150°时，在探测区域为 90°开角附近磁场匹配角度约为 71°。

进一步考察磁芯开角对射频场强度的影响，如图 3.30 所示，图中给出了当磁芯开角分别为 60°、90°、120°、150°时的径向射频磁场强度的变化趋势。随着磁芯开角的增大，射频磁场强度（归一化处理）有整体增大的趋势，但增大的趋势并不明显。因此对于单条带天线结构而言，磁芯开角不是优化天线结构的敏感参数。

对天线结构进行进一步的改进，如图 3.31 所示，将初始的单条带天线改进为双条带的结构，通过改变两根条带天线之间的角度来考察射频场的变化趋势。

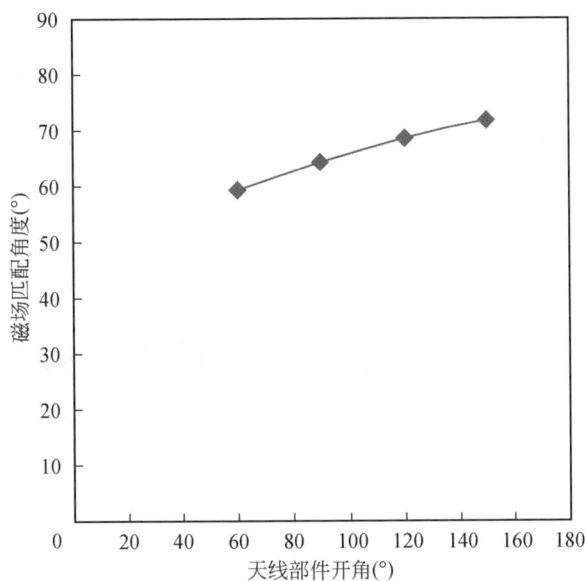

图 3.29 采用单条带天线结构时，磁场匹配角度与磁芯开角之间的关系

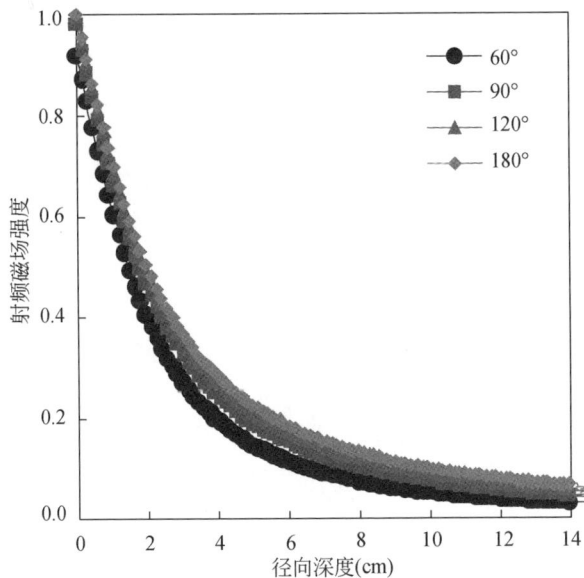

图 3.30 采用单条带天线结构时，不同磁芯开角下的射频磁场强度分布

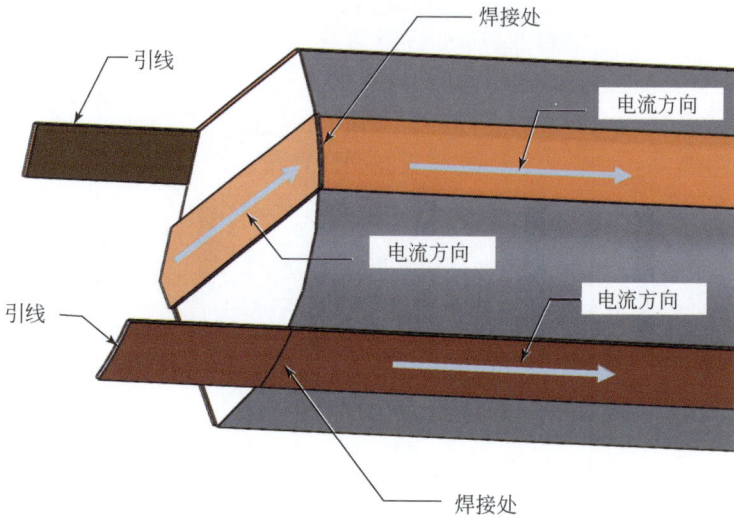

图 3.31　双条带天线结构

　　图 3.32 所示为改进后的天线部件横截面结构图，在改进后的天线结构中，条带天线 A 和条带天线 B 通相同方向的电流，它们产生的射频场在探头的右侧区域叠加，这样就增强了探测区域范围内的射频场能量。天线回路 A 和天线回路 B 则为条带天线 A 和条带天线 B 提供连接回路。

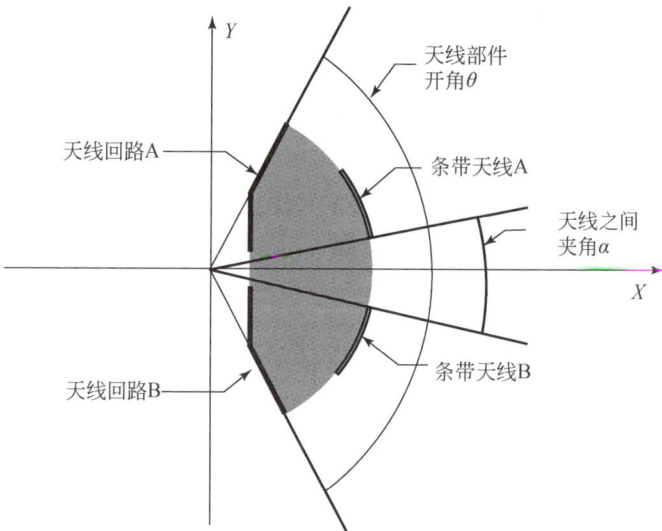

图 3.32　双条带天线横截面结构

图 3.33（a）~（d）分别对应于天线夹角 $\alpha = 10°$、$30°$、$60°$、$90°$时的射频场等值云图分布。随着天线夹角的增大，射频场等值云图范围逐渐向两边扩大，与此同时，沿着 X 轴正方向，射频场等值云图却逐渐凹陷。因此条带天线 A 和条带天线 B 之间的夹角 α 并不是越大越好，而是要兼顾射频场等值云图的形态，使得探头探测区域内的极化质子能够被均匀地激发。

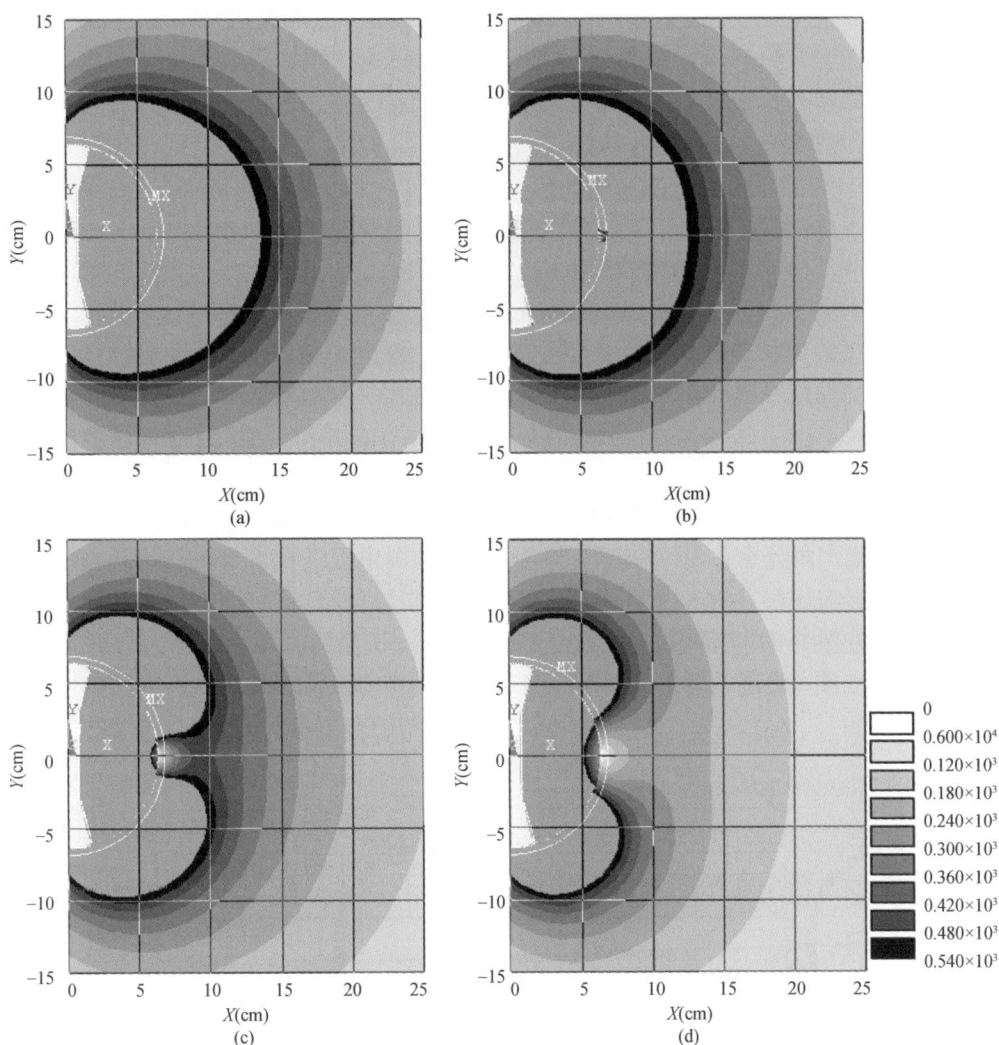

图 3.33 采用双条带天线结构时，不同天线夹角下射频场等值云图分布（T）
（a）$\alpha = 10°$；（b）$\alpha = 30°$；（c）$\alpha = 60°$；（d）$\alpha = 90°$

图 3.34 为不同天线开角所对应的射频场强度随径向深度增加而变化的趋势（归一化处理），随着天线开角的增大，在 X 轴正方向上射频场强度逐渐减弱，

这一结果验证了图 3.33 观察到的现象。

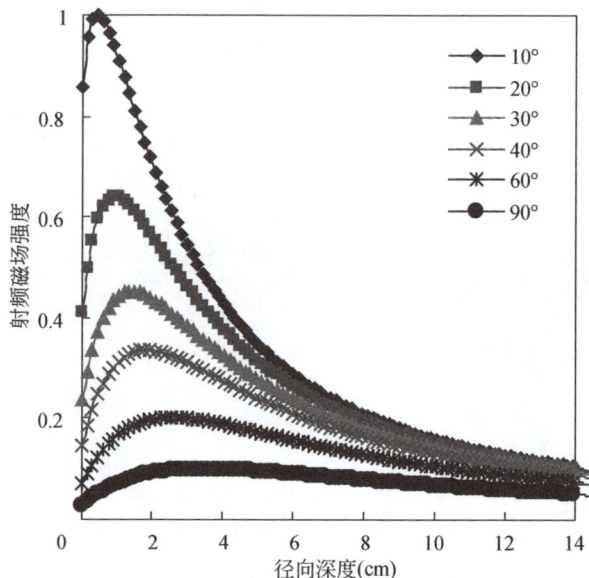

图 3.34　采用双条带天线结构后，不同天线夹角下射频场强度分布

设定不同的天线夹角计算磁场匹配关系，如图 3.35 所示。图 3.35(a)~(d)对应的天线夹角分别为 10°、30°、60°、90°，从图中可以看出天线夹角对磁场匹配的关系影响较大。图 3.36 给出了在 90° 开角附近的磁场匹配关系（如图 3.35 中的实线方框所示的区域），随着天线之间夹角 α 的增大，磁场匹配的角度 ϕ 也逐渐增大，且当磁场达到正交匹配关系时，天线之间夹角 α 在 60°~70°。

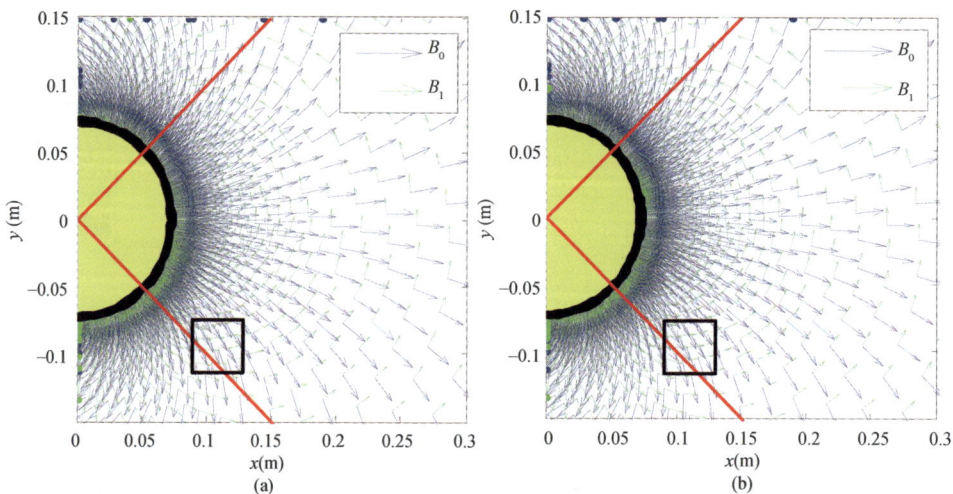

(a)　　　　　　　　　　　　　(b)

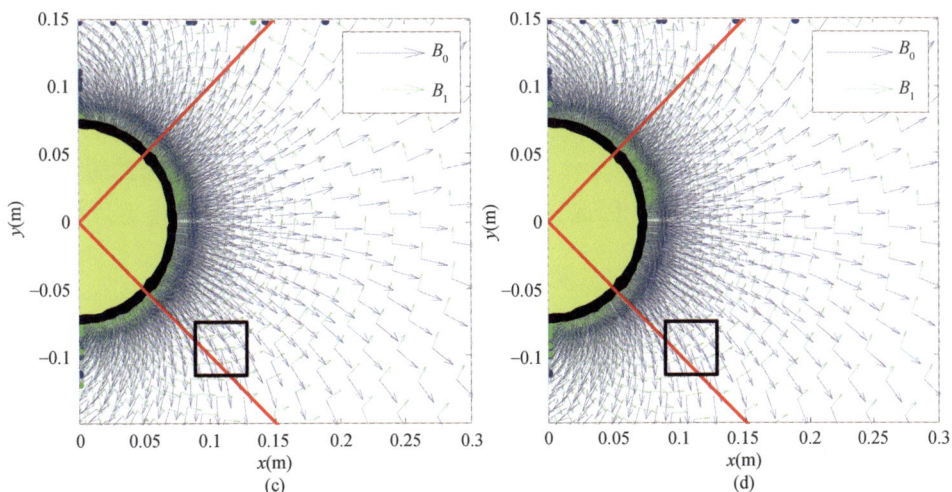

图 3.35　采用双条带天线结构时，不同天线开角下的磁场匹配关系

（a）$\alpha=10°$；（b）$\alpha=30°$；（c）$\alpha=60°$；（d）$\alpha=90°$

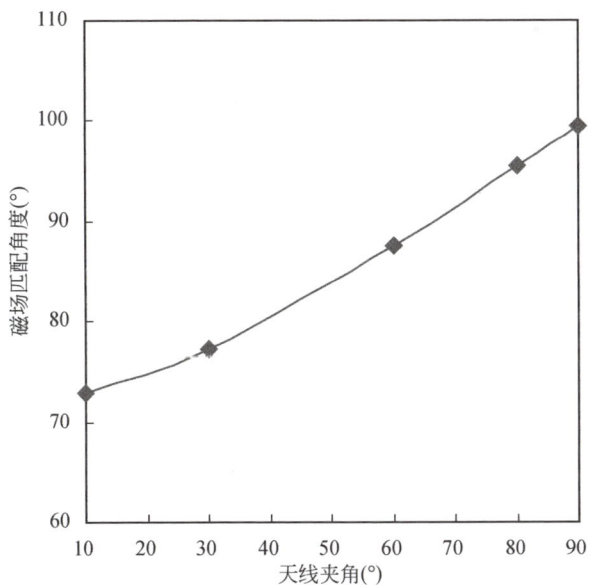

图 3.36　采用双条带天线结构时，天线夹角与磁场匹配角度之间的关系

根据式（2.21）可知，射频场有效磁场分量可表示为

$$B_{1,c} = B_1 \times \sin\phi \tag{3.8}$$

式中，ϕ 为磁场匹配角度。图3.37 给出了天线夹角与射频场有效分量之间的关系，当射频场有效分量最大时，天线的最优夹角应为 $60° \sim 70°$。然而，从图3.33、图3.34可知，天线夹角并不是越大越好，而是要兼顾射频磁场等值云图的形态和射频磁场强度。因此，取一个折中的优化结果，最终选定天线夹角 $\alpha = 30°$。

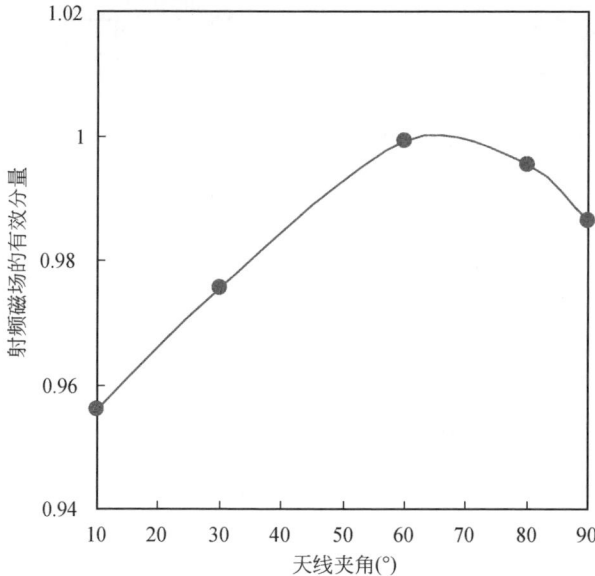

图3.37 采用双条带天线结构时，不同天线夹角对射频磁场有效分量的影响

3.2 探头敏感区域数值模拟、信号强度和信噪比

3.2.1 敏感区域形状和范围数值模拟

根据以上数值模拟计算和分析得到井下 NMR 探头静磁场 B_0 和射频场 B_1 分布，这里的磁场分布 B_0 和 B_1 是两个矢量，它们不仅包含了磁场强度，同时还包含了在二维平面区域内每一点处磁场的方向。根据以上的计算和分析得到了磁场的分布，但是探头的敏感区域形状和范围并不清楚，而探头敏感区域的形状和范围是评价探测特性的重要标志。

利用2.2节所述的方法，根据以上计算得到的磁场矢量 B_0 和 B_1，就可以通

过数值模拟计算得到探头的敏感区域分布范围和形状, 其结果如图 3. 38 所示。该 NMR 测井仪探头的敏感区域为一个瓦形壳, 以探头中心轴为原点, 该瓦形壳的开角约为 90°。这一探测区域范围比 MREx 的 120°开角小, 但是比 MR Scanner 的 60°开角大。图 3. 38 中所示的敏感区域有不连续的现象, 这主要是由于 NMR 测井仪采用梯度磁场, 其敏感区域厚度很薄 (约 1mm), 而数值模拟分析过程中, 如果在敏感区域处的有限元网格尺寸大于 1mm, 则会在后续的数值计算中出现这种敏感区域不连续的现象, 而有限元网格尺寸太小会使得计算量大大增加, 超出计算机的内存。

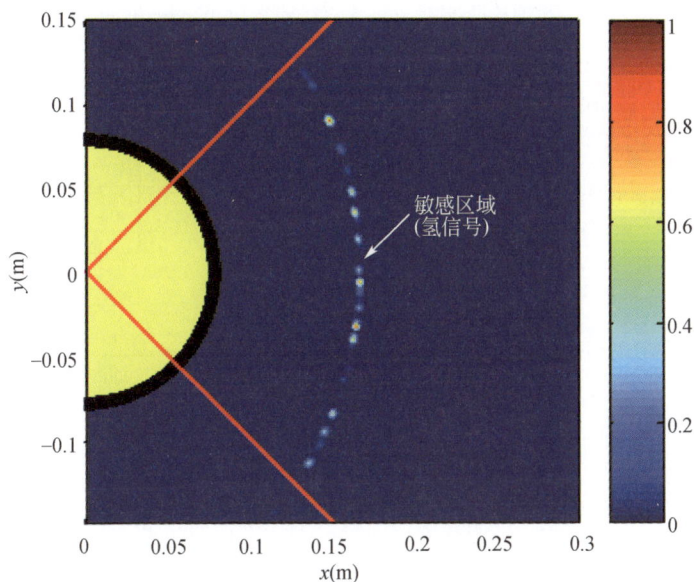

图 3. 38 探头敏感区域形状分布

3.2.2 信号强度

NMR 测井仪信号强度与被测样品体积量、静磁场强度的平方成正比。对式 (2. 26) 积分得到核磁信号强度估算公式:

$$V_{signal} = \frac{N_s \gamma^3 \hbar^2 I_s (I_s + 1) B_0^2}{3kT} \frac{S_R B_1 l_{ant} r \Delta r \Delta \theta}{I} \tag{3.9}$$

式中, N_s 为单位体积内的自旋核的个数, $N_s = 6.669 \times 10^{28}$; γ 为旋磁比, 代表核磁强度, 不同的原子核, 其 γ 值也不同, 对于氢核, $\gamma = 2.6752 \times 10^8 T^{-1} S^{-1}$; $\hbar$ 为普朗克常量, $\hbar = 1.0545887 \times 10^{-34} J \cdot S$; $I_s = 1/2$, 为核自旋数; k 为玻尔兹曼常量, $k = 1.38 \times 10^{-23} J/K$; S_R 为系数因子; $l_{ant} = 0.6m$, 为天线长度; Δr 为切片厚

度，约为 1mm；$\Delta\theta$ 为天线开角，约 90°；I 为电流强度；T 为天线工作温度。图 3.39 所示为 NMR 测井仪信号强度与静磁场强度之间的关系。信号强度随着天线长度的增加而增大，随着工作频率的增加而增大。对于长度为 0.6m 的天线，当工作频率在 510~940kHz 时，信号强度范围为 48~163nV。

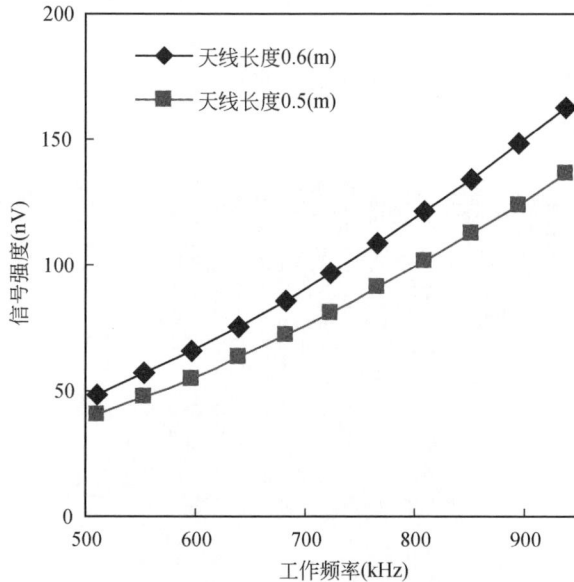

图 3.39　不同工作频率下的 NMR 信号强度

3.2.3　信噪比

NMR 测井仪中噪声一般认为是热噪声，按式（3.10）估算：

$$V_{noise} = \sqrt{4kTR\Delta f} \tag{3.10}$$

式中，k 为玻尔兹曼常量；T 为绝对温度；R 为线圈电阻；Δf 为频带宽度。则仪器信噪比可按式（3.11）估算：

$$SNR = V_{signal}/V_{noise} = \frac{N_s\gamma^3\hbar^2 I_s(I_s+1)B_0^2}{3kT}\frac{S_R B_1 l_{ant} r\Delta r\Delta\theta}{I\sqrt{4kTR\Delta f}} \tag{3.11}$$

图 3.40 所示为 NMR 测井仪的信噪比，随着工作频率的增大，仪器信噪比增大，且天线长度越长信噪比越高。

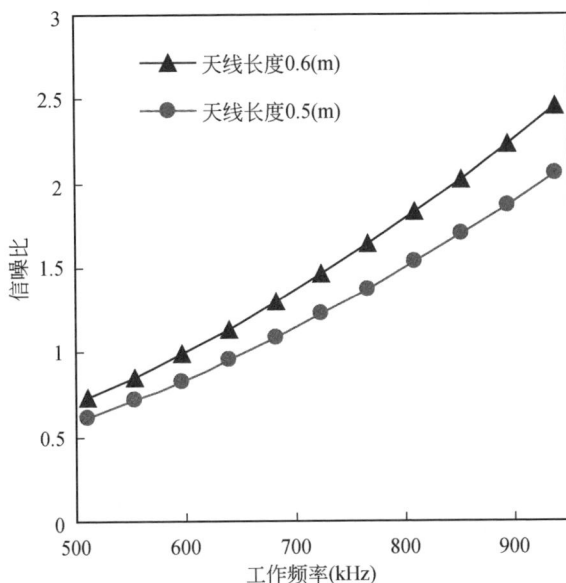

图 3.40　不同工作频率下 NMR 信噪比

3.3　测井速度对仪器结构的影响

3.3.1　测井速度与预极化磁体

NMR 测井仪采用 CPMG 脉冲序列测量地层流体 T_2 弛豫，如图 3.41 所示，TE 为回波间隔，NE 为回波个数，回波幅度衰减具有如下规律：

$$M_X(t) = M_0 \mathrm{e}^{\frac{-t}{T_2}} \tag{3.12}$$

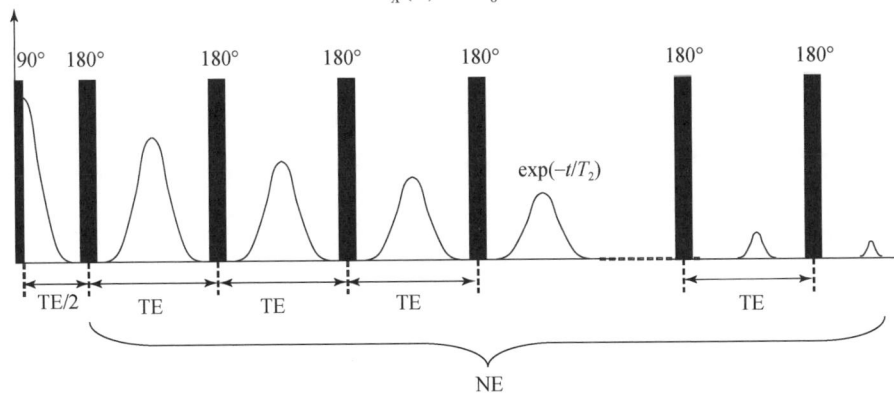

图 3.41　CPMG 脉冲序列

图 3.42 所示为 NMR 测井仪单频测量模式与多频测量模式，图 3.42（a）所示为单频测量模式，仪器完成一次 CPMG 脉冲序列测量到开始下一个 CPMG 脉冲序列的测量所需时间为

$$T_c = NE \times TE + TW \tag{3.13}$$

若回波个数 NE = 500，回波间隔 TE = 1.2ms，等待时间 TW = 5s，则 T_c = 5.6s。

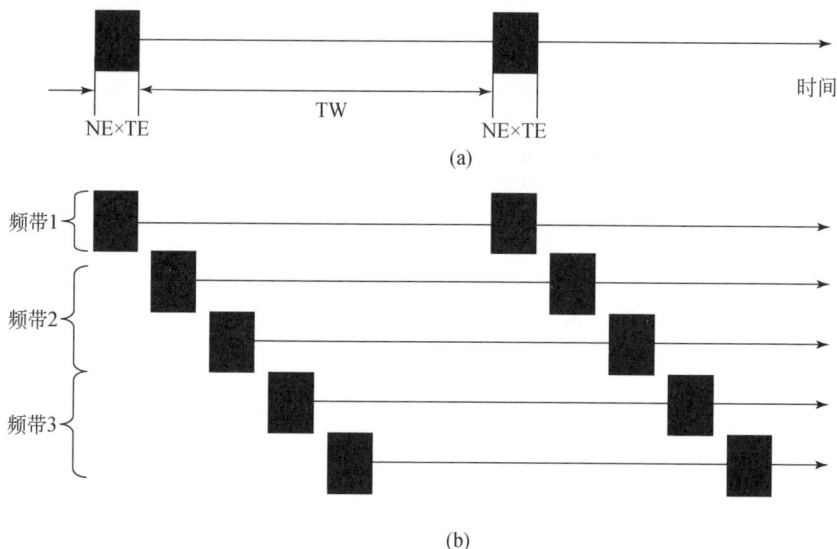

图 3.42　井下 NMR 脉冲序列

（a）单频测量模式时序示意图；（b）多频测量模式时序示意图

图 3.42（b）所示为多频测量模式，仪器初始采用频带 1 进行测量，测量完成后，改用频带 2 进行测量。由于频带 2 处对应的地层与频带 1 对应的地层不同，质子没有被射频脉冲所扳转，因此不需要等待 TW 时间后再进行测量。对于多频测量模式，仪器完成一次 CPMG 脉冲序列的测量周期为

$$T_c = NE \times TE \tag{3.14}$$

若回波个数 NE = 500，回波间隔 TE = 1.2ms，则 T_c = 0.6s，采用多频测量模式可以大大提高仪器的工作效率。

在此，以仪器上提测井为例，如图 3.43 所示，仪器在测量过程中，当天线的上端处在地层高度 A1 时，预极化磁体的上端在地层高度 A2，在 A1 ~ A2 地层段的质子正在逐渐极化，且当天线上端运动到 A2 地层时，A1 ~ A2 地层段的质子应完全极化。设仪器运动速度为 v，则天线从地层 A1 运动到地层 A2 所需时间为

$$t = L_{prem}/v \tag{3.15}$$

式中，L_{prem} 为预极化磁体长度；A1 ~ A2 之间的距离即是预极化磁体的长度。对式（3.15）做简单的转化可得预极化磁体长度为

$$L_{prem} \geqslant t \times \nu \tag{3.16}$$

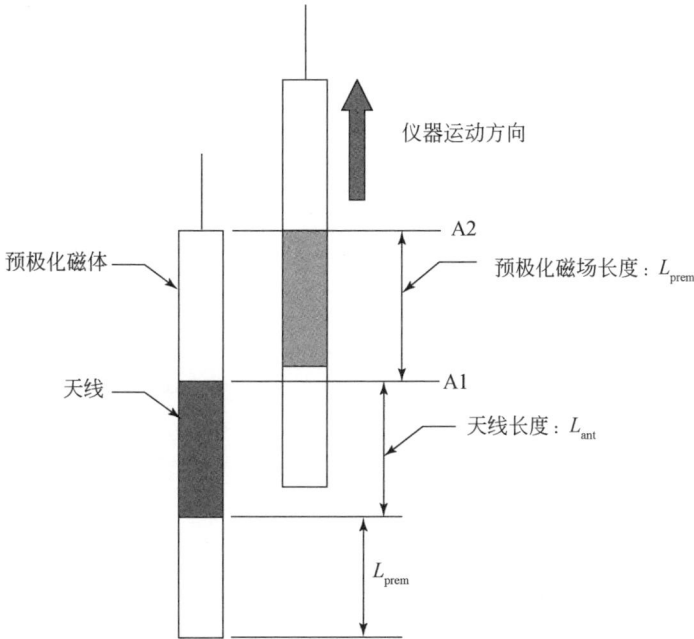

图 3.43　仪器运动测量状态下所用的预极化磁体

　　地层中质子在外加磁场中会被极化，但是极化并不是瞬时完成的，而是随着时间常数逐步极化的，而这里的时间常数为 T_1，质子的极化程度可由式（3.17）表示：

$$M_z(t) = M_0(1 - e^{\frac{-t}{T_1}}) \tag{3.17}$$

图 3.44 中所示为当 T_1 分别为 0.6s、1s、2s、4s 时，纵向磁化矢量的极化程度。T_1 是磁化矢量达到其最大值的 63% 时对应的时间，$3T_1$ 是磁化矢量达到其最大值的 95% 时对应的时间。

　　进一步考察测井速度对预极化程度的影响。将式（3.15）代入式（3.17），则有

$$M_z(t) = M_0(1 - e^{\frac{-t}{T_1}})$$
$$= M_0(1 - e^{\frac{-L_{prem}}{\nu T_1}}) \tag{3.18}$$

图 3.45 给出了当 $T_1 = 4s$ 时，仪器测井速度与预极化磁体长度之间的关系图版，图中的不同曲线代表不同的预极化磁体长度。随着仪器测井速度的增大，地

层质子的极化程度减小。而当测井速度一定时，预极化磁体长度增加，则地层质子的极化程度也增大。

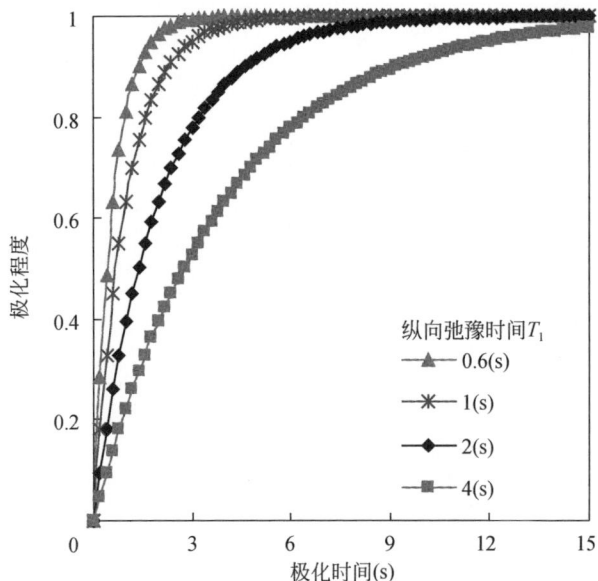

图 3.44　具有不同 T_1 样品的极化程度随时间的变化

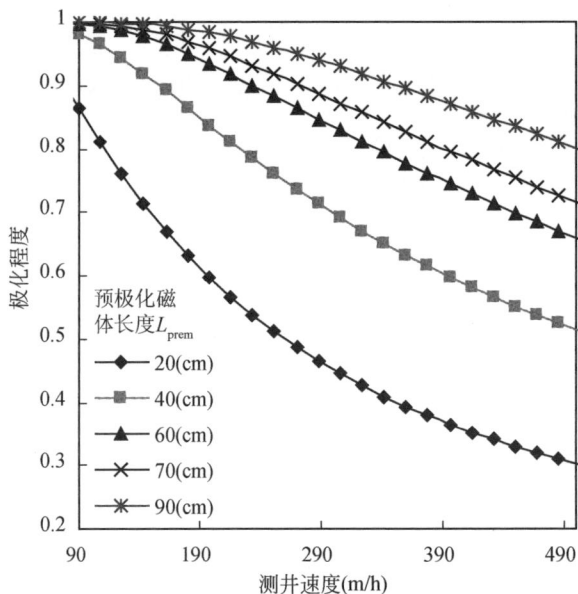

图 3.45　当 $T_1 = 4\mathrm{s}$ 时，预极化磁体长度与质子极化程度之间的关系

　　为了使得地层进入天线探测区域时,地层质子已经被预极化磁体所完全极化,磁化时间 t 一般应大于或等于 $3T_1$,在此取 $t=12\text{s}$,仪器的测井速度为 $\nu=220\text{m/h}$,代入式(3.16),则预极化磁体长度最小约为 $L_{\text{prem}}=73\text{cm}$ 。对于下放测井,即测井仪器向下运动测量,其机理相同,因此天线下部预极化磁体的长度也设定为73cm。当固定预极化磁体长度 $L_{\text{prem}}=73\text{cm}$ 时,对应于不同的地层流体(纵向弛豫时间 T_1 不同),测井速度对质子极化程度的影响如图3.46所示。

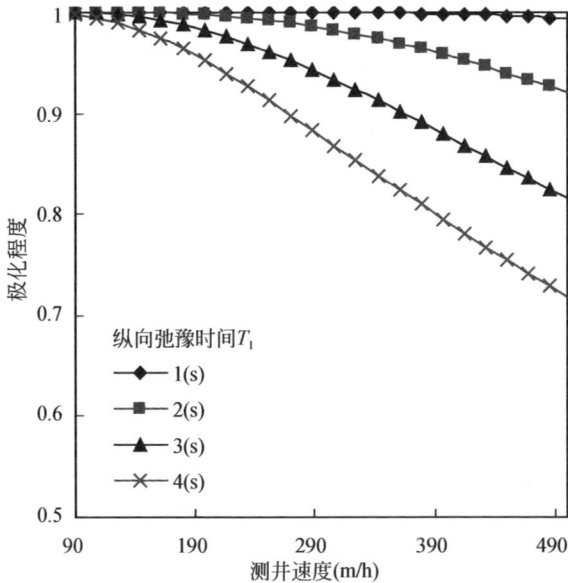

图 3.46　预极化磁体长度 $L_{\text{prem}}=73\text{cm}$ 时,测井速度与质子极化程度之间的关系

3.3.2　测井速度与天线长度

　　依然以上述测井为例,仪器运动测量的影响如图3.47所示,由于仪器一直处于运动状态,因此在一个CPMC脉冲序列时间内,仪器会从A3地层运动到A4地层,且这一段地层中质子未被90°脉冲所扳转,但进入了天线的探测范围;同时,在天线的下部会有相同厚度地层已经被扳转的质子离开天线的探测范围。为了取一个最优的结果,10%的精度损失处于可接受的范围[64],即天线探测区域范围内地层的变化不能超过天线长度的10%。根据以上分析,对于多频NMR测井仪,一个CPMG脉冲序列的测量周期如式(3.14)所示,则A3~A4地层厚度 h 如式(3.19)所示:

$$h=0.1L_{\text{ant}}=T_{\text{c}}\times v \tag{3.19}$$

则天线长度 L_{a} 为

$$L_{ant} \geqslant 10 \times T_c \times v \qquad\qquad (3.20)$$

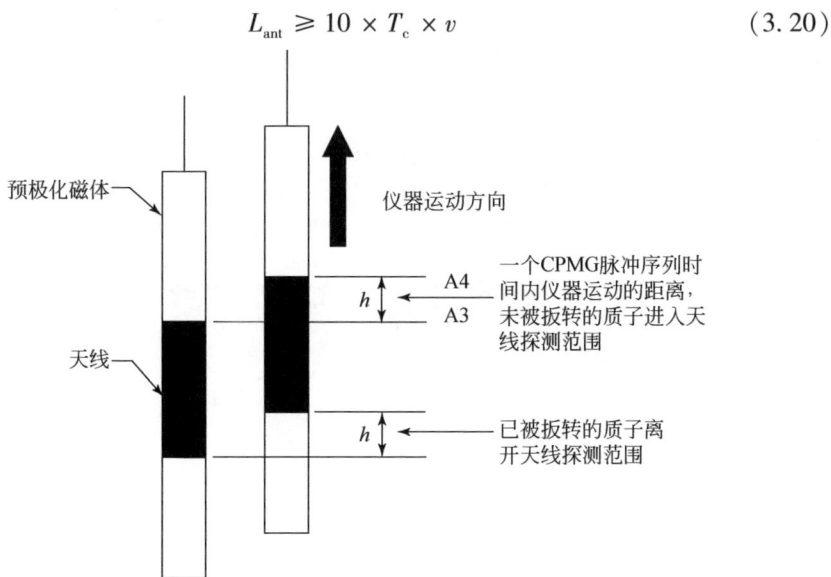

图 3.47　仪器运动测量对测井结果的影响

　　图 3.48 所示为仪器测井速度与天线长度之间的关系图版，图中不同的曲线对应于不同的脉冲测量周期 T_c，且对于 NMR 测井而言，T_c 一般不超过 0.5s。从图 3.48 中可看出，当 T_c =0.48s，仪器取最大测井速度 v =500m/h 时，为保证测量精度，则天线长度最小约为 67cm。

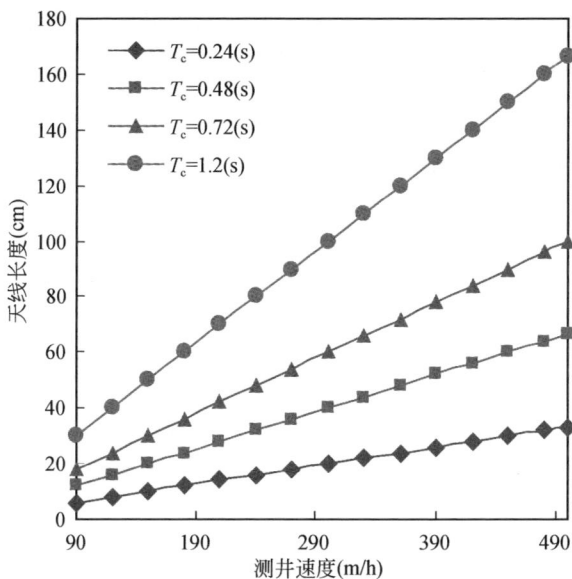

图 3.48　仪器测井速度与天线长度之间的关系

从式（3.20）可以看出，增加天线的长度可以提高仪器的测井速度，但是，增加天线长度会降低仪器的纵向分辨率[76,77]，对于单频测量模式，仪器的纵向分辨率 VR 如式（3.21）所示：

$$VR = L_{ant} + v(T_c \times RA - TW) \tag{3.21}$$

式中，RA 为提高仪器信噪比对数据进行累加的次数。缩短天线的长度可以提高仪器的纵向分辨率，但是仪器测井的速度也会下降。因此，综合考虑选取天线长度 $L_{ant} = 60cm$，磁体的总体长度约为 $L_m = 206cm$。

图 3.49 所示为当天线长度 $L_{ant} = 60cm$ 时，测量周期与测井速度之间的关系图版。其中，测井速度为在相应的测量周期下仪器所能接受的最大测井速度。

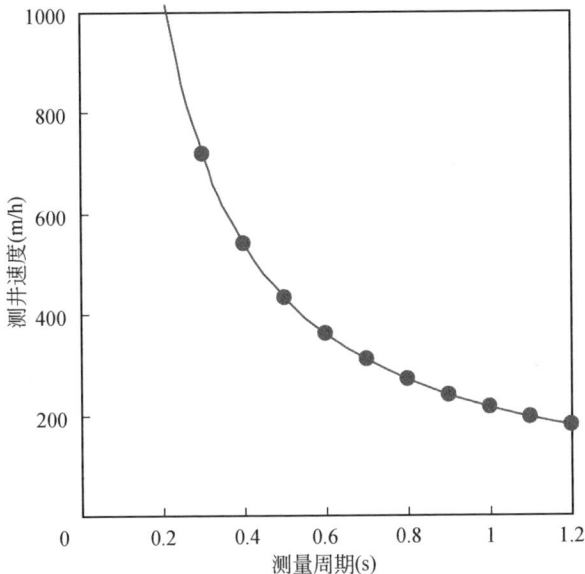

图 3.49　天线长度 $L_{ant} = 60cm$ 时，测量周期与测井速度之间的关系

3.4　测井速度对测井响应的影响

测井速度不仅影响到仪器的纵向分辨率、信噪比等参数，而且对回波信号的采集也有影响，这些影响主要表现在测井速度会影响回波相位和回波幅度。1997年，Edwards[64]研究了测井速度对 NMR 测井响应的影响，认为仪器运动会使奇数次回波相位产生偏移，并使得回波幅度按一定规律降低。如图 3.47 所示，NMR 测井仪在井下测量时，仪器处于运动状态，因此在一个 CPMG 脉冲序列周期中，仪器采集到的回波信号并不是由 90°激励脉冲所激发的全部样品所产生，

而只是其中一部分样品所产生的信号，而每个回波幅度的衰减因子如下：

$$F_e = 1 - \frac{vn\text{TE}}{L_{\text{ant}}} \tag{3.22}$$

图 3.50 所示为测井速度与回波误差之间的关系图版，图中不同曲线对应于不同的回波时间。从图中可以看出，回波误差随着测井速度的增大而增大，且回波采集的时间越大，则回波误差越大。

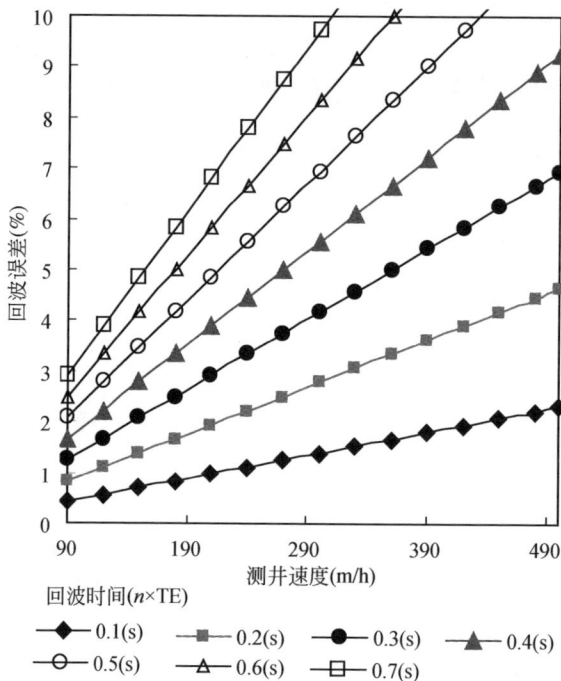

图 3.50　测井速度与回波误差之间的关系

第4章 探头制作与测试

探头测试主要包括磁体的静磁场测试，天线的电感、内阻、阻抗等参数测试，探头装配完成后的联合测试以及测试数据的分析。

4.1 探 头 实 物

根据以上分析，在实验室条件下制作了探头样机，包括磁体、天线、骨架和外壳。图4.1所示为各部件实物照片。

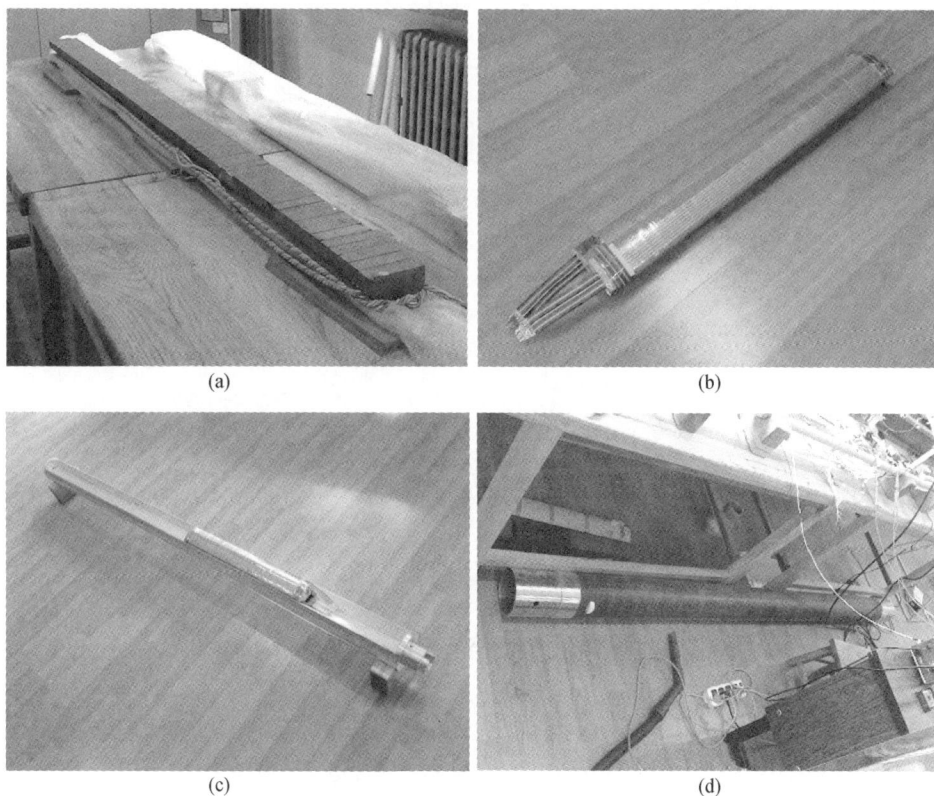

(a)

(b)

(c)

(d)

图 4.1 探头实物照片

（a）磁体实物照片；（b）天线实物照片；（c）骨架实物照片；（d）仪器外壳实物照片

4.2　磁场测试结果与数值模拟对比

4.2.1　静磁场

对静磁场的测试主要有径向磁场测试和轴向磁场测试。其中，径向磁场测试主要考察磁场强度随径向深度增加而变化的趋势，同时确定在探测区域范围内静磁场的强度，以便进一步确定仪器的工作频率。对径向磁场强度的测试是从探头的外壳算起，在 0~14cm 范围内的静磁场强度分布（含天线部件）。如图 4.2 所示，在 0~2cm 范围内，径向磁场强度的实测数据比数值模拟的结果稍大，而在 2~14cm 范围内，径向磁场强度的实测数据比数值模拟的结果稍小，从整体趋势上看，实测数据和数值模拟结果基本一致。

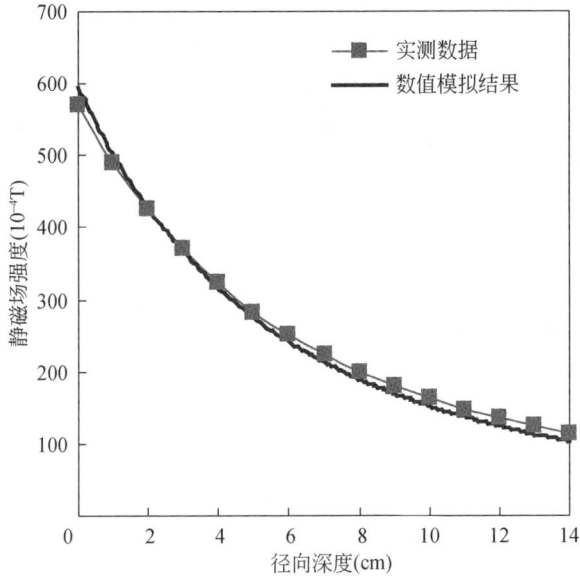

图 4.2　径向静磁场实测数据与数值模拟结果对比

图 4.3 给出了数值模拟磁场梯度和实测数据磁场梯度，两者之间具有很好的一致性，在 7~9cm 范围内，实测静磁场梯度为 0.185~0.256T/m。

探头轴向磁场测试，是指从 Z 轴上 [如图 2.1（b）所示] 测试磁体两端之间的磁场强度分布，且在 XY 平面上，测试路径点分别为（7cm，0）、（8cm，0）、（9cm，0）。图 4.4 给出了整个磁体轴向范围的静磁场分布（不含天线部件），在磁体中间位置，磁场轴向分布比较均匀。图 4.4 中的实线所示为通过数值模拟计算得到的磁场轴向分布。数值模拟计算得到的磁场轴向分布曲线有一定的波动，这主要是在计算 3D 模型时，有限元剖分网格较大的原因。在计算 3D 模型时，采用全尺寸的模型结构，如果模型剖分网格的尺寸和 2D 模型的剖分网格尺寸相当，则其计算量会呈数量级的增大，远远超过了计算机的内存。从数据的整体变化趋势来看，模拟数据与实测数据基本一致，能够准确反映实际磁场的分布特性。

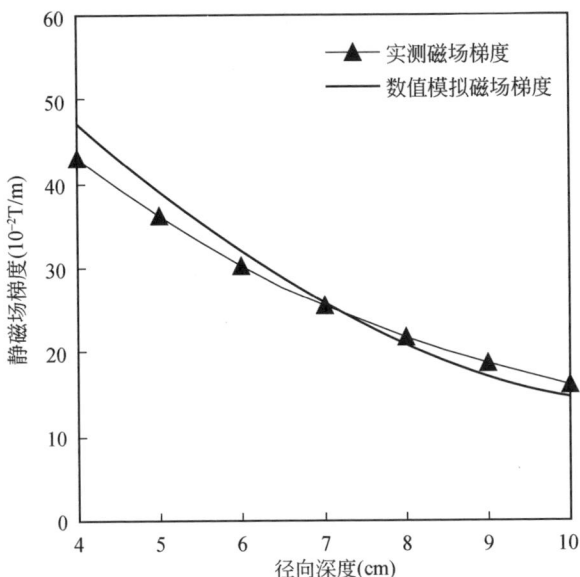

图 4.3　磁场梯度实测数据与数值模拟结果对比

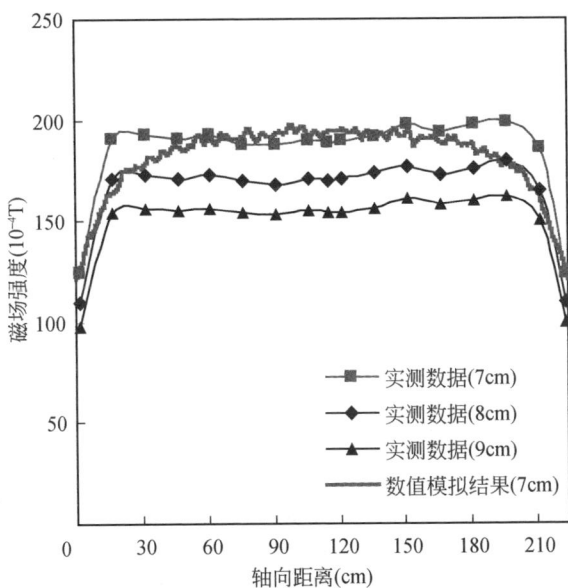

图 4.4　轴向静磁场实测数据与数值模拟数据对比

4.2.2　天线谐振电路结构选取与实测结果分析

对天线部件的测试主要是测试天线的基本参数，包括天线谐振线路阻抗 Z、品质因素 Q、天线内阻 R、电感 L 等。此外，还要对天线回路进行频率匹配的调试，将天线谐振频率调到与静磁场强度相对应的拉莫尔频率范围内。NMR 测井仪探头线圈设计有两种方案可供选择，一种是并联谐振电路，另一种是串联谐振电路[78]，如图 4.5 所示。

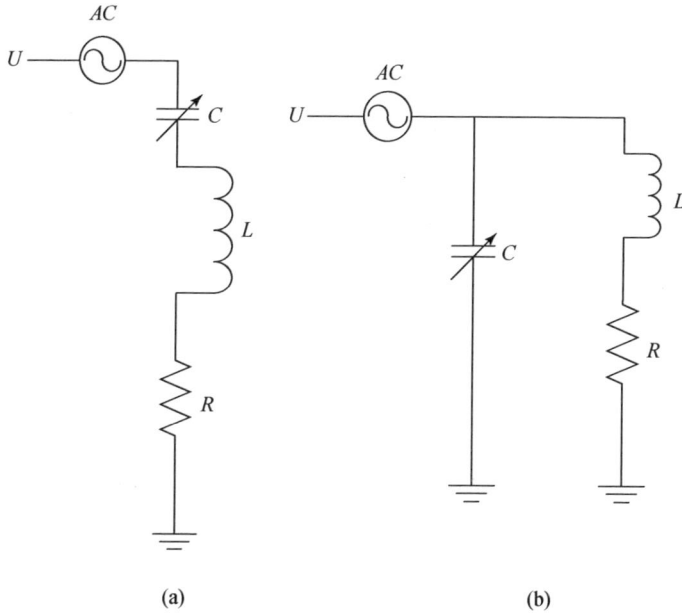

(a)　　　　　　　　　　　　　　　**(b)**

图 4.5　天线谐振电路的选取

（a）串联谐振电路；（b）并联谐振电路

图 4.5（a）所示为串联谐振电路方式，在串联谐振电路中有

$$Z = R + j(X_L - X_C) \tag{4.1}$$

其中，$X_L = X_C$ 为谐振条件，而

$$\begin{cases} X_L = \omega L = 2\pi f L \\ X_C = \dfrac{1}{\omega C} = \dfrac{1}{2\pi f C} \end{cases} \tag{4.2}$$

因此，串联谐振电路的谐振频率为

$$f_0 = \frac{1}{2\pi\sqrt{LC}} \tag{4.3}$$

此时，设外接电源电压为 U，则电感和电容两端的电压由式（4.4）确定：

$$\begin{cases} U_L = I_0 X_L = \dfrac{U}{R} X_L = \dfrac{X_L}{R} U \\[3mm] U_C = I_0 X_C = \dfrac{U}{R} X_C = \dfrac{X_C}{R} U \end{cases} \tag{4.4}$$

式中，$I_0 = \dfrac{U}{R}$。当 $X_L > R$，$X_C > R$ 时，则有

$$U_L = U_C > U \tag{4.5}$$

而电感和电容两端电压相对外接电压的比值则由式（4.6）确定：

$$Q = \frac{U_L}{U} = \frac{U_C}{U} = \frac{1}{\omega_0 RC} \tag{4.6}$$

式中，Q 也称为品质因数，它反应了谐振电路对外接电压的放大倍数，因此串联谐振电路也称为电压放大电路。而在井下 NMR 中，要求仪器功率较大，在发射射频脉冲时，外接电压的幅值可高达几百伏甚至上千伏，再经 Q 放大倍数，则在电感电容两端的电压可高达几千伏甚至上万伏，这已经远超过了目前电容所能承受的电压阈值，带来的后果是电容被击穿或损毁。

图 4.5（b）所示为并联谐振电路方式，在理想状态下，即 $R=0$ 时，其谐振条件为

$$I_L = I_C \tag{4.7}$$

也就是

$$\frac{U}{X_L} = \frac{U}{X_C} \tag{4.8}$$

因此有

$$\omega_0 L = \frac{1}{\omega_0 C} \tag{4.9}$$

则谐振电路的谐振频率为

$$f_0 = \frac{1}{2\pi\sqrt{LC}} \tag{4.10}$$

在非理想状态下，即 $R>0$ 时，则有

$$\begin{aligned} I &= I_{RL} + I_C \\ &= \left(\frac{1}{R + j\omega L} + j\omega C \right) \cdot U \\ &= \left[\frac{R}{R^2 + (\omega L)^2} - j\left(\frac{\omega L}{R^2 + (\omega L)^2} - \omega C \right) \right] \cdot U \end{aligned} \tag{4.11}$$

此时，谐振条件为

$$\frac{\omega_0 L}{R^2 + (\omega_0 L)^2} - \omega_0 C = 0 \tag{4.12}$$

因此有

$$\omega_0 = \sqrt{\frac{1}{LC} - \frac{R^2}{L^2}}$$

$$= \frac{1}{\sqrt{LC}}\sqrt{1 - \frac{C}{L}R^2} \tag{4.13}$$

当 $\frac{C}{L}R^2 \to 0$ 时，则有

$$f_0 = \frac{1}{2\pi\sqrt{LC}} \tag{4.14}$$

在并联谐振电路中有

$$\begin{cases} I_C = \dfrac{U}{X_C} = \omega_0 CU \\ I = \dfrac{U}{Z_0} = \dfrac{RC}{L}U \end{cases} \tag{4.15}$$

品质因数 Q 由式（4.16）表达：

$$Q = \frac{I_C}{I} = \frac{\omega_0 L}{R} \tag{4.16}$$

当 $\omega_0 L > R$ 时，则有 $I_C > I$ 。当 $\omega_0 L >> R$ ，则有 $I_{RL} \approx I_C$ 。在此，Q 反映了电路对电流的放大倍数，因此并联谐振电路也称为电流放大电路。天线产生的射频磁场强度与天线中的电流成正比，因此在井下 NMR 天线谐振电路中采用并联谐振的方式。

图 4.6 所示为采用并联谐振电路的实际测量结果。谐振频率为 873kHz，品质因数 Q 约为 112，电路的阻抗约为 1999.9Ω。

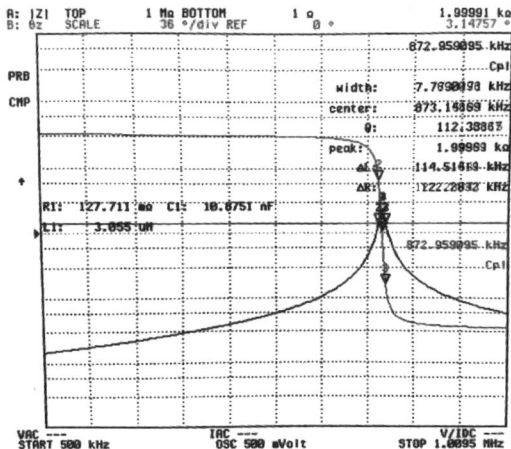

图 4.6　天线电路的实测参数

NMR 利用射频场激发极化质子，以此来产生 NMR。在 NMR 测井中采用 CPMG 序列，极化质子的扳转角 $\theta_0 = \gamma B_1 t_p$，其中，$\gamma$ 为旋磁比，B_1 为射频场强度，t_p 为射频脉冲持续的时间。由此可知，扳转角与射频场强度成正比。而天线效率越高，则单位电流产生的射频场强度越大，对仪器功率的要求就越低。图 4.7 所示为 NMR 测井仪天线效率模拟数据与实测数据对比图。实测数据从仪器外壳 1cm 处开始，共 9 个测量点。实测数据与数值模拟计算结果基本一致，在探测深度约为 7cm 处，要想获得射频场强度为 0.0001T，则应施加 41A 电流，此时，90°脉冲宽度约为 50μs。

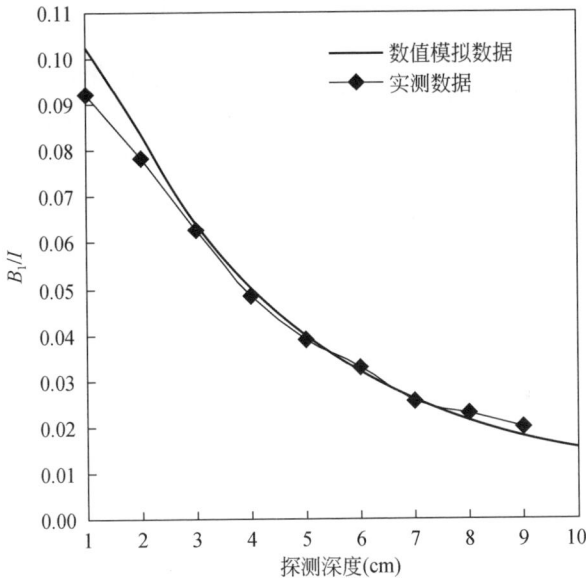

图 4.7 天线效率模拟数据与实测数据对比

4.3 联合测试与分析

4.3.1 刻度桶测试条件

探头总装之后，在刻度桶中对探头进行测试。刻度桶用玻璃钢制作而成，外层是金属层，这样做既可以用作水样的容器，又可以屏蔽外部空间电磁波对天线射频信号的干扰。采用这种结构，探测区域为孔隙度 100% 的水。为了降低刻度桶中水样的 T_1 弛豫时间，水样中加入了一定比例的硫酸铜。图 4.8 所示为探头刻度桶测试实物照片。

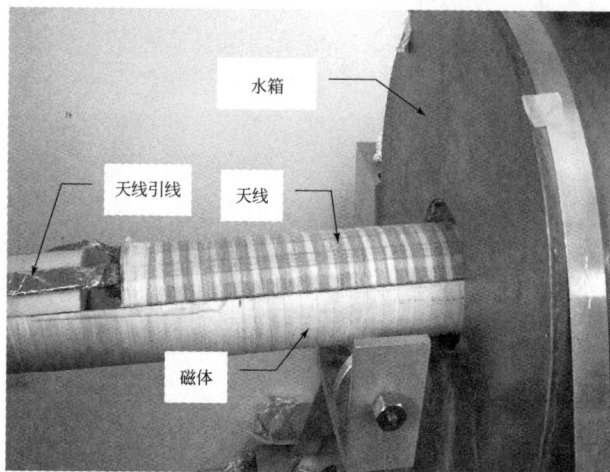

图 4.8　刻度桶测试

4.3.2　多频测试

测试刻度桶中注满按一定比例配置的硫酸铜水溶液，采用 CPMG 脉冲序列，对探头进行多频测试，测试频率分别为 968kHz、748kHz、680kHz。采集得到的回波串数据如图 4.9 所示，图中红色道为核磁衰减信号，蓝色为噪声。在不同频率下分别采集多组回波串，反演得到的 T_2 谱分布如图 4.10 所示。

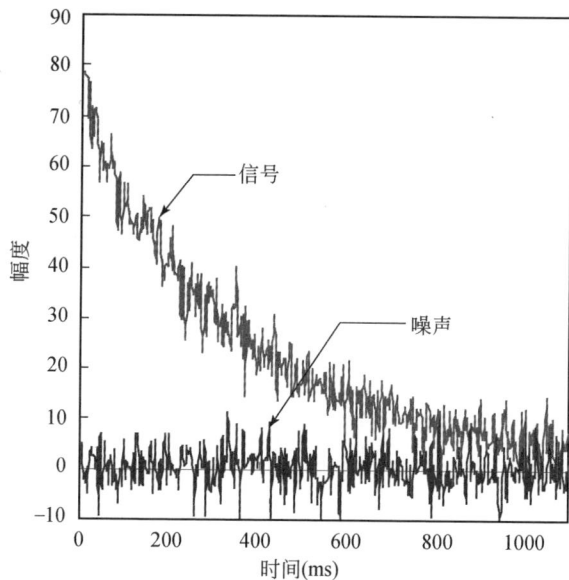

图 4.9　CPMG 序列采集得到的回波串数据

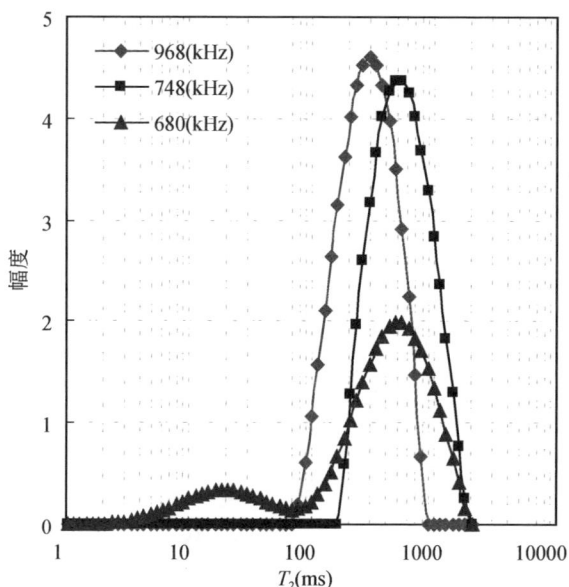

图 4.10　多频测试数据 T_2 谱反演结果

图 4.10 所示分别对应为在频率 968kHz（6.5cm）、748kHz（8.6cm）、680kHz（9.5cm）时采集得到的 NMR 信号经反演处理得到的 T_2 谱分布。数据处理结果显示，刻度桶中水的弛豫时间范围为 300～500ms。仪器操作频率越低，仪器的探测深度越深，随着探测深度的增大，磁场梯度逐渐降低。由于 $\dfrac{1}{T_2} \propto$

$\dfrac{D\,(\gamma G T_E)^2}{12}$，其中，$D$ 为扩散系数，γ 为旋磁比，G 为磁场梯度，随着磁场梯度 G 的增大，短弛豫组分迅速衰减，但由于仪器死时间的限制，探测不到这部分短弛豫信息，造成信息的丢失，T_2 谱上反应不出这一部分信息。在频率为 968kHz、748kHz 时，磁场梯度分别为 0.28T/m、0.2T/m，仪器探测不到短弛豫组分；频率为 680kHz 时，磁场梯度为 0.17T/m，短弛豫组分受梯度的影响较小，T_2 谱分布上出现双峰分布。

4.3.3　变 TW 测试

采用不同的 TW 和相同的 TE 采集了三组 CPMG 回波串，数据反演结果如图 4.11所示。NMR 测井利用双 TW 观测模式探测具有长 T_1 值的天然气和轻质油组分，因为地层中天然气和轻质油的 T_1 远大于水的 T_1 值，极化率 P 与 TW 成正比，即 $P \propto (1 - e^{-TW/T_1})$。选择较小的 TW 时，地层水被完全极化，而油和（或）气则不能被完全极化。选择长 TW 时，大多数烃也被完全极化。由图 4.11 中可以看出，随着 TW 的增大，T_2 谱与时间轴所围面积逐渐增大，长弛豫组分峰值对应时间不变，基本保持在 400ms；并且当 TW=5.0s 时，T_2 谱出现双峰，说明随着 TW 的增大，样品从部分极化到完全极化。

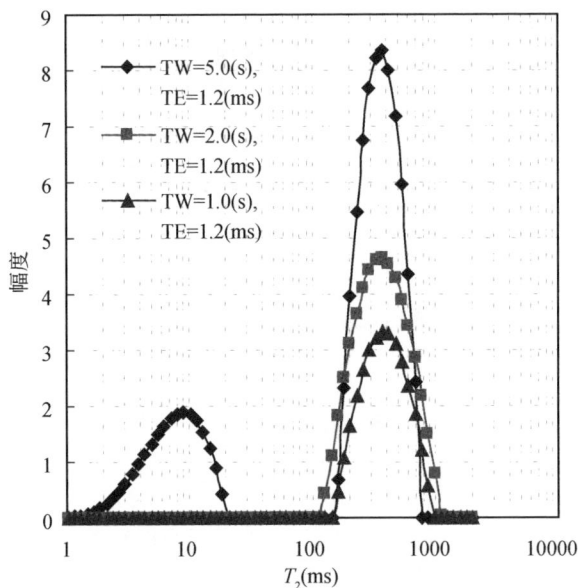

图 4.11 变 TW 测试数据 T_2 谱反演结果

4.3.4 变 TE 测试

NMR 测井采用双 TE 模式用于烃类识别，即采用不同的 TE 和相同的 TW 采集两组 CPMG 回波串。NMR 测井仪产生梯度磁场，每一种弛豫组分都有一部分取决于流体扩散系数和 NMR 测量所用的 TE 值。增加 TE 值将会使 T_2 谱向短弛豫时间方向移动。图 4.12 所示为双 TE 模式测量数据的反演结果，TW=5.0s，随着 TE 的增加，T_2 谱向左移动，与上述分析相一致。

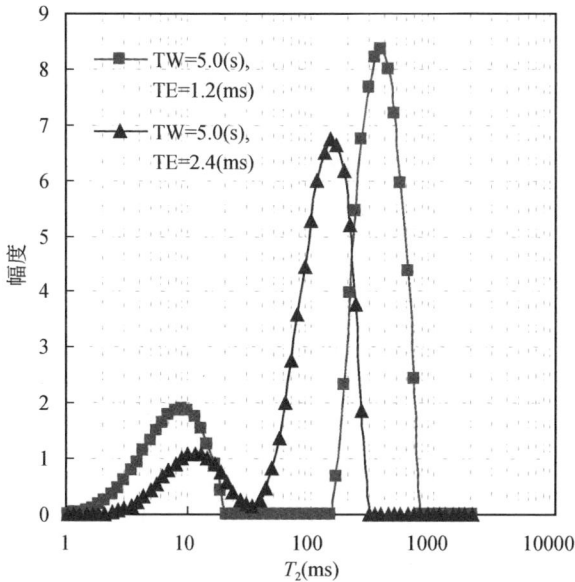

图 4.12 变 TE 测试数据 T_2 谱反演结果对比

4.4 改 进 方 向

通过对数值模拟的分析，要想进一步增大仪器的信号强度和信噪比，有如下几个改进方向：①增加静磁场强度。然而，增加静磁场强度主要通过两个方面来实现，一是采用具有更高磁性能的永磁体材料，同时还要能够适合于在井下高温高压的环境下工作。在现有的条件下，钐钴材料已经是最好的选择。二是增大磁体的体积，由于受到井眼尺寸的影响，磁体体积受到严格限制。②增加天线长度。由于天线长度与仪器的纵向分辨率成反比，而仪器的纵向分辨率对识别薄互储层至关重要；另外，增加天线长度则需要仪器提供更高的功率。因此，天线长度的选择是一个折中优化的方案。③对于贴井壁型 NMR 仪，增大天线探测区域范围，使得仪器能够探测到更大地层区域范围内的信息。被测样品量增大，则仪器的信号强度也增大，信噪比也提高。

采用双条带天线结构，在不改变磁体结构的情况下，增大天线之间的夹角可以扩大射频场和静磁场正交匹配的范围。然而，此时射频场等值云图会出现凹陷的现象，如图 3.33 所示；射频场强度也会出现整体衰减的情况，如图 3.34 所示。

为了使得射频场等值云图形状与静磁场等值云图形状相似，则应增强凹陷区域内的射频场强度。因此，将原来的双条带形天线改为三条带形天线，如图 4.13

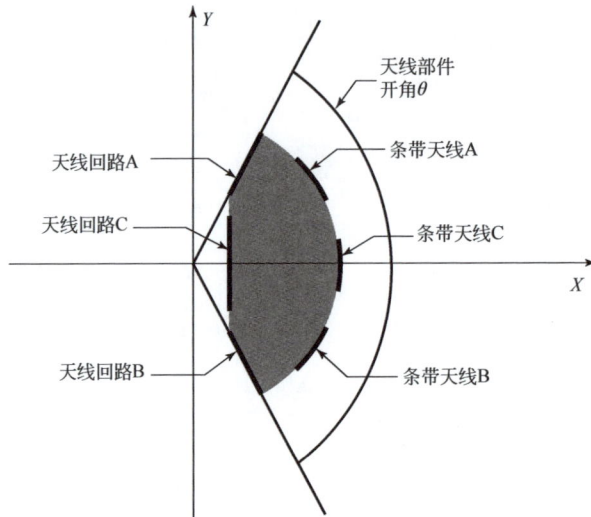

图 4.13　改进的三条带天线结构

所示，增加了条带天线 C 以及天线回路 C。

　　图 4.14 为采用三条带天线结构得到的 NMR 探头敏感区域形状分布。与图 3.38中的结果相比，图 4.14 中所示的探头敏感区域范围增大，然而此时也需要仪器电子线路提供更大的功率。

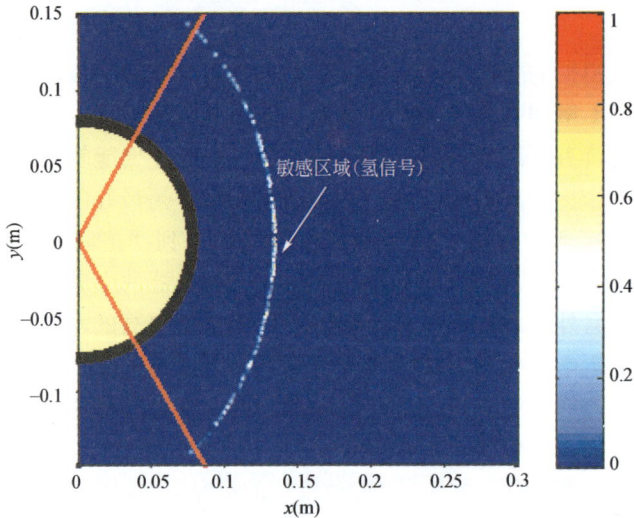

图 4.14　采用三条带天线结构得到的探头敏感区域形状分布

第5章　简化探头方案设计、架构与测试

根据以上分析可以看出，井下 NMR 探头结构复杂，在设计其总体方案时需要考虑仪器的各项综合指标，并且对仪器后期制作的工艺要求严格。因此，具备良好探测特性，同时结构相对简单且在工程上易于实现、制作工艺要求相对较低的 NMR 探头方案，对快速实现 NMR 测井仪的工程化和产业化具有重要意义。

从图3.1可知，NMR 探头磁体结构有圆柱形、方条形以及其他不规则的结构。圆柱形和方条形磁体外形比较规则，因此其结构也比较简单。在此，采用了"正问题"的设计思路，即首先确定一个磁体结构，通过分析该结构磁体所产生的静磁场分布特性，然后根据该静磁场分布的特性来选择合适的天线结构与之相匹配，从而达到快速实现 NMR 探头设计的目的。

5.1　总体方案设计

5.1.1　磁体结构

图5.1 所示为该 NMR 探头永磁体结构。磁体外形为圆柱形，选择这种外形结构的磁体主要是考虑到该结构的永磁体体积较大，能够在井眼周围较大范围内产生符合井下 NMR 所需的磁场强度和分布，因此对磁性材料的磁性能属性要求低。

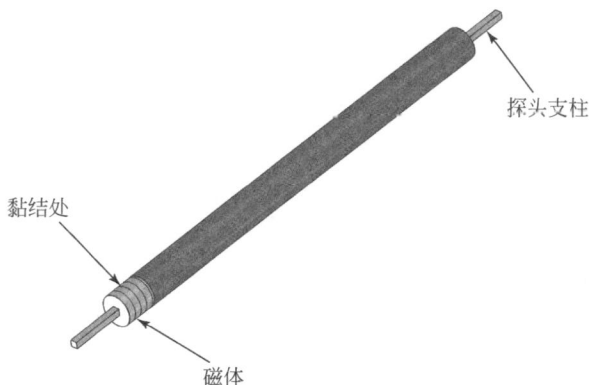

探头支柱

黏结处

磁体

图5.1　永磁体总体结构

在圆柱形永磁体横截面的中间设计一个方形小孔，如图 5.2（a）所示，以便探头支柱的装配与固定以及电子线路的安装。这里主要是考虑到如果采用圆形开孔，如图 5.2（b）所示，则在仪器运输和工作过程中，会由于仪器需要承受很大的拉升力和扭曲力，而使磁体容易在探头内部产生旋转，其后果直接导致天线接口损坏甚至报废。另外，由于整个大磁体是由多个小磁体片黏结而成，在将磁体装配至支柱上时，如果采用圆形开孔，首先是磁体与支柱之间难以固定；其次，两片磁体同极性方向安装时，相互之间排斥，导致磁体难以固定并且两片磁体之间的极性方向也很难控制在同一方向上。而采用方形孔设计可以将磁体在探头支柱上卡住，这样不仅避免了采用圆形孔所带来的"磁体与支柱以及磁体与磁体之间的旋转"问题，同时，也能保证多个磁片之间的同极性装配。

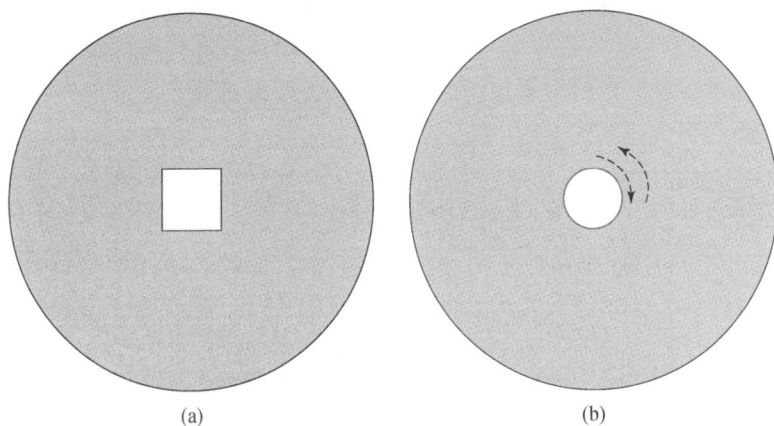

图 5.2　磁体横截面结构
（a）方孔型磁体；（b）圆孔形磁体

5.1.2　静磁场数值模拟

对图 5.2（a）所示的磁体进行数值模拟计算，分析这种结构的磁体在不同的磁性能属性下所能产生的磁场分布以及其特性。由于这种磁体结构在纵向上，即 Z 轴方向上（如图 5.1 所示）横截面的尺寸处处相同，因此建立 2D 模型来计算磁场分布，可以大大减少计算量，提高计算的速度，建立的磁体尺寸模型如图 5.3 所示。在实际数值模拟计算的过程中，还考虑了支柱和仪器外壳对静磁场分布的影响。

在数值模拟计算的过程中，对磁体设定的计算参数包括磁材料矫顽力 H_c 以及磁材料磁导率 μ_m。按照图 5.3 所示的尺寸建立 NMR 测井仪探头 2D 模型，经计算得到如图 5.4 所示的静磁场分布。该静磁场分布与图 2.10 所示的磁场分布

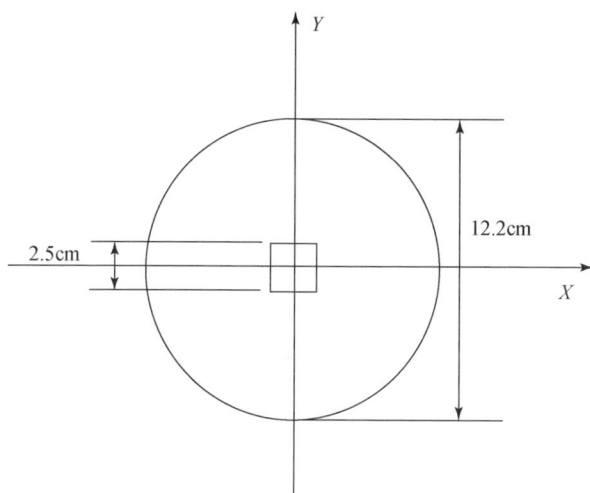

图 5.3　磁体横截面尺寸

相似，这是因为这两种磁体的结构相似，其差别在于图 5.4 中的磁体采用了方形贯通孔，而图 2.10 中所示的磁体采用了圆形的贯通孔。

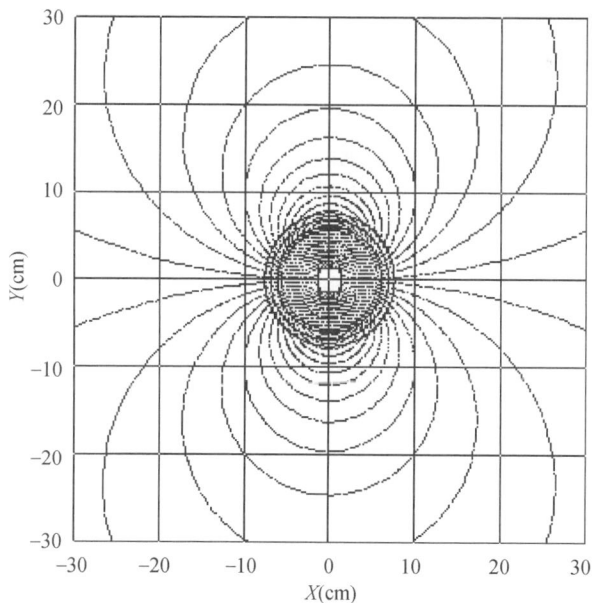

图 5.4　永磁体静磁场磁力线分布

图 5.5 所示为不同的磁性材料属性对静磁场强度变化趋势的影响。从图可以

看出，随着磁材料矫顽力的增大，静磁场强度逐渐增大（以图中左侧数据轴为标示）；且随着径向深度的增大，磁场强度逐渐减弱，这是一个梯度磁场。图 5.5 还给出了当 $H_{cb}=200\text{kA/m}$ 时计算得到的静磁场所对应的拉莫尔频率（以图中右侧数据轴为标示），在径向深度为 $8 \sim 12\text{cm}$ 时，仪器的工作频率对应为 $570 \sim 950\text{kHz}$，这一范围也正好落在 $500 \sim 1000\text{kHz}$。因此，采用该结构的磁体，对磁材料的磁性能参数要求不高，考虑到磁材料的剩磁，故磁材料的矫顽力为 $200 \sim 300\text{kA/m}$，选用铁氧体磁材料就能满足设计的要求。

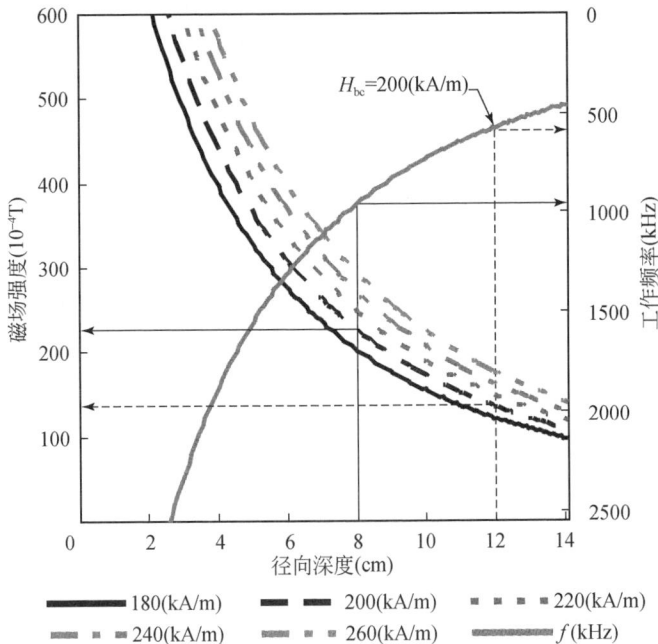

图 5.5　不同磁性材料属性下静磁场径向分布

进一步考察磁体中间贯通孔形状对静磁场强度分布的影响，在保持其他参数不变的情况下，将方形贯通孔改为圆形贯通孔，且圆形贯通孔的直径为 2.5cm。图 5.6 给出了在这两种情况下得到的静磁场强度差（以圆形贯通孔模型计算得到的静磁场强度减去以方形贯通孔模型计算得到的静磁场强度，磁体矫顽力都为 200kA/m）。从图 5.6 可以看出，采用方形贯通孔结构，在相同的条件下，静磁场强度会有所降低，且在靠近探头外壳处磁场降低了 0.0015T，在 $8 \sim 12\text{cm}$ 范围内，静磁场强度降低了 $0.0002 \sim 0.0003\text{T}$，约为仪器工作静磁场强度的 2%，这一差异可以接受，因此方形贯通孔的设计符合要求。

图 5.7 所示为静磁场等值云图，可以看出等值云图为圆形，因此这种磁体结构得到的敏感区域应为瓦形壳，其中，瓦形壳的开角由天线结构决定。

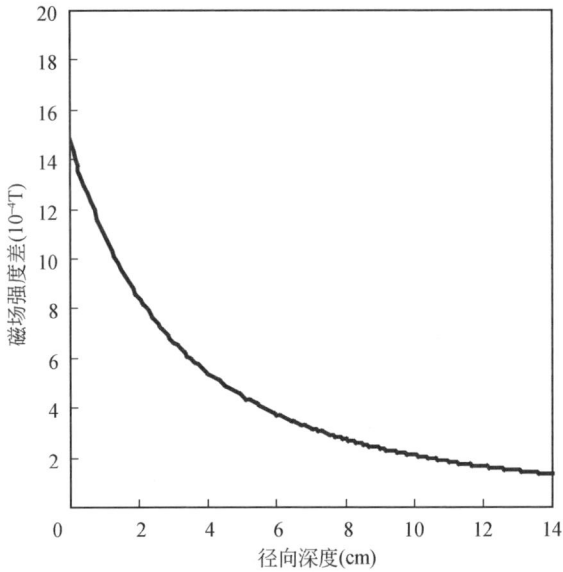

图 5.6　贯通孔形状对静磁场强度分布的影响

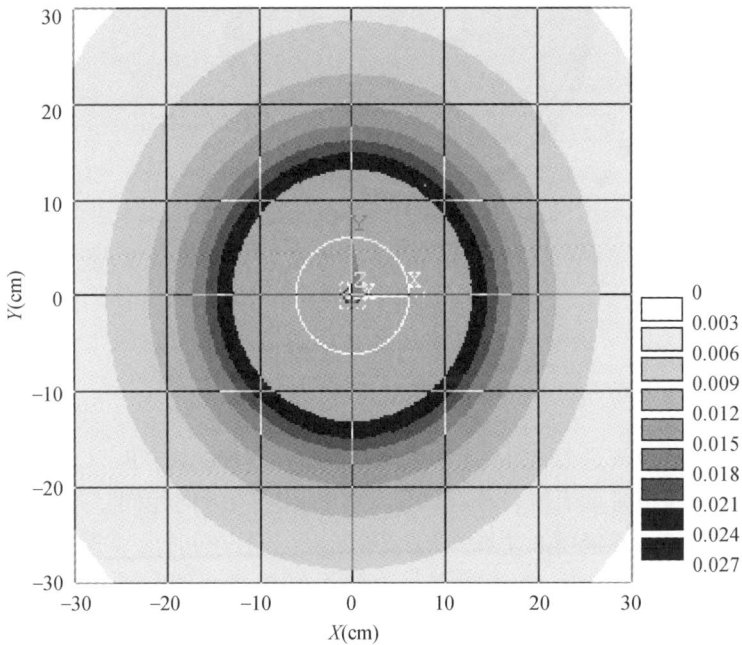

图 5.7　静磁场等值云图分布（T）

5.1.3　天线结构与射频磁场数值模拟

在确定 NMR 测井仪探头磁体结构后，探头天线结构就应遵循射频场与静磁场相匹配的原则来设计。在设计探头天线结构时，首先应该确定的是探头的工作方向，即探头工作时与井壁相贴的方向。如图5.4所示，在此选取图中右侧为仪器贴靠井壁的方向。此方向静磁场直射进入地层，并逐渐散射开，则天线产生的射频磁场方向应在最大方位上与静磁场正交，因此设计相应的天线结构如图5.8所示。图5.8所示为天线横截面结构，主天线A和天线回路a构成谐振电路。主天线A的形状为表面条带形天线，其产生的射频场则主要集中在探头的右侧。图5.8中所示的天线结构只包含一根主天线，天线开角θ小，探头所能探测到的敏感区域范围也小。对此结构进行改进，改进后的天线结构如图5.9所示。

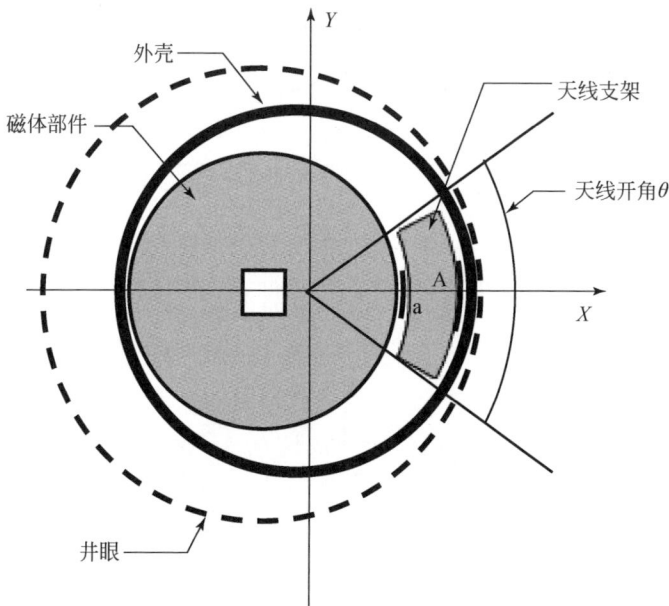

图 5.8 天线横截面结构

A——主天线；a——回路天线

图5.9所示为改进后的天线结构横截面图，其中，A、B、C、D为主天线，其结构也为表面条带形天线，且这四根天线所通电流方向相同，其产生的射频场在探头右侧叠加，不仅增大了探头的探测区域范围，同时能够提高射频场能量。a、b、c、d为天线回路，为天线谐振电路提供连接回路。采用这种设计结构，天线支架的开角θ约为120°。

基于图5.9所示的探头天线结构，经数值模拟计算得到的射频场分布如图5.10所示，射频场穿过磁体从探头的上侧（或下侧）进入地层，在横穿过探头右侧的地层后从探头下侧（或上侧）回到探头，这种磁路结构正好与图5.4的静磁场磁路形成正交关系，从而建立起NMR的基本条件。

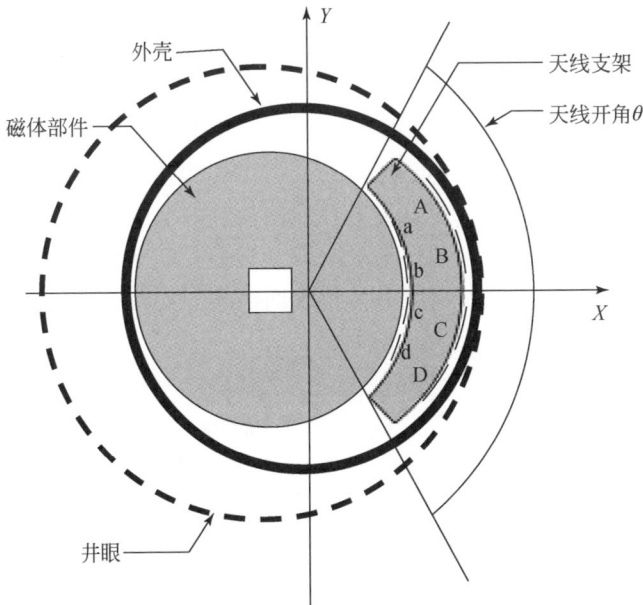

图 5.9　改进后的天线横截面结构

A，B，C，D——主天线；a，b，c，d——天线回路

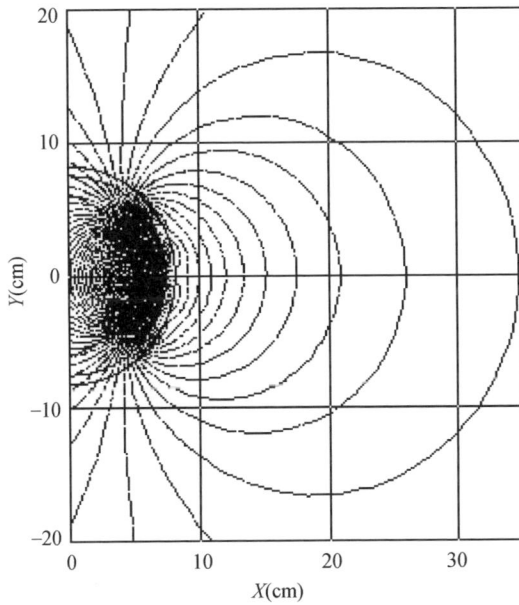

图 5.10　改进后的天线射频场磁力线分布，未屏蔽磁体

由于该 NMR 测井仪探头磁体采用铁氧体磁性材料，天线在发射射频脉冲时，射频场进入铁氧体内部后会使磁材料产生机械震动，并且在射频脉冲结束后持续减弱，即磁致伸缩振铃[79]。该振铃也会在天线中引起电压信号并与 NMR 信号叠加在一起，对 NMR 测井信噪比有很大的影响，因此需要考虑降低这一影响的方法（关于振铃噪声将在第 6 章有详细讨论）。NMR 测井仪天线产生的射频场实质上是电磁波，故可以采用具有良好导电性能的材料来包裹磁体，防止天线发射的电磁波进入铁氧体磁体内部，而屏蔽层的厚度直接影响屏蔽的效果。电磁波在导体中衰减很快，把电磁波衰减到其在导体表面值的 $1/e$ 时，其进入导体内部的深度称为趋肤深度 δ，由式（5.1）计算得到：

$$\delta = \sqrt{\frac{2\rho}{\omega\mu}} = \sqrt{\frac{\rho}{\pi f \mu}} \qquad (5.1)$$

式中，ρ 为导体的电阻率；f 为电磁波频率；μ 为导体的绝对磁导率，$\mu = \mu_0 \times \mu_r$，其中 μ_0 是真空磁导率，μ_r 是导体的相对磁导率。

为了达到有效的屏蔽效果，屏蔽层的厚度应相当于电磁波在导体中的波长，由式（5.2）确定：

$$\lambda = 2\pi\delta = 2\pi\sqrt{\frac{\rho}{\pi f \mu}} \qquad (5.2)$$

选用铜箔作为屏蔽材料，则 $\rho = 1.75 \times 10^{-8}\ \Omega \cdot m$，$\mu = 4 \times 3.14 \times 10^{-7} H/m \times 0.9999$，从式（5.2）可以看出，频率越低，则屏蔽层厚度约大，NMR 测井仪工作频率一般在 $500 \sim 1000 kHz$，在此取 $f = 500 kHz$。则屏蔽层厚度约为 0.59mm。

在磁体外面包裹屏蔽层之后，进一步考察其对天线射频场的影响，图 5.11 所示为包裹屏蔽层之后射频场磁力线分布。由于采用了屏蔽层，射频场不能进入磁体内部，只能从主天线与天线回路之间的空间穿过，射频场方向趋于正 X 轴方向。

进一步考察屏蔽层对射频场强度的影响（归一化处理），如图 5.12 所示，将磁体用铜箔包裹之后，射频场磁路不能进过磁体，只能从主天线与天线回路之间的空间通过，这对天线射频场产生了向 X 轴正向聚焦的作用，因此使得射频场强度增大。

图 5.13 所示为射频场等值云图分布，在探头的右侧射频场的等值云图形状与图 5.7 中所示的静磁场等值云图形状相似，因此极化质子能够被均匀激化并获取最大的共振区域。

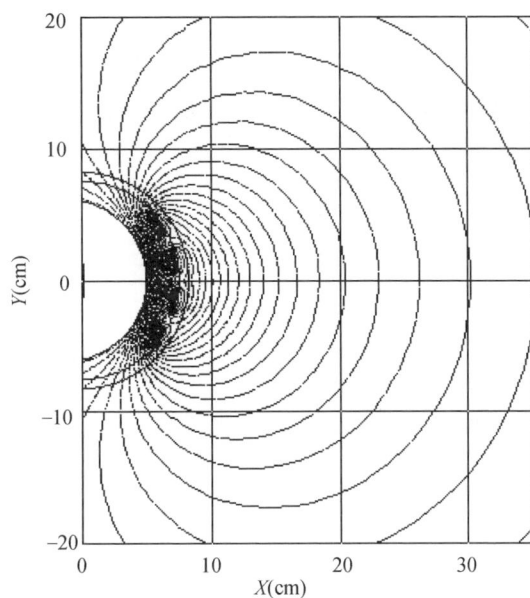

图 5.11　改进后的天线射频场磁力线分布（屏蔽磁体）

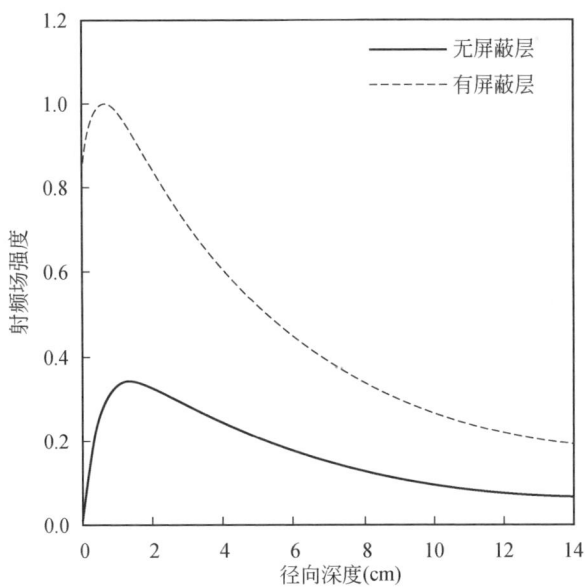

图 5.12　屏蔽层对射频场强度的影响

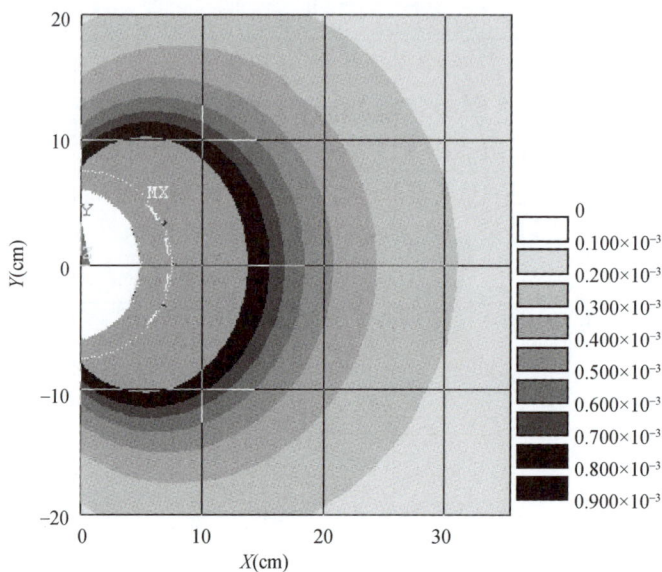

图 5.13　改进后的天线射频场等值云图分布（T）

　　根据探头静磁场和射频场的数值模拟计算结果可以得到磁场的匹配关系，如图 5.14 所示，从图可以看出，在探头右侧大部分范围内，静磁场和射频场都能实现正交关系，因此静磁场和射频场的磁路设计合理。

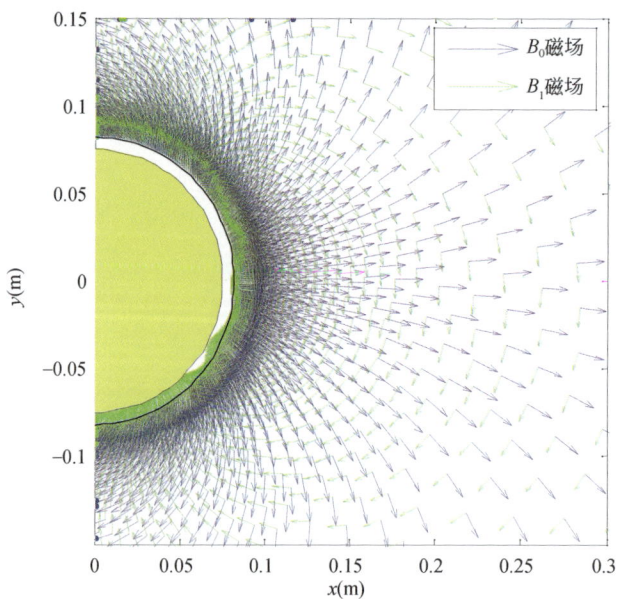

图 5.14　改进天线结构后磁场优化匹配关系

5.2　敏感区域、信号强度和信噪比

通过数值模拟计算得到 NMR 测井仪探头静磁场 B_0 和射频场 B_1 分布，利用书中 2.2 节所述的方法，就可以进一步计算得到探头的敏感区域分布范围和形状，其结果如图 5.15 所示。从图 5.15 中可以看出，探头的敏感区域为一个瓦形壳，以探头外壳横截面中心为原点，该瓦形壳的开角约为 120°，与 MREx NMR 测井仪探测区域范围相当。

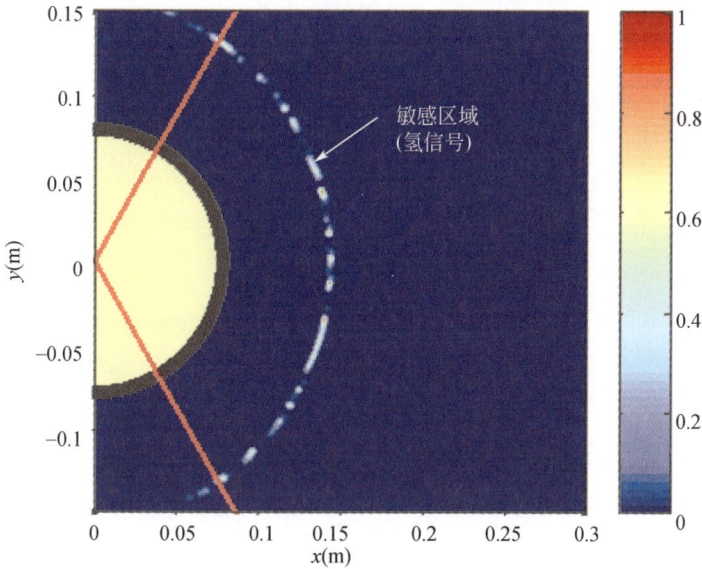

图 5.15　探头敏感区域形状分布

进一步根据式（3.3）可以计算得到 NMR 测井仪探头信号强度随仪器工作频率的变化趋势，如图 5.16 所示，随着仪器工作频率的增大，仪器信号强度增强；且增大天线长度能够明显增大仪器的信号强度。

根据式（3.5）估算 NMR 测井仪信噪比，如图 5.17 所示，随着仪器工作频率的增大而增大，这主要是因为工作频率增大，切片区域对应的磁场强度增大，因此仪器具有更高的信号强度，而仪器的噪声强度与仪器的工作频率无关。

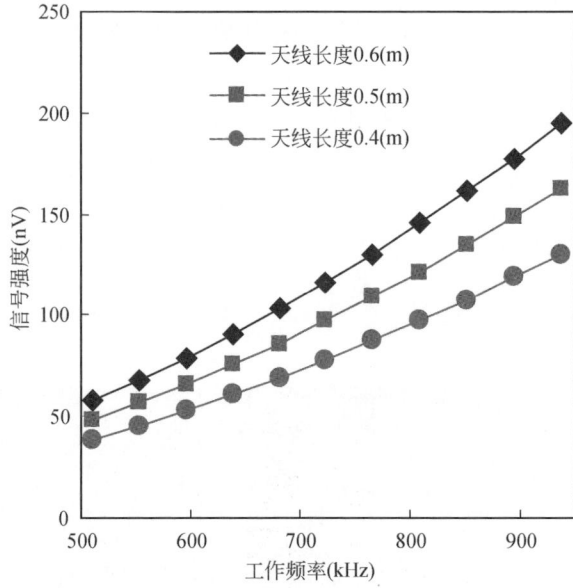

图 5.16　不同工作频率下的信号强度

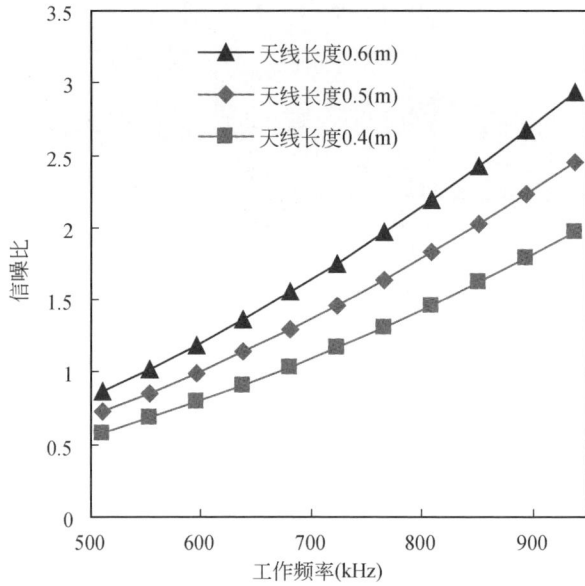

图 5.17　不同工作频率下的信噪比

5.3　制作与装配

　　NMR 测井仪探头制作与装配主要包括磁体部件的制作与装配、天线部件的制作与装配、探头总装以及其他附件的装配。图 5.18 所示为探头各部件实物照片。

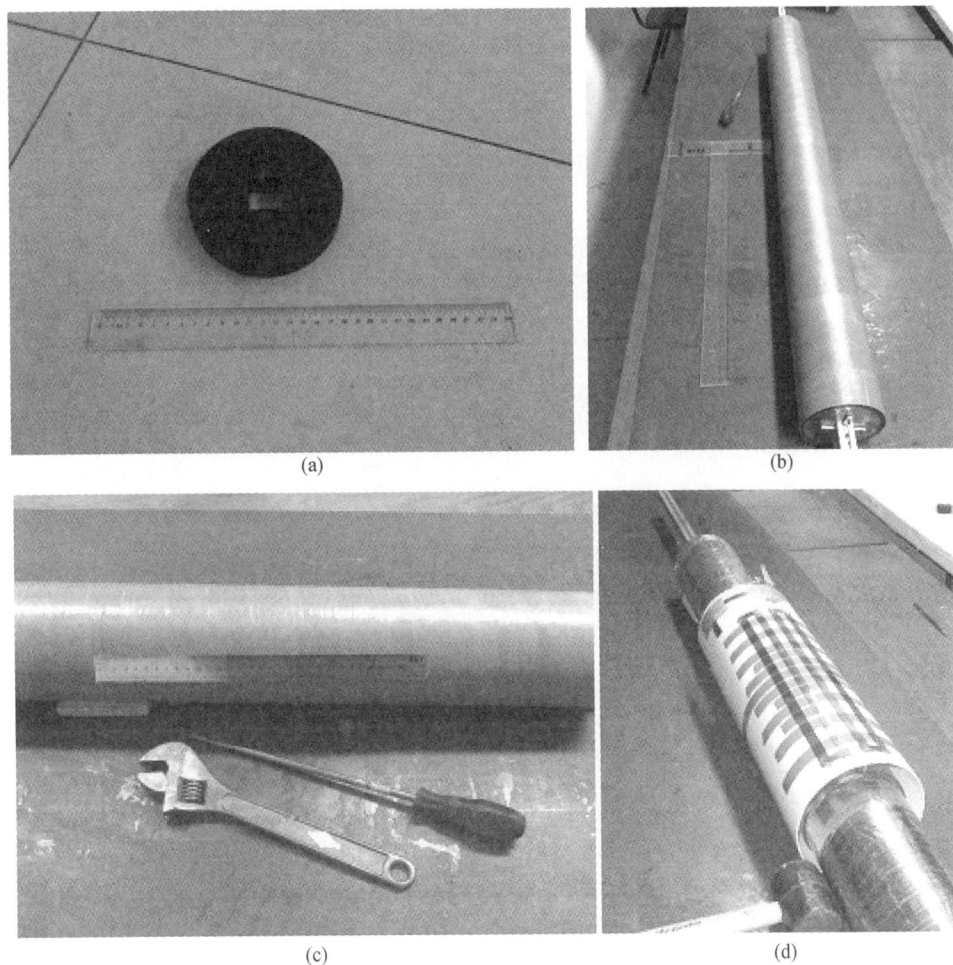

图 5.18　探头实物照片

（a）单个磁片；（b）组装完成后的整个磁体；（c）磁体和非磁性的工具；（d）磁体和天线组装之后

　　NMR 测井仪探头磁体体积大，不能整体加工，因此永磁体由多个小磁体组成，如图 5.18（a）所示，每个小磁体的厚度为 2.0cm，整个大磁体由 63 块小磁体黏结而成，磁体总长为126cm，如图5.18（b）和图5.18（c）所示。由于永磁体有很强的磁性，在装配的过程中需要借助一些非磁性的工具，如图5.18（c）所示。天线结构如图5.18（d）所示，天线材料选用厚度约为0.03mm的铜皮，天线固定在非导磁且具有绝缘性能的塑料管上，天线长度为38cm，具备较高的纵向分辨率。永磁体材料为铁氧体，该材料很脆，在装配的过程中要注意防止与其他物体相撞而引起破损。另外不要用铁磁性物质敲击磁体，以防磁体磁性发生变化。

5.4　磁场测试与分析

对装配完成后的磁体进行测试，主要是利用高斯计测量磁体径向和轴向的磁场强度分布。测试中使用的高斯计是北京翠海科贸有限公司生产的 CH-1600 型全数字高斯计，该仪器测量范围：$0.1 \times 10^{-6} \sim 3T$；静磁场测量精度：读数的 $\pm 0.20\% \sim \pm 0.05\%$，如图5.19所示。磁场径向分布是指 Y 方向上的磁场分布，磁场轴向分布则是指 Z 轴方向上的磁场分布。

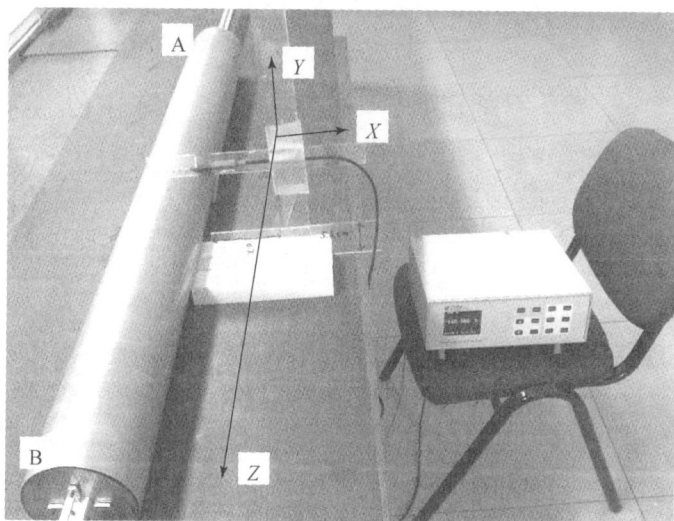

图5.19　测量静磁场所定义的坐标

图5.20所示为实测径向静磁场强度与数值模拟对比，图中所指的径向深度从磁体的表面算起（磁体表面为0cm）。图中给出了在轴向45cm处和65cm处的静磁场径向分布，这两个实测数据结果具有很好的一致性。数值模拟与实测数据相比，在靠近探头处0~6cm范围内，数值模拟的结果比实测数据要稍大，但是，随着径向距离的增大，两者之间相差越来越小，从数据变化的整体趋势来看，数

值模拟结果与实测数据结果基本一致。

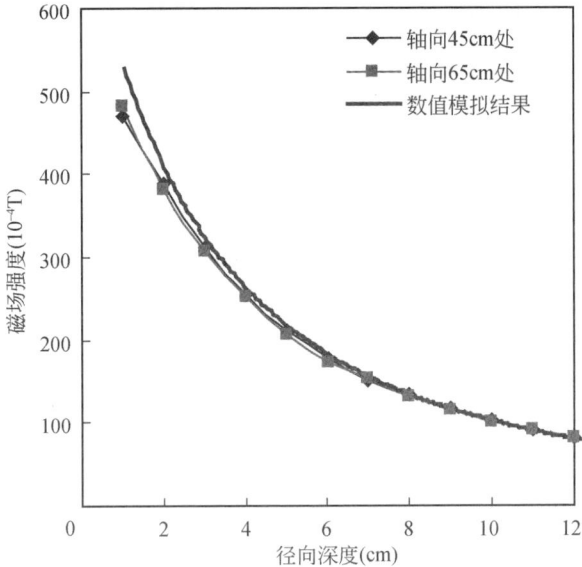

图 5.20　径向静磁场实测数据与数值模拟结果对比

图 5.21 给出了实测磁场梯度和数值模拟计算得到的磁场梯度，数值模拟计算得到的磁场梯度在整体范围上比实测磁场梯度稍大，但是磁场梯度的变化趋势一致。实测静磁场梯度在 4~10cm 范围内为 0.13~0.5T/m。

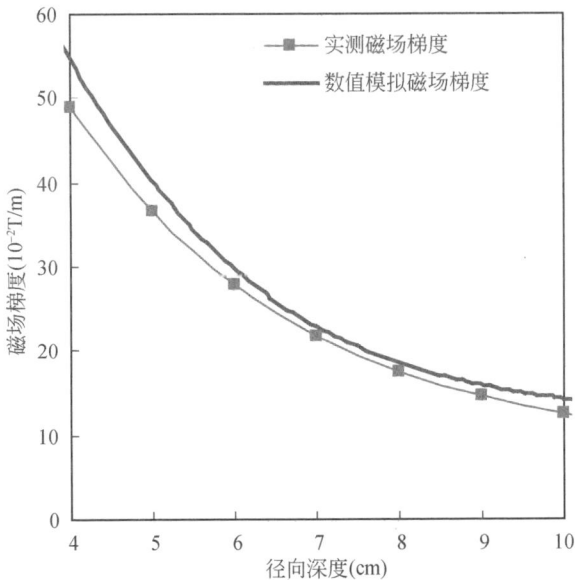

图 5.21　静磁场梯度实测数据与数值模拟结果对比

静磁场轴向分布如图 5.22 所示，磁体两端磁场强度低，在磁体中间部位磁场强度大，且磁场强度比较均匀，因此天线应放置在磁体中间部位。

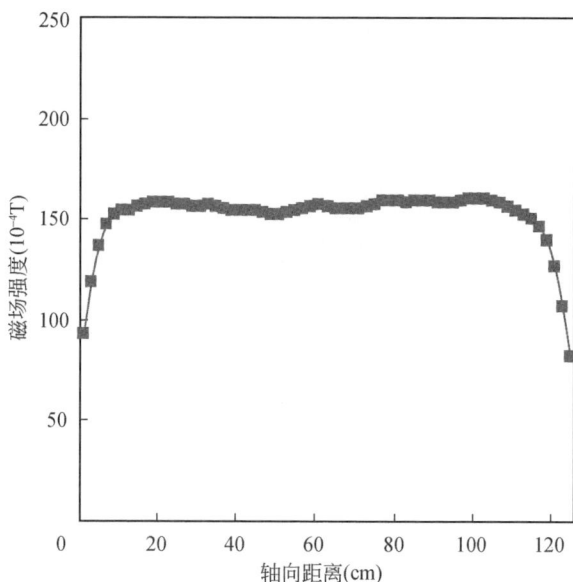

图 5.22　轴向磁场实测数据

5.5　天线参数测试与分析

NMR 测井仪探头天线采用并联谐振电路结构。利用安捷伦 4294A 阻抗分析仪测试天线电感、内阻和阻抗等参数以及阻抗频率特性曲线等，如图 5.23 所示。

图 5.23　利用阻抗分析仪测试天线参数

采用图 5.9 所示的天线结构，利用阻抗分析仪测试得到的天线参数如图 5.24 所示，图中显示的频率范围为 500 ~ 1000kHz，此时天线的谐振频率约为 818.4kHz，天线阻抗约为 1642.4Ω。天线阻抗过高，对功率放大器的要求也高，因此考虑降低天线阻抗。并联谐振电路阻抗可由式（5.3）估算，从中可以看出阻抗与天线电感成正比，而天线电感与天线的匝数成正比，因此可以通过减少天线的匝数来降低天线电感。

$$Z = \frac{L}{RC} \tag{5.3}$$

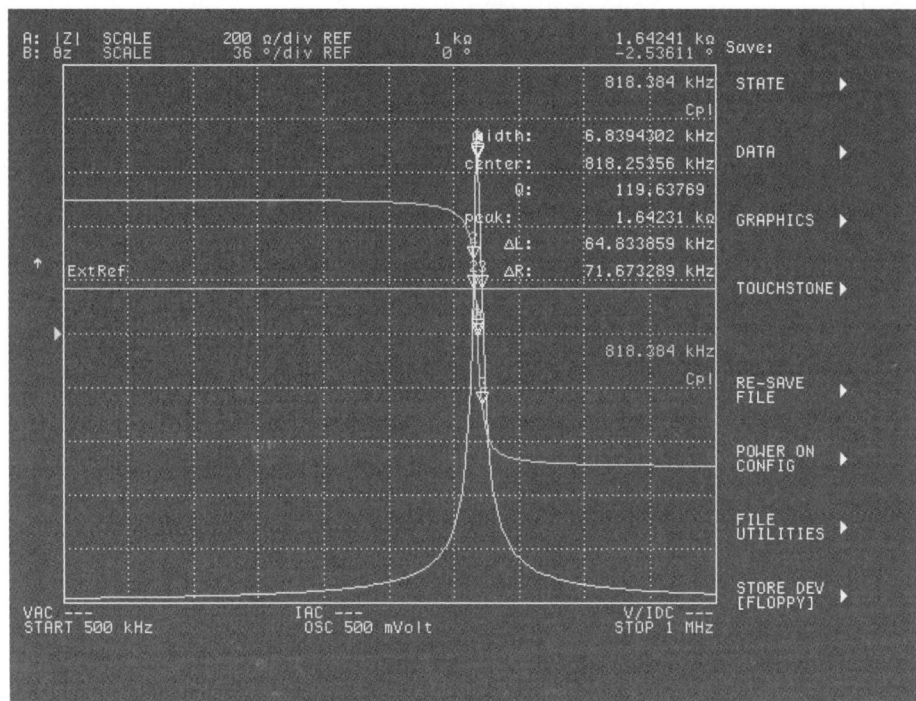

图 5.24　天线阻抗频率特性曲线

改进后的天线横截面结构如图 5.25 所示，天线的连接方式为：①在天线连接电子电路一端，天线回路 a 连接一根引出线，主天线 C、D 并联连接一根引出线，且主天线 A、B 并联后与天线回路 b 连接；②在天线的另一端，主天线 A、B 并联，然后与天线回路 a 连接，主天线 C、D 并联，然后与天线回路 b 连接。这样就可以在不改变天线数量（保持为原来的 4 根）的情况下，通过并联连接的方式减少天线回路线圈的匝数。

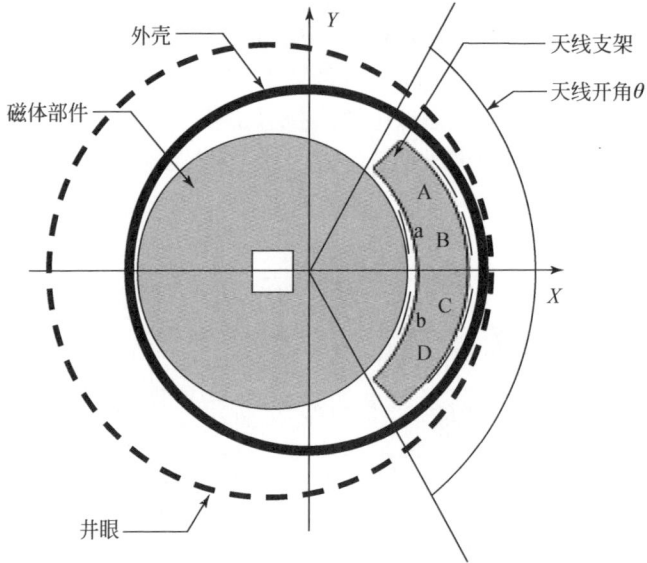

图 5.25　改进天线连接方式后天线横截面结构

A，B，C，D——主天线；a，b——天线回路

图 5.26 所示为改进天线结构后测量得到的天线阻抗频率特性曲线，可以看出，改进后的天线阻抗约为 354Ω，此时天线的 Q 约为 96。

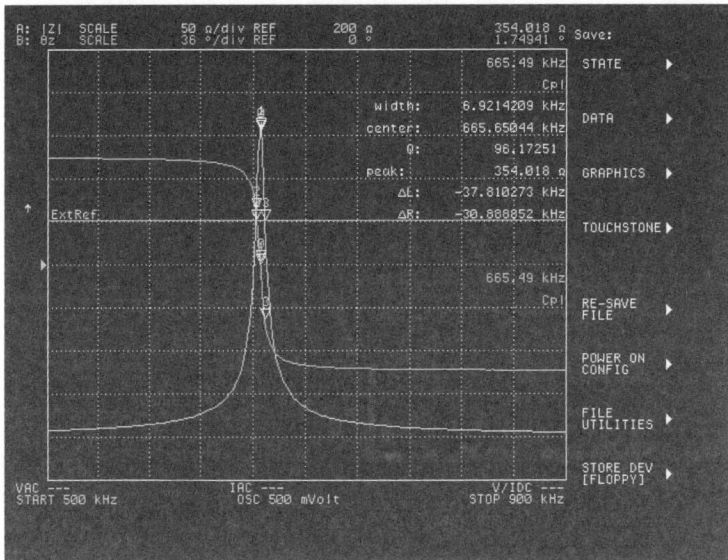

图 5.26　改进天线结构后天线阻抗频率特性曲线

5.6　联合测试与分析

　　图 5.27 为探头在水箱中测试的实物照片，图 5.28 为采集得到的原始回波串数据。图 5.29 为对图 5.28 所示的原始数据经过预处理（相位旋转）后得到的 NMR 信号和噪声数据。

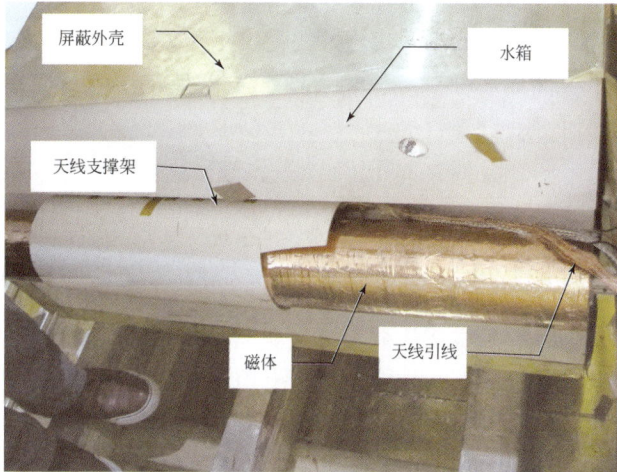

图 5.27　探头测试实物照片

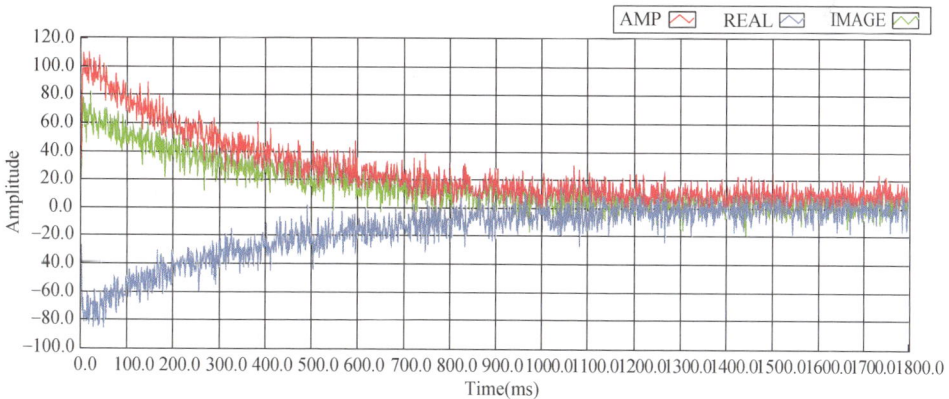

图 5.28　测试采集到的未经预处理的数据

　　图 5.30 所示为回波间隔 TE = 1.0ms，等待时间 TW = 5s，采用不同频率 704kHz、762kHz、766kHz 进行测试得到的数据反演结果。数据结果显示水箱中样品的弛豫时间范围为 300～500ms。由于 762kHz 与 766kHz 相近，因此在这两

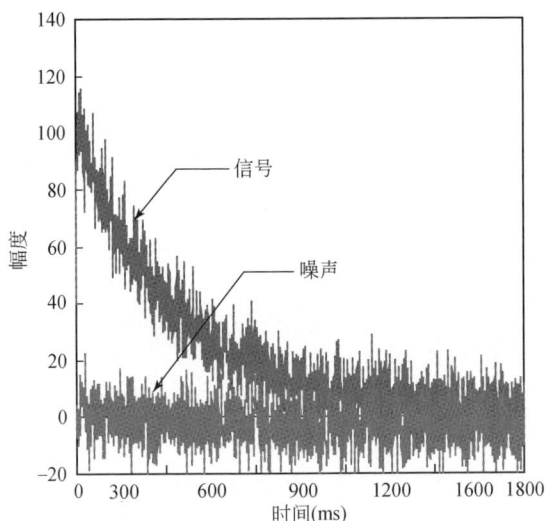

图 5.29　CPMG 序列采集得到的回波串数据

个频率下得到的 T_2 谱分布形态基本一致。采用 704kHz 测量得到的数据反演结果显示其 T_2 谱峰值较低，这主要是因为仪器工作频率低，获得的信号强度低。

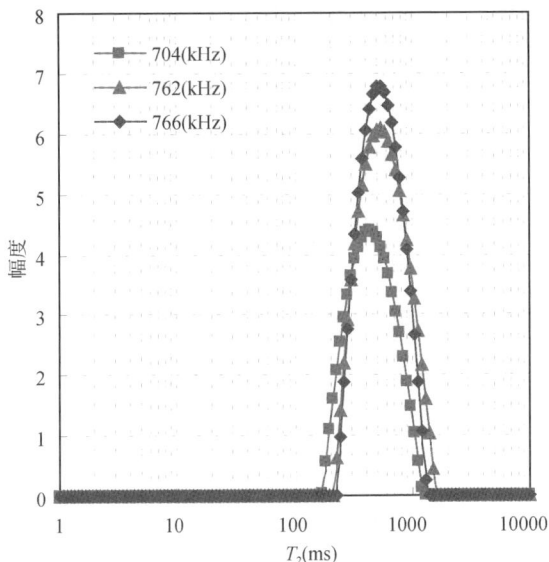

图 5.30　多频测试数据 T_2 谱反演结果

固定回波间隔 TE = 1.2ms，选择不同的等待时间 TW = 1s、2s、3s、4s、5s 分别采集数据，反演得到的 T_2 谱分布如图 5.31 所示。随着等待时间 TW 的逐渐增大，T_2 谱的峰值也逐渐增大，当等待时间 TW = 3s、4s、5s 时，T_2 谱峰值不再增大，说明此时样品已被完全极化，而峰值点对应的时间基本保持在 400ms 不变。
该模式可以用来定量分析油和气所占据的孔隙体积。

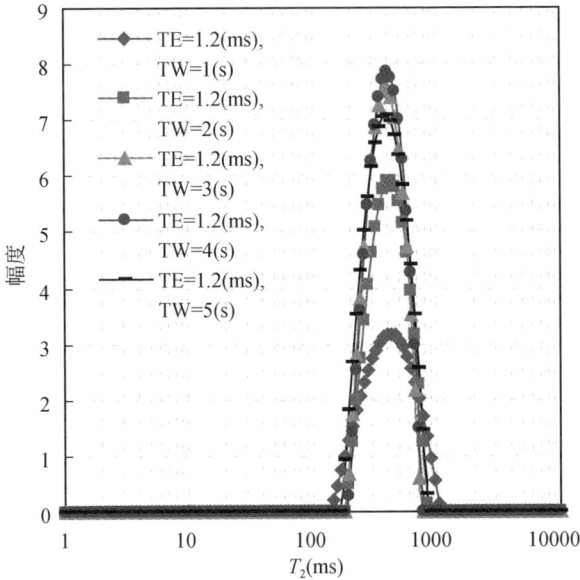

图 5.31　变 TW 测试数据 T_2 谱反演结果

图 5.32 给出了变 TE 数据的反演结果，测量数据时保持等待时间 TW = 5s 不

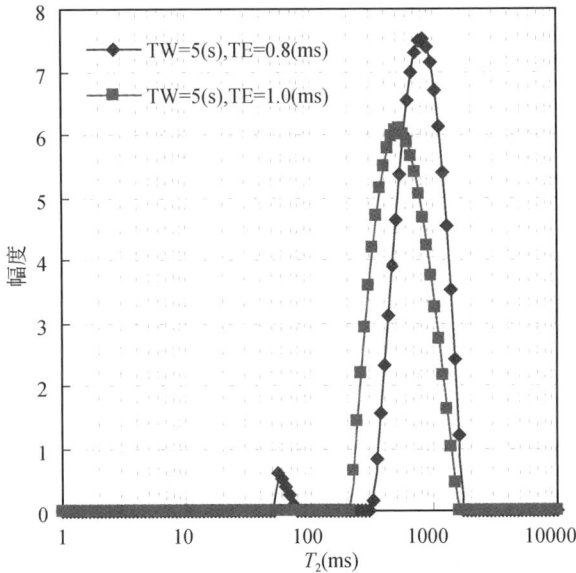

图 5.32　变 TE 测试数据 T_2 谱反演结果对比

变，回波间隔 TE＝0.8ms、1.0ms。从反演结果可以看出，随着回波间隔的增大，T_2 谱向短弛豫时间方向移动。这是因为 NMR 测井仪为梯度磁场，增加 TE 会使得 T_2 谱向短弛豫时间方向移动。该模式可以用来探测和定量分析中等黏度的原油。

第 6 章　振铃噪声的消除方法

由于 NMR 测井仪信号十分微弱，在实验室对 NMR 测井仪探头进行测试时可以发现，外部电磁环境对 NMR 信噪比有很大的干扰，因此在测试的过程中采用了具有良好电磁屏蔽功能的水箱。对 NMR 测井仪信号产生干扰的不仅有来自于外部环境的噪声源，还有 NMR 测井仪器本身所产生的噪声，而振铃[80,81]就是其中一个重要的噪声来源。因此，研究 NMR 测井仪振铃噪声消除方法，对优化仪器性能、提高 NMR 测井仪信噪比具有重要意义。

振铃噪声对 NMR 信号有显著影响，在 NMR 仪器设计和数据处理中都无法回避，因而受到广泛关注。Fukushima[82]在 1979 年指出天线发射射频脉冲时，在 NMR 仪器的金属部件中产生的超声驻波可以在天线中引起振铃噪声；而天线在发射射频脉冲时产生的持续减弱的振荡声波也会引起磁声振铃；不同的金属材料对降低振铃噪声具有不同的效果，良好的天线结构能够有效抑制振铃噪声。Patt[83]在 1984 年提出相位循环脉冲序列方法，其核心是通过改变脉冲的相位来抑制振铃噪声。Kleinberg[84]和 Sezginer[85]分别在 1991 年、1997 年提出 PAPS 脉冲序列用于消除 NMR 测井中的振铃噪声并得到广泛应用。此后，从脉冲序列的角度出发，研究人员又提出多种振铃噪声的消除方法[86-89]，但这些方法主要用于消除 180°脉冲振铃噪声，而不能消除 90°脉冲振铃噪声。

NMR 测井仪测量过程中的振铃噪声都来源于仪器本身，因此从仪器方面来研究降低振铃噪声的方法需要针对具体的 NMR 测井仪而言。本章的主要研究目的是发展一种新的脉冲序列来降低振铃噪声，达到同时消除 90°脉冲和 180°脉冲所产生的振铃噪声，并使仪器的工作效率得到提高。

6.1　振铃噪声的观测

6.1.1　测试系统

采用自制的基于 Halbach 结构的 NMR 测量系统对振铃噪声进行观测，如图 6.1 所示，该测试系统具备良好的脉冲序列编辑功能，能够实现 NMR 测井中所用脉冲序列的测试。仪器在 25℃下工作，工作频率为 10.6MHz，最小回波间隔 150μs，测量样品直径为 2.5cm。

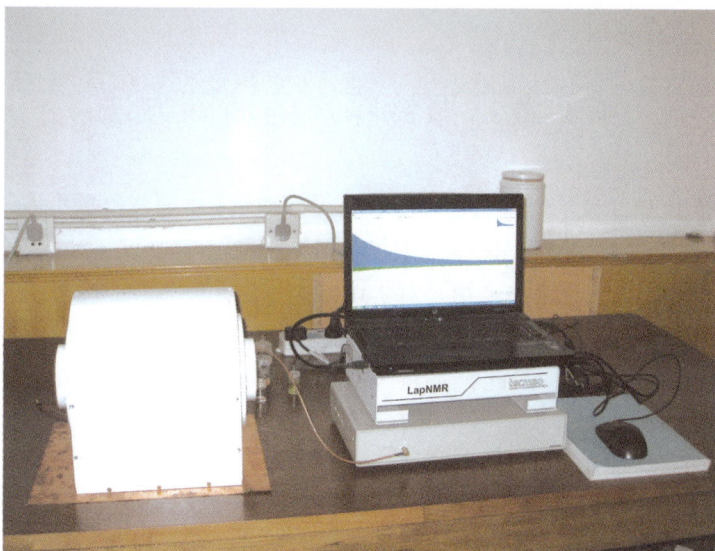

图 6.1   基于 Halbach 结构的 NMR 测量系统

6.1.2   90°脉冲振铃噪声观测

首先观测 90°脉冲振铃噪声。1946 年，Bloch[90] 和 Purcell[91] 分别用感应法和共振吸收法各自独立地发现了宏观 NMR 现象。Bloch[92] 指出，对于在静磁场中处于平衡状态的核自旋系统，在一个适当的角度施加一个射频脉冲（90°脉冲），在射频脉冲之后就能够观测到感应信号，即 FID（free induction decay）信号。图 6.2（a）所示为观测 FID 信号所采用的脉冲序列，测试样品为标准蒸馏水样。图 6.2（b）所示为整个 FID 信号的衰减过程（归一化处理），在约 400μs 时，FID 信号已经衰减完成。图 6.2（c）所示为 FID 信号前 100μs 的衰减过程，时间为 24μs 处（即 B' 点）为 FID 信号峰值点，图中箭头所指处为振铃噪声峰。在测量 FID 信号时，将图 6.2（a）所示脉冲序列中 B—B' 之间的时间减小到足够小（2μs），就能够观测到振铃噪声。而在实际正常测量 FID 过程中，会将信号检测起始时间的零点设置在 B' 点，等振铃噪声衰减到足够小后再检测信号，此时，观测到的信号如图 6.2（d）所示，可以看出，合理设置 NMR 信号的检测时间窗口能够显著隔离振铃噪声。然而，对于 NMR 测井，回波间隔设置过大对地层流体中快速弛豫组分的信号检测不利。因此降低振铃噪声的影响，缩短最小回波间隔的时间对于提高 NMR 测井应用效果具有重要意义。

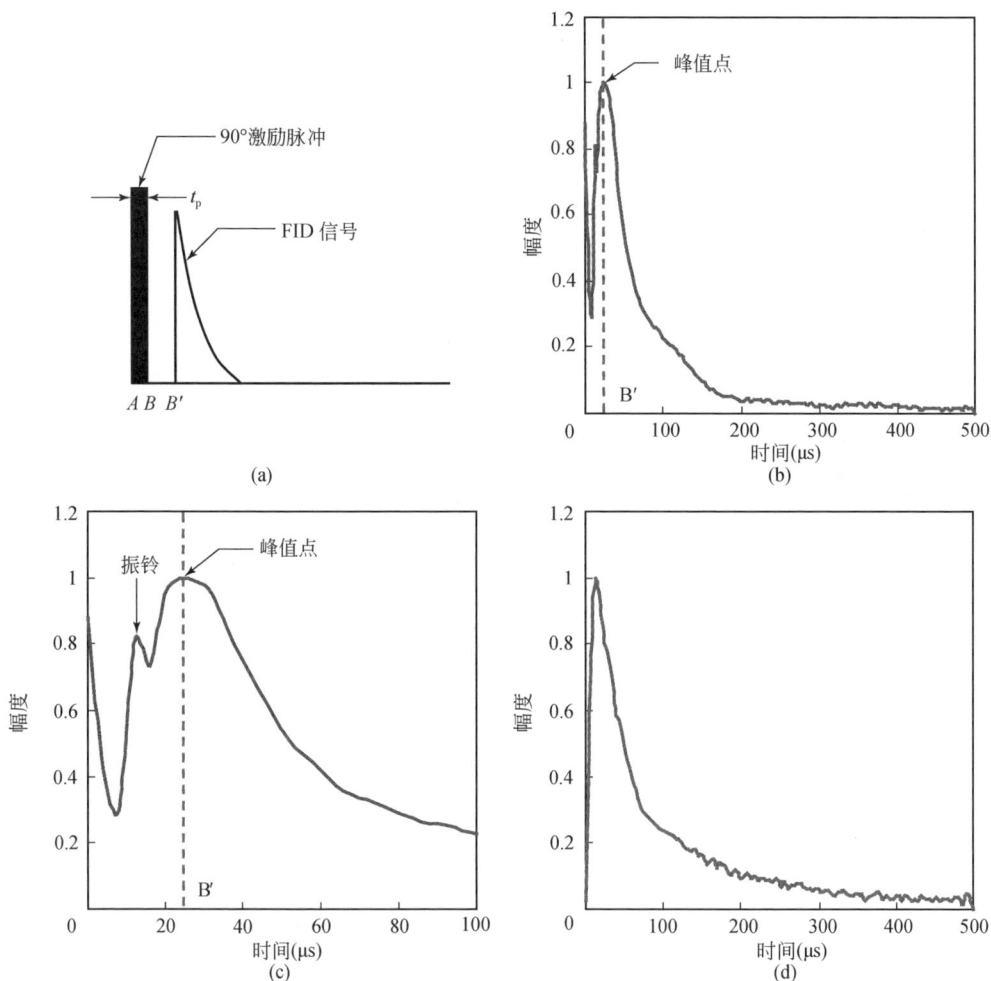

图 6.2　观测 FID 信号所用脉冲序列与测量数据

（a）观测 FID 信号所用脉冲序列；（b）实际测量得到的 FID 信号，未隔离振铃噪声；（c）FID 信号前 100μs 衰减过程，未隔离振铃噪声；（d）隔离振铃噪声后的 FID 信号

6.1.3　180°脉冲振铃噪声观测

　　然后观测 180°脉冲振铃噪声。利用 CP 脉冲序列[93]可以观测到自旋回波，其脉冲序列如图 6.3（a）所示，实际测量得到的回波（归一化处理）如图 6.3（b）所示。在回波的前面可以清楚地观察到振铃噪声。

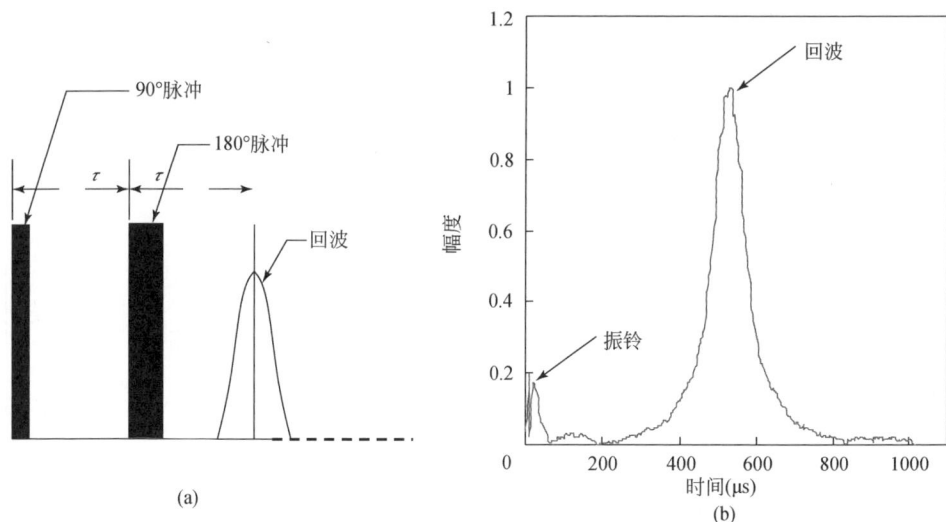

图 6.3　CP 脉冲序列与测量结果

(a) CP 脉冲序列；(b) CP 脉冲序列采集得到的自旋回波与振铃

在 CP 脉冲序列中，自旋回波的峰值出现在 180°脉冲之后的 τ 时刻，这也是 90°脉冲与 180°脉冲之间的时间间隔。在第一个 180°脉冲之后还可以连续施加多个 180°脉冲，并且两个 180°脉冲之间的时间间隔为 2τ，这样在两个 180°脉冲之间就可以观测到自旋回波。在此需要特殊说明的是，CP 脉冲序列中 180°脉冲的相位与 90°脉冲的相位一致，即都在 x 轴方向上：$t_{90x} - [t_{180x} - echo]_m$；这一脉冲序列的缺点在于：如果 180°脉冲并不是很精准（实际上确实难以做到），那么在实验的过程中将发生误差累积，回波幅度迅速衰减，因此很难得到一个反映横向磁化矢量真实衰减过程的回波串，如图 6.4（a）所示。

CPMG 脉冲序列[94]是 CP 脉冲序列的一种改进形式，这种改进型的脉冲序列现已成为 NMR 测井中所普遍使用的一种测量地层流体 T_2 弛豫时间的方法。CPMG 脉冲序列与 CP 脉冲序列的最大区别在于：CP 脉冲序列中 90°脉冲的相位与 180°脉冲的相位一致，而在 CPMG 脉冲序列中，90°脉冲的相位相对于 180°脉冲的相位存在 90°的相位差，即 $t_{90x} - [t_{180y} - echo]_m$。CPMG 脉冲序列的优势在于，即便 180°脉冲并不是很精准，在实验过程中误差也不会得到累积，这样就可以采集到反映横向磁化矢量真实衰减过程的回波串，如图 6.4（b）所示。

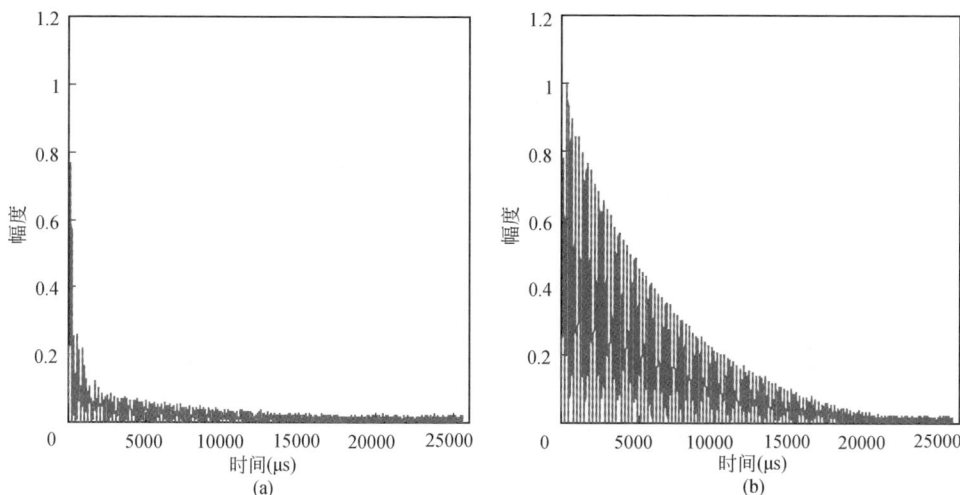

图 6.4　分别用 CP 脉冲序列和 CPMG 脉冲序列采集得到的数据

（a）CP 脉冲采集到的数据；（b）CPMG 脉冲序列采集到的数据

6.2　NMR 测井振铃噪声的消除

6.2.1　PAPS 对 180°脉冲振铃噪声的消除

　　CPMG 脉冲序列在井下 NMR 中得到广泛应用，通过传统的 CPMG 脉冲序列采集得到的 NMR 回波串信号包含了真实的 NMR 信号、直流偏置（DC）和振铃（ringing）。在 NMR 测井所采用的 CPMG 脉冲序列中，每一个脉冲之后都会产生振铃。因此，在对 NMR 测井数据进行后处理前需要消除直流偏置和振铃，以提高数据信噪比，进而提高数据处理解释的准确性。在 NMR 测井中解决这一问题的标准方法就是利用相位交换脉冲序列（PAPS），图 6.5（a）和图 6.5（b）所示为一个 PAPS，它包含两个具有相同回波间隔的 CPMG 脉冲序列，图 6.5（a）中 90°脉冲的相位为 x，之后的 180°脉冲完全相同的相位为 y，此时，得到的 NMR 信号可用式（6.1）表达：

$$y_{1,+}(t) = R_{90} + R_{180}(i) + M(t)\mathrm{e}^{-t/T_2} + \mathrm{dc} \tag{6.1}$$

式中，t 为时间；T_2 为横向弛豫时间；$y_{1,+}(t)$ 为实际测量得到的 NMR 回波数据；R_{90} 为 90°脉冲振铃；$R_{180}(i)$ 为第 i 个 180°脉冲振铃；$M(t)\mathrm{e}^{-t/T_2}$ 为 NMR 回波信号；dc 为直流偏置。

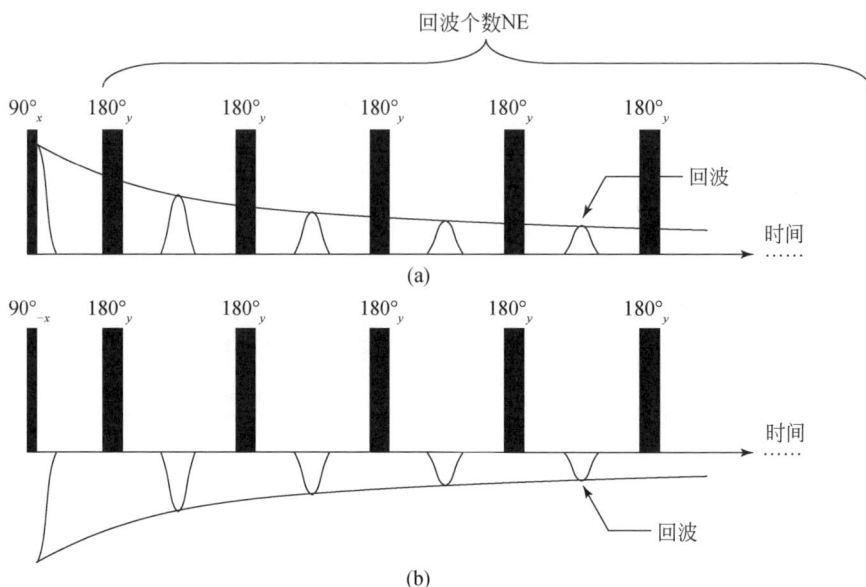

图 6.5　PAPS 脉冲序列

　　图 6.5（b）中 90°脉冲的相位为 $-x$，之后的 180°脉冲完全相同且相位为 y，由于 90°脉冲相位的反转，自旋回波信号也反转 180°，而直流偏置和 180°脉冲振铃的相位不会因为 90°脉冲相位的反转而发生变化。因此，此时得到的 NMR 信号可用式（6.2）表达：

$$y_{1,-}(t) = -R_{90} + R_{180}(i) - M(t)e^{-t/T_2} + \mathrm{dc} \tag{6.2}$$

用式（6.1）减去式（6.2）得到式（6.3），在真实信号得到累加的同时，直流偏置和 180°脉冲振铃得到消除，但是 90°脉冲振铃得到累加，这主要是因为 90°脉冲相位的变化会引起振铃相位的变化。

$$s_1(t) = y_{1,+}(t) - y_{1,-}(t) = 2R_{90} + 2M(t)e^{-t/T_2} \tag{6.3}$$

6.2.2　新脉冲序列设计

　　图 6.6 所示为一种循环脉冲序列[95]示意图。该脉冲序列可以消除由 90°脉冲和 180°脉冲所引起的振铃，同时地层的真实信号得到 4 次累加。图 6.6（a）、图 6.6（b）所示脉冲序列与 PAPS 相同，考虑 90°脉冲所引起的振铃影响，则图 6.6（a）、图 6.6（b）脉冲序列得到的 NMR 测井信号可分别表述为式（6.1）、式（6.2）。

　　图 6.6（c）、图 6.6（d）脉冲序列与图 6.6（a）、图 6.6（b）脉冲序列的最大区别在于：图 6.6（c）、图 6.6（d）脉冲序列中的第一个 180°脉冲的相位

回波个数NE

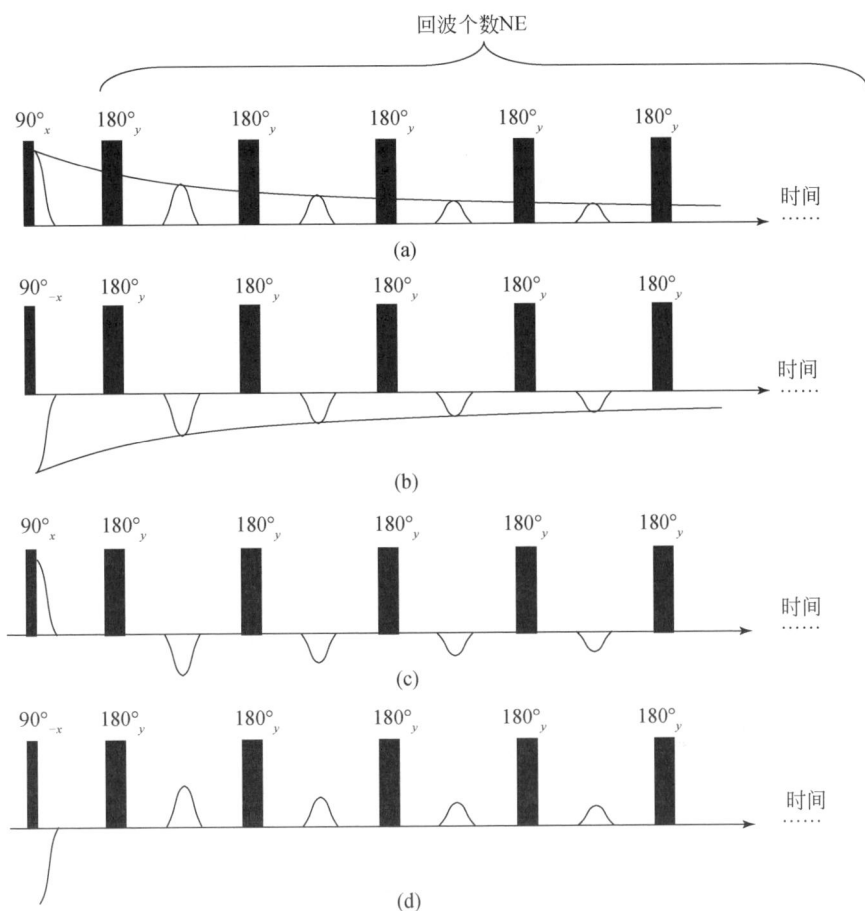

(a)

(b)

(c)

(d)

图 6.6　循环脉冲序列

变为 x，这样采集得到的回波与 90°脉冲得到的 FID 信号的相位相反，其采集得到的 NMR 测井信号可分别表述为

$$y_{2,-}(t) = R_{90} + R_{180}(i) - M(t)e^{-t/T_2} + dc \qquad (6.4)$$

$$y_{2,+}(t) = -R_{90} + R_{180}(i) + M(t)e^{-t/T_2} + dc \qquad (6.5)$$

由式（6.5）减去式（6.4）可得

$$s_2(t) = y_{2,+}(t) - y_{2,-}(t) = -2R_{90} + 2M(t)e^{-t/T_2} \qquad (6.6)$$

将式（6.6）与式（6.3）相加可得

$$s(t) = s_1(t) + s_2(t) = 4M(t)e^{-t/T_2} \qquad (6.7)$$

式（6.7）中，90°脉冲引起的振铃噪声被消除，同时，核磁信号得到 4 次累加。该方法能够同时消除由 90°脉冲和 180°脉冲所引起的振铃。

图 6.6 所示的脉冲测量得到的核磁信号的完整表述应为

$$y_{1,+}(t) = R_{90} + M_0 e^{-t'/T_2^*} + R_{180}(i) + M(t) e^{-t/T_2} + dc \quad (6.8)$$

$$y_{1,-}(t) = -R_{90} - M_0 e^{-t'/T_2^*} + R_{180}(i) - M(t) e^{-t/T_2} + dc \quad (6.9)$$

$$y_{2,-}(t) = R_{90} + M_0 e^{-t'/T_2^*} + R_{180}(i) - M(t) e^{-t/T_2} + dc \quad (6.10)$$

$$y_{2,+}(t) = -R_{90} - M_0 e^{-t'/T_2^*} + R_{180}(i) + M(t) e^{-t/T_2} + dc \quad (6.11)$$

式中，t' 为时间，且 $0 \leqslant t' \leqslant \dfrac{TE}{2}$；$T_2^*$ 满足 $\dfrac{1}{T_2^*} = \dfrac{1}{T_2} + \gamma \Delta B$，$\Delta B$ 表示磁场的不均匀性。

如果将式（6.8）减去式（6.10），则有

$$s_1(t) = y_{1,+}(t) - y_{2,-}(t) = 2M(t) e^{-t/T_2} \quad (6.12)$$

如果将式（6.11）减去式（6.9），则有

$$s_2(t) = y_{2,+}(t) - y_{1,-}(t) = 2M(t) e^{-t/T_2} \quad (6.13)$$

从式（6.12）、式（6.13）可以发现，只需要累加 2 次就可以达到同时消除 90°脉冲和 180°脉冲所引起的振铃噪声，并且回波信号得到 2 次累加，但是同时，FID 信号也被消除了。然而，在实际的 NMR 测井中，并不记录 FID 信号，只记录回波幅度，因此这一处理完全适用于 NMR 测井。式（6.12）对应的脉冲序列如图 6.7（a）、图 6.7（b）所示；式（6.13）对应的脉冲序列如图 6.7（c）、图 6.7（d）所示。

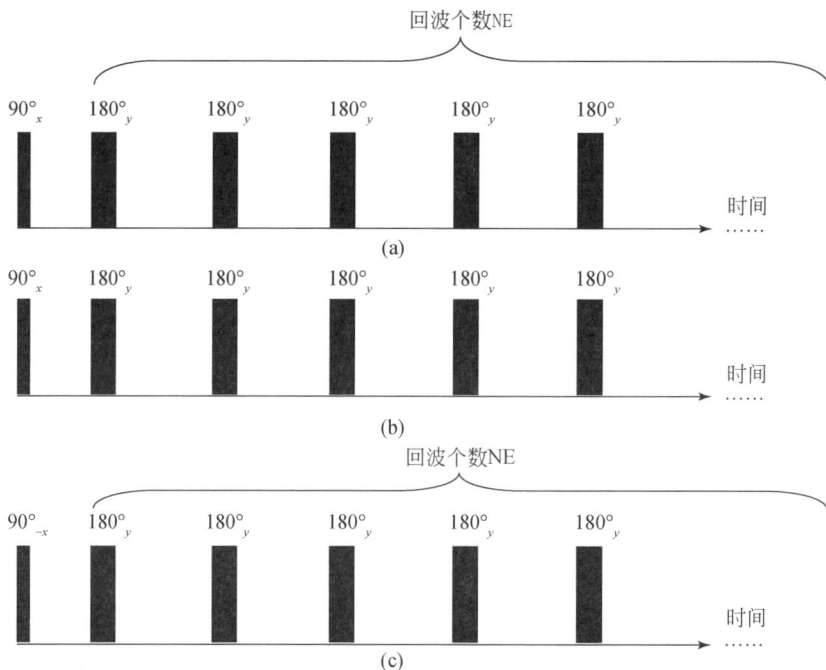

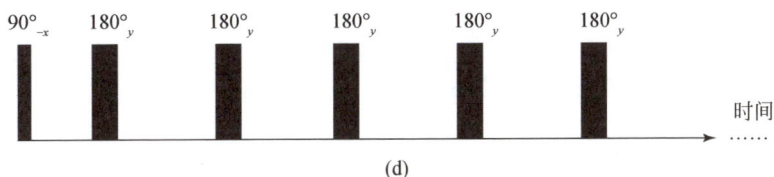

(d)

图 6.7　改进后脉冲序列的组合模式

　　图 6.8 所示为采用 PAPS 和改进后脉冲序列 [图 6.7 (a)、图 6.7 (b) 所示脉冲序列] 测量得到的数据。图 6.8 (a) 所示为 100 个回波测量结果，从测量结果可以看出，这两种脉冲序列的测量结果一致且都能够很好地消除振铃噪声。但是，在改进的脉冲序列中，图 6.7 (b) 所示脉冲序列中的第一个 180°脉冲相位与其起始 90°脉冲相位之间没有偏移 90°。如果第一个 180°脉冲不精准，则其引起的误差就会在后续回波幅度中体现出来，即造成回波幅度的降低，如图 6.8 (b) 所示，改进后的脉冲序列测量得到的回波数据从第二个回波起，回波幅度比 PAPS 的回波幅度低一些。

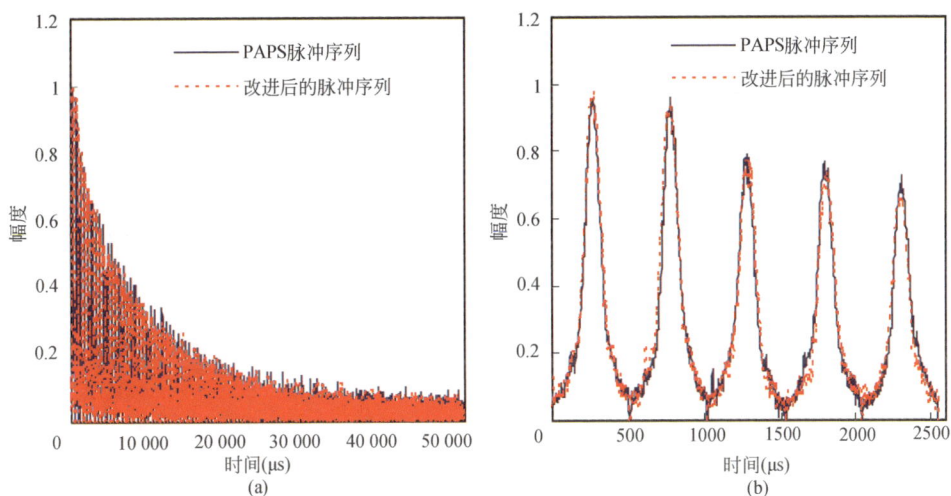

图 6.8　PAPS 与改进后脉冲序列实测数据对比
(a) 前 100 回波对比；(b) 前 5 个回波对比

　　图 6.7 所示的脉冲序列需要至少 2 个回波串的累加才能消除振铃噪声，在两次脉冲序列之间需要等待足够长的时间，以保证宏观磁化矢量能够完全恢复到热平衡状态，这就降低了仪器工作的效率。而强制恢复脉冲[96]能够缩短等待时间，继续对图 6.7 所示的脉冲序列做改进，如图 6.9 所示。在每一个脉冲序列之后增加一个强制恢复脉冲，该脉冲为 90°脉冲，且其与最后一个 180°脉冲之间的时间间隔为

TE/2（即 CPMG 序列中的半个回波间隔）。在最后一个 180°脉冲之后的 TE/2 时间内，部分极化质子重聚，该强制恢复脉冲能够将这一部分重聚质子扳转到 Z 轴（即静磁场方向），缩短宏观磁化矢量完全恢复到热平衡状态的时间。

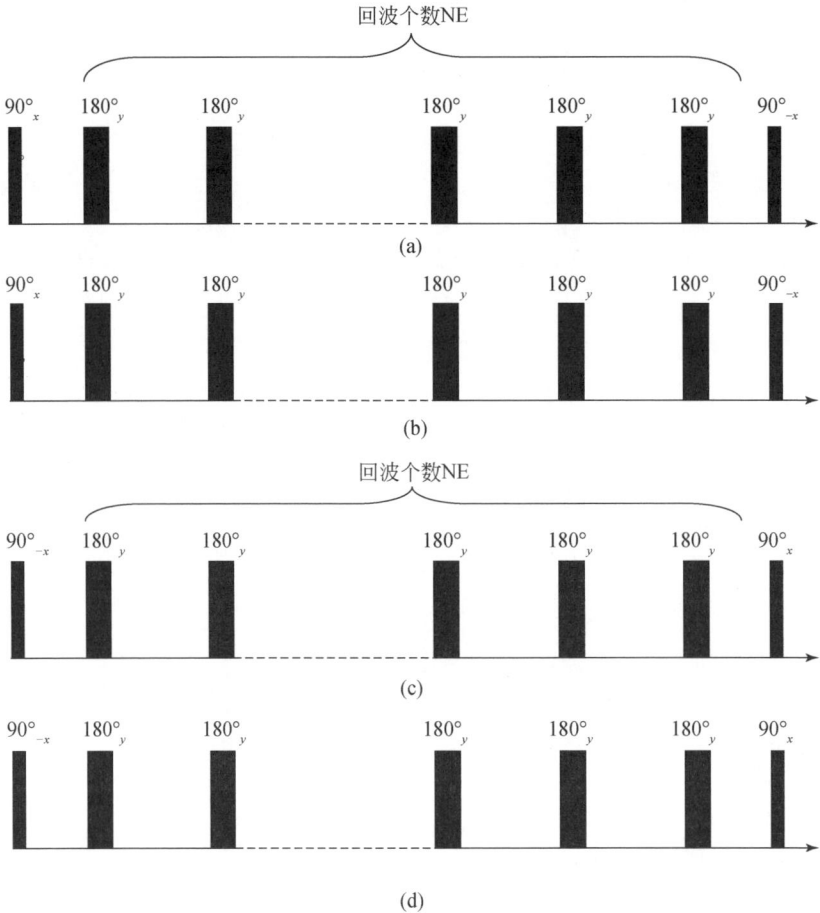

图 6.9　改进后的循环脉冲序列

　　图 6.10 所示为采用图 6.9（a）、图 6.9（b）脉冲序列进行连续测量得到的结果，测试样品为饱和蒸馏水岩芯（孔隙度 15%），分别测量了等待时间为 1s、1.5s、2s、3s、3.5s、4s 时的极化强度。从图 6.10 可以看出，没有施加强制极化脉冲时，质子完全极化的时间为 4s，而增加强制极化脉冲后，质子完全极化的时间缩短为约 3.5s，测量效率提高了约 12.5%。已知质子在外加磁场中的极化程度可由式（6.14）表示：

$$M_z(t) = M_0(1 - e^{\frac{-t}{T_1}}) \tag{6.14}$$

式中，T_1 为磁化矢量达到其最大值的 63% 时对应的时间，通过对比数值模拟结果与实测数据可知该岩芯样品的 T_1 约为 1s。

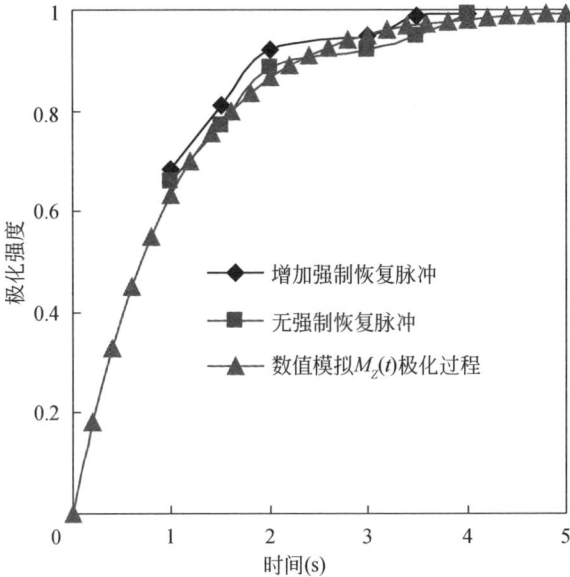

图 6.10　不同脉冲序列对质子极化时间的影响

NMR 测井仪大多采用梯度磁场，具有多个操作频率，仪器能够采用多频工作方式，大大提高了效率。表 6.1 所示为改进后的循环脉冲序列与多频 NMR 测井仪相结合得到的数据观测时序，11、12、21、22 代表四个不同的操作频率；（a）、（b）、（c）、（d）分别代表图 6.9 中的 4 个脉冲序列；X 为数据传送时间。时间 t_1 为一个完整脉冲序列所用时间，t_0 为数据传送所用时间。采用多频工作模式，使得仪器能够在等待上一个频率的宏观磁化矢量恢复的过程中进行下一个频率的测量，提高了仪器的工作效率。

表 6.1　井下 NMR 数据观测时序表

频带 ＼ 时间→	t_1	t_1	t_0	t_1	t_1	t_1	t_1	t_0	t_1	t_1	t_1	t_1	t_0	t_1	t_1	t_1	t_1	t_0	t_1	t_1
11	(a)			(b)							(d)			(c)						
12		(c)			(d)							(b)			(a)					
21						(d)			(c)							(a)			(b)	
22							(b)			(a)							(c)			(d)
			X					X					X					X		

表 6.2 所示为振铃噪声的消除方法，从中可以看出，消除振铃噪声的方法主要分为两个方面，一是仪器方面，在设计 NMR 测井仪探头时，应该在各个关键部件之间设计减震部件，同时，在机械结构上对天线部件进行整体制作，或者采用能够抑制振铃的天线结构[97]。然而，由于井底条件的限制（高温高压、井眼尺寸），同时还要保证仪器性能不受影响，从仪器硬件上更进一步降低振铃，提高信噪比有很大的难度。二是从方法上，设计精巧的脉冲序列和数据采集时序能够很好地消除振铃和噪声，明显提高 NMR 测井仪采集数据的信噪比，这一方法将成为消除振铃和噪声，提高 NMR 测井仪采集数据信噪比的发展方向。

表 6.2　NMR 测井中振铃消除方法对比

消除振铃的方法	仪器		方法	
	设计减振部件，增加屏蔽部件	采用具有较小振铃效应的天线结构	信号采集时间	脉冲序列
优势	能够显著降低振铃幅度	能够减少振铃和噪声的产生	增加脉冲结束至采集开始前的等待时间，可以隔离振铃	能够很好地消除信号中的振铃和噪声，提高数据信噪比
缺点	探头结构复杂化，增加了探头设计的难度与工艺难度	对于 NMR 测井仪而言，由于受到井眼环境和尺寸的影响，天线结构受到很大限制	与最小回波间隔时间相矛盾	需要至少 2 次数据累加，对 NMR 测井仪纵向分辨率有影响

综上所述，适当的数据采集开窗时间能够很好地隔离振铃噪声，设计良好的脉冲序列和数据采集时序也能够很好地消除振铃噪声。PAPS 能够消除 180°脉冲的振铃噪声，但不能消除 90°脉冲的振铃噪声，改进后的循环脉冲序列不仅能同时消除 90°脉冲的振铃噪声和 180°脉冲的振铃噪声，而且使得仪器的工作效率提高约 12.5%，但改进后的脉冲序列对 180°脉冲的精度要求较高。

第 7 章　井下 NMR 响应的校正

NMR 测井仪在井眼中工作时，其射频场受到井眼中钻井液电阻率（R_m）以及地层流体电阻率（R_{xo}）的影响，这主要是由于低电阻率钻井液以及低电阻率地层流体具体良好的导电性，对 NMR 测井仪射频场（B_1）有很大的衰减作用，进而影响仪器的增益、天线效率以及天线品质因素 Q[98]。低钻井液电阻率和低地层电阻率一般是由钻井液矿化度和地层水矿化度高所引起的，它们一般含有丰富的钠（Na）离子，其中，钠离子也会产生 NMR 信号[99,100]，一方面会降低 NMR 测井的信噪比，另一方面钠离子的信号会叠加在 H 核信号中，造成 NMR 测井资料估算的地层孔隙度偏大[101]。针对 MRIL-C 型 NMR 测井仪的研究结果认为高矿化度环境对仪器刻度的影响较小，对天线 Q 影响较大；钠离子主要影响 T_2 谱中的快速弛豫部分，可以通过软件或钻井液排除器消除，但是后者大大降低了仪器的性能[102]。因此，针对新型居中型 NMR 测井仪和贴井壁型 NMR 测井仪，研究井下流体电阻率对 NMR 测井仪射频场的影响；分析地层流体中钠离子对 NMR 测井信号的影响，提出相应的校正方法，对提高 NMR 测井仪采集数据的信噪比[103]，提高 NMR 测井方法在油气资源评价中的应用效果，发展新的 NMR 测井技术[104]和数据处理方法[105-107]具有重要意义。

7.1　地层模型的建立与 NMR 影响因素分析

NMR 仪器在井下工作时，可分为居中型和贴井壁型，如图 7.1 所示。居中型仪器在井眼中工作时，探头通过扶正器位于井眼中间，探头外壳与井壁没有接触，因此探头外壳与井壁之间有钻井液存在。而钻井液的导电性对仪器的探测性能有很大的影响，这主要是因为 NMR 测井仪射频场是交变磁场，低电阻率钻井液会直接导致射频场强度的衰减，从而在探测深度处达不到扳转磁化矢量的强度，因此居中型仪器正常工作所能适应的最低钻井液电阻率为 $0.02\Omega \cdot m$。贴井壁型仪器在井眼中工作时，仪器探头通过推靠器贴靠在井壁上，探头外壳与井壁相接触，这两者之间没有或有少量钻井液存在，因此贴井壁型探头基本上不受井眼中钻井液电阻率的影响，然而地层若为水层，则依然会对仪器的测量产生影响。

油气电阻率高，其对 NMR 测井仪射频场的影响可以不考虑，因此考虑以下三种模型：水基钻井液——水层、水基钻井液——油层、油基钻井液——水层。

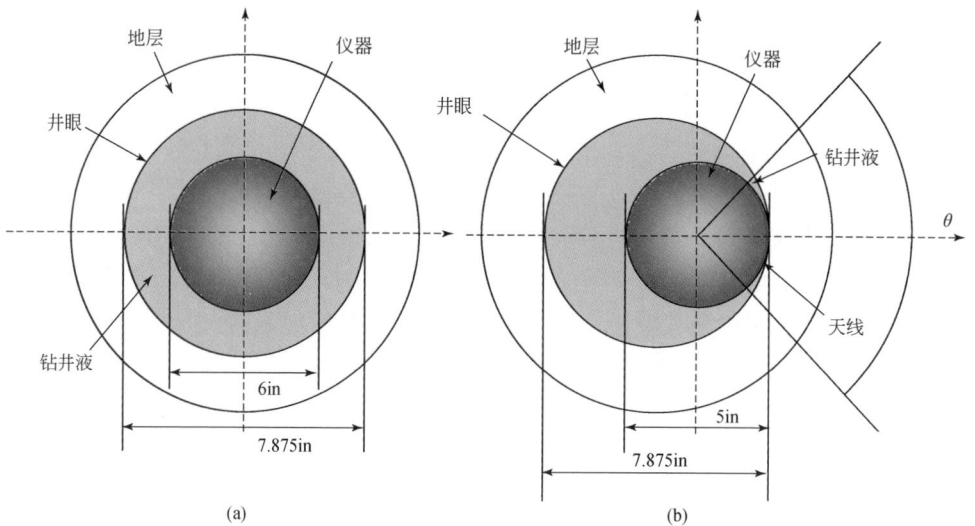

图 7.1　NMR 测井仪测量方式

（a）居中型 NMR 测井仪；（b）贴井壁型 NMR 测井仪

　　NMR 测井仪作为一种裸眼井测井技术，其探测深度一般不超过 12cm，当地层发生钻井液侵入时，这一探测深度处在冲洗带范围之内。随着时间的推移，钻井液侵入地层的程度和范围也逐渐变化，因此本章中考虑的地层模型适用于侵入开始和侵入完成这两个时间端点。侵入开始模型可以适用于电缆 NMR 测井和随钻 NMR 测井过程中；侵入完成模型可以看做钻井液侵入范围已经超过 NMR 测井仪探测范围。

7.1.1　钻井液电阻率与地层电阻率对 NMR 测井仪射频场的影响

　　1. 水基钻井液——水层

　　水基钻井液无论是在陆上钻井工程中还是海上钻井工程中都得到了广泛的应用。尤其是在海上钻井中，水基钻井液依然是钻井工程师的首选。由于水基钻井液电阻率较低，因此对于部分裸眼井测井方法有较大的影响，如电法测井、电磁波测井、NMR 测井等，而且这一影响不可忽略。

（1）对于居中型 NMR 测井仪，由于探头外壳与井壁没有接触，因此在其天线与敏感区域之间存在有钻井液、地层，故建立水基钻井液——水层模型。

（2）贴井壁型 NMR 测井仪在井眼中工作时，仪器探头通过推靠器贴靠在井壁上，探头外壳与井壁之间没有钻井液存在或者有少量钻井液存在，因此钻井液电阻率对其射频场影响较小。但是由于贴井壁型探头天线具有一定的开角范围，并且井眼尺寸大于 NMR 测井仪探头尺寸，如图 7.1（b）所示。因此，对于贴井壁型 NMR 测井仪，其在井眼中工作时，仍然会有部分射频场会经过钻井液再进入地层，其射频场依然会受到钻井液的影响。

2. 水基钻井液——油层

这一地层模型的主要影响因素是水基钻井液，由于油层电阻率相对较大，对 NMR 测井仪射频脉冲强度的影响较小，因此在建立实际的地层模型时将油层看做空气。水基钻井液对居中型 NMR 测井仪射频场有影响；根据上述分析，这一地层模型对贴井壁型 NMR 测井仪的射频脉冲也有影响。

3. 油基钻井液——水层

对居中型 NMR 测井仪而言，低电阻率水层对其射频脉冲的强度有影响。对于贴井壁型 NMR 测井仪而言，这一地层模型对其产生的影响与对居中型 NMR 测井仪产生的影响相似。这是因为 NMR 测井仪射频脉冲都需要经过地层到达敏感区域。

7.1.2　钻井液和地层流体中钠离子对 NMR 孔隙度的影响

在 NMR 测井中，当施加外加磁场 B_0 后，原子核会绕 B_0 进动，进动的频率称为拉莫尔频率，由 $f = \dfrac{\gamma B_0}{2\pi}$ 确定，其中，γ 是旋磁比。不同的原子核，其 γ 值也不同。对于氢核，$\gamma/(2\pi) = 42.58\text{MHz/T}$，对于钠原子核，$\gamma/(2\pi) = 11.262\text{MHz/T}$。

对于居中型 NMR 测井仪而言，其静磁场为梯度磁场，静磁场强度随着探测深度的增大而逐渐降低。取探测深度点为 8cm，静磁场强度为 0.018T，则可知仪器操作频率为 766kHz。而钠离子发生 NMR 所对应的静磁场强度约为 $f/(\gamma/(2\pi)) = 0.068\text{T}$。因此，在靠近 NMR 测井仪探头外壳一定范围内，如果存在富含钠离子的钻井液和地层流体，则钠离子也会产生 NMR 信号，该信号叠加在 NMR 测井信号中，不仅降低了数据的信噪比，而且导致根据 NMR 测井资料估算的地层孔隙度偏大，故需要通过适当的校正来消除这一影响，提高 NMR 测井孔隙度的精度。

7.2　数值模拟结果与井下 NMR 响应校正方法

7.2.1　居中型 NMR 测井仪

　　居中型 NMR 测井仪——Halliburton 公司的 MRIL-P 型 NMR 测井仪，该仪器磁体为圆柱形，在井眼周围产生一个对称分布的梯度磁场，其探测区域是一个以井眼中心为圆心的圆柱壳，探测深度为 8～12cm。不考虑钻井液电阻率和地层电阻率对 NMR 测井仪射频磁场的影响，建立相应的地层模型，利用电磁场有限元数值模拟方法得到如图 7.2 所示的居中型 NMR 测井仪射频磁场分布。根据图 7.2，在探测深度为 8cm 处，射频磁场强度为 5.26×10^{-4} T。NMR 测井采用 CPMG 脉冲序列，射频脉冲要使磁化矢量能够扳转 90° 或 180°，扳倒角由式（7.1）确定，其大小与射频场的强度和脉冲的宽度有关，即

$$\theta_0 = \gamma B_1 t_p \tag{7.1}$$

式中，B_1 是射频场强度；t_p 是脉冲作用时间。

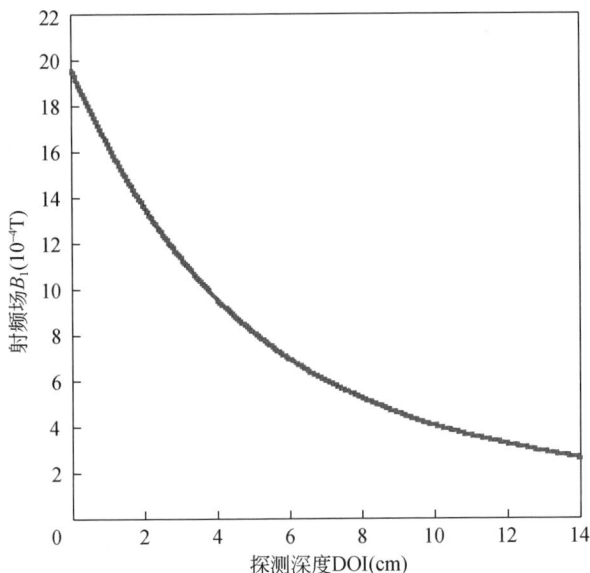

图 7.2　居中型 NMR 测井仪射频磁场分布

　　设定地层电阻率（R_{xo}）分别为 $0.1\Omega \cdot m$、$0.2\Omega \cdot m$、$1\Omega \cdot m$、$10\Omega \cdot m$、$100\Omega \cdot m$、$500\Omega \cdot m$；井眼钻井液电阻率（R_m）分别为 $0.001\Omega \cdot m$、$0.005\Omega \cdot m$、$0.01\Omega \cdot m$、$0.02\Omega \cdot m$、$0.05\Omega \cdot m$、$0.1\Omega \cdot m$、$1\Omega \cdot m$、$10\Omega \cdot m$、$100\Omega \cdot m$。利用有限元数值模拟方法，采用图 7.1（a）所示的地层模型得到核磁共振测井仪射频场

变化趋势，如图7.3所示，图中射频场强度B_1取距离仪器外壳8cm处磁场强度值。在此，定义射频场强度衰减指数为

$$F = \frac{B_{1,0} - B_{1,R}}{B_{1,0}} \qquad (7.2)$$

式中，$B_{1,0}$为NMR测井仪在不受外部介质电阻率影响下距离仪器外壳8cm处的射频场强度；$B_{1,R}$为NMR测井仪受外部介质电阻率影响下距离仪器外壳8cm处的射频场强度。

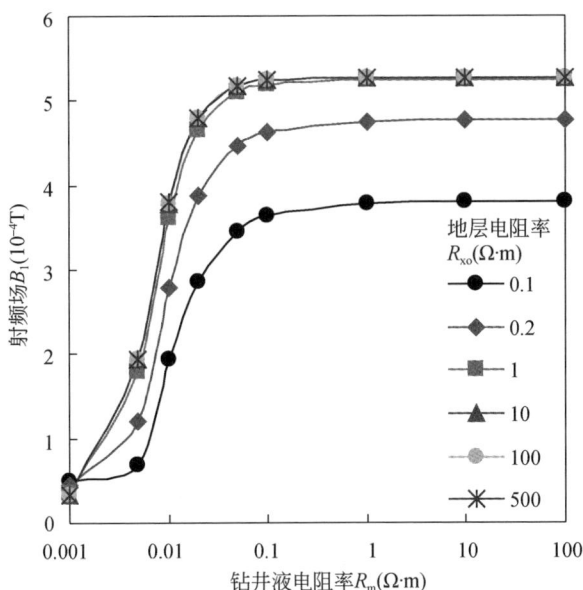

图7.3　水基钻井液——水层模型对居中型NMR测井仪射频场影响

从图7.3可以看出，在地层电阻率$R_{xo} = 1 \sim 500\Omega \cdot m$时，居中型NMR测井仪射频场强度基本保持不变。只有在地层电阻率$R_{xo} = 0.2\Omega \cdot m$时，居中型NMR测井仪射频场强度有所下降，衰减指数为$F = 9.5\%$。随着钻井液电阻率R_m的降低，居中型NMR测井仪射频场强度逐渐衰减，当$R_m = 0.1 \sim 100\Omega \cdot m$时，射频场强度基本保持不变；当$R_m = 0.02\Omega \cdot m$时，射频场强度衰减指数为$F = 8.9\%$，这是居中型NMR测井仪正常工作所能适应的最低钻井液电阻率；当$R_m = 0.01\Omega \cdot m$时，射频场强度衰减指数为28.3%，这一结果严重影响NMR测井仪信号强度、信噪比，因此需要对仪器射频功率进行校正。

图7.4为水基钻井液——油层模型对居中型NMR测井仪射频磁场的影响，随着探测深度的增加，射频场强度逐渐降低。当$R_m = 0.001 \sim 0.02\Omega \cdot m$时，射频场强度的衰减程度随着钻井液电阻率的降低而逐渐增大。当$R_m = 0.05 \sim 100\Omega \cdot m$

时，射频场强度基本保持不变，此时射频场强度受钻井液电阻率的影响可忽略不计。

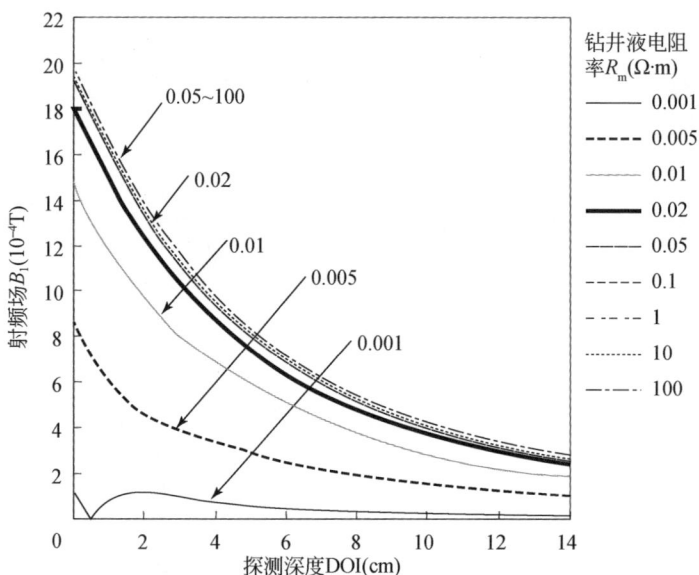

图 7.4　水基钻井液——油层模型对居中 NMR 测井仪射频场影响

　　NMR 测井仪敏感区域离井壁约有 8cm，因此射频场需要穿过地层到达敏感区域。图 7.5 所示为油基钻井液——水层模型对居中 NMR 测井仪射频场影响，射频场强度随地层电阻率的降低而降低，钻井液对射频场强度没有影响。当 $R_{xo} = 1 \sim 100\Omega \cdot m$ 时，射频场强度基本保持不变，而当 $R_{xo} < 1\Omega \cdot m$ 时，射频场强度随地层电阻率的降低逐渐降低，且当地层电阻率 $R_{xo} = 0.2\Omega \cdot m$ 时，射频场衰减指数达到 9.47% 。

7.2.2　贴井壁型 NMR 测井仪

　　图 7.6 所示为水基钻井液——水层模型对贴井壁型 NMR 测井仪射频场影响。由于贴井壁型探头天线具有一定的开角，并且井眼尺寸大于探头尺寸，仪器在井眼中工作时，仍然会有部分射频场会经过钻井液再进入地层。当 $R_m = 0.01\Omega \cdot m$ 时，射频场强度衰减指数 $F = 4.67\%$，远低于居中型 NMR 测井在 $R_m = 0.01\Omega \cdot m$ 时的射频场强度衰减指数 $F = 27.95\%$ 。

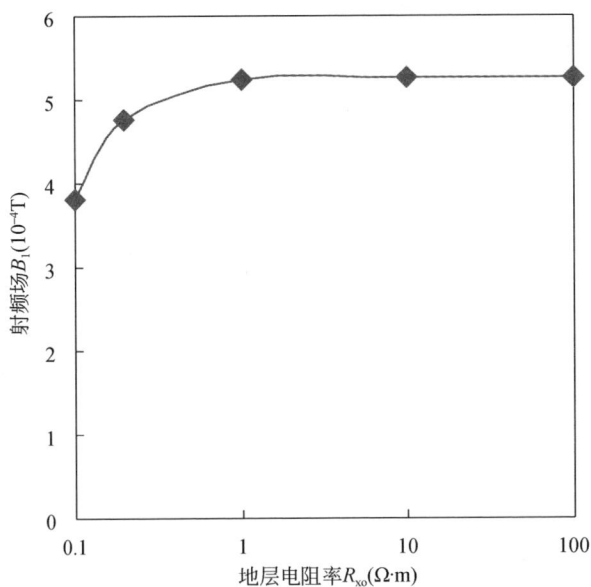

图 7.5　油基钻井液——水层模型对居中 NMR 测井仪射频场影响

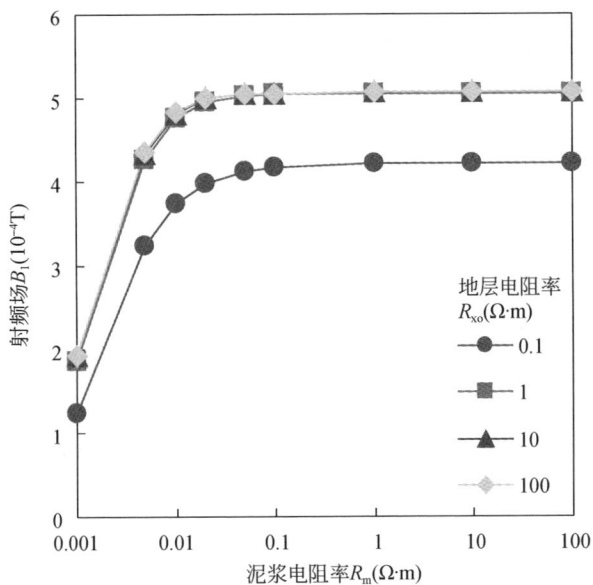

图 7.6　水基钻井液——水层模型对贴井壁型 NMR 测井仪射频场影响

对于贴井壁型 NMR 测井仪，其射频场强度主要受地层水电阻率的影响。如图 7.7 所示，当地层模型为水基钻井液——油层，且钻井液电阻率 $R_m = 0.01$ $\Omega \cdot m$ 时，贴井壁型 NMR 测井仪射频场强度基本保持不变；而当地层模型为油基钻井液——水层，且地层电阻率 $R_{xo} = 0.1\Omega \cdot m$ 时，贴井壁型 NMR 测井仪射频场强度已明显衰减，且衰减指数为 17.5%。

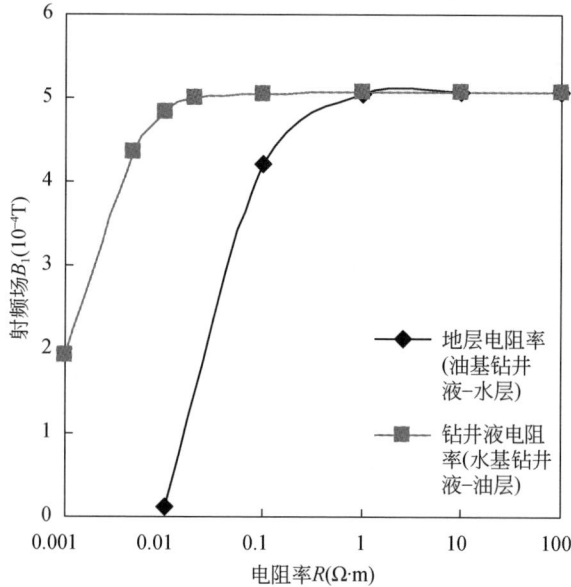

图 7.7　地层电阻率和钻井液电阻率分别对贴井壁型 NMR 测井仪射频场的影响

7.2.3　钻井液与地层电阻率影响校正方法

根据以上数值模拟结果和分析可知，钻井液和地层电阻率对 NMR 测井仪射频场强度具有很大的衰减作用，并且这一作用可以通过衰减指数 F 来表述。对 NMR 测井仪射频场强度进行校正之前，首先在地面对 NMR 测井仪射频场进行刻度，其主要目的是通过测试得到其在不受外部介质影响时的射频场 $B_{1,0}$，将 $B_{1,0}$ 作为校正的标准值；然后，依据衰减指数 F 对受到影响的射频场强度进行校正。其校正过程按式（7.3）进行：

$$B_{1,c} = B_{1,0}/(1 - F) \tag{7.3}$$

式中，$B_{1,c}$ 为校正后的射频场；$B_{1,0}$ 为不受外部介质电阻率影响时的射频场；F 为射频场衰减指数，可通过查表 7.1 和表 7.2 得到。

表 7.1 居中型 NMR 测井仪射频场校正表

R_m ($\Omega \cdot m$)	R_{xo} ($\Omega \cdot m$)					
	0.1	0.2	1	10	100	500
0.001	0.906	0.916	0.932	0.937	0.937	0.937
0.005	0.871	0.770	0.659	0.633	0.630	0.630
0.01	0.634	0.469	0.314	0.282	0.279	0.279
0.02	0.455	0.263	0.113	0.089	0.087	0.087
0.05	0.344	0.151	0.030	0.016	0.015	0.015
0.1	0.309	0.120	0.014	0.005	0.004	0.004
1	0.280	0.097	0.005	0.000	0.000	0.000
10	0.278	0.095	0.005	0.000	0.000	0.000
100	0.277	0.095	0.004	0.000	0.000	0.000
500	0.277	0.095	0.004	0.000	0.000	0.000

表 7.1 所示为居中型 NMR 测井仪射频场校正表，对应于不同钻井液电阻率和地层电阻率，查表可得此时射频场强度的衰减指数，并进行校正。表 7.2 所示为贴井壁型 NMR 测井仪射频场校正表，对应于不同钻井液电阻率和地层电阻率，查表可得此时射频场强度的衰减指数，并进行校正。

表 7.2 贴井壁型 NMR 测井仪射频场校正表

R_m ($\Omega \cdot m$)	R_{xo} ($\Omega \cdot m$)				
	0.1	1	10	100	500
0.001	0.753	0.631	0.619	0.618	0.618
0.005	0.359	0.157	0.141	0.140	0.140
0.01	0.263	0.061	0.048	0.047	0.047
0.02	0.214	0.022	0.014	0.013	0.013
0.05	0.186	0.008	0.003	0.002	0.002
0.1	0.177	0.004	0.000	0.000	0.000
1	0.169	0.002	0.000	0.000	0.000
10	0.168	0.002	0.000	0.000	0.000
100	0.168	0.002	0.000	0.000	0.000

7.2.4 钠离子影响机理分析与校正方法

在 NMR 测井中钠离子的信号来自距离仪器探头外壳约为 0.5cm 处的钠离子。

对贴井壁型 NMR 测井仪而言，其天线正对着井壁贴靠，距离其探头外壳 0.5cm 处已经进入地层，因此对钠离子 NMR 信号的分析和校正只针对居中型 NMR 测井仪。根据 NMR 信号理论，在梯度场中样品在线圈中感生的电压[108,74] 如式 (2.26) 所示，从式 (2.26) 中可知，NMR 信号与质子宏观磁化矢量成正比。宏观磁化矢量由居里定律确定：

$$M_0 = N \frac{\gamma^2 h^2 (I+1)}{3(4\pi^2) kT} B_0 \tag{7.4}$$

式中，N 为单位体积中原子核的数量；k 为玻尔兹曼常量；T 为绝对温度；h 为普朗克常量；I 为原子核的自旋量子数，对于氢核 $I = 1/2$，对于钠离子 $I = 3/2$。在 NMR 测井中，钻井液中钠离子产生的核磁信号与钠离子的浓度成正比。

利用数值模拟计算，在频率为 766kHz 时，可以分别得到氢核的 NMR 信号和钠离子的 NMR 信号（归一化处理），如图 7.8 所示，钠离子的 NMR 信号与氢核的 NMR 信号之比为：$Signal_{Na} : Signal_H = 0.592 : 1$，其中，$Signal_{Na}$ 是在钠离子含量为 100% 情况下得到的；$Signal_H$ 是在 100% 含水情况下得到的。

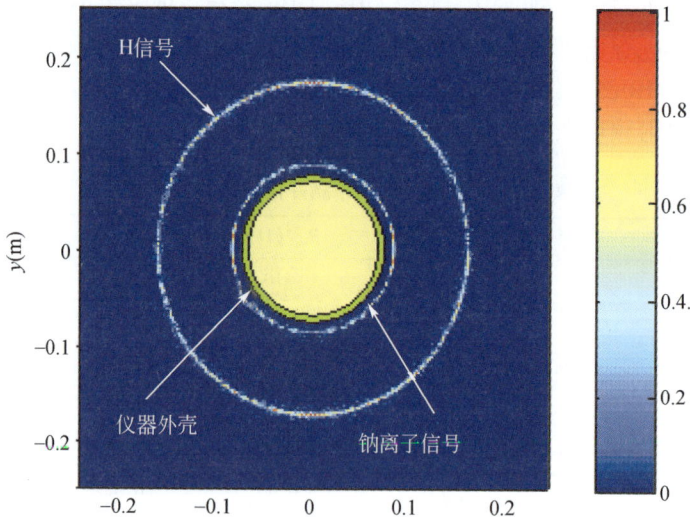

图 7.8　H 核与钠离子的 NMR 信号来源

根据以上分析，在 NMR 测井信号中钠离子信号占总信号百分比可由式 (7.5) 估算得到：

$$C = \frac{0.592 \times S}{1 + 0.592 \times S} \tag{7.5}$$

式中，S 为钻井液中钠离子的含量。在 100°C，100kPa 时，NaCl 在水中的溶解度为 39.2g，由此可以估算得到，此时钠离子信号占总的 NMR 信号百分比约为 31.8% 。

在 NMR 测井中，地层流体的实际核磁信号为

$$\text{Signal}_c = (1-C)\,\text{Signal}_m \tag{7.6}$$

式中，Signal_c 为校正后的 NMR 测井数据；Signal_m 为实际测量得到的 NMR 测井数据。该方法适用于钠离子的 NMR 信号强度高于 NMR 测井数据中噪声幅度的情况，即 $\text{Signal}'_{Na} > \text{Noise}$，其中，$\text{Signal}'_{Na}$ 和 Noise 分别为从同一 NMR 测井数据中估算得到的钠离子信号和噪声。因为，当钠离子的 NMR 信号低于或等于 NMR 测井数据中噪声幅度时，钠离子的 NMR 信号已经成为噪声。

综上所述，低电阻率钻井液和低电阻率地层对居中型 NMR 测井仪射频场有很大的衰减作用，且钻井液电阻率和地层电阻率越低，则射频场衰减指数越大。当钻井液电阻率 $R_m = 0.02\Omega \cdot m$ 时，居中型 NMR 测井仪射频场强度衰减指数达到 8.9% ；当地层电阻率 $R_{xo} = 0.2\Omega \cdot m$ 时，射频场衰减指数达到 9.47% 。贴井壁型 NMR 测井仪射频场受钻井液电阻率影响较小，其主要受地层电阻率的影响。当地层电阻率 $R_m = 0.1\Omega \cdot m$ 时，贴井壁型 NMR 测井仪射频场衰减指数为 17.5% 。通过数值模拟可以评价不同钻井液电阻率和地层电阻率对 NMR 测井仪射频场的影响，在此基础上提出的射频场校正方法适用于射频场衰减指数低于 10% 的情况。在实际应用中，当射频场衰减指数超过一定范围时（10%）应当采取钻井液排除器等措施来消除或降低外部介质对 NMR 测井仪射频场的影响。钠离子产生的 NMR 信号可达 NMR 测井总信号的 31.8% ，该校正方法适用于钠离子的 NMR 信号强度高于 NMR 测井数据中噪声幅度的情况。通过实验分析可以进一步研究井下流体对 NMR 测井响应特征的影响，这是下一步的研究方向。

第8章 结 论

根据对国际主流井下 NMR 仪探头结构方案、设计思想与理念的深入分析，针对探头总体方案设计方法与思路、探头结构优化设计、仪器关键参数评价与设定、探头制作装配与调试、NMR 振铃噪声消除、井下 NMR 测井响应校正等方面进行了深入研究，得到如下结论。

（1）在井下 NMR 探头总体方案和详细方案设计的过程中，适合采用反问题与正问题相结合的思路进行设计。根据给定的 NMR 测井仪探头的设计目标，采用求解反问题的思路，即假设已知 NMR 测井仪探头磁场分布，求解能够产生这一磁场分布的探头结构，提出 NMR 测井仪探头初步的总体设计方案结构；再从正问题的角度，即采用数值模拟方法来求解探头设计中的电磁场分布并以此来优化探头结构，选取合适的磁材料和结构尺寸。

（2）针对低电阻率钻井液钻井的井眼环境、大斜度测井以及海上复杂油气田测井评价与油气识别的需要，设计完成了一种贴井壁型 NMR 测井仪探头方案。该探头方案敏感区域形状为瓦形壳，开角约为 90°。根据设计方案在实验室制作、架构和测试探头，并进行水箱测试。采用 CPMG 脉冲序列进行测试，获得 NMR 回波串数据，数据反演结果显示，该 NMR 测井仪能够利用多频、双 TW、双 TE 模式进行测量，采集得到的数据经反演处理能够准确识别流体类型，可以用来定量分析油气孔隙度。该探头方案结构设计合理，数值模拟优化结果准确可靠。

（3）在数值模拟的过程中，边界形状、边界尺寸、单元类型对数值模拟结果的精度有很大影响。在利用有限元数值方法计算探头的磁场分布时，建立与井眼形状一致的圆形边界模型能够提高数值方法的精度，增强设计结果的可靠性。而有限元数值模拟方法作为一种近似解法，其求解的精度还受到边界尺寸范围的影响，对于 NMR 测井仪探头磁场设计，边界尺寸范围应设定为 10～15 倍探头外径，并且在数值模拟过程中采用三角形单元可以有效提高数值模拟结果的精度。

（4）从工程化和产业化的角度考虑，设计了一种结构相对简单且在工程上易于实现，制作工艺要求相对较低的 NMR 探头方案。该探头方案敏感区域为瓦形壳，其开角约为 120°。根据设计方案在实验室实现了该方案的制作、架构与测试，并进行了水箱测试，获得 NMR 信号。数据反演结果显示，仪器具备良好探测特性，能够进行多频测量，且双 TW、双 TE 测量模式能够准确识别流体类型。验证了该探头方案的合理性和可靠性。

（5）NMR 测井仪信号十分微弱，振铃噪声对仪器信噪比有很大的影响。设计精巧的脉冲序列能够很好地消除振铃噪声，明显提高 NMR 测井仪采集数据的信噪比，这一方法将成为消除振铃噪声、提高仪器信噪比的发展方向。PAPS 能够消除 180°脉冲的振铃噪声，但不能消除 90°脉冲的振铃噪声，改进后的脉冲序列不仅能同时消除 90°脉冲和 180°脉冲的振铃噪声，而且使得仪器的工作效率提高约 12.5%，但该脉冲序列对 180°脉冲的精度要求较高。

（6）井下地层流体电阻率和钻井液电阻率对射频场有很大的影响。当钻井液电阻率和地层电阻率分别为 $0.02\Omega \cdot m$、$0.2\Omega \cdot m$ 时，居中型 NMR 测井仪射频场强度衰减指数分别为 8.9%、9.47%；贴井壁型 NMR 测井仪射频场主要受地层电阻率的影响，当地层电阻率为 $0.1\Omega \cdot m$ 时，其射频场衰减指数为 17.5%。通过相应的校正方法可以消除上述影响，但其只适用于射频场衰减指数低于 10%的情况。在实际应用中，当射频场衰减指数超过一定范围时（10%），应当采取钻井液排除器等措施来消除或降低外部介质对射频场的影响。

参 考 文 献

［1］ Haacke E M, Brown R W, Thompson M R, et al. Magnetic resonance imaging, physical principles and sequence design. New York：Wiley-Liss, 1999.

［2］ Blümich B. NMR imaging of materials. Oxford：Clarendon Press, 2000.

［3］ Blümich B. Essential NMR. Berlin：Springer － Verlag, 2005.

［4］ Fukushima E, Roeder S B W. Experimental pulse NMR：a nuts and bolts approach. New York：Addison Wesley, 1986.

［5］ 俎栋林 . NMR 成像学 . 北京：高等教育出版社, 2004.

［6］ Cowan B. Nuclear Magnetic Resonance and Relaxation. New York：Cambridge University Press, 1997.

［7］ Anferova S, Anferov V, Rata D G, et al. Mobile NMR device for measurements of porosity and pore size distributions of drilled core samples. Concepts in magnetic Resonance, 2004, 23B：26-32.

［8］ Arnold J, Clauser C, Pechnig R, et al. Porosity and permeability from mobile NMR corescanning. Petrophysics, 2006, 47（4）：306-314.

［9］ Blümich B, Anferova S, Pechnig R, et al. Mobile NMR for porosity analysis of drill core sections. Journal of Geophysics and Engineering, 2004, 1：177-180.

［10］ Blümich B, Mauler J, Haber A, et al. Mobile NMR for geophysical analysis and materials testing. Petroleum Science, 2009, 6（1）：1-7.

［11］Anferova S，Anferov V，Arnold J，et al. Improved Halbach sensor for NMR scanning of drill cores. Magnetic Resonance. Imaging，2007，25（4）：474-480.

［12］Coates G R，Xiao L Z，Prammer M G. NMR logging principles and applications. Houston：Halliburton Energy Services，1999.

［13］Dunn K J，Bergman D J，Latorraca G A. Nuclear magnetic resonance：petrophysical and logging applications. Pergamon：Elsevier Science，2002.

［14］肖立志. NMR 成像测井与岩石 NMR 及其应用. 北京：科学出版社，1998.

［15］肖立志，谢然红，廖广志. 中国复杂油气藏 NMR 测井理论与方法. 北京：科学出版社，2012.

［16］Brown R J S，Chandler R，Jackson J A，et al. The history of NMR well logging. Concepts Magnetic Resonance，2001，13（Special issue）：340-411.

［17］Ramirez T R，Klein J D，Bonnie R J M，et al. Comparative study of formation evaluation methods for unconventional shale gas reservoirs：Application to the haynesville shale（Texas）. North American Unconventional Gas Conference and Exhibition，The Woodlands，Texas，USA. June 14-16，2011，SPE 144062-MS.

［18］张亚蒲，何应付，杨正明，等. NMR 技术在煤层气储层评价中的应用. 石油天然气学报，2010，2：277-279.

［19］Maddinelli G，Peron E. Characterization of sedimentary rocks with a single-sided NMR instrument. Applied Magnetic Resonance，2005，29（4）：549-559.

［20］Manz B，Coy A，Dykstra R，et al. A mobile one-sided NMR sensor with a homogeneous magnetic field：the NMR-MOLE. Journal of Magnetic Resonance，2006，183（1）：25-31.

［21］Kato H，Kishi K，Takahashi N，et al. A design of permanent magnet array for unilateral NMR device. Concepts Magnetic Resonance B，2008，33B（3）：201-208.

［22］Casanova F，Perlo J，Blümich B. Single-Sided NMR. New Yor：Springer，2011.

［23］Tabary J，Fleury M，Locatelli M，et al. A high resolution NMR logging tool：concept validation. Magnetic Resonance. Imaging，2001，19（3）：573-574.

［24］Brown R J S，Gamson B W. Nuclear magnetism logging. Journal of Petroleum Technology，1960，12：199-207.

［25］Cooper R K，Jackson J A. Remote（inside-out）NMR. I. Remote production of a region of homgeneous magnetic field. Journal of Magnetic Resonance，1980，41（3）：400-405.

［26］Burnett L J，Jackson J A. Remote（inside-out）NMR. II. Sensitivity of NMR detection for external samples. Journal of Magnetic Resonance，1980，41（3）：406-410.

［27］Jackson J A，Burnett L J，Harmon F. Remote（inside-out）NMR. III. Detection of nuclear magnetic resonance in a remotely produced region of homogeneous magnetic field. Journal of Magnetic Resonance，1980，41（3）：411-421.

［28］Jackson J A. Nuclear magnetic resonance well logging. The Log Analyst，1984，25（5）：16-30.

［29］Shtrikman S. Nuclear magnetic resonance sensing apparatus and techniques. U. S. 4710713，1987.

[30] Taicher Z, Shtrikman S, Paltiel Z, et al. Nuclear magnetic resonance sensing apparatus and techniques. U. S. 4717877, 1988.

[31] Chandler R N, Drack E D, Miller M N, et al. Improved log quality with a dual-frequency pulsed NMR tool. The 69th Annual Technical Conference and Exhibition of the Society of Petroleum Engineers, New Orleans, Sept 25-28, 1994, SPE 28365.

[32] Prammer M G, Bouton J, Drack E D, et al. A new multiband generation of NMR logging tools. SPE Reservoir Evaluation & Engineering, 2001, 4 (1), SPE 69670.

[33] Prammer M G, Menger S, Knizhnik S, et al. Directional resonance: new applications for MRIL. SPE Annual Technical Conference and Exhibition, Denver, Colorado, October 5-8, 2003.

[34] Kleinberg R L, Griffin D D, Fukuhara M, et al. Borehole measurement of NMR characteristics of earth formations. U. S. 5055787, 1991.

[35] Kleinberg R L, Sezginer A, Griffin D D, et al. Novel NMR apparatus for investigating an external sample. Journal of Magnetic Resonance, 1992, 97 (3), 466-485.

[36] Morriss C E, Deutch P, Freedman R, et al. Operating Guide for the Combinable Magnetic Resonance Tool. The Log Analyst, 1996, 37 (6): 53-60.

[37] Kleinberg R L. NMR well logging at schlumberger. Concepts in Magnetic Resonance, 2001, 13 (6): 396-403.

[38] Freedman R, Boyd A, Gubelin G, et al. Measurement of total NMR porosity adds new value to NMR logging. SPWLA 38th Annual Logging Symposium, June 15-18, 1997.

[39] McKeon D, Minh C C, Freedman R, et al. An improved NMR tool design for faster logging. SPWLA 40th Annual Logging Symposium, May 30-Jun 3, 1999, Paper CC, 1-14.

[40] Chen S, Beard D, Gillen M, et al. MR Explorer log acquisition methods: petrophysical objective oriented approaches. SPWLA 44th Annual Logging Symposium, June 22-25, 2003.

[41] Reiderman A, Beard D R. Side-looking NMR sensor for oil well logging. U. S. 6580273, 2003.

[42] Heaton N J, Freedman R, Karmonik C, et al. Applications of a new-generation NMR wireline logging tool. SPE Annual Technical Conference and Exhibition, San Antonio, Texas, September 29-October 2, 2002.

[43] DePavia L, Heaton N, Ayers D, et al. A next-generation wireline NMR logging tool. Society of Petroleum Engineers. SPE Annual Technical Conference and Exhibition, Denver, Colorado, October 5-8, 2003.

[44] Toufaily A K, Sezginer A, Jorion B, et al. Downhole NMR Tool Having a Programmable Pulse Sequencer. U. S. 6400147, 2000.

[45] Prammer M G, Drack E, Goodman G, et al. The magneticresonance while-drilling tool: Theory and operation. Society of Petroleum Engineers, 2000, Paper 62981.

[46] Dudley J H, Prammer M G, Goodman G D, et al. Field test of an experimental NMR LWD device. SPWLA 41th Annual Logging Symposium, 2000, paper EEE.

[47] Drack E D, Prammer M G, Zannoni S, et al. Advances in LWD nuclear magnetic resonance. SPE

Annual Technical Conference and Exhibition, New Orleans, Louisiana, September 30- October 3, 2001.

[48] 李新, 肖立志, 胡海涛. 随钻 NMR 测井仪探测特性研究. 波谱学杂志, 2011, (1): 84-92.

[49] 胡法龙. 多频 NMR 测井仪磁场分布数值模拟与探头设计. 北京: 中国石油大学 (北京) 博士学位论文, 2007.

[50] Sun B Q, Dunn K J. Two- dimensional nuclear magnetic resonance petrophysics. Journal of Magnetic. Resonance, 2005, 23 (2): 259-262.

[51] Ernst R R, Bodenhausen G, Wokaun A. Principles of nuclear magnetic resonance in one and two dimensions. USA: Oxford Science Publications, 1990.

[52] Sun B Q, Dunn K J. Core analysis with two dimensional NMR. Proceeding of Society of Core analysts, 2002, 38.

[53] Hürlimann M D. Diffusion and relaxation effects in general stray field NMR experiments. Journal of Magnetic Resonance, 2001, 148 (2): 367-378.

[54] Hürlimann M D, Venkataramanan L. Quantitative measurement of two- dimensional distribution functions of diffusion and relaxation in grossly inhomogeneous fields. Journal of Magnetic Resonance, 2002, 157 (1), 31-42.

[55] Leu G, Fordham E J, Hürlimann M D, et al. Fixed and pulsed gradient diffusion methods in low-field core analysis. Magnetic Resonance Imaging, 2005, 23 (2): 305-309.

[56] Song Y Q, Venkataramanan L, Hürlimann M D, et al. T_1-T_2 correlation spectra obtained using a fast two- dimensional laplace inversion. Journal of Magnetic Resonance. 2002, 154 (2): 261-268.

[57] Marble A E, Mastikhin I V, Colpitts B G, et al. An analytical methodology for magnetic field control in unilateral NMR. Journal of Magnetic Resonance, 2005, 174 (1): 78-97.

[58] 陈晓光, 聂在平, 聂小春. NMR 成像装置磁场的数值模拟. 电子科技大学学报, 1995, (4): 387-391.

[59] 邓立赞, 蓝红梅, 刘悦. 霍尔推力器磁场位形及其优化的数值研究. 物理学报, 2011, (2): 506-511.

[60] Li X, Xia L, Chen W, et al. Finite element analysis of gradient z-coil induced eddy currents in a permanent MRI magnet. Journal of Magnetic. Resonance, 2011, 208 (1): 148-155.

[61] Goswami J C, Sezginer A, Luong B. On the design of NMR sensor for well-logging applications, IEEE Trans. Ant. Propag, 2000, 48 (9): 1393-1401.

[62] Luong B, Goswami J C, Sezginer A, et al. Optimal control technique for magnet design in inside- out nuclear magnetic resonance. IEEE Transaction of Magnetics, 2001, 37 (2): 1015-1023.

[63] Goelman G, Prammer M G. The CPMG pulse sequence in strong magnetic field gradients with applications to oil- well- logging. Journal of Magnetic Resonance Series A, 1995, 113 (1): 11-18.

[64] Edwards C M. Effects of tool design and logging speed on T2 NMR log data. SPWLA 38th Annual Logging Symposium, 1997, paper RR.

[65] 赵岩松,张一鸣,夏平畴. NMR测井系统中主要电磁场问题的探讨. 电工技术学报, 1999,(5): 74-80.

[66] Turner R. A target field approach to optimal coil design. Journal of Physics. D: Applied physics, 1986, 19(8): 147-151.

[67] Turner R, Bowley R M. Passive screening of switched magnetic field gradients. Journal of Physics. E: Scientific Instruments, 1986, 19(10): 876-879.

[68] Edelstein W A, Schenck J F. Current streamline method for coil construction. U. S. 4840700, 1987.

[69] Schenck J F, Hussain M A, Edelstein W A. Transverse gradient field coils for nuclear magnetic resonance imaging. U. S. 4646024, 1987.

[70] Turner R. Minimum inductance coils. Journal of Physics E: Scientific Instruments, 1988, 21(10): 948-952.

[71] Turner R. Gradient coil design: A review of methods. Magnetic Resonamce Imagine, 1993, 11(7): 903-920.

[72] 胡法龙,肖立志. NMR测井仪静磁场分布的数值模拟. 地球物理学进展, 2008,(1): 173-177.

[73] 胡法龙,王成蔚,庄东志,等. MRIL-P型NMR测井仪探头磁场数值模拟. 测井技术, 2010,(5): 424-427.

[74] Hürlimann M D, Griffin D D. Spin dynamics of Carr-Purcell-Meiboom-Gill-like sequences in grossly inhomogeneous B0 and B1 fields and application to NMR well logging. Journal of Magnetic Resonance, 2000, 143(1): 120-135.

[75] 中国国家标准化管理委员会. GB/T 24270-2009. 永磁材料磁性能温度系数测量方法, 2009.

[76] Sezginer A, Minh C, Heaton N, et al. An NMR high-resolution permeability indicator. Transantions of the SPWLA 40th annual logging symposium, Oslo, Norway, may 30-june 3, 1999.

[77] Heaton N, Minh C C, Freedman R, et al. High-resolution bound-fluid, free-fluid and total porosity with fast NMR logging. Transactions of the SPWLA 41th annual logging symposium, Dallas, U. S. A., June 4-7, 2000, paper V.

[78] Kodibagkar V D, Conradi M S. Remote tuning of NMR probe circuits. Journal of Magnetic Resonance, 2000, 144(1): 53-57.

[79] Kruspe T. Nuclear magnetic resonance tool with magnetostrictive noise compensation. U. S. 6326785, 2001.

[80] Zhang S M, Wu X L, Michael M. Elimination of ringing effects in multiple-pulse sequences. Chemical Physics Letters, 1990, 173(5-6): 481-484.

[81] Gerothanassis I P. Methods of avoiding the effects of acoustic ringing in pulsed fourier transform nuclear magnetic resonance spectroscopy. Progress in Nuclear Magnetic Resonance Spectroscopy,

1987, 19: 267-329.

[82] Fukushima E, Roeder S B W. Spurious ringing in pulse NMR. Journal of Magnetic Resonance, 1979, (33): 199-203.

[83] Patt S L. Method for Suppression of Acoustic Ringing in NMR Measurements. U. S. 4438400, 1984.

[84] Kleinberg R L, Sezginer A, Fukuhara M. Nuclear magnetic resonance pulse sequence for use with borehole logging tools. U. S. 5023551, 1991.

[85] Sezginer A. Determining bound and unbound fluid volumes using nuclear magnetic resonance pulse sequences. U. S. 5596274, 1997.

[86] Sun B Q, Taherian R. Method for eliminating ringing during a nuclear magnetic resonance measurement. U. S. 6121774, 2000.

[87] Sun B Q, Taherian R. Method for reducing ringing in nuclear magnetic resonance well logging instruments. U. S. 6498484, 2002.

[88] Akkurt R, Cherry R. The Key to Improving the Vertical Resolution of Multi- Frequency NMR Logging Tools, SPWLA 42. sup. nd Annual Logging Symposium, June 17-20, 2001.

[89] 黄科, 肖立志, 李新. 一种降低井下 NMR 振铃的新方法. 波谱学杂志, 2012, 29 (1): 42-50.

[90] Bloch F, Hansen W W, Packard M. The Nuclear induction experiment. Physical Review, 1946, (70): 474-485.

[91] Purcell E M, Torrey H C, Pound R V. Resonance Absorption by Nuclear Magnetic Moments in a Solid. Physical Review, 1946, (69): 37-38.

[92] Bloch F. Nuclear Induction. Physical Review, 1946, 70 (7-8): 460-461.

[93] Carr H Y, Purcell E M. Effects of diffusion on free precession in nuclear magnetic resonance experiments. Physical Review, 1954, 94 (3): 630-638.

[94] Meiboom S, Gill D. Modified spin- echo method for measuring nuclear relaxation times. Review of Scientific Instruments, 1958, (29): 688 – 691.

[95] Speier P, Ganesan K, Sun B Q, et al. Nuclear magnetic resonance well logging method and apparatus. U. S. 6570381, 2003.

[96] Che W H, Zhang Y M, Xia P C. An improved measuring pulse sequence for NMR logging. Chinese Journal of Magnetic. Resonance, 2000, 17 (3): 177-182.

[97] Peshkovsky A S, Forguez J, Cerioni L, et al. RF probe recovery time reduction with a novel active ringing suppression circuit. Journal of Magnetic Resonance, 2005, (177): 67-73.

[98] Chen S H, Hursan G. A new method for estimation formation water Rw using NMR logging data. SPWLA 51th Annual Logging Symposium, June 19- 23, 2010, Perth, Australia, SPWLA TTT.

[99] Headley L C. Nuclear magnetic resonance relaxation of ^{23}Na in porous media containing NaCl solution. Journal of Applied Physics, 1973, 44 (7): 3118-3121.

[100] Tutunjian P N, Vinegar H J, Ferris J A. Nuclear magnetic resonance imaging of sodium-23 in

cores. The Log Analyst, 1993, 34 (3): 11-19.

[101] 肖立志. 我国 NMR 测井应用中的若干重要问题. 测井技术, 2007, 31 (5): 401-407.

[102] Mardon D, Prammer M G, Taicher Z, et al. Improved environmental corrections for mril@ pulsed NMR logs run in high- salinity boreholes. SPWLA 36th Annual Logging Symposium, June 26-29, 1995, Paris, France, SPWLA DD.

[103] 谢庆明, 肖立志, 廖广志. SURE 算法在 NMR 信号去噪中的实现. 地球物理学报, 2010, 53 (11): 2776-2783.

[104] 谢然红, 肖立志. (T_2, D) 二维 NMR 测井识别储层流体的方法. 地球物理学报, 2009, 52 (9): 2410-2418.

[105] Xiao L Z, Liao G Z, Xie R H, et al. Inversion of NMR relaxation measurements in well logging. In: Sarah L C, Joseph D S. Magnetic Resonance Microscopy. Weinheim: WILEY-VCH Verlag GmbH & Co. KGaA, 2009: 501-517.

[106] Sun B Q, Mark S, Dunn K J. NMR T_2 inversion along the depth dimension. AIP Conference Proceeding 2009, 1081: 87-90.

[107] Sun B Q, Dunn K J, Clinch S. Inversion along the depth dimension to enhance the continuity of multi-dimensional NMR logs. SPWLA 51th Annual Logging Symposium, June 19-23, 2010, Perth, Australia, SPWLA YY.

[108] Hoult D I, Richards R E. The signal to noise ratio of the nuclear magnetic resonance experiment. Journal of Magnetic. Resonance, 1976, 24 (1): 71-85.

第二部分　谱仪电子线路

第9章 谱仪概述

9.1 研发意义

谱仪电子线路是 NMR 科学仪器的关键组成部分，是进行 NMR 测量的基础，用以完成脉冲序列的时序生成、控制命令的生成与发送、射频脉冲的发射和回波信号的检测、放大与采集，以及实现与地面系统的通信等。

与实验室谱仪相比，极端环境 NMR 仪器的谱仪电子线路有明显差异。

9.2 极端环境 NMR 仪器电子成路

9.2.1 探测器

NMR 仪器是随着 NMR 方法及不同应用背景而发展起来的，其系统组成在功能上可以划分为探测器（探头）、电子线路和上位机软件。探测器由磁体和天线组成，磁体产生静磁场 B_0 来极化样品，天线用来产生与静磁场方向垂直的交变电磁场 B_1（由于工作频率处于射频段范围内而被称为射频磁场），产生 NMR 现象并接收 NMR 信号。

电子线路的设计要满足探测器的特性，如静磁场决定的工作频率、天线决定的发射功率和接收增益等。NMR 波谱仪探测器将样品放置在磁体和天线中心进行测量，由于其具备均匀性较好的静磁场和射频场，可以进行医学成像、化学分析等。典型的波谱仪天线结构包括亥姆霍兹天线、螺线管天线、马鞍型天线和鸟笼天线[7]，工作频率一般不低于 2.2 MHz，天线的阻抗要匹配到 50 Ω。NMR 波谱仪天线结构如图 9.1 所示。

极端环境 NMR 仪器是在井下体积受限和运动状态下实现单边 NMR 测量的。与实验室 NMR 波谱仪相比，磁体采用"Inside-out"方案，即永磁体在传感器的外部区域产生均匀磁场或梯度磁场，被测样品（地层中的流体）位于磁体的外部敏感区域[8]。为保证仪器具有一定的探测深度，磁体的磁场强度不能太高，所对应的拉莫尔频率一般不高于 2.2 MHz；天线结构可以采用表面天线、螺线管天线或马鞍型天线。由于样品位于距离天线 10 cm 处，和 NMR 波谱仪天线相比，在同频率下天线发射效率和接收效率要低一个数量级，即天线所需的功率更

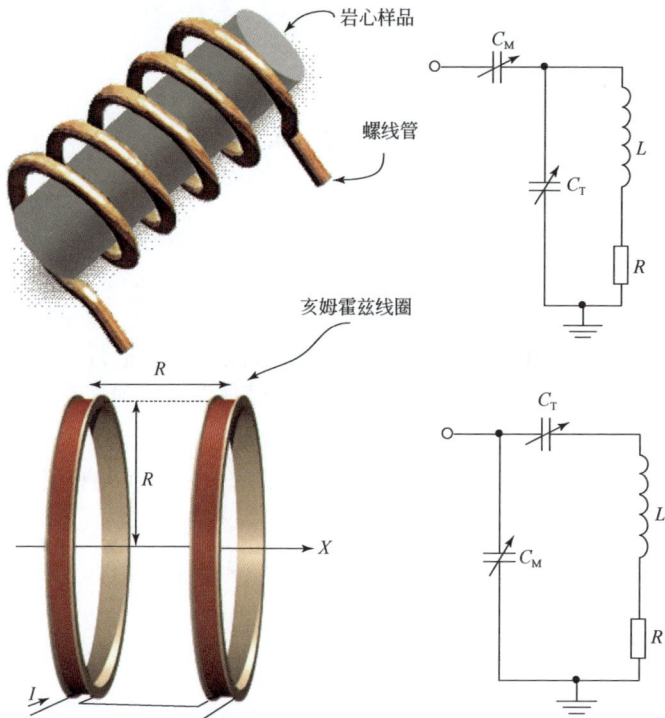

图 9.1　NMR 波谱仪天线结构示意图

大、天线接收到的回波信号更微弱。为减少泥浆和地层电导率对天线性能的影响，天线大都采用低电感和低品质因数设计且采用并联谐振，其阻抗一般低于 1 kΩ。井下 NMR 仪器天线结构如图 9.2 所示。

　　NMR 波谱仪天线和井下 NMR 仪天线的特性对比如表 9.1 所示。

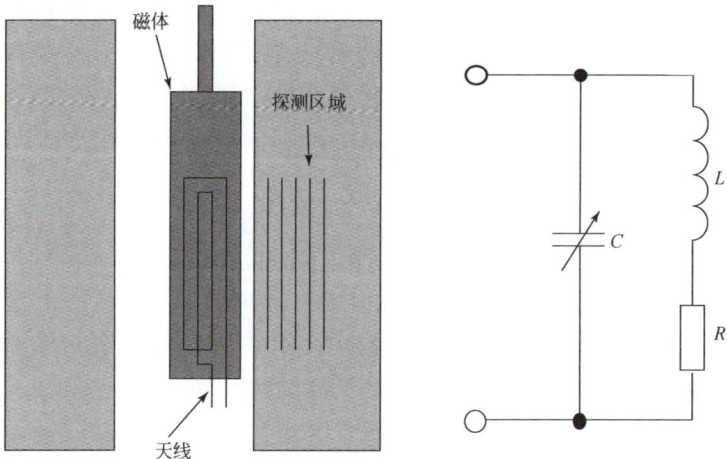

图 9.2　井下 NMR 仪器天线结构示意图

表 9.1　NMR 波谱仪与井下仪天线特性对比

天线类型	NMR 波谱仪天线	NMR 井下仪天线
样品位置	样品位于天线中心	样品位于天线的外边
发射效率和接收效率	高	低
所需激励功率	< 250 W	> 1 kW
NMR 信号范围	> 1 mV	< 50 μV
谐振阻抗	50	200 ~ 1000
工作频率	≥ 2.2 MHz	≤ 2.2 MHz
天线恢复时间	短	长

9.2.2　电子线路

电子线路的主要功能是激励天线发射符合特定脉冲序列时序要求的射频脉冲, 放大和采集天线接收到的 NMR 信号等。电子线路的设计一定程度上由传感器特性决定。

NMR 波谱仪电子线路的基本组成是产生特定脉冲序列的脉冲序列编程器或脉冲序列生成器、激励天线的功率放大电路、对 NMR 信号进行低噪声放大的前置放大电路、提取 NMR 信号的数字接收电路、对前置放大电路进行保护的基于四分之一波长传输线原理的隔离保护电路、可选择的减少天线恢复时间的 Q-转换电路[9-15]。其框图如图 9.3 所示。

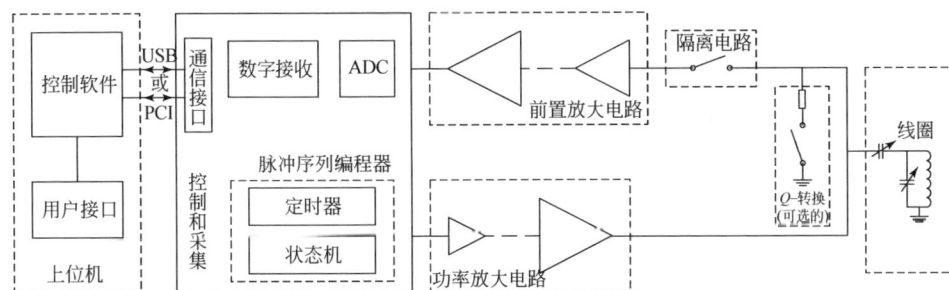

图 9.3　井下 NMR 波谱仪电子线路框图

井下 NMR 仪在井下数千米处的高温高压环境下工作, 且体积受到严格的限制。因此器件选型受到一定的限制, 所选用器件要能够耐高温, 电路板布局和布线也受到一定的限制。为减少井下高温环境下对散热的要求和满足天线对激励电压的需求, 功率放大电路采用 D 类放大结构, 同时需要专门的功率放大驱动电路来满足高温环境下 MOS 管对驱动电流的需求; 在射频脉冲发射期间, 为克服由于供电电缆电阻的限制而无法在短时间内提供发射所需的能量，需要额外的储能电容短节；由于发射和接收采用同一天线，为不影响回波信号的接收，就需要 Q-转换电路在发射完大功率射频脉冲后快速地泄放天线中储存的能量；同时天线和接收回路之间通过隔离电路在脉冲发射和能量泄放期间对接收回路进行保护；由低噪声前置放大电路对回波信号进行低噪声高增益放大；仪器工作在运动状态或静止状态，为提高测井效率和测井速度，需要天线调谐电路来频繁地切换天线谐振频率以完成多频测量；主控电路要具有一定的可扩展性以满足新型脉冲序列对时序的要求。NMR 测井仪电子线路框图如图 9.4 所示。NMR 波谱仪电路和NMR 测井仪电路特性对比如表 9.2 所示。

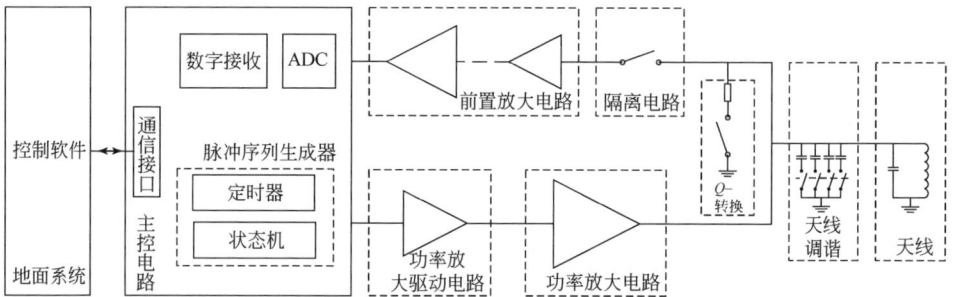

图 9.4　井下 NMR 仪电子线路框图

表 9.2　NMR 波谱仪和下井仪电路特性对比

仪器类型	NMR 波谱仪	NMR 下井仪
工作环境	室温，实验室	高温高压，数千米井下
工作频率	≥ 2.2 MHz	≤ 2.2 MHz
输出功率	< 250 W	> 1 kW
Q-转换电路	可选	必需
电路增益	< 60 dB	> 86 dB
脉冲序列	可编程，复杂	固定 CPMG，简单

由以上分析可知，与实验室 NMR 波谱仪相比，井下 NMR 仪器电子线路的设计难点包括：①在高温环境下设计输出功率大于 1 kW 的功率放大电路；②能够有效减小天线恢复时间的 Q-转换电路；③对接收回路进行高压隔离保护的隔离电路；④对回波信号进行低噪声放大的增益大于 86 dB 的接收电路。其电子线路研制的技术路线图如图 9.5 所示。

```
┌─────────────────────────────────────┐
│   分析现有NMR井下仪器电子线路设计特点   │
└─────────────────────────────────────┘
                  ↓
┌─────────────────────────────────────┐
│          提出各电路总体设计方案          │
└─────────────────────────────────────┘
   ↓     ↓     ↓     ↓     ↓     ↓     ↓
┌────┐┌────┐┌────┐┌────┐┌────┐┌────┐┌────┐
│发射││Q- ││隔离││接收││主控││天线││电源│
│电路││转换││电路││电路││电路││调谐││电路│
│详细││详细││详细││详细││详细││详细││详细│
│设计││设计││设计││设计││设计││设计││设计│
└────┘└────┘└────┘└────┘└────┘└────┘└────┘
                  ↓
┌─────────────────────────────────────┐
│           各电路原理图和PCB设计          │
└─────────────────────────────────────┘
        ↓                      ↓
┌────────────────┐    ┌────────────────┐
│   单板电路调试   │    │ 底层软件程序编写和调试 │
└────────────────┘    └────────────────┘
有     ↓                      ↓     有
    ◇ 问题 ◇              ◇ 问题 ◇
        ↓ 无                  ↓ 无
┌─────────────────────────────────────┐
│           电子线路联合调试             │
└─────────────────────────────────────┘
                  ↓
┌─────────────────────────────────────┐
│          电子线路和传感器联调          │
└─────────────────────────────────────┘
```

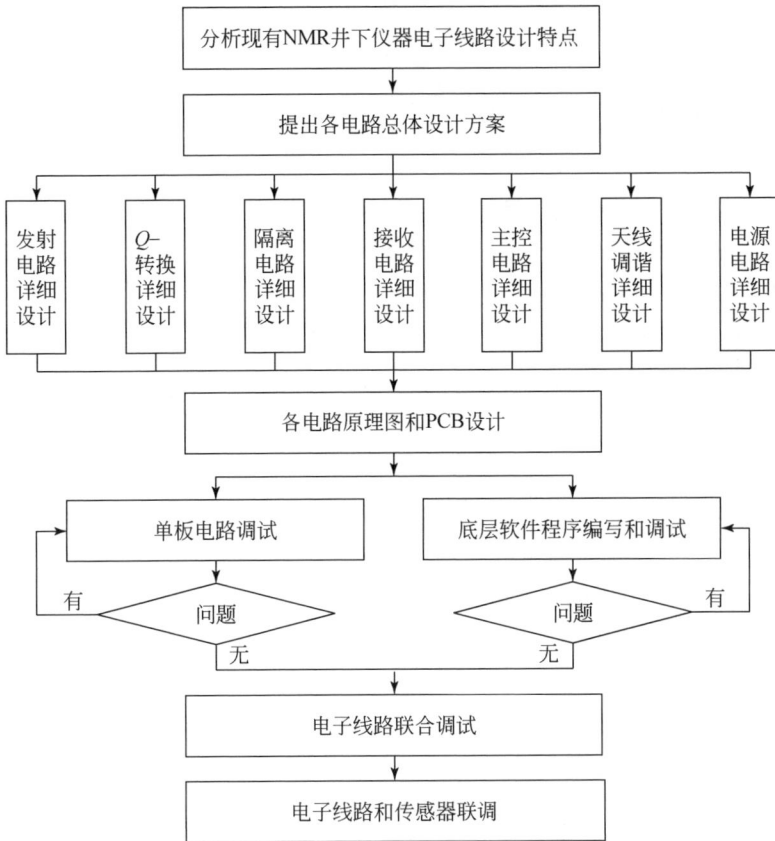

图 9.5　电子线路研制的技术路线图

第10章　现有谱仪电子线路分析

最早的 NMR 下井仪器静磁场由地磁场提供[16-18]，仪器采用极化线圈对质子进行极化，极化完成后质子在地磁场的作用下进动，经过仪器死时间后测量自由感应衰减信号（FID），其电子线路结构和现行地磁场仪器基本相同[19-21]，原理框图如图10.1所示。

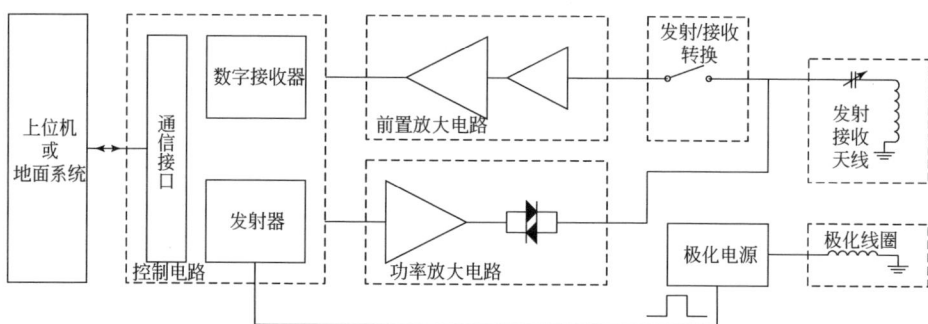

图 10.1　地磁场 NMR 仪器电子线路基本组成

基于地磁场的 NMR 测井仪应用效果不够理想，未能得到广泛应用。为解决地磁场 NMR 测井仪不能区分地层信号和井眼泥浆信号的问题，Jackson 于 1980 年提出采用人工磁场代替地磁场的"Inside-out"方案[22-25]，从此为 NMR 测井仪的商业化应用奠定了基础。20 世纪 90 年代以来，美国的 Halliburton、Schlumberger 和 Baker Hughes 三家测井公司凭借雄厚的研发实力，相继成功研发了电缆 NMR 测井仪和随钻 NMR 测井仪。

测井仪器在高温高压环境下工作，且体积受到井眼尺寸的严格限制。NMR 测井仪和常规的 NMR 仪器相比，其特殊的工作环境决定了其系统的复杂性。NMR 测井仪的核心部分是传感器，传感器的性能在一定程度上决定了整个仪器的性能。NMR 测井仪传感器由磁体和天线组成，磁体的磁场强度和磁场梯度决定了仪器的工作频率和频率范围；为减少地层流体电导率对天线的影响，天线大都采用低电感设计且谐振电路为调频简单的并联谐振电路。由于传感器采用"Inside-out"方案，和常规 NMR 仪器相比，天线所需要的激励功率更高、接收到的 NMR 信号更微弱。因此对电子线路来说，功率放大电路的输出功率更高、接收电路的增益更大。这三大测井公司的 NMR 测井仪的传感器设计不尽相同，在电子线路的实现方面也各有特点，下面简要介绍国际上三大测井公司四种仪器的电子线路设计特点。

10.1　MRIL-P 电子线路

第一支商业化的 NMR 测井仪为于 1990 年由 Halliburton/Numar 公司研制的 MRIL-B。随后于 1994 年在 MRIL-B 单频的基础上研制出改进型双频工作的 MRIL-C，并于 1998 年研制出多频工作的 MRIL-P[26]。MRIL-P 电子线路的框图和信号流程图分别如图 10.2 和图 10.3 所示，由遥传接口电路、DSP 电路、辅助测量电路、激励电路、发射接口电路、发射电源电路、发射电路 A、发射电路 B、发射滤波电路 A、发射滤波电路 B、天线接口电路、辅助电源、前置放大电路、接收电路、刻度/B_1 电路和电源电路组成[27]。其工作原理是遥传接口接收地面系统下发的测量模式参数信息和控制命令信息，经解码后传输至 DSP 电路，由 DSP 电路产生仪器各模块工作所需的控制信号。DSP 电路产生 SIN 和 COS 两路正交控制信号以及幅度控制信号 AM 至激励电路，激励电路根据这三路控制信号产生相应的发射控制信号，激励电路同时受到经发射接口电路驱动的发射门控信号的输出使能控制。发射接口电路对 DSP 电路产生的发射门控信号和能量泄放控制信号进行处理，对发射状态进行监测，在仪器异常时停止脉冲的发射以保护发射电路。激励电路对脉冲发射波形进行控制，其产生的两路控制信号分别传输至两个完全相同的发射电路，产生高压方波并由发射滤波电路滤除谐波成分，最后经天线接口电路中的变压器进行功率合成后传输给天线，用于激励地层中的氢核产生 NMR 现象。天线接口电路在脉冲发射期间对前置放大电路进行保护，在脉冲发射完成后泄放天线储存的能量。天线接收到的回波信号，由前置放大电路进行低噪声放大。放大的回波信号由接收电路进一步放大后，经抗混叠滤波器滤除高频噪声后进行模数转换，在 DSP 中实现回波信号的提取和数字滤波等数字化处理。在天线发射射频脉冲时，由天线附近的 B_1 线圈监测天线的发射过程，经积分放大后送给辅助测量电路用于仪器的发射功率校正。仪器在扫频和增益测量时，首先由 DSP 电路产生刻度信号给刻度电路，通过 B_1 线圈发射耦合给天线，天线接收此信号并经过和回波信号相同的路径，由 DSP 电路进行采集处理，用于仪器的扫频和增益校正。

MRIL-P 发射激励电路框图如图 10.4 所示，由激励电路、发射电路 A、发射电路 B、发射滤波电路 A、发射滤波电路 B 和天线接口电路中功率合成变压器组成。其工作原理是激励电路接收来自 DSP 电路的两路正交控制信号（I 和 Q）和一路幅度调制信号（AM），经算数运算后生成具有可控相位差的两组脉冲序列控

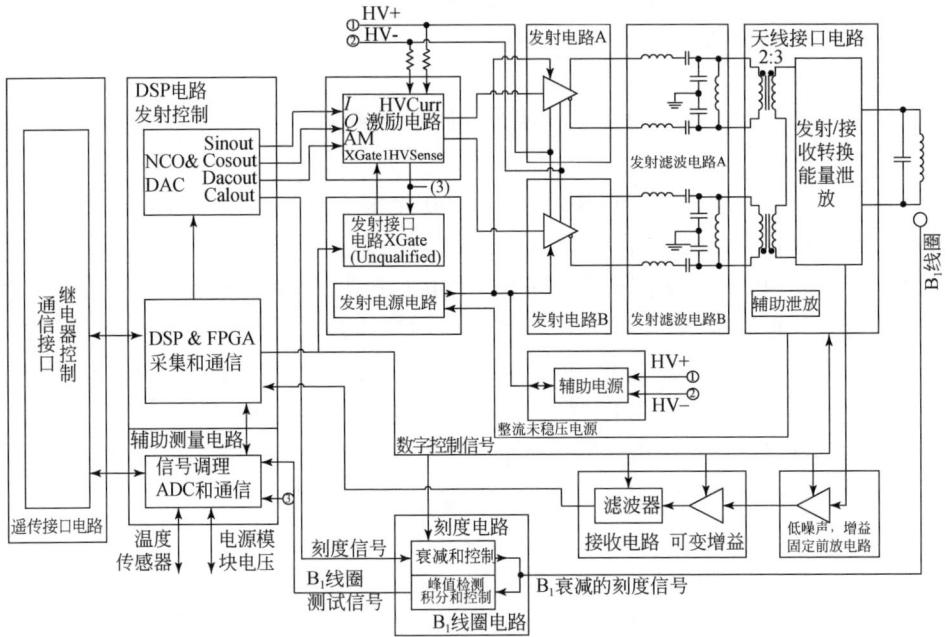

图 10.2　MRIL-P 电子线路框图

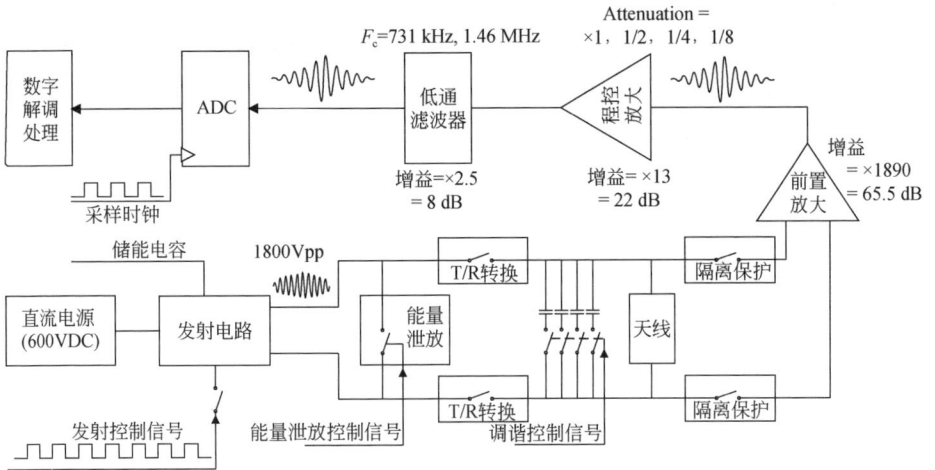

图 10.3　MRIL-P 信号流程图

制信号，并且在发射接口电路的发射使能控制下产生两路发射控制信号，发射控制信号经发射电路中 MOS 管驱动后变为幅度为 15 V 的 MOS 管控制信号，从而控制全桥电路对直流高压进行斩波，生成两路高压射频脉冲，产生的高压射频脉冲输出给发射滤波电路。发射滤波电路滤除来自发射电路的方波脉冲中的谐波成分，方波脉冲经过此 LC 滤波网络后输出为正弦信号。对于不同频率的信号，通过频率选择控制信号来控制继电器，从而选择不同的 LC 滤波网络。两路正弦信号由天线接口电路中的变压器进行功率合成后传输给天线，从而生成幅度随时间变化的大功率软脉冲，射频脉冲的最大幅值为 900 V。

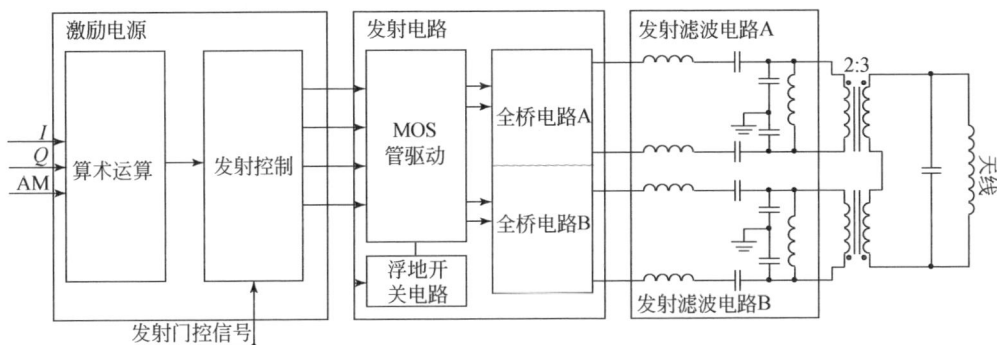

图 10.4　MRIL-P 激励发射电路框图

MRIL-P 的能量泄放和对前放的隔离保护功能在天线接口电路中实现，其原理框图如图 10.5 所示，其中 $Q1$ 和 $Q2$ 为 MOS 管，$Q5 \sim Q10$ 为结型场效应管（JFET）。其工作原理是在脉冲发射时，$Q1$、$Q2$、$Q5$、$Q6$、$Q9$ 和 $Q10$ 闭合，在能量泄放时 $Q1$、$Q2$、$Q5$、$Q6$、$Q9$、$Q10$、$D1$ 和 $D2$ 闭合，回波信号接收时 $Q7$ 和 $Q8$ 闭合。

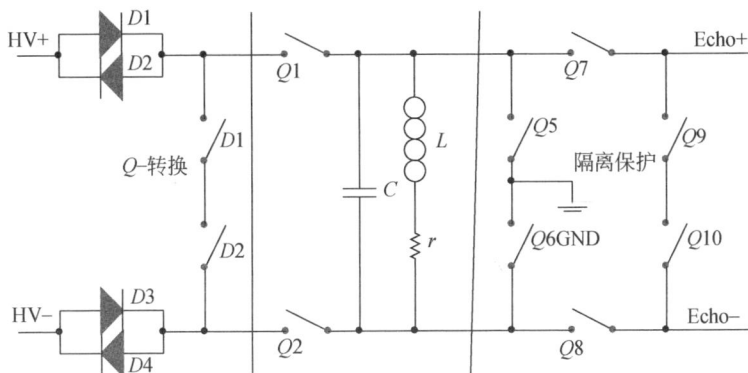

图 10.5　MRIL-P 天线接口电路框图

MRIL-P 对回波信号的放大由前置放大电路和接收电路完成，其原理框图如图 10.6 所示。前置放大电路放大天线接收到的回波信号，第一级放大使用低噪声分立三极管来实现，其增益为 35.7 dB；第二级放大的增益为 29.8 dB，由接收控制信号控制，在脉冲发射期间禁止对信号进行进一步放大，从而保护整个接收回路。接收电路对来自前置放大电路的信号进行进一步放大和滤波，首先经过程控增益放大，并经低通滤波后送至 DSP 电路，低通滤波器由截止频率选择信号来选择模拟开关的开断，从而选择不同的截止频率，以达到更好的滤波效果。电路最大增益为 95.5 dB。

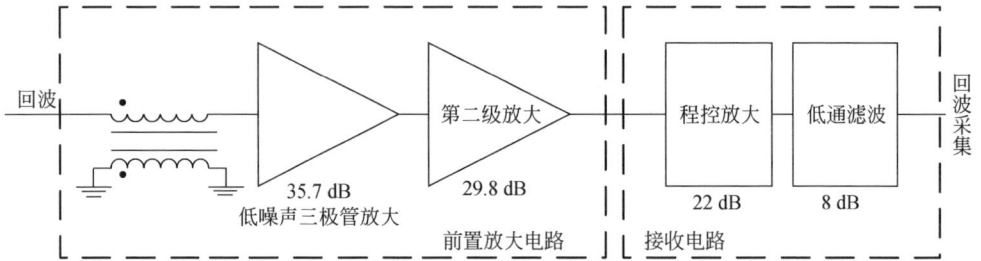

图 10.6   MRIL-P 回波信号放大电路框图

MRIL-P 的脉冲序列生成、仪器控制和回波信号采集由 DSP 电路实现，DSP 电路主要由 DSP、FPGA、NCO 和 ADC 等组成，其原理框图如图 10.7 所示。DSP 电路主要功能为按照不同测量模式实现相应的脉冲序列，采用数字频率合成方法生成激励信号；输出时序控制信号到各电路板，使其按相应的时序工作；将放大的回波信号数字化，采用相敏检波算法提取回波的幅度和相位信息等。DSP 电路通过遥传接口接收测量模式的参数信息和控制命令，并按照相应的测量模式，由 FPGA 产生相对应的控制时序信号。NCO 在 FPGA 和 DSP 的控制下产生两路正交的数字

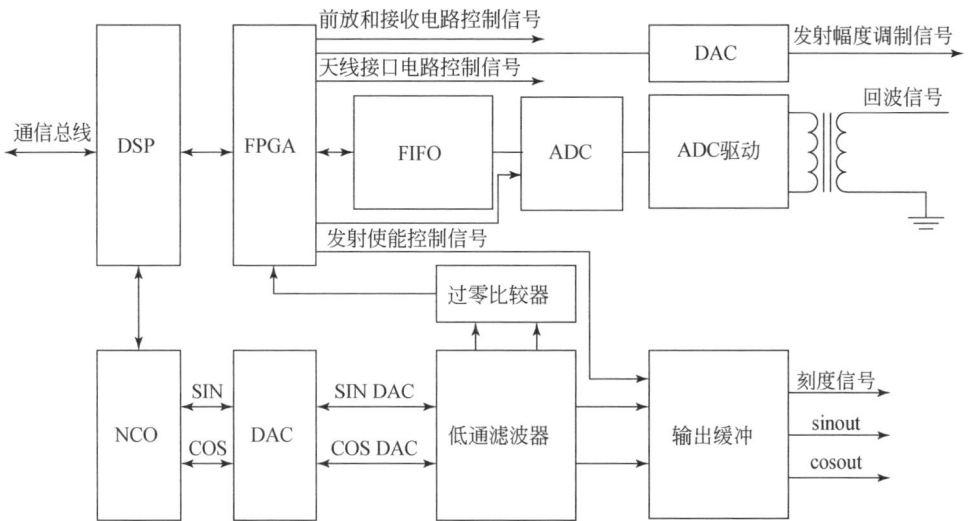

图 10.7   MRIL-P DSP 电路框图

信号，数字信号经数模转换器后变为模拟信号并经低通滤波后送给输出缓冲器，在发射使能控制信号有效时即脉冲发射时，将正余弦信号发送给激励电路。同时正余弦信号经过零比较后生成四路方波信号，供回波采集时使用；由 FPGA 产生幅度调制数字信号并经 DAC 产生发射幅度调制信号送至激励电路。同时 FPGA 根据测量模式产生特定时序的前置放大和接收电路控制信号、天线接口电路控制信号。在回波接收期间，将放大后的回波信号经变压器变为差分信号后再经 ADC 驱动电路后由 ADC 进行采样，采样后的回波信号经 FIFO 缓存后由 FPGA 读取，并传输给 DSP 进行幅度和相位信息的提取等，其中采样时钟由 FPGA 提供。

10.2　MREx 电子线路

Baker Hughes 于 2003 年成功研发了 MREx[3]。该仪器采用贴井壁测量，其和 MRIL-P 居中测量仪器相比，天线的发射功率要低。MREx 电子线路的框图和信号流程图分别如图 10.8 和图 10.9 所示，由主控电路、事件控制电路、回波采集电路、脉冲处理电路、功率放大电路、主泄放电路、天线驱动电路、储能电容充电控制电路、前置放大电路、隔离电路、继电器驱动电路和电源电路等组成[28]。其工作原理是主控电路接收地面系统的测量模式参数信息和控制命令，解码后将相应信息发送给事件控制电路和回波采集电路及脉冲处理电路。事件控制电路是整个电子线路的控制核心，由 DSP 和 FPGA 组成，DSP 接收到命令后创建指令并传递给 FPGA。FPGA 生成仪器所需的全部时序和控制信号，这些信号包括发射电路控制信号、能量泄放控制信号、隔离电路控制信号、采集电路控制信号、继电器控制信号和刻度信号等。所有控制信号的时钟以 DDS 产生的时钟为基准。发射控制信号是由 FPGA 按照特定的测量模式生成的满足特定时序的控制信号，发射控制信号经功率放大电路放大后控制天线驱动电路中的全桥开关，从而将600 V 的直流高压斩波处理后产生峰峰值为 2400 V 的大功率射频脉冲并提供给天线。脉冲发射完后通过主泄放电路将天线中储存的能量迅速泄放掉。在天线和前放电路之间通过隔离电路对前置放大电路进行保护，在脉冲发射期间，断开天线和前置放大电路，在接收回波期间使天线和前置放大电路连通。能量泄放完毕后准备接收回波信号，此时隔离电路允许回波信号进入前置放大电路。经放大后的回波信号送入回波采集电路，经采样后用相敏检波算法提取幅度和相位信息。在脉冲发射期间，对发射的脉冲进行监测，从而对回波信号幅度进行发射功率校正，射频脉冲经衰减电路衰减后送入脉冲处理电路进行相应处理；在极化时间内，由事件控制电路生成的刻度信号发送到天线调谐电路，刻度信号经衰减后用于测量天线和电子线路的总增益，通过得到的增益值对回波幅度进行刻度，尽可能得到真实的孔隙度信息。在极化时间内，通过主控电路将数据上传给地面系统。

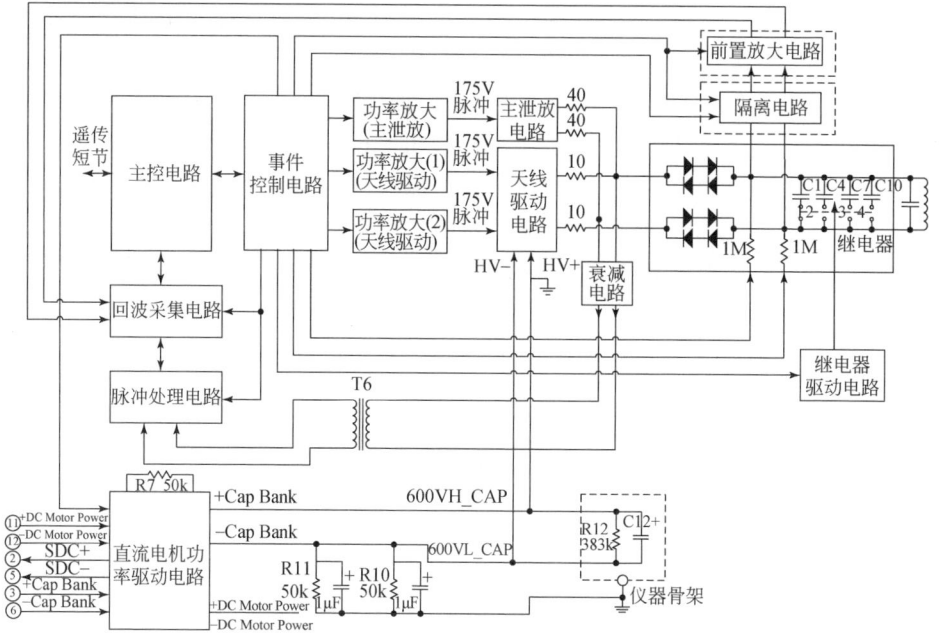

图 10.8　MREx 电子线路框图

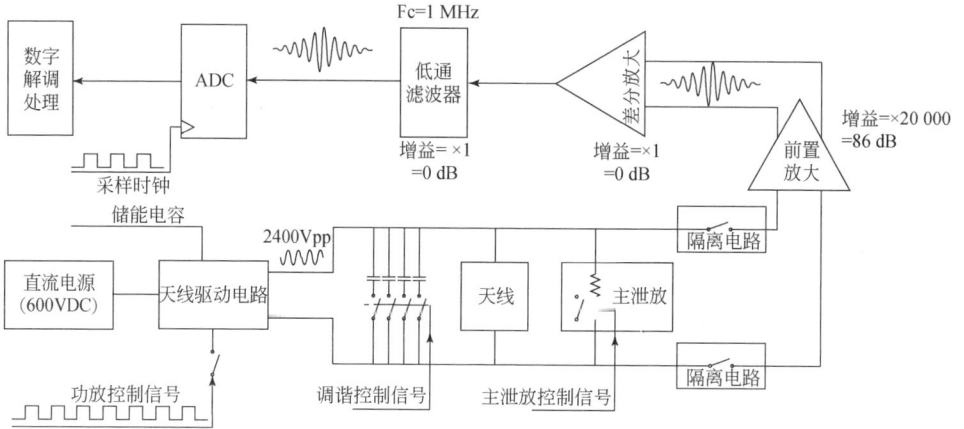

图 10.9　MREx 信号流程图

　　MREx 激励发射电路由两个完全相同的功率放大电路和天线驱动电路组成，其原理框图如图 10.10 所示。其工作原理是功率放大电路分别接收来自事件控制电路的脉冲控制信号，每一路脉冲控制信号经 CPLD 后变为一宽一窄的两路脉冲信号，此脉冲信号控制后级的半桥开关，从而将 175 V 的直流高压斩波处理成高压脉冲信号；功率放大（天线驱动外桥）电路将事件控制电路的 $Q1Q8$ 和 $Q2Q7$

外桥控制信号变为 175 V 的控制信号，功率放大（天线驱动内桥）电路将事件控制电路的 Q3Q6 和 Q4Q5 内桥控制信号变为 175 V 的控制信号，产生天线驱动电路所需的内外桥控制信号，然后输出给天线驱动电路子板。天线驱动电路子板为 10:1 变压器，将功率放大电路输出的 175 V 高压脉冲变为 17.5 V 的大电流脉冲信号来控制两个全桥电路，从而将 600 V 的直流高压变成峰值为 2400 V 的射频脉冲，为天线提供共振所需的高压脉冲。天线驱动电路输出的方波脉冲直接和天线连接，通过天线谐振电路自身来滤除谐波成分。

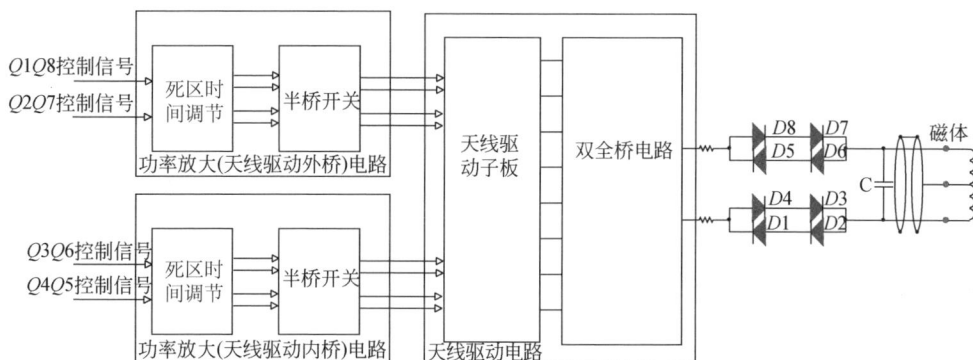

图 10.10　MREx 发射激励电路框图

　　MREx 的能量泄放和对前放的隔离保护由主泄放电路和隔离电路来实现，其原理框图如图 10.11 所示，其中 Q5 ~ Q10 为 MOS 管。其工作原理为脉冲发射时 Q9 和 Q10 闭合；能量泄放时 Q5 和 Q6 闭合，Q9 和 Q10 闭合；回波接收时 Q7 和 Q8 闭合。

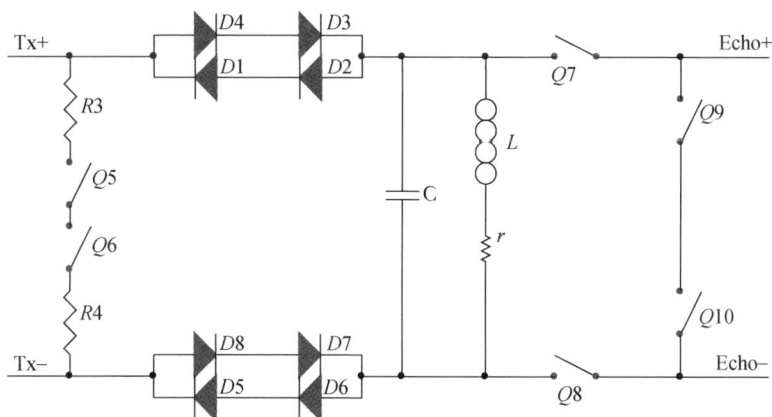

图 10.11　MREx 主泄放和隔离电路原理框图

　　MREx 回波信号放大由前置放大电路完成，其原理框图如图 10.12 所示。工作原理为微弱的回波信号经过四级放大后变为几百毫伏的信号供后级回波采集电路进行数字化处理。首先回波信号经噪声匹配变压器进行噪声匹配从而使前放的噪声水平达到最低，获得最优的信噪比，此变压器同时将差分信号转换为单端信号；第一级放大通过使用低噪声结型场效应管来实现，其增益为 17 dB；经后级增益为 63 dB 的三级放大后由低通滤波器滤除高频噪声，并由差分驱动器变为差分信号后传给回波采集电路。电路总增益为 86 dB。同时在脉冲发射和主能量泄放期间，由前端的软开关对前置放大电路进行保护；前置放大电路在主能量泄放完成后还具有辅助能量泄放的作用。

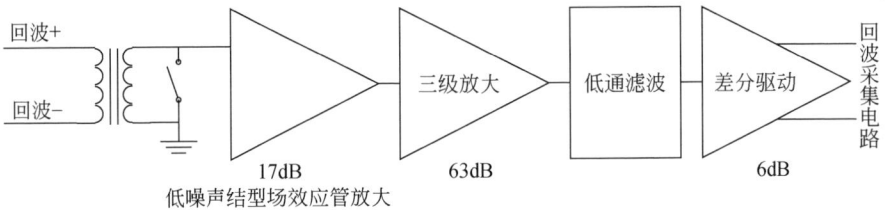

图 10.12　MREx 前置放大电路原理框图

　　MREx 的脉冲序列生成和仪器控制由事件控制电路完成，回波信号的采集由回波采集电路完成，此外，通过电路完全一样但固件程序不同的脉冲处理电路完成对射频脉冲发射过程的监测，其原理框图如图 10.13 所示。事件控制电路主要由 DSP、FPGA 和 DDS 组成，回波采集电路和脉冲处理电路主要由 DSP、CPLD、ADC、ADC 驱动器、抗混叠滤波器和差分接收器组成。

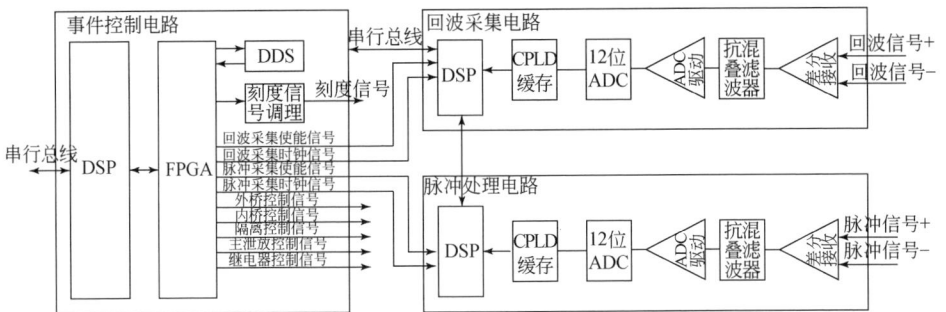

图 10.13　MREx 控制和采集电路原理框图

　　事件控制电路主要完成射频脉冲发射和回波采集的控制，以及电子线路所需的所有控制信号。控制信号包括发射电路控制信号即内桥控制信号和外桥控制信号、能量泄放控制信号、采集门控信号、回波采样时钟、发射门控信号、发射采样时钟、隔离电路控制信号、前置放大电路控制信号、继电器控制信号和刻度信号等。DSP 接收来自主控电路的频率字、测量模式和测量参数等信息,并通过并行总线将这些数据发送给 FPGA。FPGA 产生满足 CPMG 脉冲序列的时序和所有控制命令。DDS 为采集控制和时序生成等提供基准时钟,由 DSP 将所需的频率字通过串口传输给 FPGA,FPGA 再将此频率字串行传输给 DDS,最后由 DDS 生成所需的时钟信号返回给 FPGA,FPGA 根据此参考时钟生成如上所述的满足特定脉冲序列时序的所有控制信号。

　回波采集电路接收来自前置放大电路的回波信号,脉冲处理电路接收来自天线并经衰减电路衰减的脉冲信号。回波采集电路和脉冲处理电路的采样时钟和采样门控信号由事件控制电路提供,回波采集电路通过串口和主控电路进行通信,脉冲处理电路不能和主控电路直接进行通信。CPLD 的作用是缓存经 ADC 转换后的数字信号。回波信号或脉冲信号经差分接收后进行抗混叠滤波器,经 ADC 采样后送入 CPLD 缓存,当 DSP 需要这些数据时则通过 DMA 方式进行数据传输。

10.3　CMR 电子线路

　Schlumberger 公司早期的 NMR 测井仪是基于地磁场方案的,在 1965 ~ 1984 年间先后研制出 NMT-A、NMT-B、NMT-C 和 NMT-CB。该公司在放弃地磁场方案后,于 1985 年开始新一代 NMR 测井仪的研制工作,并在随后的十几年内成功研制了 CMR-A、CMR-200 和 CMR-Plus。CMR 为贴井壁测量的均匀磁场的 NMR 测井仪,电子线路的框图和信号流程图分别如图 10.14 和图 10.15 所示,主要由采集/合成器电路、井下控制电路、辅助测量和刻度电路、发射电路、调谐电路、继电器驱动、Q-转换电路、双工器电路、前置放大电路和接收电路组成[29]。其工作原理是地面系统通过遥传接口下发测量模式和相应的参数信息,这些信息由井下控制器读取并解码,井下控制器在接收命令后开始脉冲序列发射和回波信号数据采集过程。脉冲序列的时序生成和仪器的控制信号由采集/合成器电路完成;回波的数据采集和信号提取由接收电路来完成。发射电路通过发射控制脉冲将 250 V 直流高压斩波成高压射频脉冲来激励天线。在脉冲发射完成后,Q-转换电路将天线的品质因数 Q 降低,从而快速泄放储存在天线中的能量。双工器电路在脉冲发射时呈现高阻抗来保护前置放大电路,在接收信号时呈现低阻抗,回波信号可以直接进入前置放大电路进行低噪声放大。放大后的回波信号由接收电路进行采集和信号提取,频率约为 2.2 MHz 的回波信号经两次放大后经乘法器变频为 430 kHz 的中频信号,通过滤波处理后由 ADC 进行采样,采样时钟和采样门控信号由采集/合成器电路提供。采样后的回波信号由 DSP 进行数字相敏检波算法处理得到幅度和相位信息。处理后得到的结果通过 8 位的数据总线写入井下控制器的存储器中，当输出传输完成后，产生数据传输完成中断信号给井下控制器，井下控制器初始化上传发送过程，使用数据总线通过遥传接口将井下控制器中的数据读出并传输给 FTB 总线。

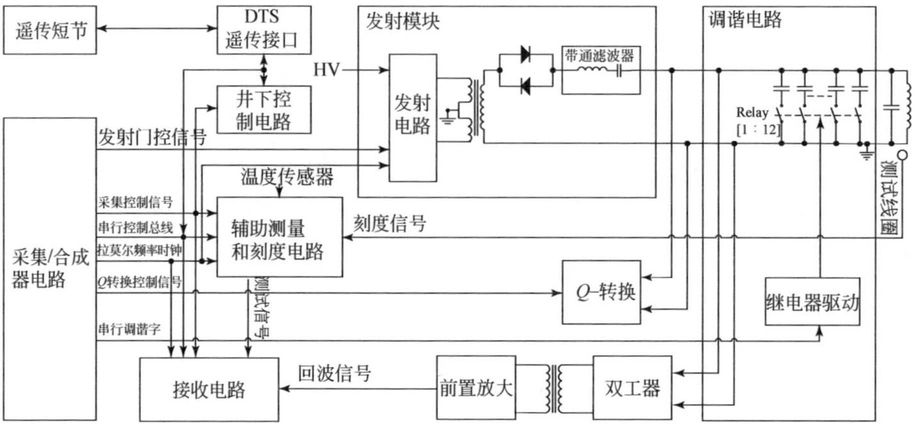

图 10.14 CMR 电子线路框图

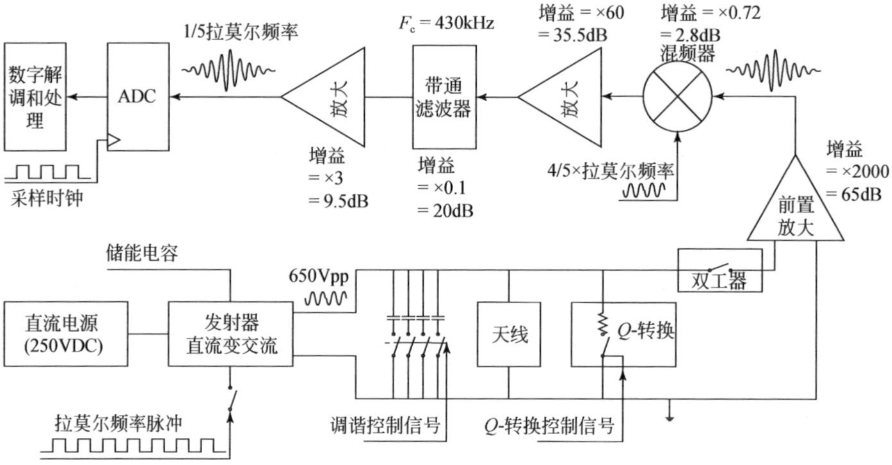

图 10.15 CMR 信号流程图

在仪器测量过程中，需要在每一个测量周期中记录包括电源电压、探头温度和静磁场强度等在内的一些电路参数。这些参数信息由辅助测量和刻度电路采集完成，并由井下控制器通过串行总线读取。辅助测量和刻度电路也产生在增益刻度和诊断过程中所需的测试信号。在每个测量过程的极化时间内增益刻度过程一直在进行，增益刻度过程的控制由接收板中的微处理器完成。作为仪器检修的辅助部分，井下控制器的软件部分包括一些 RS232 的接口程序。这些仪器检修的辅助程序提供一些测试和控制信号，以及监测数据采集过程。同时在测井过程中，外界的环境因素会使天线的谐振频率改变，从而偏离静磁场的拉莫尔频率，因此需要调谐电路来实时调整天线的谐振频率。

　　CMR 发射电路的原理框图如图 10.16 所示。其工作原理为发射驱动控制逻辑单元在采集/合成器电路的发射门控信号和拉莫尔频率时钟信号的控制下，在发射门控信号有效的时间内，在拉莫尔频率时钟的上升沿和下降沿分别产生占空比小于 50% 的脉冲控制信号来控制半桥开关中的两个功率 MOS 管，FET 驱动单元将数字控制脉冲转换为幅度为 15 V、驱动电流大的驱动脉冲，即提供一个正的栅极电压来快速打开半桥开关电路中的功率 MOS 管。半桥开关电路在控制脉冲的作用下将高压直流斩波后生成高压射频脉冲，输出电压峰峰值为所加直流高压的 2.6 倍，即发射电路输出的电压峰峰值为 650 V。高压射频脉冲经过二极管进入带通滤波器。天线是一个谐振电路，在其谐振频率下呈现高阻抗，在其他频率下呈现低阻抗；带通滤波器和天线的性质相反，在其工作频率内呈现低阻抗，在其他频率内呈现高阻抗。带通滤波器的作用是滤除高压脉冲信号的谐波成分，减少谐波电流，从而提高发射效率和保护发射电路不受损坏。带通滤波器的输出是一个很纯净的高压射频正弦信号并直接输出给天线。

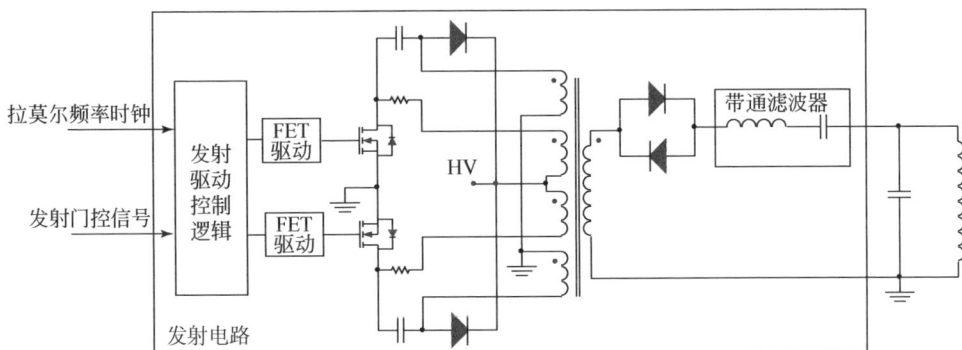

图 10.16　CMR 发射激励电路框图

　　CMR 的能量泄放和对隔离电路的隔离保护通过 Q-转换电路和集成在前置放大电路中的双工器来实现，其原理框图如图 10.17 所示，其中 Q1 和 Q2 为 Q-转换电路中的功率 MOS 管，双工器为无源器件组成的隔离保护电路，S1 为阻抗变换开关。其工作原理为在脉冲发射时 S1 为高阻抗，能量泄放时 Q1 和 Q2 闭合，回波接收时 S1 为低阻抗。

　　CMR 的回波信号放大由前置放大电路实现，其原理框图如图 10.18 所示。

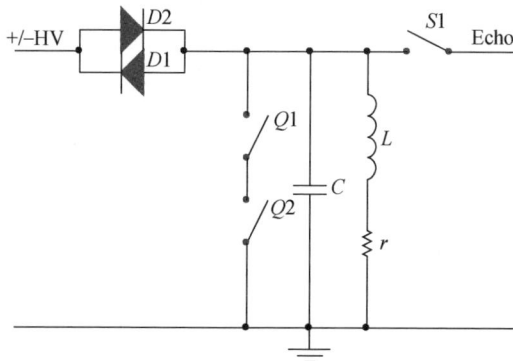

图 10.17　CMR Q-转换和双工器电路框图

首先回波信号经噪声匹配变压器进行噪声匹配，从而使前置放大电路的噪声水平达到最低，获得最优的信噪比，变压器的增益为 −1.5 dB；第一级放大通过使用低噪声分立三极管来实现，其增益为 37 dB；第二级放大的增益为 24.3 dB；经两级放大后通过带通滤波器滤除高频和低频噪声，带通滤波器的带宽为 1.9 ~ 2.4 MHz，增益为 25.5 dB；最后通过衰减为 20 dB 的电阻衰减，以满足后级接收电路对信号幅值的要求。前置放大电路的总增益为 65.3dB。

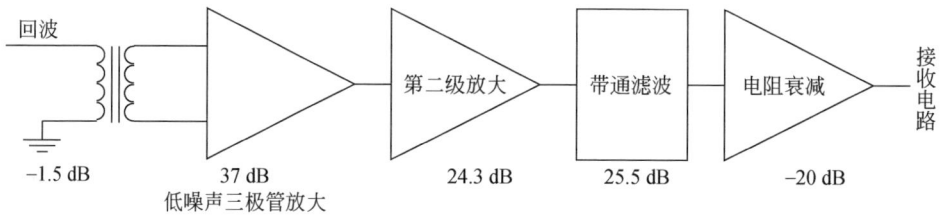

图 10.18　CMR 前置放大电路框图

　　CMR 的脉冲序列生成、仪器控制和回波信号的采集由采集/合成器电路和接收电路实现，其原理框图如图 10.19 所示。采集/合成器电路以 FPGA 和 DDS 为核心，由串行通信接口通过串行总线接收井下控制器下发的频率字信息和测量模式的参数信息，串行通信接口将接收到的频率字信息传给可编程频率生成器，将接收到的测量模式参数信息储存在工作参数寄存器中，为时序控制生成单元提供参数信息。时序控制生成单元以拉莫尔频率时钟为基准，产生采集控制信号、混频时钟信号、拉莫尔频率时钟接收电路来完成回波信号的采集；按照测量模式的要求，产生发射门控信号和拉莫尔频率时钟给发射电路来完成天线共振所需的大功率射频脉冲；产生 Q-转换控制信号给 Q-转换电路来完成脉冲发射后天线中储存能量的泄放；调谐字通信接口按照频率字信息产生调谐电路控制信号给调谐电路。

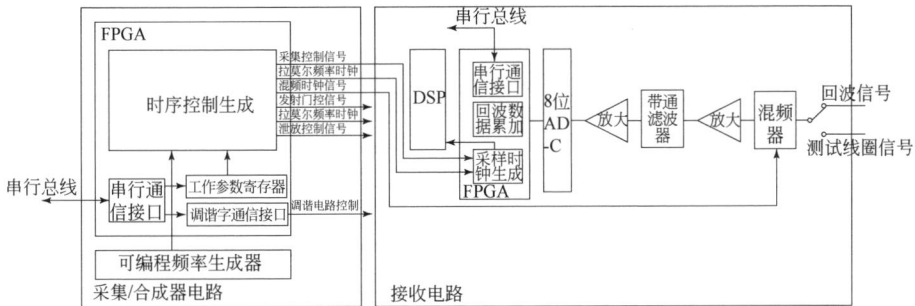

图 10.19　CMR 控制和采集电路框图

接收电路的作用是提取回波幅度信息，处理和压缩回波数据，控制连续的增益校正刻度过程。回波信号或测试线圈信号经混频器下变频为 430 kHz 的信号，经进一步放大后由带通滤波器滤除高频和低频噪声，经 ADC 驱动电路后由 ADC 进行模数转换，在采集/合成器电路的采集门控信号和拉莫尔时钟信号的控制下进行采样，经采样后的数字信号在 FPGA 内的回波数据累加单元累加后由 DSP 读取并进行乘法运算以提取回波幅度和相位信息，经 DSP 运算处理的数据写入 FPGA 中的数据存储单元，并通过串行通信接口由串行总线传输给井下控制器。

10.4　MR Scanner 电子线路

MR Scanner 作为 Schlumberger 公司 Scanner 系列的重要组成，于 2003 研制成功[1]。MR Scanner 为 Schlumberger 公司的最新一代 NMR 测井仪，其电子线路框图和信号流程图分别如图 10.20 和图 10.21 所示，主要由井下控制电路、脉冲序列电路、命令分发电路、功率放大驱动电路、射频功率放大电路、双工器电路、Q-转换电路、前置放大电路、接收电路、天线选择和调谐电路、测试线圈接口电路、继电器驱动、三维加速度电路、加速度和辅助采集电路、低压电源和高压电源等组成[30]。MR Scanner 的静磁场为梯度磁场，天线由主天线、上辅天线和下辅天线组成。通过天线选择和调谐电路切换天线谐振频率来测量距离传感器表面不同距离的切片，从而实现多频测量以提高测井效率，同时根据不同测量模式的要求在三个天线之间进行切换。继电器驱动电路在控制命令生成单元的控制下产生不同测量模式所要求的继电器控制信号。射频功率放大电路在命令分发电路中发射控制信号的控制下将直流高压斩波成高压射频脉冲后输出给天线。在射频功率放大电路和前放电路之间通过双工器电路对前置放大电路进行保护。双工器电路在控制命令生成单元产生的控制信号作用下，在发射时断开前置放大电路，在接收回波信号时断开射频功率放大电路。在射频脉冲发射完成后通过 Q-转换将天线中储存的能量泄放掉，Q-转换在控制命令生成单元的控制下完成能量的泄放过程。回波信号首先经前置放大电路进行低噪声放大，再由接收电路进行数字化处理得到回波幅度和相位信息，最后将得到的回波幅度和相位信息经脉冲序列电路传输给井下控制器，并由井下控制器传输给遥传短节。

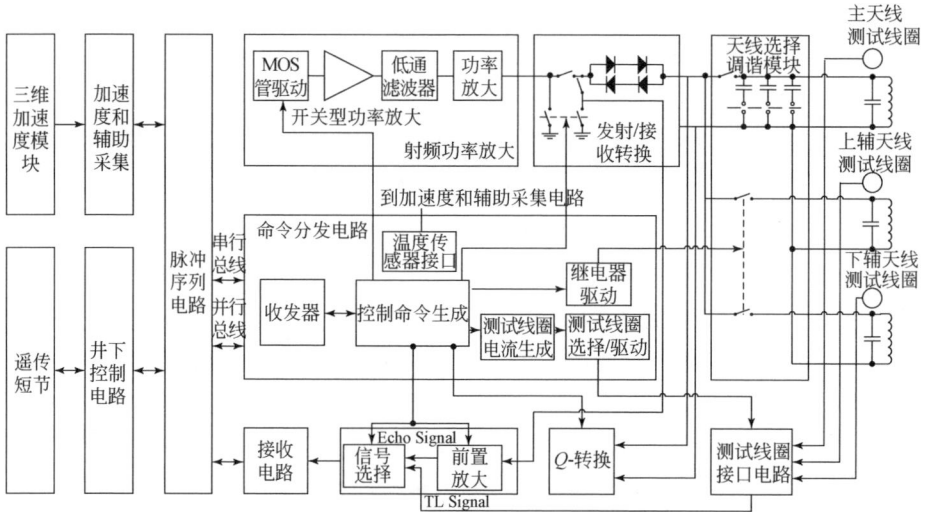

图 10.20　MR Scanner 电子线路框图

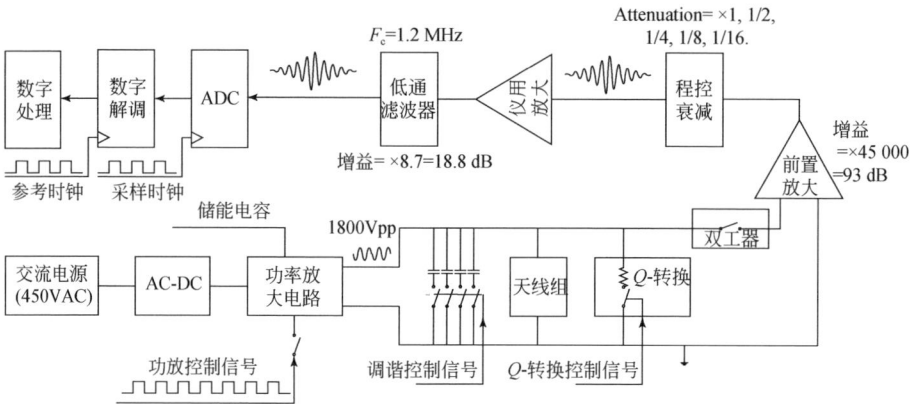

图 10.21　MR Scanner 信号流程图

测量模式的参数信息通过遥传短节由地面系统提供，经井下控制器解码后传输给脉冲序列电路，脉冲序列电路按照一定时序的要求将测量模式的参数信息通过并行总线和串行总线传送给命令分发电路。命令分发电路按照测量模式的要求产生具有一定时序要求的控制信号及采集信号。一些辅助测量参数在每一次的测量周期里都要记录，如加速度、探头温度和电源电压等。增益刻度信号由控制命令生成单元生成，并经测试线圈电流生成单元与测试线圈选择和驱动电路后由测试线圈接口电路提供给天线，产生的测试线圈信号传输给接收电路做进一步处理。

MR Scanner 发射激励电路由功率放大驱动电路和射频功率放大电路组成，原理框图如图 10.22 所示。其工作原理为发射驱动控制逻辑单元在命令分发电路的发射门控信号和拉莫尔频率时钟信号的控制下，在发射门控信号有效的时间内，在拉莫尔频率时钟的上升沿和下降沿分别产生占空比小于 50% 的脉冲信号来控制功率 MOS 管 Q1 和 Q2，FET 驱动单元将数字控制脉冲转换为幅度 15 V、驱动能力强的驱动脉冲，即提供一个正的栅极电压来快速打开半桥开关电路中的功率 MOS 管。半桥开关电路在控制脉冲的作用下将高压直流斩波后生成高压射频脉冲，通过低通滤波器后滤除谐波分量并由射频功率放大电路中隔离变压器降压转变为驱动电流大的控制脉冲，从而可以控制射频功率放大电路中的功率 MOS 管快速的导通，最后由射频功率放大电路生成天线共振所需的大功率射频脉冲。射频功率放大电路输出电压幅值为 900 V。

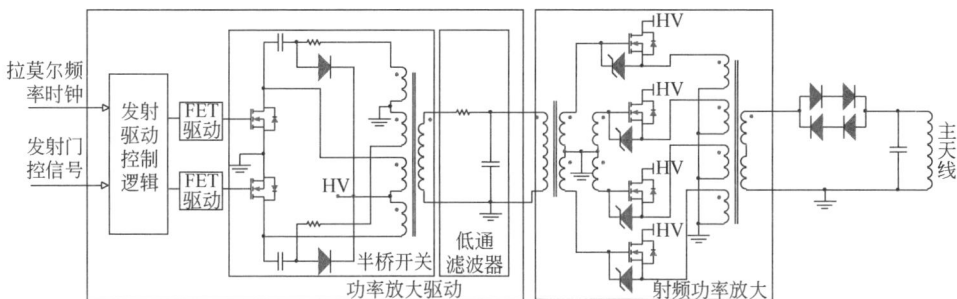

图 10.22　MR Scanner 发射激励电路框图

MR Scanner 的能量泄放和对前置放大电路的隔离保护通过 Q-转换电路和双工器电路来实现，其原理框图如图 10.23 所示，其中 Q1 和 Q2 为 Q-转换电路中功率 MOS 管，Q3 ~ Q6 为双工器电路中功率 MOS 管。其工作原理为脉冲发射时 Q4 和 Q6 闭合，能量泄放时 Q3、Q1、Q2 和 Q6 闭合，回波信号接收时 Q3 和 Q5 闭合。

MR Scanner 的回波信号放大由前置放大电路和接收电路实现，其原理框图如图 10.24 所示。回波信号首先经过噪声匹配变压器，并通过继电器来选择不同的阻抗变换比，从而匹配三个不同的天线来优化电路的噪声水平，达到最优的信噪比；第一级放大使用低噪声分立三极管来实现，其增益为 37.4 dB；随后经增益

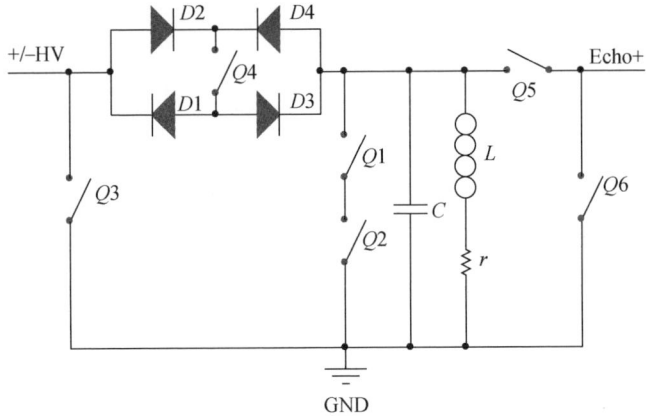

图 10.23　MR Scanner Q-转换和双工器电路框图

为 47.4 dB 的四级放大后，由低通滤波器滤除高频噪声后送入接收电路中。程控衰减的使用增加了前置放大电路和整个接收回路的动态范围。电路的最大增益为 111.8 dB。

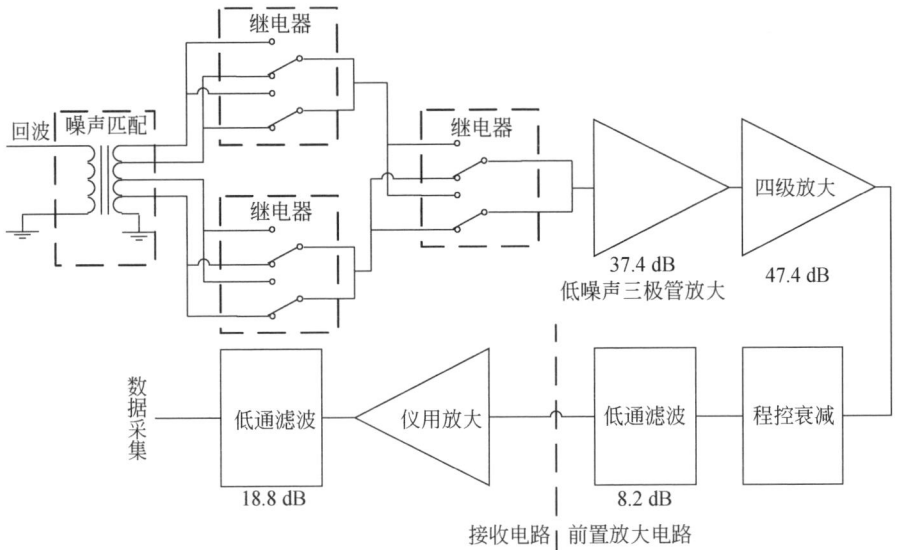

图 10.24　MR Scanner 回波信号放大电路框图

　　MR Scanner 的脉冲序列生成、仪器控制和回波信号的采集由脉冲序列电路、命令分发电路和接收电路实现，其原理框图如图 10.25 所示。脉冲序列电路通过 DDS 产生仪器所需的时钟信号，产生所有的控制信号控制整个仪器的工作。脉冲序列电路中的 DSP 接收来自井下控制器的脉冲序列文件，将脉冲序列文件解码成状态输出和状态周期的基本单元，并将解码后的状态信息下传给时序状态机（FPGA），时序状态机的时钟由 DDS 提供，即所有的控制信号都同步于 DDS 产生的时钟，DDS 产生的时钟频率为 8 倍的拉莫尔频率。MR Scanner 的天线可以被调谐成 8 个不同的谐振频率；每一个频率对应一个探测深度。对应不同切片的频率值信息作为表文件储存在 Flash 储存器中。时序状态机为接收电路提供采样时钟，通过串行总线和并行总线将状态控制信息传给命令分发电路。DSP 将数据类型信息传给接收电路，接收电路根据此信息判断处理的数据是回波信号还是测试线圈信号。

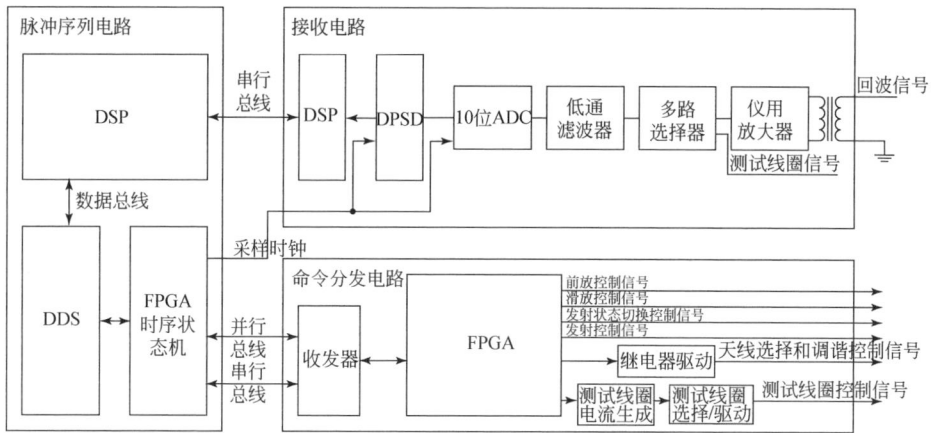

图 10.25　MR Scanner 控制和采集电路框图

命令分发电路通过收发器接收脉冲序列电路经并行总线和串行总线发送的状态控制信号，状态控制信号由 FPGA 经状态解码后产生前放控制信号、泄放控制信号、发射状态切换信号和发射控制信号，以及经继电器驱动电路后的天线选择和调谐控制信号，经测试线圈电路生成和测试线圈选择及驱动后的测试线圈控制信号。

接收电路的主要作用是将前置放大电路传输过来的回波信号或测试线圈信号进行解调和采集。接收的信号经放大后通过二阶巴特沃斯低通滤波器进行滤波处理，滤波后的信号由 ADC 采样，采样时钟为 8 倍的拉莫尔频率由脉冲序列电路提供。采样后的信号经数字解调芯片处理后再通过 DSP 做进一步的处理。

可以看出，四种仪器结合探头功能要求，在电子线路设计上各有特色。

MRIL-P 采用软脉冲发射，由两个相同功率放大电路在数字电路的控制下生成相位差实时变化的两路高压射频脉冲，两路输出信号通过变压器进行功率合成，最后完成幅度逐渐升高到最大值然后逐渐降低到零，形成软脉冲，功率合成变压器和功率放大电路之间通过滤波器滤除方波信号中的谐波成分，软脉冲的最大幅值为 900 V。由于采用软脉冲发射的方案，在脉冲发射完成后，天线两端的电压幅值已很小，天线的 Q 转换通过控制并联在天线两端二极管的导通来实现，二极管的导通电阻很小，此时天线的 Q 值很低，可以快速地将剩余的能量泄放掉。由于仪器采用居中测量，天线需要的激励能量很大，受到储能电容的限制仪器的最小回波间隔为 0.6 ms，且在最小回波间隔下回波个数要很少。对接收回路的隔离保护通过使用变压器减小输入电压和控制结型场效应管的方案。前置放大电路的第一级采用低噪声三极管的设计方案，其外围电路设计复杂，通过程控衰减保证电路具有大的动态范围，最大增益为 95.5 dB。由于受到当时仪器设计时器件选型的限制，回波信号采集用的 ADC 只有 8 位，ADC 的动态范围较小，采样时钟频率为 4 倍的拉莫尔频率，这在一定程度上减少了回波信号提取所用的时间，但是不利于提高回波信号的信噪比。脉冲序列的时序生成和仪器控制信号的参考时钟为固定的独立时钟，时钟的同步设计由 FPGA 实现，在选定好采集模式的参数后，FPGA 中各寄存器的参数就会固定下来。

MREx 采用硬脉冲发射模式完成射频脉冲的发射，功率放大电路采用由 8 个功率 MOS 管组成的双全桥结构，可以直接激励高阻抗的天线，输出电压幅值为 1200 V，电路输出直接和天线相连，利用天线的谐振电路特点滤除方波中的谐波成分。天线的 Q 转换通过控制 MOS 管开关将低阻值无感电阻并联在天线两端来实现，此时天线的 Q 值降低，以快速泄放天线中储存的能量。仪器采用偏心测量，和居中测量相比，天线需要的激励能量要低，受到储能电容的限制仪器的最小回波间隔为 0.3 ms，同时在最小回波间隔下回波个数要很少。对接收回路的隔离保护通过控制高压 MOS 管开关来实现，前置放大电路的第一级采用低噪声结型场效应管的设计方案，电路增益为 86 dB，由于没有采用程控衰减的方案，电路的动态范围较小。回波信号采集用的 ADC 为 12 位，ADC 的动态范围较大，采样时钟频率为 8 倍的拉莫尔频率，脉冲序列的时序生成和仪器控制信号的参考时钟由 DDS 提供，在改变频率时需要重新加载各寄存器的值。

CMR 为四种仪器中工作频率最高、天线需要激励能量最低的一种仪器，工作频率为 2.2 MHz，仪器采用硬脉冲发射。功率放大电路采用半桥开关和变压器的设计结构，电路输出和天线之间通过带通滤波器滤除方波中的谐波成分，输出电压幅值为 325 V。天线的 Q 转换通过控制 MOS 管开关来实现，MOS 管的导通电阻直接并联在天线两端以降低天线的 Q 值来达到快速泄放天线能量的目的。仪器的最小回波间隔可以达到 0.2 ms，由于仪器工作在单一频率下，对接收回路的隔离保护采用无源器件实现，电路设计相对简单。前置放大电路的第一级采用低噪声三极管的设计方案，电路总增益为 87.5 dB，由于没有采用程控衰减的方案，电路的动态范围较小。回波信号采集采用下变频采样，采集电路相对复杂，使用的 ADC 为 8 位，ADC 的动态范围较小，采样时钟频率为下变频后回波信号的 5 倍，脉冲序列的时序生成和仪器控制信号的参考时钟由 DDS 提供。

MR Scanner 电路设计是在 CMR 电路基础上完成的，电路设计较复杂，采用硬脉冲发射，功率放大电路采用双半桥开关和变压器的设计结构，输出电压幅值为 900 V，电路输出直接和天线相连，利用天线的谐振电路特点滤除方波中的谐波成分。天线的 Q 转换通过控制 MOS 管开关来实现，MOS 管的导通电阻直接并联在天线两端以降低天线的 Q 值来达到快速泄放天线能量的目的，受到储能电容的限制仪器的最小回波间隔为 0.45 ms，同时在最小回波间隔下回波个数要很少。对接收回波的隔离保护通过控制高压 MOS 管开关来实现，前置放大电路的第一级采用低噪声三极管的设计方案，采用程控衰减，电路的动态范围较大，电路最大增益为 111.8 dB。回波信号采集用的 ADC 为 10 位，采样时钟频率为 8 倍的拉莫尔频率，回波信号的包络由专门的相敏检波芯片实现，脉冲序列的时序生成和仪器控制信号的参考时钟由 DDS 提供，在改变频率时需要重新加载各寄存器的值。

四种仪器电路设计的特点和相关参数如表 10.1 所示。

表 10.1　四种井下 NMR 仪电子线路特性对比

	MRIL-P	MREx	CMR	MR Scanner
工作频率范围	500 ~ 800kHz	450 ~ 880kHz	2.2 MHz	500 ~ 1100kHz
脉冲发射方式	软脉冲或硬脉冲	硬脉冲	硬脉冲	硬脉冲
功率放大电路输出电压	900 V	1200 V	325 V	900 V
最小回波间隔	0.6 ms	0.3 ms	0.2 ms	0.45 ms
隔离电路设计方案	JFET 控制	MOSFET 控制	无源器件	MOSFET 控制
回波信号放大总增益	95.5 dB	86 dB	87.5 dB	111.8 dB
程控衰减	(6, 12, 18) dB	无	无	(6, 12, 18, 24) dB
采集电路分辨率	3.9 mV	0.24 mV	8.8 mV	1.5 mV
参考时钟	10 MHz 固定	DDS 可调	DDS 可调	DDS 可调

第 11 章 总 体 设 计

NMR 测井仪电子线路的设计以探测器特性为基础。磁体和天线的特性在很大程度上决定着电子线路的设计。天线所需的激励电压主要由天线本身的谐振阻抗、天线的品质因数和仪器的探测深度决定；天线接收到的回波信号幅度主要由磁体的磁场强度、磁体的磁场梯度和天线长度决定。所设计的磁体为梯度磁场，仪器为偏心测量，工作在 7 cm 和 8 cm 两个不同的探测深度，所对应的拉莫尔频率为 800 kHz 和 700 kHz；天线的谐振阻抗为 400 Ω ~1 kΩ，天线接收到的回波信号幅度为几十纳伏至几微伏。同时在电路设计时要保证仪器工作频率的灵活性，接收电路的工作频率范围设计为 400 kHz 至 1 MHz、可程控衰减、最大增益不低于 100 dB；功率放大电路的最大输出电压为 1 kV、功率不低于 1 kW、最高工作频率不低于 1 MHz。

在总结借鉴现有商业化仪器电子线路的基础上，结合自主设计的磁体和天线特点，选用各半导体器件公司最新研发的高性能、耐高温器件，设计了 NMR 测井仪的电子线路。所设计的电子线路由功率放大驱动电路、功率放大电路、储能电路、Q-转换驱动电路、Q-转换电路、隔离电路、接收电路、主控电路、天线调谐电路、继电器驱动电路和电源电路组成，其框图和信号流程图如图 11.1 和图 11.2 所示。

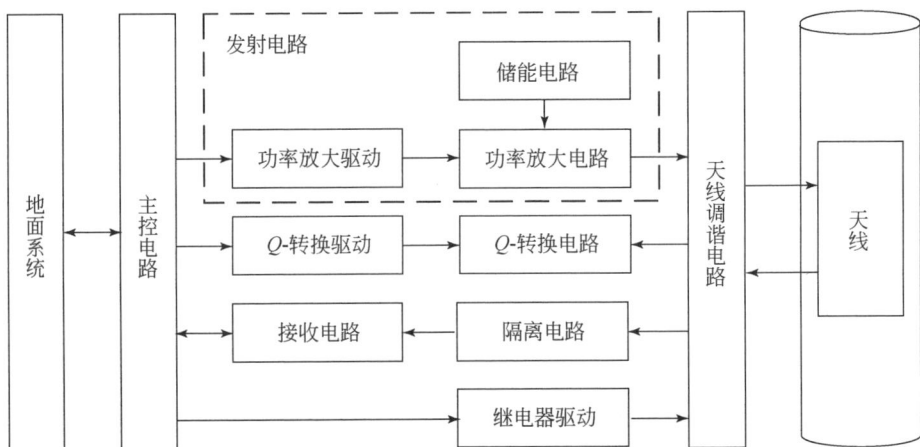

图 11.1 井下 NMR 仪电子线路框图

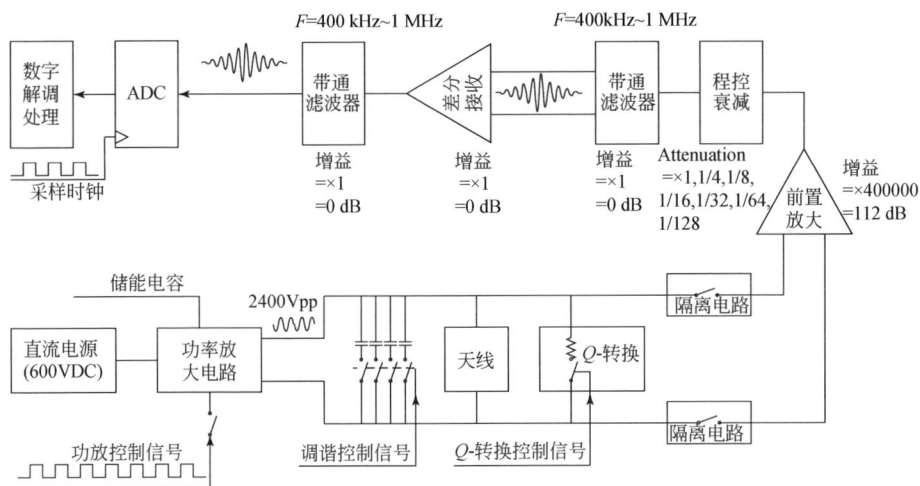

图 11.2　井下 NMR 仪信号流程图

功率放大驱动电路将主控电路的 5 V CMOS 控制信号放大为大电流的 15 V 控制信号来快速打开功率放大电路中的功率 MOS 管；功率放大电路将主控电路的低功率信号放大为具有很大功率的信号来激励天线；储能电路在脉冲发射时为功率放大电路提供能量；Q-转换电路在脉冲发射完成后一段时间内减小天线的品质因数来达到快速泄放天线中储存能量的目的；隔离电路在脉冲发射及能量泄放期间用来对接收电路进行隔离保护；接收电路对天线接收到的微弱回波信号进行低噪声放大；主控电路作为仪器的控制和采集核心，主要功能是按照特定脉冲序列的时序要求产生所有的时序和控制信号、对放大后的回波信号进行采集和处理、完成与地面系统的通信等；天线调谐电路用来在多频测量时完成天线谐振频率的切换；继电器驱动电路用来控制天线调谐电路中射频继电器的打开和关断；电源电路为各电路提供电源。

仪器的整个工作流程为：主控电路接收到地面系统的命令后，将相应信息解码并创建指令产生全部时序和仪器所需的所有控制信号。这些信号包括：发射控制信号、Q-转换控制信号、隔离控制信号、采样时钟、采样门控信号和刻度信号等。发射控制信号是由主控电路生成的符合脉冲序列时序要求的具有特定频率的发射脉冲，经功率放大驱动电路后变为大电流的驱动控制信号以快速打开功率放大电路中的射频 MOS 管，将 600 V 直流高压斩波处理后变为峰值为 2400 V 的大功率射频脉冲。此大功率射频脉冲传输至天线，由天线发射到地层中激励氢核，从而产生 NMR。脉冲发射完成后，通过 Q-转换电路将天线的品质因数降低，从而将储存在天线中的能量迅速泄放掉。能量泄放完成后准备接收回波信号，此时隔离电路允许回波信号进入接收电路。放大后的回波信号由主控电路进行数据采集和数字化处理，使用数字相敏检波算法处理以提取幅度和相位信息，并通过CAN总线将数据传送给遥传系统，遥传系统再将数据发送给地面系统。

本章重点介绍 NMR 测井仪电子线路中核心电路（发射电路、Q-转换电路、隔离电路、接收电路、主控电路）的总体设计，第 12 章将介绍所有电路的详细设计。

11.1 发 射 电 路

发射电路的功能是提供大功率射频脉冲给天线，从而对地层中的氢核进行激励。MRIL-P、CMR 和 MR Scanner 的发射电路采用大功率射频变压器生成高压射频脉冲，但高温大功率射频变压器的设计、制作和调试较为复杂；MREx 的发射电路采用双全桥结构设计来生成高压射频脉冲，避免了高温大功率变压器的使用。为缩短电路调试周期，电路的设计参考 MREx 发射电路设计方案。发射电路采用硬脉冲发射，由功率放大驱动电路、功率放大电路和储能电路组成，其原理框图如图 11.3 所示。

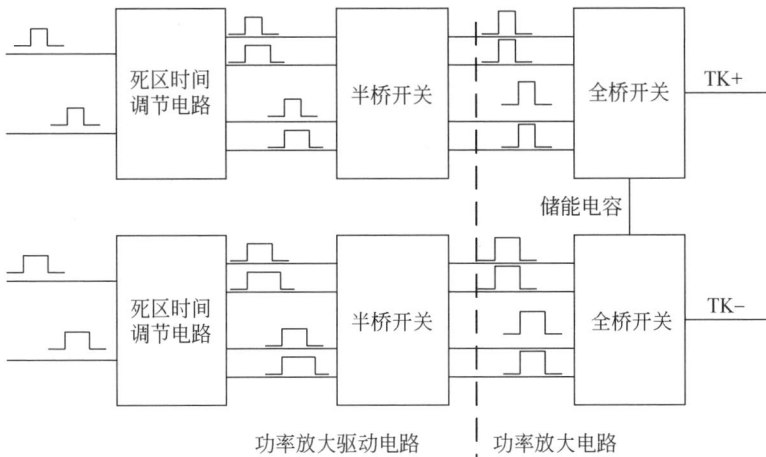

图 11.3　发射电路原理框图

11.2 Q-转换电路

Q-转换电路又称为能量泄放电路，其功能是脉冲发射完成后降低天线的品质因数 Q，从而快速泄放天线中储存的能量，缩短天线恢复时间。MRIL-P 的 Q-转换电路是针对软脉冲发射设计的，采用 MOS 管控制二极管的导通来降低天线的 Q 值；CMR、MR Scanner 和 MREx 的 Q-转换电路采用控制并联在天线两端 MOS 管的导通来降低天线的 Q 值，但 CMR 和 MR Scanner 无法控制发射脉冲的泄放波形。电路的设计参考 MREx 仪器的 Q-转换电路设计方案，其原理框图如图 11.4 所示。

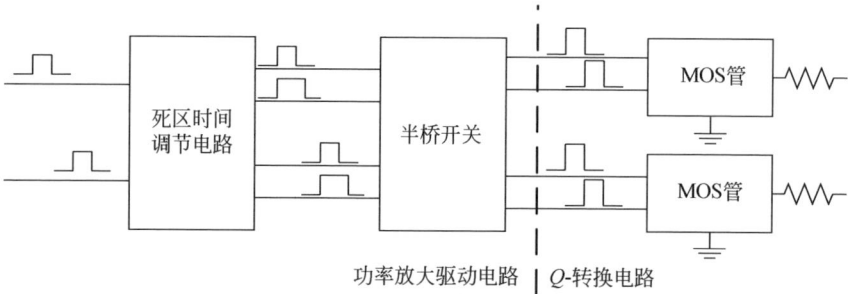

图 11.4 Q-转换电路原理框图

11.3 隔 离 电 路

隔离电路又称为双工器电路，功能是在脉冲发射和能量泄放期间对接收回路进行保护。MRIL-P 的隔离电路采用发射开关电路、接收保护变压器和结型场效应管（JFET）控制相结合的设计方案，设计相对复杂；CMR 的隔离电路采用无源器件组成的自动工作在发射状态和接收状态的设计方案，但此电路工作频率范围较窄；MR Scanner 和 MREx 的隔离电路采用 MOS 管控制方式，但 MREx 的电路具有低功耗和隔离变压器易于实现、体积小的特点。电路的设计参考 MREx 仪器隔离电路设计方案，其原理框图如图 11.5 所示。

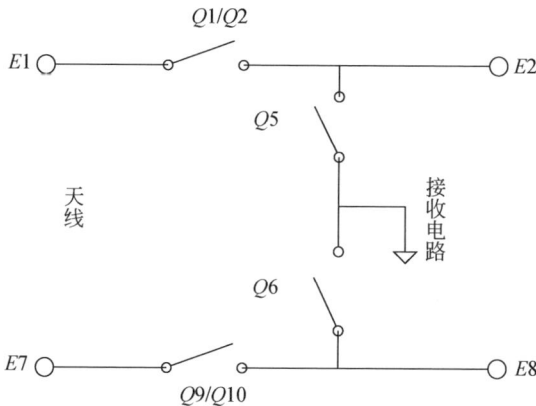

图 11.5 隔离电路原理框图

11.4　接收电路

接收电路的功能是低噪声放大天线接收到的回波信号，以满足后级数据采集电路对输入信号范围的要求。MRIL-P、CMR 和 MR Scanner 的接收电路第一级放大采用低噪声三极管方案，放大电路复杂；MREx 的接收电路第一级放大采用结型场效应管方案，放大电路复杂。目前低噪声运放的噪声性能已毫不逊色于低噪声三极管的噪声性能，并且具有电路简单的优点。接收电路的第一级放大采用低噪声运放的方案，并结合天线差分结构的特点采用仪用放大器结构，使用程控衰减以增加电路的动态范围，输入端使用 MOS 管对电路进行保护。其原理框图如图 11.6 所示。

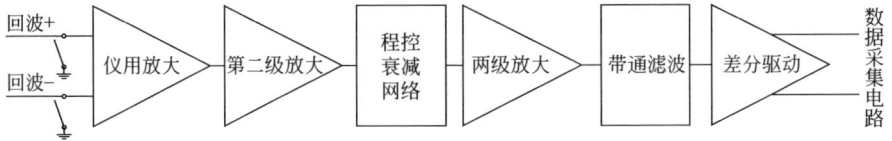

图 11.6　接收电路原理框图

11.5　主控电路

主控电路的功能是灵活方便地生成各种脉冲序列、按照脉冲序列的时序要求生成各模拟电路所需的控制信号、对放大后的回波信号进行数字化处理、提取回波信号的幅度和相位信息、完成与地面系统的通信等。主控电路采用 DSP+FPGA 的嵌入式结构，并使用 DDS 产生脉冲序列的参考时钟，原理框图如图 11.7 所示。

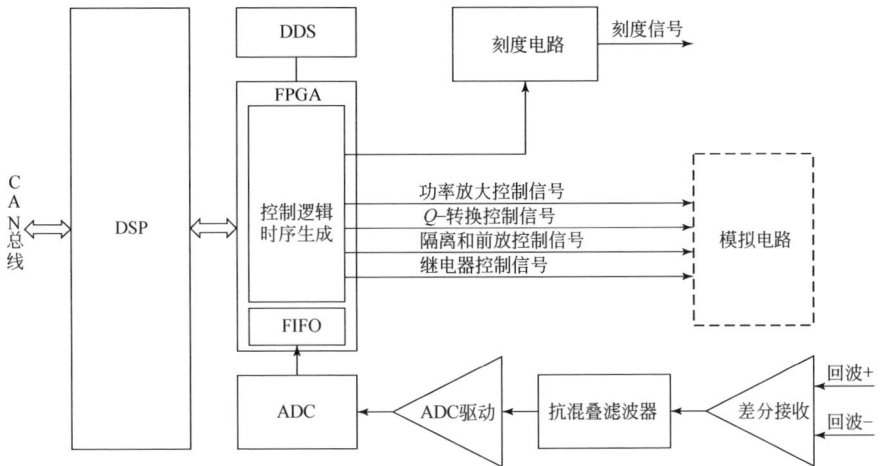

图 11.7　主控电路原理框图

第12章 详 细 设 计

12.1 发 射 电 路

发射电路由功率放大电路、功率放大驱动电路和储能电路组成。

12.1.1 功率放大电路

功率放大电路主要分为线性功率放大和开关类功率放大。线性功率放大电路又划分为 A 类放大、B 类放大和 AB 类放大。A 类放大的特点是输入信号在整个周期内都有电流流过放大器件，理论最大工作效率为 50%；B 类放大的特点是输入信号一个周期内只有半个周期有电流流过放大器件，理论最大工作效率为 78%；AB 类放大是输入信号在一个周期内有半个周期以上有电流流过放大器件，其工作效率在 A 类放大和 B 类放大之间[31]。

开关类功率放大电路常用的有 D 类放大和 E 类放大。D 类放大电路是通过控制 MOS 管或三极管的导通和截止，将电源电压调制成具有和控制信号同频的输出，具有输出效率高和输出信号频率只受输入信号控制的特点。E 类放大电路是在 D 类放大电路的基础上改进的，在 D 类放大电路的输出添加一选频网络，进一步增加其输出效率，但其工作频率带宽较窄。

D 类功率放大具有输出效率高的特点，在井下高温环境下可以减小对电路的散热措施要求和对储能电容容量的要求，即可以减少仪器的长度和重量，因此 NMR 测井仪的功率放大电路采用 D 类开关放大结构。

D 类功率放大电路常用的电路结构为半桥开关结构和全桥开关结构，其输出功率分别为 $2V_{\text{CC}}^2/(\pi^2 R)$ 和 $8V_{\text{CC}}^2/(\pi^2 R)$ [32]，因此本设计中采用全桥开关结构。

所设计的功率放大电路采用双全桥结构，由八个射频功率 MOS 管组成，其原理框图如图 12.1 所示。由于天线是一个选频网络，功率放大电路输出和天线直接连接，电路输出的方波信号经天线谐振电路后会滤除其谐波成分；电路采用单电源双全桥结构获得和双电源全桥结构相同的电压输出，简化了测井仪电源电路的设计，此电路结构获得的两倍电压可以在不使用变压器的条件下激励高阻抗天线；但 MOS 管控制信号相对复杂，其控制信号如图 12.2 所示。

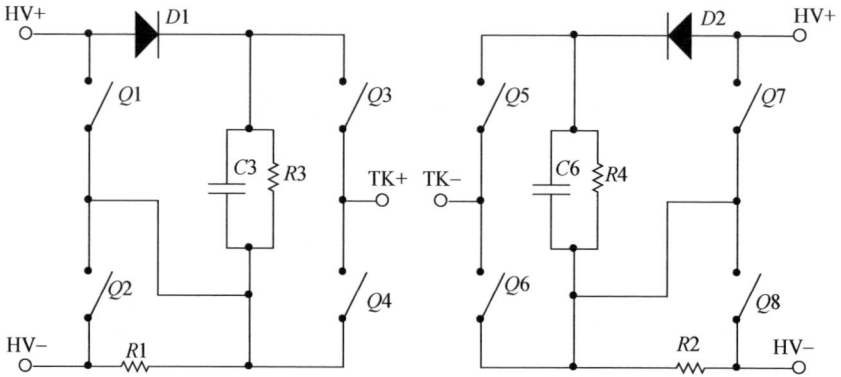

图 12.1　功率放大电路框图

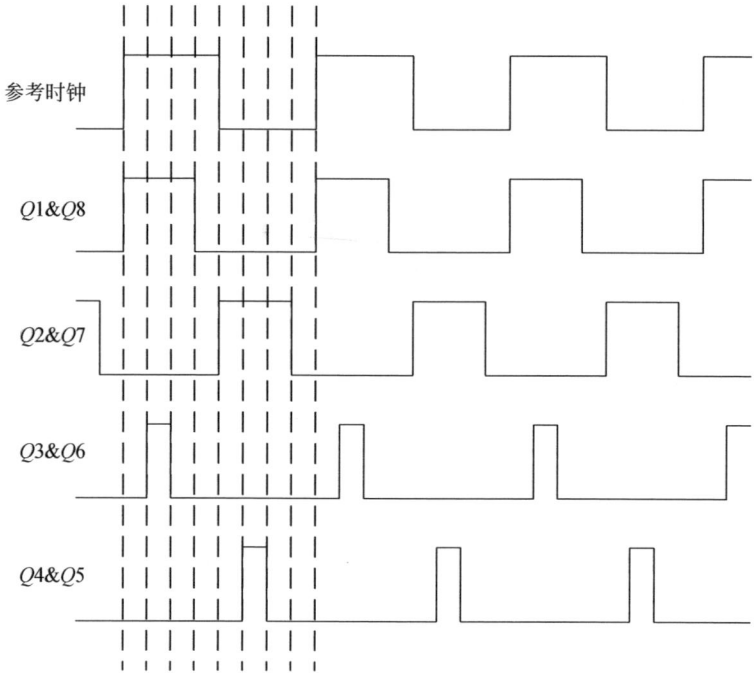

图 12.2　功率放大电路控制信号

　　功率放大电路在控制信号的控制下，将 600 V 的直流高压斩波生成峰峰值为 2400 V 的高压射频脉冲。控制信号的频率等于天线的谐振频率。当功率放大电路没有控制信号时，所有的 MOS 管断开，电容 C3 和 C6 将被充电到 600 V，在天线两端（TK+ 和 TK−）的电压为 0，具体见图 12.3。与电容相并联的电阻的作用是在断开 600 V 直流电压的情况下将电容中的能量缓慢地释放掉。

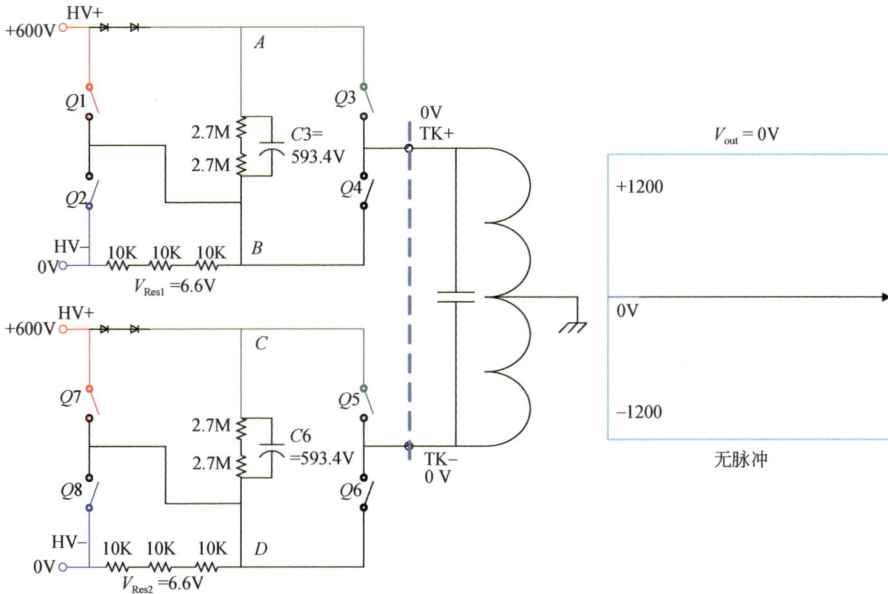

图 12.3　功率放大电路工作原理（无控制信号）

第 1 个控制信号使 $Q1$ 和 $Q8$ 导通，此时 A 点电位为 1200 V，D 点电位为 0 V，具体见图 12.4。

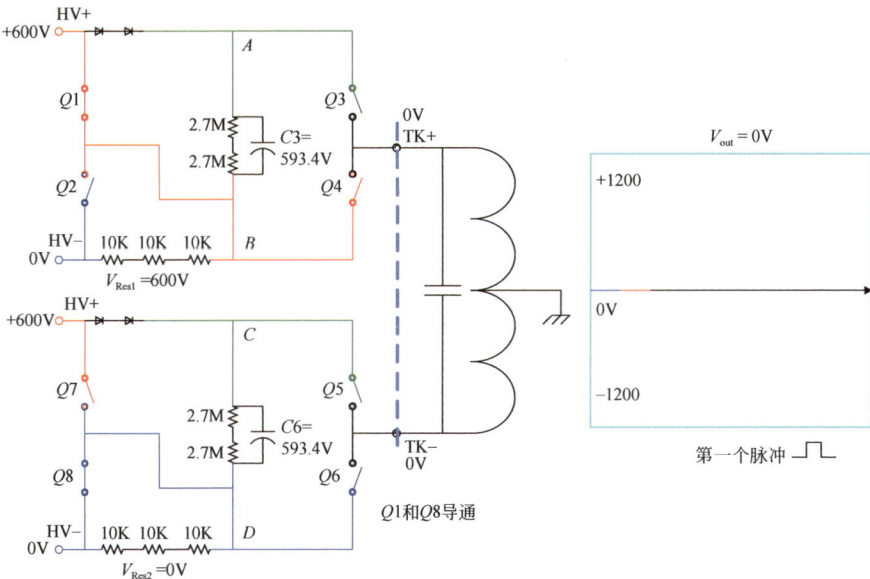

图 12.4　功率放大电路工作原理（加第一个脉冲）

第 2 个控制信号使 $Q3$ 和 $Q6$ 导通，此时 $Q1$ 和 $Q8$ 仍处于导通状态。A 点电压（1200 V）加到 TK+（天线的一端），D 点电压（0 V）加到 TK−（天线的另一端），所以天线中的 LC 回路中的电容就会被充电到 1200 V，具体见图 12.5。

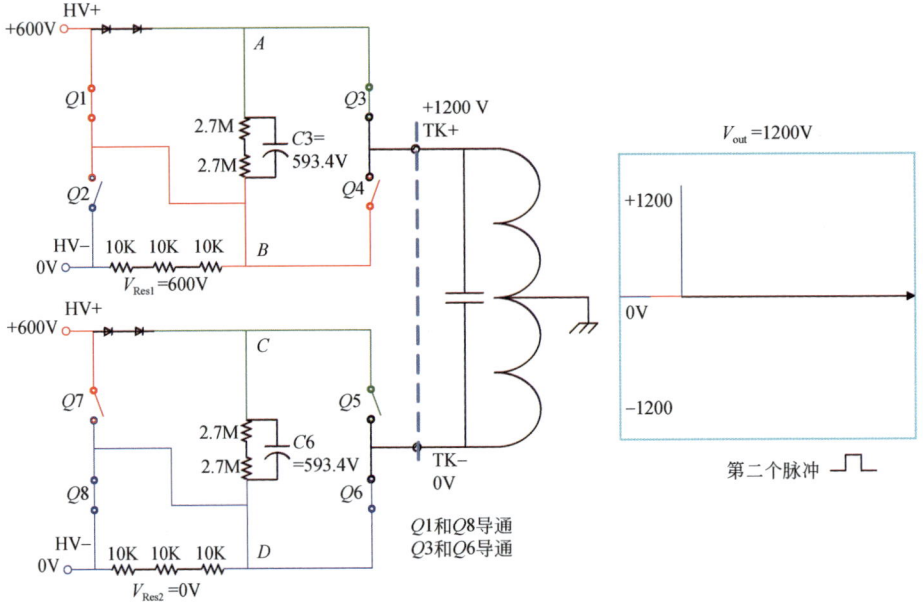

图 12.5 功率放大电路工作原理（加第二个脉冲）

接下来，断开 $Q3$ 和 $Q6$，经过一定时间再断开 $Q1$ 和 $Q8$。此时天线开始将电容中储存的能量发射到地层中去，此过程是一个自由振荡的过程；同时在功率放大电路中，要将电容 $C3$ 和 $C6$ 充电到 600 V，这个充电过程要在导通 $Q4$ 和 $Q5$ 之前完成。当天线 LC 回路自由振荡到负值时，第 3 个控制脉冲将 $Q2$ 和 $Q7$ 导通，使 C 点电位为 1200 V，B 点电位为 0 V，具体见图 12.6。

第 4 个控制脉冲在天线自由振荡到负的峰值时出现，使 $Q4$ 和 $Q5$ 导通，此时 $Q2$ 和 $Q7$ 仍处于导通状态。B 点电压（0 V）加到 TK+（天线的一端），C 点电压（1200 V）加到 TK−（天线的另一端），具体见图 12.7。

接下来，断开 $Q4$ 和 $Q5$，经过一定时间断开 $Q2$ 和 $Q7$。同样，天线 LC 回路又开始自由振荡，振荡到正值时重复上面描述的过程，具体见图 12.8。

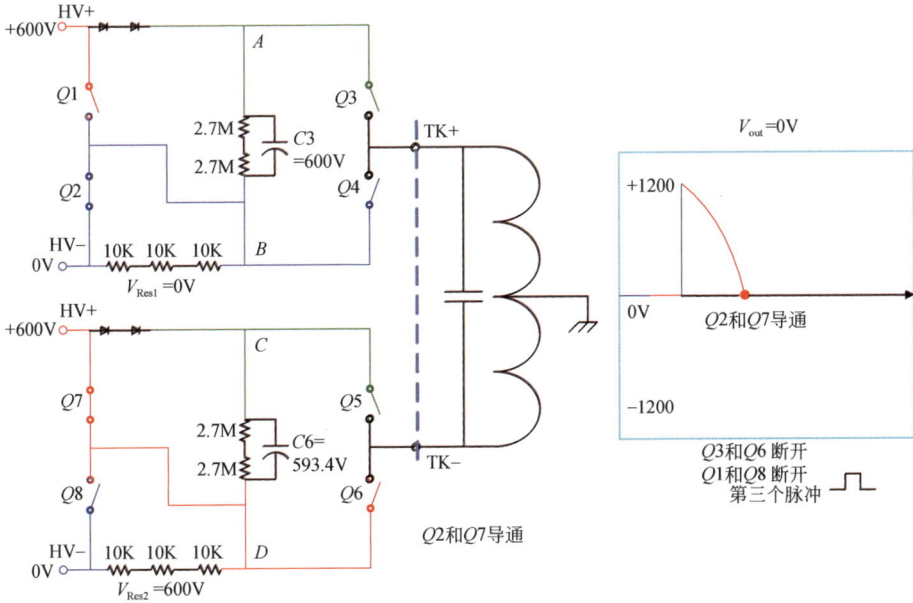

图 12.6 功率放大电路工作原理（加第三个脉冲）

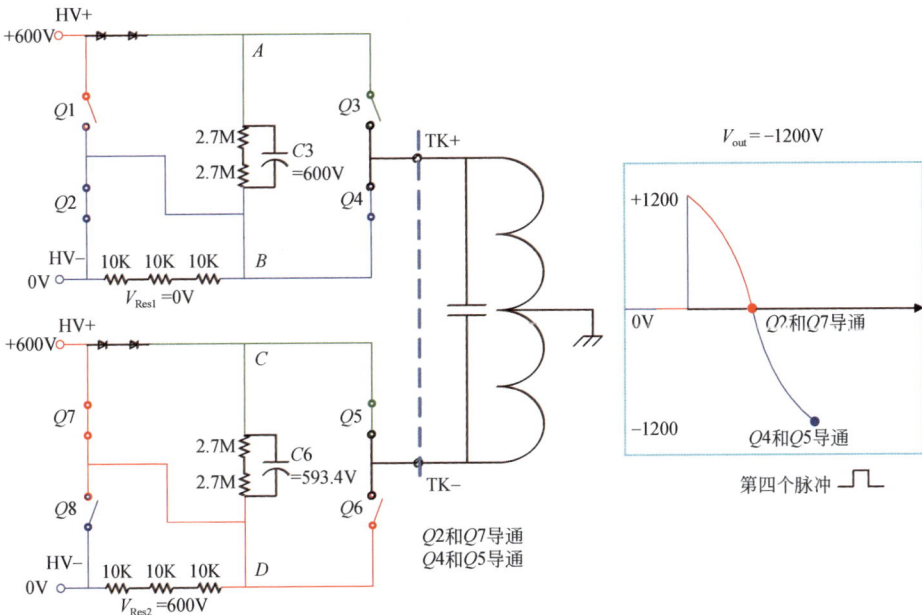

图 12.7 功率放大电路工作原理（加第四个脉冲）

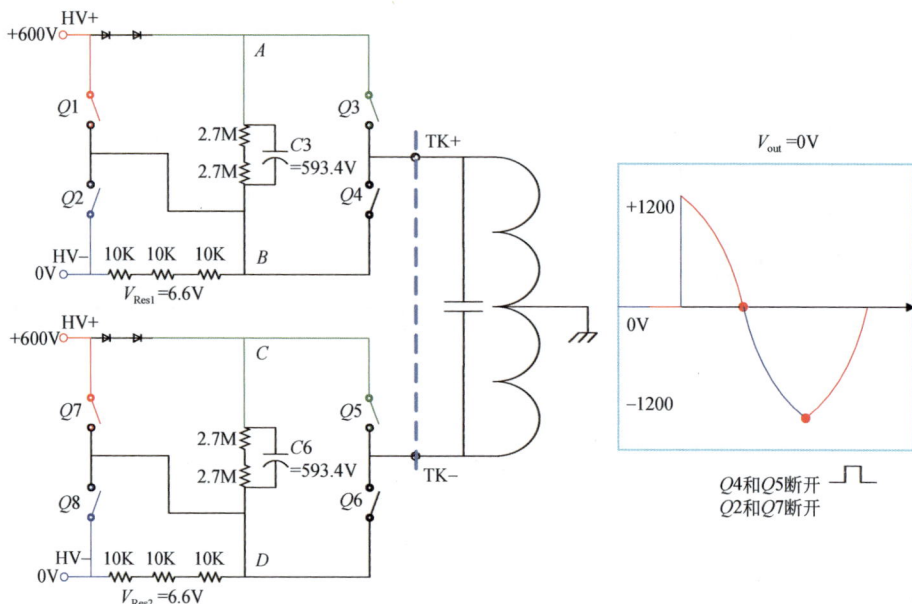

图 12.8　功率放大电路工作原理（第四个脉冲过后）

在确定功率放大电路的设计方案后，需要根据电路的要求选择功率 MOS 管。功率 MOS 管的基本要求是漏源电压大于 600 V，在 155 ℃的环境温度下漏极电流不低于 3 A，导通电阻小以减少电路的导通损耗，输入电容小以易于驱动。几种典型的功率 MOS 管的参数如表 12.1 所示。

表 12.1　典型功率 MOS 管参数表

型号	V_{DSS} (V)	P_{DC} (W)	I_D (A)	$R_{\theta jc}$ (℃/W)	$R_{DS(on)}$	C_{iss} (pF)	T_{on} (ns)
DE375-102N12A	1000	940	12	0.16	1.05	2500	3
DE475 102N21A	1000	1800	24	0.08	0.45	5500	5
IXZ308N120	1200	880	8	0.17	2.1	1960	5
ARF1501	1000	1500	30	0.1	—	6500	5
ARF1505	1200	1500	25	0.1	—	6500	5
APT1001R1BN	1000	310	10.5	0.4	1.1	2950	32
APL1001J	1000	520	18	0.24	0.6	7200	28
APT13F120B	1200	625	14	0.2	1.2	4765	15
APT31M100B2	1000	1040	32	0.12	0.38	8500	35

功率 MOS 管中的功率损耗转换成热能会引起温度的升高。限制器件最大功耗 P_{dmax} 的参数为器件允许的最高结温 T_{jmax}、器件的温度 T_c 和热阻 $R_{\theta jc}$，其表达式为

$$P_{dmax} = \frac{T_{jmax} - T_c}{R_{\theta jc}} \tag{12.1}$$

由式（4.1）可知，最高结温为 175 ℃的功率 MOS 管在 155 ℃工作时，其漏极电流 I_D 为室温（25 ℃）时的 13% 。由于功率放大电路工作在脉冲状态，由器件手册可知功率 MOS 管的脉冲电流为连续电流的 6 倍。因此型号为 DE375-102N12A、DE475-102N21A、IXZ308N120、ARF1501 和 ARF1505 的功率 MOS 管都满足电路的电压和电流要求，考虑器件的导通电阻和输入电容等参数，最后选用 DE375-102N12A 作为功率放大电路的功率 MOS 管。

12.1.2　功率放大驱动电路

在开关类功率放大电路中要使用开关器件来将电源电压调制为与控制信号同频的功率信号，而开关器件本身电容的影响使其在开关转换期间存在开关损耗；由于导通电阻有限阻值的影响而在打开和闭合时存在导通损耗。实际开关器件的典型开关波形如图 12.9 所示。

MOS 管为电压控制型器件，N 沟道增强型 MOS 管的等效电路模型如图 12.10 所示，由于极间电容的影响，MOS 管的导通和截止需要一定时间达到稳定，MOS 管的打开和关断波形如图 12.11 所示，其中 T_1、T_2 为和 MOS 管驱动器输出电阻、MOS 管内部输入电阻、MOS 管驱动器输出电阻与 MOS 管之间外部电阻、MOS 管栅源极间电容和 MOS 管栅漏极间电容相关的常数。从图 12.11 可以看出，在 t_1 到 t_2 时间内漏极电流 I_D 从漏电流逐渐上升到最大值，漏源电压 V_{DS} 为电源电压；在 t_2 到 t_4 时间内漏极电流 I_D 保持最大值，漏源电压 V_{DS} 从电源电压逐渐减小到最小值导通电压；从 t_4 开始，漏极电流 I_D 和漏源电压 V_{DS} 保持恒定；在 t_5 到 t_7 时间内漏极电流 I_D 保持为最大值，漏源电压 V_{DS} 从导通电压逐渐上升到电源电压；在 t_7 到 t_8 时间内漏极电流 I_D 从最大值逐渐减少到漏电流，漏源电压 V_{DS} 保持为电源电压。在 t_1 到 t_4 时间内，对漏极电流 I_D 和漏源电压 V_{DS} 的乘积进行积分，即为 MOS 管导通过程中的开关损耗；在 t_5 到 t_8 时间内对漏极电流 I_D 和漏源电压 V_{DS} 的乘积进行积分，即为 MOS 管截止过程中的开关损耗，完全导通期间内，由导通电阻引起的损耗为导通损耗。降低导通损耗的方法是选用导通电阻小的 MOS 管；降低开关损耗的有效方法是减少导通和截止过程的时间。因此需要 MOS 管驱动电路来有效减少开关损耗。

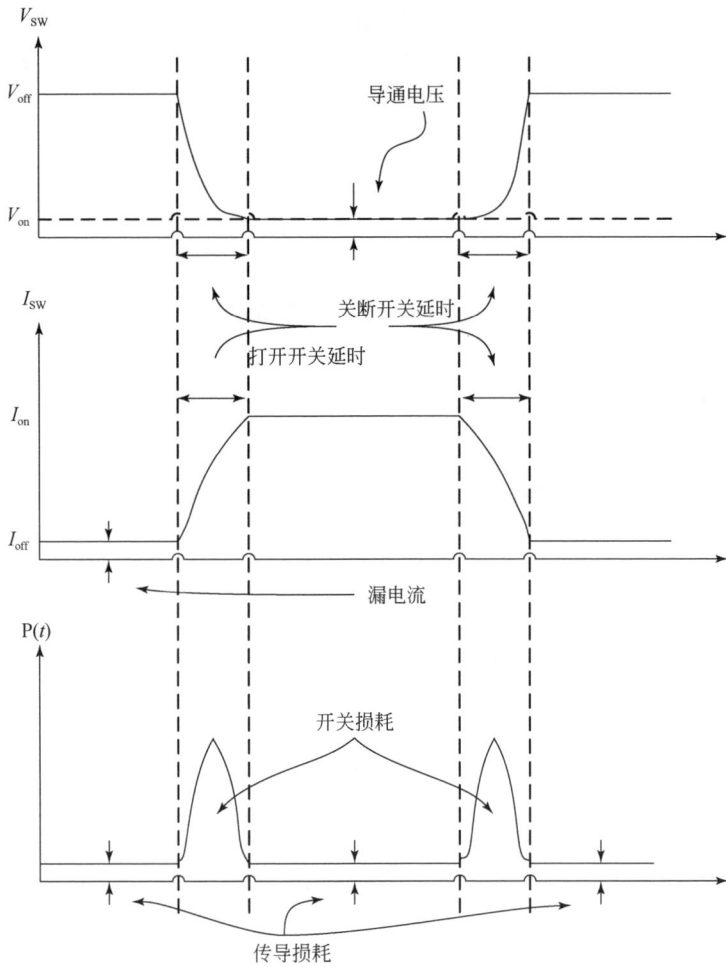

图 12.9　实际开关电流、电压和功率波形

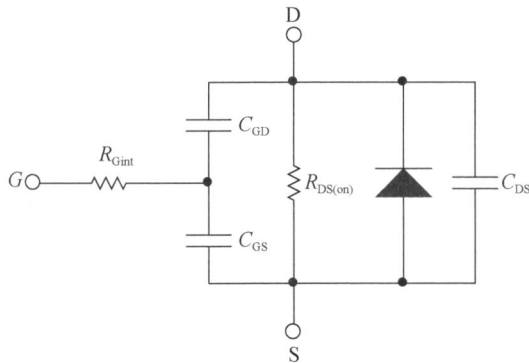

图 12.10　N 沟道增强型 MOS 管等效电路

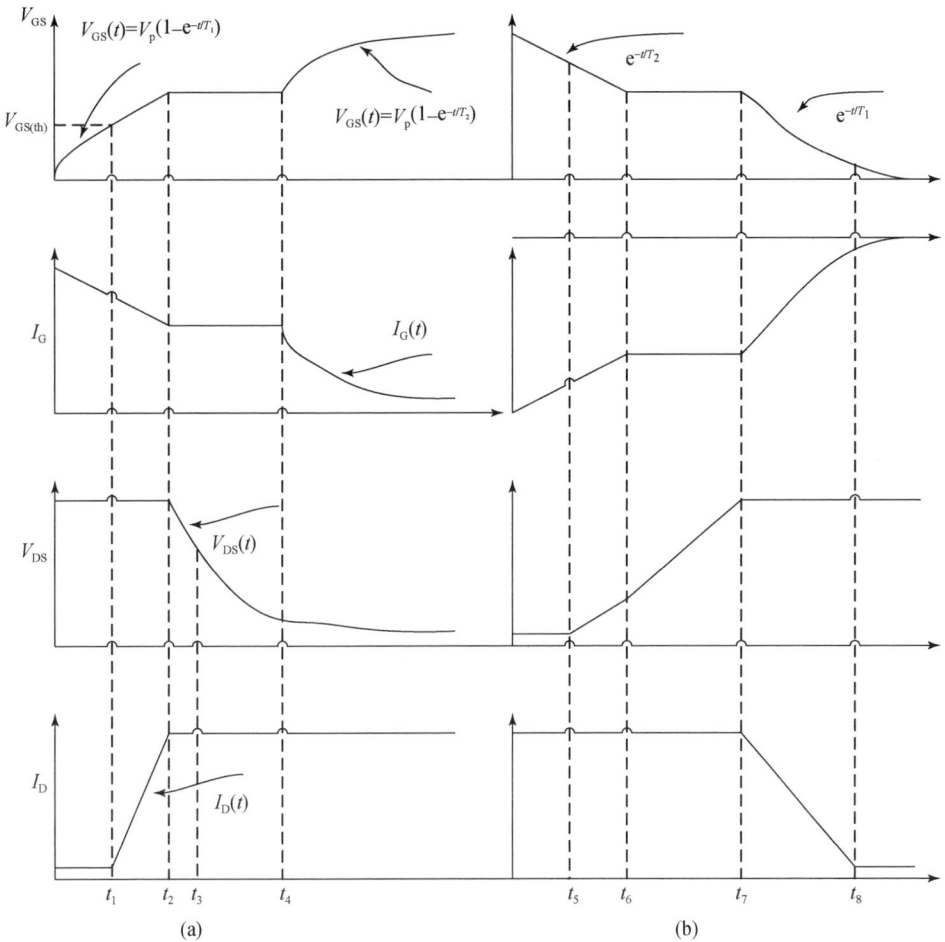

图 12.11　N 沟道增强型 MOS 管打开和关断波形图

常用的 MOS 管驱动电路可分为直接驱动型和隔离驱动型。直接驱动主要包括 TTL 驱动、CMOS 驱动和推挽输出驱动；隔离型驱动主要包括光耦隔离驱动和变压器驱动[33]。光耦隔离驱动的工作频率较低，不适合测井仪较高的工作频率。MOS 管在高压环境下工作且采用 H 桥结构，因此驱动电路采用变压器隔离驱动方式。

常用的变压器隔离驱动电路为 MOS 管驱动芯片和隔离变压器相组合的方案。几种典型的 MOS 管驱动芯片的参数如表 12.2 所示。

表 12.2　典型功率 MOS 管参数表

型号	P_{DC} (W)	I_O (A)	$R_{\theta jc}$ (℃/W)	T_{on} (ns)
DRF100	100	8	1.44	3
DRF200G	100	8	1.4	10
DEIC420	100	20	0.13	4
MCP1407-E/MF	4	6	33.2	30

MOS 管驱动电流公式为

$$I = k \frac{Q_G}{\Delta T} \tag{12.2}$$

式中，Q_G 为栅极电荷；k 为电压刻度系数；ΔT 为 MOS 管导通或截止时间。功率放大电路中 MOS 管的栅极电荷 Q_G 为 77 nC，电压刻度系数为 1.5，假设 MOS 管的导通和截止时间为 30 ns，则由式（4.2）可得 MOS 管所需的驱动电流为 3.85 A。

但测井仪工作在高温环境下，结温为 175 ℃ 的 MOS 管驱动芯片在环境温度为 155 ℃ 时的功率仅为 25 ℃ 时的 13%。以 Microsemi 公司的射频 MOS 管驱动芯片 DRF100 为例，在 25 ℃ 时其驱动电流为 8 A，而在 155 ℃ 时驱动电流仅为 1 A。现有的商业化 MOS 管驱动芯片在高温环境下很难提供足够大的驱动电流来满足 MOS 管导通时间的要求，需要设计专门的 MOS 管驱动电路，即功率放大驱动电路来满足 MOS 管对驱动电流的需求，从而减少 MOS 管的开关损耗。

功率放大驱动电路采用 D 类开关放大结构，由死区时间调节电路、高压半桥开关电路和 10 : 1 降压变压器组成，其原理如图 12.12 所示。半桥开关中的 MOS

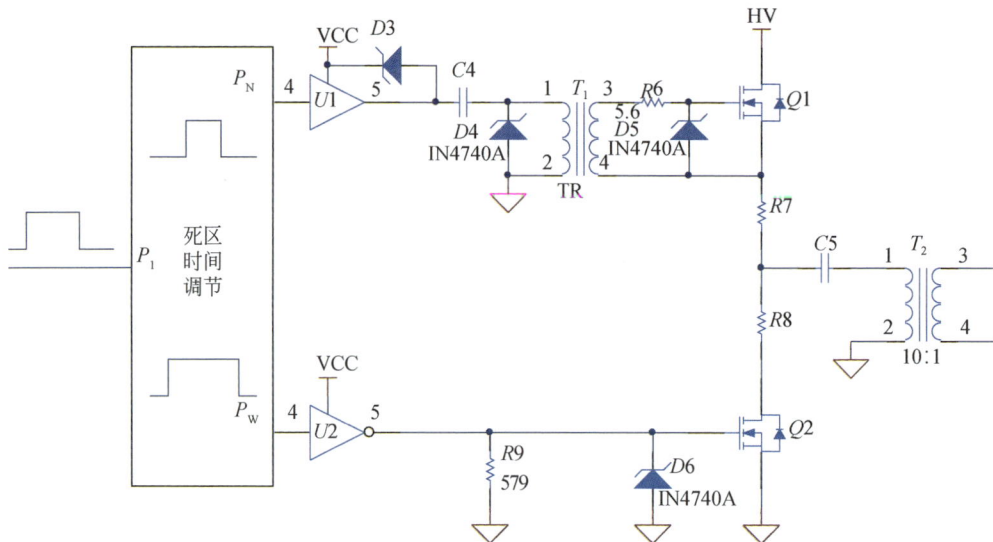

图 12.12　功率放大驱动电路原理图

管由于栅极电容较小容易驱动，高位 MOS 管采用 MOS 管驱动芯片和脉冲变压器隔离驱动方式，低位 MOS 管采用驱动芯片直接驱动。MOS 管选用 IXYS 公司的 DE150-501N04A。

死区时间调节电路在控制脉冲控制下生成一宽一窄的两路脉冲，宽脉冲通过 MOS 管驱动芯片将 Q2 关断；窄脉冲通过 MOS 管驱动芯片 U1 使 Q1 导通，从而半桥开关的输出为高。当 Q2 导通和 Q1 截止时，半桥开关的输出为低。死区时间调节电路产生一宽一窄两路脉冲的作用是确保 MOS 管 Q1 和 Q2 不同时导通，如果两个 MOS 管同时导通，则 175 V 直流高压将通过 R_7 和 R_8 短接到地，将 MOS 管烧毁。在无控制脉冲时，Q1 处于截止状态，Q2 处于导通状态，半桥开关的输出一直为低。变压器 T_1 的作用是使低压电路部分和 175 V 高压实现电气隔离。半桥开关电路产生 175 V 高压脉冲并通过 10∶1 降压变压器后产生峰值电流约为 10 A 的驱动脉冲来控制功率放大电路中的功率 MOS 管快速导通。

死区时间调节电路采用分立元件来实现，没有采用可编程逻辑器件的原因是由于高速时钟的使用会使每一次发射脉冲的相位发生变化。其原理图如图 12.13 所示，逻辑关系如图 12.14 所示。死区时间调节电路将输入脉冲处理成长短两个脉冲来防止半桥开关电路中的两个高压 MOS 管同时导通而烧毁。长短两个脉冲的死区时间调节通过改变微分器中的电位器 R5 和 R2 来实现，死区时间要大于等于 Q1 和 Q2 的导通时间和关断时间的总和。

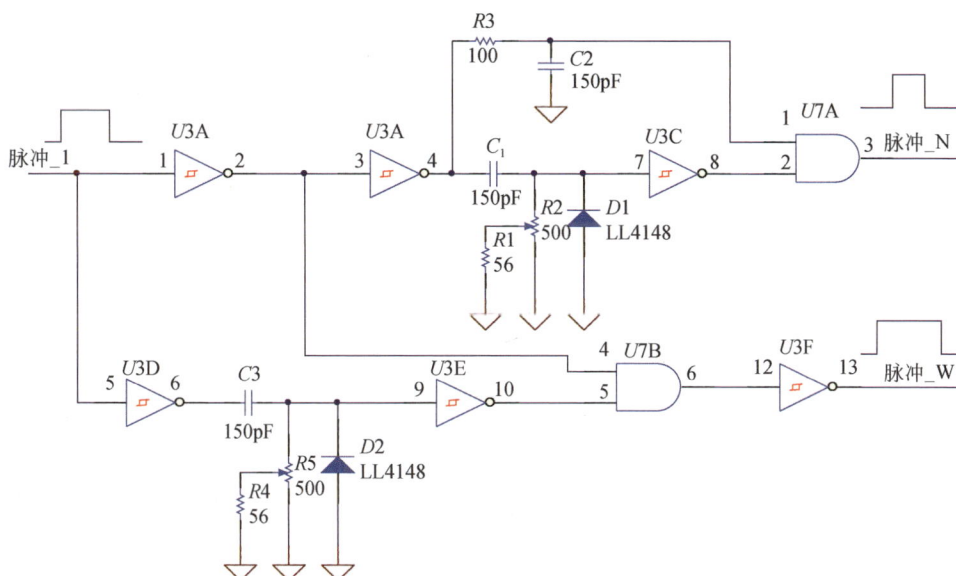

图 12.13　死区时间调节电路原理图

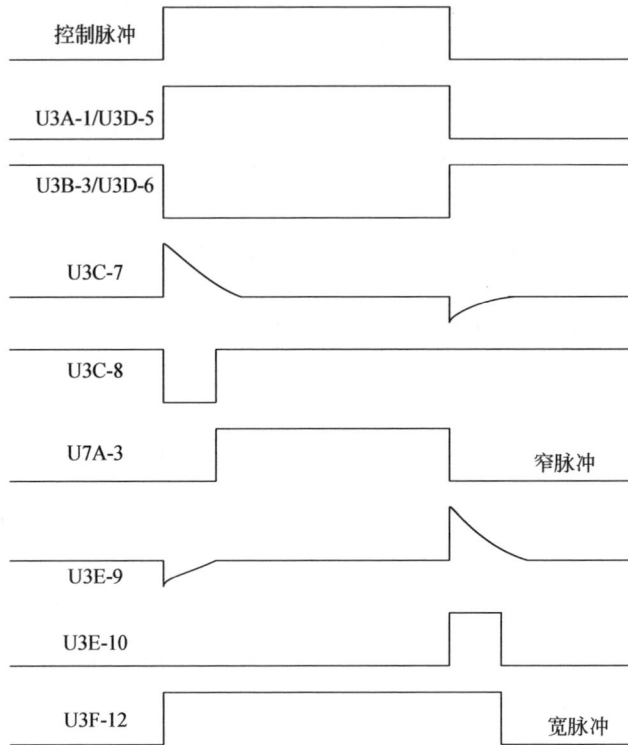

图 12.14　死区时间调节电路逻辑关系图

12.1.3　储能电路

储能电路主要由储能电容组和储能电容充电控制电路组成，目的是确保仪器在井下高温环境下能持续发射上千瓦的射频脉冲。

1. 储能电容

仪器的储能电容由 3 部分组成：①功率放大电路中的陶瓷电容，在内桥控制信号有效时将能量传递给天线。②储能电容组 B 由 36 个液钽电容（220 μF/100 V）组成，9 个串联组成 1 组以提高耐压，再由 4 组并联；作用是在脉冲发射时为功率放大电路补充能量，其他时间储存能量。③储能电容组 A 由 315 个液钽电容（220 μF/100 V）组成，每 35 个并联组成 1 组，再由 9 组串联，电容组在 175 ℃时额定电压为 600 V，容量为 800 μF；作用是接收来自地面系统的电能，在脉冲发射期间为电容组 B 补充能量，其他时间储存能量。电容组 B 的储能由储能充电控制电路控制，保证储能电容被稳压在 600 V。

2. 储能电容充电控制电路

储能电容充电控制电路包括过压保护电路、充电电路和 5% 充电电路三部分,其原理框图如图 12.15 所示。过压保护电路在电容组电压超过 615 V 时,控制继电器开关与直流高压电源断开;充电电路控制 MOS 管开关导通,给储能电容组充电并保持在 600 V;5% 充电电路在使用交流电源给仪器供电时工作,使储能电容保持在大于额定电压 5% 充电电压以下,这将保证钽电容的氧化物电解质的性能在 85 ℃ 以上时不受损坏。

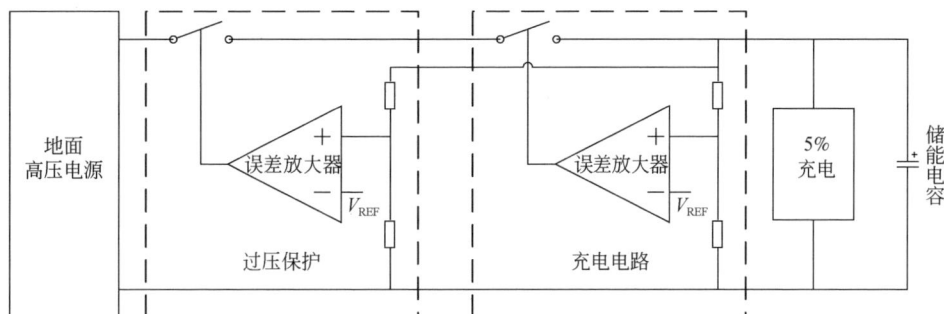

图 12.15   储能电容充电控制电路原理框图

12.2 Q-转换电路

在 NMR 仪器中,天线的恢复时间常数和天线恢复时间分别为[34]

$$\tau_R = \frac{2Q}{\omega} \tag{12.3}$$

$$T_R = \frac{2Q}{\omega} \ln \frac{V_0}{V_n} \tag{12.4}$$

式中,Q 为天线的品质因数;ω 为天线谐振频率;V_0 为大线两端发射电压幅度;V_n 为和感应的 NMR 信号相当的电压幅度。V_0 一般为几百伏至上千伏,V_n 一般为几毫伏至几百纳伏。因此天线恢复时间一般为 14 ~ 23 倍的天线恢复时间常数。

天线恢复时间常数与天线的 Q 值成正比,与谐振频率成反比。在特定频率下降低天线的品质因数 Q 可以减少天线恢复时间,但仪器的信噪比或灵敏度正比于天线品质因数 Q 的平方根,降低天线 Q 值会使仪器的灵敏度降低;在天线 Q 值一定的情况下,频率越低,天线恢复时间越长。假设天线的品质因数为 100,天线恢复时间为 20 倍的恢复时间常数,在谐振频率为 100 MHz、10 MHz、1 MHz 的情况下,其恢复时间常数分别为 0.32 μs、3.2 μs、32 μs,则天线恢复时间分别为 6.4 μs、64 μs、640 μs。由此可知，在低场 NMR 应用条件下，天线的恢复时间非常长，在测量包含有短弛豫组分的被测样品时采集到的 NMR 信号已不能真实准确地反映被测样品的真实信息。

为解决减少天线恢复时间与提高仪器灵敏度相矛盾的问题，其基本思路是在脉冲发射时以及脉冲发射后一段时间内或脉冲发射后一段时间内控制天线工作在低 Q 状态下，在接收 NMR 信号时天线工作在高 Q 状态下。

为了尽快地测量 NMR 信号，最早的方案是采用正交双线圈[35-37]。正交双线圈方案的优点是发射线圈和接收线圈的 Q 值可以独立灵活设计，但需要设计两个线圈电路，实现起来相对复杂，此类设计中接收线圈一般直接并联交叉二极管，脉冲发射时耦合过来的电压为几十伏，此时二极管导通接收线圈的 Q 值很低，脉冲发射完后，线圈两端的电压很快降低到二极管的导通电压 0.7 V，然后接收线圈恢复到高 Q 值，天线的恢复时间仍然是 6 至 16 倍的天线恢复时间常数。

对于单线圈的设计方案，可以采用复杂的线圈电路设计[38]，在脉冲发射时，天线的 Q 值较低，脉冲发射完成后，线圈两端的电压很快降低到二极管的导通电压 0.7 V，之后天线的 Q 值较高，天线恢复时间仍然是 6 至 16 倍的天线恢复时间常数。但此类线圈电路设计比较复杂，针对此问题，Mckay 和 Woessner 于 1966年提出一种简单的电路方案[39]，其原理如图 12.16 所示，但此方案的天线恢复时间仍然没有改善。

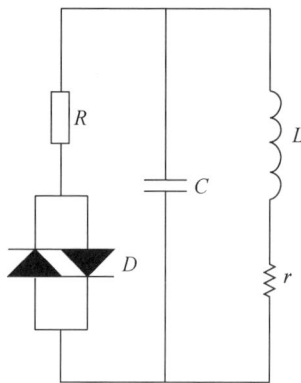

图 12.16　基于二极管的 Q 可变线圈电路

基于二极管的无源 Q 可变线圈电路，其天线恢复时间改善有限，并且脉冲发射时天线 Q 值较低，对功率放大电路的输出功率要求较高。为解决此问题，需要设计专门的 Q-转换电路来有效减少天线恢复时间，即在脉冲发射完成后一段时间内将天线转换为较低的品质因数，即持续到天线两端电压降低到略小于待测NMR 信号幅度时恢复天线本身的高品质因数。

最早的 Q-转换电路为 Spokas 于 1965 年提出的基于二极管的方案[40]，其原理如图 12.17 所示，二极管在控制脉冲的作用下，电阻并联在谐振电路两端，此时谐振电路为低 Q 状态，在无控制脉冲时电阻与谐振电路断开谐振电路为高 Q 状态。但此类电路的缺点是流过二极管的偏置电流变化时，谐振电路会引起更多的振铃，理论上图 12.17（b）方案可以避免这个问题，但是为很好的工作，需要两个二极管具有尽可能一样的参数特性，这为实际实现时带来一定的难度，且此电路只适合于正交双线圈方案中的接收线圈。

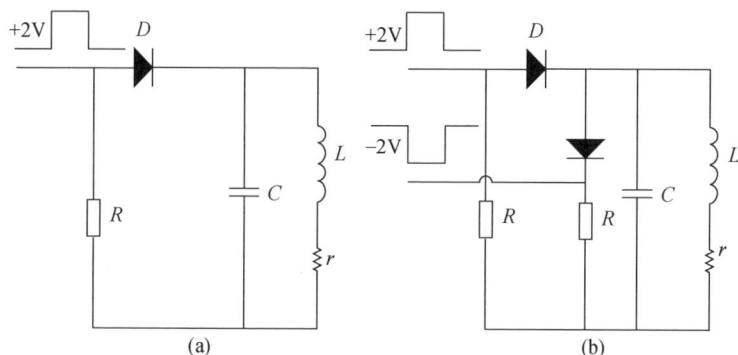

图 12.17　基于二极管的 Q-转换电路

为解决二极管方案中由于流过二极管偏置电流变化引起的新的振铃问题，Conradi 于 1977 年首次提出使用 MOS 管的 Q-转换电路[41]，MOS 管是电压控制器件，通过改变栅源电压可以改变 MOS 管的导通电阻，此方案是将 MOS 管并联在谐振电路两端，脉冲发射后控制 MOS 管导通降低天线的 Q 值，快速泄放天线中储存的能量，之后天线恢复到高 Q 状态，开始接收 NMR 信号。由于受到当时MOS 管特性的限制，此方案的天线恢复时间只减少到原来的一半。

Hoult 于 1979 年提出一种工作在 5 MHz 下的使用负反馈来快速泄放天线能量的方案[42]，并通过在主发射脉冲后使用一个短的相位反转脉冲来将发射时的高电压快速降低到很低的电压值。此方案可以使天线恢复时间减少到原来的 20 倍（小于 7 μs）。反馈通过一个小容量电容实现，由于反馈的引入使接收电路的有效输入电阻呈现为较低的阻值，因此降低了天线的有效 Q 值。在 Hoult 方案的基础上，Sullivan 等于 1983 年提出工作频率为 3 MHz 的相似设计方案[43]，天线恢复时间小于 7 μs。

Andrew 和 Jurga 于 1987 年提出使用四分之一波长网络和二极管扩展器的方案来有效减少天线恢复时间[34]，其原理如图 12.18 所示。脉冲发射时 A 点和发射器连接，F 点接地，电阻 $R2$ 连接到 B 点，谐振电路的 Q 值变低为 12，射频脉冲的电压幅度很快降低到 15V，同时 X 点的控制脉冲使 $D9$、$D10$、$D13$ 和 $D14$ 导通；当射频脉冲在 B 点的幅度低于 15 V 时，二极管扩展器 2 截止，由于 X 点控制脉冲的存在，二极管 $D9$、$D10$、$D13$ 和 $D14$ 仍然导通，此时 A 点和 F 点的阻抗变大，谐振电路的 Q 值进一步减少（远小于 12），射频脉冲的电压幅度更快地降低到噪声水平；在 NMR 信号接收时，谐振电路的 Q 增加到 58。此电路在 7 MHz时天线恢复时间为 10 μs，为原恢复时间的五分之一。

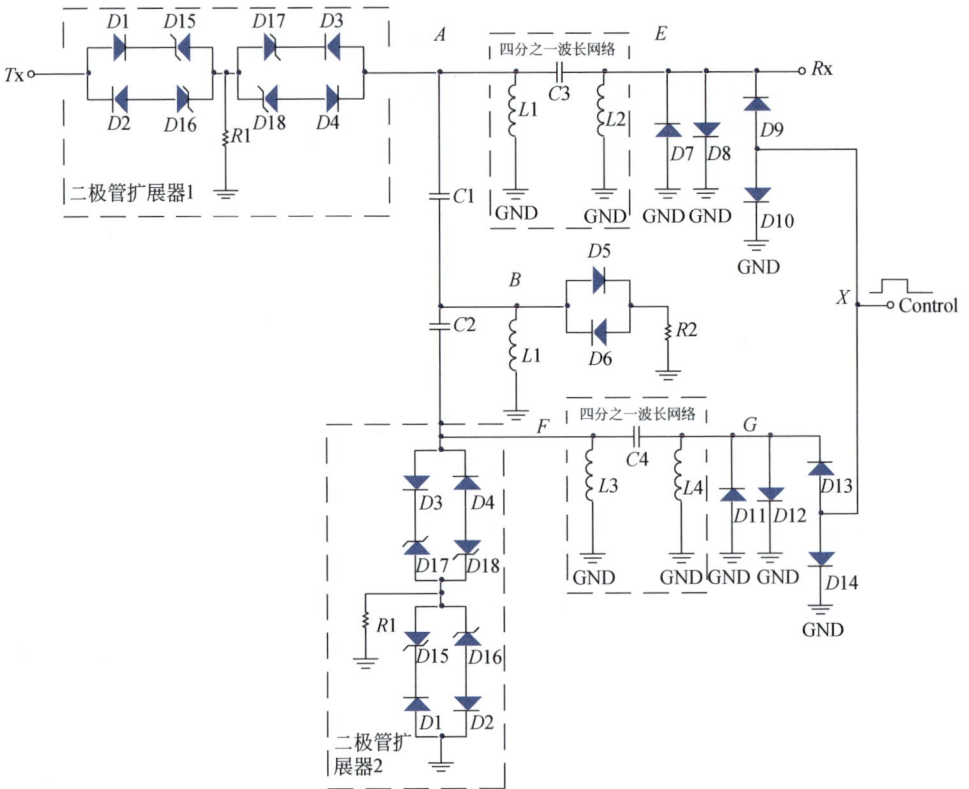

图 12.18　具有 Q-转换功能的线圈电路

　　Floridi 等 1991 年将 Andrew 方案应用于正交双线圈中[44]，接收线圈和发射线圈同时使用了 Q-转换电路，从而避免了发射线圈恢复时间过长对接收线圈的影响，进而有效减少了接收线圈的恢复时间。

　　Peshkovsky 等 2005 年提出一种用于电感耦合天线的基于 MOS 管的新型 Q-转换电路[45]，其原理如图 12.19 所示。在控制脉冲有效时，$Q1$ 和 $Q2$ 导通连接到地，通过变压器次级快速泄放天线能量。

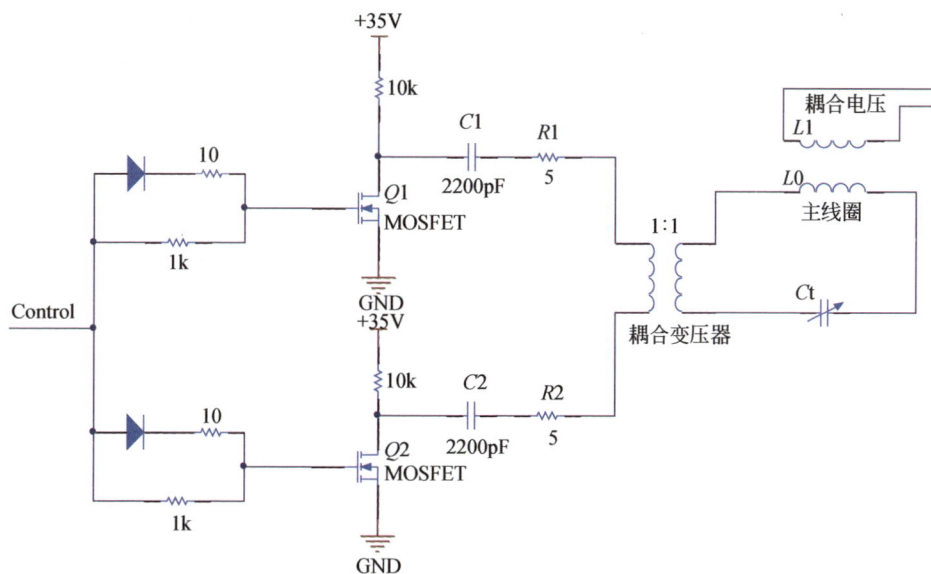

图 12.19 用于电感耦合线圈的 Q-转换电路

现有的 Q-转换电路并不适用于工作在频率低于 1 MHz、电压上千伏、宽频带的 NMR 测井仪中，需要设计专门的 Q-转换电路。NMR 测井仪天线采用并联谐振结构，并联谐振电路的 Q 值正比于等效输入电阻，通过在谐振回路两端，并联电阻可以减小谐振回路的 Q 值。天线的 Q-转换采用两级转换来完成，从而更加有效缩短了天线恢复时间，即在发射完成后将天线的 Q 值降低，此次转换由 Q-转换电路实现；待天线两端电压降低到二极管的前向电压 0.7 V 时，将天线的 Q 值降得更低，此功能由隔离电路中的辅助泄放单元完成，天线 Q-转换的原理框图如图 12.20 所示。

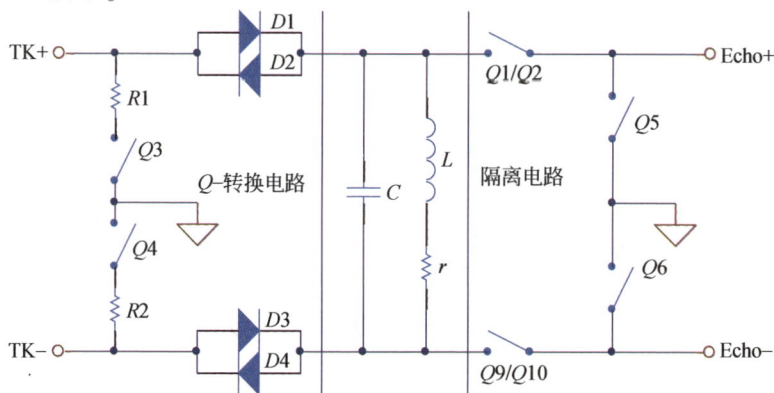

图 12.20 天线 Q-转换原理框图

在脉冲发射完成后,如果立即将天线的 Q 值转换到很小的值,Q-转换电路中的 MOS 管会由于天线谐振回路的电流过大而烧毁,需要在发射完成后等待一定时间以控制 Q-转换电路工作。为防止 MOS 管烧毁,Q-转换电路采用间歇式(分段式)泄放控制方式。由于泄放电阻直接连在天线的两端,所以选用无感功率电阻,同时泄放电阻和天线的引线要尽可能短,尽量减小电阻本身的电感和引线电感对天线性能的影响。

在射频脉冲发射阶段,Q-转换电路的功率 MOS 管的 $Q3$ 和 $Q4$ 断开,隔离电路中 $Q1$、$Q2$、$Q9$ 和 $Q10$ 断开,天线的 Q 值由天线谐振回路本身决定;在脉冲发射完成间隔一定时间后,系统进入主能量泄放阶段,此时 Q-转换电路的功率 MOS 管 $Q3$ 和 $Q4$ 闭合,隔离电路中 $Q1$、$Q2$、$Q9$ 和 $Q10$ 断开,电阻 $R1$ 和 $R2$ 并联在天线两端,天线的 Q 值主要由泄放电阻 $R1$ 和 $R2$ 决定;待天线两端电压降低到二极管前向电压 $0.7\ V$ 时,Q-转换电路已经不起作用,此时 Q-转换电路中 $Q3$ 和 $Q4$ 断开,隔离电路中 $Q1$、$Q2$、$Q9$ 和 $Q10$ 闭合,$Q5$ 和 $Q6$ 闭合,系统进入辅助能量泄放阶段,天线的 Q 值主要由隔离电路中六个 MOS 管的串联导通电阻决定,相比于主能量泄放阶段天线的 Q 值更低;在回波信号接收阶段,Q-转换电路的功率 MOS 管 $Q3$ 和 $Q4$ 断开,隔离电路中 $Q5$ 和 $Q6$ 断开,天线的 Q 值由天线谐振回路本身决定。泄放电阻 $R1$ 和 $R2$ 的阻值要根据天线谐振阻抗值进行选择。为降低功率放大电路和 Q-转换电路对接收回路的噪声干扰,两电路和天线之间通过耐高压大电流二极管连接。

泄放电阻 $R1$ 和 $R2$ 的阻值为 $40\ \Omega$,功率 MOS 管 $Q3$ 和 $Q4$ 的导通电阻为 2.1 Ω;隔离电路中总导通电阻为 $36\ \Omega$。假设天线谐振频率为 $1\ MHz$、品质因数为 80、谐振阻抗为 $600\ \Omega$,天线两端电压为 $1000\ V$,$155℃$ 时天线电阻热噪声峰值为 $1.4\ \mu V$,则天线本身的恢复时间为 $225\ \mu s$,只使用 Q-转换电路时的天线恢复时间为 $155\ \mu s$,使用 Q-转换电路和隔离电路中辅助泄放单元时的天线恢复时间为 $18\ \mu s$。可以看出使用两级 Q-转换的方案可以更加有效地缩短天线恢复时间。

Q-转换电路中选用和功率放大电路相同的功率 MOS 管,其驱动原理如图 12.21 所示。Q-转换电路中 MOS 管采用脉冲充放电式控制,需要两路控制脉冲 DumpOn 和 DumpOff。当 DumpOn 信号有效时,它经过二极管 $D1$,使 MOS 管 $Q1$ 导通,给功率 MOS 管 $Q3$ 的栅极充电使之导通。当 DumpOn 信号无效时,由于二极管 $D1$ 的存在,$Q3$ 将继续保持导通。当 DumpOff 信号有效时,晶体管 $Q2$ 导通,使得 $Q3$ 的栅极放电而截止。二极管 $D2$ 用来防止 $Q3$ 的栅极重新充电,这样 $Q3$ 保持断开,直到下一个 DumpOn 信号的到来。

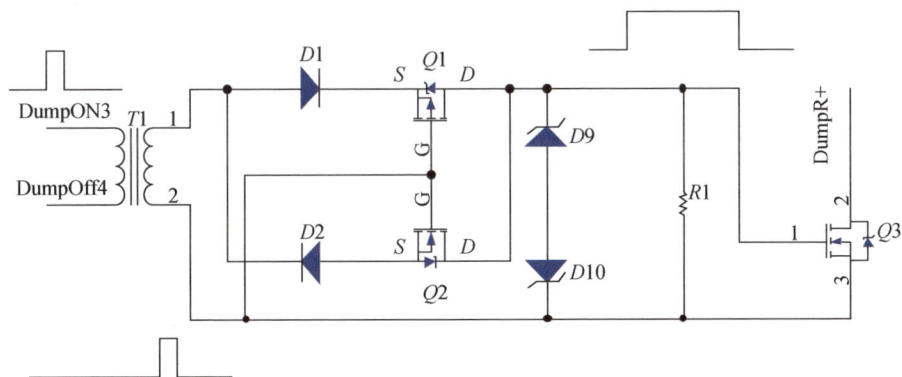

图 12.21　Q-转换电路中 MOS 管驱动原理图

12.3　隔 离 电 路

隔离电路又称为双工器电路，其目的是对接收回路进行高压隔离保护。射频脉冲的发射和回波信号的接收采用同一天线，脉冲发射时天线两端的电压很高（几百伏至几千伏），而回波信号的幅度非常小（几十纳伏至几十微伏），所以在接收电路与天线之间需要进行隔离保护。目前 NMR 仪器的隔离保护电路大都采用基于传输线理论的四分之一波长线或四分之一波长网络来实现，传输线特性阻抗为 50 Ω，天线阻抗需要匹配到 50 Ω。当传输线的长度等于四分之一波长时，传输线的输入阻抗等于传输线特性阻抗的平方和负载阻抗的比值，如果负载阻抗为零则传输线的输入阻抗为无穷大。

目前广泛应用于 NMR 仪器中的四分之一波长线隔离保护电路是由 Lowe 和 Tarr 于 1968 年提出的[46]，其原理如图 12.22 所示。此电路使用两对交叉二极管（$D1$ 和 $D2$，$D3$ 和 $D4$），可以自动地在发射模式和接收模式工作。在发射模式工作时，大功率发射器的输出电压幅度为几十伏至几百伏，从而两对交叉二极管导

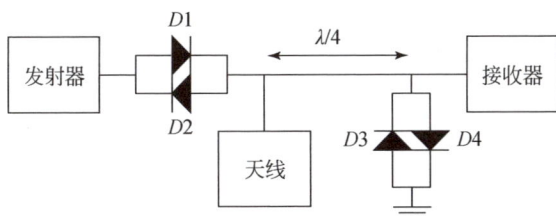

图 12.22　基于交叉二极管和四分之一波长线隔离保护原理图

通近似为零阻抗，来自发射器的射频高压施加给天线，接收器的输入近似短接到地；在接收模式时，NMR 信号电压幅度非常小，不能打开二极管，两对交叉二极管为高阻抗，天线接收到的 NMR 信号直接传输给接收器。此外，在信号采集时 $D1$ 和 $D2$ 还可以隔离来自于发射器的噪声。

Lowe 和 Tarr 提出的四分之一波长传输线和交叉二极管方案作为一种相对高效的方案得到了广泛的应用，但是在一些隔离程度要求高的应用场合，需要在发射器和天线之间串联多对交叉二极管，在天线和接收器之间并联多对交叉二极管，但在特高频情况下，多个交叉二极管的并联电容的影响已不可接受，为此 Moores 和 Armstrong 于 1971 年将已广泛应用于微波电路中的 PIN 管应用到 NMR 仪器中，使用 PIN 管代替交叉二极管[47]，其原理如图 12.23 所示，其中 $D1$ 和 $D2$ 为 PIN 管，当 PIN 管流过大电流时阻值很小，当 PIN 管无电流时阻值很大。Kisman 和 Armstrong 也于 1974 年提出一种在四分之一波长传输线和交叉二极管方案基础上增加 PIN 管开关的改进型方案[48]，其原理如图 12.24 所示，其中 $S1 \sim S4$ 为 PIN 管。

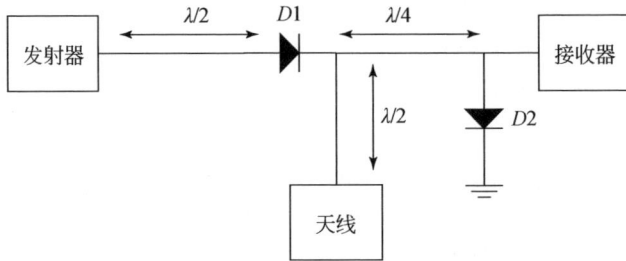

图 12.23　基于 PIN 管和四分之一波长线的隔离电路原理图

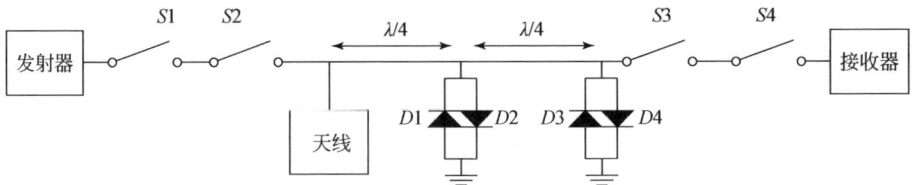

图 12.24　增加 PIN 管的改进型隔离电路原理图

在频率高于 100 MHz 时，由二极管结电容形成的电抗不再远大于传输线的特性阻抗，因此发射器和前置放大电路之间的二极管已不能起到很好的噪声隔离作用，二极管和四分之一波长传输线相连后，在前置放大电路看来阻抗会变大，这在一定程度上降低了接收回路的噪声性能；由于二极管在流过大电流时其电容值会有一个暂时的变化，从而发射频率和接收频率会有所差别，频率越高差别越大，这会降低线圈的检测灵敏度。针对二极管在特高频情况下出现的问题，Hoult 和 Richards 于 1976 年提出了一种在特高频下使用 PIN 管代替二极管工作的新型隔离电路的设计方案[49]，其原理如图 12.25 所示。此设计中通过调节 E 点电容来调整线 ED 的电气长度，从而使 D 点呈现为驻波波节，以此来减少线圈电路阻抗匹配失调时反射波对电路的影响，同时通过电路的对称设计来减少线圈电路反射波的影响和减小线圈电路阻抗变化的敏感度。其他相类似的设计方案还有 1971 年由 Moores 和 Armstrong 提出的特高频双工器方案。由于二极管引线电感在特高频下的电抗值已经大于二极管的导通电阻，传统的四分之一波长传输线和交叉二极管的前置放大电路保护方案已不能起到很好的保护效果，前置放大电路的输入电压有可能会超过 5 V，从而导致电路过饱和，增加电路的恢复时间，针对此问题 Gonord 和 Kan 于 1986 年提出一种增加似半波长线的改进方案[50]，其原理图如图 12.26 所示。此方案的原理是长度在四分之一波长和半波长之间的传输线在短路情况下表现为电容，从而抵消二极管电感的影响。

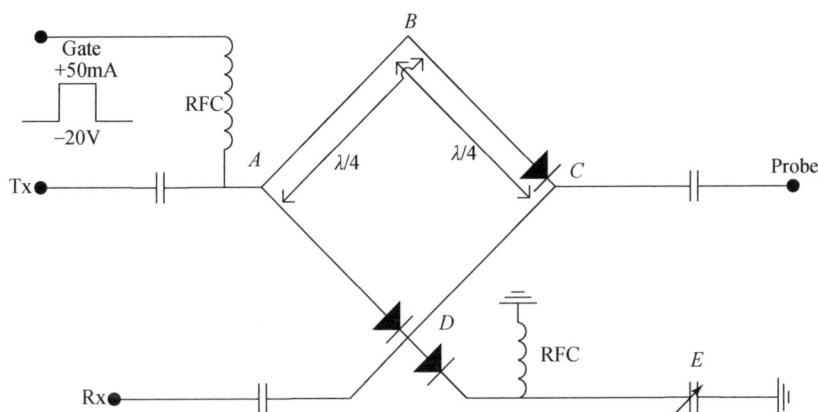

图 12.25 基于 PIN 管特高频隔离电路原理图

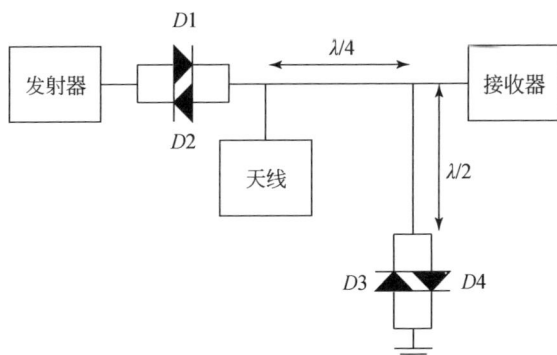

图 12.26 增加似半波长线的改进型特高频隔离电路原理图

针对天线激励功率只有几十毫瓦的低功率应用场合，如探测细胞的微线圈等生物医学方面，Seeber、Hoftiezer 和 Pennington 等于 2000 年提出用有源 PIN 管代替交叉二极管的方案[51]，其原理如图 12.27 所示。其中 S1 ~ S4 为 PIN 管，发射模式时控制 S1 和 S4 闭合，S2 和 S3 打开；接收模式时控制 S1 和 S4 打开，S2 和 S3 闭合。电路中额外的开关 S2 和 S3 以及两个四分之一波长传输线的作用是在信号接收时提高接收器和发射器的噪声隔离效果。

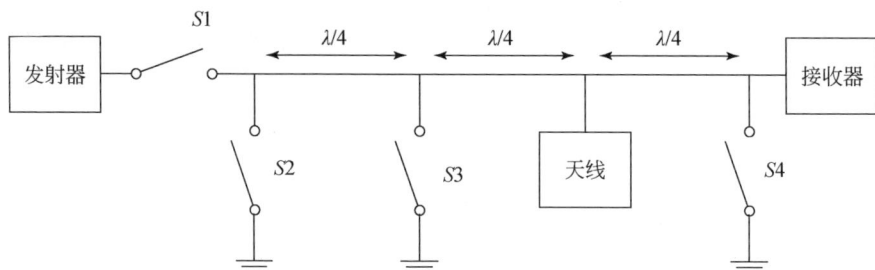

图 12.27　基于 PIN 管的隔离电路原理图

在四分之一波长传输线没有被应用在 NMR 仪器时，对前置放大电路的隔离保护大部分是通过集总元件电路来实现的。Gray 等于 1966 年提出一种单线圈电路[38]，其原理如图 12.28 所示。其中，L2 为样品线圈，C2 为主谐振电容，由于二极管的使用，电路在发射模式和接收模式下工作，发射模式为低 Q 谐振电路，接收模式为高 Q 谐振电路，此设计保证在接收 NMR 信号时可以得到较高的信噪比。在脉冲发射时，所有的二极管导通电阻可以忽略，L2 是低 Q 谐振电路的一部分，谐振电路的阻抗可以匹配到 50 Ω，其谐振频率由 C1、R1、L1、L2、C2 和 C3 决定。当无发射脉冲时，所有的二极管处于高阻抗状态，发射器和前置放大电路以及接收线圈隔离开来，此时谐振频率由 L2、C2、C3、C4 以及 100 Ω 和 50 kΩ 的电阻决定，谐振电路的 Q 值较高且阻抗可以匹配到前置放大电路的最优源阻抗。此电路的谐振频率匹配相对复杂且电路恢复时间较长。与此相类似的设计还有 Mckay 和 Woessner 于 1966 年提出的单线圈电路[39]，此类电路的特点是发射模式和接收模式需要单独调谐，电路结构相对复杂。在早期的 NMR 仪器中，对前放的隔离保护也使用了广泛应用于连续波 NMR 仪器中的桥电路，例如，Lowe 和 Barnaal 于 1963 年提出的对称桥电路[52]，此电路在与接收电路匹配时，使用了变压器来调节阻抗和频率；Jeffrey 和 Armstrong 于 1967 年提出了在双 T 桥基础上的双向选择开关[53]，此电路较简单，可以很好地工作到 2 MHz 的低频，可在低频作为四分之一波长传输线的另一种替代，它的输入和输出阻抗相等，且很容易调节到所需的值。

然而，在频率低于 20 MHz 时，四分之一波长传输线会很长，使用起来不太

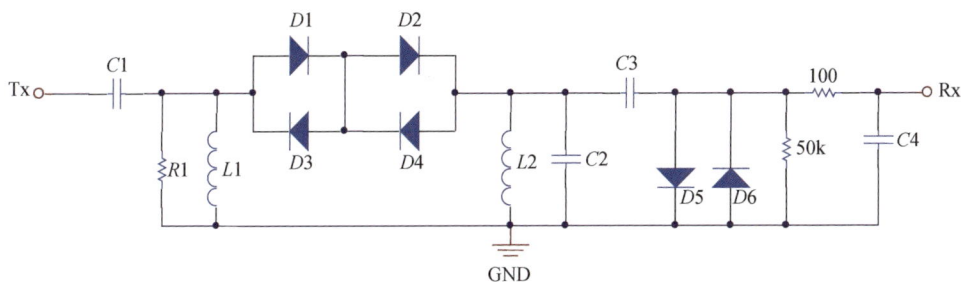

图 12.28　单线圈电路

方便，针对此问题，Mclachlan 于 1980 年提出使用集总元件电路来代替四分之一波长传输线的方案[54]，其原理如图 12.29 所示。在发射模式时，$L1$ 和 $C2$ 组成的并联谐振电路为高阻抗；在接收模式时，$L1$ 和 $C2$ 组成的串联谐振电路为低阻抗。

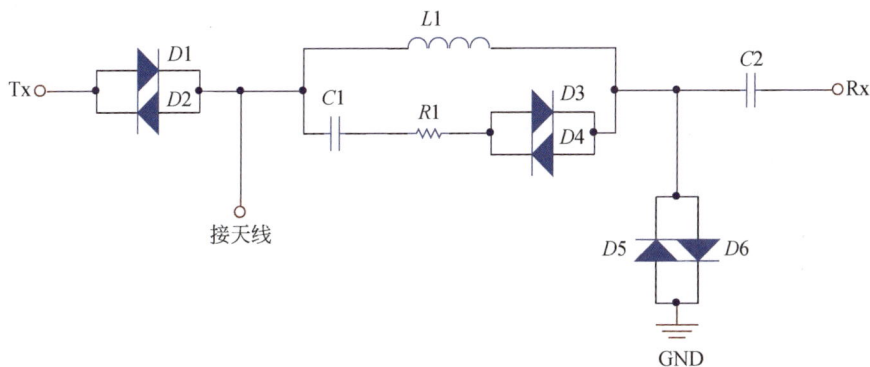

图 12.29　基于集总器件的隔离电路原理图

　　针对四分之一波长传输线的工作带宽很窄（中心频率的 10%）的问题，Engle 于 1978 年提出一种工作频率范围在 5 ~ 60 MHz 的宽带隔离电路[55]，其原理如图 12.30 所示，此电路可自动探测发射脉冲来完成发射和接收工作模式的转变，不需要额外控制脉冲且具有很好的低噪声性能，但此电路只适合于发射功率不高于 100 W 的应用场合且不能在很低的频率下工作。Engle 于 1980 年将 1978 年的方案进行了改进[56]，使宽带隔离电路工作在更宽的频率范围（5 ~ 150 MHz），并且引入的噪声更低，其原理如图 12.31 所示。Jurga 等于 1993 年提出一种基于宽带变压器的频率范围在 15 ~ 100 MHz 的宽带隔离电路[57]，其原理如图 12.32 所示，此电路和 Engle 的方案相比全部使用宽带变压器，电路工作带宽完全由变压器决定且适合更高的发射功率，但仍然不适合在低频下工作。

Cofrancesco 等于 1991 年提出一种基于正交混合器的宽带隔离电路[58]，其原理图如图 12.33 所示，对于正确端接的混合器，进入端口 1 的信号会被拆分成在端口 2 的同相分量和在端口 3 的正交分量；相反地，进入端口 2 和 3 的正交信号会出现在端口 1，在端口 4 会相互取消，其隔离为 30 ~ 40 dB。因此在接收模式时，在端口 2-2′和端口 3-3′的二极管开关打开所有来自于传感器的信号将进入接收端口 1′。在发射模式时二极管开关闭合，端口 2 和 3 接地，端口 4 的信号会直接进入到天线。

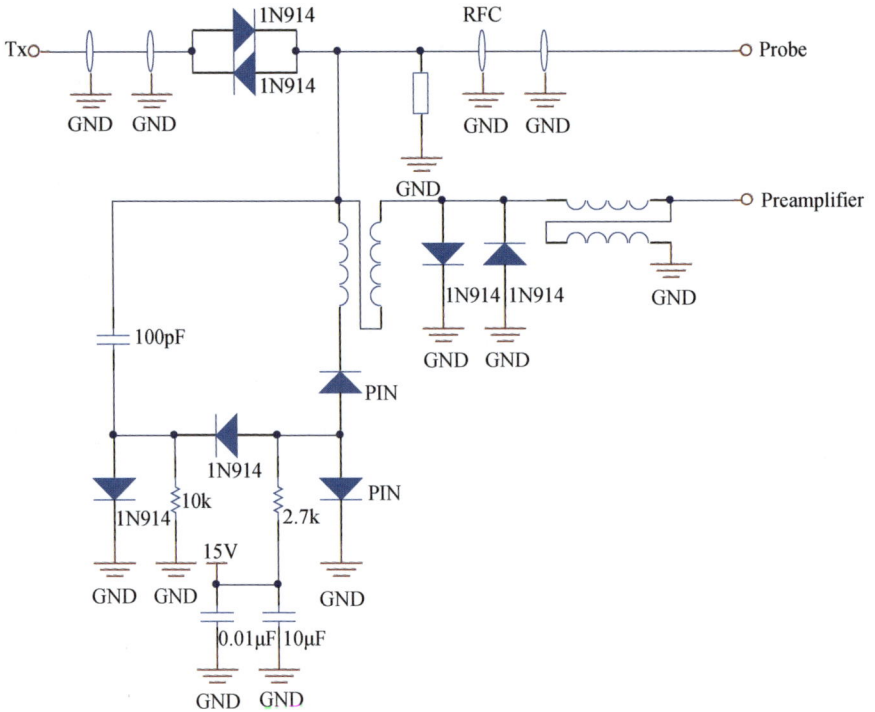

图 12.30　基于 PIN 管的自动控制宽带隔离电路原理图

　　针对四分之一波长传输线在低场时电缆线过长，Gibson 提出使用电容和电感构成的四分之一波长网络来代替四分之一波长传输线[59]，其原理如图 12.34 所示，就阻抗变换来说，这是目前为止唯一能起到四分之一波长传输线作用的网络。其原理是当 $\omega^2 LC = 1$ 时，此集总元件电路即 π 网络在谐振状态下工作并表现为特性阻抗为 $1/\omega C$ 的四分之一波长传输线。此电路目前广泛应用于低场 NMR 仪器中。

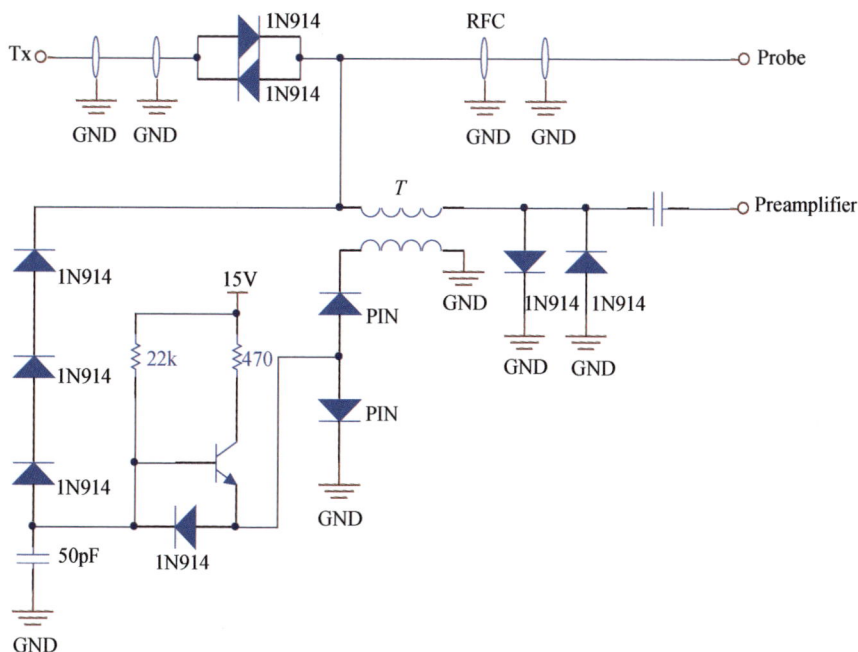

图 12.31 基于 PIN 管的改进型自动控制宽带隔离电路原理图

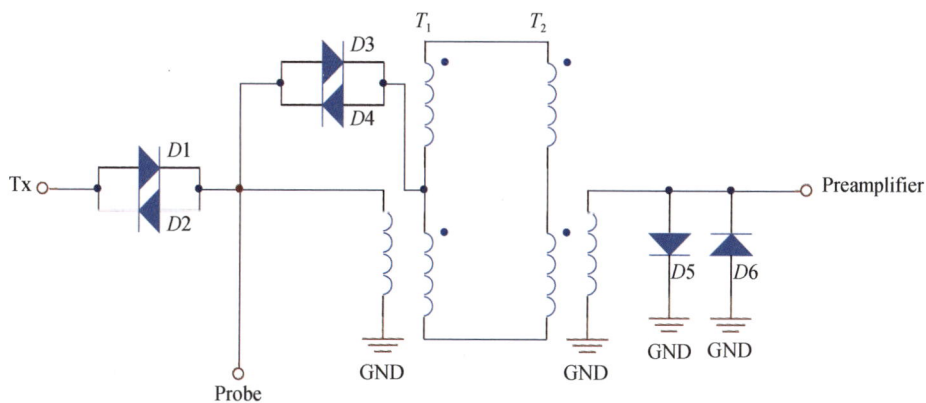

图 12.32 基于宽带变压器的宽带隔离电路原理图

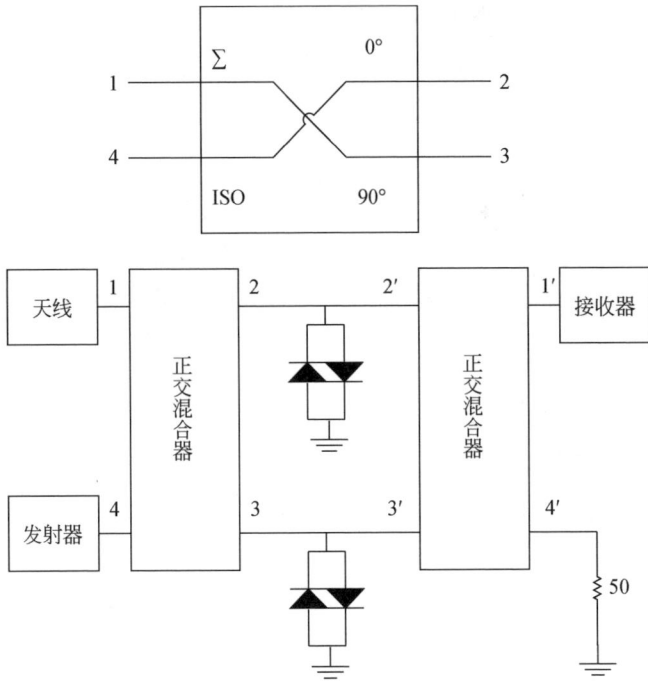

图 12.33　基于正交混合器的宽带隔离电路原理图

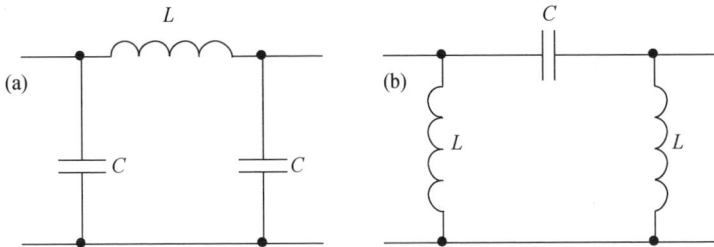

图 12.34　等效于四分之一波长传输线的 π 网络

　　从目前现有的隔离电路可知，四分之一波长传输线主要应用在频率较高的高场场合，而在低场情况下若其长度大于 1.5 m，特别是在 2 MHz 下其长度已经大于 20 m 时使用起来很不方便。等效于四分之一波长传输线的 π 网络克服了四分之一波长传输线在低场场合下长度过长的缺点，可以很好地应用于低场 NMR 仪器中，但其频带很窄，针对不同的工作频率需要不同的电感电容组合。其他的应用于低频场合中的基于集总元件的隔离电路也是频带较窄，只能工作在单一频率下；Engle 提出的宽带隔离电路频带较宽，但不能工作在频率低于 5 MHz 的情况下。为此，需要设计一种适用于 NMR 测井仪的新型宽带隔离电路。本隔离电路采用有源 MOS 管控制的方式实现对接收回路的隔离保护。

隔离电路在发射和接收这两种不同的状态下工作，在脉冲发射和主能量泄放时对接收电路进行保护，禁止天线两端的高压脉冲进入接收电路；在回波接收时允许回波信号进入接收电路，同时在主能量泄放完成后辅助泄放天线中的能量，进一步减小天线的恢复时间。隔离电路的原理框图如图 12.35 所示。

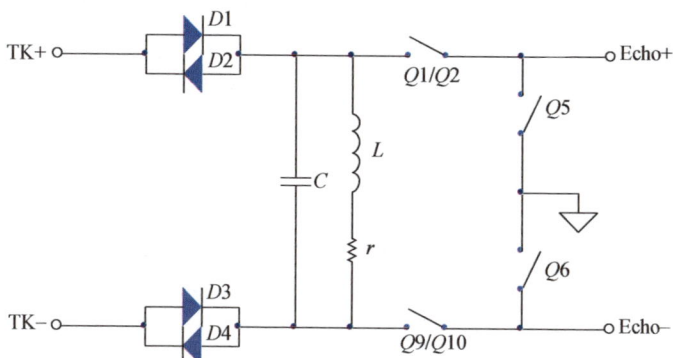

图 12.35　隔离电路原理框图

在射频脉冲发射和主能量泄放阶段，隔离电路的功率 MOS 管 $Q1/Q2$ 和 $Q9/Q10$ 断开，$Q5$ 和 $Q6$ 闭合，接收电路的输入端（Echo+、Echo−）与天线断开且短接到地；主能量泄放完成后，系统进入辅助能量泄放阶段，隔离电路的功率 MOS 管 $Q1/Q2$、$Q9/Q10$、$Q5$ 和 $Q6$ 闭合，这 6 个 MOS 管的导通电阻串联在一起并联在天线两端，天线的 Q 值相比主能量泄放阶段变得更低。在回波信号接收阶段，隔离电路的功率 MOS 管 $Q1/Q2$ 和 $Q9/Q10$ 闭合，$Q5$ 和 $Q6$ 断开，回波信号进入接收电路进行放大。

隔离电路中功率 MOS 管 $Q1$、$Q2$、$Q9$ 和 $Q10$ 的耐压要大于 1200 V，输出电容和导通电阻要小，几种典型的高压 MOS 管参数如表 12.3 所示。所选取的 MOS 管为 STP3N150。$Q5$ 和 $Q6$ 选用 Supertex 公司的导通电阻为 6 Ω 的双 MOS 管芯片 TD9944。

表 12.3　典型高压 MOS 管参数表

型号	V_{DSS}（V）	$R_{DS(on)}$	C_{oss}（pF）	T_{on}（ns）
STP3N150	1500	6	102	47
STP4N150	1500	7	120	30
STP12N120K5	1200	0.69	110	
2SK3748	1500	7	140	75

隔离电路中 MOS 管的控制原理如图 12.36 所示，对 MOS 管的导通采用脉冲充放电式控制以满足不同回波间隔下差异较大的 MOS 管导通时间要求。在无控制信号时，结型场效应管 Q4 一直在导通电流。当 Q4 导通时，Q1 和 Q2 的栅源电压为零，从而使功率 MOS 管 Q1 和 Q2 处于截止状态。在 RT_ SW 信号有效时，会通过控制逻辑电路在控制信号的上升沿产生一个负脉冲，在控制信号的下降沿产生另一个负脉冲。第一个负脉冲会通过变压器 T1 给电容 C4 充电，从而使 Q4 的栅源电压为负电压，C4 两端的电压在关掉 Q4 的同时将使 Q1 和 Q2 处于导通状态。第二个负脉冲通过变压器 T2 使 Q8 导通，使 C4 放电，放电完成后 Q4 再次导通，从而使 Q1 和 Q2 的栅极和源极之间的电压为零，Q1 和 Q2 处于截止状态。在无控制信号时，Q4 一直会导通，保证 Q1 和 Q2 的栅源电压为零，因此天线与接收电路处于隔离状态。

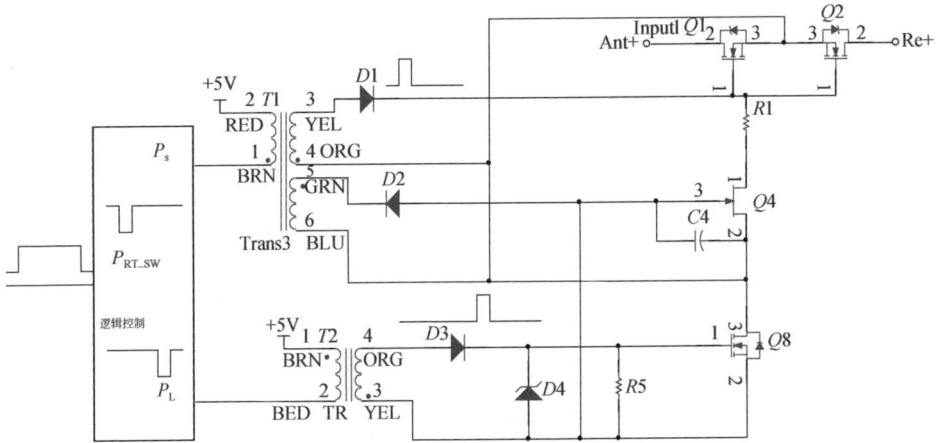

图 12.36　隔离电路中 MOS 管控制原理图

12.4　接　收　电　路

井下 NMR 工作频率 1 MHz 左右且天线采用外发结构，接收效率低，其回波信号微弱，天线接收到的回波信号幅值在几十纳伏至几十微伏之间。为此，针对 NMR 测井仪回波信号微弱和天线谐振阻抗高的特点设计了低噪声接收电路。

NMR 测井仪天线接收到的信号微弱，一般均低于数据采集所选用的 14 位 ADC 的最小分辨率（61 μV）。由于 ADC 的信噪比和 ADC 输入信号的幅值成正比，即 ADC 输入信号的幅值越接近 ADC 满量程幅值，ADC 的信噪比就越高。所选用 ADC 的最大输入信号幅值为 1 V，所以接收电路如果要有很高的增益，需采用级联放大结构。由于接收电路在放大回波信号的同时也会放大天线的电阻热噪声，同时接收电路还会引入一定的噪声，所以电路的增益并不能简单地按 ADC 输入量程除以回波信号幅度来计算，如果增益过高会引起 ADC 的输入信号失真。接收电路的理论最大增益为 ADC 满量程输入信号幅值除以回波信号幅值和天线电阻热噪声电压峰值以及电路引入的噪声电压峰值。

接收电路的噪声按来源要分为来自外部的干扰噪声和接收电路内部固有的噪声两类。

外部干扰源产生的噪声，通过一定的途径将噪声耦合到接收电路。外部干扰噪声的种类有很多，如电场耦合、磁场耦合和电磁场耦合的噪声；经电源线、传输线等直接电气连接而引入的噪声等[60]。因此，必须对接收电路进行电磁兼容设计。低噪声接收电路放置在整个仪器的最前端，目的是就近对天线接收到的微弱回波信号进行放大，以减少回波信号在传输过程中引入的噪声干扰，同时可以减少高频工作的数字电路对接收电路的干扰。本设计中采用了以下三种方法来降低外部噪声干扰。

1. 屏蔽差分双绞线传输信号

双绞线传输差分信号原理如图 12.37 所示。两双绞线紧密互绕，有效减少了感应面积，且双绞线相邻区域产生的感应电动势极性相反，可以相互抵消，因此可有效抑制磁场干扰和共模噪声；同时双绞线外面为屏蔽铜网，可以有效屏蔽电场干扰。由此可知使用屏蔽双绞线进行差分信号传输可以有效降低信号传输过程中外界噪声的干扰。因此，接收电路的输入和天线，接收电路的输出和后级采集电路都采用屏蔽双绞线进行差分信号传输，接收电路的第一级采用仪用放大器结构。

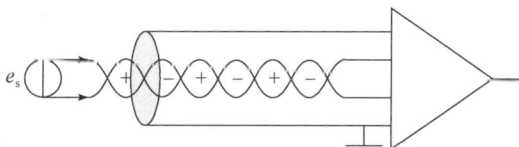

图 12.37 屏蔽差分信号传输原理

2. 多层屏蔽结构

屏蔽是减少电场耦合干扰、磁场耦合干扰和电磁辐射干扰的有效办法。屏蔽的目的是利用良导电材料或高导磁材料来减少电场、磁场或电磁场的强度。本设计中采用多层屏蔽结构，外层使用 3 mm 厚的铝盒对整个接收电路进行电场屏蔽，内层对每一级放大电路使用 1.0 mm 铁皮进行磁场屏蔽，0.3 mm 铜皮进行电场屏蔽，最大限度地降低外界噪声的干扰。

3. 电源线双绞滤波

电源线是噪声传导耦合的重要路径。接收电路电源采用独立电源供电方式减少数字电路和功率放大电路的干扰。该独立电源线采用双绞方式以减少外界的磁场耦合干扰，并使用高磁导率磁芯组成的纵向扼流变压器进行共模噪声抑制，以最大程度地减少耦合到电源线的噪声。同时在接收电路中设计专门的电源滤波和电源稳压电路以减少线性电源产生的纹波噪声。电源滤波电路原理如图 12.38 所示。电源稳压采用三极管串联稳压方式，可有效降低电源纹波。

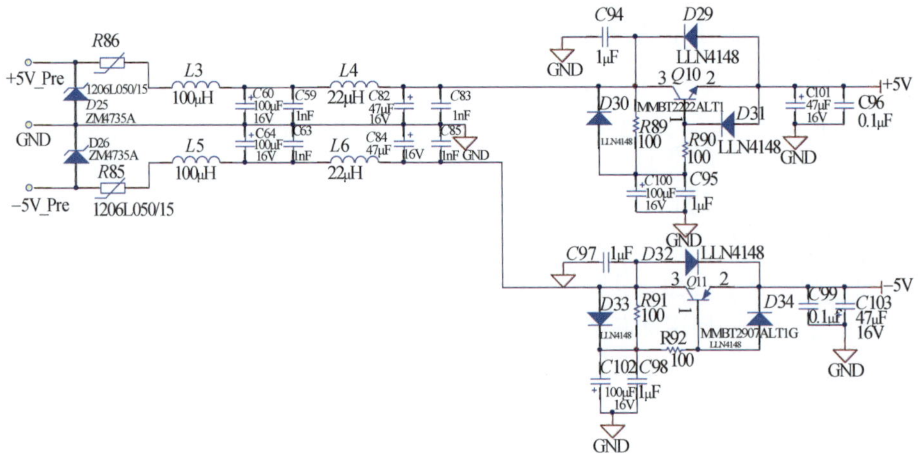

图 12.38　电源滤波电路原理图

电路内部的噪声主要包括电阻热噪声、PN 结散弹噪声和 $1/f$ 噪声。电阻热噪声来源于电子的随机热运动，导致电阻两端电荷的瞬时堆积，形成噪声电压。电阻热噪声由许多持续时间很短的脉冲组成，它的功率谱密度为常数，为高斯白噪声。PN 结散弹噪声是 PN 结中电子或空穴的随机运动导致流过势垒的电流在其平均值附近随机起伏引起的，散弹噪声也是一种高斯白噪声。$1/f$ 噪声是由两种导体的接触点电导的随机涨落引起的，其功率谱密度函数反比于工作频率，频率越低，$1/f$ 噪声越严重[61]。$1/f$ 噪声主要影响低频信号，NMR 回波信号工作频率相对较高，受 $1/f$ 噪声影响较小。因此，本接收电路主要受散弹噪声和热噪声的影响。这两种噪声的功率与信号带宽成正比，因此可以通过带通滤波来抑制工作频率外的噪声，并按照低噪声设计原则设计接收电路来减少两类噪声的影响。

接收电路的低噪声设计原则是获得尽可能小的噪声系数。级联放大器的噪声系数公式（弗里斯公式）[62] 为

$$F = F_1 + \frac{F_2 - 1}{G_1} + \frac{F_3 - 1}{G_1 G_2} + \cdots + \frac{F_M - 1}{G_1 G_2 \cdots G_{M-1}} \qquad (12.5)$$

式中，F_i、G_i 分别为第 i 级放大器的噪声系数和增益。

由式（12.5）可知，当第一级放大器的增益和后级放大器相比足够大时，级联放大器的总噪声系数主要由第一级放大器的噪声系数决定。由此可知第一级放大器的噪声系数和增益对整个系统的噪声性能起着决定性作用。因此，在接收电路设计时，须保证第一级的增益足够大，噪声系数足够小。

由于 NMR 测井仪在地面水箱刻度时为 100% 孔隙度，而实际地层的孔隙度一般低于 30%，且不同孔隙度的地层回波信号的幅值也会有很大变化，因此需设计专门的程控衰减来适应回波信号的大动态范围。

所设计的接收电路框图如图 12.39 所示，主要由仪用放大电路、后级的三级放大电路、程控衰减、带通滤波器和差分驱动器组成。整个接收电路设计中，在每一级放大电路的输出加入一阶 RC 高通滤波器，以消除运算放大器失调电压对后级电路的影响并滤除低频噪声。由于反相放大器中信号增益为 R_F/R_G、噪声增益为 $1+R_F/R_G$，而同相放大器中信号增益和噪声增益都为 $1+R_F/R_{G[63]}$，因此在后级放大电路中采用同相放大结构对信号进行放大。

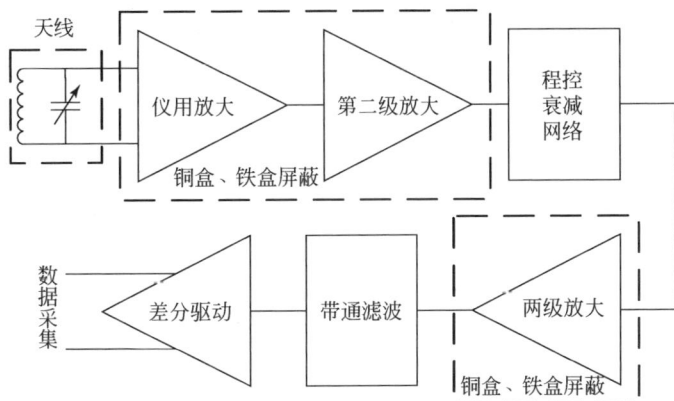

图 12.39　接收电路原理框图

12.4.1　仪用放大电路

第一级放大电路即仪用放大电路的设计要满足高增益和低噪声系数的要求。

在所选用的运算放大器的最佳源电阻和天线的谐振阻抗相等时可以获得最小的噪声系数[64]。如果天线的谐振阻抗和运算放大器的最佳源电阻不相等，理论上可以使用噪声匹配变压器来获得最小的噪声系数，但由于 NMR 测井仪工作频率范围较宽，其天线谐振阻抗随着频率的改变而改变，并且天线谐振频率会由于地层矿化度的不同而略有变化，要达到真正的噪声匹配是很困难的。

负反馈放大电路的最小噪声系数为 $F_{\min} = 1 + \dfrac{e_N \times i_N}{2kT}$，最佳源电阻为 $R_{SO} = e_N/i_N$[65]。放大器的噪声系数用 $F_{\min}$ 和 R_{SO} 表示为

$$F = 1 + \frac{F_{\min} - 1}{2}\left(\frac{R_S}{R_{SO}} + \frac{R_{SO}}{R_S}\right) \tag{12.6}$$

以 National Semiconductor 公司的宽带低噪声运放 LMH6626 为例，其最佳源电阻为 556 Ω，最小噪声系数为 1.22，由式（12.6）得到的不同信号源电阻下放大电路的噪声系数关系如图 12.40 所示。

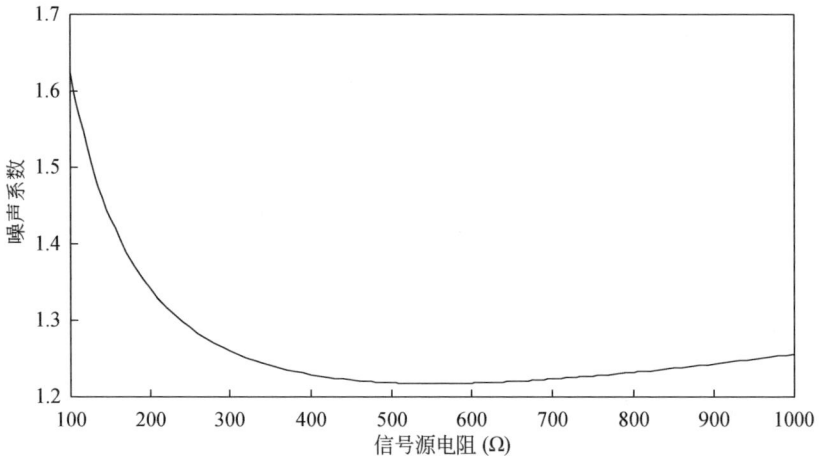

图 12.40　放大电路噪声系数和源电阻的关系曲线

由图 12.40 可知，当信号源电阻和运放的最佳源电阻相差不大时，放大器的噪声系数和噪声匹配下的噪声系数差别不明显，所以在已知天线谐振阻抗的情况下，可以选择最佳源电阻在天线谐振阻抗附近的低噪声运放。

根据 NMR 测井仪天线谐振阻抗的范围，需要选择最佳源电阻阻值与天线谐振阻抗接近的低噪声运放。几种典型低噪声运放的参数如表 12.4 所示。

表 12.4 典型低噪声运放参数表

型号	输入噪声电压（nV/$\sqrt{Hz}$）	输入噪声电流（pA/$\sqrt{Hz}$）	最佳源电阻（Ω）	增益带宽积（MHz）	运放数/个
ADA4898	0.9	2.4	375	57	1/2
AD8099	0.95	2.6	365	2550	1
ADA4899	1	2.6	385	600	1
AD797	0.9	2.0	450	80	1
AD8432	0.85	2.0	425	500	2
OPA847	0.85	2.5	340	2800	1
LMH6624	0.92	2.3	400	1500	1
LMH6626	1.0	1.8	556	1300	2
LMH6629	0.69	2.6	265	900	1
LME49990	0.88	2.8	314	110	1
CLC1001	0.6	4.2	143	2000	1
CLC1002	0.6	4.2	143	910	1

NMR 测井仪工作频率通常 600 ~ 1 MHz，谐振阻抗范围为 300 ~ 800 Ω。最后选用最佳源电阻为 556 Ω、增益带宽积为 1.3 GHz 的宽带低噪声运放 LMH6626 作为仪用放大器的核心运放。仪用放大电路的增益设定为 52 dB，因此接收电路的总噪声系数主要由仪用放大电路决定。

仪用放大电路的噪声性能决定着接收电路的噪声性能，其原理图如图 12.41 所示。

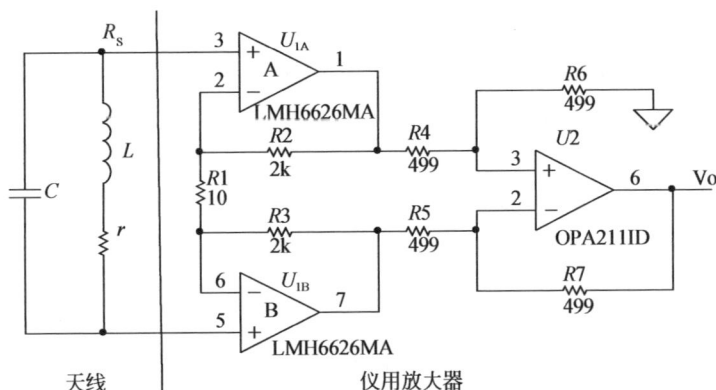

图 12.41 仪用放大电路原理图

放大器的噪声系数 F 为

$$F = \frac{\mathrm{SNR_I}}{\mathrm{SNR_O}} = \frac{S_I/N_I}{G \times S_I/[G \times (N_I + N_A)]} = 1 + \frac{N_A}{N_I} \tag{12.7}$$

式中，N_A 为放大器电路引入的噪声功率；N_I 为源电阻噪声功率，即天线谐振阻抗的噪声功率。

电阻的噪声功率为 $P_R = 4kTR\Delta f^{[66]}$，所以天线谐振阻抗的噪声功率为

$$N_I = 4kTR_{ant}\Delta f_{ant} \tag{12.8}$$

式中，k 为玻尔兹曼常量；T 为天线的绝对温度；R_{ant} 为天线的谐振阻抗；Δf_{ant} 为天线的带宽。

根据仪用放大电路特点，令 $R_G = R_1$，$R_F = R_2 = R_3$，$R_D = R_4 = R_5 = R_6 = R_7$，忽略 $1/f$ 噪声对电路的影响，则仪用放大电路引入的噪声功率为

$$N_A = \left\{ 2e_n^2 + 2(i_{np}R_{ant})^2 + 2i_{nn}^2 \left(\frac{R_F \times R_G}{R_G + 2R_F} \right)^2 + \left[(2e'_n)^2 + (i'_{np}R_D)^2 \right. \right.$$
$$\left. + (i'_{nn}R_D)^2 \right] \left(\frac{R_G}{R_G + 2R_F} \right)^2 + 4kTR_G + 4kT(2R_F + 4R_D) \times \left(\frac{R_G}{R_G + 2R_F} \right)^2 \right\} \mathrm{ENB}$$

$$\tag{12.9}$$

式中，e_n 为 U1 的电压噪声；$i_{np} = i_{nn} = i_n$ 为 U1 的电流噪声；e'_n 为 U2 的电压噪声；$i'_{np} = i'_{nn} = i'_n$ 为 U2 的电流噪声；ENB 为接收电路的等效噪声带宽。

将式（12.9）化简得

$$N_A = \left\{ 2e_n^2 + 2i_n^2 \left[\left(\frac{R_F \times R_G}{R_G + 2R_F} \right)2 + R_{ant}^2 \right] + \left[(2e'_n)^2 + 2(i'_nR_D)^2 \right] \left(\frac{R_G}{R_G + 2R_F} \right)^2 \right.$$
$$\left. + 4kTR_G + 4kT(2R_F + 4R_D) \times \left(\frac{R_G}{R_G + 2R_F} \right)^2 \right\} \mathrm{ENB} \tag{12.10}$$

由式（12.10）可知，在根据噪声匹配原则选定运放后，尽量选用小阻值的电阻，从而保证仪用放大电路的噪声性能。在满足系统所需带宽的情况下尽量减小放大器的带宽，通过在 R_2、R_3、R_6 和 R_7 两端并联电容来减小运放的带宽，从而得到更好的噪声性能。天线谐振阻抗为 600 Ω，仪用放大器的理论噪声系数为 1.45，因此此设计可以满足回波信号低噪声、高信噪比放大的要求。

12.4.2　程控衰减电路

程控衰减电路主要由精密电阻和低导通电阻的模拟开关组成，设计总衰减为 42 dB，为 7 级衰减，步进 6 dB，控制信号由主控电路提供，具体参数如表 12.5 所示。

表 12.5 衰减控制参数表

衰减编码	衰减倍数	衰减 （dB）
0	1	0
1	4	12
2	8	18
3	16	24
4	32	30
5	64	36
6	128	42

为实现多级衰减控制，有两种方案可选，一是使用可编程电阻器，但是其控制需要时钟来提供，而时钟为数字方波信号，谐波噪声大，不适合在低噪声模拟前端使用；二是多路模拟开关与精密电阻组成程控衰减网络，这种结构在实现 7 级衰减控制时仅需要 3 个逻辑控制信号，这些逻辑信号可以通过主控电路来提供。

本设计要求多路模拟开关导通电阻小、关断电阻大、工作带宽大、低漏电流等，最后选用 Analog Device 公司的基于 COMS 技术的模拟开关 ADG658。ADG658 是 8 路多路选择模拟开关，导通电阻为 45 Ω、低电压供电 （3 V、5 V 或 ±5 V）、超低功耗 （< 0.1 μW）。ADG658 与电阻组成的程控衰减电路原理如图 12.42 所示。

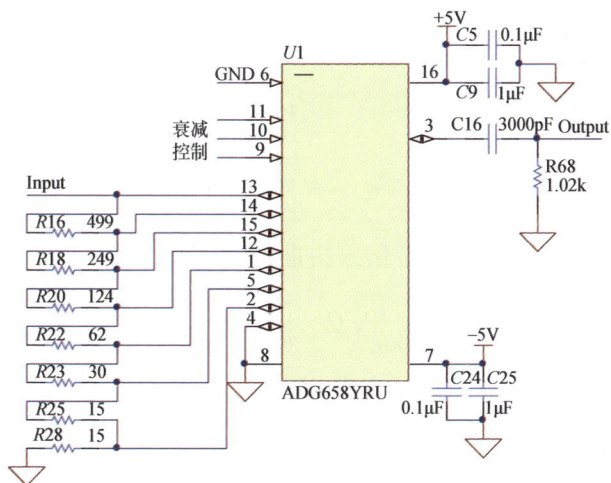

图 12.42 程控衰减电路原理图

12.4.3 带通滤波电路

NMR 测井仪为多频测量，可以测量得到多个频率间隔不大的回波信号，且由于地层流体矿化度的影响，其频率是不固定的，因此使用带宽略大于仪器工作频率范围的带通滤波器对放大后的回波信号进行滤波，可以有效衰减噪声，以提高信噪比。带通滤波器的具体电路实现主要有两种结构，一种是 Sallen-Key 结构，另一种是 MFB（multiple feedback topology）结构[67]。MFB 结构滤波器对元件参数敏感度较低，在窄带滤波器设计中较为常用，但其适用于工作频率较低的场合，不适用于 NMR 测井仪的工作频率。Sallen-Key 结构的带通滤波器适用的工作频率较高，因此在本设计中选用 Sallen-Key 结构。带通滤波器采用低通滤波器和高通滤波器级联的方式实现。

典型 Sallen-Key 结构的二阶低通滤波器电路原理如图 12.43 所示，其传递函数为

$$A(s) = \frac{K}{s^2(R1R2C1C2) + s(R1C1 + R2C1 + R1C2(1 - K)) + 1} \quad (12.11)$$

式中，$s = j2\pi f$，令 $f_c = \frac{1}{2\pi\sqrt{R1R2C1C2}}$，$Q = \frac{\sqrt{R1R2C1C2}}{R1C1 + R2C1 + R1C2(1 - K)}$

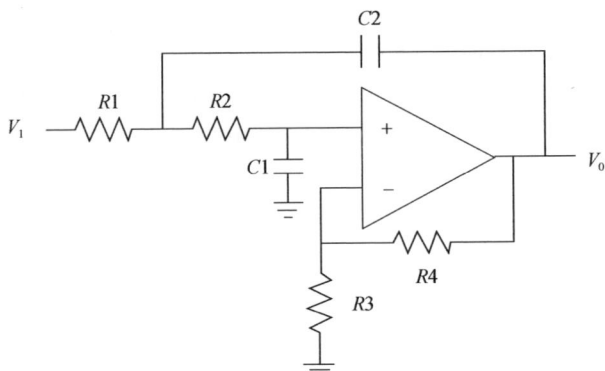

图 12.43 Sallen-key 结构的二阶低通滤波器

在滤波器设计中可以通过简化方法进行设计。例如，令 $R1 = mR$，$R2 = R$，$C1 = C$，$C2 = nC$，则 $f_c = \frac{1}{2\pi RC\sqrt{mn}}$，$Q = \frac{\sqrt{mn}}{m + 1 + mn(1 - K)}$。设计时应首先设定增益和 Q，然后选择 C 并通过 f_c 估算 R。

典型 Sallen-Key 结构的二阶高通滤波器电路原理如图 12.44 所示，其传递函数为

$$A(s) = \frac{K[s^2(R1R2C1C2)]}{s^2(R1R2C1C2) + s[R2C2 + R2C1 + R1C2(1 - K)] + 1} \quad (12.12)$$

式中，$s = j2\pi f$，令 $f_c = \frac{1}{2\pi\sqrt{R1R2C1C2}}$，$Q = \frac{\sqrt{R1R2C1C2}}{R2C2 + R2C1 + R1C2(1 - K)}$

同样在高通滤波器设计中也可以通过简化方法进行设计。例如，令 $R1 = mR$，

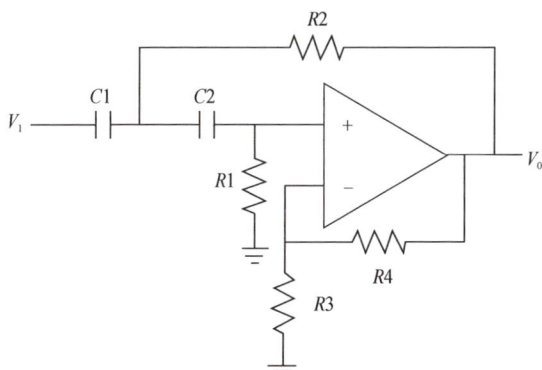

图 12.44　Sallen-key 结构的二阶高通滤波器

$R2 = R$，$C1 = C$，$C2 = nC$，则 $f_c = \dfrac{1}{2\pi RC\sqrt{mn}}$，$Q = \dfrac{\sqrt{mn}}{n+1+mn(1-K)}$。设计时应

首先设定增益和 Q，然后选择 C 并通过 f_c 估算 R。

　　由于 Sallen-Key 结构的滤波器多采用低品质因数设计，其过渡带很宽，在设计中通过四阶低通滤波器和四阶高通滤波器级联来缩短过渡带。所设计的带通滤波器如图 12.45 所示。

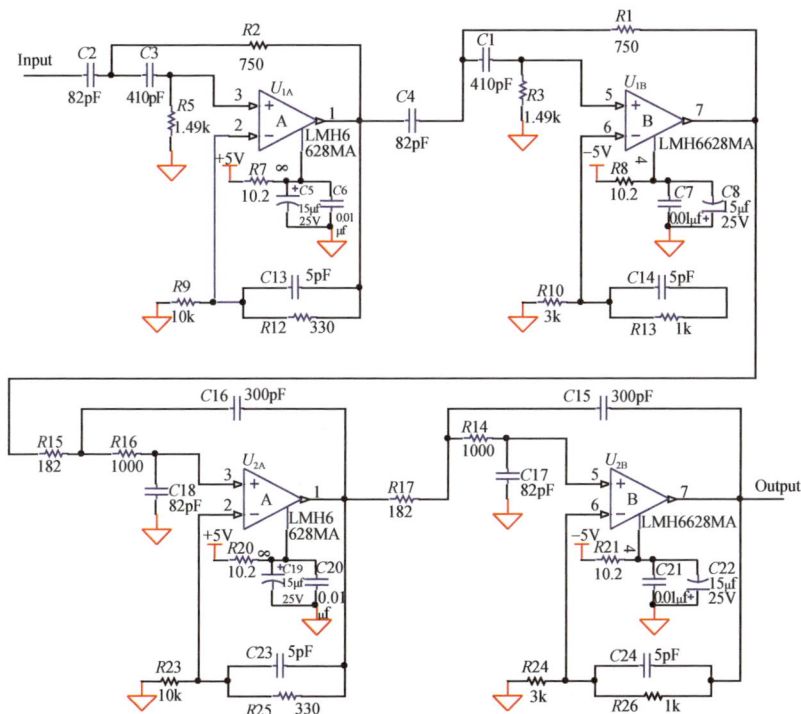

图 12.45　八阶带通滤波器

12.5　主　控　电　路

主控电路的设计分为硬件设计和软件设计两部分。

12.5.1　主控电路硬件

主控电路采用 DSP+FPGA 的嵌入式结构，完成仪器的控制和数据采集等功能。主控电路主要由主频为 150 MHz 的 TMS320F2812（DSP）、EP2C5AT144A7N（FPGA）、AD9851（DDS）、AD9244（ADC）、512 kB 的 SRAM 和 CAN 驱动器等组成基本系统，其框图如图 12.46 所示。DSP 用于完成与地面系统的通信和回波信号的采集处理等；FPGA 用于产生所有的时序和仪器控制信号，产生刻度信号用于仪器扫频和测量过程中增益测量等；DDS 为各时序信号的产生提供基准时钟；ADC 用于将放大后的模拟回波信号转换成数字信号；SRAM 外部存储器作为系统运行时的主要数据存储区域和高速数据采集时的数据缓存区域。

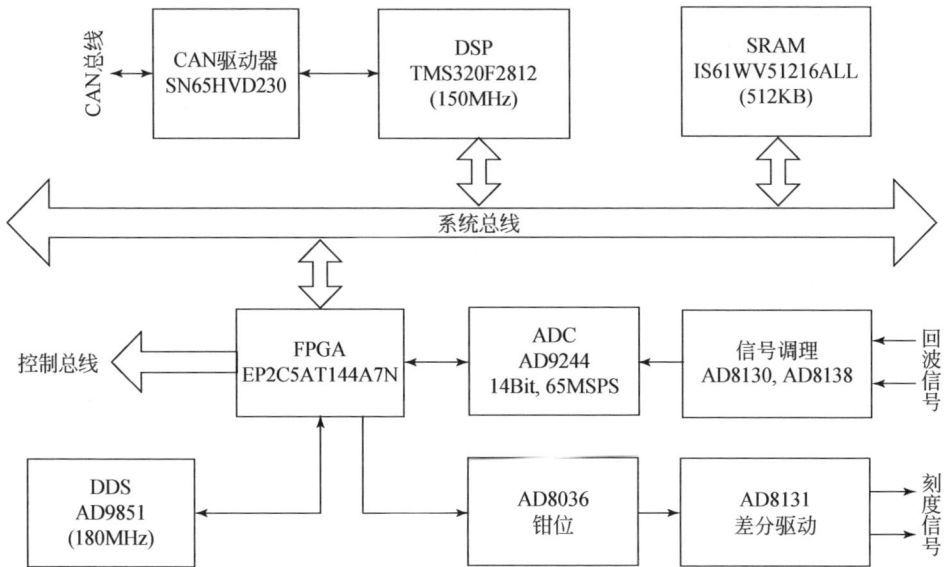

图 12.46　主控电路框图

主控电路的硬件设计主要分为 DSP、FPGA 和 SRAM 的外围及接口电路设计、数据采集电路设计、DDS 电路设计和刻度电路设计。DSP、FPGA 和 SRAM 的外围及接口电路比较简单，下面重点叙述数据采集电路、DDS 电路和刻度电路的设计。

1. 数据采集电路

数据采集电路主要由 DSP、FPGA、SRAM、ADC、抗混叠滤波器和差分接收器组成，其原理框图如图 12.47 所示。其中差分接收器将放大后的差分回波信号变为单端信号以满足后级电路处理的需要；抗混叠滤波器滤除工作频率外的噪声，防止信号的混叠失真；ADC 将放大后的模拟回波信号转换为数字信号，其采样时钟由 FPGA 提供，同时此时钟也作为 FIFO 的写使能信号；FPGA 实现回波采集的控制，并在内部实现 14 位、存储深度为 8192 的同步 FIFO 储存器；DSP通过数字相敏检波算法处理数字化的回波信号来获取回波串数据；SRAM 存储回波串数据。

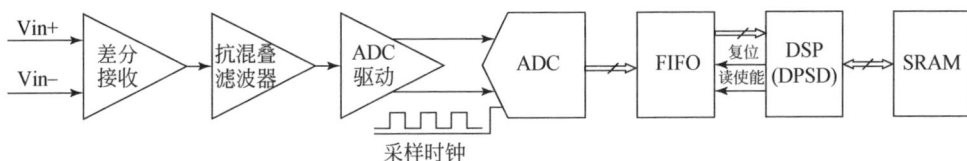

图 12.47 数据采集电路框图

天线接收到的回波信号是具有一定带宽的信号，ADC 的信噪比为[68]

$$SNR = 6.02 \times N + 1.76dB + 10 \times \log\left(\frac{f_S}{2 \times BW}\right) - 20 \times \log\left(\frac{V_{FA}}{V_{IA}}\right)$$

(12.13)

式中，N 为 ADC 位数；f_S 为采样频率；BW 为天线带宽；V_{FA} 为 ADC 的满量程输入信号幅值；V_{IA} 为 ADC 的实际输入信号幅值。

由式 (12.13) 可知，ADC 的位数越高、采样频率越高和输入信号幅值越接近满量程输入信号幅值，其信噪比就越高。

为提高回波数据的信噪比和降低对抗混叠滤波器的要求，采用过采样技术，采样频率设定为拉莫尔频率的 16 倍。本设计采用 Analog Devices 公司研制的 14位、最高采样频率为 65 MHz 的高精度高速模数转换器 AD9244。AD9244 为流水线结构单电源供电的并行 CMOS 模数转换器；输入信号最大幅值可以设定为 1 V和 0.5 V。为保证采集电路具有很高的信噪比，输入信号最大幅值选定为 1 V，输入采用差分输入。为适应井下高温环境，采用外部低温漂高精度基准源为AD9244 提供基准电压。

根据接收电路的输出为差分信号的特点，设计了由差分接收器、抗混叠滤波器和 ADC 驱动器组成的 ADC 前端处理电路，其原理图如图 12.48 所示。

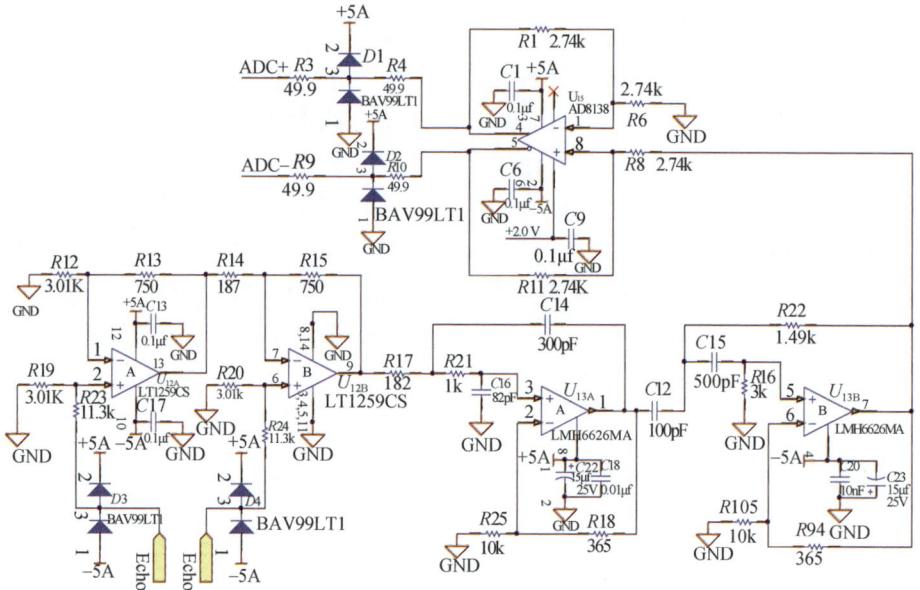

图 12.48　ADC 前端处理电路

2. DDS 电路

DDS 芯片采用 Analog Devices 公司的 AD9851。AD9851 在 DSP 和 FPGA 的控制下产生频率为 32 倍拉莫尔频率的方波时钟，令频率控制字为 Δphase，参考时钟信号为 f_c，输出频率为 f_a，N 为频率控制字的位数。则

$$f_a = \frac{\Delta phase}{2^N} f_c \qquad (12.14)$$

DDS 的工作原理框图如图 12.49 所示。由图 12.49 可知，由 DDS 产生方波，首先要接收到所要生成的频率控制字，经过 DAC 和低通滤波器后产生比较平滑的正弦波，然后经过零比较器后产生频率可控的方波。DAC 的输出频谱如图 12.50 所示。由于 DAC 传递函数的非线性导致了所需频率存在谐波成分，所以要在 DAC 的输出端连接低通滤波器来滤除额外的频率成分。低通滤波器采用器件手册中的截止频率为 70 MHz 的七阶椭圆滤波器，滤波器阻抗为 200 Ω，椭圆滤波器的特点是过渡带比较陡峭。DDS 电路原理图如图 12.51 所示。

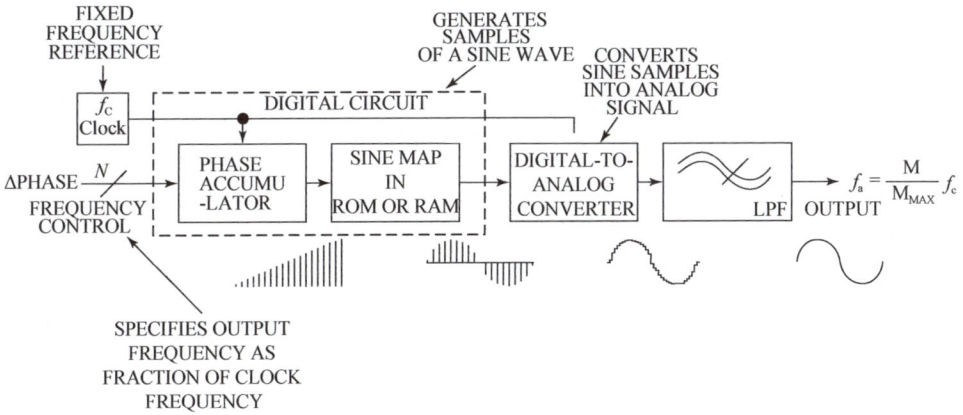

图 12.49　DDS 的原理框图

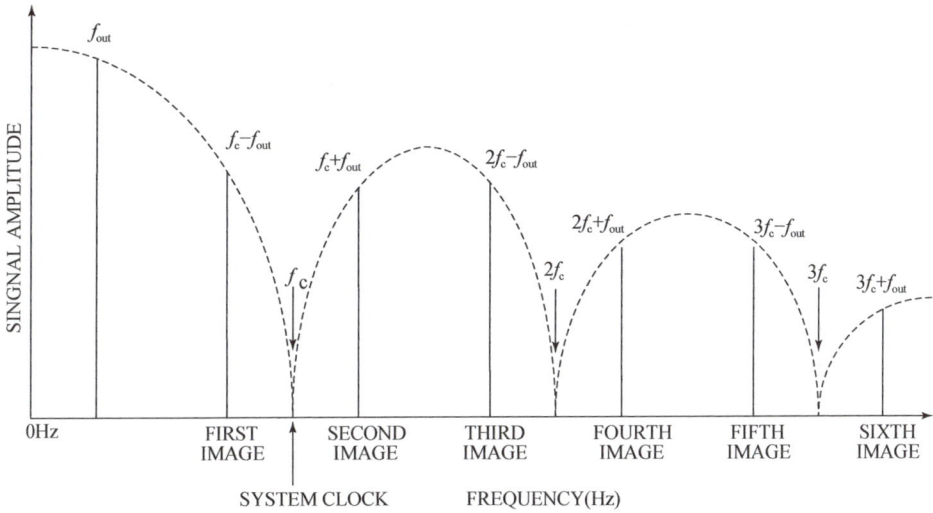

图 12.50　DDS 中 DAC 输出频谱

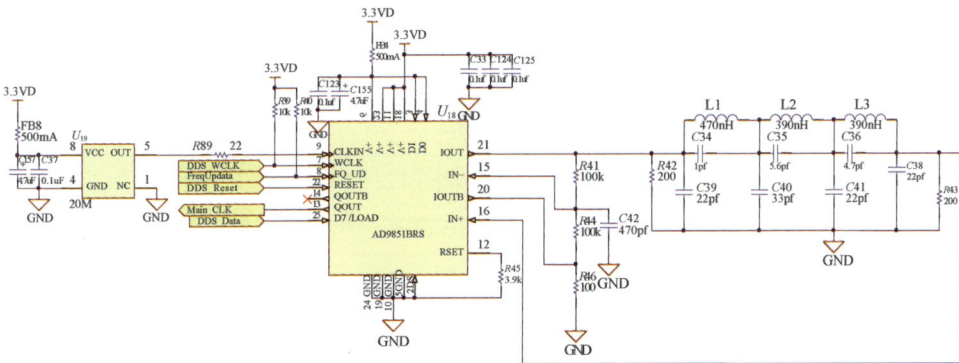

图 12.51　DDS 电路原理图

3. 刻度电路

刻度电路作为标准信号源产生峰峰值为 96 mV 的方波信号，此方波信号经天线调谐电路衰减后输出给天线进行系统扫频和在极化时间内测量仪器总增益来对回波信号幅度进行增益校正。

刻度电路由钳位放大器 AD8036 和差分驱动器 AD8131 组成，其原理图如图 12.52 所示，工作原理是由 FPGA 产生的 3.3 V TTL 增益刻度信号经钳位放大器电路后变为 240 mV 的方波信号，然后经差分驱动器和电阻衰减后变为峰峰值为 96 mV 的方波信号。

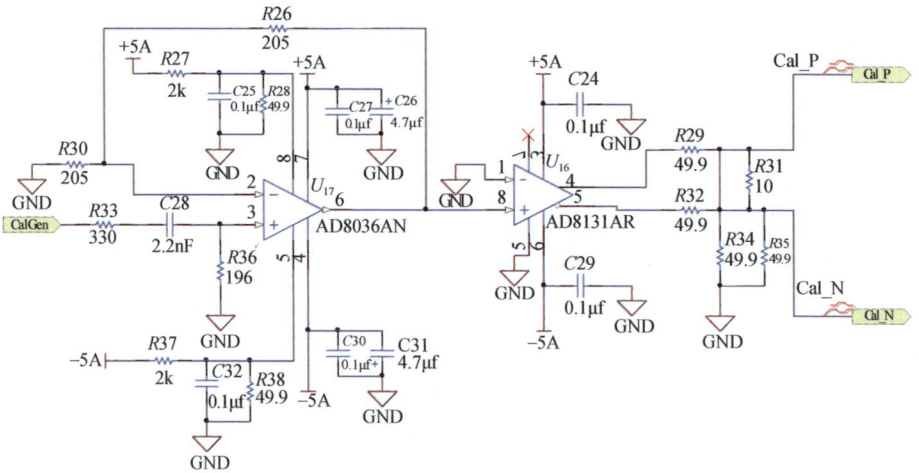

图 12.52　刻度电路原理图

12.5.2　主控电路软件

主控电路的软件包括控制软件和采集软件两部分。程序流程为：首先仪器上电进行系统初始化；在接收到测量参数后进行测量初始化；接收到采集开始命令后开始整个脉冲发射和数据采集过程，即开始极化，进行继电器设置和控制 DDS 产生基准时钟，产生增益刻度信号，发射脉冲，能量泄放，采集回波；采集完设定的回波个数后上传数据。其程序流程图如图 12.53 所示。

1. 底层控制软件

主控电路的底层控制由 DSP 和 FPGA 实现。DSP 用来实现与地面系统通信的编解码，将脉冲序列相应的参数信息传输给 FPGA 等；FPGA 用来实现脉冲序列的时序生成和仪器所需的控制逻辑等。

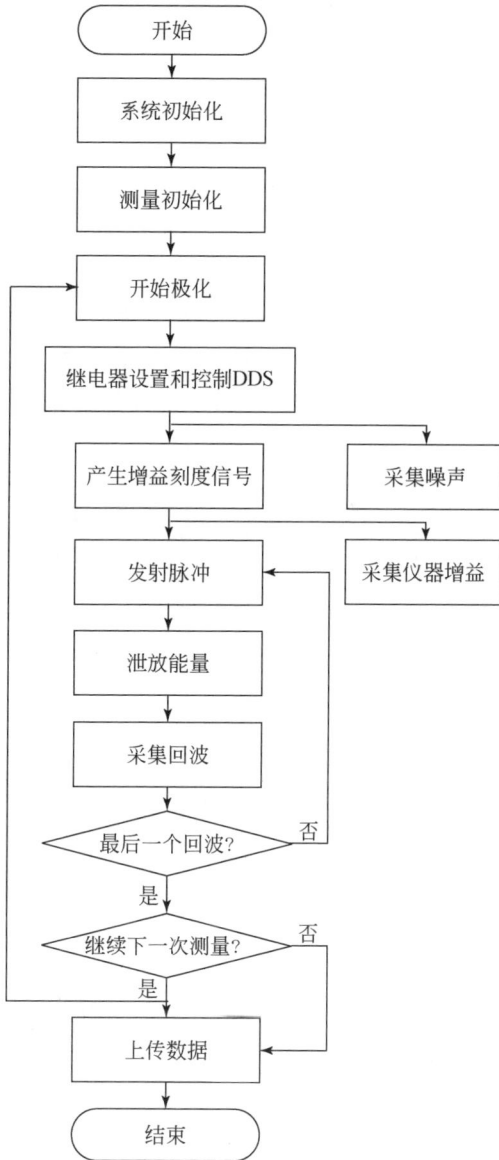

图 12.53　程序流程图

　　底层控制软件使用 C 语言和 VHDL 语言实现。VHDL（very high speed integrated circuit hardware description language）是超高速集成电路硬件描述语言，可以实现复杂的数字逻辑设计，以完成底层硬件的控制。软件平台为 Texas Instruments 公司的 Code Composer Studio 3. 1 和 Altera 公司的 Quartus Ⅱ8. 0。

1）脉冲序列生成软件设计

脉冲序列是产生 NMR 信号的必要条件，控制软件的主要作用是生成特定的脉冲序列，在脉冲序列的时序下产生仪器所需的所有控制信号。NMR 测井仪所使用的脉冲序列是以 CPMG 脉冲序列为基础发展起来的，按照时序特点分为标准 CPMG 脉冲序列和组合型 CPMG 脉冲序列。标准 CPMG 和 $T_1 - T_2$（组合型 CPMG），D-T_2（组合型 CPMG）的脉冲序列时序如图 12.54 所示。

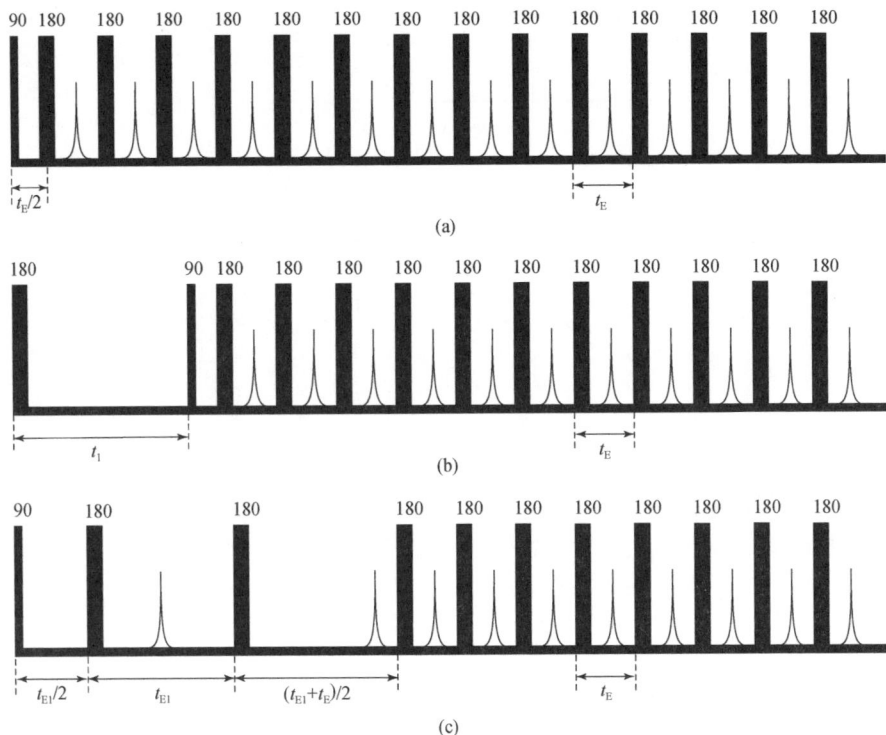

图 12.54　井下 NMR 常用脉冲序列

（a）CPMG 脉冲序列；（b）T_1-T_2 二维脉冲序列；（c）D-T_2 二维脉冲序列

下面分别对这两种脉冲序列的组成和典型应用进行介绍。

（1）标准 CPMG 脉冲序列。地层中的氢核极化 T_W 时间后，发射 90° 射频脉冲，间隔 $t_E/2$ 后发射一系列彼此间隔为 t_E 的 180° 射频脉冲，至此完成一次脉冲序列的发射，90° 脉冲和 180° 脉冲的相位相差 90°。典型应用为双 T_E 测量模式和双 T_W 测量模式等一维测量模式。双 T_E 测量模式由极化时间和回波个数相同、回波间隔不同的两组脉冲序列组成；双 T_W 测量模式由两组极化时间、回波个数、重复次数不同但回波间隔相同的脉冲序列组成。

（2）组合型 CPMG 脉冲序列。在标准 CPMG 脉冲序列基础上将扩散信息或纵向弛豫时间等信息和横向弛豫时间组合到一起的二维或多维脉冲序列。典型应用为 D-T_2 测量模式和 T_1-T_2 测量模式。在 T_1-T_2 测量模式下，地层中的氢核极化 T_W 时间后，首先发射 180° 脉冲，间隔 t_1 后发射 90° 脉冲，随后是一系列彼此间隔为 t_E 的 180° 脉冲，至此完成一次脉冲序列的发射；改变 t_1 的值重复上述过程，一共改变 TC 次，其中 t_1 为反转恢复时间。在 D-T_2 测量模式下，地层中的氢核极化 T_W 时间后，发射 90° 射频脉冲，间隔 $t_{E1}/2$ 后发射第一个 180° 脉冲，再间隔 t_{E1} 后发射第二个 180° 脉冲，第三个 180° 脉冲在间隔 $(t_{E1} + t_E)/2$ 后发射，此后发射一系列彼此间隔为 t_E 的 180° 脉冲，至此完成一次脉冲序列的发射；改变 t_{E1} 的值重复上述过程，一共改变 TC 次，其中 90° 脉冲和 180° 脉冲的相位相差 90°，自旋回波信号的采集时窗中心在 180° 脉冲发射后的 $t_{E1}/2$ 或 $t_E/2$ 处，其中 t_{E1} 为长回波间隔，t_E 为仪器的最小回波间隔。

FPGA 的工作流程为：在不同的测量模式下按照脉冲序列的时序要求，控制功率放大电路，将直流高压斩波处理成大功率射频脉冲并由天线发射到地层中激励氢核，从而产生 NMR 现象；脉冲发射完成后控制 Q-转换电路快速泄放天线中储存的能量；在射频脉冲发射和能量泄放期间控制隔离电路对接收电路进行隔离保护；在回波采集期间产生采样时钟来完成回波信号的采集。

在实际测井中，需要根据不同的地层环境和不同的测量目的选择不同的测量模式，以及不同测量模式下的极化时间（T_W）、回波间隔（T_E）、回波个数（N_E）、累加次数（RA）等参数，并且根据不同的地层环境实时调整 90° 和 180° 脉冲的宽度。

图 12.55 为 FPGA 程序的状态转换图（以 CPMG 脉冲序列为例），状态图中的各个状态内包含有一系列的控制命令。FPGA 接收来自 DSP 的测量模式标识信息和此测量模式下的时序参数，完成数据接收后等待采集开始命令 Acq_Start。不同的测量模式标识信息对应不同的测量模式控制命令，下面以 CPMG 脉冲序列为例进行描述，当采集开始命令 Acq_Start 到来后，系统进入极化状态；之后发射通道进入脉冲发射状态，接收通道进入隔离状态；脉冲发射完成后，系统进入 Q-转换状态，接收通道保持隔离状态；Q-转换完成后，如果刚刚完成的是 90° 脉冲的发射，则系统进入空闲状态，如果刚刚完成的是 180° 脉冲的发射，则系统进入回波采集状态，之后进入空闲状态；如此重复发射状态、隔离状态、Q-转换状态、回波采集状态和空闲状态直到内部的回波个数计数器为零。当回波个数计数器为零后，再重复上述的六个状态直到内部的累加次数计数器为零，至此完成了一次测量过程。

FPGA 接收来自 DSP（来自地面系统）的极化时间、180° 脉冲宽度、回波间

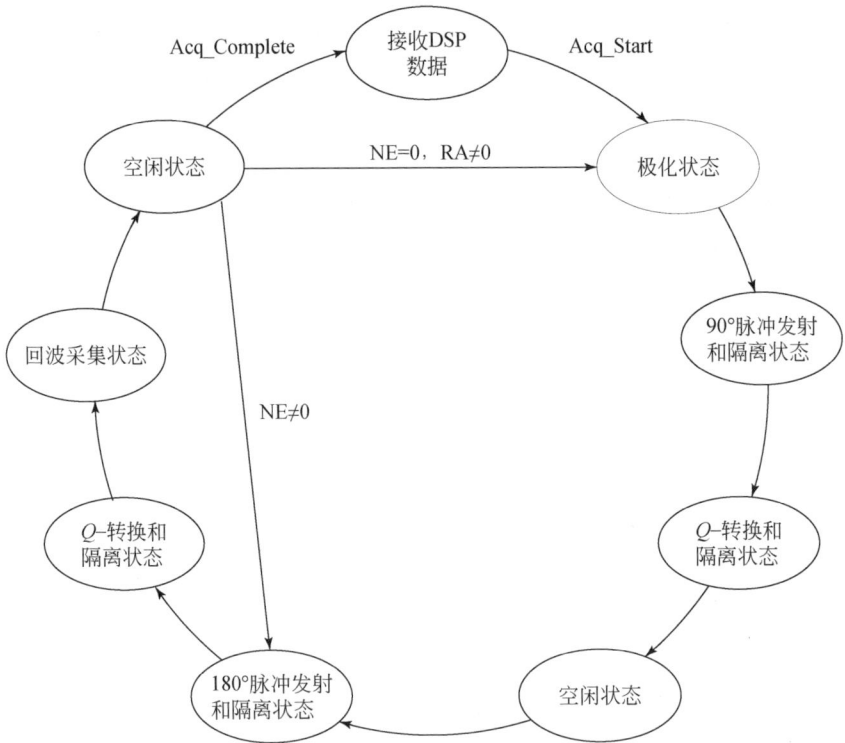

图 12.55　系统状态转换图

隔、回波个数、累加次数等参数信息，然后启动整个采集过程，CPMG 脉冲序列的仿真结果如图 12.56 所示。在采集开始脉冲 Acq_Start 上升沿到来后，开始极化过程，然后是 90°脉冲的发射以及一系列 180°脉冲的发射，90°脉冲和 180°脉冲的时间间隔以及 180°脉冲和 180°脉冲的时间间隔分别通过半回波间隔定时器、

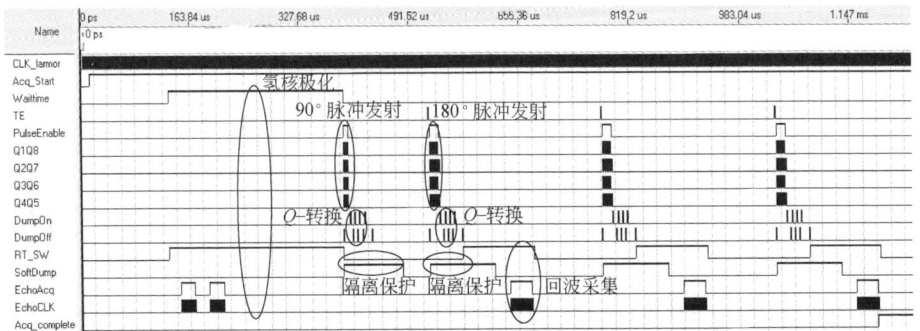

图 12.56　CPMG 脉冲序列的仿真结果

回波间隔定时器来控制；脉冲发射完成后控制 Q-转换电路开始能量泄放，脉冲发射和能量泄放时控制隔离电路处于隔离状态，能量泄放完成后控制隔离电路处于回波采集状态，回波采集时控制回波信号的采集。

2）扫频和主刻度软件设计

主控电路的发射频率和天线的谐振频率相等时，天线的发射效率最高，因此在每次现场测试前需要在屏蔽刻度水箱内对仪器进行扫频获得天线的谐振频率。

在刻度箱内进行扫频时，由主控电路产生刻度信号，并加到天线调谐电路中由 2 个 1 MΩ 电阻和天线本身构成的衰减网络进行衰减，衰减后的信号经过接收电路进行低噪声放大后由主控电路进行数据采集，获得天线增益值。通过发射 9 个彼此频率间隔为 1 kHz 的刻度信号，对获得的增益值进行拟合，最大增益值对应的频率即为天线的谐振频率。

主控电路将 9 个频率字信息发送给主控电路，由 DSP 依次传输给 FPGA。FPGA 接收完频率字数据后控制 DDS 产生设定的参考频率，然后在参考时钟的上升沿和下降沿产生刻度信号，同时产生采集门控信号和采样时钟，在整个扫频过程中控制隔离电路一直处于导通状态。由 DSP 采集得到此频率下的增益值后开始下一个频率字的传输，重新开始增益值的测量，直到完成 9 个频率下的增益测量。扫频的具体时序如图 12.57 所示。

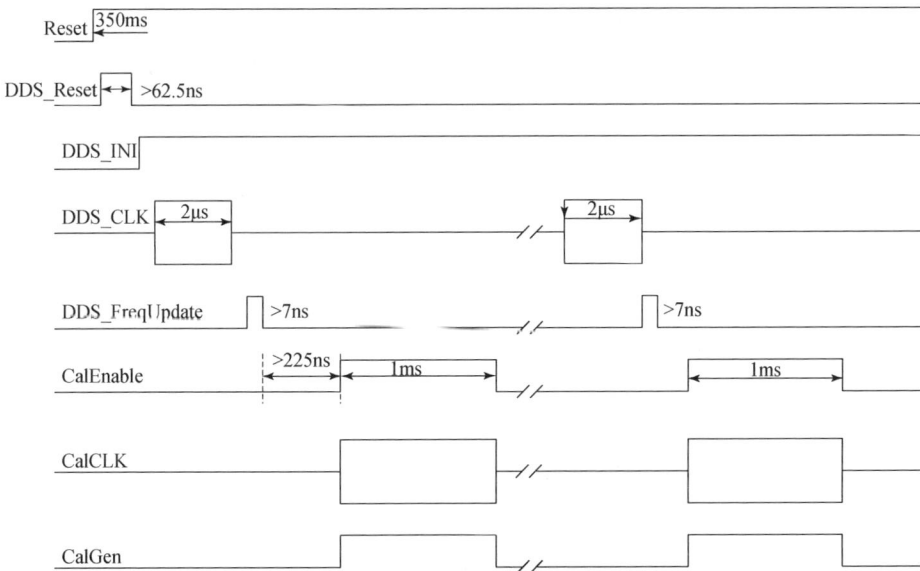

图 12.57　扫频控制时序

在确定发射频率后，要通过主刻度确定 90°脉冲宽度。首先设定一个初始脉冲宽度和步长，测量完一次 CPMG 后，前一次的脉冲宽度自动加上步长值，开始新一次的 CPMG 测量。每一次测量后可以得到回波串的初始值，对一系列回波串的初始值进行拟合求微分可以得到极值点，极值点对应的脉冲宽度就是 90° 脉冲宽度。主刻度的时序如图 12.58 所示。

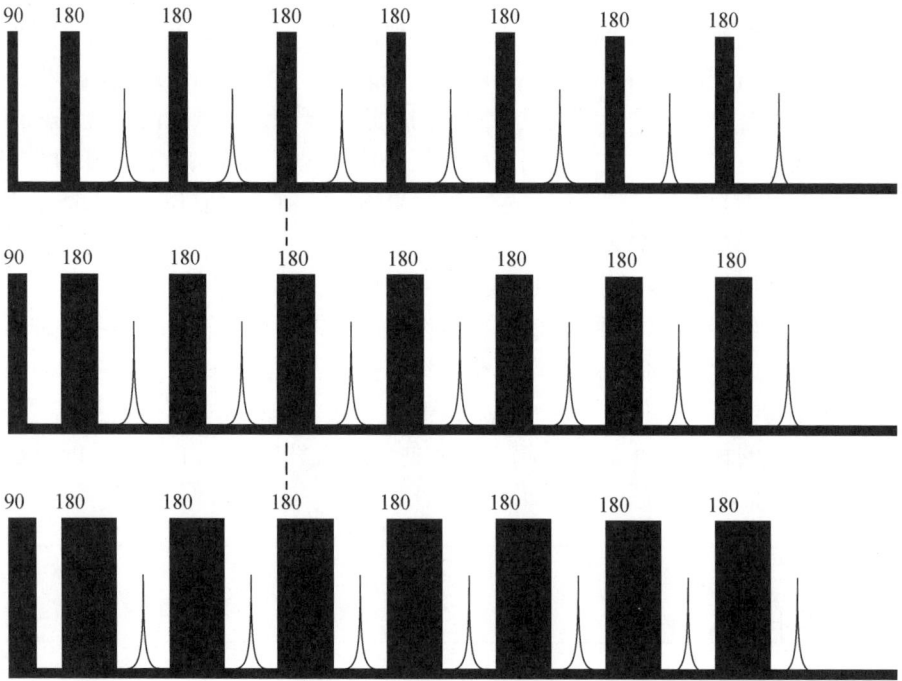

图 12.58　主刻度控制时序

3）控制逻辑软件设计

控制逻辑软件在 CPMG 时序生成单元的控制下主要完成发射信号的产生、隔离电路的控制、Q-转换电路的控制和回波信号采集的控制等，其结构框图如图 12.59 所示。

整个主控电路的工作流程为：DSP 通过 CAN 总线接收来自于地面系统的频率字、测量模式和测量参数等信息，并通过并行总线将这些数据发送给 FPGA。FPGA 首先控制 DDS 产生脉冲序列和控制命令的基准时钟。然后 FPGA 产生满足 CPMG 脉冲序列的时序和控制命令，开始数据采集过程，并在回波采集期间启动采集，产生采样时钟，同时将 ADC 转换后的数据保存在 FPGA 内部的 FIFO 存储器中。在本次回波采集完成后产生中断信号，DSP 接收到中断信号后将保存在 FIFO 中的数据读出，并进行数字相敏检波处理得到此回波的实部分量和虚部分量数据，并暂存到 SRAM 存储器中，处理完成后等待下一次回波采集，如此反

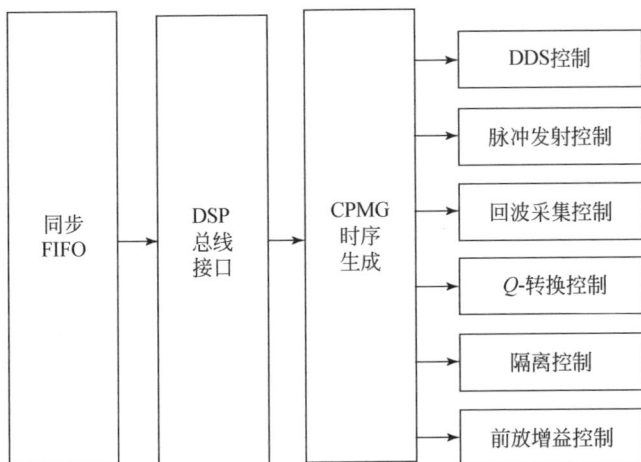

图 12.59　逻辑控制软件框图

复，直到达到设定的回波个数，这样，一次回波串数据采集结束。地面系统请求数据时，通过 CAN 总线上传回波串数据。

（1）DDS 控制。

FPGA 通过串行总线传输频率控制字。由于 DDS 芯片初始化后缺省状态为并行总线传输，需要在 DDS 初始化后将传输方式转换为串行总线方式。

FPGA 在上电初始化后，产生 DDS_Reset 信号初始化 DDS 芯片 AD9851，AD9851 初始化后 DSP 开始传输 DDS 频率控制字给 FPGA，在 DDS_INI 信号的上升沿 FPGA 产生 40 位连续的 DDS_DATA 和 DDS_CLK 信号给 DDS 芯片，传输完频率控制字和相位控制字后产生 Freq_Updata 信号给 DDS 芯片，至此完成了对 DDS 的控制。整个时序的仿真结果如图 12.60 所示。

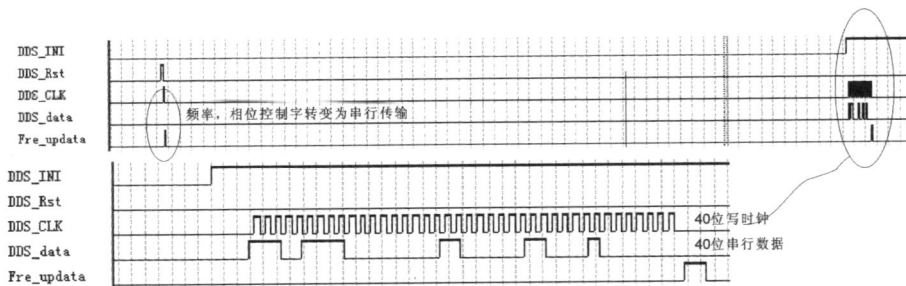

图 12.60　DDS 控制时序仿真结果

（2）电路控制。

主控电路对电路的控制主要是生成发射控制信号给功率放大电路，生成 Q-转换控制信号给 Q-转换电路，生成隔离控制信号给隔离电路，生成采集控制信号给数据采集电路等。

发射控制信号包括两路外桥控制信号和两路内桥控制信号。外桥控制信号（$Q1Q8$ 和 $Q2Q7$）和内桥控制信号（$Q3Q6$ 和 $Q4Q5$）分别为两路脉冲宽度相等但相位相差 180°的控制信号，内桥控制信号比外桥控制信号窄且内桥控制信号在外桥控制信号的脉宽内产生。控制信号的参考频率是在氢核共振条件下的拉莫尔频率，在参考频率的上升沿产生 $Q1Q8$ 控制脉冲，下降沿产生 $Q2Q7$ 控制脉冲。

Q-转换控制信号包括一路 Q-转换开始信号（Dump On）和一路 Q-转换结束信号（Dump Off）。整个 Q-转换控制采用分时泄放控制。

隔离控制信号由两路控制信号（RT_SW 和 Soft_Dump）组成，其控制隔离电路在隔离保护、辅助能量泄放和回波接收这三种不同的状态下工作。射频脉冲发射和主能量泄放时，控制信号控制隔离电路工作在隔离保护状态；在天线主能量泄放完成后，控制信号控制隔离电路工作在辅助能量泄放状态；回波采集时，控制信号控制隔离电路工作在回波接收状态，允许天线接收到的回波通过后级电路进行放大、滤波和数据采集等。

采集控制信号为数据采集电路提供采样时钟和采集门控信号，完成对放大后的回波信号的采集控制。

功率放大电路、Q-转换电路、隔离电路和数据采集电路的控制时序仿真结果如图 12.61 所示。脉冲发射期间在拉莫尔频率的上升沿产生 $Q1Q8$ 控制信号，下降沿产生 $Q2Q7$ 控制信号，$Q3Q6$ 和 $Q4Q5$ 控制信号在 $Q1Q8$ 和 $Q2Q7$ 控制信号脉宽内产生；脉冲发射完成后，主能量泄放过程经四个阶段完成；脉冲发射和主能量泄放时接收电路和天线处于隔离状态，之后进入辅助能量泄放过程，在回波采集时天线和接收电路处于回波接收状态。

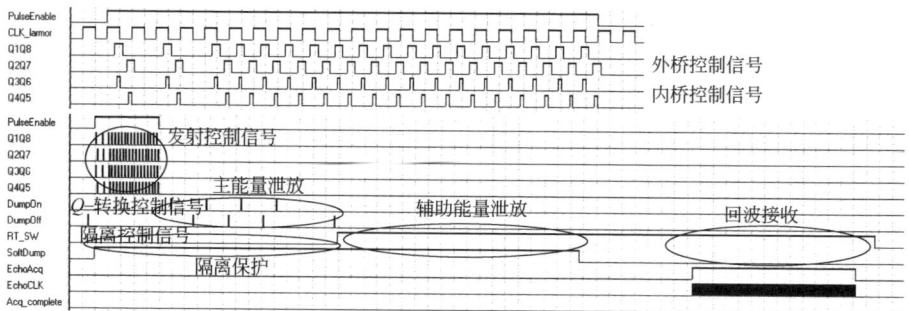

图 12.61　电路控制仿真结果

2. 底层采集软件

主控电路的底层采集由 DSP 和 FPGA 实现。DSP 通过采集算法实现回波信号的数字化处理，FPGA 提供采集门控信号和采样时钟。底层采集软件使用 C 语言实现采集算法，使用 VHDL 语言实现采样控制。软件平台为 Texas Instruments 公司的 Code Composer Studio 3.1 和 Altera 公司的 Quartus Ⅱ 8.0。

　　NMR 测井仪回波信号的信噪比低，利用回波信号和噪声不相关的特点，采用基于相关检测的数字相敏检波算法可以得到回波的幅度和相位信息。其基本原理是带有噪声的回波信号与同频的相位相差 90° 的两路参考信号相乘产生具有一定相位差的直流分量和倍频分量，经积分器后滤除倍频分量和降低噪声，最后通过算术运算得到回波的幅度和相位信息[69,70]，其原理框图如图 12.62 所示。

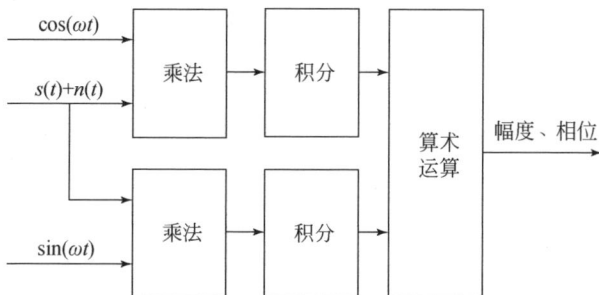

图 12.62　数字相敏检波算法原理框图

　　正余弦函数在一个周期内的积分为零，积分器作为低通滤波器可以滤除相乘时产生的倍频分量和降低噪声。数字相敏检波算法中的积分器采用分段式累加平均方式来实现。采集算法的数学公式为

$$R = \frac{1}{16N} \sum \left[S_{j1} \cos\theta_1 \right] + \frac{1}{16N} \sum \left[S_{j2} \cos\theta_2 \right] + \cdots + \frac{1}{16N} \sum \left[S_{j16} \cos\theta_{16} \right]$$
$$(12.15)$$

$$X = \frac{1}{16N} \sum \left[S_{j1} \sin\theta_1 \right] + \frac{1}{16N} \sum \left[S_{j2} \sin\theta_2 \right] + \cdots + \frac{1}{16N} \sum \left[S_{j16} \sin\theta_{16} \right]$$
$$(12.16)$$

式中，R、X 为回波信号的实部分量和虚部分量；S_j 为采集到的回波数据；$\cos\theta_j$、$\sin\theta_j$ 为参考余弦信号和正弦信号的采样值；N 为采样周期数；$ji = i + 16 \times n$，$i = 1, 2, \cdots, 16$，$n = 1, 2, \cdots, N$。

　　将式（12.15）和式（12.16）简化得

$$R = \frac{1}{16N} \left\{ \cos\theta_1 \sum \left[S_{j1} \right] + \cos\theta_2 \sum \left[S_{j2} \right] + \cdots + \cos\theta_{16} \sum \left[S_{j16} \right] \right\} \quad (12.17)$$

$$X = \frac{1}{16N} \left\{ \sin\theta_1 \sum \left[S_{j1} \right] + \sin\theta_2 \sum \left[S_{j2} \right] + \cdots + \sin\theta_{16} \sum \left[S_{j16} \right] \right\} \quad (12.18)$$

　　DSP 的指令系统可高效地实现乘积和累加功能，由式（12.17）和式

（12.18）可知，将正弦信号和余弦信号在 0 到 2π 内按照采样倍数等分得到的乘法系数存放在指定的程序存储器中，将采集到的数据按照信号周期依次累加到一起并除以累加次数，累加得到的数据和程序存储器中的乘法系数相乘得到回波的实部分量和虚部分量。NMR 测井回波信号是具有一定带宽的调幅信号，在一次回波采集中的周期数不能太大，只能通过多组回波串的回波数据累加来提高信噪比。

12.6　天线调谐电路

天线调谐电路的作用是通过继电器驱动电路控制继电器来选择不同的电容组合，从而改变天线的谐振频率以满足梯度磁场下多频测量的要求。天线调谐电路主要由四组不同的电容和四个继电器组成，可以组合产生 16 种不同的谐振频率。功率放大电路和天线之间通过交叉二极管连接，目的是在回波接收时有效隔离天线和发射电路，从而抑制发射电路的噪声进入接收回路。

12.7　继电器驱动电路

继电器驱动电路的作用是控制天线调谐电路中继电器的导通和断开，主要由MOS 管和微分电路组成，继电器由 28 V 未稳压电源供电，其原理如图 12.63 所示。

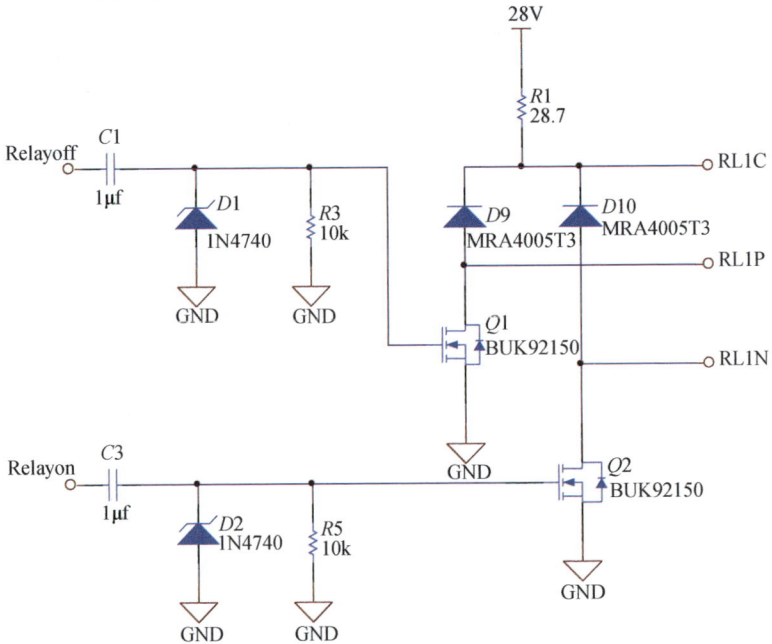

图 12.63　继电器驱动原理

继电器驱动的工作原理是：当主控电路 Relayon 控制脉冲有效时，MOS 管 Q2 导通，当 Relayoff 控制脉冲有效时，MOS 管 Q1 导通，二极管 D9 和 D10 的作用是抑制电压过冲保护 MOS 管。控制脉冲经 RC 微分电路后控制 MOS 管的栅源电压从而控制继电器，控制逻辑如图 12.64 所示。

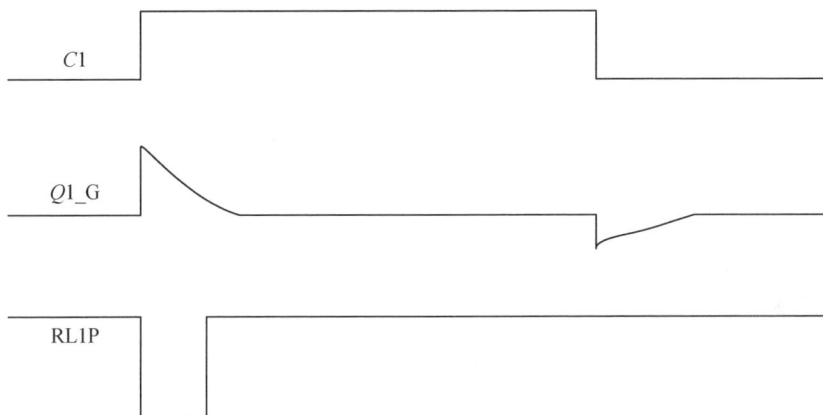

图 12.64　继电器驱动控制原理

12.8　电 源 电 路

电源电路由 6 个线性稳压电源和 1 个未稳压电源组成，包括+3.3 V 主控电路电源、±5 V 主控电路电源、±6 V 接收电路电源、+5 V 隔离电路电源、+10 V 功率放大驱动电路电源、+175 V 功率放大驱动电路电源和+28 V 未稳压继电器电源。线性稳压电源的设计原理相同，每个电源电路提供的电压和电流各有差异，在一个电源电路的基础上，做很小的修改即可完成另一个电源电路的设计。电源的详细设计说明以+3.3 V 主控电路电源为例，其原理如图 12.65 所示。

由变压器提供的 10 V 交流电由半波或全波整流桥整流后，通过 LC 低通滤波器来减小纹波电压。滤波器的输出端（+V）为基准源 U1 的输入端和运算放大器 U2 提供工作电压。误差放大电路（U1，U2，R4，R5，R6，R7，R8 和 C4，C5，C7）用来控制 MOS 管 Q1 的栅极电压，从而调整 Q1 的漏源电阻，保证电源的输出保持在 3.3 V。限流保护电路（Q2，R1，R2 和 R3）在电流异常时关断 MOS 管，从而保护被供电电路和电源电路。

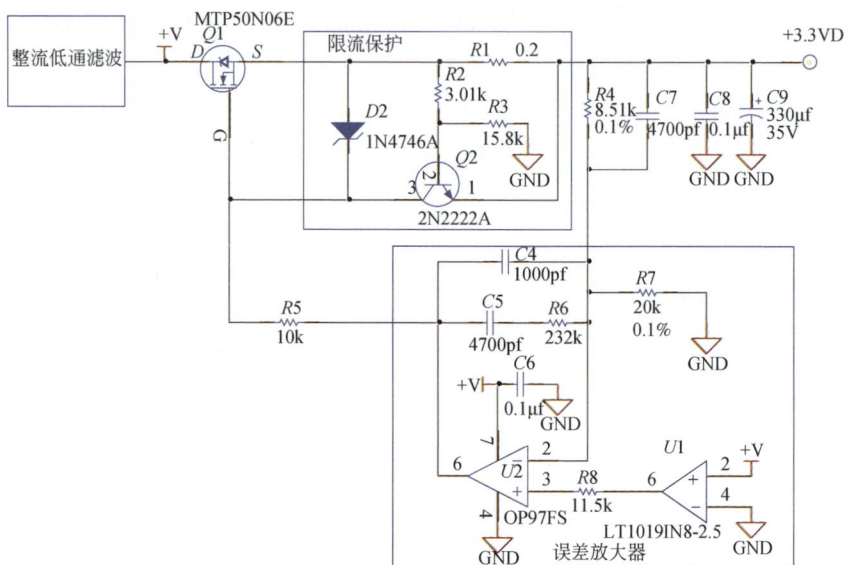

图 12.65　+3.3V 主控电路电源原理

12.9　小　　结

在分析借鉴现有 NMR 测井仪电子线路的基础上，结合自主研发的探测器特点，完成了所有电路的设计。通过上述设计，得到的电子线路详细框图如图 12.66 所示。

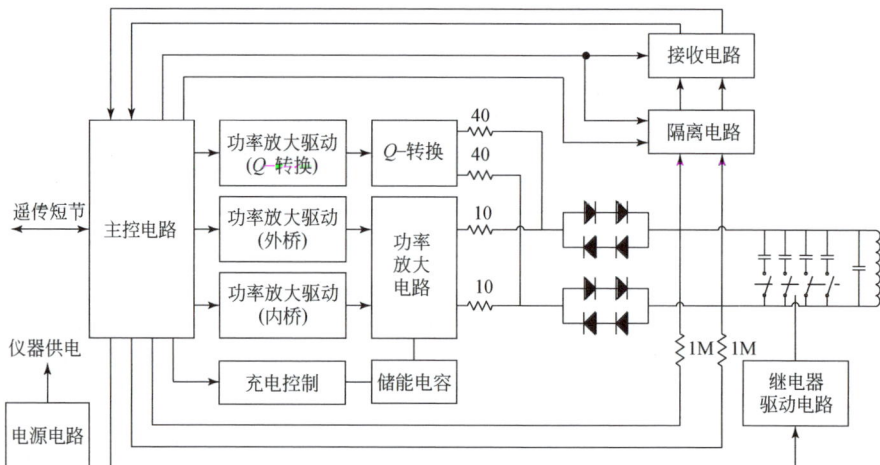

图 12.66　电子线路详细框图

第 13 章　制作与测试

本章使用 Altium Designer 6.8 完成了各电路原理图和印刷电路板（PCB）的设计，随后对各电路进行了单板测试和系统联调测试，最后对研制的探头进行了测试。

13.1　发 射 电 路

13.1.1　功率放大驱动电路

所设计的功率放大驱动电路原理图和 PCB 分别如图 13.1 和图 13.2 所示，实物图如图 13.3 所示。功率放大驱动电路中死区时间调节电路的作用是防止半桥电路中高位 MOS 管和低位 MOS 管同时导通而烧毁。使用 Agilent 公司的 MSO7034A 示波器、MSO6052A 信号发生器和直流高压电源，对功率放大驱动电路进行了测试，半桥电路中高、低位 MOS 管的栅源控制脉冲如图 13.4 所示，其中通道一为 200 ns 的控制脉冲，通道三为高位 MOS 管的栅源控制脉冲，通道四为低位 MOS 管的栅源控制脉冲。将电源电压调为 175 V，其输出脉冲如图 13.5 所示，其中通道一为 200 ns 的控制脉冲，通道四是电路的输出脉冲。

13.1.2　功率放大电路

所设计的功率放大电路原理图和 PCB 分别如图 13.6 和图 13.7 所示，实物图如图 13.8 所示。功率放大电路的设计思路是使用单电源供电的双全桥电路获得和双电源供电的全桥电路相同的输出，其输出电压峰值为所加直流电压的两倍。使用 Agilent 公司的 MSO7034A 示波器、直流高压电源、主控电路、功率放大驱动电路，对功率放大电路进行了测试，将电源电压调为 24 V，测得电路输出信号波形如图 13.9 所示，其中通道一和通道二为电路的两个输出波形，M 道为两输出波形的差值，即输出信号峰峰值约为 96 V，由此可以看出电路按照理论设计进行工作。将电源电压调为 600 V，使用频率为 615 kHz、阻抗为 436 Ω 的螺线管负载和衰减为 25 的取样电阻测试得到的波形如图 13.10 所示，其输出电压为 1.1 kV，输出功率为 1.3 kW。

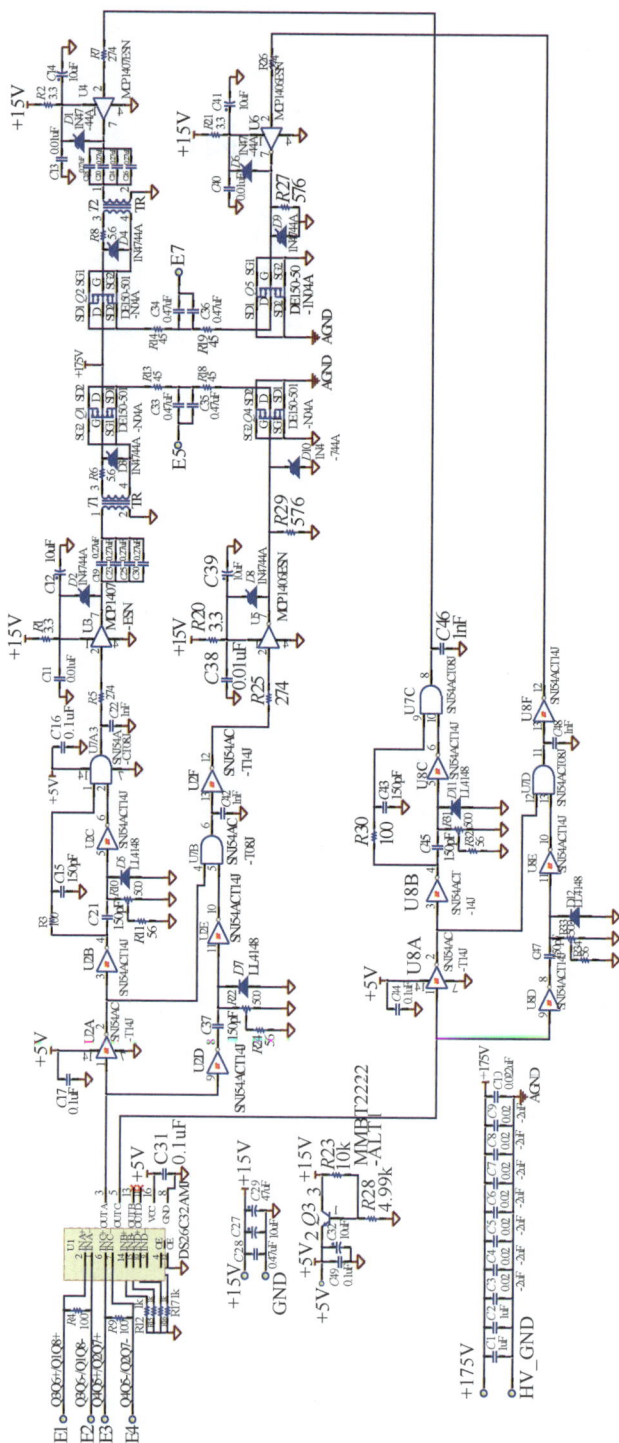

图 13.1 功率放大驱动电路原理图

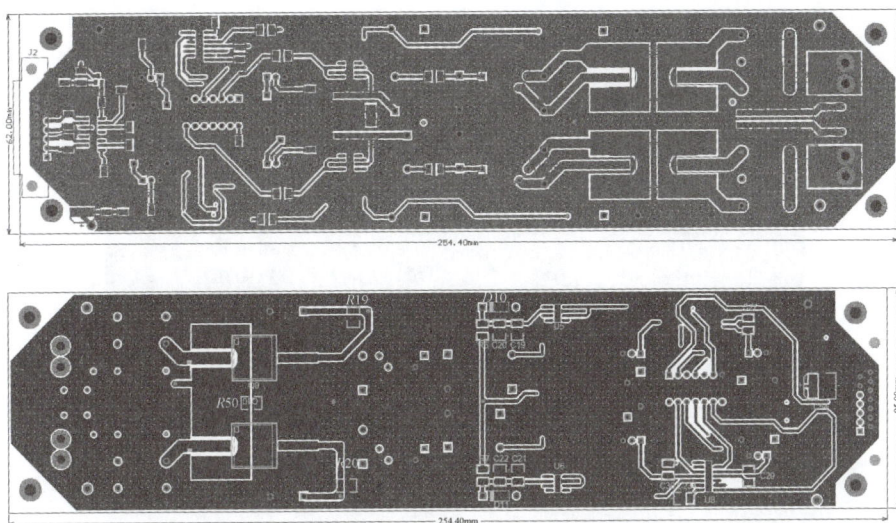

图 13.2 功率放大驱动电路 PCB

图 13.3 功率放大驱动电路实物图

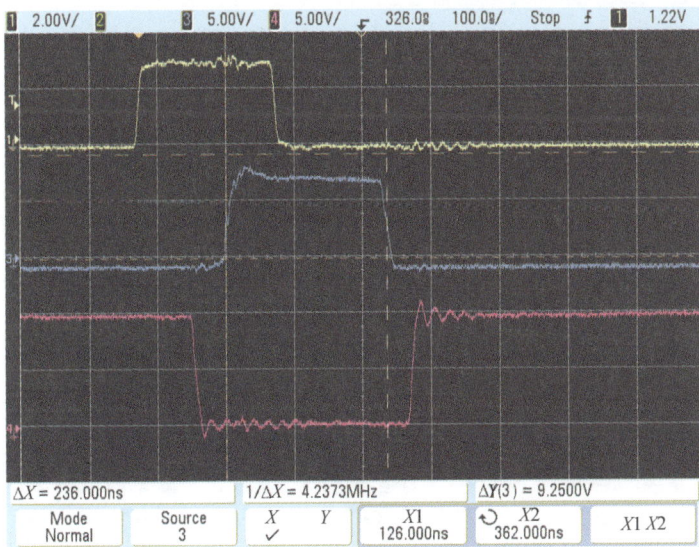

图 13.4 半桥电路中 MOS 管栅源控制信号

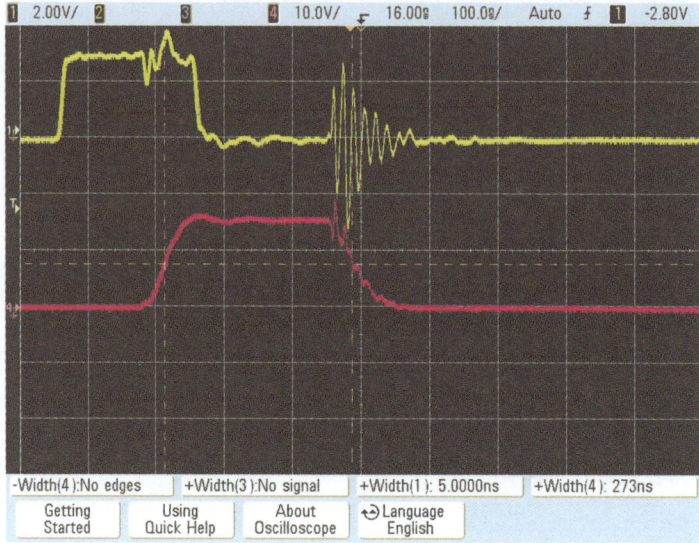

图 13.5　功率放大驱动电路输出信号波形

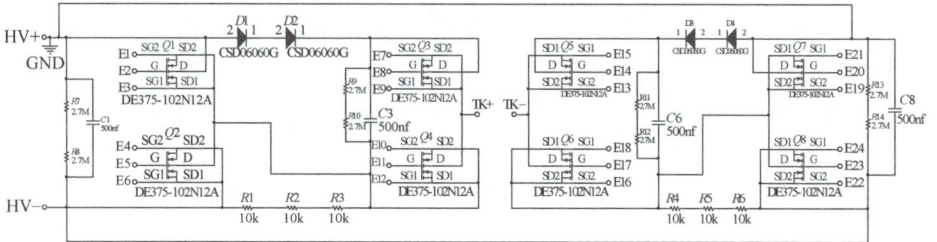

图 13.6　功率放大电路原理图

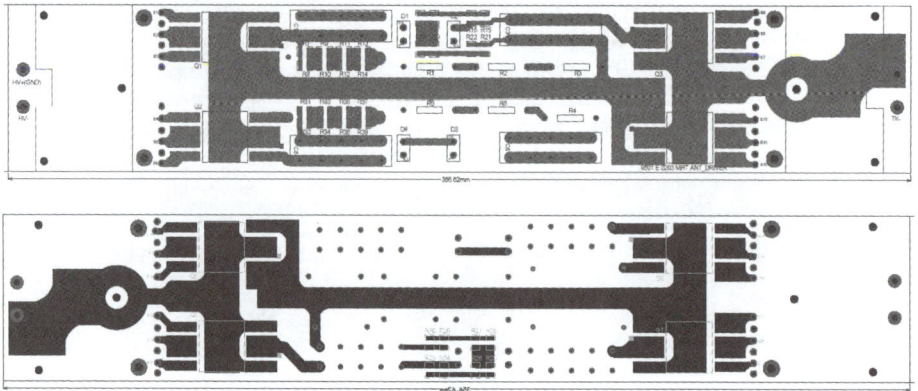

图 13.7　功率放大电路 PCB 图

图 13.8　功率放大电路实物图

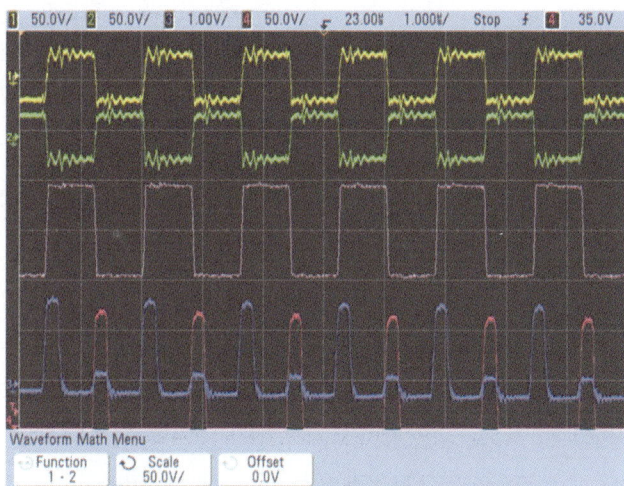

图 13.9　功率放大电路输出信号波形

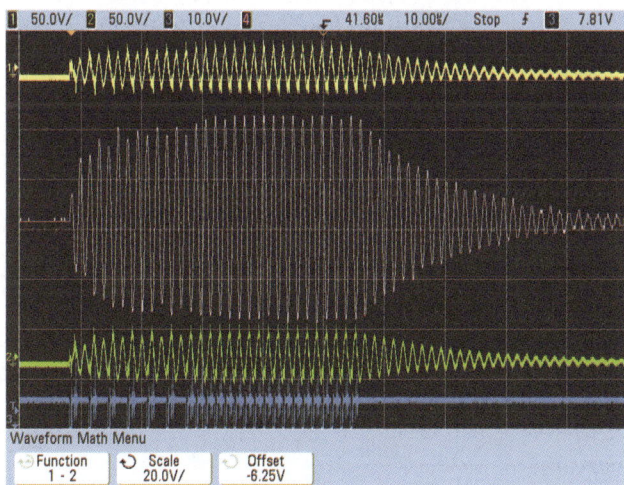

图 13.10　功率放大电路输出信号波形（LC 负载）

13.1.3　储能电路

所设计的储能电容充电控制电路原理图和 PCB 分别如图 13.11 和图 13.12 所示，实物图如图 13.13。

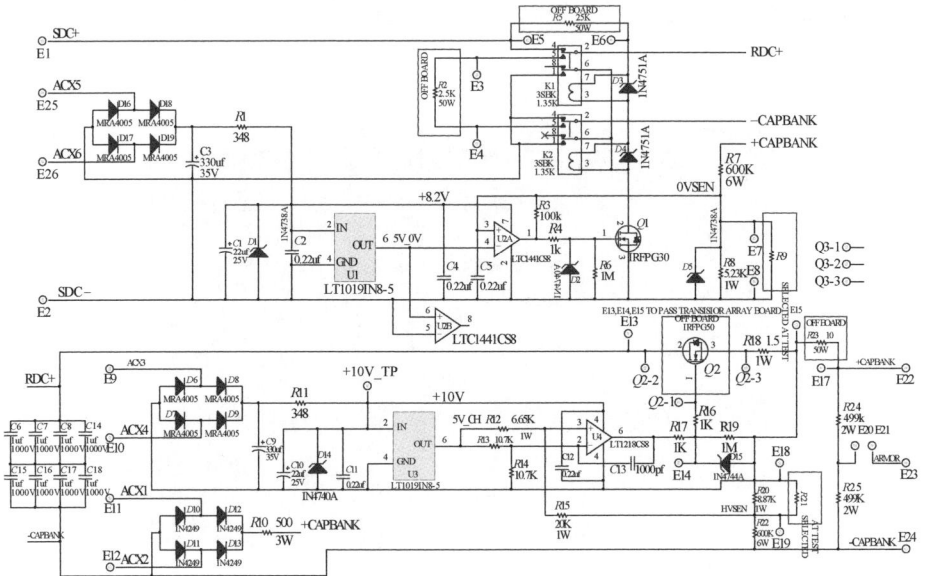

图 13.11　储能电容充电控制电路原理图

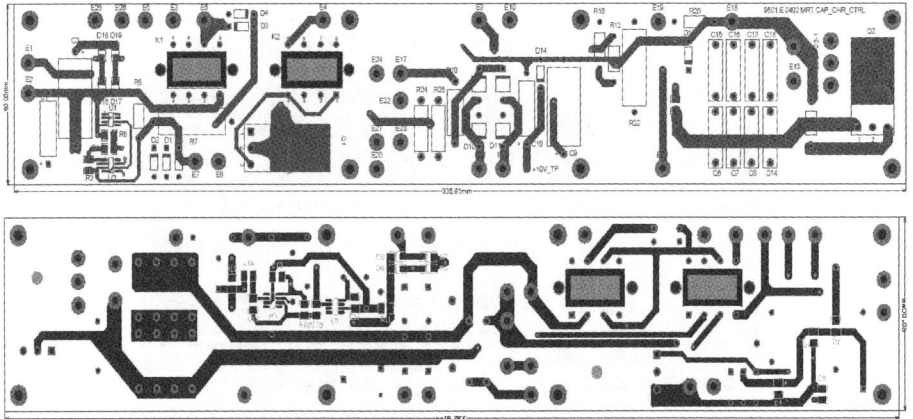

图 13.12　储能电容充电控制电路 PCB

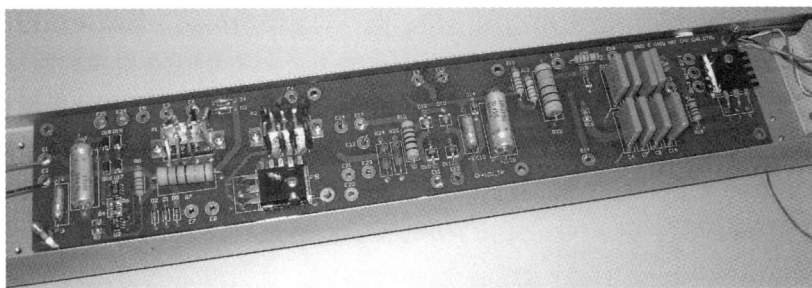

图 13.13　储能电容充电控制电路实物图

13.2　Q-转换电路

所设计的 Q-转换电路原理图和 PCB 分别如图 13.14 和图 13.15 所示，实物图如图 13.16 所示。使用 Agilent 公司的 MSO7034A 示波器、直流高压电源、功

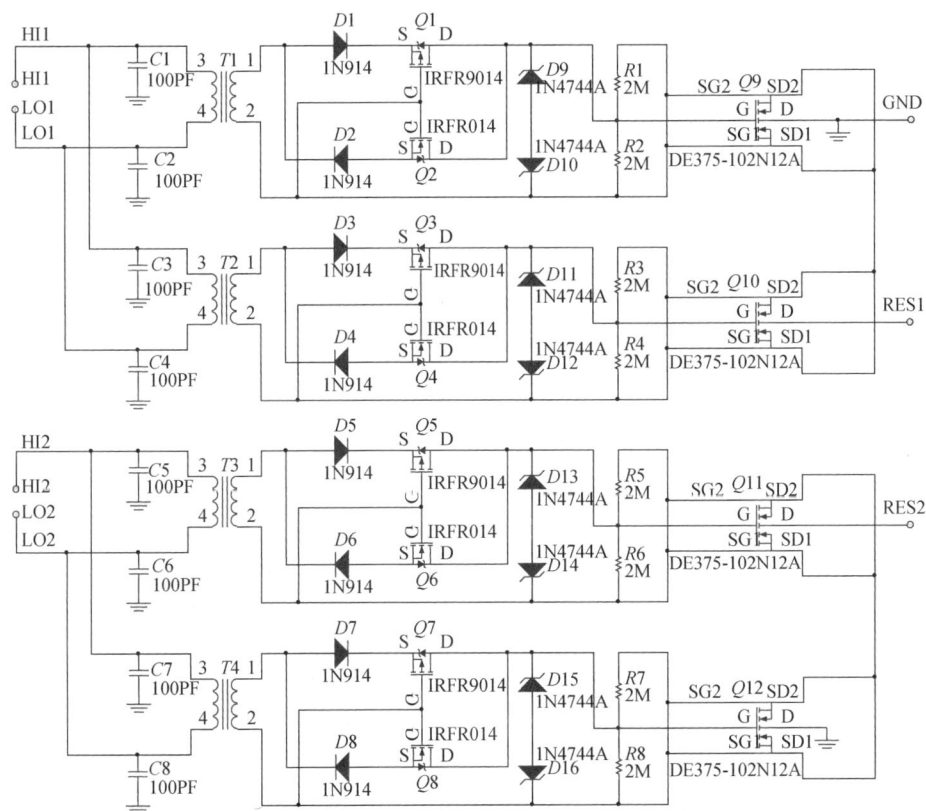

图 13.14　Q-转换电路原理图

率放大驱动电路、功率放大电路和主控电路，对 Q-转换电路进行测试。MOS 管的控制采用脉冲充放电式控制，即第一个控制脉冲打开 MOS 管，第二个脉冲关闭 MOS 管，MOS 管栅源控制脉冲如图 13.17 所示，其中通道一为 MOS 管栅极电压，通道二为 MOS 管源极电压，通道三和通道四为两路控制脉冲。将 Q-转换电路和功率放大电路联合测试，其波形如图 13.18 所示。从图中可以看出，脉冲发射后天线泄放时间约为 20 μs，而无 Q-转换电路时天线泄放时间大于 45 μs（图 13.10），使用 Q-转换电路后天线泄放时间至少减少至原来的二分之一。

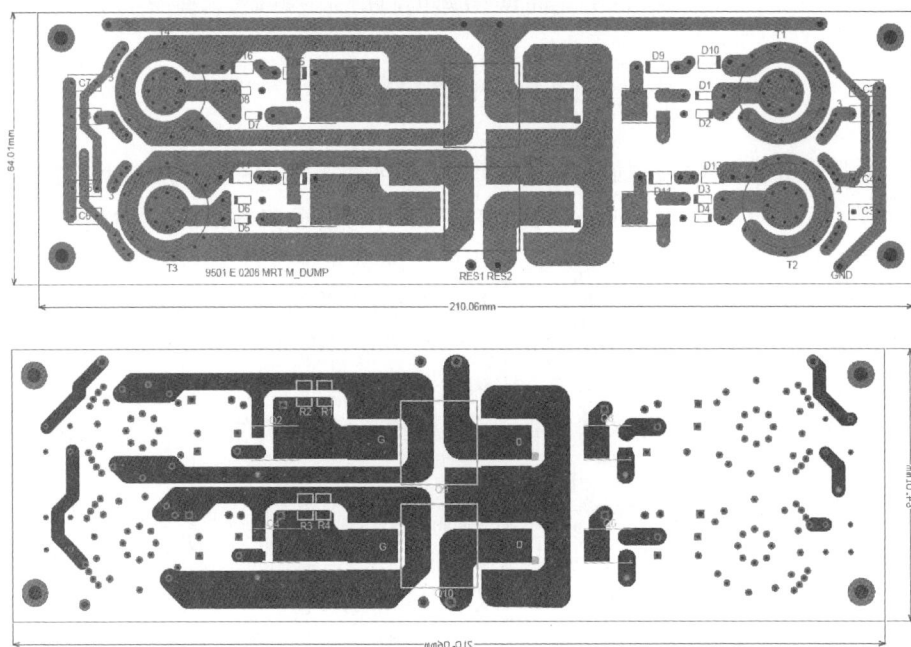

图 13.15　Q-转换电路 PCB

图 13.16　Q-转换电路实物图

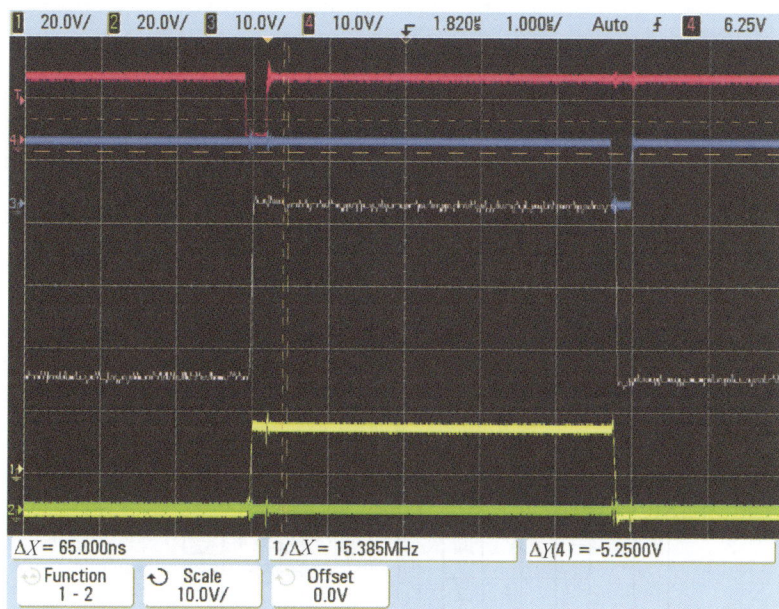

图 13.17　MOS 管栅源控制脉冲

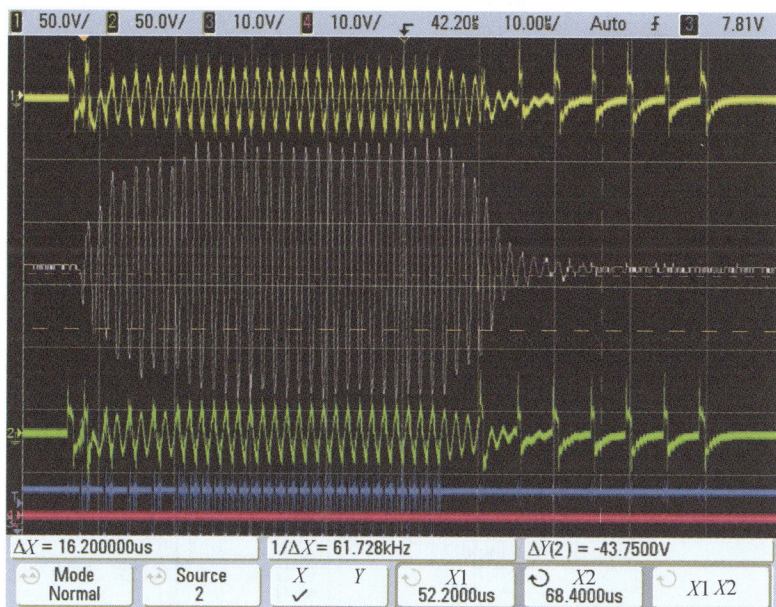

图 13.18　连接 Q-转换电路后的功放输出波形

13.3　隔 离 电 路

所设计的隔离电路原理图和 PCB 分别如图 13.19 和图 13.20 所示，实物图如

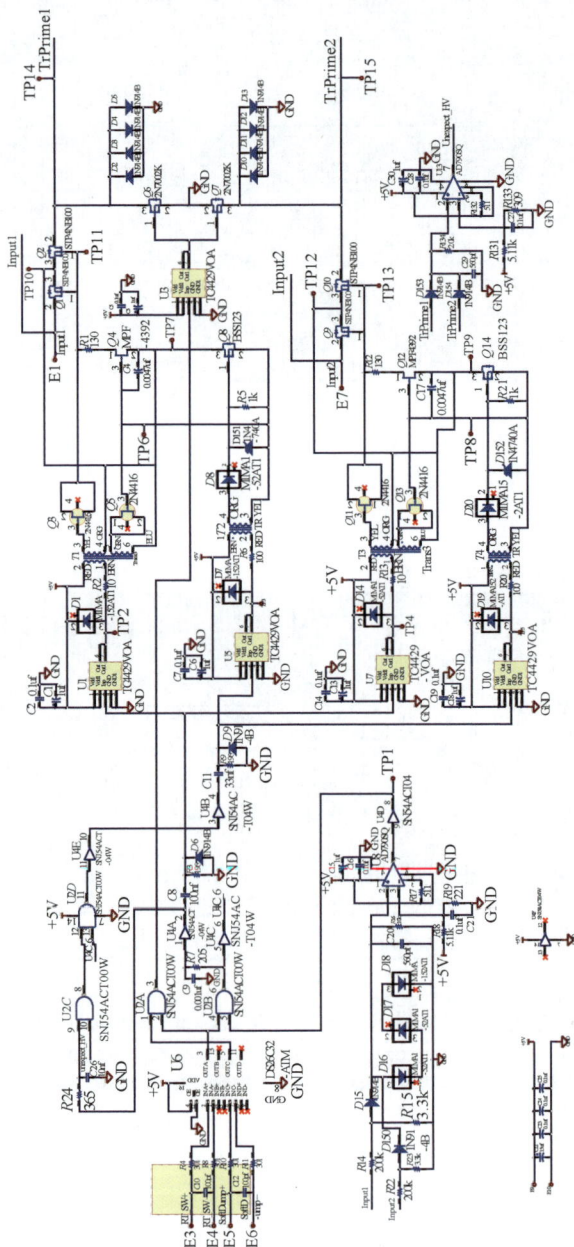

图 13.19　隔离电路原理图

图 13.21 所示。使用 Agilent 公司的 MSO7034A 示波器和 MSO6052A 信号发生器，对隔离电路进行了测试。MOS 管的控制采用脉冲充放电式控制来达到低功耗设计的目的，控制脉冲经逻辑控制电路后在控制脉冲的上升沿产生两路脉宽约为 20 μs 的负脉冲，在控制脉冲的下降沿产生两路脉宽约为 20 μs 的负脉冲，实际测试波形如图 13.22 和图 13.23 所示，其中通道一为控制脉冲，通道二和通道四为逻辑控制电路的两路输出。MOS 管的栅源控制脉冲如图 13.24 所示，其中通道一为主控电路的控制脉冲，通道二为 MOS 管栅源控制脉冲。

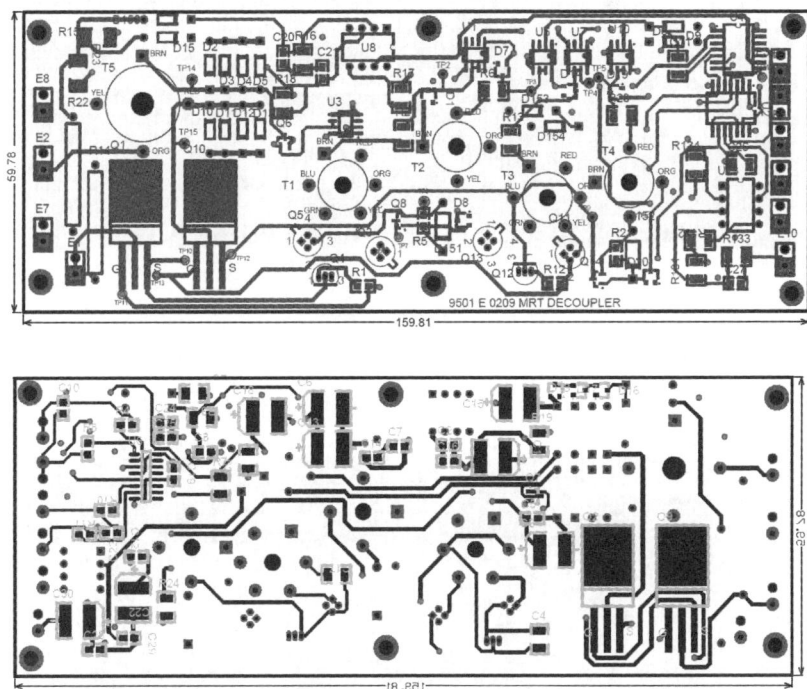

图 13.20　隔离电路 PCB

图 13.21　隔离电路实物图

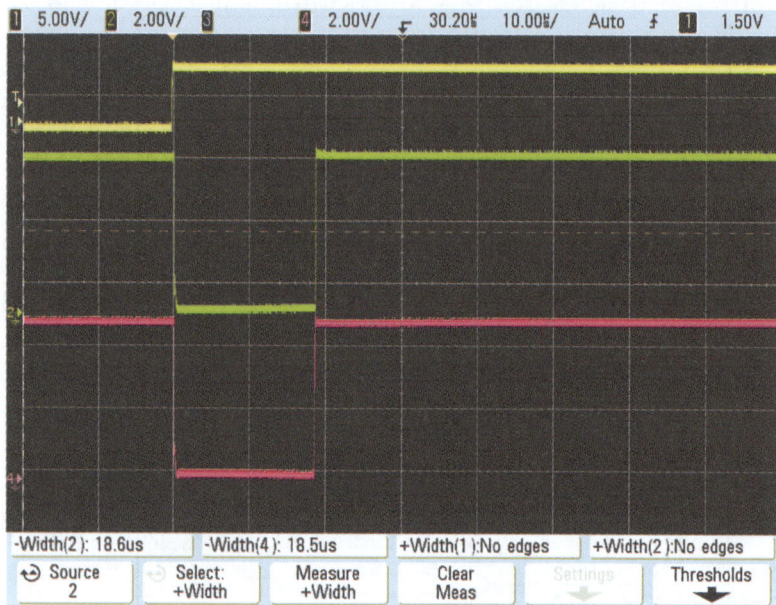

图 13.22　控制逻辑电路输出（控制脉冲上升沿）

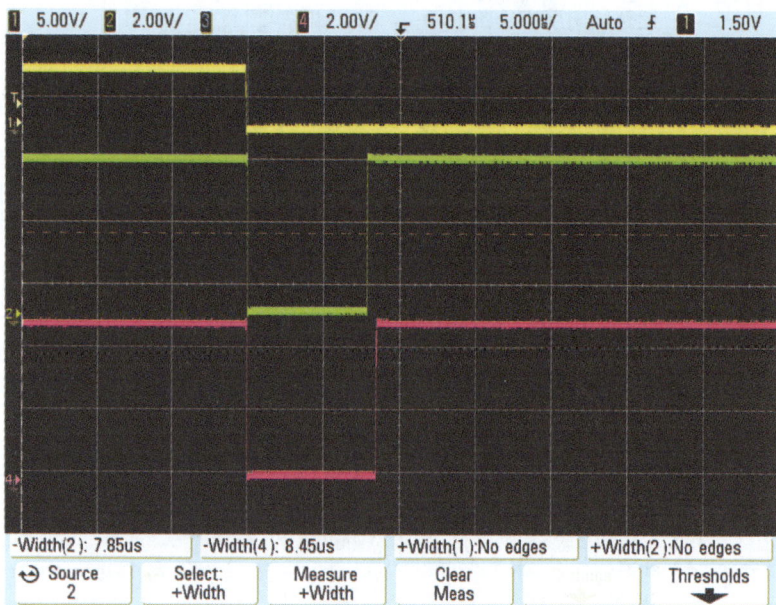

图 13.23　控制逻辑电路输出（控制脉冲下降沿）

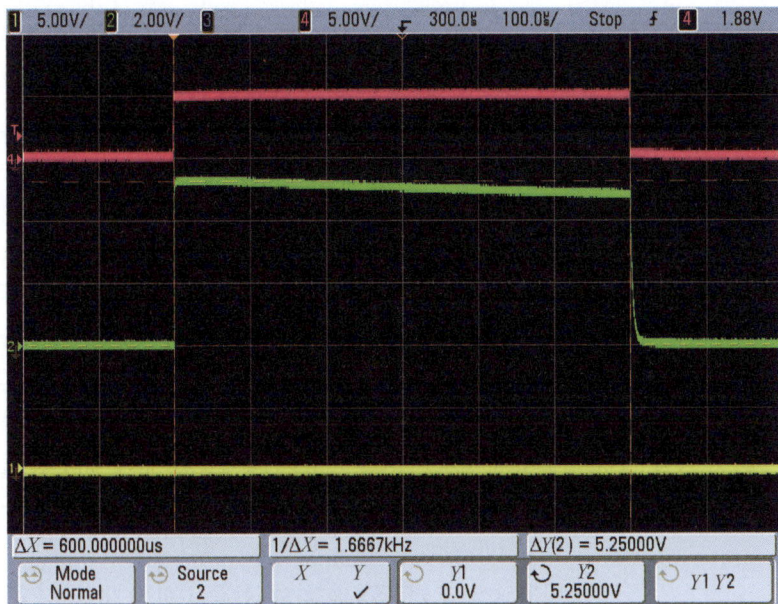

图 13.24　隔离电路中 MOS 管控制脉冲

13.4　接 收 电 路

所设计的接收电路原理图和 PCB 分别如图 13.25 和图 13.26 所示，实物图如图 13.27 所示。接收电路的性能参数包括增益、带宽和等效输入噪声。测量原理是使用 Tektronix 公司的 AFG3021B 信号发生器作为标准信号源，并经 Telonic Berkeley 公司的 8120S 步进衰减器后作为标准输入信号，接收电路的输出信号经 Agilent 公司的 MSO6032A 示波器采集平均后得到测量值。将信号发生器的输出设定为最小幅值 10 mV，衰减器衰减为 80 dB，以频率 100 kHz 为步进值，测得的接收电路频率增益特性曲线如图 13.28 所示。从图可以看出，接收电路在 400 kHz 和 1 MHz 的频率范围内增益比较恒定，约为 112 dB。

等效输入噪声密度的测量方法是将接收电路的差分输入短接，使用示波器直接采集接收电路输出噪声，根据采集到的噪声峰峰值计算等效输入噪声密度。等效输入噪声密度公式为

$$V_{\text{noise\_in}} = \frac{V_{\text{noise\_out(pp)}}}{6.6 \times G \times \sqrt{\Delta f_e}} \qquad (13.1)$$

式中，G 为电路增益；Δf_e 为电路等效噪声带宽。

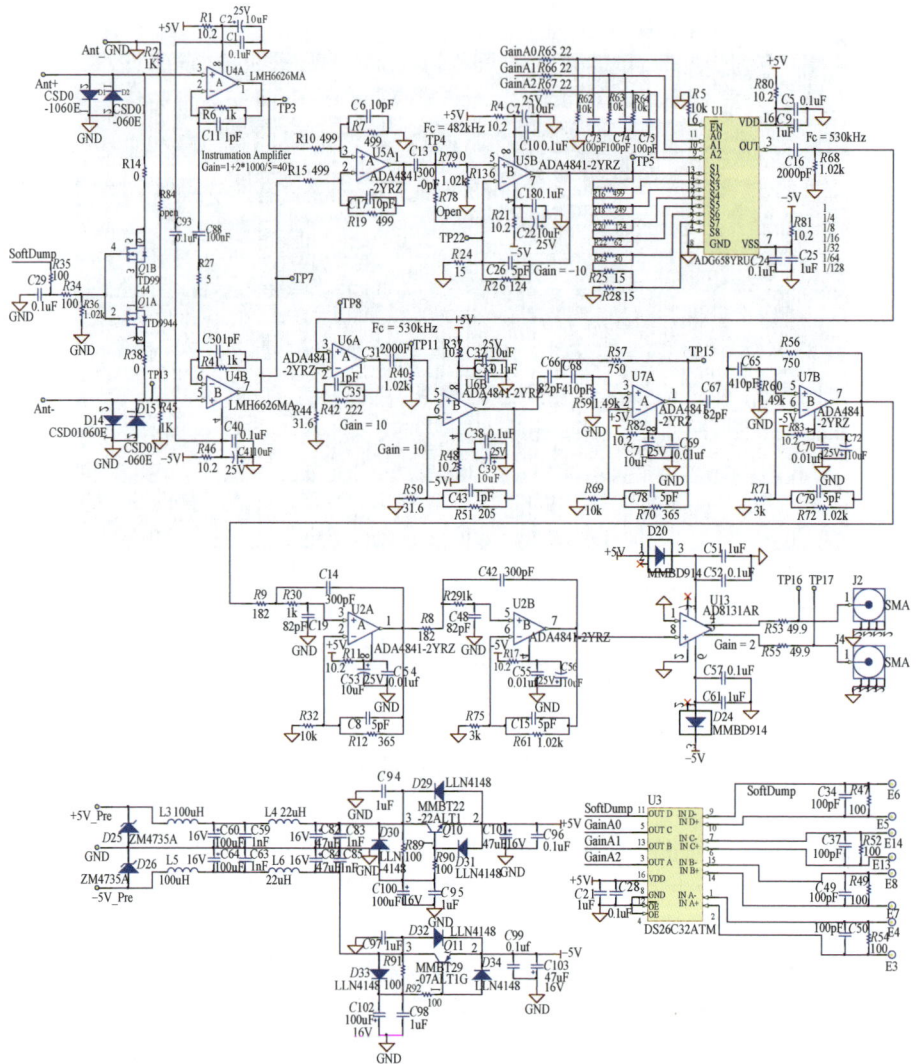

图 13.25　接收电路原理图

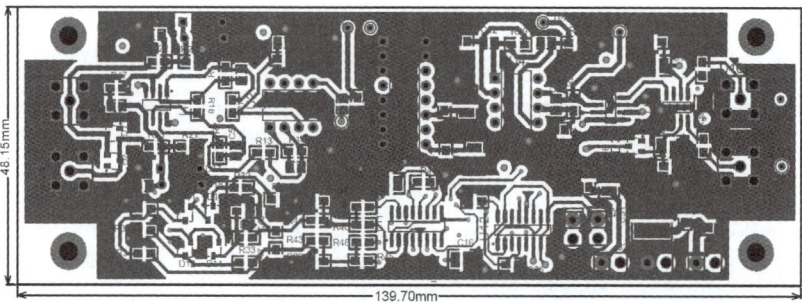

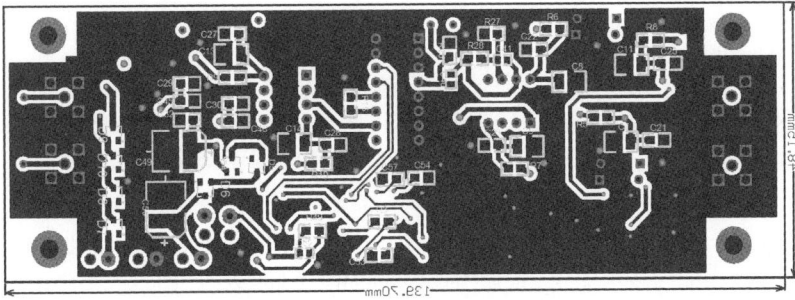

图 13.26 接收电路 PCB

图 13.27 接收电路实物图

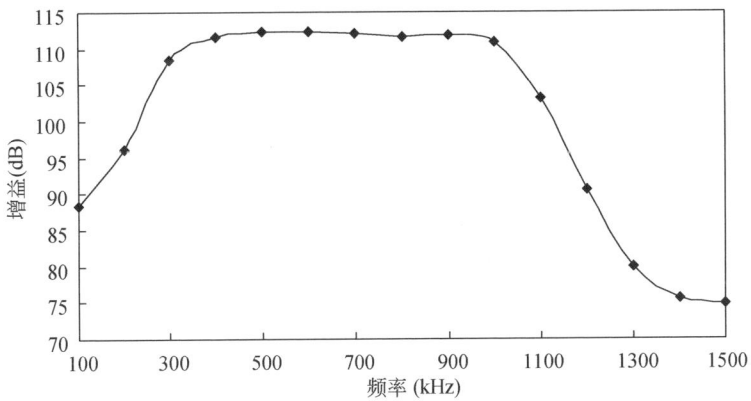

图 13.28 接收电路频率增益曲线

在本设计中接收电路滤波器为 8 阶，其等效噪声带宽约为电路的 3 dB 带宽。

因此，可将式（13.1）简化为

$$V_{\text{noise\_in}} = \frac{V_{\text{noise\_out(pp)}}}{6.6 \times G \times \sqrt{\Delta f}} \tag{13.2}$$

接收电路的输出噪声如图 13.29 所示。因此接收电路的等效输入噪声和等效输入噪声密度分别为 1.06 μV、1.37 nV/$\sqrt{\text{Hz}}$。

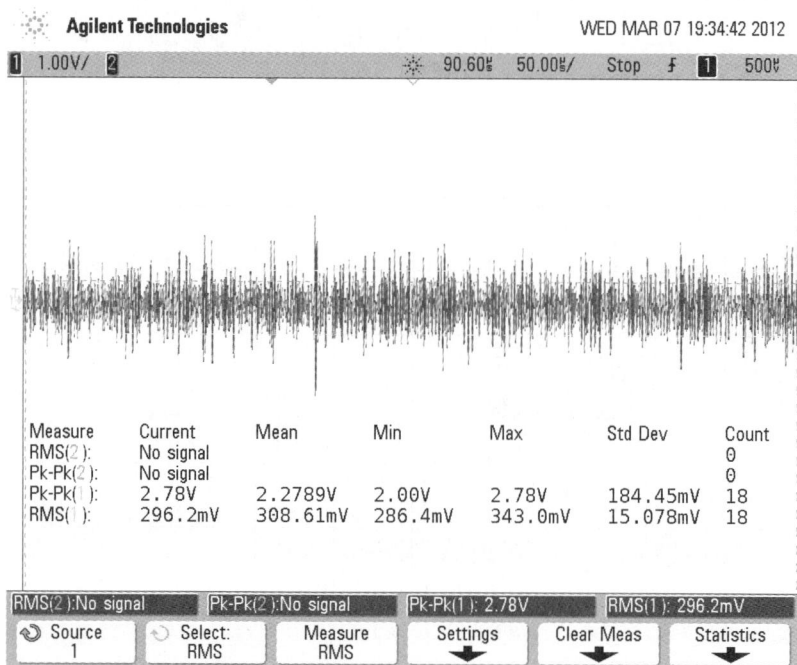

图 13.29　接收电路的输出噪声波形

13.5　主 控 电 路

所设计的主控电路原理图分别如图 13.30、图 13.31、图 13.32、图 13.33 和图 13.34 所示，PCB 如图 13.35 所示，实物图如图 13.36 所示。使用 Agilent 公司的 MSO7034A 示波器和 MSO6052A 信号发生器，对主控电路进行了测试。主控电路主要是生成脉冲序列，完成对仪器的控制和回波信号的数据采集等。图 13.37 为在 CPMG 脉冲序列下 4 路功率放大电路控制信号波形图，其中第一个脉冲为 90°脉冲，后面是一系列的 180°脉冲，90°脉冲和 180°脉冲的时间间隔是 180°脉冲之间间隔的一半。4 路功率放大电路控制信号包括外桥控制信号（$Q1Q8$ 和 $Q2Q7$）和内桥控制信号（$Q3Q6$ 和 $Q4Q5$），内桥控制信号脉宽比外桥控制信号

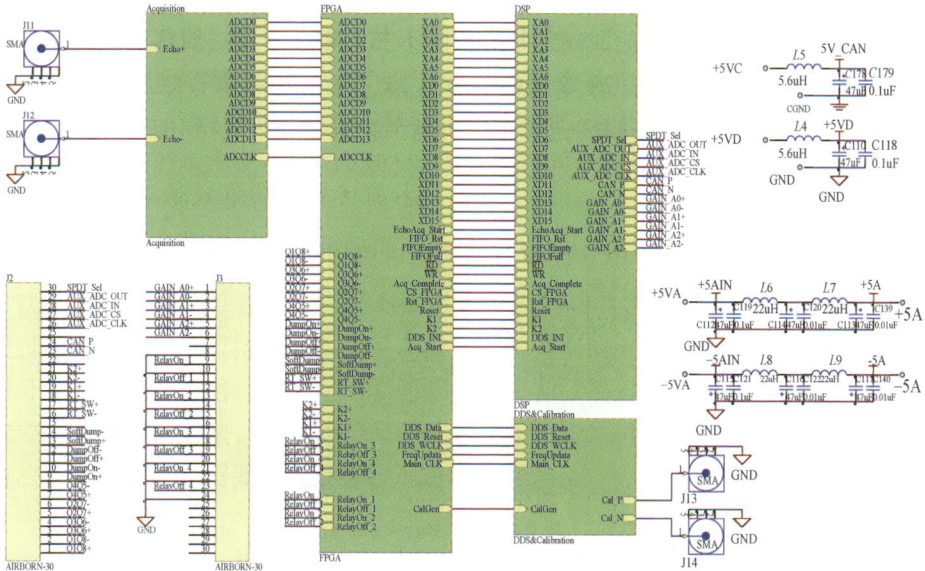

图 13.30　主控电路原理图（总体）

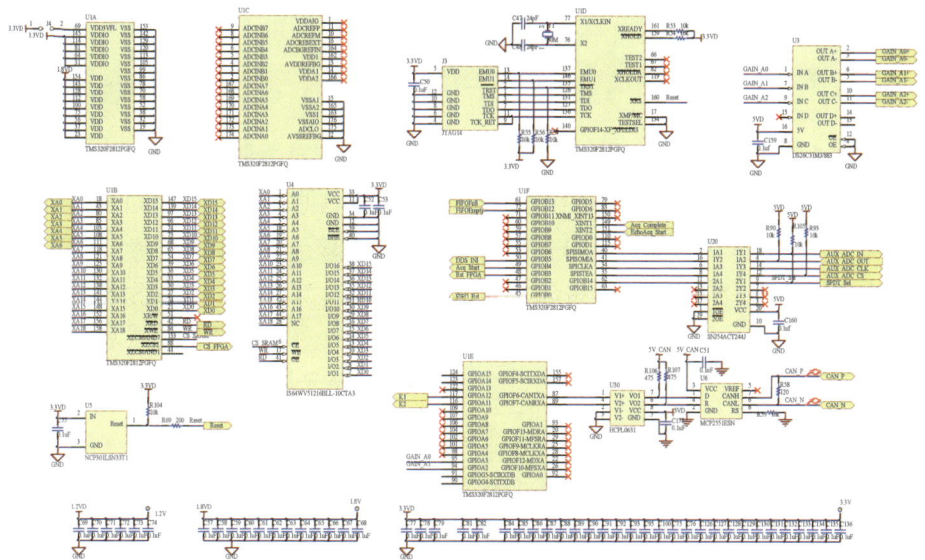

图 13.31　主控电路原理图（DSP 模块）

脉宽窄，且内桥控制信号在外桥控制信号内产生；为了使发射的射频脉冲缓慢地起振，前两个外桥和内桥控制信号的频率为拉莫尔频率的一半。NMR 测井仪一般都使用正交相位对（PAPs）技术来消除天线的振铃，即在 90° 脉冲发射时，PAPs 对正相位时，在拉莫尔频率时钟的上升沿产生外桥控制信号 $Q1Q8$，下降沿启动外桥控制信号 $Q2Q7$；PAPs 对负相位时，在拉莫尔频率时钟的上升沿启动外桥控制信号 $Q2Q7$，下降沿启动外桥控制信号 $Q1Q8$。功率放大电路的控制信号如图 13.38、图 13.39、图 13.40 和图 13.41 所示，其中通道一为外桥控制信号 $Q1Q8$，通道二为内桥控制信号 $Q3Q6$，通道三为外桥控制信号 $Q2Q7$，通道四为内桥控制信号 $Q4Q5$。

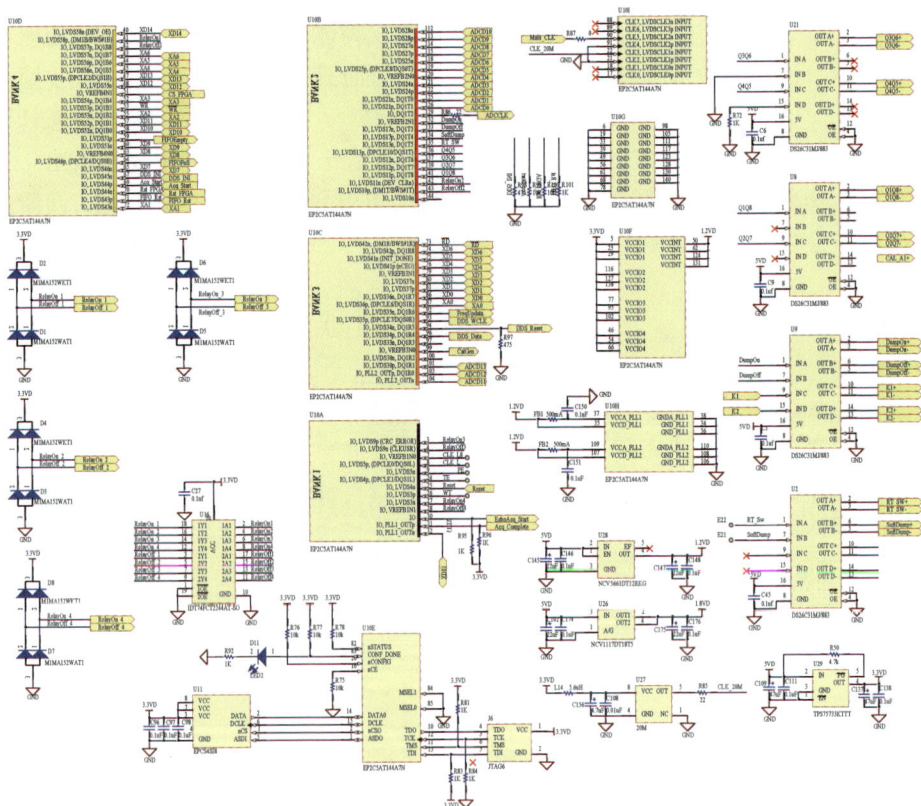

图 13.32　主控电路原理图（FPGA 模块）

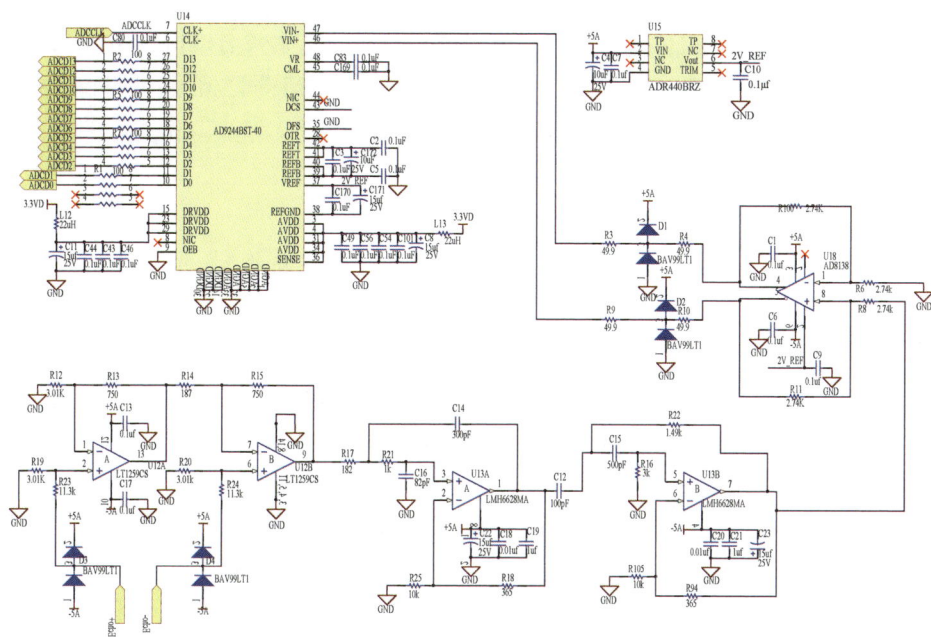

图 13.33 主控电路原理图（数据采集模块）

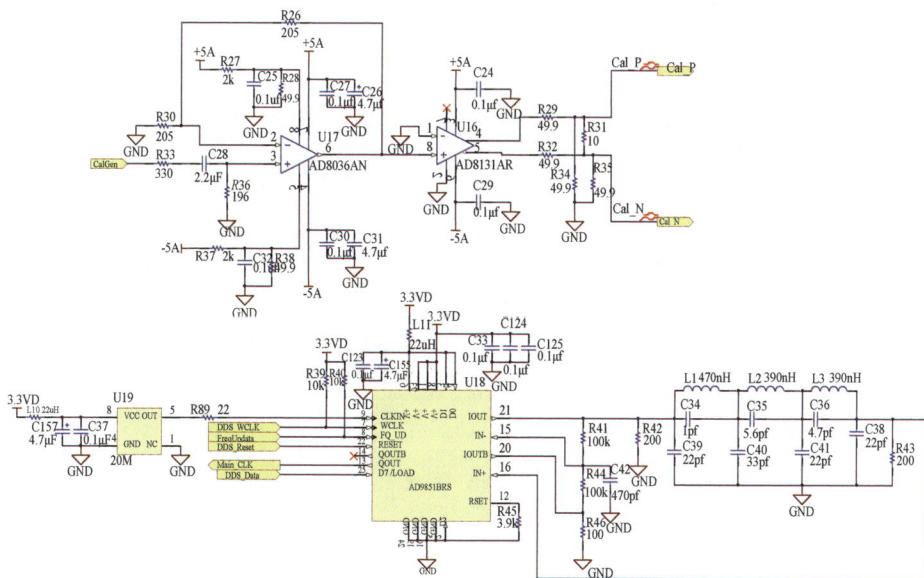

图 13.34 主控电路原理图（DDS 和刻度模块）

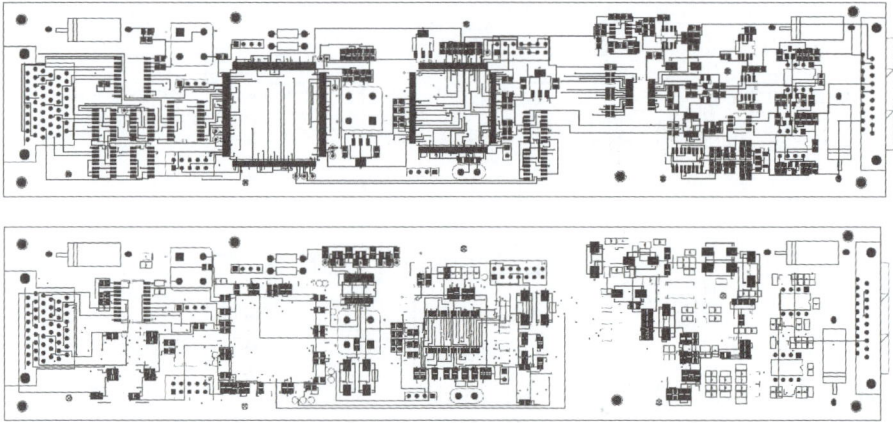

图 13.35　主控电路 PCB

图 13.36　主控电路实物图

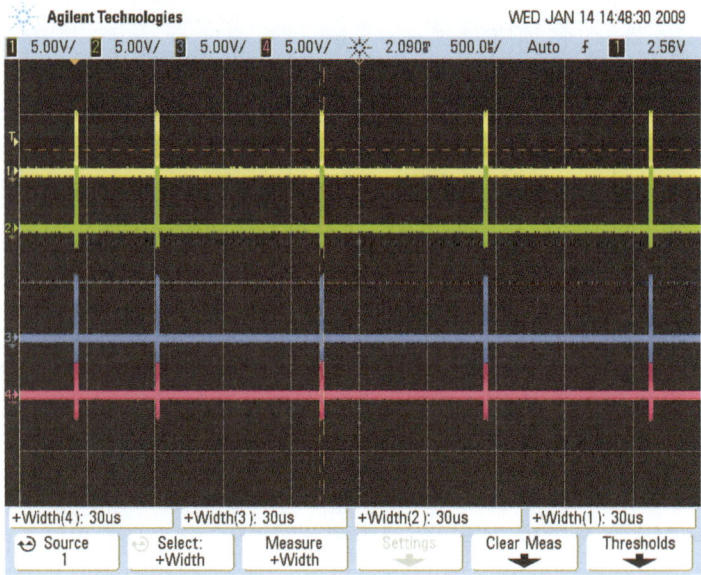

图 13.37　在 CPMG 脉冲序列下功率放大电路控制信号波形图

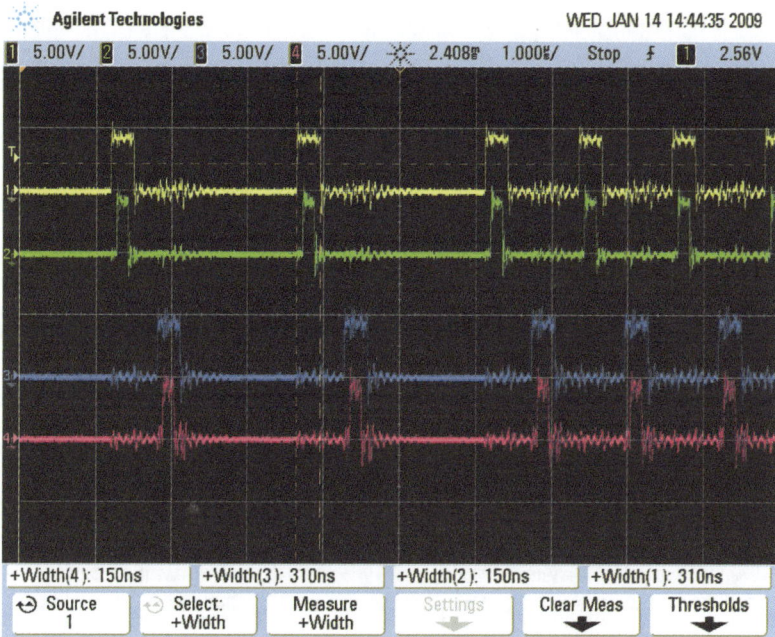

图 13.38 功率放大电路控制信号波形图（初始脉冲）

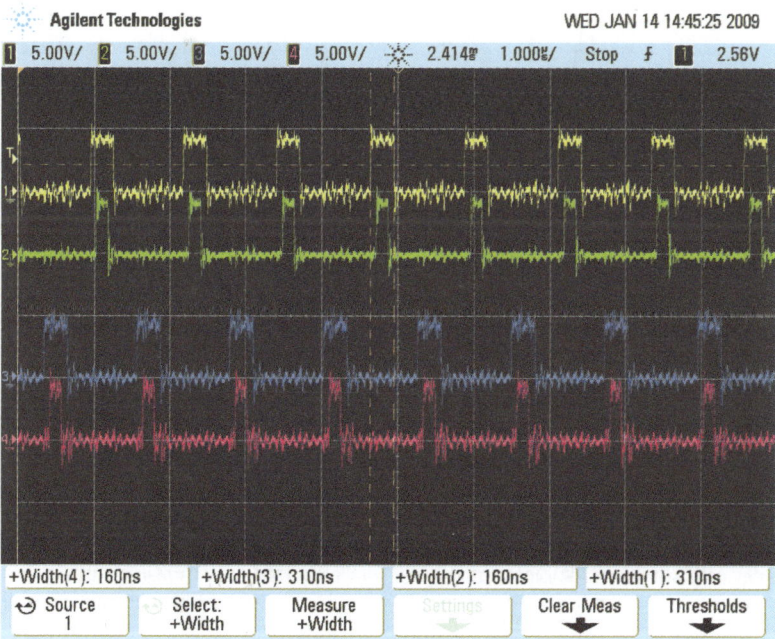

图 13.39 功率放大电路控制信号波形图

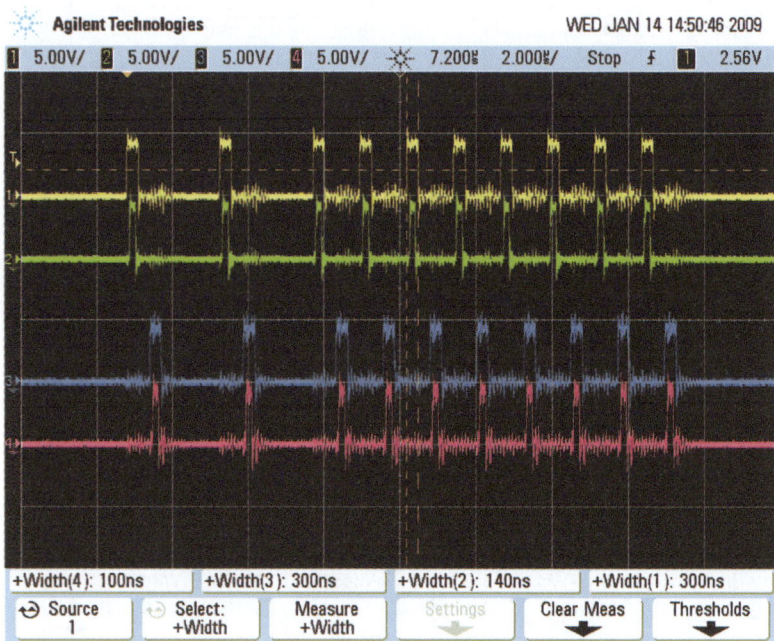

图 13.40　功率放大电路控制信号波形图（90°脉冲 PAPs 正相位）

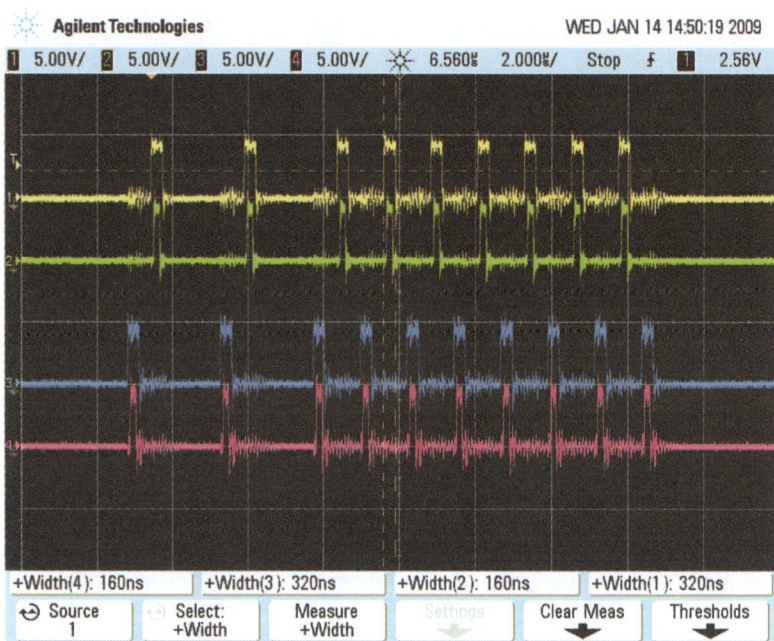

图 13.41　功率放大电路控制信号波形图（90°脉冲 PAPs 负相位）

　　Q-转换电路控制信号为 DumpOn 和 DumpOff 两路控制信号。为保证脉冲发射后的波形和起振时的波形尽量一致，Q-转换电路采用分段式泄放，即 Q-转换电路的控制由 3 个阶段组成。在脉冲发射完成 4 μs 后第一个 DumpOn 脉冲有效，间隔 8 μs 后第一个 DumpOff 有效；再经过 2 μs 后第二个 DumpOn 脉冲有效，间隔 8 μs 后第二个 DumpOff 有效；再经过 2 μs 后第三个 DumpOn 脉冲有效，间隔 10 μs 后第三个 DumpOff 脉冲有效，至此完成了天线的 Q-转换即天线中的能量泄放。Q-转换电路控制信号波形如图 13.42 所示，其中通道一为外桥控制信号 $Q1Q8$，通道二为 Q-转换控制信号 DumpOn，通道三为 Q-转换控制信号 DumpOff，通道四为隔离控制信号 RT_ SW。

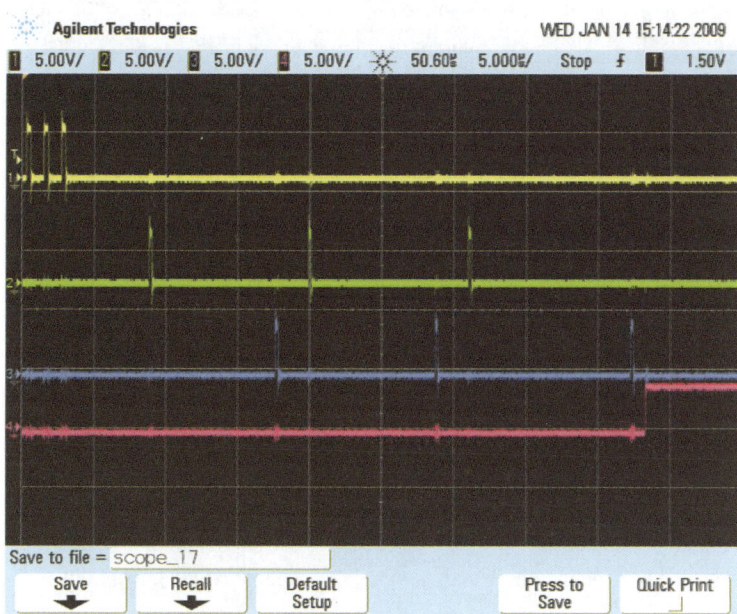

图 13.42　Q-转换电路控制信号波形图

　　隔离电路控制信号为 RT_SW 和 SoftDump 两路控制信号；接收电路控制信号由 SoftDump 和三路程控衰减控制信号组成。在脉冲发射开始时 SoftDump 脉冲有效，一直持续到采集回波前，在第三个 DumpOff 脉冲有效后，RT_SW 开始由低变高，一直持续到采集完回波。隔离电路的控制信号波形如图 13.43 所示，其中通道一为 $Q1Q8$，通道二为 DumpOff，通道三为 SoftDump，通道四为 RT_SW。

　　回波采集控制信号由回波采集门控信号和回波采样时钟组成，回波采集电路以 16 倍拉莫尔频率为采集时钟频率对回波信号进行采样，发射完 180° 脉冲后在 $T_E/2$ 处开一个回波信号采集时窗对回波信号进行采集。回波采集控制信号如图

13.44 所示，其中通道一为回波采集门控信号，通道二为回波采样时钟，通道三为 SoftDump，通道四为 RT_SW。

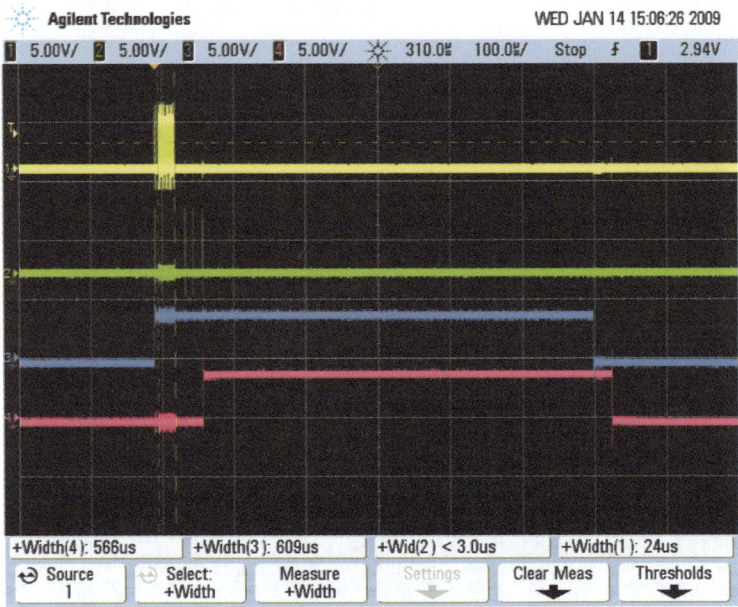

图 13.43　隔离电路控制信号波形图

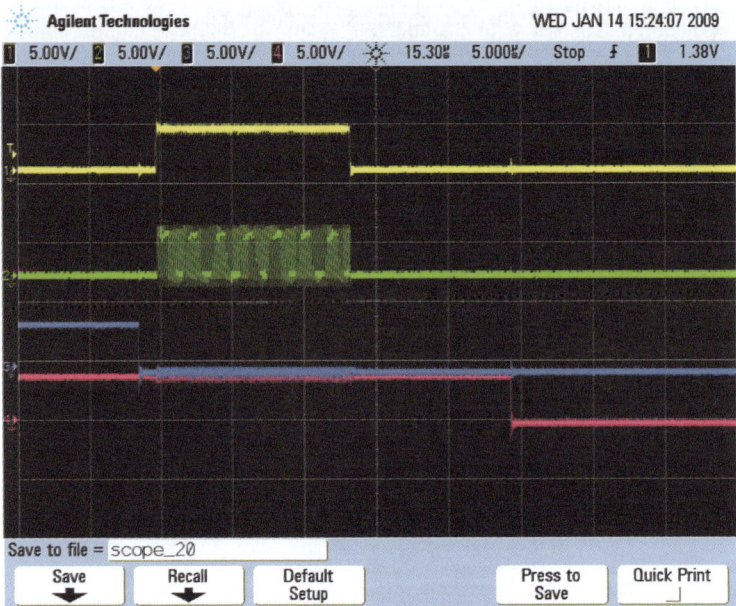

图 13.44　回波采集控制信号波形图

13.6　天线调谐电路

所设计的天线调谐电路原理图和 PCB 分别如图 13.45 和图 13.46 所示，实物图如图 13.47 所示。

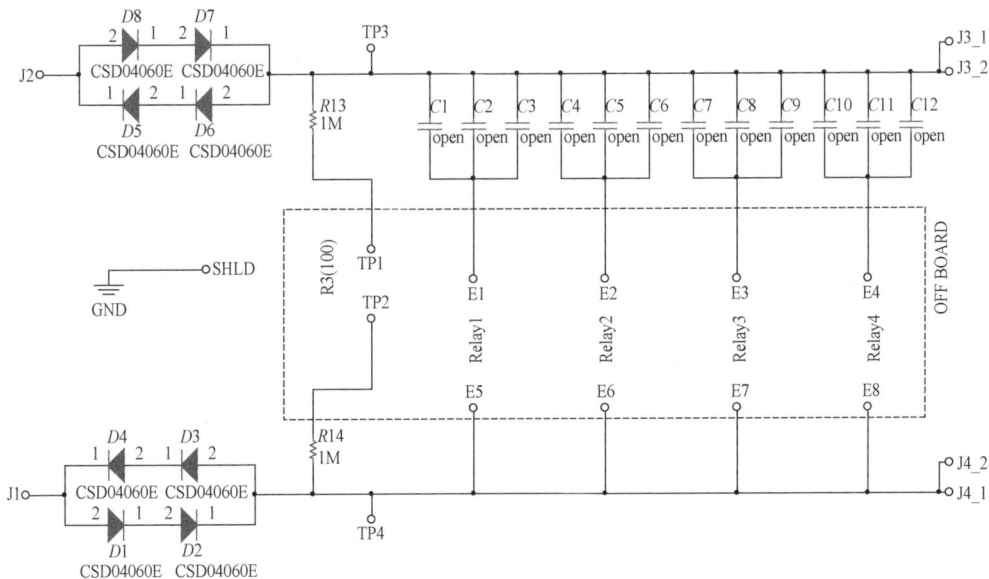

图 13.45　天线调谐电路原理图

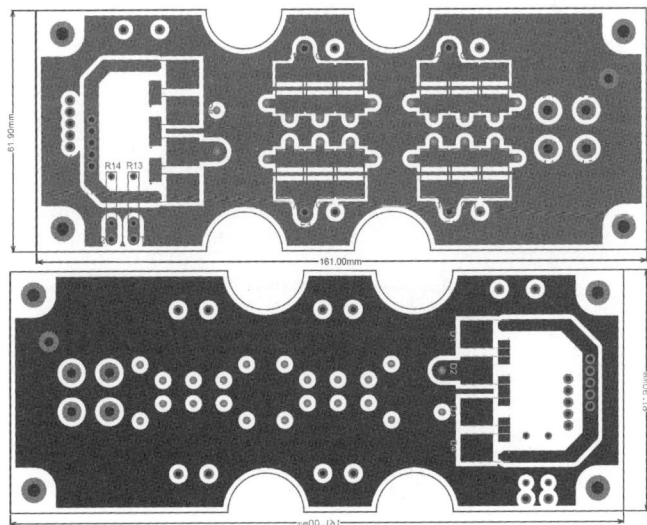

图 13.46　天线调谐电路 PCB

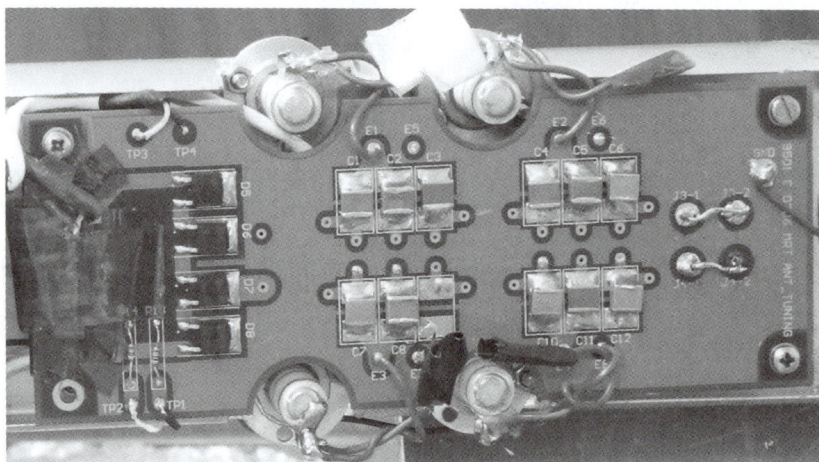

图 13.47　天线调谐电路实物图

13.7　继电器驱动电路

所设计的继电器驱动电路原理图和 PCB 分别如图 13.48 和图 13.49 所示，实

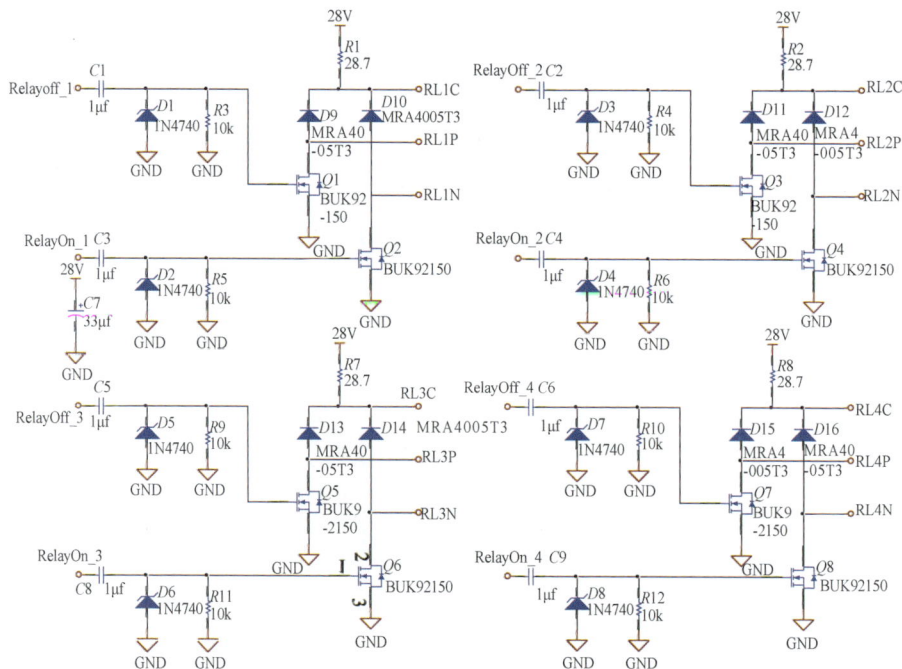

图 13.48　继电器驱动电路原理图

物图如图 13.50 所示。使用 Agilent 公司的 MSO7034A 示波器、MSO6052A 信号发生器和 Fluck 万用表，对电路进行了测试，在控制脉冲的作用下，测得 RLP 或 RLN 端信号波形如图 13.51 所示，图中通道四为控制脉冲，通道一为继电器 RLN 或 RLP 端信号波形。

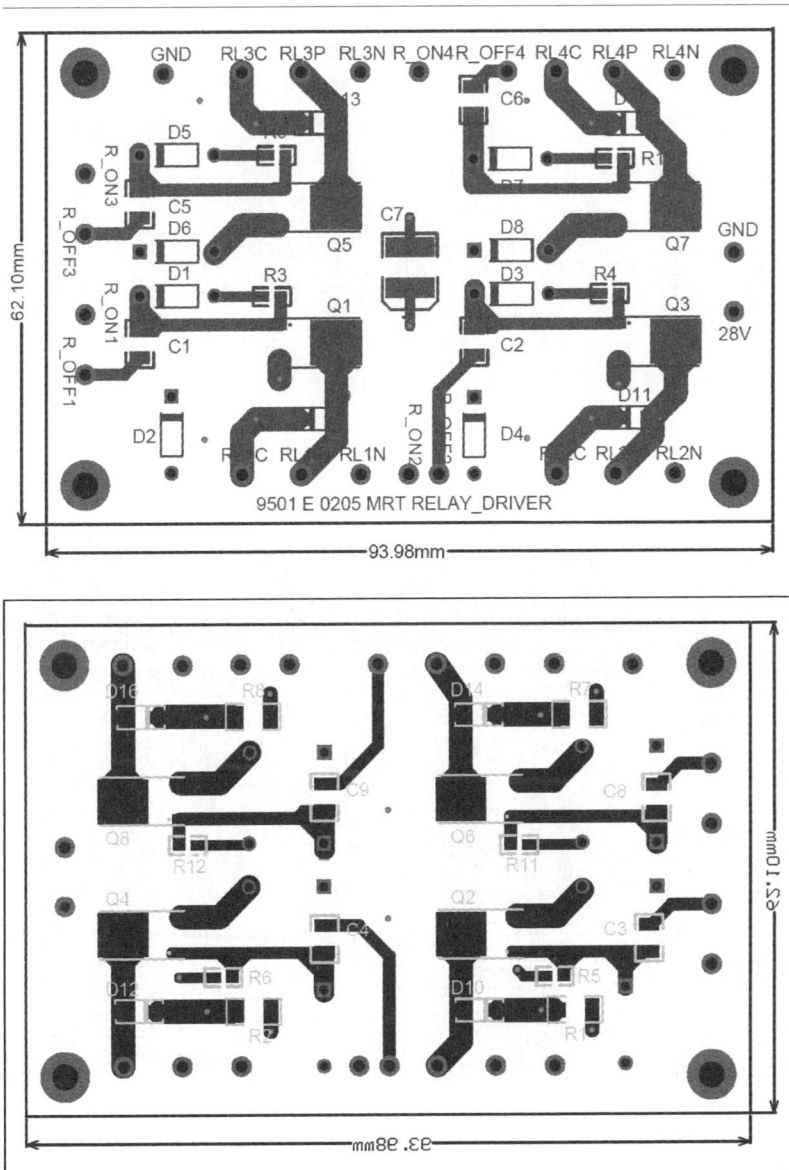

图 13.49　继电器驱动电路 PCB

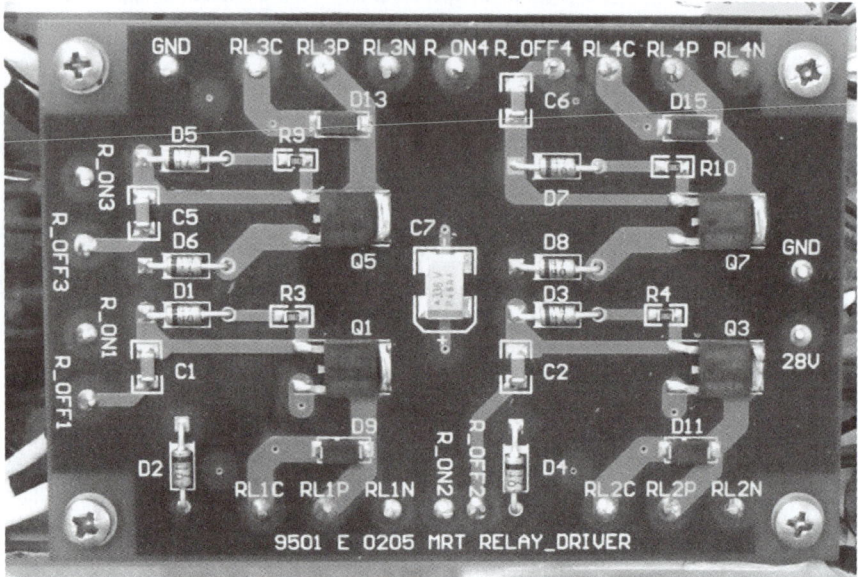

图 13.50　继电器驱动电路实物图

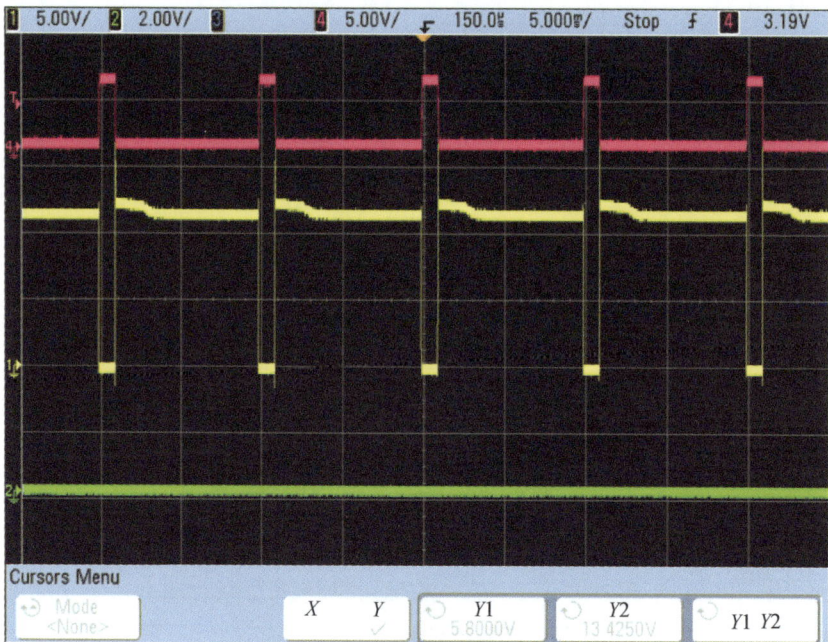

图 13.51　继电器驱动电路测试波形

13.8　电源电路

所设计的电源电路原理图和 PCB（以+3.3 V 主控电路电源为例）分别如图 13.52 和图 13.53 所示，实物图如图 13.54 所示。

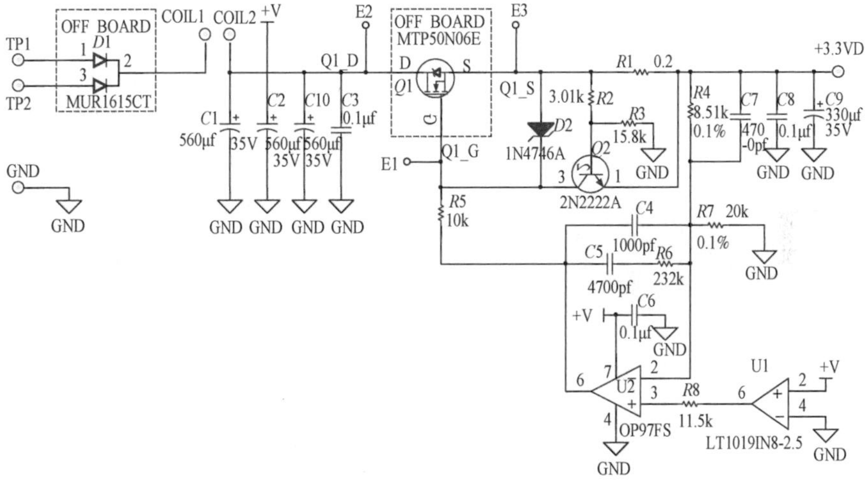

图 13.52　+3.3 V 主控电路电源原理图

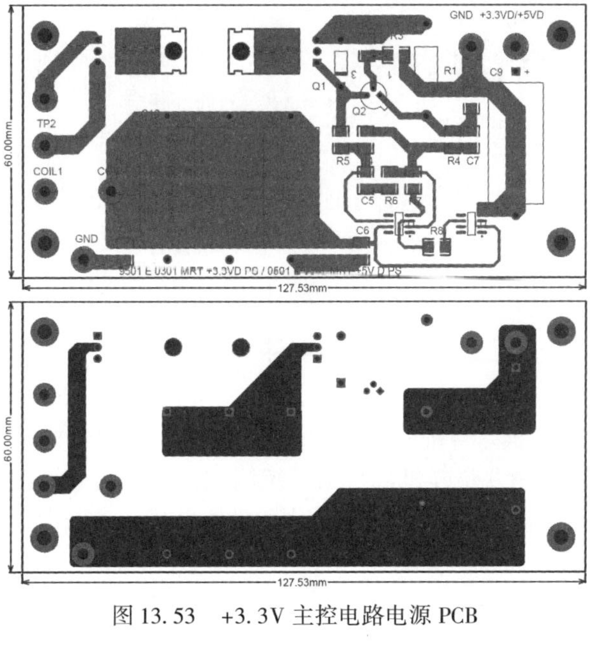

图 13.53　+3.3V 主控电路电源 PCB

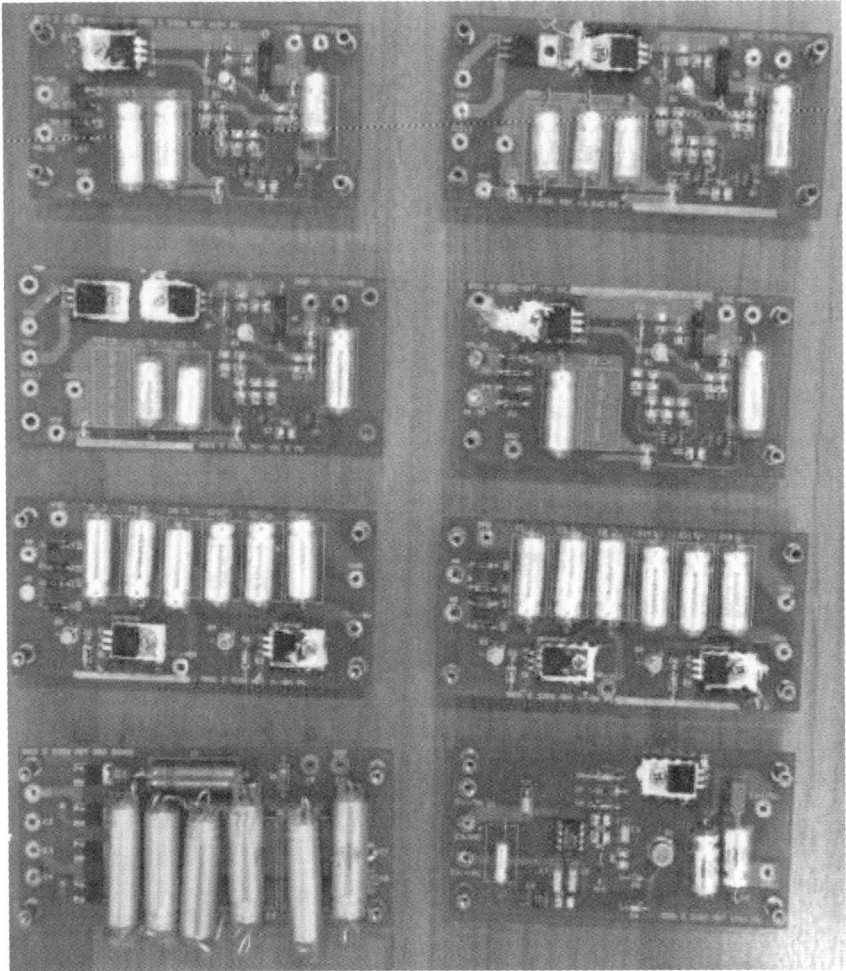

图 13.54　电源电路实物图

13.9　样机测试

　　为验证实验室样机是否按照设计原理进行工作，使用经典的螺线管天线在实验室环境下对 NMR 测井仪样机进行了系统测试。将螺线管线圈平行放置在离磁体表面 75 mm 处，将混有硫酸铜溶液的水样放在螺线管线圈中心进行测试，其实物图如图 13.55 所示。

　　螺线管天线的频率为 948 kHz，阻抗为 625 Ω，品质因数为 74。在 90°脉宽为 5 μs、功率放大电路直流电压为 150 V、回波间隔为 600 μs、回波个数为 5 的条件

图 13.55 实验室样机电子线路与螺线管天线连接实物图

下，使用示波器采集到的回波如图 13.56 所示，其中通道一和通道二为接收电路的两路差分输出，算术通道为通道一和通道二的差值。将回波间隔改为1000 μs，回波个数改为 500 个，累加次数改为 2，由主控电路采集到的回波串如图 13.57 所示，从图中可以看出回波串具有明显的指数衰减趋势。

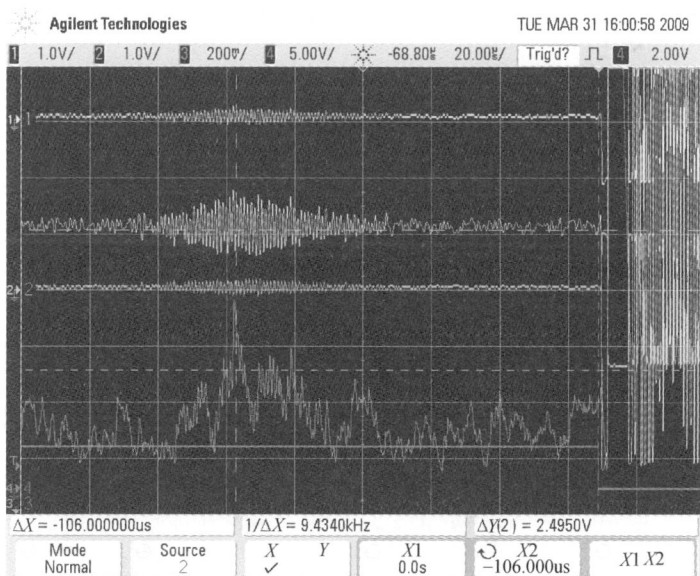

图 13.56 使用螺线管天线采集到的回波信号

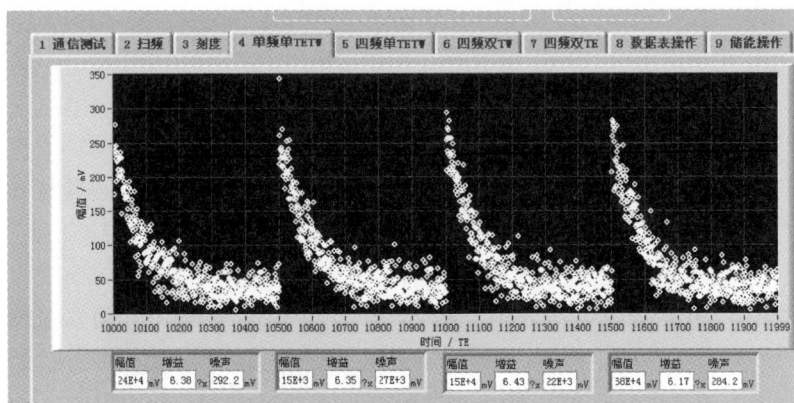

图 13.57　使用螺线管天线采集到的回波串

　　为了验证实验室样机电子线路连接实际测井仪天线时的工作情况，将电子线路与 Baker Hughes 公司的 MREx 探头连接，在屏蔽水箱内进行了系统测试，实物图如图 13.58 所示。扫频结果如图 13.59 所示，此时 MREx 天线谐振频率为 816 kHz，阻抗为 678 Ω，品质因数为 54；在初始脉冲宽度为 15 μs、步长为 3 μs 的条件下，进行了主刻度测试，其结果如图 13.60 所示；在功率放大电路直流电压为 600 V、极化时间为 5 s、90°脉宽为 38 μs、回波间隔为 1000 μs、回波个数为 500、累加次数为 2 的条件下，采集到的回波串如图 13.61 所示。

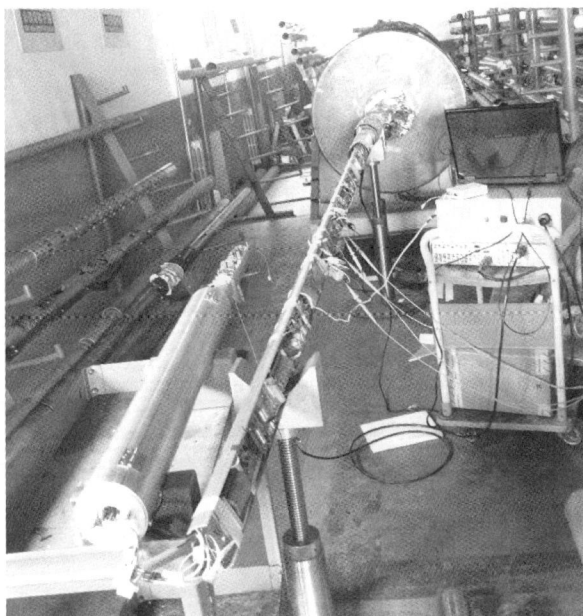

图 13.58　电子线路与 MREx 探头实物图

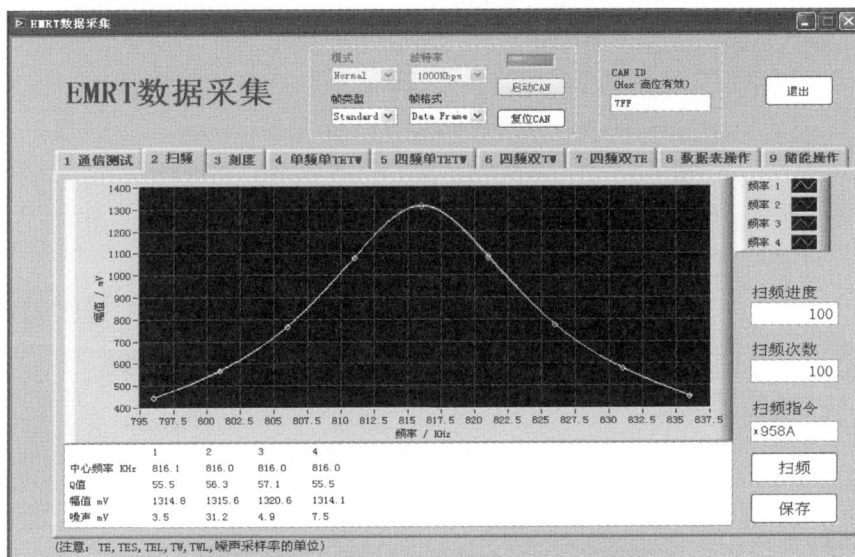

图 13.59 使用 MREx 探头的扫频结果

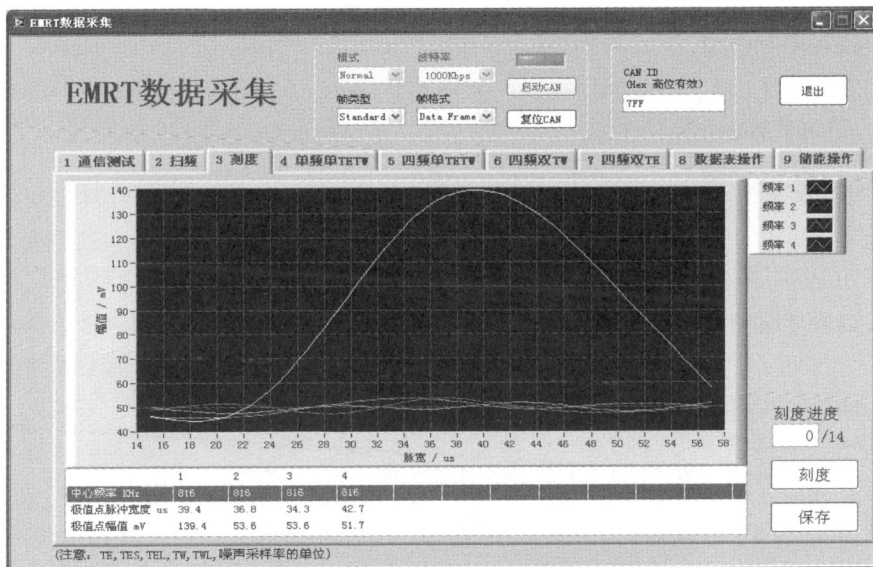

图 13.60 使用 MREx 探头的主刻度结果

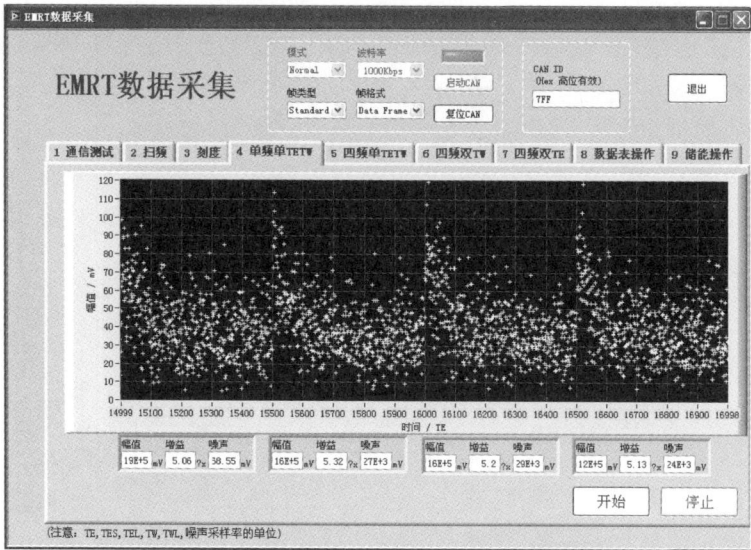

图 13.61 使用 MREx 探头采集到的回波串

最后将实验室样机电子线路与自主研制的传感器连接在屏蔽水箱内进行了系统测试，天线的谐振频率为 968 kHz，阻抗为 440 Ω，品质因数为 80。在功率放大电路直流电压为 600 V、极化时间为 5 s、90°脉宽为 36 μs、回波间隔为 1000 μs、回波个数为 500、累加次数为 2 的条件下，对混有硫酸铜的水样进行了测试，采集到的回波串如图 13.62 所示。

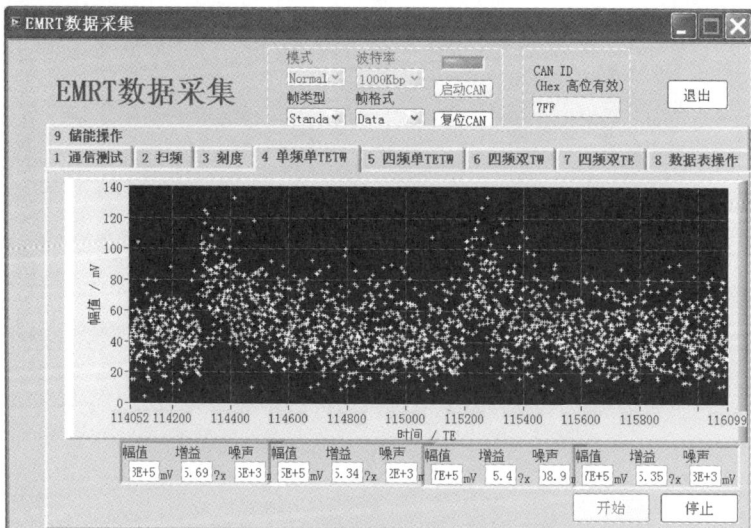

图 13.62 使用自主研制的探头采集到的回波串

以上结果表明，NMR 测井仪实验室样机电子线路可以实现基本功能，其设计和制作切实可行。

13.10　天 线 测 试

NMR 测井仪天线测试系统可以用来测试电缆及随钻 NMR 测井仪探头的性能，为验证和优化磁体和天线的整体性能提供仿真实验平台。测试系统电子线路和测井仪实验室样机电子线路基本相同，测试系统是在实验室条件下对测井仪天线进行测试，所有电路的电路板尺寸不再受到限制，因此在实验室样机电子线路的基础上对所有电路板进行了重新设计和优化，并对上位机软件做了优化。NMR 测井仪天线测试系统电子线路仍由功率放大电路、功率放大驱动电路、Q-转换电路、隔离电路、接收电路和主控电路等组成。

在屏蔽水箱内对自主制作的电缆偏心测井仪探头进行了测试，其连接如图 13.34 所示。偏心天线的谐振频率为 762 kHz、阻抗为 200 Ω、品质因数为 58。在功率放大电路直流电压为 400 V、极化时间为 10 s、90°脉冲宽度为 22 μs、回波间隔为 800 μs、回波个数为 3000、累加次数为 16 的条件下，测得的回波串如图 13.63 所示。在屏蔽水箱内对自主制作的随钻测井仪探头进行了测试（以拉莫尔频率 1.514 MHz 为例），天线的谐振频率调谐到 1.514 MHz、阻抗为 300 Ω、品质因数为 107。在功率放大电路直流电压为 300 V、极化时间为 10 s、90°脉冲宽度为 30 μs、回波间隔为 900 μs、回波个数为 6000、累加次数为 2 的条件下，测得的回波串如图 13.64 所示。从测试得到的回波串表明此系统已实现基本功能。

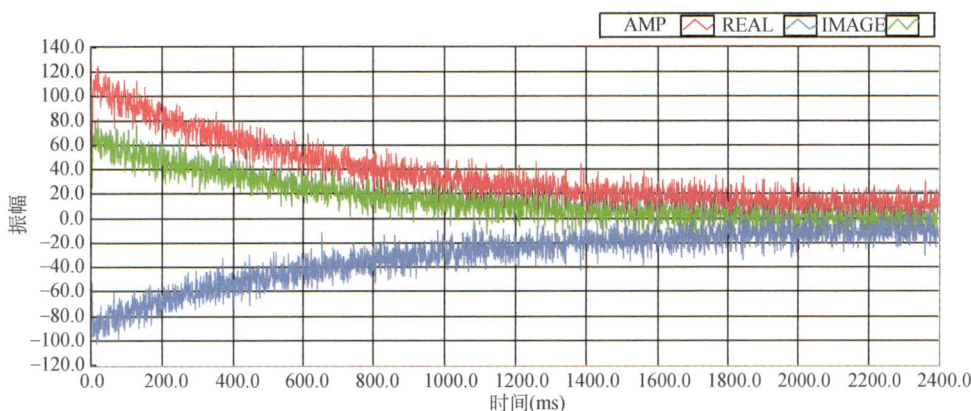

图 13.63　使用电缆 NMR 天线测得的回波串

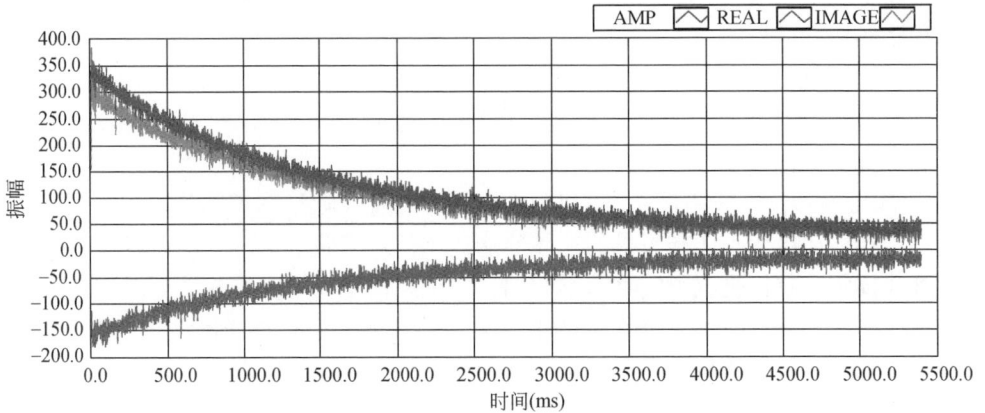

图 13.64　使用随钻 NMR 天线测得的回波串

根据井下 NMR 探头的特点，在分析借鉴现有 NMR 测井仪电子线路的基础上，设计并制作了功率放大驱动电路、功率放大电路、Q-转换电路、隔离电路、接收电路和主控电路等。NMR 测井仪实验室样机已通过中海油服专家组验收，以此为基础的产业化样机也已取得很好的现场测试结果。NMR 测井仪天线测试系统完成了实验室自主研发的电缆偏心传感器和随钻传感器的测试，并可以用于其他新型 NMR 测井仪传感器的测试中，为测井仪传感器的优化设计提供了有利的实验平台。针对 NMR 测井运动模拟系统中 NMR 岩心分析仪传感器特点，额外设计了专门的线性功率放大电路和宽带前置放大电路。经过实际测试表明，这些电路的设计和制作切实可行，并有以下结论。

（1）完成了井下 NMR 实验室样机电子线路的设计和制作。

（2）完成了井下 NMR 天线测试系统样机的设计和制作。

（3）采用单电源双全桥结构的功率放大电路可以获得两倍的直流电压输出，能够提供大于 1 kW 的输出功率，可以直接激励高阻抗天线，能够满足测井仪天线的激励要求。

（4）采用脉冲充放电式控制的 Q-转换电路有效缩短了天线恢复时间，并采用分段式泄放方式防止 MOS 管烧毁。

（5）采用有源 MOS 管控制的隔离电路实现了对接收回路的高压隔离保护，并可以在很宽的频率范围内工作。

（6）采用低噪声设计原则设计的接收电路，选用最佳源电阻阻值和天线谐振阻抗相近的低噪声运放作为仪用放大器中的差分放大器，避免了匹配电路引入噪声的问题，第一级放大器的高增益设计减少了后级电路对电路总噪声的影响。

（7）完成了井下 NMR 运动模拟系统电子线路的设计与制作。

　　调试过程中发现，部分电路还存在不足，经过进一步优化和完善可以得到更优的电路性能。对本部分工作的不足，有以下建议。

　　（1）NMR 天线测试系统工作在实验室条件下，功率放大电路中射频功率 MOS 管可以直接用现有的商业化 MOS 管驱动器芯片来驱动，在以后的电路升级中可以用 MOS 管驱动器芯片来代替功率放大驱动电路。

　　（2）目前回波采集采用简单的开窗采集，算法为数字相敏检波算法；在以后的工作中应采用全回波包络采集且采用最大信噪比算法的匹配滤波器，以解决测井仪回波信号信噪比低的问题。

　　（3）由于实验室现有高压电源功率有限，用井下天线测试系统对天线进行测试时，若选用的回波间隔小于 800 μs，电源会限流报警，在购置新的高压大功率电源后可对此系统进行短回波间隔测试。

参 考 文 献

［1］ Depavia L, Heaton N, Ayers D, et al. A Next-Generation Wireline NMR Logging Tool. SPE84482, SPE Annual conference, Denver, Colorado, 2003.

［2］ Prammer M G, Bouton J, Drack E D, et al. A New Multiband Generation of NMR Logging Tools. SPE69670, SPE Annual conference, New Orleans, Louisiana, 2001.

［3］ Chen S, Beard D, Gillen M et al. MR Explorer Log Acquisition Methods: Petrophysical-Objective-Oriented Approaches. SPWLA 44th Annual Logging Symposium, Galveston, Texas, 2003, June 22-25, Paper ZZ.

［4］ 肖立志, 谢然红. NMR 测井仪器的最新进展与未来发展方向. 测井技术, 2003, 27（4）: 265-269.

［5］ 胡海涛, 肖立志. 电缆 NMR 测井仪探测特性研究. 波谱学杂志, 2010, 27（4）: 572-583.

［6］ 李新, 肖立志, 胡海涛. 随钻 NMR 测井仪探测特性研究. 波谱学杂志, 2011, 28（1）: 84-92.

［7］ 赵喜平. 磁共振成像. 北京: 科学出版社, 2004: 401-421.

［8］ 肖立志. NMR 成像测井与岩石 NMR 及其应用. 北京: 科学出版社, 1998: 5-8.

［9］ Mansfield P, Powles J. A microsecond nuclear resonance pulse apparatus. Journal of Science Instruments, 1963, 40: 232-238.

［10］ Clark W. Pulsed nuclear resonance apparatus. The Review of Scientific Instruments, 1964, 35（3）: 316-333.

［11］ Karlicek R, Lowe I. A pulsed, broadband NMR spectrometer. Journal of Magnetic Resonance,

1978, 32: 199-225.

[12] Reddy P, Reddy B. A phase coherent pulsed NMR spectrometer. Journal of Physics E: Science Instruments, 1982, 15: 448-455.

[13] Griffin D, Kleinberg R, Fukuhara M. Low-frequency NMR spectrometer. Measurement Science and Technology, 1993, 4: 968-975.

[14] Li G, Yu J, Yan X, et al. Digital nuclear magnetic resonance spectrometer. Review of Scientific Instruments, 2001, 72 (12): 4460-4463.

[15] Tang W, Wang W. A single-board NMR spectrometer based on a software defined radio architecture. Measurement Science and Technology, 2011, 22: 1-8.

[16] 邓克俊, 谢然红. NMR 测井理论及应用. 东营: 中国石油大学出版社, 2010: 80-83.

[17] Brown R. The earth's field NML development at Chevron. Concepts in Magnetic Resonance, 2001, 13 (6): 344-366.

[18] Chandler R. Proton free precession (earth's-field) logging at Schlumberger (1956-1988). Concepts in Magnetic Resonance, 2001, 13 (6): 366-367.

[19] Brown R, GamsonB. Nuclear magnetism logging. SPE AIME, 1960, 1305-G.

[20] Callaghan P, Eccles C, Seymour J. An earth's field nuclear magnetic resonance apparatus suitable for pulsed gradient spin echo measurements of self-diffusion under Antarctic conditions. Review of Scientific Instruments, 1997, 68 (11): 4263-4270.

[21] Michal C. A low-cost spectrometer for NMR measurements in the Earth's magnetic field. Measurement Science and Technology, 2010, 21: 1-9.

[22] Cooper R, Jackson J. Remote (Inside-out) NMR. I. Remote production of a region of homogeneous magnetic field. Journal of Magnetic Resonance, 1980, 41: 400-405.

[23] Burnett L, Jackson J. Remote (Inside-out) NMR. II. Sensitivity of NMR detection for external samples. Journal of Magnetic Resonance, 1980, 41: 406-410.

[24] Jackson J, Burnett L, Harmon J. Remote (Inside-out) NMR. III. Detection of nuclear magnetic resonance in a remotely produced region of homogeneous magnetic field. Journal of Magnetic Resonance, 1980, 41: 411-421.

[25] Jackson J. Los Alamos NMR well logging project. Concepts in Magnetic Resonance, 2001, 13 (6): 368-378.

[26] Miller M. Numar and Numalog overview. Concepts in Magnetic Resonance, 2001, 13 (6): 379-385.

[27] Halliburton. MRIL Prime field operationmanual. 2001.

[28] Baker Atlas. Magnetic resonance Explorer maintenance manual. 2004.

[29] Schlumberger. Combinable Magnetic Resonancemaintenance manual. 2000.

[30] Schlumberger. Magnetic Resonance eXpert maintenance manual. 2003.

[31] Grebennikov A, Sokal N. Switchmode RF power amplifiers. Elsevier Inc, 2007: 7-15.

[32] Whitaker J. The RF transmission systems handbook. CRC press, 2002: 233-236.

[33] 纪圣儒, 朱志明, 周雪珍, 等. MOSFET 隔离型高速驱动电路. 电焊机, 2007, 37 (5):

6-10.

[34] Andrew E, Jurga K. NMR probe with short recovery time. Journal of Magnetic Resonance, 1987, 73: 268-276.

[35] Bloch F, Hansen W, Packard M. The nuclear induction experiment. Physical Review, 1946, 70 (7): 474-485.

[36] Mansfield P, Powles J. A microsecond nuclear resonance pulse apparatus. Journal of Science Instruments, 1963, 40: 232-238.

[37] Clark W. Pulsed nuclear resonance apparatus. The Review of Scientific Instruments, 1964, 35 (3): 316-333.

[38] Gray K, Hardy W, Noble J. Optimized pulsed NMR single coil circuit design. The Review of Scientific Instruments, 1966, 37 (5): 587-588.

[39] Mckay R, Woessner D. A simple single- coil probe for pulsed nuclear magnetic resonance. Journal of Science Instruments, 1966, 43: 838-840.

[40] Spokas J. Means of reducing ringing times in pulsed nuclear magnetic resonance. The Review of Scientific Instruments, 1965, 36 (10): 1436-1439.

[41] Conradi M. FET Q switch for pulsed NMR. The Review of Scientific Instruments, 1977, 48 (3): 359-361.

[42] Hoult D. Fast recovery, high sensitivity NMR probe and preamplifier for low frequency. The Review of Scientific Instruments, 1979, 50 (2): 193-200.

[43] Sullivan N, Deschamps P, Neel P, et al. Efficient fast recovery scheme for NMR pulse spectrometers. Revue de Physique Appliquée, 1983, 18: 253-261.

[44] Floridi G, Lamanna R, Cannistraro S. Simple, low frequency, fast recovery crossed coil probe for pulsed NMR. Applied Magnetic Resonance, 1991, 2: 1-7.

[45] Peshkovsky A, Forguez J, Cerioni L, et al. RF probe recovery time reduction with a novel active ringing suppression circuit. Journal of Magnetic Resonance, 2005, 177: 67-73.

[46] Lowe I, Tarr C. A fast recovery probe and receiver for pulsed nuclear magnetic resonance spectroscopy. Journal of Scientific Instruments, 1968, 1: 320-322.

[47] Moores B, Armstrong R. Vhf pulsedmagnetic resonance duplexers. The Review of Scientific Instruments, 1971, 42 (9): 1329-1333.

[48] Kisman K, Armstrong R. Coupling scheme and probe damper for pulsed nuclear magnetic resonance single coil probe. The Review of Scientific Instruments, 1974, 45 (9): 1159-1163.

[49] Hoult D, Richards R. An ultra high frequency receiver protection scheme. Journal of Magnetic Resonance, 1976, 22: 561-563.

[50] Gonord P, Kan S. Pulsed NMR preamplifier protection at ultrahigh frequency: an improved scheme. The Review of Scientific Instruments, 1986, 57 (9): 2280-2281.

[51] Seeber D, Hoftiezer J, Pennington C. Positive- intrinsic- negative diode- based duplexer for microcoil nuclear magnetic resonance. Review of Scientific Instruments, 2000, 71 (7):

2908-2913.

[52] Lowe I, Barnaal D. Radio-frequency bridge for pulsed nuclear magnetic resonance. The Review of Scientific Instruments, 1963, 34 (2): 143-146.

[53] Jeffrey K, Armstrong R. Simple bridge for pulsed nuclear magnetic resonance. The Review of Scientific Instruments, 1967, 38 (5): 634-636.

[54] Mclachlan L. Lumped circuit duplexer for a pulsed NMR spectrometer. Journal of magnetic resonance, 1980, 39: 11-15.

[55] Engle J. Broadband transmit/receive circuit for NMR. Review of Scientific Instruments, 1978, 49 (9): 1356-1357.

[56] Engle J. Low noise broadband transmit/receive circuit for NMR. Journal of Magnetic Resonance, 1980, 37: 547-549.

[57] Jurga K, Reynhardt E, Jurga S. A simple high-performance broadband NMR transmit-receive system. Journal of Magnetic Resonance. Series A, 1993, 101: 74-77.

[58] Cofrancesco P, Moiraghi G, Mustarelli P, et al. A new NMR duplexer made with quadrature couplers. Measurement and Science Technology, 1991, 2: 147-149.

[59] Fukushima E, Roeder S. Experimental pulse NMR: a nuts and bolts approach. Massachusetts: Addison-Wesley publishing company, 1981: 400-407.

[60] 高晋占. 微弱信号检测. 北京: 清华大学出版社, 2004: 99-118.

[61] Pettai R. Noise in receiving system. New York: Wiley-Interscience, 1984: 4-15.

[62] 张凯, 孔力, 周凯波, 等. 一种 NMR 测井仪前置放大器的研制. 武汉理工大学学报: 信息与管理工程版, 2007, 29 (4): 60-62.

[63] Mancini R. Op Amps for everyone. Texas: Texas Instruments Incorporated, 2002: 10 (16-17).

[64] 曾庆勇. 微弱信号检测. 第二版. 杭州: 浙江大学出版社, 1994: 28-35.

[65] Ott H. Noise reduction techniques in electronic systems. 2nd ed. New York: John Wiley & Sons, 1988: 253-257.

[66] 戴逸松. 微弱信号检测方法及仪器. 北京: 国防工业大学出版社, 1994: 37-39.

[67] Mancini R. Op Amps for everyone. Texas: Texas Instruments Incorporated, 2002: 16 (11-27).

[68] Kester W. Data conversion handbook. Burlington: Analog Devices and Newnes, 2005: 83-86.

[69] 戴逸松. 测量低信噪比电压的数字相敏解调算法及性能分析. 计量学报, 1997, 18 (2): 126-132.

[70] 刘越, 戴逸松, 刘君义, 等. 应用 DPSD 算法测量调幅信号的研究. 计量学报, 2000, 21 (3): 222-226.

[71] 高晋占. 微弱信号检测. 北京: 清华大学出版社, 2004: 62-67.

第三部分 软 件

第 14 章 软 件 概 述

14.1 概　述

井下 NMR 探测实际上包括两个阶段，首先是利用井下仪器，通过脉冲序列对地层 NMR 信息的采集；其次是利用相关软件，通过反演处理对所采集的数据进行分析，提取井下地层孔隙结构及流体赋存状态的各种有用信息，如图 14.1 所示。

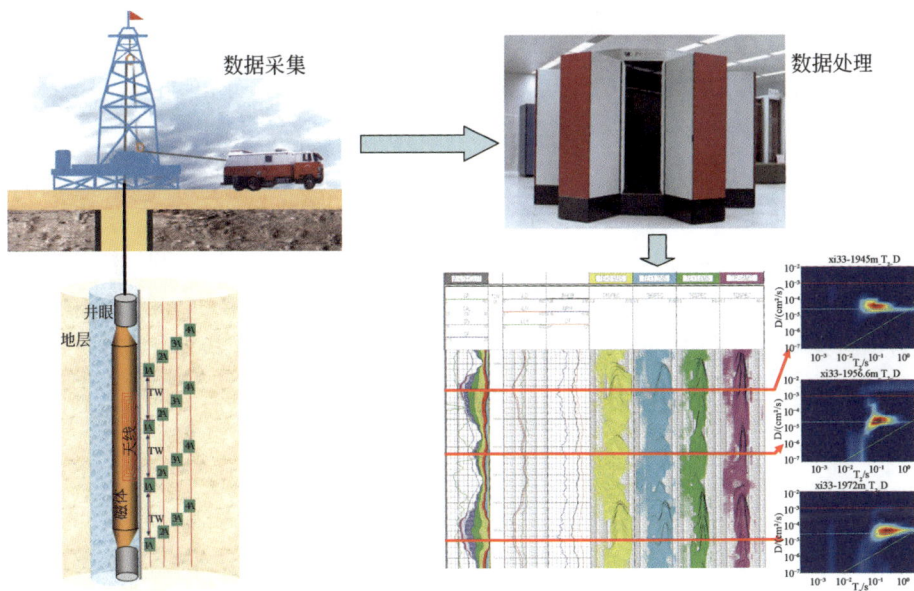

图 14.1　NMR 测井数据采集和处理示意图

数据分析处理是极端环境 NMR 科学仪器的重要环节，与 NMR 信息的解释和应用直接相连。

Halliburton 的 MRIL（magnetic resonance imaging logging）仪器与 DPP（desktop petrophysics）软件。

Baker Hughes 公司的 MREx（magnetic resonance explorer）仪器与 eXpress 软件。

Schlumberger 公司的 CMR（combinable magnetic resonance）系列和 MR

Scanner 仪器与 GeoFrame 软件等。

由于历史及各公司发展策略等原因，迄今 NMR 数据处理软件只对本公司核磁仪器开放，甚至同公司不同型号仪器数据也需要用不同软件进行处理，这增加了成本和推广难度。

尽管各种处理软件都提供二次开发接口，但这些接口主要针对常规测井数据的输入和输出，无法满足二维、三维等核磁分析模块开发的需要。原有 NMR 数据处理分析技术，难以满足油田研究需要，使得我国高价引进的井下 NMR 仪器得不到应有的认可和充分的利用。

在分析现有 NMR 数据处理方法的基础上，设计并开发一套通用开放式软件，使其能够挂接新方法，处理不同 NMR 仪器的数据，就显得非常必要。

14.2　方法研究进展

对回波串数据进行反演处理可以获得 T_2 分布，基于 T_2 分布可以计算孔隙度、渗透率等岩石物理参数以及区分束缚水和可动流体[41-43]。然而地层孔隙中不同类型流体受扩散和梯度的影响，在横向弛豫时间 T_2 上往往会重叠在一起，无法区分[44]。研究发现，不同类型流体的扩散系数 D 和纵向弛豫时间 T_1 存在较大差异[45-48]，且不易受其他因素的影响，因此基于多种属性差异的流体识别方法逐渐发展起来。随着 NMR 测井仪硬件性能的不断增强，一次下井可以采集的回波串数据越来越多，也为 NMR 数据分析新方法的发展和应用提供了条件。迄今，流体识别方法大致可以分为以下三个类。

1. 基于 1 种属性的流体识别方法

采集两组不同参数的 CPMG（Carr 和 Purcell[49]，Meiboom 和 Gill[50] 四人姓氏首字母的缩写）回波串，然后利用回波串或 T_2 分布的差异，或是简单地计算 D 或 T_1 来进行流体识别。代表性的工作如下。

Akkurt 等在 1995 年所提出的差谱法（differential spectrum method，DSM），利用长短等待时间 TW 的 T_2 分布之差来识别流体；还有移谱法（shifted spectrum method，SSM），通过比较长短回波间隔 TE 的 T_2 分布的移动快慢来识别流体[51]。Prammer 等在 1995 年所提出的时域分析法（TDA），通过对长短 TW 的回波串作差，利用反演获得 T_2 分布进行流体识别[52]。Akkurt 等在 1998 年所提出的增强扩散分析法（enhanced diffusion method，EDM），利用在一定条件下，水信号在长 TE 的 T_2 分布中的上限值 T_{2DW} 来区分油和水[53]，还有基于类似思想的 MGTE 方法[54]。Flaum 在 1996 年通过计算扩散系数 D，Akkurt（1997）、Chen（1998）和 Menger（1999）

尝试用不同的方法计算 T_1，然后利用 D 或 T_1 的差异进行流体识别[55-58]。

2. 基于 1.5 种属性的流体识别方法

通过给定不同孔隙流体的 T_2 分布和扩散系数 D，建立流体的 NMR 响应正演模型，然后对采集的多组不同参数回波串进行反演，以获得不同孔隙流体的 T_2 分布，进而达到流体识别的目的。由于不同流体的 T_2 分布给定的是一个范围，而扩散系数 D 则是通过实验给出的定值，所以认为这种方法利用了 1.5 种属性进行流体识别。不同方法之间的区别主要在于孔隙流体正演模型的建立，代表性的工作如下所述。

Looyestijn 在 1996 年最早提出通过建立孔隙流体正演模型的方法来识别流体。假设孔隙中含有油水两相流体，水符合多指数衰减，而油的衰减则用一个拉伸指数来进行描述[59]。Slijkerman 等在 2000 年提出的正演模型中，认为孔隙中含有油气水三相流体，其中水符合多指数衰减，而油和气则符合单指数衰减[60]。Freedman 等在 2000 年提出孔隙中含有油气水和油基泥浆滤液 OBMF 四相流体，其中油水符合多指数衰减，气和油基泥浆滤液符合单指数衰减[61]。Fang 等在 2004 年提出孔隙中含有油气水三相流体，其中油水符合多指数衰减，气符合单指数衰减[62]。Sun 在 2004 年提出不同 TE 的 T_2 分布可以通过在孔隙流体 $T_{2\mathrm{int}}$ 分布的基础上增加扩散弛豫得到[63]。通过建立不同流体正演模型的 $T_{2\mathrm{int}}$ 分布与实测不同 TE 的 T_2 分布之间的关系式，计算出不同流体的 $T_{2\mathrm{int}}$ 分布。

3. 基于多种属性的流体识别方法

通过新一代 NMR 测井仪，利用新的脉冲序列采集数据，用新反演算法对多组不同参数回波串进行反演处理，直接获得如 $T_{2\mathrm{int}}-D$、T_1-T_2 等二维分布图，甚至 $T_1-T_{2\mathrm{int}}-D$ 三维分布图，然后通过分布图进行流体的定性识别和饱和度定量计算。代表性的工作如下所述。

Song 等在 2002 年用 T_1-Editing 脉冲序列采集数据，并利用二维 Laplace 法进行数据处理，第一次获得 T_1-T_2 的二维分布[64]。Hurlimann 等在 2002 年用 Diffusion Editing（DE）脉冲序列采集数据，获得 $T_{2\mathrm{int}}-D$ 的二维分布[65]。Sun 等在 2002 也用新的脉冲序列进行数据采集，获得 $T_{2\mathrm{int}}-G$ 分布[66]。Minh 等在 2003 年用新反演方法对所采集的 DE 和 CPMG 回波串进行反演处理，获得了 $T_{2\mathrm{int}}-D$ 和 T_1-T_2 分布，并提出了多种流体饱和度定量计算方法[67]。Heaton 等在 2004 年提出对 DE 或 CPMG 回波串进行三维 NMR（$T_1-T_{2\mathrm{int}}-D$）处理，并利用不同探测深度（depth of investigation，DOI）的 T_1-D 分布的差异进行油气识别[68]。Sun 等在 2004 年对不同 TE 的 CPMG 回波串进行处理，获得 $T_{2\mathrm{int}}-D$ 分布[69]；Sun 等在 2005 年提出一种用于多维 NMR 测井数据处理的整体反演方法，通过对 CPMG 回波串进行处理，可获得 $T_{2\,\mathrm{int}} - D$ 或 $T_1 - T_{2\,\mathrm{int}} - D$ 分布[70]。Hursan 等在 2005 年对 CPMG 回波串进行了 $T_1/T_2 - T_2$ 处理[71]。Heaton 等在 2007 年基于 MR Scanner 仪器的探测特性提出四维 NMR（T_1、T_2、D、DOI）分析方法[72]。Hurlimann 等在 2008 年提出了利用 $T_{2\,\mathrm{int}} - D$ 分布进行烃组分分析的方法[73,74]。

4. 分析处理软件平台

NMR 测井数据处理软件根据开发商不同，可以分为两类：一类是由 NMR 测井仪器开发商开发的配套数据处理软件；另一类是由第三方软件公司开发的数据处理软件。由于测井仪器与数据处理方法种类繁多，原厂和第三方开发的测井数据处理软件都力图搭建一个软件平台，提供多种测井仪器数据处理的支持，而 NMR 测井数据的处理则只是其中的一部分。

DPP 是 Halliburton 开发的测井资料处理软件系统。该系统中有两套 NMR 测井数据处理模块，一套是利用 DPP 提供的二次开发工具开发的电缆 MRIL 系列测井数据处理模块——NUMAR；另一套是利用 MATLAB 开发的电缆 MRIL 系列、随钻 MRIL-WD 以及井下核磁流体实验室 MRLAB 等多种仪器的数据处理模块 nmrstudio。此系统可以实现回波串的 T_2 反演、TDA 等流体识别和岩石物理参数计算功能。

eXpress 是 Baker Hughes 开发的测井资料处理软件系统。该系统中也有两套 NMR 测井数据处理模块，一套是利用 eXpress 提供的二次开发工具开发的电缆 MRIL 测井数据处理模块；另一套是利用 MATLAB 开发的 MREXNMR 测井仪的数据处理模块 MRLAB。此系统可以实现回波串的 T_2 反演、流体识别和岩石物理参数计算等功能。

GeoFrame 是 Schlumberger 开发的测井资料处理软件系统。该系统同样有两套 NMR 测井数据处理模块，都是利用 GeoFrame 提供的二次开发工具开发的，一套可以处理 CMR 系列仪器数据，另一套处理 MR Scanner 仪器数据。CMR 的处理模块可以提供回波串的 T_2 反演、岩石物理参数计算以及伪毛管压力转换等功能；而 MR Scanner 的处理模块则提供 T_2 反演、多维反演处理、流体识别以及岩石物理参数等功能。

以上 NMR 测井数据处理模块都只支持本公司仪器所采集的数据处理，并且同公司不同型号仪器也需要不同的处理模块进行数据处理。这就为第三方软件开发商提供了机遇和生存空间。

国内外有多家第三方测井数据处理软件开发商，所开发的测井数据处理软件都可以对多家不同公司的 NMR 测井仪器数据进行处理，并提供二次开发接口。由于 NMR 测井仪开发商对采集数据的格式、预处理以及处理方法都不公开，使得第三方 NMR 测井数据处理软件相比原厂软件推出要晚且功能有限，主要为 T_2

反演、岩石物理参数计算以及简单的流体识别功能。现对几款应用较广泛的
NMR 测井数据处理软件进行介绍。

Geolog 是 Paradigm 研发的测井资料综合分析评价软件,具有跨平台的运行能
力、灵活的平台扩展功能和丰富的平台开发工具,可以处理 CMR 和 MRIL 系列
仪器数据。

LOGIC 是由 Logicom 开发的测井分析软件,可以处理 CMR、Pro vision 和
MRIL 系列仪器数据。

Logvision 是北京吉奥特能源科技有限责任公司研发的测井地质综合分析平台软
件,提供的 NMR 测井分析模块 MagReson 可以处理 CMR 和 MRIL 系列数据。

Forward 是北京石大油软技术有限公司研制的勘探测井解释平台,可以处理
MRIL-Prime 数据。

LEAD 是中油测井有限责任公司为其自主研发的测井仪器配套的测井数据处
理软件,但同时也提供对第三方测井仪器数据的处理功能,支持 MRIL-Prime 数
据的处理。

CifLog 是中石油勘探开发研究院开发的测井处理解释软件,支持跨平台运
行,提供 MRIL-Prime 数据的处理。

14.3 研究内容

(1) 对 MRIL-Prime、MREx 以及 MR Scanner 井下 NMR 的数据处理软件和处
理流程进行系统分析。明确 NMR 测井数据处理软件应具有的功能,和不同数据
处理软件在数据格式转换、不同采集模式回波串识别、预处理、流体识别、岩石
物理参数计算、成果输出以及二次开发接口等关键问题解决方法的异同。

(2) 提出针对多种处理方法、多支 NMR 测井仪器的数据处理软件设计方
案。基于上述分析,明确兼容不同仪器数据处理时所面临的问题,包括不同数据
格式转换和存储、不同仪器不同采集模式回波串识别、不同仪器数据预处理方法
和不同仪器流体识别方法等,提出解决这些问题的设计方案。

(3) 基于软件处理设计方案进行编程实现。针对需要解决问题的特点,优
选编程工具,提高实现效率。通过算法和代码两方面的优化,实现反演处理速度
的优化。分析不同优化方法的适用范围,获得不同反演处理方法的速度优化方法
组合。对实现的软件各模块进行测试和验证。与仪器相关性强的模块,则将其与
原厂配套处理软件的处理结果进行对比,来验证算法和实现的准确性;与仪器相
关性弱的处理模块,则通过数值模拟和实验来进行验证。

(4) 用开发的 NMR 测井数据处理软件对 MRIL-Prime、MREx 以及 MR

Scanner 数据进行二维核磁处理，用试油结论来检验软件处理结果的准确性。

14.4　技 术 路 线

井下 NMR 数据处理软件应用的技术路线如图 14.2 所示。

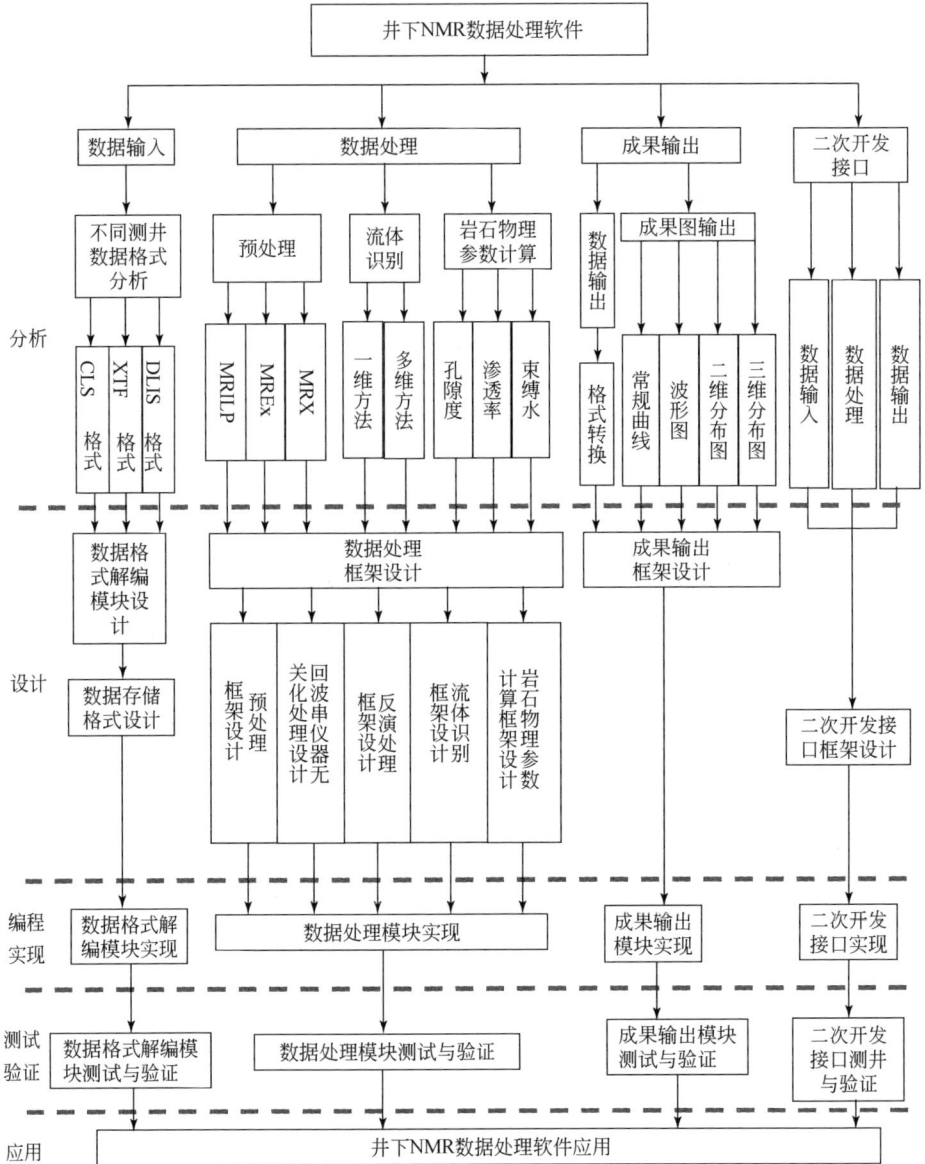

图 14.2　技术路线

第 15 章　数据处理软件

随着井下 NMR 快速发展，对数据的分析处理和解释也不断进步，从单独的 T_2 分析发展到充分利用流体的 T_1、$T_{2\,\mathrm{int}}$ 和 D 等不同属性进行流体识别的多维方法。

15.1　NMR 数据处理软件基本功能

15.1.1　数据输入

井下 NMR 仪器采集的回波串数据通过电缆传输至地面采集设备，然后将其他相关曲线数据和采集信息打包后保存在一个具有特殊格式的数据文件中。井下 NMR 数据处理软件，首先需要读取这个特殊格式的数据文件，从中提取出相关的核磁回波串以及采集信息，然后根据用户的选择对数据进行处理。

15.1.2　NMR 数据处理

井下 NMR 数据具有 NMR 和测井两方面的特征，这也决定了其所需要的处理方法。

1. NMR 数据处理

（1）用 CPMG 脉冲序列进行数据的采集，原始数据分为实部和虚部，经过相位旋转后，得到原始数据中的有用信号和噪声信号。对有用信号进行反演处理得到 T_2 分布，基于 T_2 分布计算岩石物理参数。或对多组不同参数回波串数据进行多维反演处理，进行流体识别和饱和度计算等。

（2）NMR 原始数据的信噪比较低，为了减小信噪比对处理结果的影响，通常将多次测量的数据叠加在一起以提高信噪比。

2. 井下核磁测量特殊问题处理

（1）为了提高 NMR 数据的采集效率，采用梯度磁场，利用多个频率进行数据的采集，即当一个频率在等待极化时，用另外的频率进行数据的采集。不同频率所对应的磁场梯度可能不同，所以不能对不同频率数据直接进行叠加。

（2）与实验室恒温条件下的核磁测量不同，井下高温高压且空间受限的条件使所采集的数据受到多种因素的影响，需要校正。

（3）目前商业化仪器多采用"Inside-out"模式，发射功率较大，容易引起仪器的振动产生振铃（ringing），对数据处理有影响，需要消除。

3. 时间驱动测量处理

NMR 测井是在仪器上提或下放的过程中进行测量的。NMR 测量是时间驱动的过程，在运动过程中很难进行等深度间距采集。因此，在采集 NMR 数据的同时记录一个深度，然后以采集的先后顺序为索引进行存储，而不是按深度进行索引，这与常规测井数据存储有区别。这种存储模式也决定了后期数据处理时，要进行时深转换。

15.1.3 处理成果输出

软件的处理结果需要以某种形式呈现或输出，才能让第三方得以利用。测井数据处理成果的输出有两种形式：一种是以数据的形式输出，保存到软件所支持的格式数据体中；另一种是以测井图的形式输出，按照特定要求绘制专业的测井图，然后输出为特定的图片格式。

15.1.4 NMR 测井数据处理流程和基本功能

通过上面的分析，NMR 测井数据处理基本功能和流程可以总结如图 15.1 所示。测井数据的输入和处理成果的输出是数据处理软件的平台功能，而 NMR 测井数据处理则是应用功能。在共享平台功能的基础上，可以通过开发不同的数据处理模块来实现软件功能的扩展。可以看到有些功能是与仪器密切相关的，而有

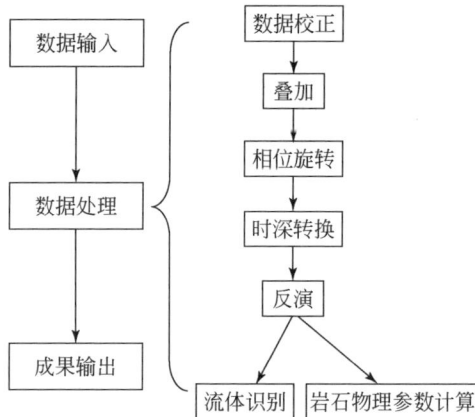

图 15.1　井下 NMR 数据处理流程和基本功能

些（如反演处理方法等）则与仪器的相关性较弱。所以，在充分分析现有软件处理流程和处理方法的基础上，通过合理的设计实现各功能之间松耦合和模块复用，完全有可能开发出一款可以处理多种 NMR 测井仪数据的软件。

15.2　数　据　输　入

不同 NMR 测井仪的数据格式不同，将不同格式的数据进行解编，然后转换为处理软件支持的底层数据格式，是数据处理的第一步。下面对 NMR 测井数据存储格式进行详细分析。

15.2.1　NMR 测井数据特殊性

1. 采集特点

现代脉冲 NMR 测井仪可以分为两类[43]：一类是基于均匀磁场，使用一个频率进行数据采集的 CMR 系列；另外一类就是基于梯度磁场，使用多个频率进行数据采集的 MRIL 系列、MREx 以及 MR Scanner。基于匀场测量的 CMR 系列仪器可以认为是基于梯度磁场测量的仪器的一个特例。

基于 CPMG 脉冲序列的回波串采集过程，可以分为两个阶段：第一个阶段是等待时间 TW，产生一个磁化矢量；第二个阶段是选择回波间隔 TE，采集 NE 个回波。改变等待时间 TW，获得孔隙流体 T_1 的信息；在梯度磁场条件下，改变回波间隔 TE，获得孔隙流体 D 的信息。在测井过程中，回波串的采集参数，如 TE、TW、NE 等，都是由所选择的采集模式决定的。

通过多个频率采集多组不同等待时间和回波间隔的回波串数据，可以高效获得孔隙流体的 T_1、$T_{2\,\text{int}}$ 和 D 等信息。

2. 处理方法对数据的要求

不同处理方法所需要采集的回波串数据也不同。流体识别采集模式利用多个频率采集多组不同等待时间和回波间隔的回波串数据[33,85,86]，然后根据流体识别分析方法的需要挑选合适的数据进行处理分析。这需要对不同采集参数的回波串进行识别，明确每一组回波串是用哪些参数采集的，如具体的 TW、TE、NE、频率以及静磁场梯度等。

因此，在 NMR 测井数据存储的数据体中至少应该包含两类数据：一类是根据选择的采集模式采集到的不同参数的回波串数据；另外一类是所选择的采集模式中的各种参数。

15.2.2　CLS 格式

CLS 格式是 Halliburton 公司 Excel 2000 测井采集系统测井数据的存储格式，也是其配套测井数据处理软件 DPP/petrosite 的底层数据格式。深度驱动测井方法的数据存储格式如图 15.2 所示，这种深度域的测井数据存储格式无法满足像 NMR 测井这样的时间驱动测井方法的测井数据存储，所以在前者的基础上设计了第二种格式，如图 15.3 所示，用来存储 NMR 测井数据。

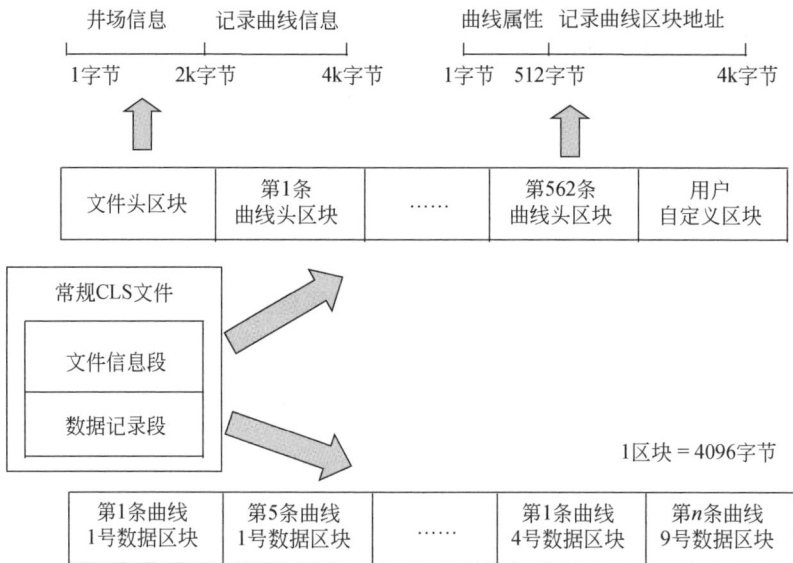

图 15.2　常规 CLS 格式示意图

1. 常规 CLS 格式

常规 CLS 格式文件由文件信息段和测井曲线数据记录段组成[87,88]，最小的组成单元为块（block），每个块的大小为 4096 字节。文件信息段的长度是固定的，由 564 个块组成，其中第一个块是文件头块，记录了井场信息和测井曲线的总体信息，如曲线名、曲线总条数等；第 2 ~ 563 个块为曲线头块，每一个曲线头块都分别记录了该条测井曲线的各种属性信息，如曲线名、单位等以及存储有该条测井曲线数据的曲线记录块的地址；第 564 个块所记录的内容由用户定义。

测井曲线数据记录段的大小是不固定的，会随着曲线数据存储的实际需要而变化，曲线数据以块为最小单元进行存储，同一条测井曲线的多个测井数据记录块位置并不连续，只能根据存储在该条曲线的曲线头块中的数据记录块的地址进

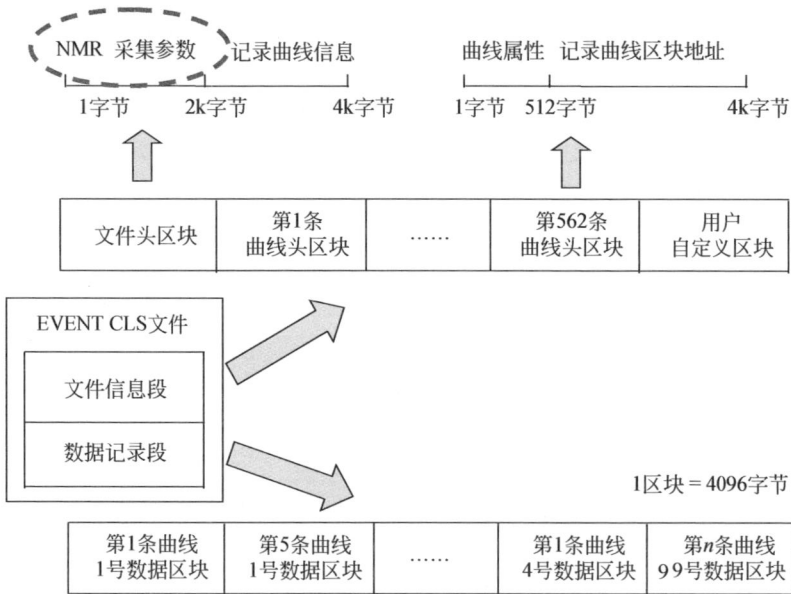

图 15.3　核磁 CLS 格式示意图

行数据的读取。

2. 核磁 CLS 格式

可以看到常规的 CLS 格式中，并没有设置专门用来存储采集参数的区域，因而无法满足 NMR 测井采集模式各种参数存储的需要。为此，在常规 CLS 格式的基础上进行了两处修改，分别是将文件信息段文件头块中的井场信息存储区域用来存储 NMR 测井采集模式的各种参数，将常规 CLS 格式所保存曲线的驱动方式由深度驱动（DEPTH）改为事件驱动（EVENT）。

15.2.3　XTF 格式

XTF 格式是 Baker Hughes 公司 Eclipse 5700 测井地面采集系统的测井数据存储格式，也是其配套的测井数据处理解释软件 eXpress 的底层数据格式。与 CLS 格式类似，XTF 格式也有两个版本：第一个版本（常规 XTF 格式）可以存储三种测井类型的测井数据，分别为 regular 类型的常规测井数据、wave 类型的 VDL 测井数据以及 array 类型的阵列声波测井数据的格式，见图 15.4；第二个版本（composite XTF 格式）在常规 XTF 格式基础上添加了对 composite 类型的 MREXNMR 测井数据的存储，见图 15.5。

| 文件信息段
(8个区块) | 第1条
曲线段 | 第2条
曲线段 | 第3条
曲线段 | …… | 第n条
曲线段 |

1号区块	文件名，系统码，曲线数等
2号区块	记录区块标记
3号区块	曲线名
4号区块	曲线记录段开始和结束位置等
5号区块	曲线维数和元素数
6号区块	曲线开始和结束深度
7号区块	曲线和数据的类型，间隔
8号区块	井场信息

1号区块	第3条曲线信息
2号区块	1号记录区块
3号区块	2号记录区块
n号区块	(n–1)号记录区块

曲线名，单位，数据类型，维数，元素数，起始深度，终止深度，间隔等

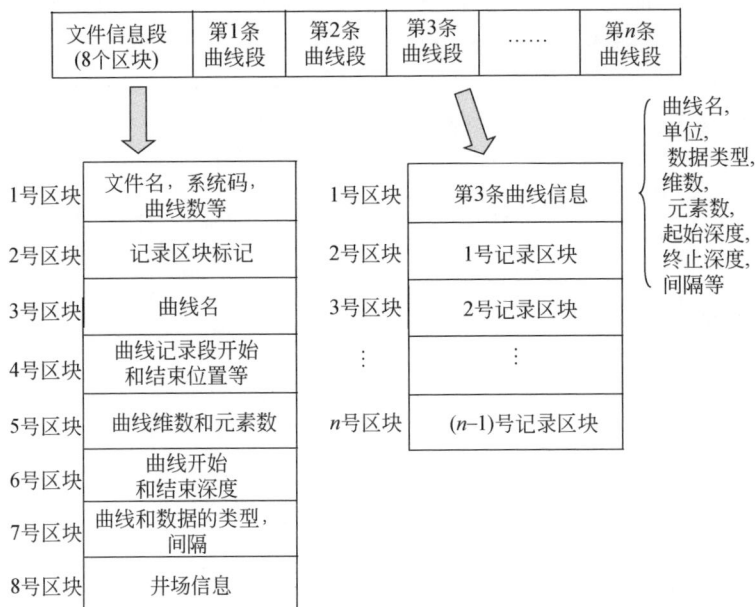

图 15.4　常规 XTF 格式示意图

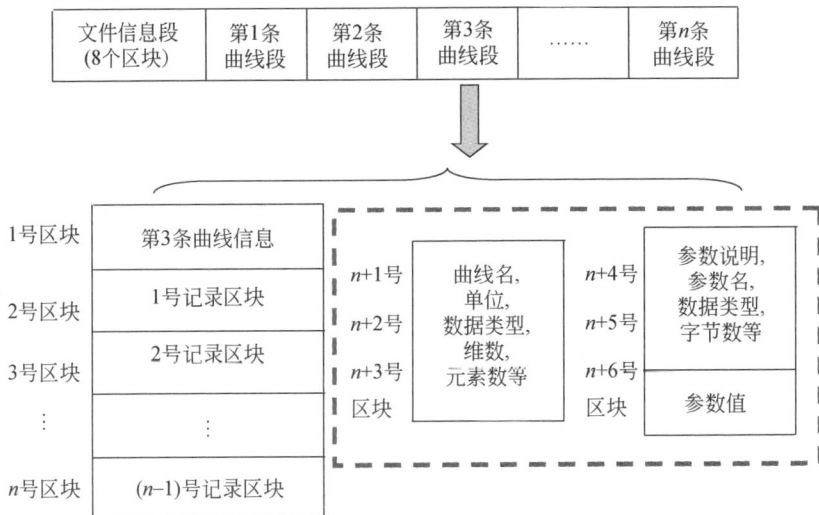

| 文件信息段
(8个区块) | 第1条
曲线段 | 第2条
曲线段 | 第3条
曲线段 | …… | 第n条
曲线段 |

1号区块	第3条曲线信息
2号区块	1号记录区块
3号区块	2号记录区块
n号区块	(n–1)号记录区块

n+1号、n+2号、n+3号区块：曲线名，单位，数据类型，维数，元素数等

n+4号、n+5号、n+6号区块：参数说明，参数名，数据类型，字节数等；参数值

图 15.5　核磁 XTF 格式示意图

1. 常规 XTF 格式

常规 XTF 格式由文件信息段和测井曲线数据记录段两部分组成[89,90]，最小的组成单元为块，每个块的大小为 4096 字节。文件信息段长度是固定的，有 8 个块，包含了文件名、井场信息、曲线名、曲线条数、曲线维数、起始深度、结束深度、采样率等信息；测井曲线数据记录段的长度是变化的，与曲线的条数、起始深度、结束深度等有关，每条测井曲线的数据记录段由曲线属性信息块和数据记录部分组成。

2. 核磁 XTF 格式

在常规 XTF 格式中，可以记录 regular、wave 和 array 等三种类型测井曲线。由于 MREx NMR 测井数据的复杂性——时间域驱动存储，每组回波串数据采集的同时还采集多条质量控制曲线，采集参数繁多，使得现有的常规 XTF 格式无法满足 MREx 数据存储多种数据的需要。为此，Baker Hughes 公司针对 MREx 数据存储的特殊需求，设计了第四种测井曲线数据类型 composite 类型[91]，在一个测井曲线数据记录段中定义了多条测井曲线和不同参数的存储方式。一个典型的 composite 类型测井曲线存储，将测井曲线数据记录段划分为三个区：第一个仍然是测井曲线信息块；第二个是多条测井曲线数据存储区；第三个是多参数存储区。每一个区所占的空间大小与具体的曲线大小相关。

15.2.4　DLIS 格式

DLIS 格式[92] 是 Schlumberger 公司 Maxis500 测井地面采集系统的测井数据存储格式。这种数据格式具有与机器无关、自描述、语义可扩展以及可以高效处理大数据量等特点。

DLIS 格式对测井数据、井场信息和测井采集参数以及测井数据处理相关信息等使用统一的语法进行描述，并使用面向对象的方法来记录这些数据。这种设计与每一个字节都有具体含义定义的 CLS 和 XTF 格式的设计有很大的差别，也使得面对复杂的 NMR 测井数据的存储 DLIS 格式不需要进行任何修改即可满足数据存储的需要。

DLIS 格式使用上下两层子格式对数据的存储方法进行说明，如图 15.6 所示。上层的逻辑格式（logical format），对测井数据和信息的分割方法进行说明，其中逻辑结构由一个或多个逻辑文件（logical files）组成，一个逻辑文件可由一个或多个逻辑记录（logical record）组成，而一个逻辑记录可由一个或多个逻辑记录段（logical record segments）组成，然后由可视记录（visible record）将逻辑记录段的信息映射到物理存储介质中，其中可视记录可由一个或多个逻辑记录段组成；下层的物理格式（physical format），就测井数据如何在物理介质中以顺序比特流存储进行说明，将逻辑文件映射到物理存储介质中。可视记录在逻辑结构和物理结构之间，它是这二者的接口，对信息进行转换。

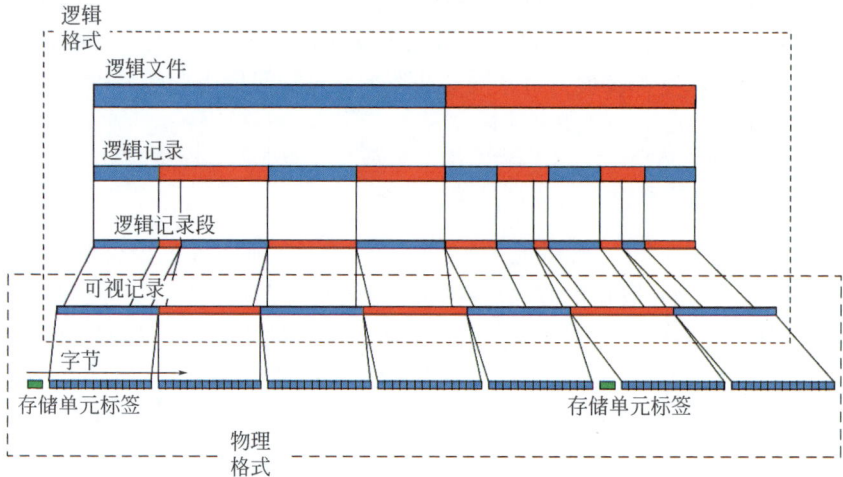

图 15.6　DLIS 格式示意图

DLIS 格式引入数据类型代码（representation code）将逻辑记录段中不同类型数据通过一定的方法转换为一个机器无关的字节流组合，然后存储在物理存储介质中。

逻辑记录段是测井数据或信息的最小分割单元，可以存储两种类型信息：一类是各类测井曲线数据；另外一类是各种静态信息，包括采集处理参数、井场信息等。对于测井曲线数据，DLIS 使用 IFLR 格式进行描述和记录；对于各种静态信息的数据则使用 EFLR 格式进行描述和记录。

在 DLIS 格式中，使用 FRAME 机制来记录不同索引方式的测井数据，如 time-based、depth-based 等，一个 FRAME 中可以存放一种索引方式的多条测井曲线数据。使用 CHANNEL 机制来记录不同测量方法的测井曲线数据。这样可以将不同索引方式、不同深度段以及不同采样间隔的测井曲线都存储在一个 DLIS 文件中。

15.3　数据处理流程

上述所分析的 NMR 测井数据处理基本功能和流程，不同公司仪器和处理方法不同，其数据处理软件会有不同的实现。下面对 MRIL-Prime、MREx 以及 MR

Scanner 仪器的数据处理流程进行系统分析，而数据处理方法则放到第 16 章单独进行分析。

15. 3. 1　MRIL-Prime 数据处理流程

MRIL-Prime 仪器数据处理由 DPP 系统 Numar 包中的模块完成，包括 split_mcls、reseq、echo_strip、$t_2d\_process$、$t_1 t_2\_event$、TDA、DIFAN、$t_2\_toolkit$ 等模块。这些模块都是利用 DPP 系统所提供的二次开发工具 builder 开发的，每个模块具体功能见表 15. 1。

表 15. 1　MRIL-Prime 数据处理模块功能说明

模块名字	模块功能
split_mcls	对 DTWE 采集模式数据进行拆分，拆分为 DTE 和 DTW 模式的两个数据文件
reseq	对拆分后的 DTWE 数据体中的 CACT 进行重新排序，对 GRP 进行重新编号
echo_strip	对回波串进行校正，PAPs 叠加，相位旋转，相同采集参数不同频率的回波串数据叠加，以及回波串的 T_2 反演
$t_2 d\_process$	对时间索引存储的回波串和 T_2 分布进行时深转换，转换为深度索引
$t_1 t_2\_event$	对长短 TW 的两组回波串的差进行 T_1、T_2 的搜索，为后续 TDA 的分析提供参数
TDA_com	对 DTW 数据进行 TDA 分析，识别流体
DIFAN	对 DTE 采集模式数据进行扩散分析，识别流体
$t_2\_toolkit$	基于 T_2 分布计算孔隙度、渗透率等岩石物理参数

不同模块可能包括了多个数据处理步骤，为了更加清晰地对比各模块间的异同，这里只对各模块功能，而非使用流程进行分析，整个处理的流程见图 15. 7。

与 NMR 测井数据处理一般流程相比，MRIL-Prime 数据处理流程有以下变化：

（1）由于这套处理软件最早是为处理双 TE 和双 TW 采集模式的数据开发的，为了兼容 MRIL-Prime 的双 TE 双 TW 采集模式数据的处理，添加了 split_mcls 和 reseq 模块，将单个双 TE 双 TW 模式数据拆分成双 TE 和双 TW 两个独立的数据分析，然后分别进行处理。

（2）为了消除振铃的影响，使用了 PAPs 技术采集回波串数据，所以添加了一个 PAPs 叠加处理，这个处理包含在 echo_strip 模块中。

（3）MRIL-Prime 仪器是梯度场仪器，利用不同频率采集的回波串实部和虚部的相位角可能不一样，所以只对相同频率的回波串进行叠加，计算相位角，进行相位旋转。不同频率所对应的磁场梯度差别不大，对相位旋转后的不同频率回波串信号再次进行叠加，以提高回波串的信噪比。这些处理步骤包含在 echo_

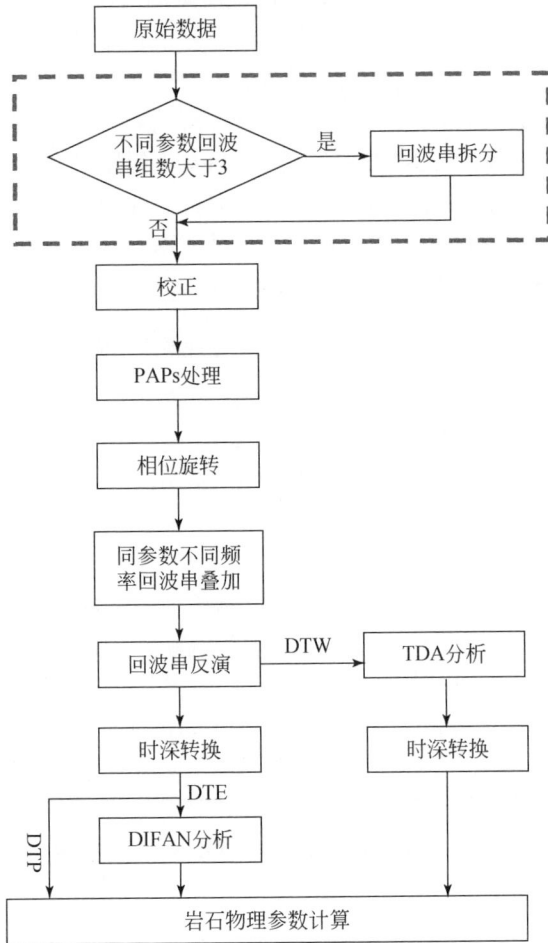

图 15.7　MRIL-Prime 数据处理流程图

strip 模块中。

（4）双 TE 模式数据固定地进行 DIFAN 和岩石物理参数计算；双 TW 模式数据固定地进行 TDA 和岩石物理参数计算。仪器采集模式简单，能够使用的数据处理方法有限。

15.3.2　MREx 数据处理流程

MREx 是 Baker Hughes 公司的偏心 NMR 测井仪，MREx 仪器数据处理由 eXpress 软件系统中 MRLAB 完成。这个模块是用 matlab 编写实现的，通过界面交互的方式对数据进行处理。包含的子模块有 MRCAL、QC、FE、FPC 和 FMR 五个部分，每个模块具体功能见表 15.2。

表 15.2　MREX 数据处理模块功能说明

模块名字	模块功能
MRCAL	对没有刻度或需重新刻度的原始数据进行刻度处理，便于进一步分析
QC	对原始数据的质量进行检查，确定采集资料的可靠程度
FE	对刻度后的回波串进行相位旋转、不同采集参数回波串加权组合、回波串纵向叠加、T_2 反演、时深转换以及岩石物理参数计算
FPC	利用流体的密度、含氢指数、扩散系数、黏度等来计算流体的间 T_1、T_2
FMR	利用流体的 NMR 特性（T_1、T_2）和采集参数（TE、TW、G）正演流体的回波串响应

MREx 处理流程见图 15.8，与 NMR 测井数据处理一般流程相比，有以下变化：

（1）MREx 仪器不同频率所对应的磁场梯度差别较大，不能直接对不同频率相同参数的回波串数据进行叠加，而是在经过 G、TE 校正后再进行叠加[93]，提高回波串的信噪比。

（2）不同采集模式的数据可以用多种不同的方法进行流体分析，并且可以利用不同方法计算 T_2 分布，然后再计算岩石物理参数。

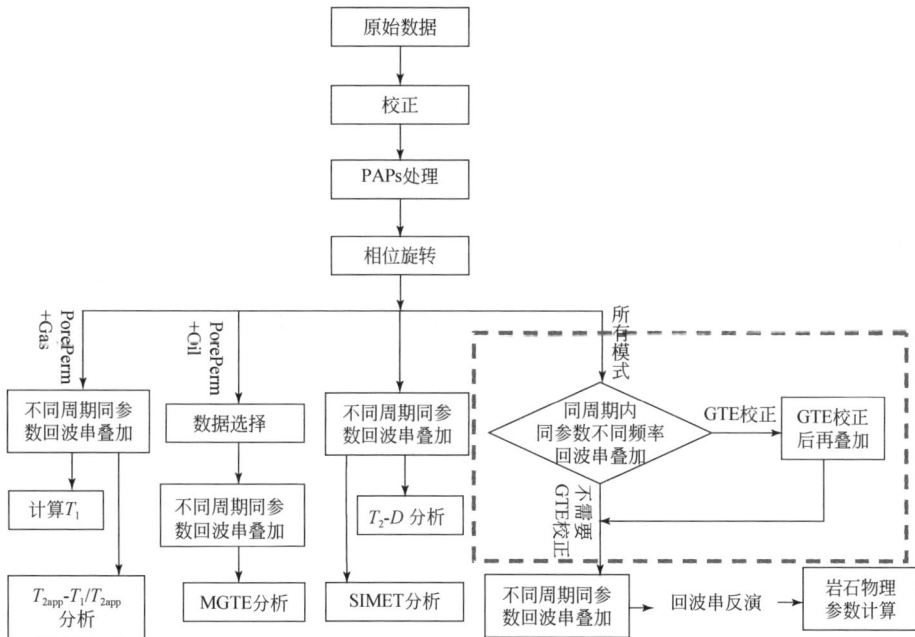

图 15.8　MREX 数据处理流程图

15.3.3　MR Scanner 数据处理流程

　　MR Scanner 仪器数据处理软件是 GeoFrame 软件系统的 MRX 包中的相关模块，这些模块都是利用 GeoFrame 系统所提供的二次开发工具 application builder 开发的，其功能见表15.3。

表 15.3　MR Scanner 数据处理模块功能说明

模块名字	模块功能
MRX PreProcessing	从原始 MR Scanner 数据中计算出回波串数据
MRX Standard Inversion	T_2反演
MRX Standard Porosity	基于 T_2 分布计算孔隙度
MRX MRF Inversion	进行 MRF 反演
MRX MRF Fluids	基于 MRF 反演结果进行流体识别和饱和度计算
MRX 3d Map Inversion	进行三维反演
MRX 3d Map Fluids	基于三维反演结果进行流体识别和饱和度计算
MRX 3d Map Porosity	基于三维反演结果计算孔隙度
MRX 2d Map Generation	对指定层段进行二维处理
MRX Bin Porosity	基于 T_1 或者 T_2 分布计算区间孔隙度
MRX Capillary Pressure	基于 T_1 或者 T_2 分布计算毛管压力曲线

　　MR Scanner 数据处理流程见图15.9，与 NMR 测井数据处理一般流程相比，有以下变化：

　　（1）不同频率相同参数的回波串不进行叠加，对其分别进行处理，利用不同频率反映不同探测深度的特性，进行流体的识别。

　　（2）反演处理和饱和度计算以及岩石物理参数计算分开进行。流体识别基于2维分布图，而岩石物理参数计算则是基于 T_2 分布。

　　（3）不同采集模式数据可以用多种不同的方法进行处理分析。

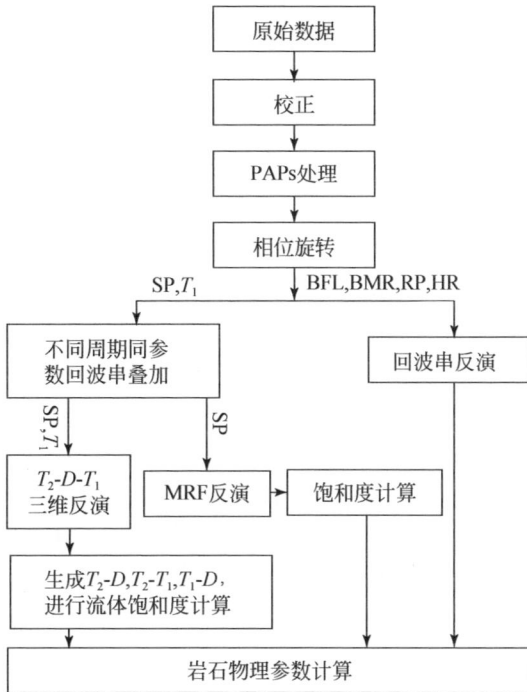

图 15.9　MR Scanner 数据处理流程图

15.4　成　果　输　出

成果输出功能包括两部分：一是将软件底层数据格式的成果数据转换为其他类型的数据格式；二是以图形的形式将所计算的结果显示并输出为图片。

15.4.1　数据格式转换

与数据输入相反，需要将软件平台的底层数据格式转换为其他测井数据处理软件所支持的数据格式。三大公司的测井数据处理软件都支持将自己软件底层数据格式转换为格式公开的 DLIS 和 LAS 格式。

15.4.2　成果图绘制

快速有效地将处理的中间和最终结果显示并输出。这部分属于软件平台功能，使绘制的测井图类型不仅能够满足 NMR 测井数据的显示，还能满足其他类型测井成果的绘制。DPP 和 eXpress 是通过先制作绘图模版，然后再用绘图程序调用所编写的绘图模版和数据文件进行图形的显示和输出。GeoFrame 则是通过界面交互的方式完成所需要的测井图的编辑和输出。对于 NMR 测井数据的显示，一般绘制以下几种类型。

1）一维曲线

每一个深度点绘制一个数据点，如孔隙度、渗透率等曲线的绘制。

2）一维累积曲线

每一条曲线在一个深度点上只需要绘制一个数据点，但曲线的绘制基线是用户所指定的其他测井曲线，并且往往曲线之间有填充。如不同 T_2 值的区间孔隙度的显示等。

3）波形曲线

每条曲线在一个深度点上需要绘制二维的波形曲线，由 x 和 y 坐标对图形的绘制进行控制。如 T_2 分布、伪毛管压力曲线等。这类曲线还可以用变密度的形式进行显示，即将波形曲线中的幅度 y 用不同的颜色进行表示。

4）二维分布图

每条曲线在一个深度点上需要绘制一个二维的分布图，由 x、y 控制绘制的区域，由 f 控制在绘图区域中的幅度。如 $T_{2\text{int}}-D$、T_1-D 等分布图。

5）三维分布图

每条曲线在一个深度点上需要绘制一个三维的分布图，由 x、y、z 控制绘制的区域，由 f 控制在绘图区域中的幅度。如 $T_1-T_{2\text{int}}-D$ 等分布图。

对于二维和三维的分布图，一般不直接在常规测井图中绘制，而是将其进行投影，获得不同类型的波形图，如 T_2 分布、T_1 分布、D 分布等，然后在测井图中进行绘制。

15.5　二次开发接口

数据输入和成果输出作为软件的平台功能可以供其他测井数据处理模块使用。通常以二次开发工具的形式将平台功能进行封装，提供给用户使用，帮助其高效开发属于自己的测井数据处理模块。

二次开发工具提供测井数据处理模块的框架，以及测井曲线数据的读取和计算结果的保存，用户只需要编写测井曲线处理部分，实现自己的处理算法即可。由于历史原因，这些开发工具都只支持 Fortran 语言，在一定程度上增加了模块的开发难度，同时也降低了开发的效率（表 15.4）。

表 15.4　测井数据处理软件二次开发工具功能

软件平台	二次开发工具	编程语言	功能
DPP	builder		
eXpress	genesis	Fortran	自动生成测井数据处理框架，提供测井数据的读取和处理结果输出
GeoFrame	Application builder		

第16章　数据处理方法

井下核磁传感器根据指定的采集模式采集数据。后期数据处理要先根据采集模式信息识别所需采集参数的回波串，然后再用合适的方法进行反演处理，最后计算岩石物理参数或进行流体识别等。本章将对 MRIL-Prime、MREx 和 MR Scanner 仪器的采集模式、回波串的识别方法和预处理方法等进行系统的分析。对流体识别和岩石物理参数计算方法，则不分仪器地进行分析。

16.1　采　集　模　式

采集模式是一种以获取特定应用信息为目标的极化和采集方式，它包括等待时间 TW、回波间隔 TE、回波个数 NE、叠加次数 RA、频率的使用以及回波串的采集时序[85]。采集模式的设计与测井目的、数据的分析方法、仪器所使用的频率数以及遥传的传输速度等密切相关。不同的仪器采集模式有不同的实现方法。在不同的地质条件下，只有用合适的采集模式采集数据，才能获得可靠的岩石物理参数及油气的相关信息。

16.1.1　MRIL-Prime 脉冲序列

1. 硬件特性

MRIL-Prime 通过改变发射脉冲的频率选择不同区域进行观测，最多可使用 9 个频率进行 9 个不同直径的切片观测。不同切片处的静磁场梯度差别不大，大约为 $18 \times 10^4 T/cm$。探测距离最近的频率总是利用固定参数测量泥质束缚水信号。

2. 采集模式

根据仪器的硬件特性和测井目的，MRIL-Prime 设计有四类采集模式（表 16.1），分别是计算岩石物理参数的标准 T_2 模式，利用流体纵向弛豫时间 T_1 差异进行流体识别的双 TW 单 TE 模式，利用流体扩散系数 D 差异进行流体识别的单 TW 双 TE 模式，以及两种模式的组合双 TW 双 TE 模式。由于长 TW 回波串的采集，需要等待的时间较长，此时可以利用其他频率采集其他参数的回波串，提高了测井作业效率。用户需要根据目的层流体信息以及测井目的，通过测前设计来优选采集模式。

表 16.1　MRIL-Prime 采集模式

采集模式	频率数	回波间隔（ms）	等待时间（ms）	用途
标准 T_2 模式	9	0.6, 0.9/1.2	20, 8000/9000/12 000	孔隙度、渗透率、束缚水等
双 TW 单 TE 模式	9	0.6, 0.9/1.8/2.7/3.6/4.5 或 1.2/2.4/3.6/4.8/6	20, 1000/2000, 8000/10 000/13 000	孔隙度、渗透率、束缚水、识别轻质油和气
双 TE 单 TW 模式	9	0.6, 0.9 与 1.8/2.7/3.6/4.5 或 1.2 与 2.4/3.6/4.8/6	20, 8000/ 10 000/13 000	孔隙度、渗透率、束缚水、识别中等黏度油
双 TW 双 TE 模式	9	0.6, 0.9 与 1.8/2.7/3.6/4.5 或 1.2 与 2.4/3.6/4.8/6	20, 1000/2000, 8000/10 000/13 000	孔隙度、渗透率、束缚水、识别轻质油、气以及中等黏度油

16.1.2　MREx 脉冲序列

1. 硬件特性

MREx 最多可以使用 12 种频率进行数据采集，目前 MREx 常用工作频率为 6 种。仪器的探测深度与所选用的频率有关，频率越高，探测深度越浅，静磁场梯度也越大，从 17×10^4 T/cm 到 40×10^4 T/cm。从井壁算起，探测范围为 5.6 ~ 10.2cm。

2. 采集模式

Baker Hughes 公司引入了称为"面向目标的采集模式"（objective oriented acquisitions）的技术来获取储层评价和流体识别需要的数据[33]。根据不同的测井目的，MREx 仪器设计了六种采集模式（表 16.2），每种模式都有固定的测量参数，简化了测量参数的选择。每种模式之间有足够的交叉，在同一储层中既有油层又有气层的情况下只需要一次测井，简化了测前设计的工作。

表 16.2　MREx 采集模式

采集模式	工作频率数	回波间隔（ms）	等待时间（ms）	用途
PorePerm	1, 3, 6	0.6, 0.4	20 ~ 7400+	孔隙度、渗透率、束缚水等
PorePerm +Light Oil	3, 6	0.4, 1.4, 2.7	20 ~ 11 000+	孔隙度、渗透率、束缚水等，定量和定性评价轻油
PorePerm +Medium Oil	3	0.4, 0.6, 1.5, 2.1	20 ~ 5100+	孔隙度、渗透率、束缚水等，定量和定性评价中黏度油
PorePerm +Gas	6	0.4, 0.6	20 ~ 11 000+	孔隙度、渗透率、束缚水等，定量和定性评价气和轻油
PorePerm +Heavy Oil	6	0.4, 0.8, 1.5, 3.6, 5.0, 7.0, 10.0	20 ~ 4500+	孔隙度、渗透率、束缚水等，定量和定性评价稠油
Fast BoundWater	2	0.4	20 ~ 2000+	与传统孔隙度测井组合计算束缚流体

16.1.3　MR Scanner 脉冲序列

1. 硬件特性

MR Scanner 使用了多天线、梯度磁场设计，测量的敏感观测区域为多个薄切片（shell），对应多个探测深度：3.8cm、4.8cm、5.8cm 和 6.8cm，具有高纵向分辨率和高测速的优点。

2. 采集模式

根据测井目的及数据分析方法对数据的要求，结合 MR Scanner 仪器自身的多频、多梯度以及多天线的特点设计了 6 种不同测井目的的采集模式（表 16.3），满足不同需求。为了配合新的处理方法，使用了新的脉冲序列 DE 和 T_1-editing 来采集回波串数据，这样可以进行二维、三维以及 MRF 等处理，还能够利用不同探测深度数据，进行流体识别。

表 16.3　MR Scanner 采集模式

采集模式	工作频率数	回波间隔（ms）	等待时间（ms）	用途
Saturation Profiling Sequences	2	0.45, 0.6, 2, 3, 5, 8, 12, 16	8, 32, 100, 800, 1200, 2400, 10 000	孔隙度、渗透率、束缚水等，通过三维 NMR 数据处理进行流体识别

采集模式	工作频率数	回波间隔（ms）	等待时间（ms）	用途
Radial Profiling Sequences	2	0.45, 0.6	8, 16, 86 000	孔隙度、渗透率、束缚水等利用不同探测深度的 T_2 分布进行流体识别
High Resolution Sequences	2	0.45	8, 16, 32, 1900, 8900	提供高纵向分辨率的孔隙度、渗透率、束缚水等
Bound Fluid Sequences	1	0.45	8, 16, 900	束缚水
Basic NMR Logging Sequences	2	0.45, 0.6	8, 16, 3100	孔隙度、渗透率、束缚水等
T_1 Profiling Sequences	2	0.45, 0.6	10, 20, 40, 80, 200, 400, 1000, 3000, 12 000	孔隙度、渗透率、束缚水等利用不同探测深度的 T_1 分布进行流体识别

16.2　预　处　理

16.2.1　回波串识别

不同的处理方法需要采集不同参数的数据，复杂采集模式所采集的数据，可以用多种不同处理方法从多种角度进行分析。这就要求方法能够对不同采集参数的回波串进行识别。

NMR 测井根据选择的采集模式进行回波串数据的采集，要想准确识别出所采集的回波串数据，就必须将采集模式的各种参数进行存储，后期根据这些存储的采集模式信息来识别和选择不同参数的回波串进行反演处理。针对回波串识别的方法，每家公司都有自己的解决方案。下面就对这三家公司的解决方法进行分析。

1. MRIL-Prime 回波串识别

MRIL-Prime 仪器只有 4 类采集模式，一个周期内所采集的不同参数回波串有限。为此，用数字对不同 TW 和 TE 的回波串进行分类编号，如 65 表示长 TW 短 TE 回波串，66 表示短 TW 短 TE 回波串，67 表示 PR 组回波串，68 表示长 TW 长 TE 回波串，69 表示短 TW 长 TE 回波串，用 GRP 曲线来记录回波串的这些标识符。不同参数回波串的回波个数用曲线 CECH 进行记录。对一个周期内所采集的回波串进行编号，并记录在曲线 CACT 中。具体的采集参数如 TW 和 TE 等，记录在 m. cls 数据体的采集参数区域中，直接读取即可获得。

使用 PAPs 技术消除振铃的影响，对于 90°脉冲的不同相位，正相位标识符为 1，负相位为 0，使用曲线 SEQN 记录。

通过不同的名字来表示不同处理阶段的回波串，例如，采集的原始回波串数据用 RAMP 表示幅度，用 RPHA 表示角度，用 REALA 和 IMAGA 表示从 RAMP 和 RPHA 中提取出来的 A 组回波串实部和虚部。经过校正和回波串叠加后，用 AVRA，AVIA 表示实部和虚部。用 REALCA 和 IMAGCA 表示经过相位旋转后得到的信号和噪声。

2. MREx 回波串识别

MREx 仪器的核磁原始数据在存储时，将一个周期内所采集的回波串按照采集的先后顺序分别单独进行存储。用一个结构体来记录这组采集参数的回波串的实部、虚部以及相关采集参数，如 TW、TE、NECH、频率、PAPs 的标识符以及深度等。可以直接根据这些参数来识别不同采集参数的回波串。

通过不同的曲线名字来表示不同处理阶段的回波串，曲线名说明如表 16.4 所示。

表 16.4　MREx 曲线名前缀说明

曲线前缀	说明
URKO	Uncalibrated, Raw echo train Curve
CRKO	Calibrated, Raw echo train Curve
PCKO	Phase-Corrected, Raw echo train Curve
CBKO	Combined Echo train Curve
RAKO	Running Average Combined Echo Curve

3. MR Scanner 回波串识别

用 ECHO_R，ECHO_X 分别记录所采集的原始回波串实部和虚部，并且在每一个深度点记录一个周期内所有不同参数的回波串。不同的行记录不同周期的回波串。参数 EDDV 记录了采集一个完整周期回波串所使用的脉冲序列的各种参数，如使用的频率、TE、TW、NECH 以及采集先后顺序等，与 ECHO_R 中一行所记录的不同采集参数回波串数据相匹配。RPTN_V 记录了 EDDV 中所记录的不同采集参数的回波串重复采集的次数。即用 EDDV 和 RPTN_V 两个参数表的参数来描述采集模式。

通过以上的 EDDV 和 RPTN_V 参数可以对 ECHO_R 和 ECHO_X 进行相关回波串的叠加和相位旋转计算，得到 ECHO_SIGNAL 和 ECHO_NOISE。采集模式参数 ETDV 记录经过叠加和相位旋转后的 ECHO_SIGNAL 一行中回波串的相应采集参数，如频率、TE、TW 和 NECH 等。

同样也是通过不同的曲线名字来表示不同处理阶段的回波串。用 ECHO_R 和 ECHO_X 表示所采集的原始回波串的实部和虚部，用 SIGNAL 和 NOISE 分别表示经过预处理后的回波串信号和噪声。

16. 2. 2　原始回波串数据校正

仪器在井下测量时，其所处的环境与仪器在地面刻度桶中获得刻度信息时的条件不一样。环境的不同，会对仪器采集的回波串产生影响，用地面的刻度信息对井底条件下所采集的回波串进行刻度会得到不准确的孔隙度。为此需要考虑以下几种井眼环境因素对核磁测量的影响，并对测量结果做环境校正[39,41,94-97]。

1. 温度校正

随着温度的增加，被磁化的氢原子总数减小，这种效应是由热能引起的。在绝对零度时，最小单位的静磁场将根据它们各自的磁矩排列取向。当环境温度上升时，可以排列取向的质子数目减小，需要进行校正。

随着温度的增加，磁体的静磁场 B_0 减小，当发射射频脉冲不变时，所观测的共振区域的半径变小，即体积变小，如图 16.1 所示，需要进行校正；另外，当发射的射频脉冲 B_1 不变时，由于半径变小，其传递到观测区域的有效射频脉冲磁场强度变大，也需要进行校正。

2. 增益校正

地层和井眼电阻率变化，使得天线的负载发生变化，影响到天线电子线路的增益，需要进行校正。

3. 功率校正

由于天线的负载发生变化，所发射的射频脉冲磁场强度 B_1 传递到观测区域的有效射频脉冲磁场强度发生变化，使得磁化矢量欠扳转或过扳转，需要进行校正。

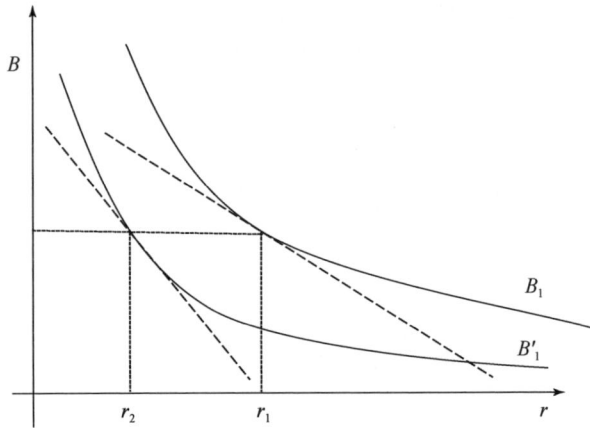

图 16.1　温度对静磁场影响的示意图

4. 矿化度校正

当地层水中含有的 NaCl 溶度很高时，会对地层水的 HI 产生影响，随着矿化度的增大而减小，需要校正。

5. 受激回波校正

在梯度磁场条件下，回波串的构成远比在均匀磁场中复杂得多，特别是前两个回波会发生严重失真，如果要应用这些测量数据，就必须做校正。

16.2.3　回波串信号和噪声计算

1. 原始回波串数据

一般使用正交采集技术来采集 NMR 回波串数据[42]，所采集的数据可用式16.1 来描述。

$$\begin{cases} X_j = S_j \cos\phi + \varepsilon_j^x \\ Y_j = S_j \sin\phi + \varepsilon_j^y \end{cases} \tag{16.1}$$

式中，X_j 和 Y_j 分别为第 j 个回波的 X 轴和 Y 轴上的分量；S_j 为回波的真正幅度；ϕ 为相位角；ε_j^x 和 ε_j^y 分别为第 j 个回波的噪声在 X 轴和 Y 轴上的分量。

2. 信号和噪声数据计算方法

1）回波串旋转前叠加

对使用 PAPs 技术采集的回波串数据，先将同频率同采集参数的回波串进行叠加，以消除振铃，提高信噪比。

2）回波串相位旋转

对消除振铃后的实部和虚部进行相位旋转得到回波串的信号和噪声。

式（16.1）表示的是正交采集的 NMR 数据在极坐标中的关系。把回波串中的所有回波累加起来，有

$$\sum_{j=1}^{n} X_j = \sum_{j=1}^{n} S_j\cos\phi + \sum_{j=1}^{n} \varepsilon_j^x$$

$$\sum_{j=1}^{n} Y_j = \sum_{j=1}^{n} S_j\sin\phi + \sum_{j=1}^{n} \varepsilon_j^y \tag{16.2}$$

因为噪声信号的采集是正负随机的，因此在计算平均噪声时，式（16.2）的第二项 $\sum_{j=1}^{n} \varepsilon$ 接近为 0，对式（16.2）的两个方程求比值，就可以得到

$$\phi = \tan^{-1}\left(\sum_{j=1}^{n} Y_j / \sum_{j=1}^{n} X_j \right) \tag{16.3}$$

一旦相位角已知，就可以按照式（16.4）对坐标系进行旋转变换，以获得如式（16.4）所示的信号道和噪声道：

$$C_{\text{signal}}(j) = X_j\cos\phi + Y_j\sin\phi = S_j + (\varepsilon_j^x\cos\phi + \varepsilon_j^y\sin\phi)$$

$$C_{\text{noise}}(j) = -X_j\sin\phi + Y_j\cos\phi = -\varepsilon_j^x\sin\phi + \varepsilon_j^y\cos\phi \tag{16.4}$$

式（16.4）表示的是旋转到信号频和旋转到噪声频，括号内的量即噪声。相位旋转示意图如图 16.2 所示。

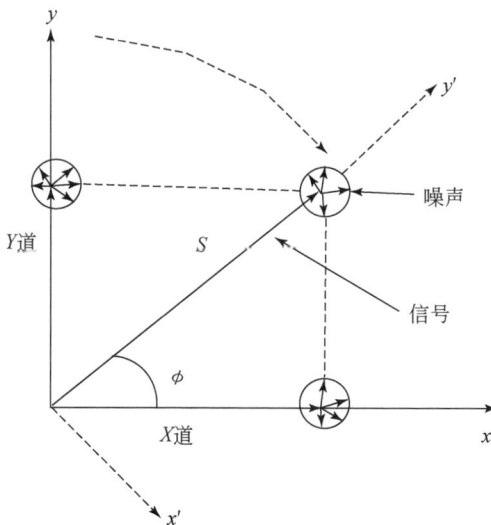

图 16.2　相位旋转示意图

3. 回波串旋转后叠加

对相位旋转后的不同频率相同参数回波串进行叠加，以增强回波串的信噪比。也可以不进行叠加，独立进行处理，获得不同探测深度地层信息。

16.2.4　时深转换

对于一维曲线数据先进行插值，然后再等深度间隔取样；对于二维核磁回波串数据，则是依据就近原则进行数据的等深度间隔化。

16.3　流 体 识 别

地层孔隙中同时存在多相流体时，油气水在 T_2 分布上往往重叠在一起，无法通过一组 T_2 分布来实现地层孔隙中不同流体的区分。

随着 NMR 测井仪器数据采集能力的提升，一次下井可以实现多组不同参数的回波串数据的采集，发展出了多种基于不同孔隙流体在扩散系数 D、横向弛豫时间 T_2 以及纵向弛豫时间 T_1 等方面属性差异的 NMR 流体识别方法。在不同时期，由于受到 NMR 测井仪器回波串采集能力、反演方法等技术条件的限制，所发展的流体识别方法能够利用的流体属性差异的种数不同，每种方法的适用范围也不同。

到目前为止，NMR 测井流体识别方法的发展大致可以分为三个阶段，分别是：①基于 1 种流体属性的差异实现流体识别，如 DSM、TDA 和 SSM 等；②基于1.5 种流体属性的差异实现流体识别，如 MRF、SIMET 和 GIFT 等；③基于 2~3 种流体属性的差异实现流体识别，如 T_1-T_2、$T_{2\,int}$-D 和 T_1-$T_{2\,int}$-D 等。

16.3.1　油气水在 T_1-T_{2int}-D 三维空间中的分布

岩石孔隙空间中所含流体（油、气、水）在（T_1，T_{2int}，D）三维空间的分布见图 16.3；在 T_{2int}、T_1 和 D 一维空间的分布见图 16.4、图 16.5 和图 16.6；在（T_{2int}，D），（T_1，D）以及（T_1，T_2）二维空间的分布见图 16.7、图 16.8 和图 16.9。其中不同类型流体的具体位置会随着温度、压力、岩石孔隙结构以及岩石润湿性的不同而有所变化。从图中可以看到，在二维和三维空间中，油气水能够较好地区分开，但在一维分布空间中，则很难做到。

16.3.2　理论基础

对于饱和流体的孔隙介质，所采集的 CPMG 回波串服从多指数衰减规律[43]，

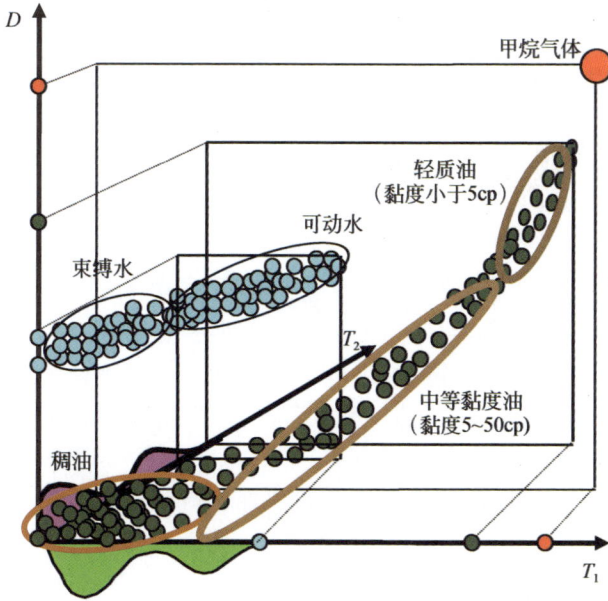

图16.3　油气水在 (T_1, T_2, D) 三维空间分布示意图

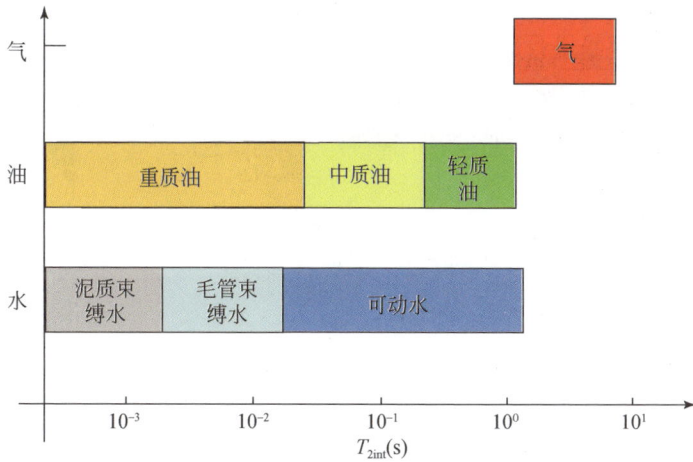

图16.4　孔隙中油气水在 $T_{2\text{int}}$ 上分布范围示意图

可用式（16.5）进行表示：

$$b(t, \text{TW}, \text{TE}) = \iint f(T_1, T_2, D) k_1(\text{TW}, T_1) k_2(t, T_2) \mathrm{d}T_1 \mathrm{d}T_2 + \varepsilon \quad (16.5)$$

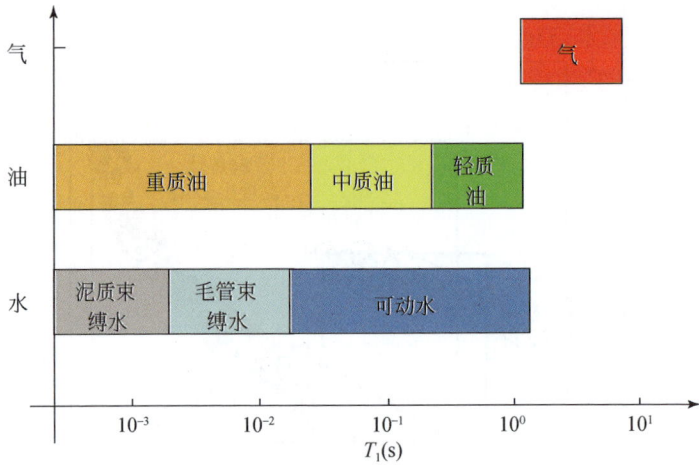

图 16.5　孔隙中油气水在 T_1 上分布范围示意图

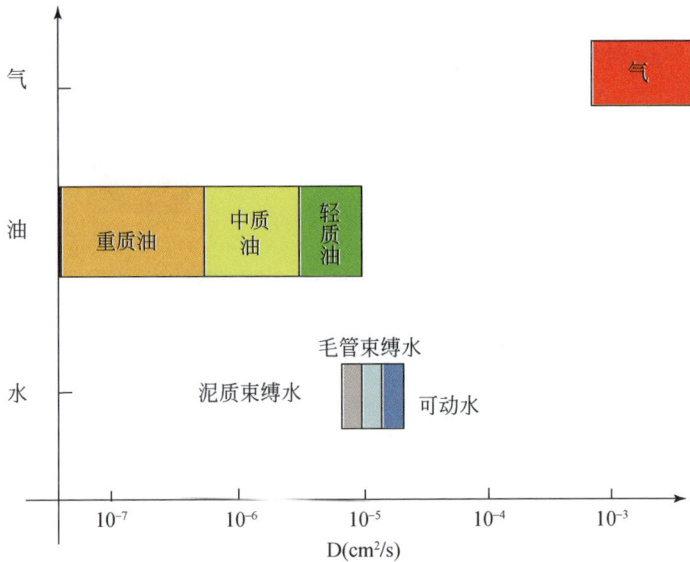

图 16.6　孔隙中油气水在 D 上分布范围示意图

式中，$f(T_1, T_2, D)$ 表示孔隙流体在 (T_1, T_2, D) 三维空间中的分布；$b(t, TW, TE)$ 表示回波间隔为 TE、等待时间为 TW 的回波串在时间 t 时的幅度；ε 表示噪声。

其中，$k_1(TW, T_1) = 1 - \alpha \cdot \exp(-TW/T_1)$，表示孔隙流体的磁化矢量在等待时间 TW 时的极化量，当 $\alpha = 1$ 时，表示饱和恢复法测量；当 $\alpha = 2$ 时，表示反转

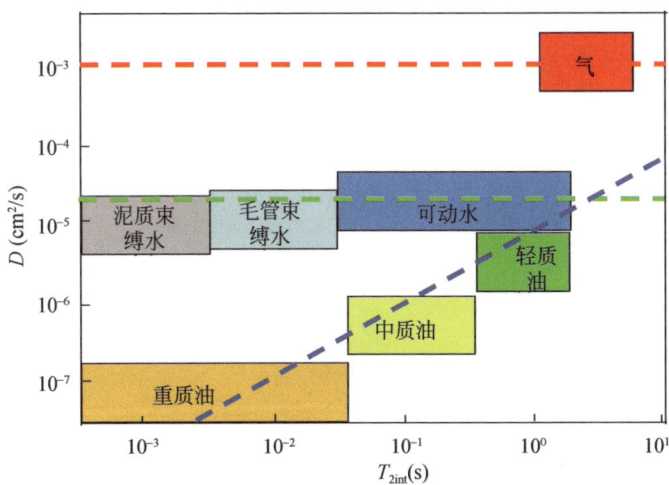

图 16.7　孔隙中油气水在 $T_{2\,\text{int}}-D$ 中的分布范围示意图

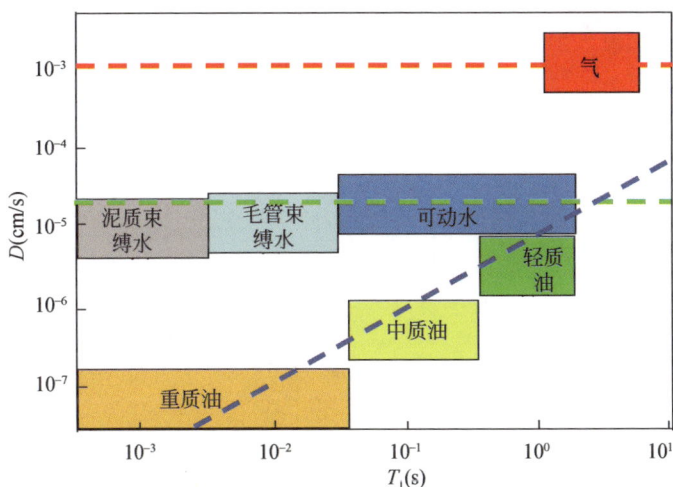

图 16.8　孔隙中油气水在 T_1-D 中的分布范围示意图

恢复法测量。$k_2\,(t,\,T_2)=\exp\,(-t/T_2)$，表示孔隙流体的 T_2 对磁化矢量衰减的影响。

离散化后，有

$$b_{i,j}=\sum_{l=1}^{L}\sum_{m=1}^{M}f_{l,m}\big[1-\alpha\exp(-\text{TW}_j/T_{1l})\big]\exp(-t_i/T_{2m})+\varepsilon_{i,j} \quad (16.6)$$

由于

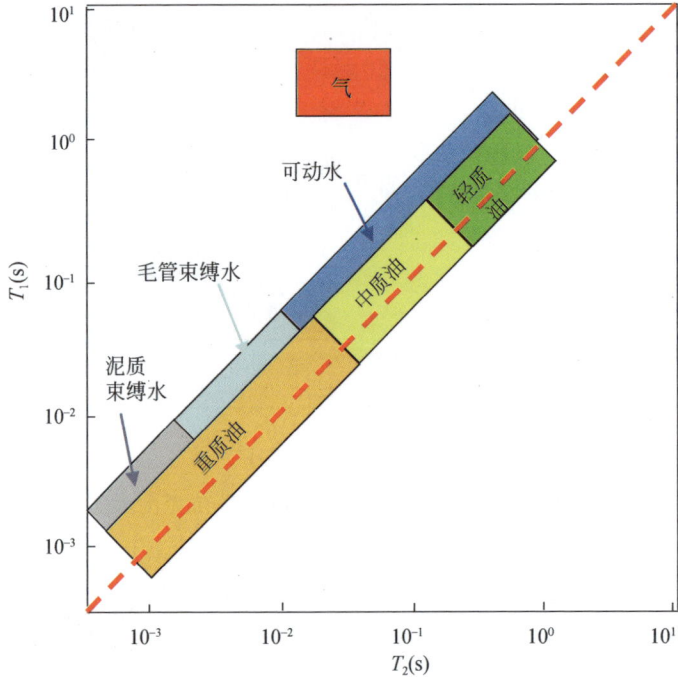

图 16.9　孔隙中油气水在 $T_1 - T_2$ 中的分布范围示意图

$$\frac{1}{T_2} = \frac{1}{T_{2B}} + \frac{1}{T_{2S}} + \frac{1}{T_{2D}} = \frac{1}{T_{2B}} + \rho_2 \frac{S}{V} + \frac{(\gamma \cdot G \cdot \mathrm{TE})^2 \cdot D}{12} \tag{16.7}$$

令

$$\frac{1}{T_{2\mathrm{int}}} = \frac{1}{T_{2B}} + \rho_2 \frac{S}{V} \tag{16.8}$$

则式（16.7）可以简化为

$$\frac{1}{T_2} = \frac{1}{T_{2\mathrm{int}}} + \frac{(\gamma \cdot G \cdot \mathrm{TE})^2 \cdot D}{12} \tag{16.9}$$

将式（16.9）代入式（16.5），整理后，有

$$b(t, \mathrm{TW}, \mathrm{TE}) = \iiint f(T_1, T_{2\mathrm{int}}, D) k_1(\mathrm{TW}, T_1) k_2(t, T_{2\mathrm{int}})$$
$$k_3(t, \mathrm{TE}, D) \mathrm{d}D \mathrm{d}T_1 \mathrm{d}T_{2\mathrm{int}} + \varepsilon \tag{16.10}$$

其中，$k_2(t, T_{2\mathrm{int}}) = \exp(-t/T_{2\mathrm{int}})$，表示孔隙流体的 $T_{2\mathrm{int}}$ 对磁化矢量衰减的影响；$k_3(t, \mathrm{TE}, D) = \exp(-\gamma^2 G^2 \mathrm{TE}^2 Dt/12)$，表示孔隙流体的扩散系数 D 对磁化矢量衰减的影响。其中，γ 为旋磁比；G 为磁场梯度，包括仪器的静磁场梯度 G_{external} 和由于孔隙中流体与骨架的磁化率差异产生的内部磁场梯度 G_{internal}；D 为

孔隙流体的扩散系数。

公式离散化后，有

$$b_{i,j,k} = \sum_{l=1}^{L} \sum_{m=1}^{M} \sum_{n=1}^{N} f_{l,m,n} [1 - \alpha \exp(-TW_j/T_{1l})] \exp(-t_i/T_{2intm})$$

$$\exp(-\gamma^2 G^2 TE_k^2 D_n t_i/12) + \varepsilon_{i,j,k} \qquad (16.11)$$

不同的流体在 (T_1, T_{2int}, D) 中的分布范围是有差异的，如图 16.3 所示，这是利用 *NMR* 进行流体识别的基础。采集不同 TW 和 TE 的回波串数据，通过解上述方程，就可以获得不同流体在 (T_1, T_{2int}, D) 空间中的分布范围，从而达到识别流体的目的。

不同时期，受到 NMR 测井仪器数据采集能力、反演方法等限制，发展出的流体识别方法都是对式（16.11）的某种简化，然后求解方程获得在这种假设条件下的流体 T_1、T_{2int} 或者 D 的信息，实现流体识别。

16.3.3　基于 1 种属性差异的流体识别

1. 基于流体 T_1 差异进行流体识别的方法

由于不同流体的 T_1 不同，那么用短 TW 短 TE 采集的回波串反演后得到的 T_2 分布就会与长 TW 短 TE 的 T_2 分布有差异，基于这种差异，发展出了可以用来识别 T_1 有差异的流体的方法，如 DSM、TDA 等[51,52]。

假设孔隙中含有油、气、水三种流体，水符合多指数衰减，油、气都是符合单指数衰减的。根据以上孔隙流体模型，式（16.11）可以改写为

$$b_{i,j} = \sum_{l=1}^{L} \sum_{m=1}^{M} f_{wl,m} [1 - \exp(-TW_j/T_{1wl})] \exp(-t_i/T_{2wm})$$

$$+ f_o [1 - \exp(-TW_j/T_{1o})] \exp(-t_i/T_{2o})$$

$$+ f_g [1 - \exp(-TW_j/T_{1g})] \exp(-t_i/T_{2g}) + \varepsilon_{i,j} \qquad (16.12)$$

如果在长短 TW 的 T_2 分布中，水的信号完全极化，而油气的信号只是部分极化，对两组 T_2 分布作差，那么在 T_2 分布的差中就只剩下油气的信号。由于 *NMR* 测井的回波串数据信噪比不高，使反演的 T_2 分布的精度受到影响，在 T_2 分布做差时，往往会出现负值，这影响了此方法的使用，并且这种方法无法定量计算出油气的饱和度，只适合进行定性的流体识别。

如果长短 TW 采集的回波串中，水都完全极化，而油气只是部分极化时，对两组回波串作差，可以认为回波串信号的差来自于孔隙中的油气，通过对回波串的差进行单指数或双指数的拟合，估算出油气的 T_2，通过相关公式计算油气的 HI 以及 T_1，就可以计算出油气的饱和度，还可以通过所计算的 T_1 进行流体的定

性识别。

这类方法都需要：①孔隙中的油气水的 T_1 差异足够大，并且所选择的短 TW 能够使水完全极化，而油和水则部分极化。②回波串差的信号要够大，否则低信噪比回波串会影响反演结果，对于气层，则要求气层的 HI 够大，否则由于信号太弱，影响使用效果。③对于模型中的油气符合单指数的衰减，气是符合的，当油为轻质油时才符合模型。

2. 基于流体 D 的差异进行流体识别的方法

由于不同流体的 D 不同，那么用长 TW 长 TE 采集的回波串反演后得到的 T_2 分布就会与长 TW 短 TE 的 T_2 分布有差异，基于这种差异，发展出了可以用来识别 D 有差异的流体的方法，如 SSM、EDM 等[41,51,53,54]。

假设孔隙中含有油、气、水三种流体，那么式（16.11）可以简化为

$$b_i = \sum_{m=1}^{M} f_m \exp(-t_i/T_{2m}) + \varepsilon_i \tag{16.13}$$

对于润湿项水，有

$$\frac{1}{T_{2w}} = \frac{1}{T_{2B}} + \frac{1}{T_{2S}} + \frac{1}{T_{2D}} = \frac{1}{T_{2intw}} + \frac{(\gamma \cdot G \cdot TE)^2 \cdot D_w}{12} \tag{16.14}$$

对于非润湿项的油和气分别为

$$\frac{1}{T_{2o}} = \frac{1}{T_{2B}} + \frac{1}{T_{2D}} = \frac{1}{T_{2int}} + \frac{(\gamma \cdot G \cdot TE)^2 \cdot D_o}{12} \tag{16.15}$$

$$\frac{1}{T_{2g}} = \frac{1}{T_{2B}} + \frac{1}{T_{2D}} = \frac{1}{T_{2intg}} + \frac{(\gamma \cdot G \cdot TE)^2 \cdot D_g}{12} \tag{16.16}$$

回波间隔 TE 不同，使得扩散系数不同的各种流体在 T_2 分布上的移动速度不同。利用这种现象进行流体的定性识别和定量计算，但油水在 T_2 分布上的重叠以及在基准 T_2 分布中油水信号的分界线的确定都会影响本方法的使用。

16.3.4 基于 1.5 种属性差异的流体识别

基于 1 种属性的流体识别方法，需要根据地层流体性质，通过测前设计优选采集模式（合适的长 TW 和短 TW 组合，或者长 TE 和短 TE 组合等），数据处理后才能获得较合理的结果。这类方法的结果很容易造成误判，如差谱中有信号，就不能认定地层中含有油气，这个信号也有可能是来自于大孔中的水等。所以，无论是 T_1 还是 D 的方法都有针对性很强的使用条件，限制了其使用范围。

随着核磁仪器采集数据的能力不断增强，流体识别方法也得到了发展。

假设孔隙中含有油、气、水三相流体，$T_1 = rT_2$，每一种流体只有一个扩散系数。那么，式（16.11）可以改写为

$$b_{i,j,k} = \sum_{\text{fluid}=w,\,o,\,g} \sum_{m=1}^{M^{\text{fluid}}} \text{HI}_{\text{fluid}} f_m \left[1 - \exp(-\text{TW}_j/rT_{2m}) \right] \exp(-t_i/T_{2\text{int}m})$$
$$\cdot \exp(-\gamma^2 G^2 \text{TE}_k^2 D_{\text{fluid}} t_i/12) + \varepsilon_{i,j,k} \tag{16.17}$$

通过给定不同孔隙流体的 T_2 分布和扩散系数 D，建立流体的 NMR 响应正演模型，然后对采集的多组不同参数回波串进行反演，以获得不同孔隙流体的 T_2 分布，进而达到流体识别的目的。由于不同流体的 T_2 分布给定的是一个范围，而扩散系数 D 则是通过实验给的定值，所以认为这种方法是利用了 1.5 种属性进行流体识别。现有的 MRF、SIMET 等方法之间的区别主要在于孔隙流体正演模型的建立。

与一维方法相比，1.5 维方法能够提供不同流体的独立 T_2 分布，可以直接进行流体识别和饱和度定量计算。尽管模型中流体类型可以根据实际情况进行调整，但本方法依然是与模型相关的，其结果依赖于正演模型建立的准确性。在新的勘探区块，流体性质尚不清楚时，较难获得准确的结果。

16.3.5　基于多种属性差异的流体识别

通过新一代 NMR 测井仪器，利用新的脉冲序列和反演算法对多组不同参数回波串进行反演处理，直接获得 $T_{2\text{int}}$-D、T_1-T_2 等分布图，甚至 T_1-$T_{2\text{int}}$-D 分布图，然后通过分布图进行流体的定性识别和饱和度定量计算。

1. 基于两个窗口脉冲序列的二维流体识别方法

由于描述 CPMG 回波串衰减规律的公式（16.11）中的 $T_{2\text{int}}$ 与 D 是耦合在一起的，所以最初人们认为通过现有的反演方法无法分离出单独的 $T_{2\text{int}}$ 与 D 信息。然后，引入二维 NMR 波谱的概念发展出了基于双窗口的脉冲序列进行数据采集，并发展了相应的反演方法，从而可以直接获得与模型无关的 $T_{2\text{int}}$-D、T_1-T_2 等分布，基于这种二维分布可以直观地进行流体的识别和饱和度的计算（图 16.12）。

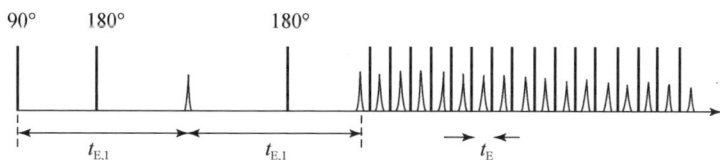

图 16.10　DE 脉冲序列

双窗口的脉冲序列所采集的回波串可以用以下函数进行描述：

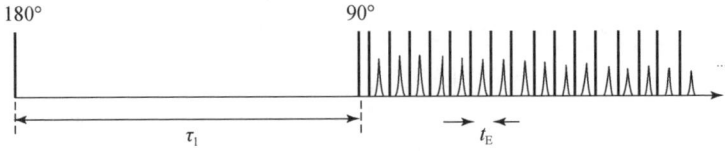

图 16.11　T_1 编辑脉冲序列

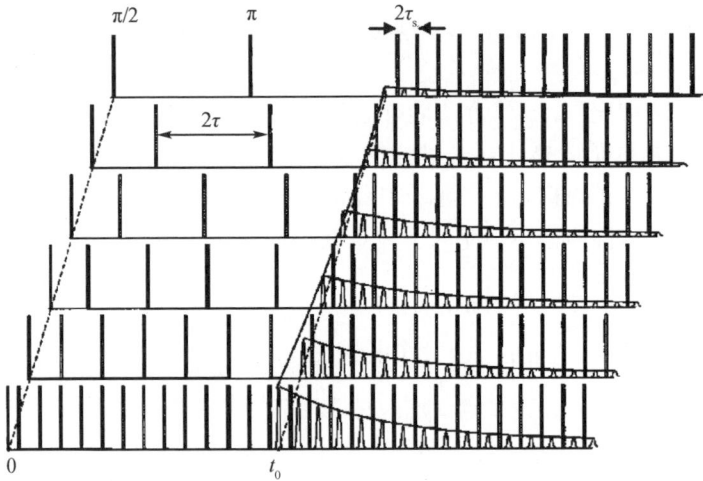

图 16.12　Sun 提出的双窗口脉冲序列

$$b(t_1, t_2) = \iint f(x_1, x_2) k_1(x_1, t_1) k_2(x_2, t_2) \mathrm{d}x_1 \mathrm{d}x_2 + \varepsilon \qquad (16.18)$$

其中，对于图 16.10 中的脉冲序列，响应函数中：

$$k_1 (x_1, t_1) = k_1 (D, t_{E,1}) = \exp (-\gamma^2 g^2 D t_{E,1}^3/6)$$

$$k_2 (x_2, t_2) = k_2 (T_2, t) = \exp (-t/T_2)，其中 t=2t_{E,1}+kt_E。$$

对于图 16.11 的脉冲序列，响应函数中：

$$k_1 (x_1, t_1) = k_1 (T_1, \tau_1) = 1-2\exp (-\tau_1/T_1)$$

$$k_2 (x_2, t_2) = k_2 (T_2, t) = \exp (-t/T_2)，其中 t=kt_E。$$

对于图 16.12 的脉冲序列，响应函数中：

$$k_1 (x_1, t_1) = k_1 (D, \tau) = \exp [-t_0 (\gamma^2 g^2 D\tau^2) /3]$$

$$k_2 (x_2, t_2) = k_2 (T_2, t) = \exp (-t/T_2)，其中 t=t_0+2k\tau_s。$$

很明显，响应函数中的两个核函数是独立的，对其进行反演处理，可以获得流体两种不同属性的二维分布图。

2. 基于 CPMG 脉冲序列的多维流体识别方法

后续研究发现，基于 CPMG 的不同采集参数的回波串，可以通过改进算法求解响应函数中耦合在一起的 $T_{2\text{int}}$ 和 D 的信息，实现二维、2.5 维和三维反演方法，为现有 NMR 测井仪器实现多维流体识别方法提供了条件。

3. 基于二维分布图的饱和度计算

基于 $T_{2\text{int}}$–D 分布的流体识别和饱和度计算的方法主要有：①T_2 和 D 截止值方法，该方法最简单，但需要岩心核磁实验提供相关参数。②图形交互式方法，通过人工判断识别流体类型，并手动拾取不同类型的流体。这种方法很难进行批量计算，并且对于重合在一起的不同流体的识别效果不理想。③基于油水扩散系数差异的 DCLM 方法，其计算结果的准确性依赖于所给定的油水扩散系数。三种方法各有优缺点，需要根据具体情况进行选择。

16.4　岩石物理参数计算

目前岩石物理参数多是基于 T_2 分布计算的。相同流体的不同赋存状态会表现出不同的 T_2 分布，通常黏土束缚水的 T_2 值很短，自由流体的 T_2 值较长，而毛管束缚水的 T_2 值介于黏土束缚水与自由流体之间。

16.4.1　孔隙度

一般根据黏土束缚水与毛管束缚水之间、毛管束缚水与可动流体之间的两个截止值，可以把一个完整的 T_2 分布分解成黏土束缚水、毛管束缚水与可动流体三部分[98,99]。黏土束缚水与毛管束缚水之间的截止值一般固定为 4ms，毛管束缚水与可动流体之间的截止值 $T_{2\text{cutoff}}$ 则通过 NMR 实验进行确定[100]，那么相应流体孔隙度的计算方法如下。

NMR 总孔隙度（全部 T_2 分布求和）：

$$\text{MSIG} = \sum_{T_2 = T_{2\min}}^{T_{2\max}} f(T_2) \tag{16.19}$$

NMR 有效孔隙度（大于 4ms 的 T_2 分布求和）：

$$\text{MPHI} = \sum_{T_2 = 4}^{T_{2\max}} f(T_2) \tag{16.20}$$

黏土束缚水孔隙度（小于 4ms 的 T_2 分布求和）：

$$\mathrm{MBVI} = \sum_{T_2 = T_{2\min}}^{4} f(T_2) \tag{16.21}$$

毛管束缚水孔隙度（大于 $4ms$ 小于 $\mathrm{T}_{2\,\mathrm{cutoff}}$ 的 T_2 分布求和）：

$$\mathrm{MBVI} = \sum_{T_2 = 4}^{T_{2\mathrm{cutoff}}} f(T_2) \tag{16.22}$$

16.4.2　渗透率

NMR 渗透率有两种计算模型：Coates 模型[101] 和 SDR 模型[102]。

Coates 模型的计算公式见（16.23）。

$$K = \left(\frac{\phi^4}{C}\right)\left(\frac{\mathrm{FFI}}{\mathrm{BVI}}\right)^2 \tag{16.23}$$

MPHI 通常作为孔隙度，BVI 通过 CBVI 或 SBVI 得到，系数 C 是一个变量，与地层相关，可以通过岩心的核磁实验进行标定。经验表明，Coates 模型比 SDR 模型更灵活，只要 BVI 不含任何烃的贡献，就不受其他流体影响，当分析含烃地层时这一点非常重要。

在含气或稠油地层，由于含氢指数低，Coates 公式中用作孔隙度的 MPHI 可能偏低，这样 MPHI 就必须要校正，或者使用其他的孔隙度值。另外由于稠油的 T_2 值通常都很小，与束缚水的 T_2 分布有重合，造成 BVI 值较高，这也会使计算的渗透率偏低。

SDR 模型模型计算公式见（16.24）：

$$K = a T_{2gm}^{\ 2} \phi^4 \tag{16.24}$$

式中，ϕ 为 NMR 有效孔隙度，T_{2gm} 为 T_2 分布的几何平均值，就像 Coates 模型中一样，数值 a 只是一个与地层的类型有关的系数。经验表明，SDR 模型对纯水地层应用效果好，当地层含烃时，T_{2gm} 就向偏离只含水是的位置，导致估算的渗透率不准确。

16.4.3　伪毛管压力曲线转换

毛管压力大小可以用式（16.25）计算：

$$P_c = \frac{2\sigma\cos\theta}{R_{pt}} \tag{16.25}$$

式中，P_c 为毛管压力；σ 为界面张力；θ 为固液相接触角；R_{pt} 为孔喉半径。

当岩石孔隙中流体的 NMR 弛豫机制主要表现为表面弛豫时，T_2 分布（16.7）可近似写为

$$\frac{1}{T_2} = \rho_2\frac{S}{V} = \rho_2\frac{F_s}{R_b} \tag{16.26}$$

式中，F_s 为孔隙形状因子。

　　由 T_2 分布可以比较准确地评价孔隙结构，经过转换可以得到孔径分布。而孔径分布和喉道分布之间有着一定的相关性，即 T_2 分布和喉道分布之间存在着一定的内在关系。由式（16.25）和式（16.26）可以得到

$$\frac{1}{P_c}=\frac{\rho_2}{2\sigma\cos\theta}\frac{R_{pt}}{R_b}F_sT_2 \tag{16.27}$$

即 $\dfrac{1}{P_c}=CT_2$，其中，C 为转换因子，

$$C=\frac{\rho_2}{2\sigma\cos\theta}\frac{R_{pt}}{R_b}F_s \tag{16.28}$$

　　由式（16.28）可以看出，关键是求取孔喉半径与孔隙半径的比值以及确定 NMR 表面弛豫率。这两个参数一般通过岩石物理实验数据拟合得到。

第17章 软件设计与数值模拟

17.1 软件总体框架

通过第14章和第15章的分析，从功能上，可以将 NMR 测井数据处理软件分为三部分，分别是数据输入、NMR 测井数据处理以及处理成果输出。各部分可以在相应的操作系统上选择合适的软件开发工具进行开发。为了方便软件的功能模块升级，对以上三个部分进行单独实现，以减少模块之间的耦合。对于二次开发接口，则是将数据输入、NMR 测井数据处理以及成果输出的一些功能或者函数进行打包封装，供第三方用户调用，以实现不同的数据处理模块的开发。软件的总体框架设计如图 17.1 所示，软件的功能数据流图见图 17.2。

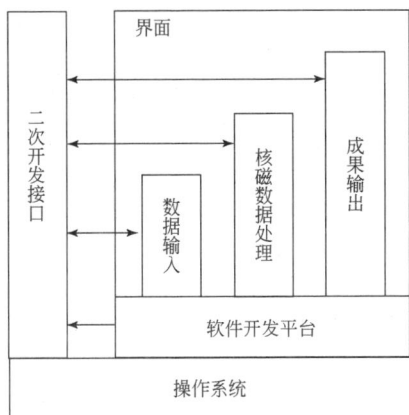

图 17.1　NMR 测井数据处理
软件总体框架设计图

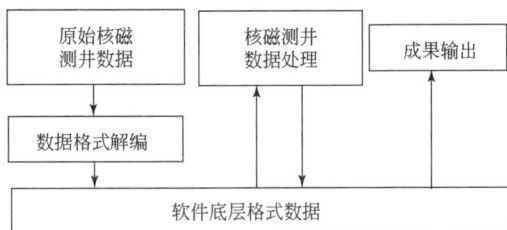

图 17.2　NMR 测井数据处理
软件功能数据流图

17.2　数　据　输　入

数据输入主要是对各种 NMR 测井数据格式解编，将其转换为该 NMR 测井数据处理软件的底层数据格式[103,104]。在后续的数据处理过程中，可以从这些底层数据格式中读取出所需要的测井数据和相关测井信息。

　　针对 NMR 测井数据及其存储格式的特殊性，数据格式转换模块的设计框架见图 17.3。可以将 CLS、XTF 以及 DLIS 格式转换为针对 NMR 测井数据处理的特殊需求而设计的 MAT 格式。不同格式的 NMR 测井数据在数据格式转换的过程中，不仅能够提取出不同采集参数的回波串数据和其他辅助测量的曲线数据，还能将保存在数据体中采集模式的各种相关信息一并提取出来，并用统一的结构进行描述和记录。

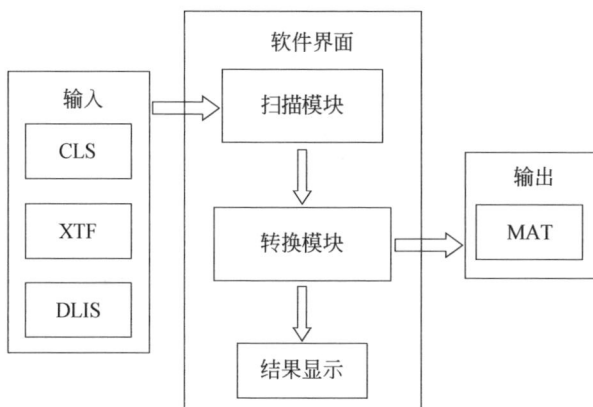

图 17.3　测井数据格式转换模块框架

17.2.1　CLS 格式读取

　　由于不同类型 CLS 格式的相同字节所表示的含义不同，所以需要先判断所读取的 CLS 格式的类型。如果是常规 CLS 格式，则读取井场信息；如果是核磁 CLS 格式，则读取 NMR 测井采集模式的相关信息。然后根据曲线头区块中的曲线数据记录区块地址读取曲线数据。读取流程如图 17.4 所示。

17.2.2　XTF 格式读取

　　XTF 格式测井数据的读取分两步，第一步是先读取 XTF 文件的前 8 个块的数据，从中获得整个 XTF 文件中所存储的测井曲线的数目和类型，每条曲线存储开始和结束的块位置。第二步是根据曲线存储开始的块位置索引并读取曲线信息，如曲线名字、单位、起始深度、终止深度、采样间隔和曲线数据类型等。如果曲线是 regular、wave 或 array 类型曲线，则直接对后面块中的数据进行读取；如果曲线是 composite 类型，则首先读取 composite 类型曲线的各种曲线数据，然后再读取记录的各种参数信息。读取流程见图 17.5。

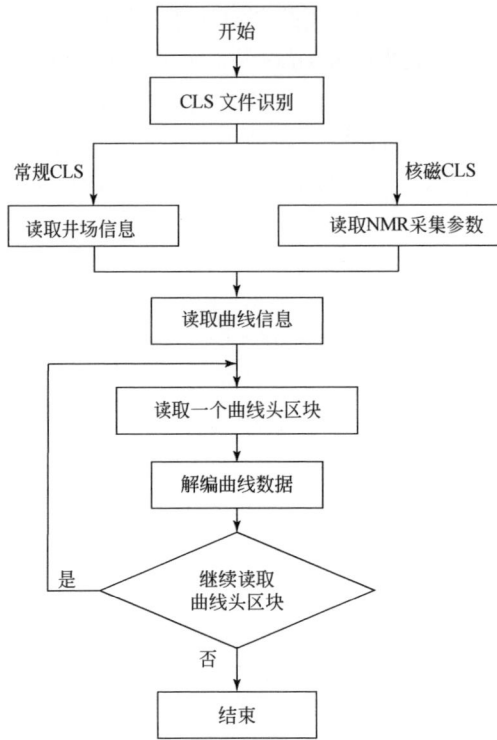

图 17.4　CLS 格式读取流程图

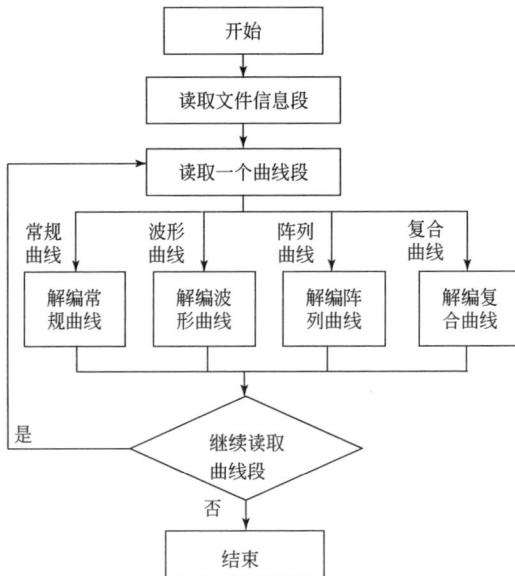

图 17.5　XTF 格式数据读取流程图

17.2.3　DLIS 格式读取

DLIS 格式是一种与机器无关的、自描述的测井数据存储格式，它对每种类型的信息（如测井数据或各种静态信息等）都定义了完整的描述方法，因此，只需要判断出所要读取的信息类型，然后根据相应的描述方法就可以读出数据。读取流程见图 17.6。

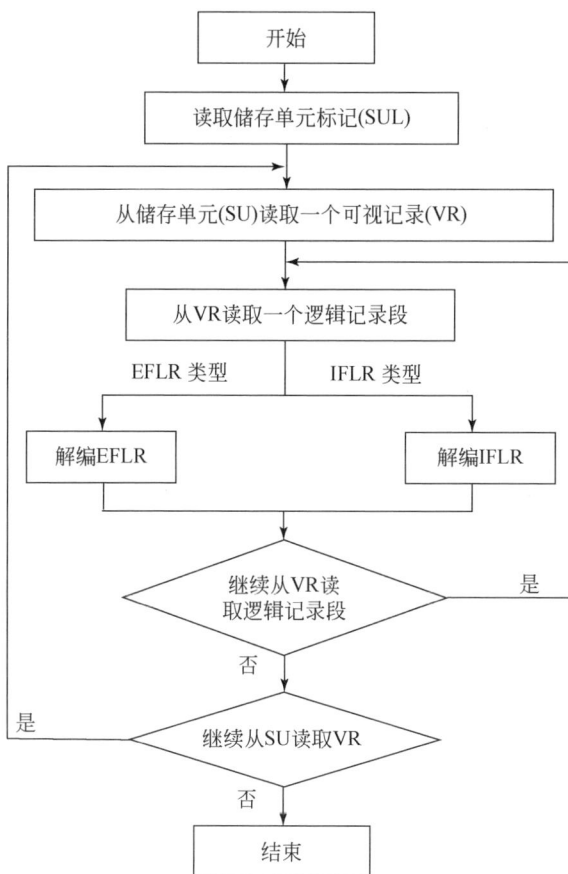

图 17.6　DLIS 格式数据读取流程图

17.2.4　MAT 格式

MAT 格式作为 NMR 测井数据处理软件的底层数据格式，其所记录的信息框架如图 17.7 所示。整个框架可以分为三个部分：第一个部分存储井场信息，如公司名、井名等；第二个部分存储曲线数据信息，如曲线的数据类型、深度区间、单位以及维数等信息；第三个部分存储采集、处理参数以及各种离散的信息，如采集模式参数、模块处理参数以及解释结果等。

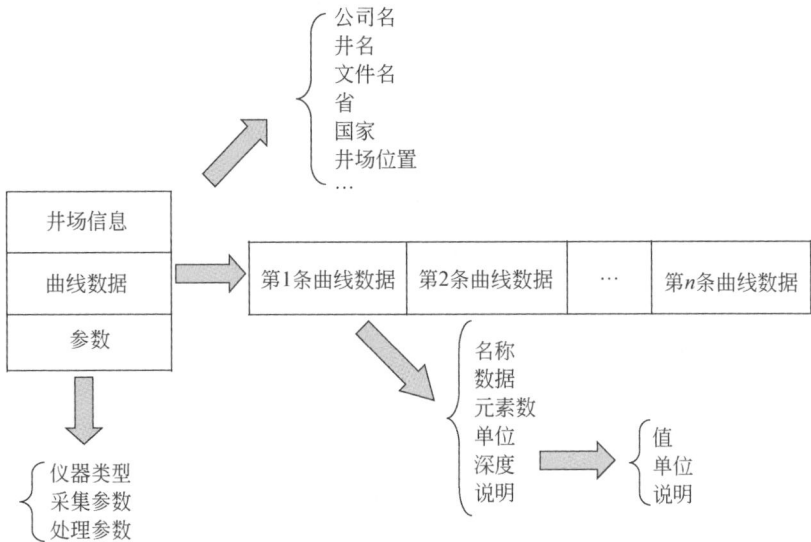

图 17.7　MAT 格式所记录的信息框架图

17.3　井下 NMR 数据处理

17.3.1　井下 NMR 数据处理框架

根据测井目的的不同，为了充分利用仪器多个频率的特点，高效的采集孔隙流体的 (T_1, T_2, D) 信息，每家公司都根据自己仪器硬件特性和处理方法的需要设计了多种采集模式，如 MRIL-Prime 的 DTE、DTW 等，MREx 的 PorePerm+Gas 等以及 MR Scanner 的 SP 等模式。以上的数据采集、存储和识别方法都是与仪器相关的。而 NMR 处理方法本质上是与仪器无关的，只对回波串数据采集参数有要求，而对具体仪器型号无要求。

在前面充分分析三家公司不同仪器不同采集模式的特点及数据存储、识别方法的基础上，提出了与仪器无关的不同采集模式数据存储和识别的方法框架。基于此框架，同一个处理方法模块可以对不同仪器采集的数据进行处理，对国产 NMR 测井仪器的数据处理软件的设计和开发有参考意义。

通过前面章节的分析，可以看到原始回波串在预处理部分的识别、校正方法、PAPs 处理是与仪器相关的，而相位旋转、时深转换、流体识别、岩石物理参数计算以及反演方法等都是与仪器无关的。由于相位旋转以及时深转换的方法都较简单，且相对成熟，因此不分割预处理部分。尽管流体识别等处理方法与仪器无关，但其所处理的数据，尤其是 NMR 数据的识别和命名是与仪器相关的。因此，为了能够对多支仪器数据进行处理，在数据预处理后，需增加一个能完成不同 NMR 数据的识别方法统一化的中间层，做到数据的仪器无关化。因而在后续的处理中，就不需要再用不同的方法来识别数据。设计的处理框架见图 17.8。

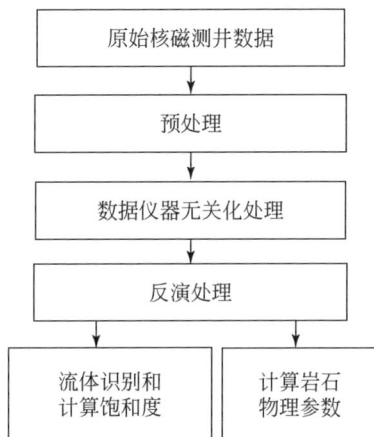

图 17.8　NMR 测井数据处理框架图

17.3.2　预处理

预处理的目的是完成 NMR 测井数据的校正，生成与后续处理相适应的高信噪比的回波串数据，并完成时深转换。预处理流程设计见图 17.9。

NMR 测井数据根据仪器的不同，其校正方法和公式也各有不同。MRIL-Prime 数据的校正系数都已经由地面采集系统计算好，并存放在原始数据文中，后期在处理时，可以直接使用。而 MREx 与 MR Scanner 仪器数据的校正方法及校正参数的计算都是保密的。面对实际情况，增加了 MREx 和 MR Scanner 仪器数据的处理流程：对于 MREx 数据，先用所购买的早期版本的 MRLAB 进行处理，完成校正，然后再用本软件进行后续的各种新方法处理；同样也可以基于 Schlumberger 处理后的数据 SIGNAL 和 NOISE 进行计算。

NMR 数据的反演结果对信噪比有很强的依赖性。由于是在运动中进行测量，所以不可能像在实验室那样进行足够长时间的采集和叠加。面对不同的数据处理需求，提供了三种回波串叠加方法供选择，分别是：①指定叠加次数，变信噪比，这种方法在 MRIL-Prime 数据处理中使用，尤其是只需要计算岩石物理参数时；②指定信噪比，变叠加次数，这种方法在 MREx 数据的处理中可以选择，可

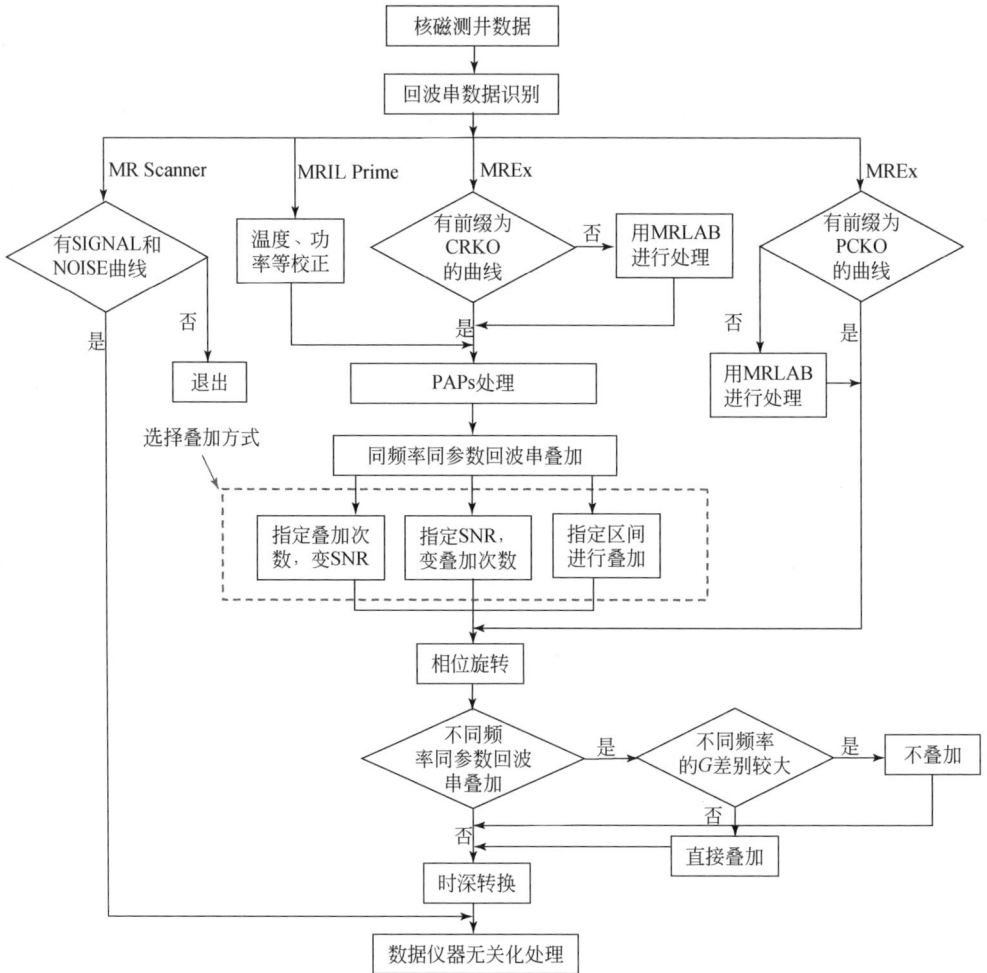

图 17.9　预处理流程图

以在较厚的储层中的数据处理中使用；③指定区间进行叠加，这种方法主要是在进行二维或者三维的流体识别时使用，因为二维、三维反演对回波串的信噪比依赖要比一维的 T_2 反演更加严重。所以为了获得较准确的流体识别结果，可以使用这种叠加方法对某一个感兴趣储层的所有 NMR 数据进行叠加，然后获得一组处理结果，而不是沿井深等间隔计算多个结果。

为了进一步提高回波串的信噪比，在完成同频率同参数回波串的叠加后，还可以对不同频率所采集的回波串进行叠加。值得注意的是，这种叠加只有在不同频率之间的静磁场梯度 G 差别较小时，才可以进行；当 G 差别较大时，则不进行叠加，而是利用二维的方法进行联合反演处理，获得较为准确的 T_2 分布。

17.3.3　数据仪器无关化处理

以上这些原始数据经过叠加、相位旋转后，即可进行各种反演处理，为保证后续实现的各种反演处理模块具有通用性、兼容性的特点，提出一种不同仪器不同采集模式回波串数据的描述方法，做到数据的仪器无关化。

处理方法主要包括两部分：①按照回波串采集所使用的天线、频率、回波间隔、等待时间、回波间隔等参数的不同对回波串重新进行命名；②将回波串采集参数用结构体的形式与回波串存储在一起，方便后期对回波串采集参数的识别。

17.3.4　反演处理框架

反演处理的目的是对单组或多组不同参数回波串数据进行处理，从中提取出流体不同属性的组合分布，然后基于此反演结果进行流体识别、饱和度计算以及各种岩石物理参数计算。

根据所选择的分析方法建立相应的孔隙流体 NMR 响应模型，利用合适的反演方法，从回波串数据中提取出响应模型中的未知量，一般为流体的 T_1、$T_{2\,\text{int}}$ 或 D，然后根据这些信息进行流体识别和岩石物理参数计算。反演处理流程图如图 17.10 所示。

不同的反演处理方法所需要的回波串数据也不同。

通过前面章节的分析，可以看到不同 NMR 测井数据分析方法只是建立不同的模型，然后对回波串集合进行反演处理，获得想要的流体属性分布图。并且不同分析方法的反演都可以简化为 $B=AX$ 形式，其中矩阵 A 是根据所选择的分析方法核函数计算的，B 是所采集的回波串数据，X 是需要求解的各种属性分布。针对这一特性，反演处理框架设计如下。

反演处理过程可以分为三步：第一步是根据用户所选择分析方法的响应函数计算矩阵 A，以及根据用户所选择的不同参数回波串组合生成矩阵 B，即首先建立方程 $B=AX$；第二步就是使用各种反演算法对方程进行求解；第三步是根据所选择的分析方法从反演结果 X 中恢复出真实的解（图 17.11）。

根据目的的不同，将现有的分析方法分为两大类：一类是纯岩石物理参数计算方法，这类方法通过对单组或多组回波串进行反演处理，获得一组 T_2 分布，然后基于 T_2 分布计算岩石物理参数；另外一类就是流体识别方法，通过对多组回波串进行反演处理，获得多组 T_2 分布，或者多种流体属性的交会图，根据这些结果进行流体识别、计算饱和度以及计算岩石物理参数。尽管流体识别方法可以实现岩石物理参数方法的功能，但是由于流体识别分析方法需要采集大量不同参数回波串，所以其测井速度以及纵向分辨率都没有单纯的岩石物理参数分析方法的效果好。因此，一般还是根据不同的目的选择不同的分析方法进行数据处理。

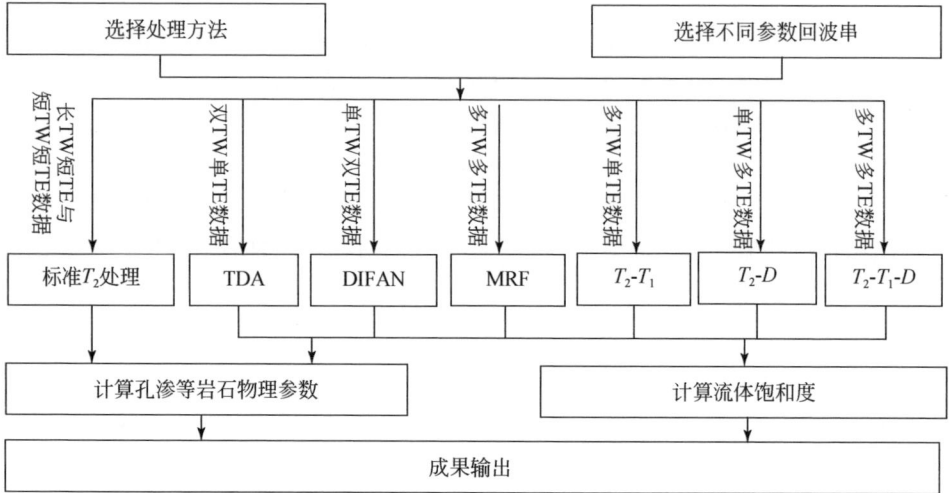

图 17.10　反演处理流程图

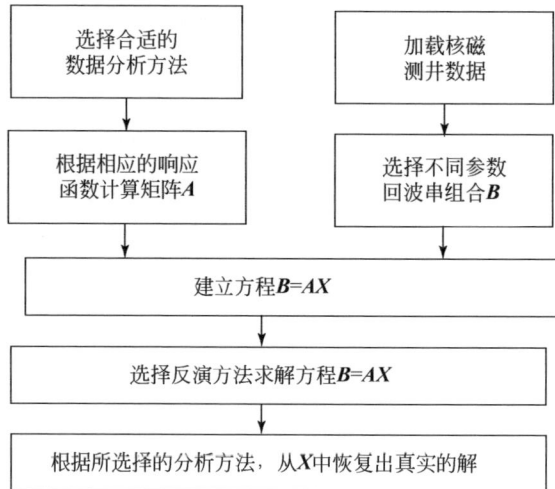

图 17.11　反演处理技术架构图

17.3.5　反演处理速度优化

现有的反演处理方法，不论是一维 T_2 反演，还是二维 $T_{2\,int}-D$、T_1-T_2 等反演，以及三维 $T_1-T_{2\,int}-D$ 反演，其方程都可以最后转化为 $B=AX$ 的形式，然后再用各种求解方程的方法如 SVD、BRD 等进行求解，获得 X，最终提取出孔隙流体的相关信息，并进行储层的评价。

对于具有长弛豫时间的样品和多维核磁分析，所采集的回波串数据 B 通常非常大。而对于弛豫成分复杂的孔隙介质，弛豫时间的分布往往很宽，需要布较多的点才能获得较真实的解 X，这样计算得到的反演矩阵 A 也就越大，在反演求解时，所需要的时间也越长，无法满足 NMR 测井数据实时处理和生产的需要。

为此需要对反演计算速度进行优化，优化的方向有两个，一是通过算法减小矩阵 B、A，从而在保证解精度的同时，达到减小计算量，加快计算速度的目的；二是充分利用现有计算机多核 CPU、GPU 以及大内存的特点，在编程实现各种算法时进行代码的优化，利用计算机硬件资源加快计算速度。同时针对不同的应用，选择最优的速度优化方法组合。

1. 算法优化

在所采集的回波串数据 B 及求解未知量 X 大小固定的情况下，相应的矩阵 A 的大小也是固定的。通过算法优化减小 B 和 A，达到减小计算量、加快计算速度的目的。由于通过特定算法来减小 B 和 A，相当于对 B 和 A 进行有损压缩，这会对计算结果的精度产生影响。为此，引入误差计算，在误差允许范围内获得算法的最优参数。

建立一个 T_2 分布双峰模型，然后生成一组回波串，见图 17.12。在对 B 或 A 进行压缩并反演后，用公式（17.1）计算反演结果 T_2 分布与模型之间的误差，以此来获得压缩算法最优参数。

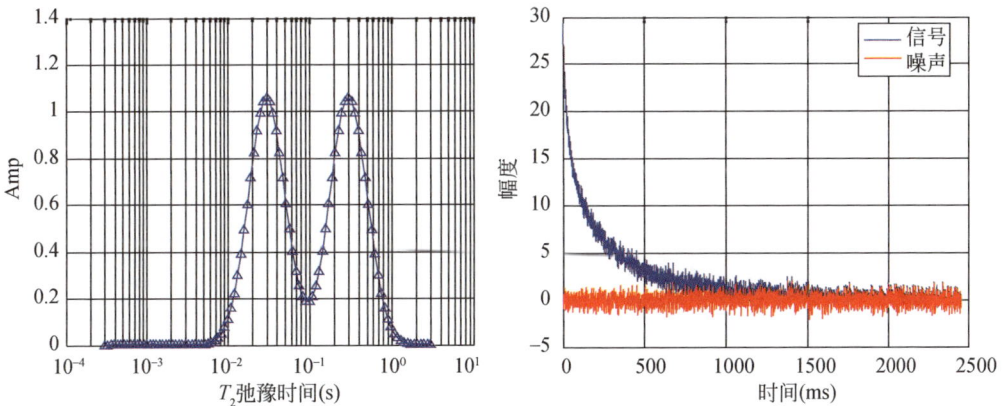

图 17.12　T_2 分布正演模型和回波串

$$\varepsilon = \sum_m \left| f_m - f'_m \right| \tag{17.1}$$

式中，f_m 是 T_2 正演模型中的分布幅度；f'_m 是 B 或 A 经过压缩后，反演结果的 T_2 分布幅度；ε 是计算的误差。

1）回波串压缩

回波串数据压缩方法的主要思想是，将回波串压缩到若干个窗长对数平均变化的窗口中[105]。因为不同窗长的数据求和会导致数据精度有不同程度的提高[106]，计算方法如式（17.2）和式（17.3）所描述。

$$\min\left\{\phi(f) = \sum_{i=1}^{s} \frac{1}{N_i \sigma^2} \left(\sum_{j=1}^{m} f_j A_{ij} - B_i\right)^2\right\} \tag{17.2}$$

式中，n 个回波被分为 s 个窗口（$i=1, \cdots, s$），在第 i 个窗内有 N_i 个回波，且

$$n = \sum_{i=1}^{s} N_i$$

$$r_i = N_1 + \cdots + N_{i-1}, \ r_1 = 0$$

$$A_{ij} = \sum_{k=r_i+1}^{r_i+N_i} e^{-t_k/T_{2,j}}$$

$$B_i = \sum_{k=r_i+1}^{r_i+N_i} b_k \tag{17.3}$$

式中，B_i 的方差为 $N_i \sigma^2$，每个窗口有不同的方差。

除了上述在每个窗口内进行回波串数据的求和，也可以在每个窗口内计算回波串数据的算术平均，可用式（17.4）表达：

$$\sum_{i=1}^{s} \frac{1}{(\sigma/\sqrt{N_i})^2} \left(\sum_{j=1}^{m} f_j e^{-t_i/T_{2,j}} - \bar{b}_i\right)^2 \tag{17.4}$$

式中，$\bar{b}_i$ 为第 i 个窗口内数据的平均值；t_i 为这一窗口的中点。这样第 i 个窗口的噪声水平减小到 $\sigma/\sqrt{N_i}$。

不管是对回波串数据求和还是平均，都可以减小回波串的长度，达到压缩的目的。

由于这种回波串长度的压缩方法是有损压缩，所以压缩得越厉害，计算精度损失越大。从图 17.13 可以看出，随着回波串压缩窗口减少，计算速度加快，但是误差也开始增大。当压缩窗口数小于求解变量个数时，其计算误差快速增大。

2）矩阵 A 压缩

对反演方法的矩阵形式 $B = AX$ 中的矩阵 A 进行 SVD 分解，有

$$A = USV^T \tag{17.5}$$

式中，S 为奇异值按照降序排列的对角矩阵；U 和 V 都是酉矩阵。

由于方程是个病态方程，条件数非常大，S 中的奇异值很快衰减到 0。通过指定条件数，只选择矩阵 S 中前面少数几个较大的值进行后续的计算，其余的则裁剪掉，矩阵 U 和 V 也进行相应的裁剪[64,107]。对方程进行变换，有 $U^{-1}B = SV^TX+E$，很明显，新的矩阵 B 变小了，新的矩阵 A 也变小了，以此来达到加快

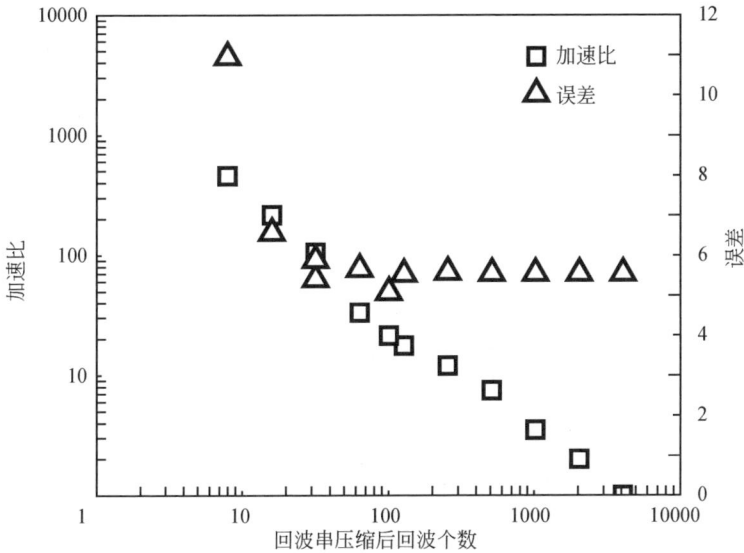

图 17.13　回波串压缩窗口数与加速比、误差关系图

计算速度的目的。

矩阵 A 的这种压缩方法同样属于有损压缩，压缩得越厉害，计算精度损失越大。从图 17.14 可以看出，随着矩阵 A 压缩后行数越小，计算速度越快，但是误差也开始增大。对于所选择的模型数据而言，当压缩后行数小于 10 时，其计算误差快速增大。

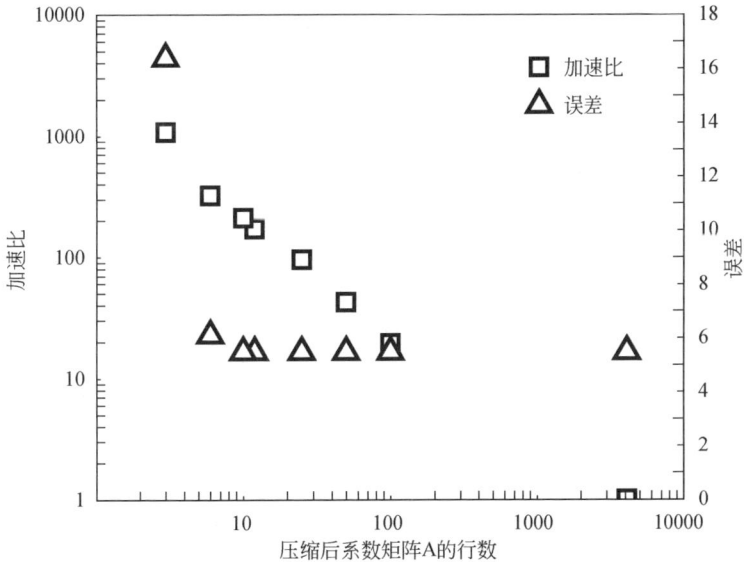

图 17.14　矩阵 A 压缩的行数与加速比、误差关系图

2. 代码优化

在反演处理过程中，计算量最大的就是矩阵 **A** 的 SVD 分解和矩阵的乘法运算。通过对代码进行优化，充分利用硬件资源，加速反演处理速度。这种速度优化方法对计算结果的精度没有影响。

1）基于 CPU 并行计算

针对矩阵的 SVD 分解和乘法运算，目前已有多个基于 CPU 并行运算优化过的库函数可以使用，如 Lapack、Intel MKL 等。在编程实现过程中，可以直接调用这些经过优化后的库函数来加速反演处理速度。

2）基于 GPU 并行计算

利用 GPU 做通用计算，是最近出现的一种技术[108]。目前，以 NVIDIA 公司推出的 CUDA 架构和编程模型最为成熟。已有多家公司推出了利用 CUDA 实现的矩阵 SVD 分解和矩阵乘法运算的并行运算库函数，如 culatools，jacket。

利用 GPU 与 CPU 两个版本的 SVD 分解函数分别对不同大小矩阵进行 SVD 分解，其速度对比见图 17.15。可以看到对于小矩阵的 SVD 分解，CPU 的并行运算效率要高于 GPU，但是随着矩阵慢慢增大，GPU 并行计算效率要优于 CPU，加速效果非常明显。

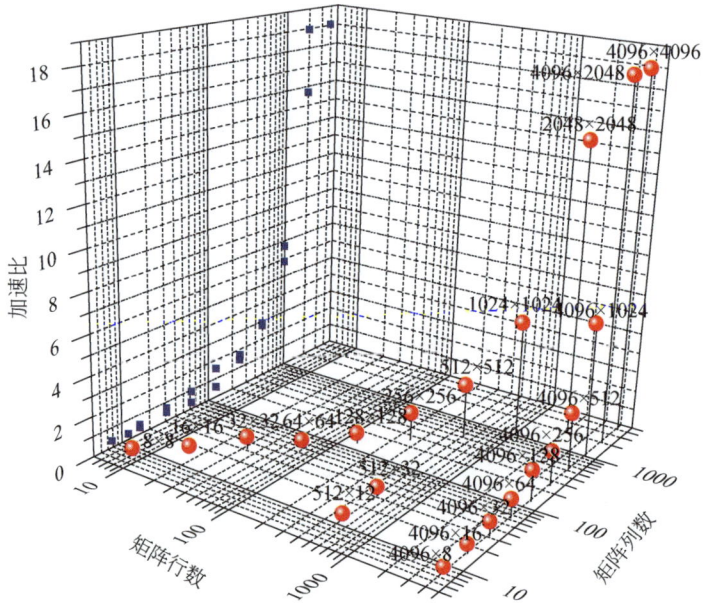

图 17.15　不同大小矩阵的 GPU 与 CPU 版本 SVD 函数分解加速比

　　利用 GPU 与 CPU 两个版本的矩阵乘法函数分别对不同大小矩阵进行乘法运算，其加速比见图 17.16。同样可以看到，只有对于较大矩阵的乘法计算，GPU 并行计算效率才会优于 CPU 的并行计算，并且乘法运算的加速效果要优于 SVD 分解。

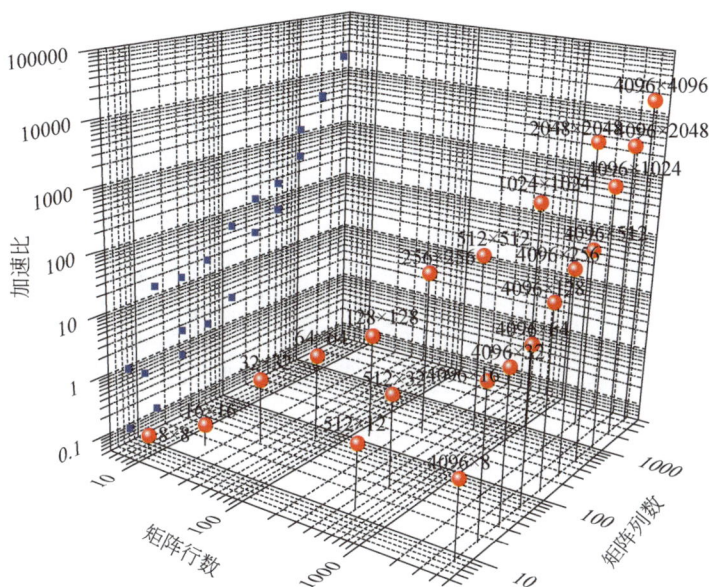

图 17.16　不同大小矩阵的 GPU 与 CPU 版本矩阵乘法函数矩阵相乘加速比

3) 内存空间换时间

　　对于 NMR 测井数据反演处理，不同深度位置回波串反演时，矩阵 A 都是相同的。当利用 SVD 反演方法进行反演时，可以将矩阵 A 及其删减矩阵的 SVD 分解结果存储起来，在其他深度点回波串反演计算中，直接从内存中读取调用，避免了重复分解计算，节约了计算时间。

　　假设 T_2 分布有 12 个点，回波个数从 8 到 4096，所计算的矩阵 A 依次删除 5 列，对删列减小后的矩阵进行 SVD 分解，并将分解结果存储在内存中。不同大小矩阵 A，不同删列情况下的矩阵 SVD 分解耗时对比见图 17.17。可以看到，矩阵越大，删列数越多，SVD 分解所需要的时间也就越多，因此，只有 NMR 测井回波串反演次数够多时，这种方法才能达到计算加速的目的。

　　不同大小矩阵 A，不同删列情况下的矩阵 SVD 分解结果存储消耗内存对比见图 17.18。可以看到，矩阵越大，删列数越多，SVD 分解结果存储所需要的内存也就越多，并且很容易超出目前普通计算机所配置的内存总数，造成计算失败。

　　所以，用内存空间换时间的反演速度优化方法，需要结合所使用的计算机内

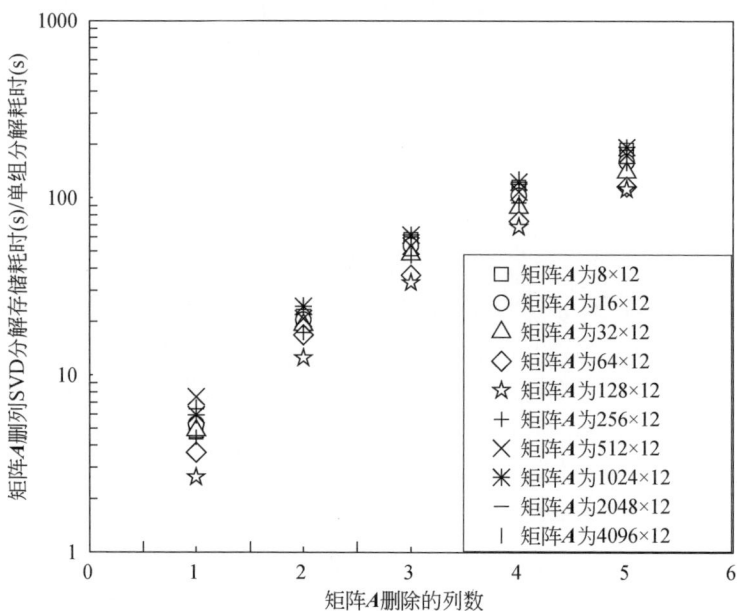

图 17.17　不同大小矩阵 A，不同删列情况下的 SVD 分解耗时对比图

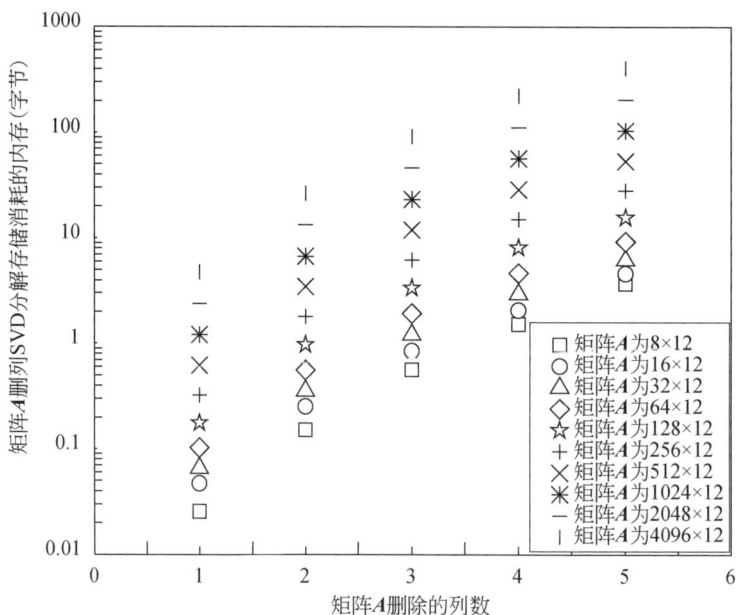

图 17.18　不同大小矩阵 A，不同删列情况下的 SVD 分解存储消耗内存对比图

存总量，针对具体的反演参数来选择矩阵 A 的删列存储数，才能达到加快计算的目的。

3. 优化方法选择

通过前面的分析，可以看到，反演处理速度优化可以有很有多种方法，并且每种方法都有其使用范围和条件。针对 NMR 测井数据反演处理中的典型应用——NMR 测井回波串数据反演和 $T_{2\rm int}$–D 二维反演处理，对处理速度优化方法的使用参数和组合进行优选，在计算误差允许范围内，获得最快的计算速度。

1）NMR 回波串数据处理速度优化

选择 MRIL-Prime 仪器采集的数据进行处理，处理参数见表 17.1。

表 17.1　NMR 回波串数据反演参数

回波串组数	回波个数	T_2分布布点
3264	500	12

用不同的处理速度优化方法组合对上述数据进行处理，处理所需时间和加速比见表 17.2。由于矩阵 A 太小，所以只使用 CPU 进行矩阵的 SVD 分解计算。从表中可以看到，经过完全优化的处理速度与未优化的处理速度之间的加速比可以达到 3.4，节约的时间很客观。

表 17.2　处理速度优化方法不同组合 NMR 数据处理速度对比

编号	回波串压缩窗口数	矩阵 A 压缩条件数	矩阵 A 删列 SVD 分解结果存储	CPU 并行	GPU 并行	时间 (s)	加速比
1	×	×	×	√	×	15.2	1
2	50	×	×	√	×	8.7	1.7
3	×	1000	×	√	×	5.9	2.6
4	×	×	5	√	×	9.6	1.6
5	50	1000	5	√	×	4.5	3.4

2）$T_{2\rm int}$–D 二维处理速度优化

通过数值模拟建立 $T_{2\rm int}$–D 正演模型，然后生成 8 组不同回波间隔长等待时间的回波串数据，反演处理参数见表 17.3。

表 17.3　T_2–D 二维反演参数

回波串组数	每组回波个数	$T_{2\,int}$ 分布布点	D 布点
8	500	30	30

　　用不同的处理速度优化方法组合对上述数据进行处理, 处理所需时间和加速比见表 17.4。从表中可以看到, 经过完全优化的处理速度与未优化的处理速度之间的加速比可以达到 435.8, 节约的时间非常客观, 这充分说明了反演处理速度优化的必要性。

表 17.4　处理速度优化方法不同组合 $T_{2\,int}$–D 反演处理速度对比

编号	回波串压缩窗口数	矩阵 A 压缩条件数和计算方式	SVD 反演	时间 (s)	加速比
1	×	×	CPU	1133.2	1
2	×	×	GPU	1380.5	0.8
3	×	1000, CPU	CPU	10.8	104.9
4	×	1000, GPU	CPU	5.1	222.2
5	50	1000, GPU	CPU	2.6	435.8

17.3.6　流体定性识别和饱和度计算

　　这部分的功能是基于反演结果, 对流体进行定性识别和饱和度的定量计算。对于基于 1 种属性的流体识别方法, 每种方法都有较多假设条件和相应的计算方法。基于 1.5 种属性的流体识别方法, 则是通过反演计算出不同流体的 T_2 分布, 进而计算各种流体的饱和度。基于 2 种属性的流体识别方法, 通过反演计算得到的是两种属性的交会图, 如 $T_{2\,int}$–D、T_1–T_2 等, 不同类型流体在这些分布图中有自己的分布范围, 利用油气水的理论扩散系数线进行定性识别, 然后通过配套方法进行饱和度的定量计算。基于 3 种属性的流体识别方法, 获得的则是三维分布图, 直接基于三维空间分布图进行流体识别有困难, 一般是将三维图进行投影, 在三张二维图上进行流体识别以及饱和度定量计算。计算框架设计图如图 17.19 所示。

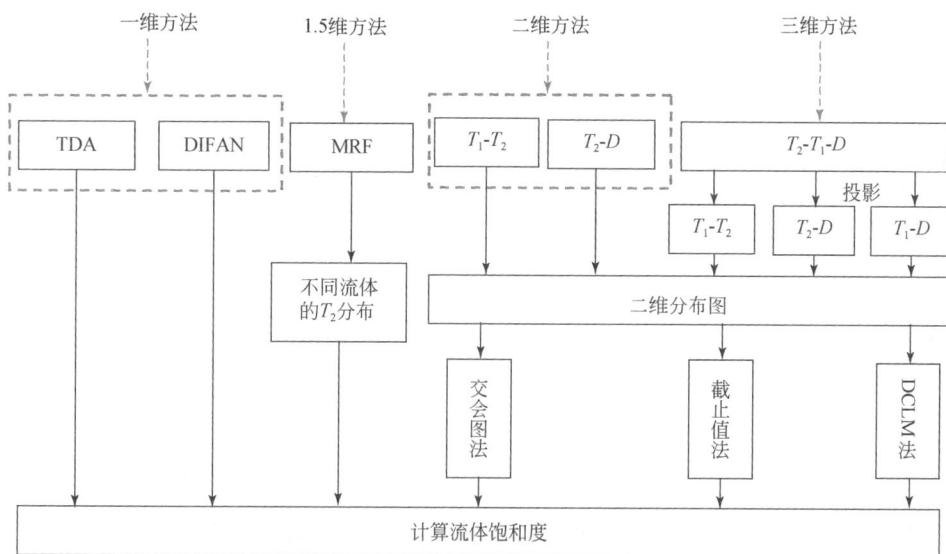

图 17.19 流体饱和度计算框架设计图

17.3.7 岩石物理参数计算

基于回波串数据的反演处理结果，计算岩石物理参数。

孔隙度计算是通过对所采集的回波串进行刻度，从而获得孔隙度信息的过程。当地层中的 HI 接近水（含氢指数 HI 为 1）时，可以获得较准确的孔隙度值，但是当孔隙中含有气或者稠油等 HI 远小于 1 的流体时，刻度所得到的孔隙度将会小于地层真实孔隙度值。只有通过流体识别方法，获得气或稠油的含量，然后对其进行 HI 校正，才能获得较准确的孔隙度。

渗透率则是利用束缚水和可动流体之间的含量差异来定量计算的。当储层含有高黏度油时，通过 T_2 截止值所得到的束缚水中可能会含有油的信号，会使渗透率计算结果不够准确。但利用流体识别方法可以得到较准确的束缚水和可动流体的体积，进而基于模型计算出相对较准确的渗透率。

基于 T_2 分布的岩石物理参数计算，可能获得不够准确的岩石物理参数，但是纵向分辨率高；基于流体识别的岩石物理参数，可以获得更加准确的岩石物理参数，但是其纵向分辨率相对较低（图 17.20）。

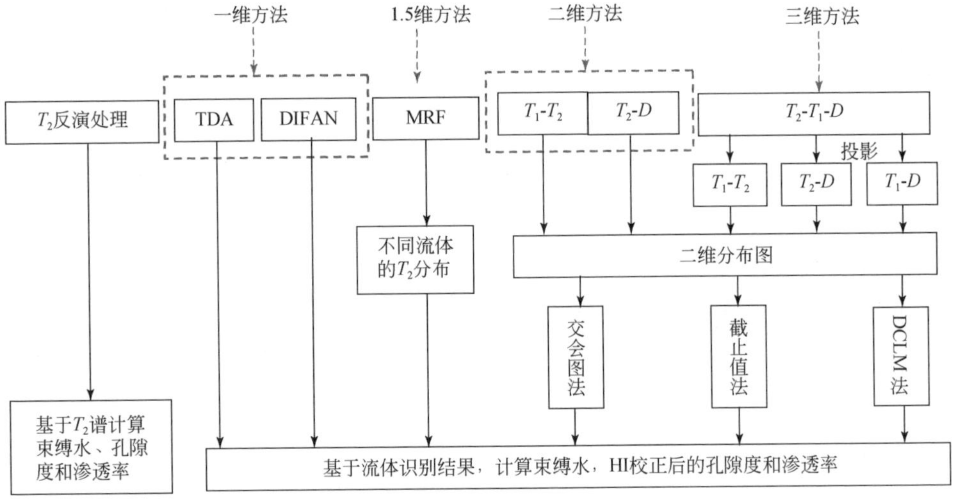

图 17.20 岩石物理参数计算框架设计图

17.4 成 果 输 出

成果输出是使反演处理结果以一定方式呈现出来，方便与第三方进行交流。主要包括两部分，一部分是将处理成果由软件的底层数据格式转为第三方测井数据处理软件所支持的数据格式；另一部分就是将处理成果以标准测井图的形式进行显示和输出。

17.4.1 成果数据输出

测井数据格式众多，需要选择一个既能满足需要，编程实现又相对简单的作为数据输出的格式。DLIS 格式尽管开放，但公开的只是其格式的设计标准，在实现时仍然很困难；LAS 格式也是开放的，但其并不适合于二维测井数据的存储，由于是文本格式，当存储二维测井数据时，整个文件占用空间过大，不方便使用。通过比较后，选择 XTF 格式进行实现，这种格式设计简单，容易实现，并且大多数国产第三方测井数据处理软件都支持这种格式的解编，能够满足数据交流的需要。数据写入的过程是 XTF 格式解编为 MAT 的逆过程，在这里不再赘述。

17.4.2 成果图输出

对于 NMR 测井图的绘制，主要有三类图形：一是一维测井曲线，如 GR、孔隙度、渗透率等；二是波形曲线，如 T_2 分布、回波串等；三是 $T_{2\text{int}}-D$ 等二维分布图或者 $T_1-T_{2\text{int}}-D$ 等三维分布图。为了降低开发难度，对上述功能进行解耦合设计，既能满足测井数据处理成果的显示，又便于今后的软件升级。图形绘制框架设计如图 17.21 所示。该框架主要包括两个部分，第一部分是编辑绘图模版，即设置所需要的测井图的道和曲线的各种属性；第二部分是根据绘图模版信息绘制测井图。

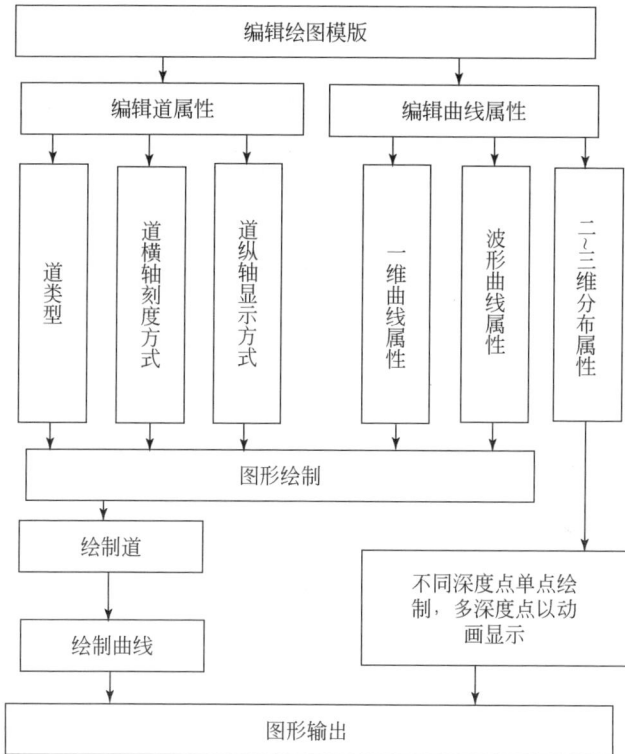

图 17.21　图形绘制框架设计图

17.5　二次开发接口

二次开发接口是软件平台用来提供给第三方用户快速开发适合自身需求的测井数据处理模块。它能够提供一些通用的功能，如数据的读取、NMR 数据的识别与输出以及数据处理分析过程中的一些常用数学计算。将上述功能通过界面进行封装，以二次开发工具的形式提供给用户使用。二次开发接口框架设计图如图 17.22 所示。

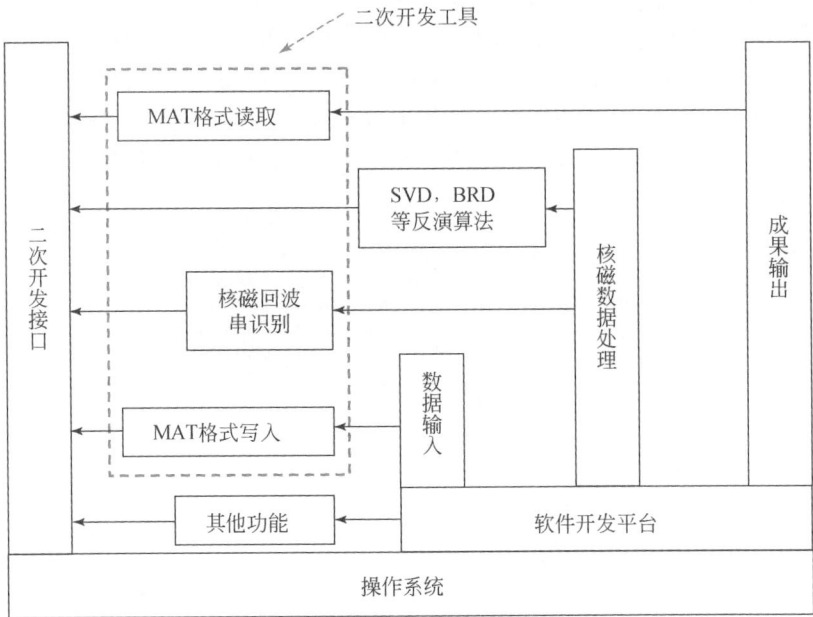

图 17.22　二次开发接口框架设计图

第 18 章 处理软件实现与测试

本章针对所要达到的目标：实现一套可以用多种方法对多种 NMR 测井仪器数据进行快速处理，且能够为新处理方法提供快速实现和测试的平台，首先对已有 NMR 测井数据处理软件结构以及数据处理流程、方法等进行分析，在此基础上，对软件的框架、业务逻辑和技术框架进行了优化设计，然后选择 MATLAB 作为软件开发工具完成软件的编程实现，最后对所实现的软件关键模块进行了测试，以验证该算法的准确性和编程的可靠性。对于与仪器相关性强的模块，则与原厂配套处理软件的处理结果进行对比，来验证实现的准确性；对于与仪器相关性弱的处理模块，则通过数值模拟和实验来进行验证。

18.1 软件开发工具

本书要研发的 NMR 测井数据处理软件可以对多种 NMR 测井仪器数据进行处理，能够快速实现和测试各种新处理方法，并支持将所开发处理方法快速移植到第三方测井数据处理软件平台中，定位为科研用 NMR 测井数据处理软件平台。所以软件在编程实现时，关心的问题有：在不需要进行复杂编程和大量优化的条件下，就能够高效完成大量复杂的科学计算，计算结果的可视化以及简单的交互式界面开发，使得开发效率高，具有可移植性。

通过对比分析多款软件开发工具，最终选择 MATLAB 作为本软件的开发工具。尽管 MATLAB 作为一款科学数值计算软件而被熟知，但用户可以基于其所提供的大量经过优化、成熟的数值计算函数和数据可视化函数，高效完成自己的数值计算与分析的软件开发，并且支持软件的发布。由于 MATLAB 本身是一款跨操作系统的软件，所以基于 MATLAB 开发的各种软件也同样具有跨操作系统的功能。

NMR 测井数据处理软件开发所面临的问题，以及 MATLAB 能够提供的功能[109-115]统计在表 18.1，可以看到，除了大数据量的测井图显示稍微弱一些，对于其他需求，MATLAB 都可以很好地满足。

表 18.1　软件编程需求与 MATLAB 功能对比表

	NMR 测井数据处理软件编程需求	MATLAB 提供功能
优点	数据处理计算量大	大量函数针对矩阵运算优化，并支持并行计算
	新处理方法	开发效率高，可以快速实现
	数据分析	提供大量分析函数，并支持数据可视化
	软件移植	支持跨平台，支持混合编程
缺点	软件界面	控件少，不支持复杂界面开发
	大数据量的测井图显示	只能基于所提供的数据进行可视化函数开发，绘图效率较低

18.2　软件界面及主要功能

依据第 16 章的设计，利用 MATLAB 对第 14 章和第 15 章所分析的各种方法进行了编程实现。数据处理的主要模块都是独立实现的。这样当后期在某一步处理上有新的处理方法时，就可以不用修改以前的程序，而只需要利用二次开发工具编程实现新方法，然后在数据处理时，调用新模块替换旧模块即可。

软件界面见图 18.1。所实现的主要功能可以分为 6 部分，详细说明如下。

1. 数据管理

（1）将 CLS、XTF 以及 DLIS 等格式转换为本软件底层数据的 MAT 格式；
（2）对两个 MAT 格式数据进行合并；
（3）对单个 MAT 格式数据体中的曲线进行删除；
（4）将 MAT 格式数据转换为 XTF 格式数据。

2. 绘图

（1）通过绘图模版编辑模块生成测井图绘制的说明文件；
（2）利用绘图模块调用说明文件和测井数据文件完成测井图的绘制。

3. 数据预处理

（1）MRIL-Prime 模块完成 MRIL-Prime 仪器测井数据的预处理；
（2）MREx 模块完成 MREx 仪器测井数据的预处理；
（3）MR Scanner 模块完成 MR Scanner 仪器测井数据的预处理。

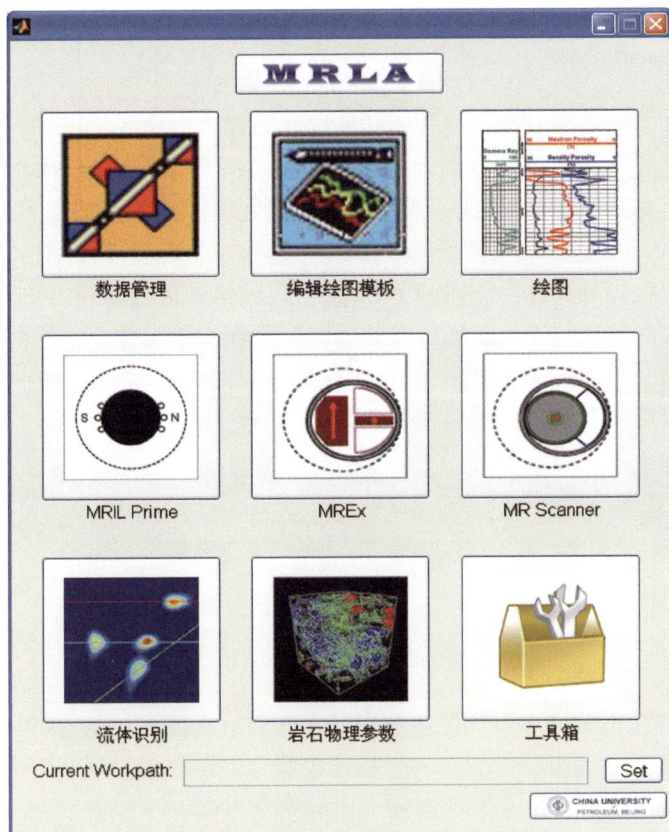

图 18.1　井下 NMR 数据处理软件主界面

4. 流体识别

实现对不同采集参数组合的回波串数据进行一维、1.5 维、二维、三维反演处理，并基于反演结果进行流体识别和饱和度计算。

5. 岩石物理参数计算

实现基于 T_2 分布或流体识别结果计算总孔隙度、束缚水孔隙度、毛管束缚水孔隙度、可动水孔隙度以及渗透率等。

6. 工具箱

提供二次开发工具和接口，帮助用户能够快速实现和测试自己的新算法，并用于 NMR 测井数据的处理。

18.3　数据管理

数据管理主要实现对数据格式的转换以及数据体中曲线的操作。通过四个独立的模块来完成这些功能，分别为：①将多种不同数据格式的 NMR 测井数据转换为本软件所支持的 MAT 格式，为后续的数据处理做准备；②将 MAT 格式转换为 XTF 格式，用于处理成果的交流，供第三方测井处理软件使用；③对 MAT 格式数据进行曲线删除操作；④对两个 MAT 格式数据体进行合并操作等。

数据格式的输入与输出转换以及曲线的删除都使用同样一个界面框架，见图18.2。而对两个不同的 MAT 格式数据文件进行合并的界面如图 18.3 所示，在合并过程中可以对需要合并的曲线进行选择。

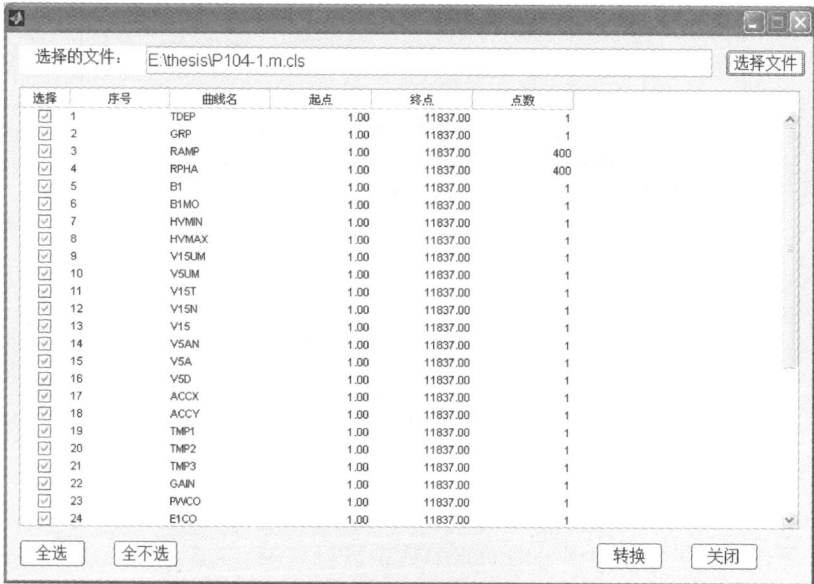

图 18.2　测井数据格式转换模块界面

18.4　数据处理

NMR 测井数据处理是本软件的核心部分，实现了多种处理方法对多种 NMR 测井仪器数据的处理，并能计算出各种岩石物理参数以及流体饱和度等信息。数据处理模块的操作界面见图18.4，这也是二次开发工具所提供的数据处理模块标准界面。

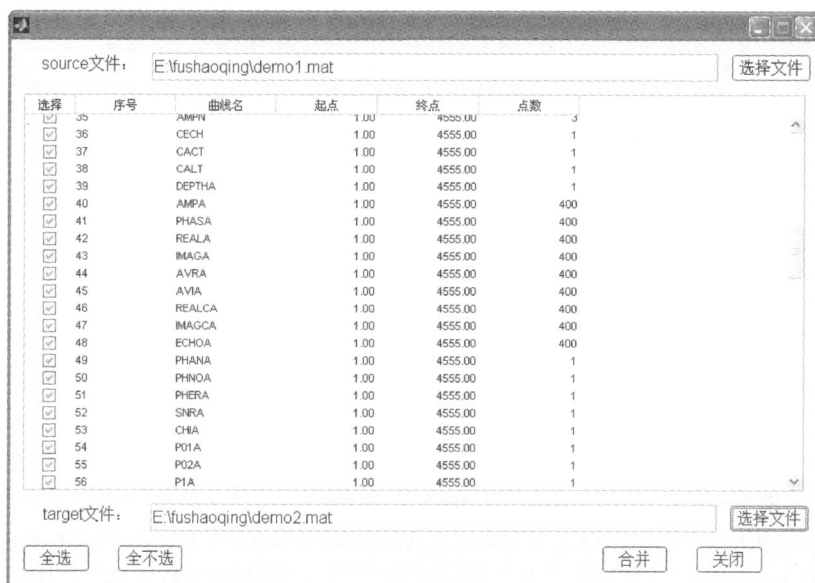

图 18.3 测井数据文件合并模块界面

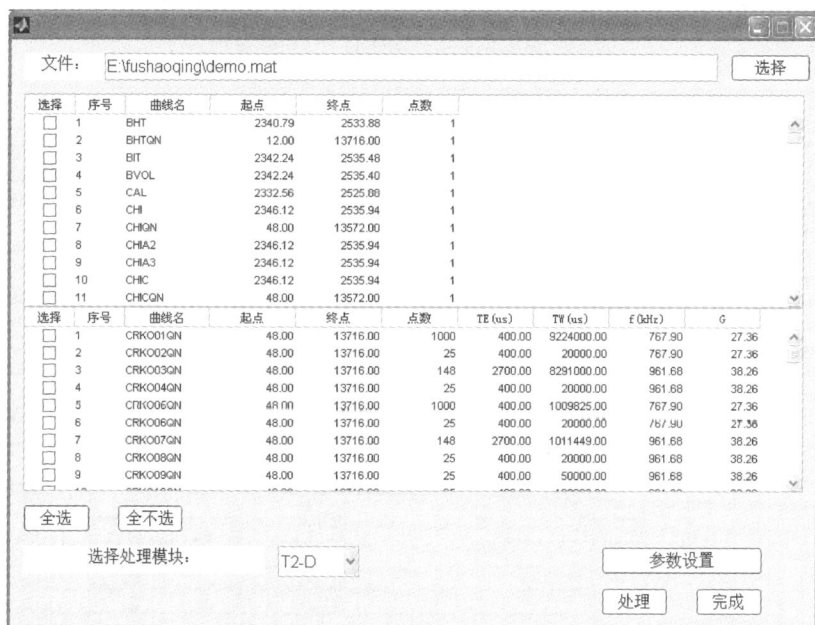

图 18.4 NMR 数据处理模块标准界面

NMR 数据体中包含的曲线数据大致可以分为两类，一类是常规测井曲线，另一类就是核磁回波串数据。当通过这个标准界面加载 NMR 测井数据时，界面程序会自动区分这两类数据，并且将回波串数据的各种采集参数单独显示在界面中，方便用户选择合适的数据进行处理。所以，通过这个界面，用户可以选择需要处理的不同采集参数组合的回波串数据以及处理方法。

根据所实现的各种数据处理模块的功能不同，处理效果验证方法也不同，大致有两类，一类是对于算法简单，且与仪器密切相关的处理，如预处理中的各种处理方法，将所计算的结果与原厂的数据处理软件处理的结果进行对比，完成验证。另一类就是对于复杂数据的处理算法，如一维、1.5 维、二维甚至三维等反演方法，则通过数值模拟和核磁实验来进行验证。

18.4.1　预处理

不同 NMR 测井仪器数据的预处理通过不同处理模块完成。预处理模块界面是软件数据处理标准界面，如图 18.4 所示。

MRIL-Prime 数据预处理模块能够完成所有的预处理功能，所以选择与 DPP 的 MRIL-Prime 预处理结果进行对比，以此来验证所实现的处理算法以及编程实现的准确性。用 DPP 中的 echo_strip，process_t2d 和本软件分别对 MRIL-Prime 所采集的 D9TW 回波串数据进行处理，将二者的结果进行对比，见图 18.5。从图中可以看到，经过叠加、相位旋转等处理后的回波串具有很好的一致性。

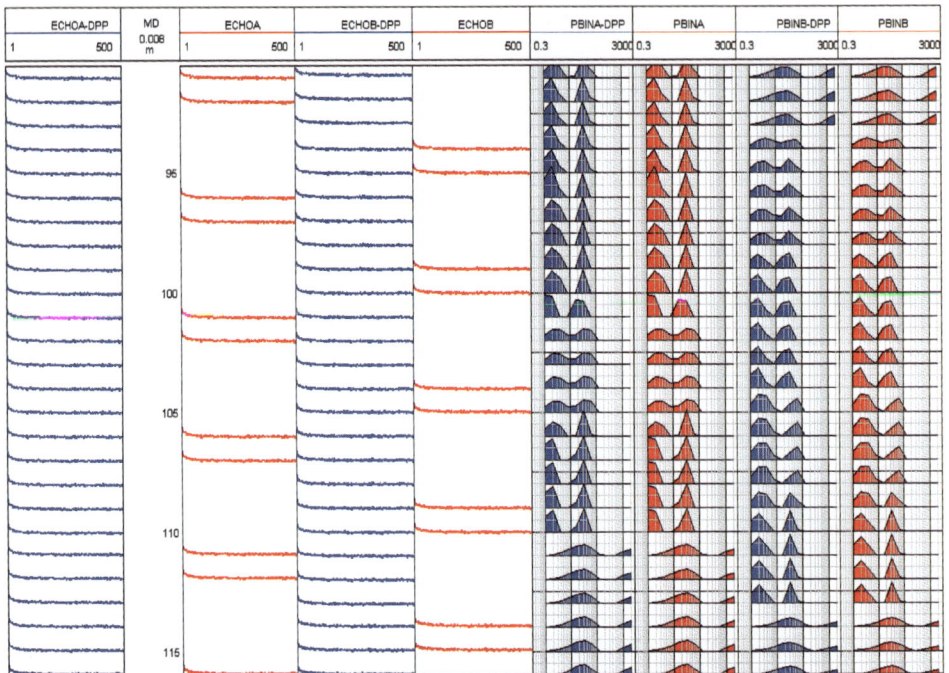

图 18.5　本软件与 DPP 的 MRIL-Prime 预处理结果对比图

18.4.2　反演处理

利用二次开发工具编程实现了一维、1.5 维、二维以及三维等反演处理方法。因为以上各种方法与仪器无关，所以通过数值模拟对算法和编程实现的准确性进行验证。

1. 正演模型

建立一个包含有油、气、水 3 种流体的 $T_1 - T_{2\,int} - D$ 三维 NMR 正演模型，见图 18.6。假设静磁场梯度为 $20 \times 10^4 \mathrm{T/cm}$，生成多组不同回波间隔和等待时间的回波串数据，再分别用一维、1.5 维、二维和三维四种方法对数据进行反演处理，最后将处理结果与正演模型进行对比，以此来验证算法的有效性和编程实现的准确性。

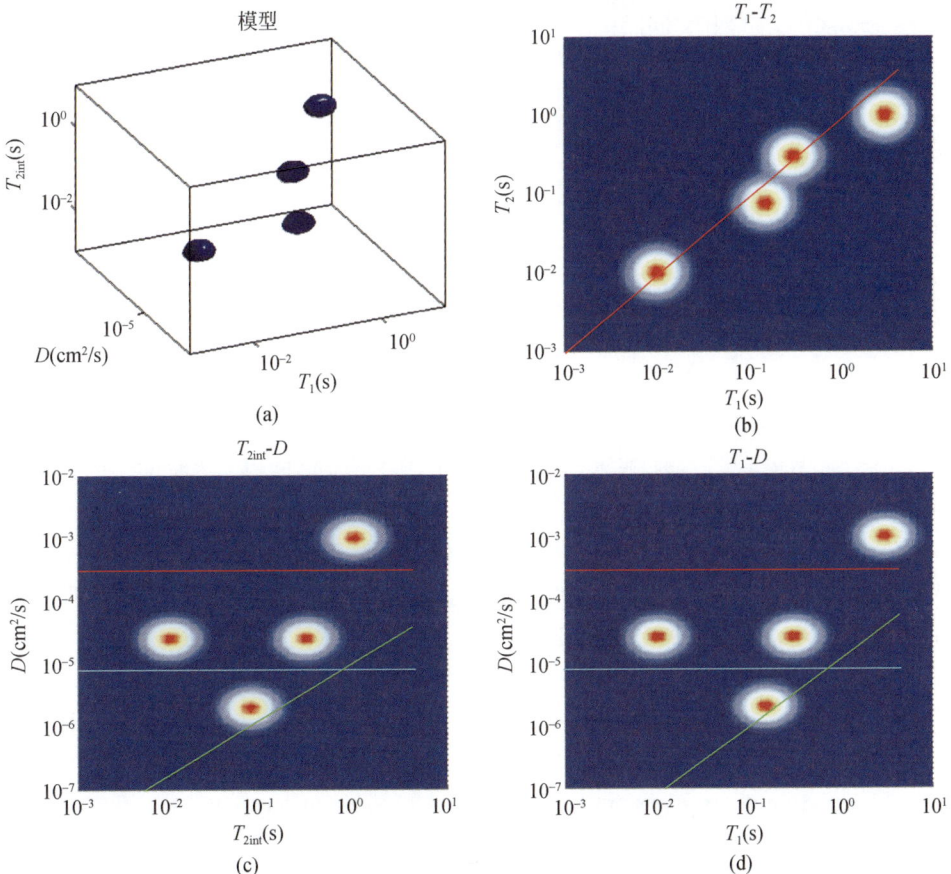

图 18.6　油、气、水三相流体 $T_1 - T_{2\,int} - D$ 三维 NMR 正演模型

2. 一维反演处理

一维反演方法原理见第 15 章。对一组回波间隔 TE＝0.2ms 和长等待时间的回波串数据进行一维反演处理，处理结果见图 18.7。由于仪器静磁场梯度的存在，所计算的 T_2 分布为视 T_2 分布，从图中是无法进行流体识别的。

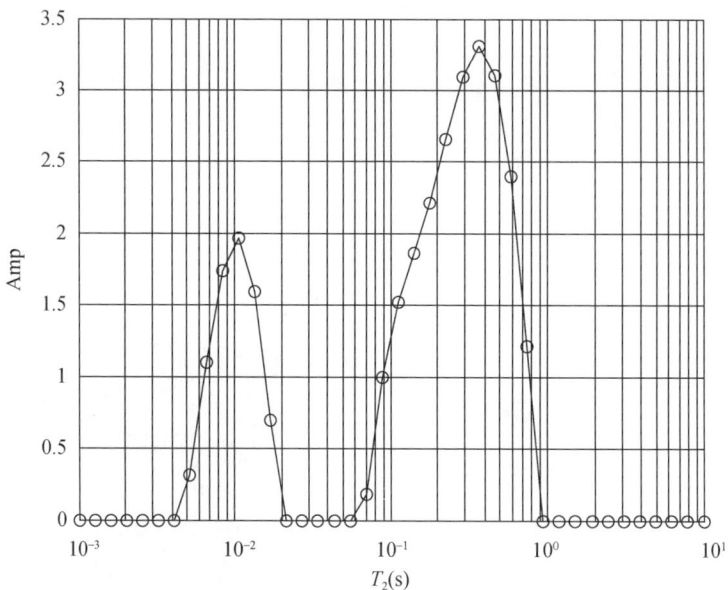

图 18.7　一维反演处理结果

3. 1.5 维反演处理

1.5 维反演方法原理见第 15 章。对多组不同回波间隔和等待时间的回波串数据进行 1.5 维反演处理，处理结果见图 18.8。根据图可以很直观地识别各种不同流体，以及计算饱和度等。但是这种方法的缺点是需要在所建立的正演模型中给出各种流体的扩散系数，对于气和水，这是很容易的，但是对于油，却不那么容易，这会直接影响反演结果的准确性。

4. 二维反演处理

二维 $T_{2\text{int}}$–D 反演方法原理见第 15 章。对多组不同回波间隔长等待时间的回波串利用二维 $T_{2\text{int}}$–D 方法进行反演处理，处理结果见图 18.9。可以看到处理结果与模型［图 18.6（c）］具有很好的一致性。

二维 T_1–T_2 反演方法原理见第 15 章。对多组回波间隔 TE＝0.2ms，等待时间

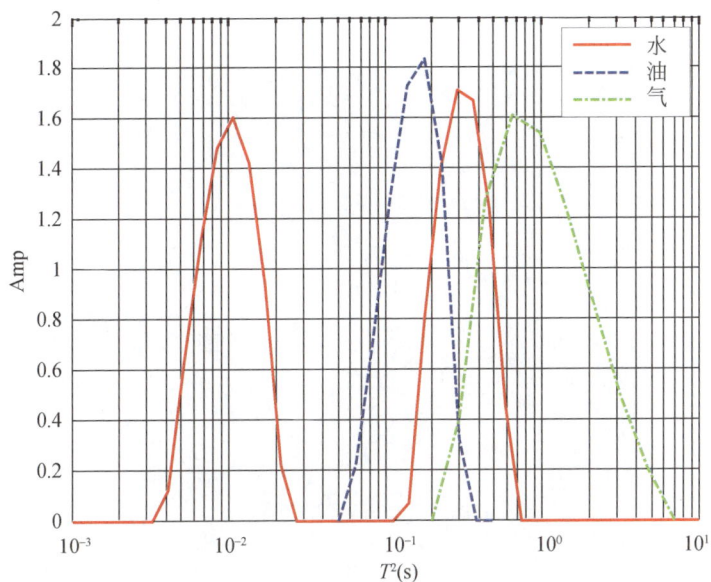

图 18.8　1.5 维反演处理结果

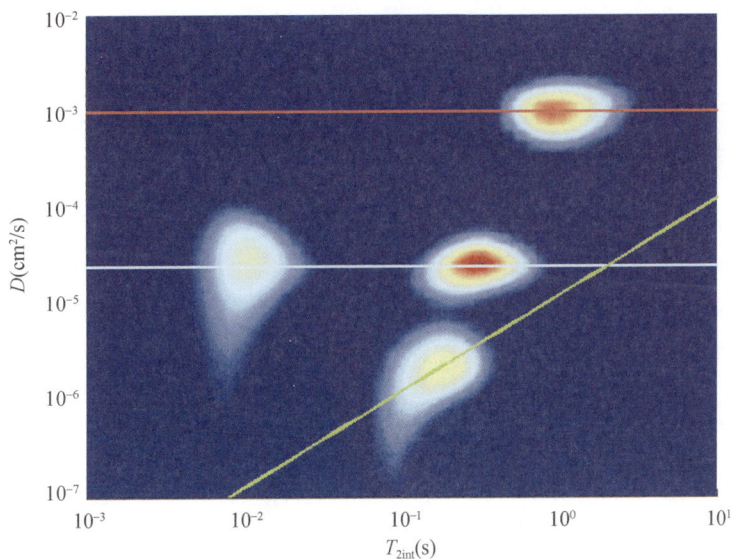

图 18.9　二维 $T_{2\,\text{int}}$–D 反演处理结果

不同的回波串利用二维 T_1–T_2 方法进行反演处理，处理结果见图 18.10。当 TE = 0.2ms，$g = 20 \times 10^4 \text{T/cm}$ 时，气体的 T_2 会从 1s 移动到 511ms，而水和油则由于扩

散系数较小，T_2变化不大，从图中可以看到处理结果与模型具有很好的一致性。

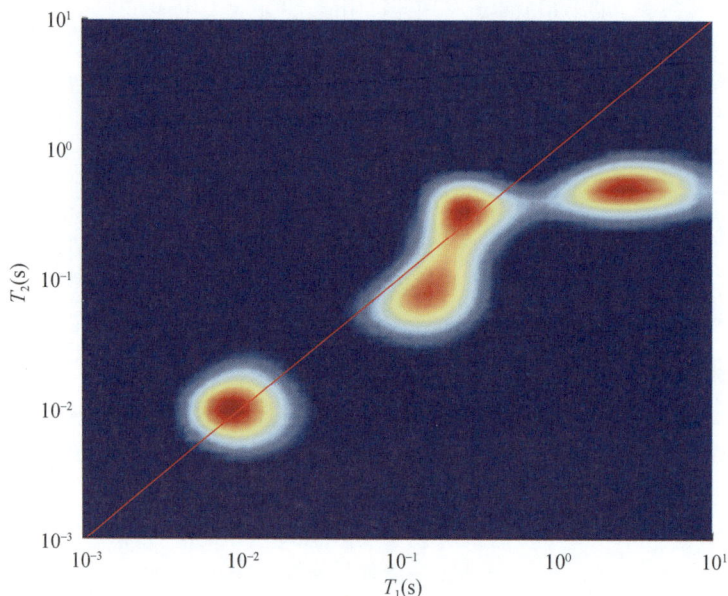

图 18.10　二维 T_1–T_2 反演处理结果

5. 三维反演处理

三维 T_1–$T_{2\mathrm{int}}$–D 反演方法原理见第 15 章。在梯度场中，随着使用的回波间隔增大，采集的 CPMG 回波串数据中气的信号会越来越少，尤其当等待时间也较小时，气的信号更少，不足以通过三维反演还原出三维 T_1–$T_{2\mathrm{int}}$–D 分布中的气信号。所以使用 DE 和 T_1–Editing 脉冲序列来采集多组不同 TW 和 TE 的回波串数据，对其利用三维 T_1–$T_{2\mathrm{int}}$–D 方法进行反演处理，处理结果见图 18.11。可以看到处理结果与模型具有很好的一致性。

18.4.3　流体饱和度计算

所实现的流体饱和度计算模块，可以分为两类，一类是通过回波串反演后的 T_2 分布直接计算出各种流体孔隙度和饱和度，如基于一维反演的 TDA 和 1.5 维反演方法；另一类是对回波串反演后，需要基于反演结果做进一步的计算才能获得各种流体孔隙度和饱和度，如基于二维、三维反演处理结果计算孔隙度和饱和度等。

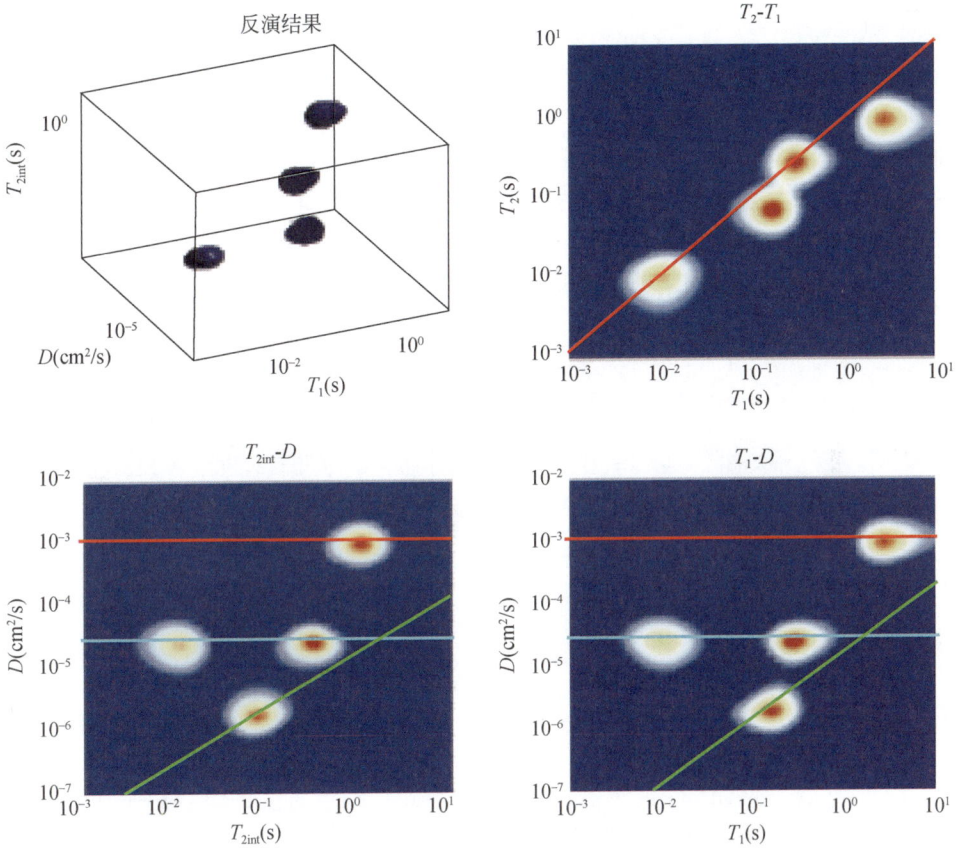

图 18.11　三维 T_1–$T_{2\,\text{int}}$–D 反演处理结果

1. TDA

TDA 是一种非常经典的流体识别方法，在油田生产中得到了广泛的使用，其基本原理见第 15 章。DPP 软件中所实现的这种方法得到大量生产结果的验证，所以将本软件实现版本的计算结果与 DPP 中 TDA 的处理结果进行对比，以此来验证本方法实现的准确性。

为了方便在图中进行对比，将本软件计算的各条曲线加 1p. u. ，两种软件处理结果的对比见图 18.12。可以看到，二者具有很好的一致性。

2. 基于 $T_{2\,\text{int}}$–D 分布的饱和度计算方法

不论是 $T_{2\,\text{int}}$–D，T_1–T_2 还是 T_1–$T_{2\,\text{int}}$–D 反演处理，得到的都是一张分布图，

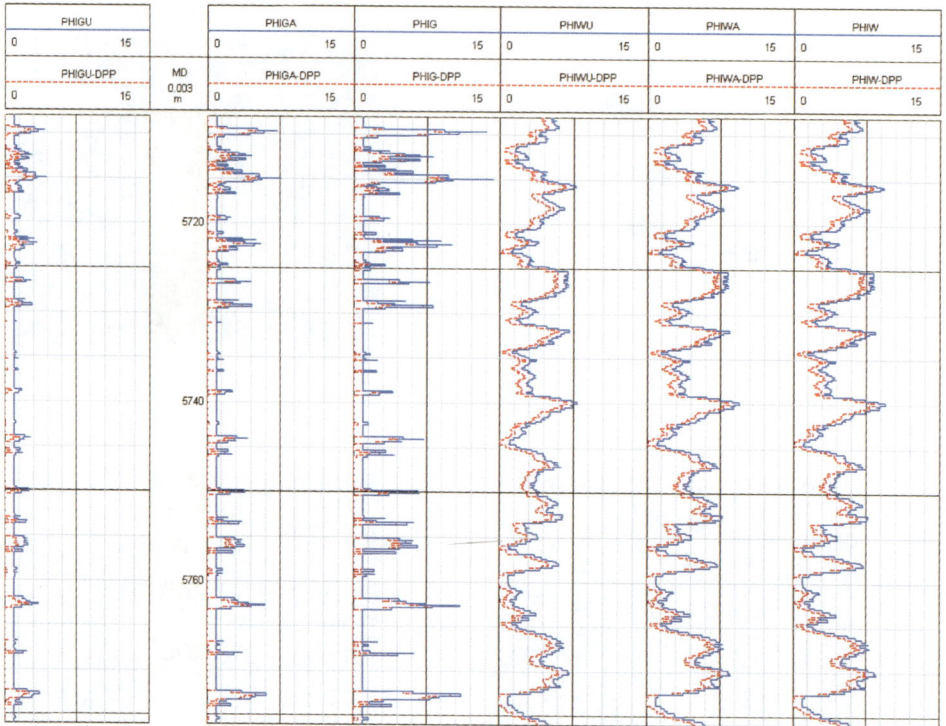

图 18.12　本软件与 DPP 的 TDA 处理结果对比图

无法直接在平面或空间中对不同属性的流体进行定量计算，都需要先做流体的定性识别，然后再来定量计算各种流体的饱和度。

　　本软件实现了基于 T_{2int}–D 分布的三种流体识别和饱和度计算的方法。首先建立油水两相的 T_{2int}–D 分布模型，模型中油水饱和度均为 50%。然后分别用三种方法进行流体识别和饱和度的定量计算，其中第一种是基于 T_{2int} 和 D 截止值方法，处理结果见图 18.13；第二种是图形交互式方法，处理结果见图 18.14；第三种是利用油水扩散系数差异发展出来的 DCLM 方法，处理结果见图 18.15。可以看到，三种基于 T_{2int}–D 分布图的方法所计算的饱和度都与模型具有很好的一致性。

3. 实验验证

　　用 NMR 实验对所实现的 T_{2int}–D 反演方法以及饱和度定量计算方法可靠性进行验证。制作一个玻璃珠和油水两相流体混合的样品，用中国石油大学（北京）NMR 测井实验室自主研发的 NMR 分析仪采集多组不同回波间隔，等待时间为

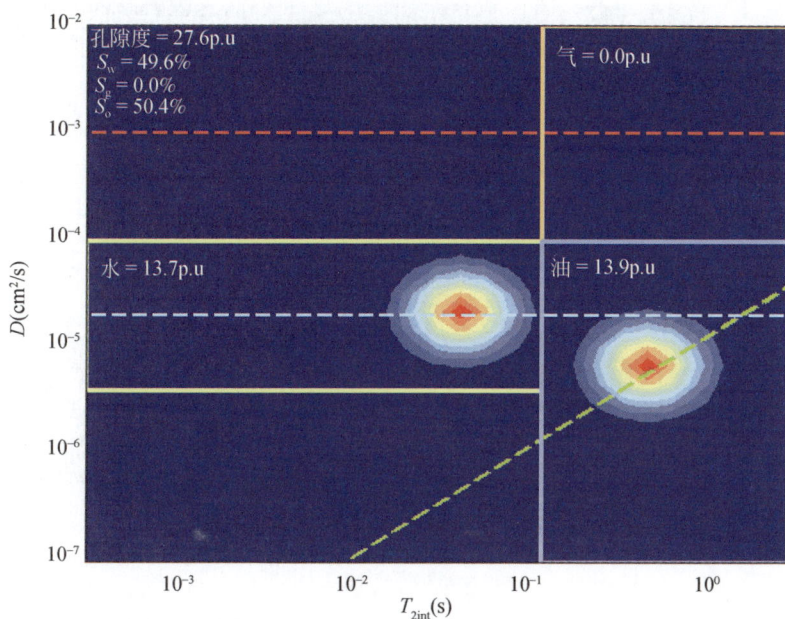

图 18.13　截止值法 $T_{2\,\text{int}}-D$ 分布流体识别及饱和度定量计算方法

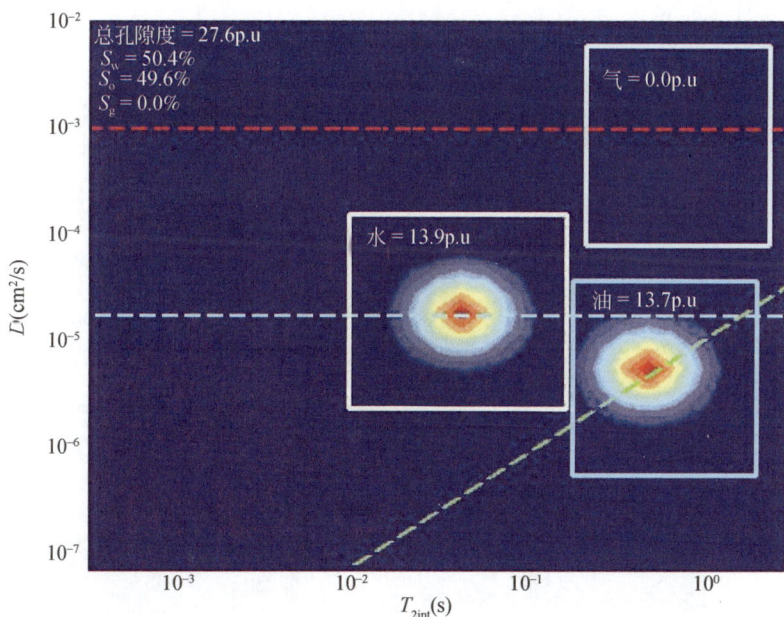

图 18.14　交互式 $T_{2\,\text{int}}-D$ 分布流体识别及饱和度定量计算方法

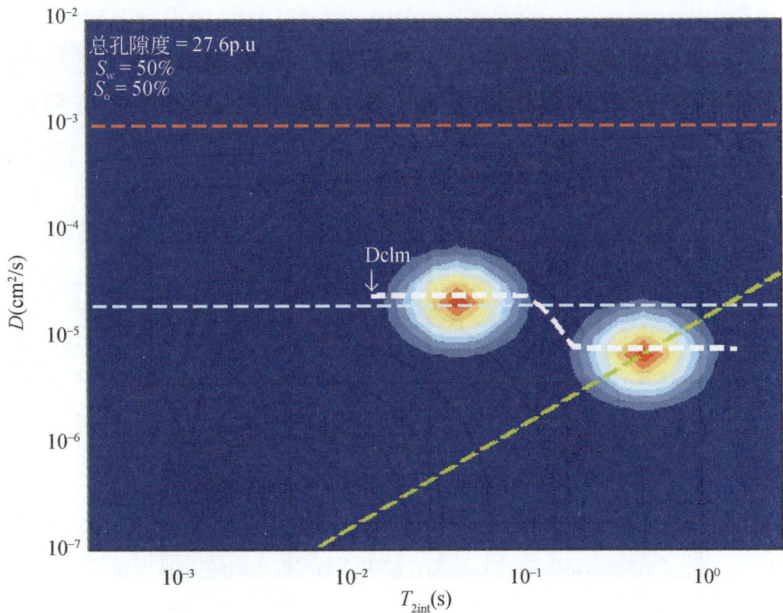

图 18.15　DCLM 法 $T_{2\,int}$–D 分布流体识别及饱和度定量计算方法

12s 的回波串数据，利用所实现的 $T_{2\,int}$–D 反演方法对其进行处理，处理结果见图 18.16，流体识别以及饱和度定量计算结果同样见图 18.16。

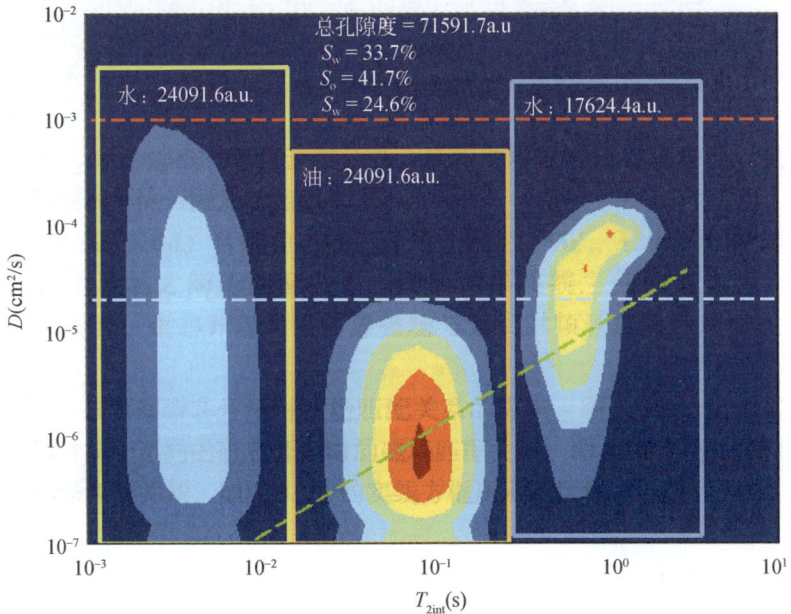

图 18.16　玻璃珠中含有油水两相流体样品的 $T_{2\,int}$–D 反演处理结果

所采集的回波串信噪比较低，导致 T_{2int}–D 反演结果不是很理想，但在 T_{2int}–D 分布图中仍然可以很容易区分出油水两相流体。由于没有对所采集的回波串进行刻度，所以其幅值很大，但这并不影响各种流体饱和度的计算。所制作的样品中油使用的是稠油，其 HI 指数要小于 1，在经过 HI 校正后，得到了准确的油水饱和度值。

18.4.4 岩石物理参数计算

基于流体识别结果的岩石物理参数不方便验证，为此，本论文对基于 T_2 分布的岩石物理参数计算方法进行验证。通过本软件与 DPP 的 t2_toolkit 模块处理结果进行对比，来验证岩石物理参数计算方法的准确性。为了图形显示对比方便，在本软件所计算结果的基础上整体加了 1p. u.。二者对比结果见图 18.17，可以看到所计算的总孔隙度、束缚水孔隙度、有效孔隙度以及渗透率都具有很好的一致性。

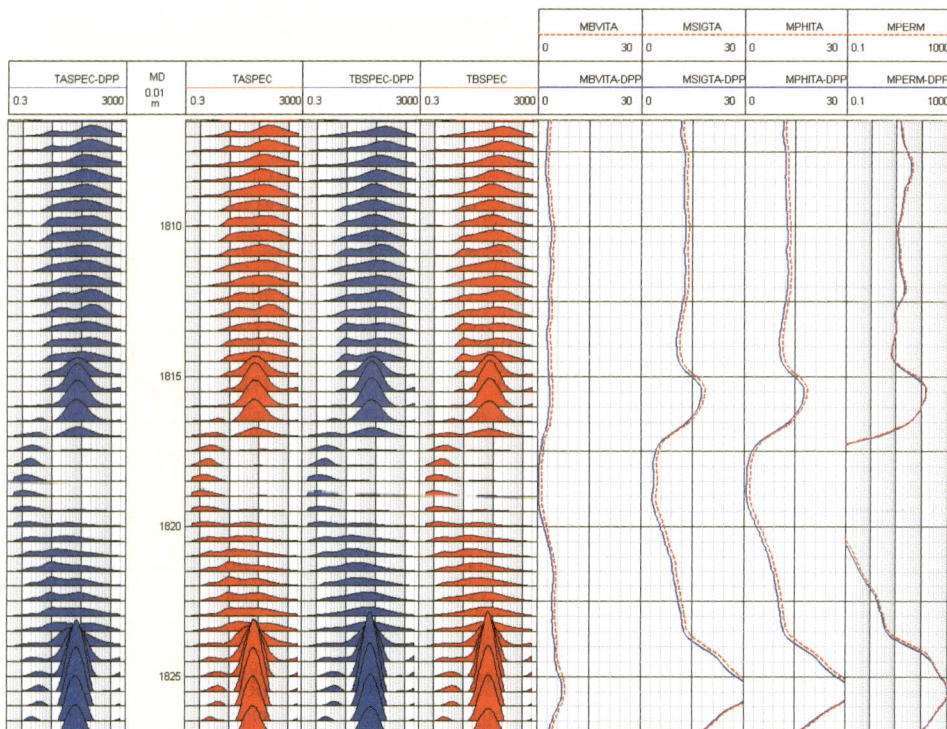

图 18.17　本软件与 DPP 的岩石物理参数计算结果对比图

18.5　图　形　绘　制

依据第 16 章的设计，用两个模块来完成图形绘制，先用绘图模版编辑模块生成测井图绘制的说明信息，由图 18.18 所示界面完成测井曲线道信息的编辑，由图 18.19 所示界面完成测井曲线信息的编辑。这些信息可以在已有模板的基础上进行编辑，也可以根据需要重新编辑一个模板，它们控制着测井曲线的绘图和显示方式。然后再用绘图模块根据所编辑的绘图模板完成测井图的绘制。

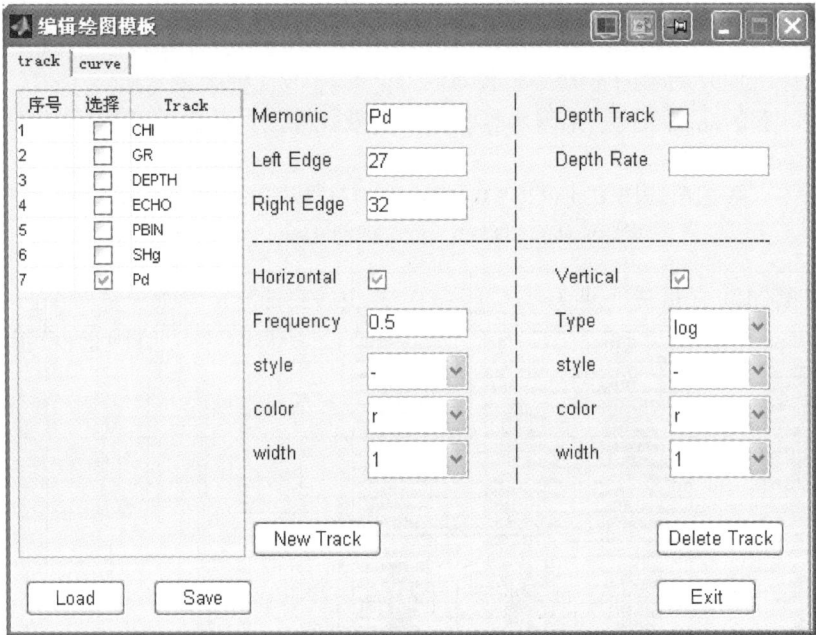

图 18.18　绘图模板编辑模块中道属性设置图

以上模块可以完成常规测井曲线以及回波串等波形曲线的绘制。对于 NMR 二维、三维分布图的绘制，则放在流体饱和度计算模块里面进行实现。

18.6　二次开发工具/接口

根据第 16 章的设计，将 MAT 格式数据的读取和输出以及 NMR 测井回波串数据的识别用一个经过精心设计的界面进行封装，作为二次开发工具提供给用户使用。这个工具提供标准的 NMR 测井数据处理界面，可以完成测井数据的读取、选择和保存，用户只需要进行数据处理代码的编写即可完成属于自己的数据处理

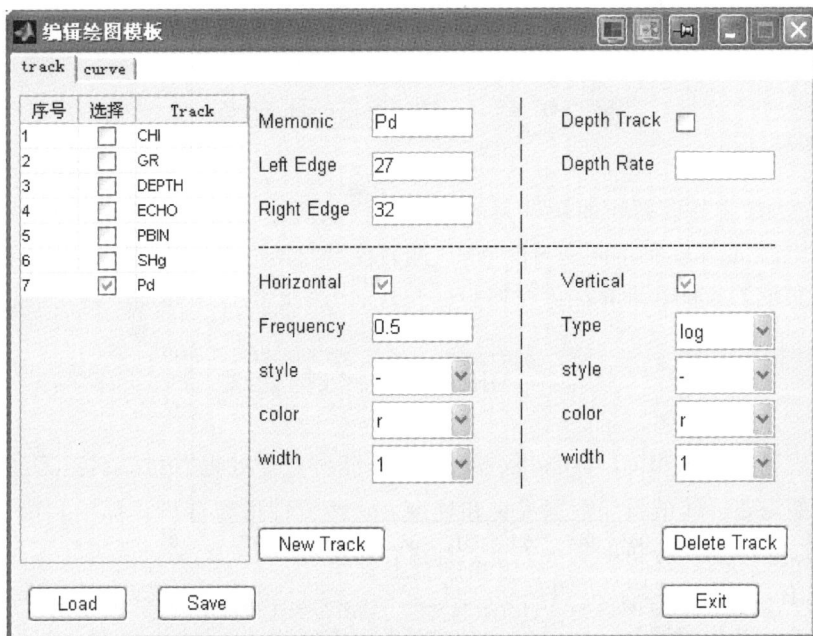

图 18.19　绘图模板编辑模块中曲线属性设置图

模块的开发。另外还将各种反演方法封装为各种函数供用户调用。

本软件中的大多数数据处理模块都是用二次开发工具辅助开发完成的。

第 19 章　软件应用实例

在 NMR 测井数据处理软件完成开发和测试后，用其对 MRIL-Prime、MREx 以及 MR Scanner 三种不同型号的 NMR 测井仪器数据进行了处理，用生产数据对软件所实现的各种处理算法进行检验，并为油田生产提供了更加丰富的信息。

19.1　MRIL-Prime 数据处理

国内所引进的 MRIL-Prime 仪器在数据采集和数据处理方面都不能满足 T_{2int}-D 处理的需要，本节将从数据采集和处理方法两方面进行分析，提出利用 MRIL-Prime 实现 T_{2int}-D 分析的解决方案，并进行验证。

MRIL-Prime 仪器在 20 世纪 90 年代末推出时，受到差谱和移谱等流体识别方法的影响，其配套测井地面采集系统中所设计的采集模式，如双 TE 和双 TW 双 TE 模式一次下井最多只能采集两组不同回波间隔的回波串，要想获得满足 T_{2int}-D 处理的数据，就只有让 MRIL-Prime 仪器用不同的双 TE 采集模式多次下井进行测量。考虑到经济效益的问题，需要尽可能减少重复测井次数。因此，需要对现有双 TE 采集模式组合的 T_{2int}-D 流体识别效果进行分析，优选采集模式组合。随着测井地面采集系统的升级，MRIL-Prime 型仪器的采集模式也得到了更新，增加了四 TE 采集模式，但这种采集模式并不是针对 T_{2int}-D 流体识别进行设计的，其 T_{2int}-D 流体识别效果还需要进一步分析和验证。

19.1.1　数据采集模式

1. 孔隙流体 T_{2int}-D 分布正演模型

根据油气水在孔隙介质中典型 T_2 和 D 的分布情况[67,116,117]，分别建立轻质油和水、气和水以及稠油和水的 T_{2int}-D 分布正演模型，并根据油气水 T_2 与 D 的关系，在正演模型中分别绘制油气水线，方便流体的定性识别，如图 19.1 所示，红线表示气线，蓝线表示水线，绿线表示油线。正演模型的总孔隙度都为 30%，其中水和烃的孔隙度相等，为 15%。按照双 TE 和四 TE 采集模式的参数，（表 19.1 和表 19.2），生成信噪比为 50，回波间隔 TE 分别为 0.9ms、1.8ms、2.7ms、3.6ms、4.5ms、1.2ms、2.4ms、4.8ms 以及 6ms 共计 9 组回波串数据。

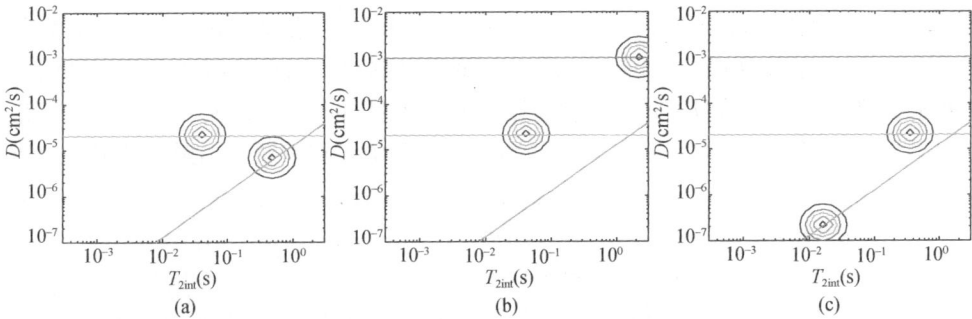

图 19.1　孔隙流体 $T_{2\,int}$–D 正演模型

（a）轻质油和水；（b）气和水；（c）稠油和水

2. 基于双 TE 采集模式组合的 $T_{2\,int}$–D 流体识别效果分析

将表 19.1 和表 19.2 中不同参数的双 TE 采集模式进行组合，对所采集的相应回波间隔的回波串数据进行 $T_{2\,int}$–D 反演处理，用公式（19.1）计算 $T_{2\,int}$–D 反演结果与相应孔隙流体 $T_{2\,int}$–D 正演模型之间的误差。当误差最小时，则认为该组双 TE 采集模式的组合最优。

$$\varepsilon = \sum_m \sum_n |f_{m,\,n} - f'_{m,\,n}| \qquad (19.1)$$

式中，$f_{m,n}$ 是 $T_{2\,int}$–D 正演模型中的二维分布幅度；$f'_{m,n}$ 是 $T_{2\,int}$–D 反演结果中的二维分布幅度；ε 是计算的误差。

表 19.1　双 TE 采集模式参数

采集模式	TE_S（ms）	TE_L（ms）	TW（s）	采集模式	TE_S（ms）	TE_L（ms）	TW（s）
D9TE112	0.9	1.8	12	DTE112	1.2	2.4	12
D9TE212	0.9	2.7	12	DTE212	1.2	3.6	12
D9TE312	0.9	3.6	12	DTE312	1.2	4.8	12
D9TE412	0.9	4.5	12	DTE412	1.2	6	12

表 19.2　四 TE 采集模式参数

采集模式	TE_1（ms）	TE_2（ms）	TE_3（ms）	TE_4（ms）	TW（s）
D9TE512	0.9	2.7	3.6	4.5	12
DTE512	1.2	2.4	3.6	6	12

对于轻质油和水 $T_{2\text{int}}-D$ 正演模型，双 TE 采集模式组合的回波串数据 $T_{2\text{int}}-D$ 反演结果误差见图 19.2。D9TE312 和 DTE412 模式组合的 $T_{2\text{int}}-D$ 反演结果的误差最小，其 $T_{2\text{int}}-D$ 反演结果见图 19.2，根据图中的油气水线可以区分出轻质油和水。图 19.3 是气和水 $T_{2\text{int}}-D$ 正演模型双 TE 采集模式组合的回波串数据 $T_{2\text{int}}-D$ 反演结果误差。D9TE312 和 DTE412 模式组合的 $T_{2\text{int}}-D$ 反演结果误差最小，其 $T_{2\text{int}}-D$ 分布见图 19.3，可以区分气和水。对于稠油和水 $T_{2\text{int}}-D$ 正演模型，双 TE 采集模式组合的回波串数据 $T_{2\text{int}}-D$ 反演结果误差见图 19.4。可以看到，D9TE212 和 DTE212 模式组合的 $T_{2\text{int}}-D$ 反演结果误差最小，但其误差绝对值较大，且与其他采集模式组合的反演结果误差相差较小，其 $T_{2\text{int}}-D$ 分布见图 19.4，图中稠油信号与模型相差较大，但仍可以根据图中的油水线区分出稠油和水。

误差　　　模式 模式	DTE112	DTE212	DTE312	DTE412
D9TE112	23.3	15.3	14.8	14.8
D9TE212	24.7	16.8	13.6	13.3
D9TE312	16.8	21.5	11.7	10.6
D9TE412	14.4	13.0	16.0	11.7

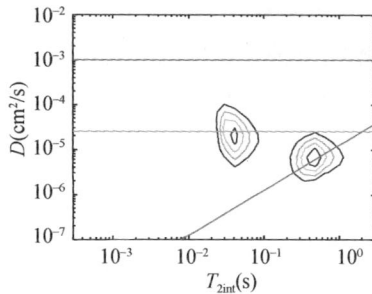

图 19.2　轻质油和水模型的不同双 TE 采集模式组合的反演误差统计表及误差最小的反演结果

误差　　　模式 模式	DTE112	DTE212	DTE312	DTE412
D9TE112	28.5	20.2	17.1	15.9
D9TE212	28.2	17.5	13.2	11.7
D9TE312	17.0	29.9	12.9	10.0
D9TE412	14.7	15.2	21.2	11.7

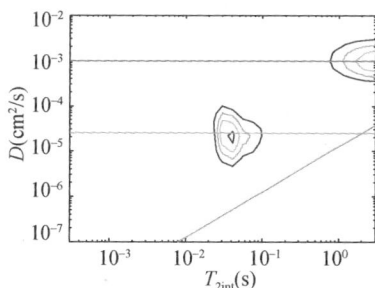

图 19.3　气和水模型的不同双 TE 采集模式组合的反演误差统计表及误差最小的反演结果

模式 误差 模式	DTE112	DTE212	DTE312	DTE412
D9TE112	22.5	21.2	21.5	21.1
D9TE212	21.9	20.2	21.5	21.6
D9TE312	20.7	20.7	20.9	21.4
D9TE412	21.4	20.8	21.2	21.2

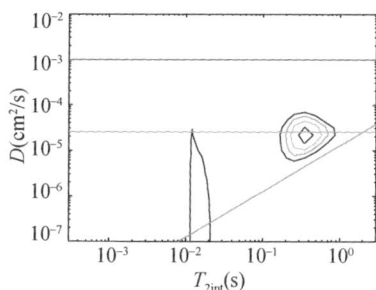

图 19.4　稠油和水模型的不同双 TE 采集模式组合的反演误差统计表及误差最小的反演结果

3. 基于四 TE 采集模式的 $T_{2\mathrm{int}}$–D 流体识别效果分析

对于轻质油和水、气和水以及稠油和水的 $T_{2\mathrm{int}}$–D 正演模型，D9TE512 和 DTE512 模式的反演结果误差见表 19.3，其中误差较小的反演结果见图 19.5。尽管四 TE 采集模式反演结果的误差都比相应模型的 D9TE312 和 DTE412 模式组合的反演结果误差要大，但根据图 19.5 中的油气水线仍然可以区分出烃和水的信号。

表 19.3　　三种孔隙流体模型的四 TE 采集模式反演结果误差统计表

模式 误差 模式	轻质油和水	气和水	稠油和水
D9TE512	12.8	24.3	20.9
DTE512	14.6	16.8	22.1

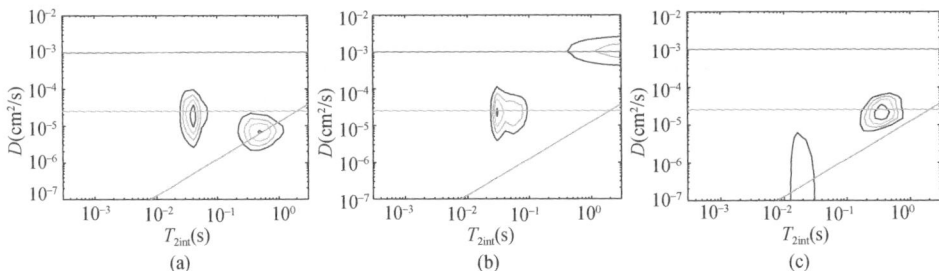

图 19.5　四 TE 采集模式的 $T_{2int}-D$ 反演结果

（a）轻质油和水模型的 D9TE512 模式 $T_{2int}-D$ 反演结果；（b）气和水模型的 DTE512 模式的
$T_{2int}-D$ 反演结果；（c）稠油和水模型的 D9TE512 模式的 $T_{2int}-D$ 反演结果

　　总体来说，四 TE 采集模式的反演效果没有双 TE 模式组合的效果好，但仍然可以满足流体识别的需要。

19.1.2　数据处理

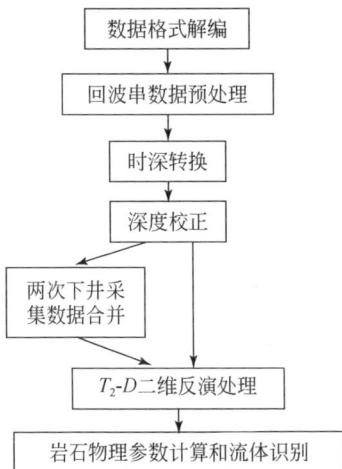

图 19.6　$T_{2int}-D$ 流体识别方法
数据处理流程

　　利用所研发的 NMR 测井数据处理软件对 MRIL-Prime 采集数据进行数据格式转换、回波串叠加、相位旋转、时深转换、深度校正、$T_{2int}-D$ 反演以及岩石物理参数计算等处理。通过两次下井由不同双 TE 模式采集的数据处理，需要在做完深度校正后，将两次采集的数据进行合并，而一次下井由四 TE 模式采集的回波串数据处理就不需要进行这一步操作。$T_{2int}-D$ 流体识别方法数据处理流程见图 19.6。

19.1.3　应用实例

1. A 井

　　A 井为本方法的第一口试验井，为了对比分析，选择了 D9TE312 和 DTWE4 模式（包含有

DTE412 模式数据）进行数据采集。利用 DTWE4 模式中双 TW 回波串数据进行 TDA 分析，处理结果见图 19.7，可以看到，处理结果显示 1 号和 2 号两个层段都含有油，并且 2 号层的含油饱和度要大于 1 号层。利用 DTWE4 模式中的双 TE 回波串与 D9TE312 模式的回波串进行 T_{2int}–D 处理分析，处理结果见图 19.8。从图 19.8（a）的 T_{2int}–D 分布可以看到在油线上有很强的信号显示；从图 19.8（b）的 T_{2int}–D 分布结果可以看到，只有水的信号。对该井进行试油，1 号层试油结论

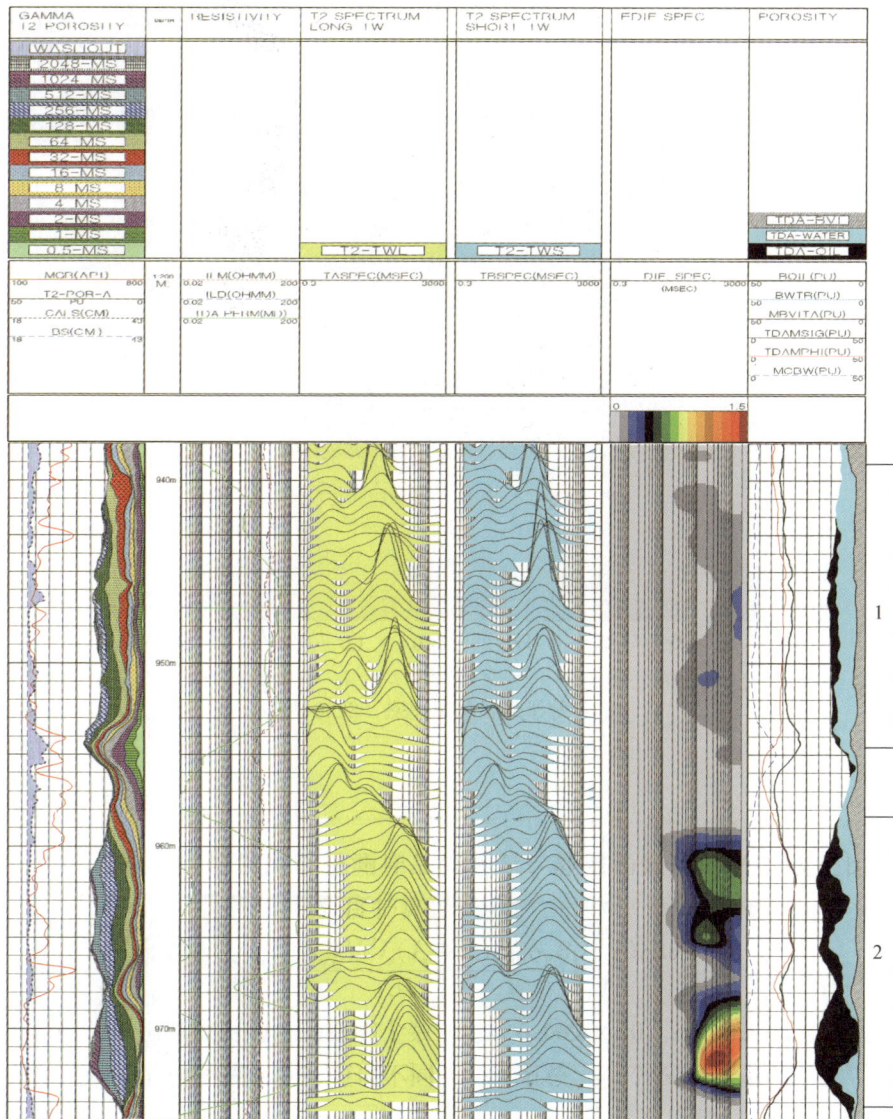

图 19.7 A 井 TDA 处理成果图

为油水同层，而 2 号层为水层，这说明 $T_{2\text{int}}$–D 分析结果与地层实际情况一致，而 TDA 的分析结果有误。经过后续分析，TDA 处理结果中，2 号层中强烈的差谱信号来自于大孔隙中的水，从图 19.8（b）中 $T_{2\text{int}}$–D 分布也能看出来。

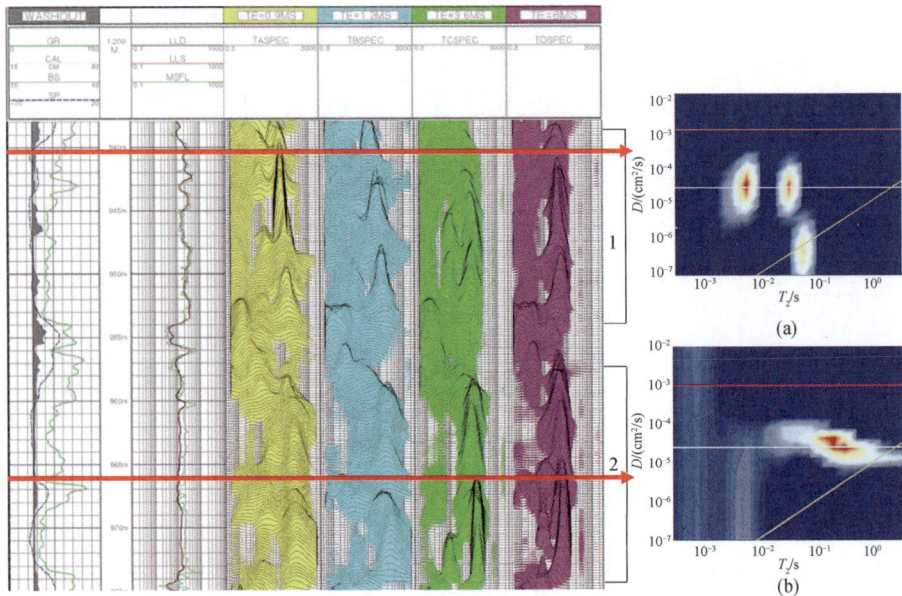

图 19.8　A 井 $T_{2\text{int}}$–D 处理成果图

2. B 井

在 B 井中选用 D9TE512 模式进行数据采集，其 $T_{2\text{int}}$–D 处理结果见图 19.9，从 $T_{2\text{int}}$–D 分布中可以看到在油线上有很强的信号显示，而 $T_2 < 10\text{ms}$ 的信号则来自束缚水。对本段试油后的结论为油层。说明 $T_{2\text{int}}$–D 分析结果与地层实际情况一致。

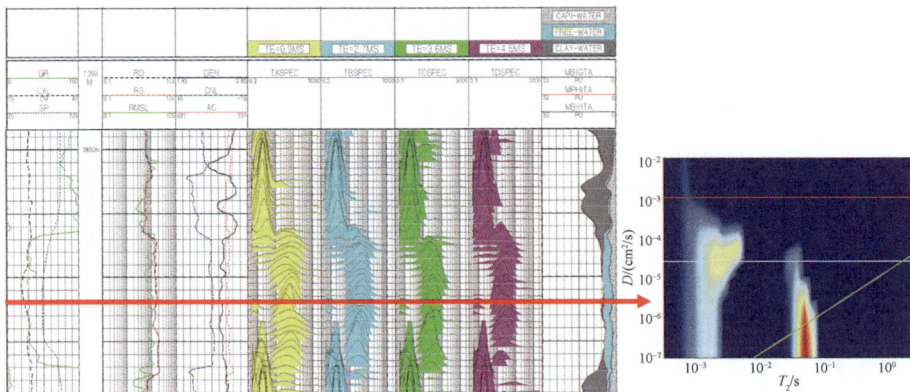

图 19.9　B 井 $T_{2\text{int}}$–D 处理成果图

19.2　MREx 数据处理

利用 MREx 仪器，选择 PorePerm +Oil 模式对 C 井进行数据采集。由于国内所引进的处理软件只能进行一些常规 NMR 数据处理，如一维的 T_2 反演、1.5 维的 SIMET 处理等。很明显，从图 19.10 的 T_2 分布中是无法识别出其中的油水分界线的。1.5 维的 SIMET 方法从原理上也决定了其同样也无法解决这个问题。

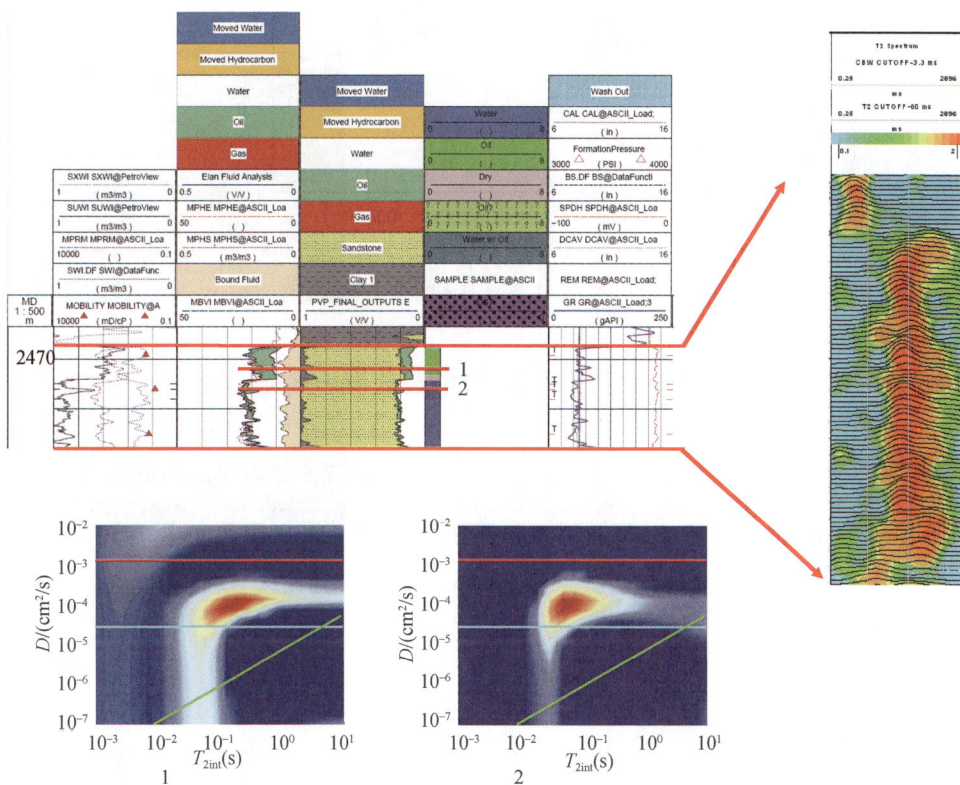

图 19.10　MREx 数据 $T_{2\,int}$–D 处理结果

用本书所研发的软件对 C 井数据用 $T_{2\,int}$–D 模块重新进行处理，可以看到图 19.10 中上部标记 1 处的 $T_{2\,int}$–D 分布图中有油信号的显示，而下部标记 2 处的 $T_{2\,int}$–D 分布图中只有水信号的显示，由此成功地识别出油水界面。

19.3　MR Scanner 数据处理

雇佣斯伦贝谢公司利用 MR Scanner NMR 测井仪，选择 T_1 Profiling Sequences 对 D 井进行数据采集。斯伦贝谢公司给出的处理结果如图 19.11 中左边测井图所示，处理结果显示这一层段含有气。但仅仅依靠 T_1 分布中大于 1s 的地方有信号的现象就认为其含有气是很容易出错的，因为当所使用的采集参数不合适时，也会出现这种情况。

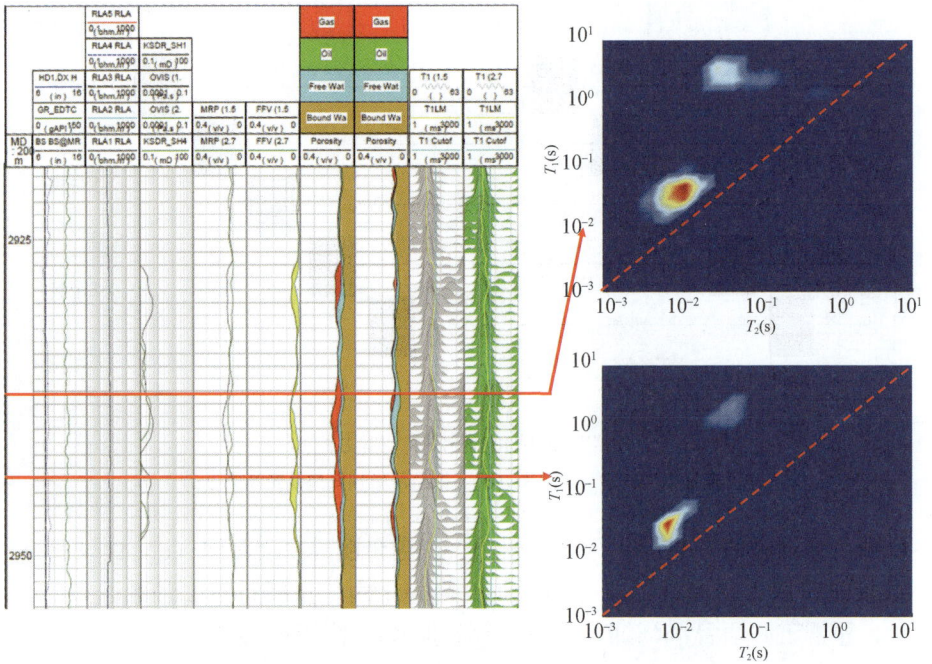

图 19.11　MR Scanner 数据 T_1–T_2 处理结果

用本书所研发的软件对这一井段的数据用 T_1–T_2 模块重新进行处理，从图 19.11 中的 T_1–T_2 分布图可以清楚地看到有气信号的显示，这比基于 T_1 分布的判断要可靠得多，与后期试油结论一致。

第 20 章　结　　论

在系统分析现有井下 NMR 数据处理软件解决方案的基础上，通过原理推导、编程实现以及实验验证，对支持多种核磁仪器多种方法的数据处理软件研发遇到的数据格式转换、预处理、流体识别、岩石物理参数计算、成果图输出以及二次开发接口等关键问题进行了系统研究，取得了以下几点认识。

（1）在所提出的软件整体框架结构中，通过增加一个数据仪器无关化处理层来解耦合不同 NMR 仪器数据预处理和流体识别处理，实现了模块复用，避免软件重复开发。

（2）在对 NMR 数据采集和处理的特殊性分析基础上，提出 NMR 原始数据存储应包括所采集的回波串数据和所使用的采集模式相关信息。按此思路从 CLS、XTF 以及 DLIS 格式 NMR 数据中成功读取到回波串数据和采集模式参数，并转存在所设计的 MAT 格式中，满足了 NMR 数据处理的需要。

（3）选择的 MATLAB 软件很好地满足了 NMR 数据处理软件这种侧重数据计算和数据可视化的软件开发，大大提高了软件的开发效率。

（4）将 MAT 格式数据读写以及 NMR 回波串数据识别功能通过精心设计的界面封装为数据处理二次开发工具提供给用户使用，能够帮助用户快速实现和测试各种新的 NMR 数据处理算法。

（5）从算法和代码两方面来实现反演处理速度的优化。数据模拟表明，回波串压缩、矩阵 A 压缩、CPU 并行计算和矩阵 A 的删列 SVD 分解存储可以适用于 NMR 测井数据的 T_2 反演处理速度优化；回波串压缩，基于 GPU 的矩阵 A 压缩，其他计算基于 CPU 并行计算适用于二维、三维反演处理速度优化。

（6）通过数值模拟对 MRIL-Prime 仪器的地面采集系统支持的双 TE 采集模式的组合以及四 TE 采集模式的 $T_{2\text{int}}$–D 流体识别效果进行了分析，获得了最优的双 TE 采集模式组合。利用所研发的 NMR 数据处理软件，分别对 MRIL-Prime 两次下井以及一次下井采集的数据进行 $T_{2\text{int}}$–D 处理；对 MREx 仪器利用 PorePerm + Oil 模式采集数据进行 $T_{2\text{int}}$–D 处理；对 MR Scanner 用 T_1 Profiling Sequences 模式采集数据进行 T_1–T_2 处理。以上各处理结果都得到试油结论的验证。基于二维分布图可以比一维核磁流体识别方法更加清楚地区分油气水信号，能够明显地提高疑难油气层识别能力，具有很好的应用前景。

（7）提出的基于 $T_{2\text{int}}$–D 分布计算饱和多相流体孔隙介质内部磁场梯度的方

法，可以计算饱和水以及油水多相流体的孔隙介质中的内部磁场梯度。数值模拟与实验测量表明，该方法计算的饱和流体孔隙介质内部磁场梯度是有效的。

对于进一步的研究，建议包括以下几个方面。

（1）对于 MREx 和 MR Scanner 的数据处理方法，还需要用更多此类仪器不同采集模式的数据进行处理验证。

（2）本软件的测井图绘制模块，还需要对绘图速度进一步优化，以满足实时、大数据量的显示需要。

（3）基于本书研究结果，继续研究消除内部磁场梯度的影响，获得油气水多相流体在 T_{2int}–D 上准确分布的信息。

（4）通过升级 MRIL-Prime 采集模式获得能够满足 T_{2int}–D、T_1–T_2 或 T_1–T_{2int}–D 分析处理的数据，充分发挥本软件的功能，为油田提供更加准确的流体识别结果和岩石物理参数信息。

参 考 文 献

[1] Bloch F. Nuclear induction. Physical Review, 1946, 70 (7-8): 460-474.

[2] Bloch F, Hansen W W, Packard M. The nuclear induction experiment. Physical Review, 1946, 70 (7-8): 474-485.

[3] Purcell E M, Torrey H C, Pound R V. Resonance absorption by nuclear magnetic moments in a solid. Physical Review, 1946, 69 (1-2): 37-38.

[4] Varian R H. Apparatus and method for identifying substances: United States, 3395337. 1968.

[5] Brown R J S, Gamson B W. Nuclear magnetism logging. Petroleum Transactions, AIME, 1960, 219: 199-207.

[6] Hull P, Coolidge J E. Field examples of nuclear magnetism logging. Journal of Petroleum Technology, 1960, 12 (8): 14-22.

[7] Brown R J S. Proton relaxation in crude oils. Nature, 1961, 189: 387-388.

[8] Loren J D. Permeability estimates from nml measurements. Journal of Petroleum Technology, 1972, 24 (8): 923-928.

[9] Brown R J S, Neuman C H. Processing and display of nuclear magnetism logging signals: Application to residual oil determination. SPWLA 21th Annual Logging Symposium, Lafayette, Louisiana, 1980, paper K.

[10] Brown R J S. The earth's-field nml development at chevron. Concepts in Magnetic Resonance, 2001, 13 (6): 344-366.

[11] Cooper R K, Jackson J A. Remote (inside-out) NMR. I. Remote production of a region of hom-

ogeneous magnetic field. Journal of Magnetic Resonance, 1980, 41: 400-405.

[12] Burnett L J, Jackson J A. Remote (inside-out) NMR. II. Sensitivity of nmr detection for external samples. Journal of Magnetic Resonance, 1980, 41: 406-410.

[13] Jackson J A, Burnett L J, Harmon J F. Remote (inside-out) NMR. III. Detection of nuclear magnetic resonance in a remotely produced region of homogeneous magnetic field. Journal of Magnetic Resonance, 1980, 41: 411-421.

[14] Jackson J A, Brown J A, Crawford T R. Remote characterization of tight gas formations with a new NMR logging tool. SPE/DOE Low Permeability Gas Reservoirs Symposium, Denver, Colorado, 1981, SPE/DOE 9860-MS.

[15] Jackson J A, Cooper R K. Magnetic resonance apparatus: United States, 4350955. 1982.

[16] Jackson J A. Nuclear magnetic resonance well logging. The Log Analyst, 1984, 25 (5): 16-30.

[17] Taicher Z, Shtrikman S. Nuclear magnetic resonance sensing apparatus and techniques: United States, 4717878. 1988.

[18] Miller M N, Paltiel Z, Gillen M E, et al. Spin echo magnetic resonance logging: Porosity and free fluid index determination. SPE 65th Annual Technical Conference and Exhibition, New Orleans, LA, 1990, SPE 20561.

[19] Coates G R, Miller M, Gillen M, et al. The MRIL in conoco 33-1 an investigation of a new magnetic resonance imaging log. SPWLA 32nd Annual Logging Symposium, Midland, Texas, 1991, paper DD.

[20] Chandler R N, Drack E O, Miller M N, et al. Improved log quality with a dual-frequency pulsed NMR tool. SPE Annual Technical Conference and Exhibition, New Orleans, Louisiana, 1994, SPE 28365.

[21] Prammer M G, Drack E D, Bouton J C, et al. Measurements of clay-bound water and total porosity by magnetic resonance logging. The Log Analyst, 1996, 37 (6): 61-80.

[22] Prammer M G, Bouton J, Drack E D, et al. A new multiband generation of NMR logging tools. SPE Reservoir Evaluation & Engineering, 1998, 4 (1): 59-63, 69670-PA.

[23] Prammer MG, Akkurt R, Cherry R, et al. A new direction in wireline and LWD NMR. SPWLA 43rd Annual Logging Symposium, Oiso, Japan, 2002, paper DDD.

[24] Prammer M G. Numar (1991-2000). Concepts in Magnetic Resonance, 2001, 13 (6): 389-395.

[25] Kleinberg R L. NMR well logging at schlumberger. Concepts in Magnetic Resonance, 2001, 13 (6): 396-403.

[26] Kleinberg R L, Sezginer A, Griffin D D, et al. Novel NMR apparatus for investigating an external sample. Journal of Magnetic Resonance, 1992, 97: 466-485.

[27] Morriss C E, Macinnis J, Freedman R, et al. Field test of an experimental pulsed nuclear magnetism tool. SPWLA 34th Annual Logging Symposium, Calgary, Alberta, Canada, 1993, paper GGG.

[28] Freedman R, Boyd A, Gubelin G, et al. Measurement of total NMR porosity adds new value to NMR logging. SPWLA 38th Annual Logging Symposium, Houston, Texas, 1997, paper OO.

[29] Mckeon D, Minh C C, Freedman R, et al. An improved NMR tool design for faster logging. SPWLA 40th Annual Logging Symposium, Oslo, Norway, 1999, paper CC.

[30] Heaton N R, Freedman C, Karmonik, et al. Applications of a new-generation NMR wireline logging tool. SPE Annual Technical Conference and Exhibition, San Antonio, Texas, 2002, SPE 77400.

[31] Depavia L, Heaton N, Ayers D, et al. A next-generation wireline NMR logging tool. SPE Annual Technical Conference and Exhibition, Denver, Colorado, USA, 2003, SPE 84482.

[32] Kleinberg R L, Jackson J A. An introduction to the history of NMR well logging. Concepts in Magnetic Resonance, 2001, 13 (6): 340-411.

[33] Chen S, Beard D, Gillen M, et al. MR explorer log acquisition methods: Petrophysical-objective-oriented approaches. SPWLA 44th Annual Logging Symposium, Galveston, Texas, 2003, paper ZZ.

[34] Prammer M G, Goodman G, Menger S, et al. Field test of an experimental NMR LWD device. SPWLA 41st Annual Logging Symposium, Dallas, Texas, 2000, paper EEE.

[35] Drack E D, Prammer M G, Zannoni S, et al. Advances in LWD nuclear magnetic resonance. SPE Annual Technical Conference and Exhibition, New Orleans, Louisiana, 2001, SPE 71730-MS.

[36] Horkowitz J, Crary S, Ganesan K, et al. Applications of a new magnetic resonance logging-while-drilling tool in a gulf of mexico deepwater development project. SPWLA 43th Annual Logging Symposium, Oiso, Japan, 2002, paper EEE.

[37] Morley J, Heidler R, Horkowitz J, et al. Field testing of a new nuclear magnetic resonance logging-while-drilling tool. SPE Annual Technical Conference and Exhibition, San Antonio, Texas, 2002, SPE 77477.

[38] Heidler R, Morriss C, Hoshun R. Design and implementation of a new magnetic resonance tool for the while drilling environment. SPWLA 44th Annual Logging Symposium, Galveston, Texas, 2003, paper BBB.

[39] 肖立志. NMR 成像测井与岩石 NMR 及其应用. 北京：科学出版社, 1998.

[40] 肖立志. 我国 NMR 测井应用中的若干重要问题. 测井技术, 2007, 31 (5): 401-407.

[41] Coates G R, Xiao L, Prammer M G. NMR logging principles and applications. Houston: Halliburton Energy Services, 1999.

[42] Dunn KJ, Bergman D J, Latorraca G A. Nuclear magnetic resonance: Petrophysical and logging applications. New York: Pergamon, 2002.

[43] 邓克俊, 谢然红. NMR 测井理论及应用. 东营：中国石油大学出版社, 2010.

[44] 肖立志, 谢然红, 廖广志. 中国复杂油气藏 NMR 测井理论与方法. 北京：石油工业出版社, 2011.

[45] Kleinberg R L, Horsfield M A. Transverse relaxation processes in porous sedimentary

rock. Journal of Magnetic Resonance (1969), 1990, 88 (1): 9-19.

[46] Kleinberg R L, Farooqui S A, Horsfield M A. T_1/T_2 ratio and frequency dependence of NMR relaxation in porous sedimentary rocks. Journal of Colloid and Interface Science, 1993, 158 (1): 195-198.

[47] Kleinberg R L, Straley C, Kenyon W E, et al. Nuclear magnetic resonance of rocks: T_1 vs. T_2. SPE Annual Technical Conference and Exhibition, Houston, Texas, 1993, SPE 26470.

[48] Kleinberg R L, Kenyon W E, Mitra P P. Mechanism of NMR relaxation of fluids in rock. Journal of Magnetic Resonance, Series A, 1994, 108 (2): 206-214.

[49] Carr H Y, Purcell E M. Effects of diffusion on free precession in nuclear magnetic resonance experiments. Physical Review, 1954, 94 (3): 630-638.

[50] Meiboom S, Gill D. Modified spin-echo method for measurement of relaxation times. Review of Scientific Instruments, 1958, 29 (8): 688-691.

[51] Akkurt R, Vinegar H J, Tutunjian P N. NMR logging of natural gas reservoirs. SPWLA 36th Annual Logging Symposium, Paris, Frances, 1995, paper N.

[52] Prammer M G, Mardon D, Coates G R, et al. Lithology-independent gas detection by gradient-NMR logging. SPE Annual Technical Conference & Exhibition, Dallas, USA, 1995, SPE 30562.

[53] Akkurt R, Mardon D, Gardner J, et al. Enhanced diffusion: Expanding the range of NMR direct hydrocarbon-typing applications. SPWLA 39th Annual Logging Symposium, Keystone, Colorado, 1998, paper GG.

[54] Chen S, Georgi D, Olima O, et al. Estimation of hydrocarbon viscosity with multiple-te dual-TW MRIL logs. SPE Reservoir Evaluation & Engineering, 2000, 3 (6): 498-508.

[55] Flaum C, Kleinberg R L, Hurlimann M D. Identification of gas with the combinable magnetic resonance tool (CMR). SPWLA 37th Annual Logging Symposium, New Orleans, LA, 1996, paper L.

[56] Akkurt R, Moore M, Freedman J J. Impact of NMR in the development of a deepwater tuirbidite field. SPWLA 38th Annual Logging Symposium, Houston, Texas, 1997, paper SS.

[57] Chen S, Olima O, Gamin H, et al. Estimation of hydrocarbon viscosity with multiple te dual wait-time MRIL logs. SPE Annual Technical Conference and Exhibition, New Orleans, Louisiana, 1998, SPE 49009.

[58] Menger S, Prammer M G, Drack E D. Calculation of combined T_1 and T_2 spectra from NMR logging data. SPWLA 40th Annual Logging Symposium, Oslo, Norway, 1999, paper LLL.

[59] Looyestijn W J. Determination of oil saturation from diffusion NMR logs. SPWLA 37th Annual Logging Symposium, New Orleans, LA, 1996, paper SS.

[60] Slijkerman W F J, Looyestijn W J, Hofstra P, et al. Processing of multi-acquisition NMR data. SPE Reservoir Evaluation & Engineering, 2000, 3 (6): 492-497.

[61] Freedman R, Sezginer A, Flaum M, et al. A new NMR method of fluid characterization in reservoir rocks: Experimental confirmation and simulation results. SPE Annual Technical

Conference and Exhibition, Dallas, Texas, 2000, SPE 63214.

[62] Fang S, Chen S, Raj T, et al. Quantification of hydrocarbon saturation in carbonate formations using simultaneous inversion of multiple NMR echo trains. SPE Annual Technical Conference and Exhibition, Houston, Texas, 2004, SPE 90569.

[63] Sun B, Dunn KJ. Methods and limitations of NMR data inversion for fluid typing. Journal of Magnetic Resonance, 2004, 169: 118-128.

[64] Song YQ, Venkataramanan L, Hurlimann M D, et al. T_1-T_2 correlation spectra obtained using a fast two-dimensional laplace inversion. Journal of Magnetic Resonance, 2002, 154 (2): 261-268.

[65] Hurlimann M D, Venkataramanan L. Quantitative measurement of two-dimensional distribution functions of diffusion and relaxation in grossly inhomogeneous fields. Journal of Magnetic Resonance, 2002, 157 (1): 31-42.

[66] Sun B, Dunn KJ. Probing the internal field gradients of porous media. Physical Review E, 2002, 65: 051309.

[67] Minh C C, Heaton N J, Ramamoorthy R, et al. Planning and interpreting NMR fluid-characterization logs. SPE Annual Technical Conference and Exhibition, Denver, Colorado, 2003, SPE 84478.

[68] Heaton N J, Minh C C, Kovats J, et al. Saturation and viscosity from multidimensional nuclear magnetic resonance logging. SPE Annual Technical Conference and Exhibition, Houston, Texas, 2004, SPE 90564.

[69] Sun B, Dunn KJ, Bilodeau B J, et al. Two-dimensional NMR logging and field test results. SPWLA 45th Annual Logging Symposium, noordwijk, Netherlands, 2004, paper KK.

[70] Sun B, Dunn KJ. A global inversion method for multi-dimensional NMR logging. Journal of Magnetic Resonance, 2005, 172 (1): 152-160.

[71] Hursan G, Chen S, Murphy E. New NMR two-dimensional inversion of T_1/T_{2app} vs. T_{2app} method for gas well petrophysical interpretation. SPWLA 46th Annual Logging Symposium, New Orileans, Louisiana, 2005, paper GGG.

[72] Heaton N J, Bachman H N, Minh C C, et al. 4D NMR -applications of the radial dimension in magnetic resonance logging. SPWLA 48th Annual Logging Symposium, Austin, Texas, 2007, paper P.

[73] Hurlimann M D, Freed D E, Zielinski L J, et al. Hydrocarbon composition from NMR diffusion and relaxation data. SPWLA 49th Annual Logging Symposium, Edinburgh, Scotland, 2008, paper U.

[74] Mutina a R, Hurlimann M D. Correlation of transverse and rotational diffusion coefficient: A probe of chemical composition in hydrocarbon oils. The Journal of Physical Chemistry A, 2008, 112 (15): 3291-3301.

[75] 谢然红, 肖立志. (T_2, D) 二维 NMR 测井识别储层流体的方法. 地球物理学报, 2009, 52 (9): 2410-2418.

[76] 谢然红，肖立志，邓克俊，等．二维 NMR 测井．测井技术，2005，29（5）：430-434.

[77] 谢然红．陆相油气藏 NMR 测井应用基础与二维方法研究．北京：中国石油大学博士学位论文，2008.

[78] 廖广志，肖立志，谢然红，等．内部磁场梯度对火山岩 NMR 特性的影响及其探测方法．中国石油大学学报：自然科学版，2009，33（5）：56-60.

[79] 谢然红，肖立志．NMR 测井探测岩石内部磁场梯度的方法．地球物理学报，2009，52（5）：1341-1347.

[80] 谢然红，肖立志，刘家军，等．NMR 多回波串联合反演方法．地球物理学报，2009，52（11）：2913-2919.

[81] 谢然红，肖立志，陆大卫．识别储层流体的（T_2，T_1）二维 NMR 方法．测井技术，2009，33（1）：26-31.

[82] 谭茂金，邹友龙．（T_2，D）二维 NMR 测井混合反演方法与参数影响分析．地球物理学报，2012，55（2）：683-692.

[83] 李鹏举．NMRT_2谱反演及流体识别评价方法研究．大庆：东北石油大学博士学位论文，2010.

[84] 赵烈加．二维 NMR 特性的室内研究．廊坊：中国科学院硕士学位论文，2008.

[85] 肖立志，柴细元，孙宝喜，等．NMR 测井资料解释与应用导论．北京：石油工业出版社，2001.

[86] Minh C C, Caroli E, Sundararaman P. Estimation of variable fluids mixture density with 4D NMR logging. SPE Annual Technical Conference and Exhibition, Anaheim, California, 2007, SPE 109051.

[87] 江玉龙，王祝文，伍东．P 型核磁解释处理方法．吉林大学学报（地球科学版），2008，38（3）：508-513.

[88] 江玉龙．P 型核磁测井解释处理方法研究．长春：吉林大学博士学位论文，2009.

[89] 马铃华，杨劲松，李传伟，等．Eclips5700 测井系统 XTF 文件格式分析．测井技术，2001，25（3）：225-230.

[90] 李河，王祝文，李舟波，等．地球物理测井数据格式及面向对象的数据读取．物探与化探，2005，29（2）：174-178.

[91] 李忠新．MREX 核磁测井数据处理方法研究．东营：中国石油大学硕士学位论文，2011.

[92] API. Recommended digital log interchange standard（DLIS），version 1. 00. 1991.

[93] Chen S, Hursan G, Beard D, et al. GTE correction for processing multigradient, multiple-NMR log data. SPE Annual Technical Conference and Exhibition, Denver, Colorado, 2003, 84481-MS.

[94] Mardon D, Prammer M G, Taicher Z, et al. Improved environmental corrections for MRIL pulsed NMR logs run in high- salinity boreholes. SPWLA 36th Annual Logging Symposium, 1995, paper DD.

[95] 王会平．P 型核磁测井仪操作手册（内部材料）．北京，2005.

[96] Hu H, Xiao L, Wu X. Corrections for downhole NMR logging. Petroleum Science, 2012, 9（1）：46-52.

[97] Hurlimann M D, Griffin D D. Spin dynamics of carr-purcell-meiboom-gill-like sequences in

grossly inhomogeneous B_0 and B_1 fields and application to NMR well logging. Journal of Magnetic Resonance, 2000, 143 (1): 120-135.

[98] 王筱文, 肖立志, 谢然红, 等. 中国陆相地层 NMR 孔隙度研究. 中国科学（G 辑）物理学 力学 天文学, 2006, 36 (4): 366-374.

[99] 谢然红, 肖立志, 邓克俊. NMR 测井孔隙度观测模式与处理方法研究. 地球物理学报, 2006, 49 (5): 1567-1572.

[100] 鲜于德清, 傅少庆, 谢然红. NMR 测井束缚水模型研究. 核电子学与探测技术, 2007, 27 (3): 578-582.

[101] Coates G, Peveraro R, Hardwick A, et al. The magnetic resonance imaging log characterized by comparison with petrophysical properties and laboratory core data. SPE Annual Technical Conference and Exhibition, 1991, SPE 22723.

[102] Kenyon W E, Day P I, Straley C, et al. A three-part study of NMR longitudinal relaxation properties of water-saturated sandstones. SPE formation evaluation, 1988, 3 (3): 622-636.

[103] 胡振平, 王昌德, 王本奇. 测井数据格式转换系统. 测井技术, 2005, 29 (4): 368-370.

[104] 马勇光. 测井数据格式解编框架设计及应用该框架实现 LAS 数据格式解编. 长春: 吉林大学硕士学位论文, 2008.

[105] Freedman R. Method and apparatus for compressing data produced from a well tool in a wellbore prior to transmitting the compressed data uphole to a surface apparatus: USA, 1995.

[106] Dunn KJ, Latorraca G A. The inversion of NMR log data sets with different measurement errors. Journal of Magnetic Resonance, 1999, 140: 153-161.

[107] Venkataramanan L, Song YQ, Hurlimann M D. Solving fredholm integrals of the first kind with tensor product structure in 2 and 2.5 dimensions. IEEE Transactions on Signal Processing, 2002, 50 (5): 1017-1026.

[108] Sanders J, Kandrot E. CUDA by example: An introduction to general-purpose GPU programming. Addison-Wesley Professional, 2010.

[109] The Mathworks. Matlab 7 programming. The MathWorks, 2004.

[110] 施晓红, 周佳. 精通 GUI 图形界面编程. 北京: 北京大学出版社, 2003.

[111] 飞思科技产品研发中心. MATLAB 6.5 应用接口编程. 北京: 电子工业出版社, 2003.

[112] Marchand P, Holland O T. Graphics and GUIs with MATLAB 3rd. A CRC Press Company, 2003.

[113] 张志涌. 精通 MATLAB 6.5. 北京: 北京航空航天出版社, 2002.

[114] 网冠科技. MATLAB 6.0 时尚创作百例. 北京: 机械工业出版社, 2002.

[115] 刘志俭. MATLAB 应用程序接口用户指南. 北京: 科学出版社, 2000.

[116] Lo SW, Hirasaki G, House W, et al. Correlations of NMR relaxation time with viscosity, diffusivity, and gas/oil ratio of methane/hydrocarbon mixtures. SPE Annual Technical Conference and Exhibition, Dallas, Texas, 2000, SPE 63217.

[117] Lo SW. Correlations of NMR relaxation time with viscosity/temperature, diffusion coefficient and gas/oil ration of methane-hydrocarbon mixtures. Houston: Rice University. Doctor of Philosophy, 1999.

[118] Kleinberg R L, Vinegar H J. NMR properties of reservoir fluids. Log Analyst, 1996, 37: 20-32.

[119] Zhang G Q, Hirasaki G J, House W V. Diffusion in internal field gradients. SCA, 1998, SCA-9823.

[120] Hurlimann M D. Effective gradients in porous media due to susceptibility differences. Journal of Magnetic Resonance, 1998, 131 (2): 232-240.

[121] Shafer J, Mardon D, Gardner J. Diffusion effects on NMR response of oil & water in rock: Impact of internal gradients. SCA, 1999, SCA-9916.

[122] Mitchell J, Chandrasekera T C, Gladden L F. Obtaining true transverse relaxation time distributions in high-field NMR measurements of saturated porous media: Removing the influence of internal gradients. The Journal of Chemical Physics, 2010, 132: 244705.

[123] Seland J G, Washburn K E, Anthonsen H W, et al. Correlations between diffusion, internal magnetic field gradients, and transverse relaxation in porous systems containing oil and water. Physical Review E, 2004, 70 (5): 051305.

[124] Seland J G, Sørland G H, Anthonsen H W, et al. Combining PFG and CPMG NMR measurements for separate characterization of oil and water simultaneously present in a heterogeneous system. Applied Magnetic Resonance, 2003, 24 (1): 41-53.

[125] Arns C H, Washburn K E, Callaghan P T. Multidimensional inverse laplace NMR spectroscopy in petrophysics. SPWLA 47th Annual Logging Symposium, Veracruz, Mexico, 2006, paper X.

[126] Washburn K E, Madelin G. Imaging of multiphase fluid saturation within a porous material via sodium NMR. Journal of Magnetic Resonance, 2010, 202 (1): 122-126.

[127] Prammer M G. NMR pore size distributions and permeability at the well site. the SPE 69th Annual Technical Conference and Exhibition, New Orleans, LA, 1994, SPE 28368.

[128] Butler J P, Reeds J A, Dawson S V. Estimating solutions of first kind integral equations with nonnegative constraints and optimal smoothing. SIAM Journal on Numerical Analysis, 1981, 18 (3): 381-397.

[129] Sun B. In situ fluid typing and quantification with 1D and 2D NMR logging. Magnetic Resonance Imaging, 2007, 25 (4): 521-524.

[130] Zhang G Q, Hirasaki G J, House W V. Internal field gradients in porous media. Petrophysics, 2003, 44 (6): 422-434.

第四部分　降　　噪

第 21 章　降 噪 概 述

21.1　NMR 信 噪 比

信噪比是 NMR 仪器的关键问题之一。提高 NMR 信噪比的方法有三种：

①增加磁场强度和敏感区域体积来提高信号强度[33-37]；②用极化转移等方法增强信号强度[38-42]；③根据 NMR 信号特点，通过降噪来抑制噪声。本章将探讨利用数字信号处理方法压制噪声，从而提高信噪比。

NMR 信号的大小与探测区域内原子核的数量有关。根据 Curie 定律，磁化矢量的大小与单位体积内核自旋的数量、磁场强度等因素成正比。极端环境 NMR 仪器磁场强度低，敏感区域小，单边测量，NMR 信号非常微弱，信噪比很低。

噪声对 NMR 应用产生不利影响。在化学分析方面，由于噪声在频谱上呈随机分布，如果信号的幅度很小，在频谱上很难将目标化学组分与噪声分离出来；在医学方面，噪声会影响目标区域的成像质量，干扰医师对病体的判断；在油气探测方面，低信噪比的 NMR 数据导致反演的横向弛豫时间和纵向弛豫时间的不准确，引起孔隙度、渗透率等岩石物理信息及流体识别的不可靠。

井下 NMR 探测得到的回波信号，经多指数反演成 T_2 分布，继而估算孔隙度、孔喉半径、束缚水体积等岩石物理信息。常用的反演方法有：基于奇异值分解的 SVD[43]、正则化最优参数选取的 BRD[44]、修正误差向量的 SIRT[45]、基于 BG 理论[46] 的方法等。反演算法对测量数据的信噪比有依赖性。廖广志等[47]研究了反演算法对信噪比的稳定区间的要求，认为 SVD 和 SIRT 反演算法要求 SNR > 40，BRD 反演算法要求 SNR > 30。然而，井下 NMR 信噪比通常在 20 以下，反演方法受到挑战。

对于低孔致密地层和页岩气等非常规能源储层，孔隙中氢原子核总数更少，信号幅度更小，对 NMR 微弱信号提取及噪声抑制，提出更高的要求。

为了有效地抑制噪声，首先要弄清 NMR 噪声的来源及特点。

噪声是一种无处不在、无时不有的随机变量，其频率、幅度、相位随时间变化，很难用一个明确的解析函数来定义。

噪声可以用概率密度函数、数学期望、方差、均方值、相关函数、功率谱密度函数等统计方法来描述。电路中的噪声一般是平稳随机过程，具有各态遍历性质[48-49]，其均值可以用时间平均的方法计算；噪声方差用于描述噪声的起伏程度；均方值用于描述随机噪声的功率；功率谱密度反映的是噪声功率在不同频率下的分布。

两种常用于描述噪声的概率密度函数为高斯分布和均匀分布。如果噪声为多个相互独立的噪声源的叠加，则可以认为该噪声属于高斯分布；而对于 ADC（analog to digital converter）器件将模拟信号转化为数字信号过程中产生的量化误差可以认为是均匀分布的噪声。

根据噪声的来源，可以将噪声分为外界环境噪声和 NMR 仪器产生的噪声。外界环境噪声包括电磁辐射干扰、磁场耦合等；仪器产生的噪声主要为电子元器件产生的热噪声、爆裂噪声等。

井下 NMR 探测干扰噪声的种类繁多，可能是电噪声，也可能是机械起源的噪声，还有随温度变化导致的热电势噪声、电化学噪声等。探头不仅会接收来自被探测地层的氢核进动信号，还会接收到电磁辐射噪声；另外，磁体会形成磁场耦合干扰；仪器运动过程中会产生电噪声；电压源产生的工频干扰，如电子线路的电阻热噪声、散弹噪声、$1/f$ 噪声、爆裂噪声、地电位差噪声、ADC 产生的量化噪声等。各种噪声叠加在幅度微弱的 NMR 信号中，使得采集到的 NMR 信号信噪比很低，噪声来源如图 21.1 所示。

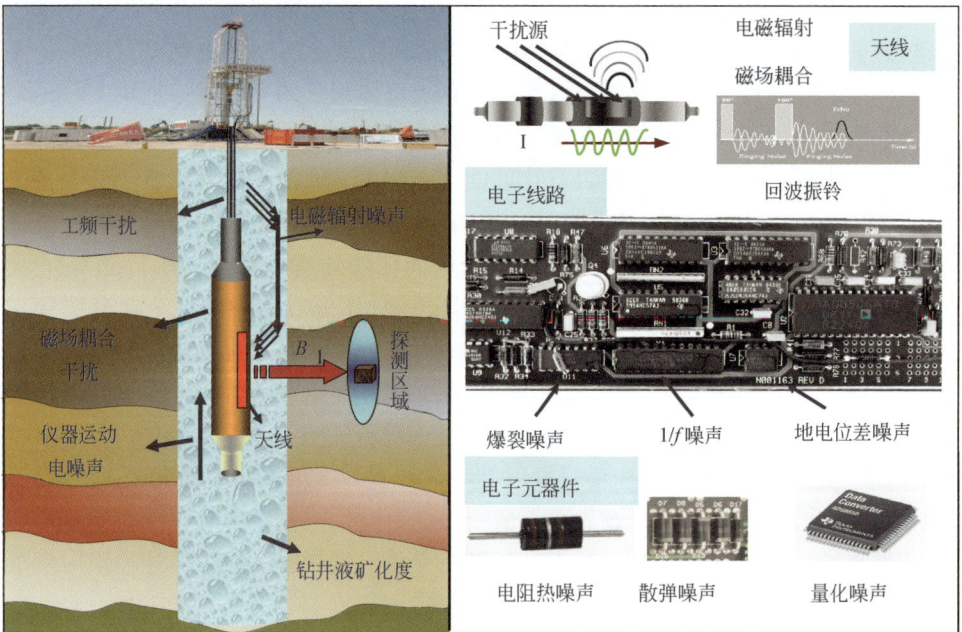

图 21.1　井下 NMR 噪声来源

井下 NMR 探测过程中的噪声来源大致可分为三类，第一类是来自天线检测到的外界干扰，第二类是振荡的电流经过天线时产生的噪声，第三类是仪器电子元器件产生的噪声。由天线检测到的噪声主要有以下两类。

（1）电磁辐射噪声：其他干扰源发出的电磁波被 NMR 天线接收到，其幅度与干扰源的电磁波频率相关，频率越高，噪声幅度越大。假设辐射源与天线的距离是 r，与天线的夹角是 θ，则电磁辐射的强度 V_{ra} 为

$$V_{ra} = \left[\pi\mu_0^{3/2}\varepsilon_0^{1/2}ISf^2\sin\left(\theta\right) \right] /r \tag{21.1}$$

式中，μ_0 和 ε_0 分别为传播介质的磁导率和介电常数；I 为交变电流的强度；S 为天线围成的面积；f 为电流的频率。

（2）NMR 仪器运动引起的电噪声：由于仪器是在高温高压的井眼中运动测量，天线与泥浆发生摩擦从而产生摩擦电效应；另外，由于 NMR 探头的永磁体在地层中产生了静磁场，当仪器运动时，天线切割静磁场从而产生电动势。长度为 L 的天线在磁场强度为 B_0 的磁场中运动，运动速度为 v，与磁场夹角为 θ，所产生的电噪声强度 V_{el} 为：

$$V_{el} = vLB_0\sin\left(\theta\right) \tag{21.2}$$

振荡的电流经过天线时产生的噪声主要有以下两类。

（1）磁场耦合干扰：当 NMR 探头有多个天线时，振荡电流经过不同的天线会产生不同的电磁场，而磁通量的变化使得不同的天线之间产生互感电动势。假设探头有长度为 L、间距为 d_s 的 2 条天线，天线 2 产生的互感耦合 V_{emf} 为

$$V_{emf} = 2\pi fHI_1 \tag{21.3}$$

$$H = \mu_0 L \left[\ln\left(2L/d_s\right) -1 \right] /2\pi \tag{21.4}$$

式中，μ_0 为传播介质的磁导率；H 为天线 2 产生的互感；I_1 和 f 分别为天线 1 的电流及频率。

（2）振铃：当射频电流经过天线时，金属表面会产生感应电流，与金属晶格相互作用时产生洛伦兹磁力，从而形成超声波。耦合的超声波传播进金属内形成震荡波。根据能量转换原理，震荡波的能量将稳定的静磁场变成一个震荡的磁场，被天线检测到后形成振铃[50-51]。天线所产生的振铃的强度 V_{ring} 为

$$V_{ring} = kB_0^2/ \left[\rho V_s\left(1+\alpha^2\right) \right] \tag{21.5}$$

$$\alpha^2 = 2.5\times10^{13} \left(R^2/V_s^4\right) f^2 \tag{21.6}$$

式中，k 为比例系数；B_0 为静磁场强度；ρ 为质量密度；V_s 为横波在介质中的传播速度；R 为介质的电阻率；f 为射频频率。

井下 NMR 探测仪的电子元器件形成的噪声有以下五类。

（1）电阻热噪声：电阻中电子的随机热运动，导致电阻两端电荷的瞬时堆积，形成热噪声电压，该电压正比于电阻值 R 和带宽 B 的平方根；热噪声电压还

与温度有关。为了降低热噪声幅度，必要时可以使前置放大电路工作于极低温度。在工程应用中，为了限制频带宽度，有时需要在电阻两端连接电容，电阻两端引线之间存在的分布电容也会产生热噪声。所以实际电阻热噪声输出电压的频带宽度是有限的[48,52,53]。通常，电阻产生的噪声 V_R 为

$$V_R = \sqrt{4kTRB_n} \tag{21.7}$$

式中，k 为玻尔兹曼常量；T 为电阻的绝对温度；R 为电阻的阻值；B_n 为等效噪声的带宽。

（2）散弹噪声：主要由于电子或空穴的随机发射导致流过势垒的电流在其平均值附近随机起伏。为了减小散弹噪声的影响，流过 PN 结的平均直流电流应该越小越好，这对于前置放大器尤其重要[48,52,53]。散弹噪声的电流 I_{sh} 为

$$I_{sh} = \sqrt{2qI_{dc}B_n} \tag{21.8}$$

式中，q 为电子电荷；I_{dc} 为平均直流电流；B_n 为等效噪声的带宽。

（3）$1/f$ 噪声：主要由两种导体的接触点电导的随机涨落而引起，又称为接触噪声（或闪烁噪声）。该种噪声的功率谱密度与信号频率成反比，频率越低，噪声幅度可能越大，此时 $1/f$ 噪声又称低频噪声，该噪声在 NMR 测井信号中具有较高的幅度。当频率高于某一数值时，与白噪声相比，$1/f$ 噪声可以忽略。在碳电阻中，电流必须流过许多碳粒之间的接触点，其 $1/f$ 噪声很严重。金属膜电阻的 $1/f$ 噪声要轻微得多，最好的是金属丝线绕电阻。$1/f$ 噪声服从高斯分布，其功率谱密度函数 $P_t(f)$ 为[48,52,53]

$$P_t(f) = A_f I_{dc}^2 / f \tag{21.9}$$

式中，A_f 为接触面材料的几何形状系数；I_{dc} 是平均直流电流；f 为频率。

（4）爆裂噪声：主要由半导体材料中的杂质引起，这些杂质能随机发射或捕获载流子。爆裂噪声的幅度取决于半导体制作工艺和材料中金属杂质的数量。爆裂噪声通常由一系列宽度不同、幅度基本相同的随机电流脉冲组成。脉冲的宽度在 1 μs ~ 0.1 s 量级，脉冲幅度在 0.01 ~ 0.001 μA 量级。爆裂噪声属于电流型噪声，其功率谱密度函数 $P_b(f)$ 为[48,52,53]

$$P_b(f) = A_b I_b / [1 + (f/f_0)^2] \tag{21.10}$$

式中，A_b 取决于半导体材料的杂质情况；I_b 为平均直流电流；f 为频率；f_0 为转折频率。

（5）量化误差：量化误差是指被量化后的数字信号与量化前模拟信号的差值，量化误差的大小与选用的 ADC 器件有关，ADC 的位数越多，量化的误差越小。

各种噪声与测量到的幅度微弱的 NMR 信号相叠加，使得 NMR 测井的信噪比通常较低，影响了储层的准确判断。因此，需要采用一些适用于 NMR 测井的降

噪方法对测量数据进行降噪,抑制噪声的影响,提高测量数据的信噪比,为储层解释和评价提供更准确的信息。

常用降噪方法

对于 NMR 测井信号的降噪处理,一方面,需要增大探测区域、优化探测器设计、选用高精度的电子元器件等方法提高信号的强度;另一方面,需要改进电子线路的设计,尽可能减小电路噪声,采用硬件和软件实现适用于 NMR 信号特点的降噪方法,抑制噪声对回波信号的干扰。

一般而言,信号和噪声是不相关的,而不同来源的噪声也互不相关,利用相关性可以将信号和噪声有效分离。因此,噪声的估计对于 NMR 信号质量的评估、滤波器的设计、信号的降噪处理等都具有重要的意义。目前,通常认为叠加在 NMR 测井信号中的噪声服从均值为 0,方差为 σ_n 的 Gauss 噪声,或者认为噪声服从于 χ^2 分布特征,而 Rician 分布是 χ^2 分布的一种特例。

Aja-Fernandez 等[54]详细给出了基于局部矩分布的噪声方差的估计器,通过计算居中 χ^2 分布的局部矩估计噪声,该方法不需要 NMR 自旋系统的先验知识,具有更小的方差和更好的无偏估计。

Schlagnitweit 等[55]在固态样品的 ^{1}H-MAS 实验中观测各种来源的噪声。在不实施射频激励时,通过调节电路的参数,可以对实验中的噪声进行测量并进行统计分析,从而优化 NMR 采集参数,得到较高信噪比的测量数据。

Grage 等[56]采用联合正态分布、自相关函数、互相关函数等多种统计参数分析了 NMR 自旋回波正交检测后的噪声。认为经过采样后的 NMR 噪声并不是严格的高斯白噪声,噪声也存在指数衰减特性,噪声特性与采样频率、滤波器结构及滤波器的截止频率相关。

Giraudeau 等[57]系统分析了动态核极化增强(dynamic nuclear polarization,DNP)方法中 NMR 自旋系统吸收的电路热噪声和核自旋噪声,认为该方法尽管能有效提高测量信号的信噪比,也增大了噪声幅度,这两种噪声使得磁化矢量发生波动,进而产生谱线展宽和频率漂移。

最常用的提高 NMR 信噪比的方法是对多次测量的结果进行累加。对于实验室岩心测量,累加是对样品多次测量的结果累加平均,信噪比的提高与累加次数的平方根成正比;而在井下 NMR 探测中,是对不同深度点的多道回波串数据进行累加平均。这种方法使得信噪比与纵向分辨率相矛盾,而且累加比较耗时,增加了测井成本。

另外,在 NMR 测井仪中常使用的前置放大器、模拟/数字滤波器对噪声的抑制也起着至关重要的作用。

前置放大器对于天线接收到的 NMR 信号有一定的噪声抑制性能。前置放大器主要用于放大线圈探测到的微弱 NMR 信号，使放大后的信号能达到电子元器件所需的电压幅度。由于信号不可避免地要被自然噪声和其他干扰污染，且在传输的过程中信号强度要发生衰减，到达接收端时可能已经相当微弱，所以要求前置放大器必须在工作频段上具有良好的噪声特性。从而要求信号发送端信噪比尽可能高、接收机本身的噪声尽可能低，才能保证线圈检测到的 NMR 信号的质量。

由于磁场强度低，对应的射频频率也较低，为了尽可能无损地放大线圈探测到的信号，要求前置放大器的内部电路噪声要低，输入阻抗要高，输出阻抗要低。另外，在温度等其他因素发生变化的时候还需要很好的稳定性，从而保证前级放大的输出失真小。因此，前置放大器的设计和噪声的抑制性能显得非常重要。

在 NMR 的不同应用领域，前置放大器的设计指标也不同。Cherifi 等[58]提出了基于第二代电流传输器的 CMOS 前置放大器设计，并应用于微线圈谱仪。其输出级采用 50 Ω 阻抗匹配，通过优化前放参数（带宽、噪声、偏置电压等），电压增益达到 15 dB，带宽为 100 MHz。该前放主要分为共振电路和阻抗匹配电路，在准确的频率调制时不会引起输出阻抗的变化。Dieter 等[59]采用变压器和场效应晶体管构建了一个 NMR 的低噪前置放大器。该前置放大器可以在任何输入阻抗条件下运行，在 50 Ω 或 75 Ω 情况下具有最好的性能。前级变压器的输出电流相位不发生变化，只改变输出信号的电流强度。前级变压器的输入阻抗可以根据欧姆法则选取，次级输出的幅度根据线圈匝数比而调整。

前放产生的噪声随着源阻抗和射频频率的变化而变化。为了测量前放的噪声，需要在固定的频率下测量不同源阻抗时噪声的变化。Nordmeyer- Massner 等[60]设计了一种集总元件用于测量不同前放的噪声特性，从而能更好地调节前放参数，采集到更高信噪比的 NMR 数据。

在 20 世纪早期，模拟滤波器广泛应用于 NMR 谱仪中，主要由集总参数或分布参数的电感、电容和电阻组成的网络构成，用于把叠加在 NMR 信号上的噪声分离出来。用无损耗的电抗元件构成的滤波器能阻止噪声通过，并把它反射回信号线；用有损元件构成的滤波器能吸收掉不期望的频率成分。设计模拟滤波器时必须注意电容、电感等元器件的寄生特性，以避免滤波特性偏离期望值。模拟滤波器对抑制感性负载瞬变噪声有很好的效果，电源输入端接入滤波器后能降低来自电缆的电磁干扰[48]。在滤波电路中，还采用很多专用的滤波元件，如穿心电容器、三端电容器、铁氧体磁环等，能够改善电路的滤波特性。模拟滤波器是电路抗干扰、抑制噪声的重要组成部分。

Redfield 等[61]采用 RC 电路构成双输入/双输出的高通滤波器，其截止频率为零，滤波处理时间约为 0.5 ms，NMR 信号的动态范围可增长 4 倍。当选用频率漂移模式时，RC 高通滤波器变为调制频率为 5.06 kHz 的正交反馈陷波器。

随着数字器件的发展，数字滤波器广泛应用于 NMR 谱仪中，已成为 NMR 谱仪不可或缺的降噪工具。经典的数字滤波器设计方法可分为 FIR 和 IIR 滤波器设计。FIR 滤波器不仅能实现稳定的系统输出，而且在满足幅频响应要求的同时，可以获得严格的线性相位特性，因此在 NMR 谱仪的设计中常选用 FIR 滤波器。

Hoenninger 等[62]设计了应用于多频 NMR 谱仪的数字低通滤波器。多组低通滤波器系数保存在 SRAM（static random access memory）中，当 MRI 系统运行在多个频率时可以迅速改变滤波器系数（选择时间低于 100 μs），从而节约了计算滤波器系数的时间。应用 SQUID 探头进行了 MRI 实验，可实时采集信噪比较高的 MRI 数据。

Lou[63]利用反馈式高通滤波器滤除 MRI 回波包络中的调制信号，将初次滤波后的信号与参考信号进行比较，从而得到带噪信号中的瞬态尖峰噪声，再将噪声反馈给原 MRI 回波包络，从而提取出有用的 MRI 信号。

Edwards[64]提出了时间依赖滤波方法，利用滤波器宽度正比于时间的矩形窗口平均来实现滤波处理，噪声功率谱可以衰减 4 倍。

为了补偿因涡流效应引起的梯度磁场漂移，Schneider 等[65]在 DSP 中设计了数字自动预增强（automatic digital preemphasis），将 IIR 滤波器的频率响应函数传输给预增强系统，从而增强动态 NMR 磁场的精确度。

FIR 或 IIR 滤波器的设计需要基于自旋回波系统的先验知识，当干扰因素较多、频率发生偏移时，滤波性能会受到影响，而且常常会导致回波信号相位发生扭曲。

Lendi 等[66]为了补偿滤波器结构造成的组延迟，在不同的时间取不同的滤波器输出结果，最后将滤波结果送入计算机，经过 RV 处理后重构成新的信号，信噪比得到了有效提高，还避免了滤波器组延迟造成的相位漂移。

预滤波（prefiltering）方法不仅可以减小噪声，而且可以抑制滤波器通带外不期望的信号，适合于低信噪比 NMR 信号的参数估计。Vanhuffel[67]通过 FIR 或 IIR 滤波器重构满秩的平方滤波器矩阵，应用 HTLS（hankel total least squares）算法进行参数估计。Chen[68-69]等采用 HTLS-PK（hankel total least squares- prior knowledge）的预滤波方法实现了 NMR 信号处理中的 FIR 和 IIR 滤波器，在 k 空间内对编码后的数据采用奇异值分解，舍弃一些没有意义的奇异值，重构后的信号能抑制噪声，增强 NMR 信号的信噪比。

21.2　相关降噪方法

近年来，随着数字信号处理技术的发展进步，一些先进的降噪方法（自适应滤波、最大熵信号处理、小波变换、主分量分析等）已广泛应用于 NMR 信号的处理中，取得了很好的效果。各种方法均有各自的特点和适用条件，以下将重点介绍与本书相关的几种降噪方法。

1. 自适应滤波

自适应滤波方法在近年内广泛应用于弱信号检测和降噪处理。该方法采用 FIR 或 IIR 滤波器结构，滤波器系数并不是固定的，而是根据自适应算法计算输入信号与自适应滤波器输出的误差从而迭代更新滤波器的系数。当自适应算法收敛时，滤波器的性能达到最优，从而抑制混叠在信号中的噪声，提高信号的信噪比。然而，自适应算法的收敛速度和失调误差是一对矛盾，较多的研究集中在如何提高算法收敛速度的同时减小失调误差。

自适应滤波器由于其滤波器系数可变、设计简单灵活、降噪性能优越等特点已经在 NMR 信号处理中得到广泛应用。

Koehl[70] 总结了自适应滤波的线性预测形式在 NMR 中的应用，针对不同模型，对自适应滤波在 NMR 信号处理中的降噪、信号预测、谱线分析等方面的应用进行了分析和讨论。

Cochrane 等[71-72] 提出了自适应信号平均方法来减少连续波磁共振成像时间。采用基于 EWRLS（exponentially weighted recursive least squares）算法的自适应线性预测方法，将单次扫描后输出的滤波器系数乘以因子 11.3，能够减少每个通道中的噪声方差，能够应用于任何连续波 NMR 成像实验的噪声抑制，减少累加次数，节约实验时间。

Pajevic 等[73] 利用噪声和信号的自相关特性，选取最优的延迟时间检测 FID（free induction decay）信号，通过调整 ALE（adaptive line enhancement）方法的参数，得到最快的收敛速度和最好的降噪效果。经过 ALE 方法降噪后，增强了 NMR 信号的信噪比，能得到准确的 NMR 峰值幅度和高品质的谱线。

Asfour 等[74] 采用基于 LMS（least mean square）算法的截断离散 Volterra 序列和迭代非线性微分方程对 NMR 信号进行模拟分析，用于优化 NMR 信号检测方法和噪声抑制。截断离散 Volterra 序列用于描述激励和系统响应的非线性关系，该序列的一阶、二阶和三阶核通过 LMS 算法估计。LMS 算法能更快地估计迭代非线性微分方程的解。

Razazian 等[75]将基于 Anti-Hebbian 算法的自适应谱线增强器移植在 DSP 芯片（TMS320C30）中，算法收敛速度更快，可对测量的 FID 信号进行实时监控，经过自适应滤波后的实时 FID 信号稳定可靠，信噪比更高。

非线性扩散滤波器（nonlinear diffusion filtering）广泛应用于 NMR 信号增强中。Samsonov 等[76]根据原始测量数据的不同噪声水平自适应调整非线性扩散滤波器参数，与常用的滤波方法相比，具有更好的滤波性能，能更有效地提高 NMR 信噪比。

2. 数字相敏检测

由 NMR 测井仪探头检测到的自旋回波信号幅度通常只有几十纳伏，属于微弱信号的范畴。基于微弱信号检测的方法有很多种，而目前在 NMR 谱仪或 NMR 测井仪应用较多的是数字相敏检测（digital phase sensitivity detection，DPSD）。该方法是一种非常成熟的弱信号检测方法，本节将简单介绍 DPSD 方法在近年来的发展。

Li 等[77]提出一种数字正交检测（digital quadrature detection，DQD）方法，与常用的模拟相敏检波、正交检测方法相比，更能准确地检测 NMR 自旋回波幅度信息，得到分辨率更高的谱线，而且该方法还克服了双通道引起的谱线扭曲等缺点。

Lascos 等[78]在 FPGA 采集板中实现了 DPSD 方法，通过 FPGA 增强了 DPSD 的检波性能，可对多频的模拟信号同步解调，相位分辨率可小于 0.001°。该采集板具有动态的频率追踪性能，增强了 DPSD 方法的检波性能。

Tseitlin 等[79]使用 DPSD 替代淘汰的电子顺磁共振（continuous-wave electron paramagnetic resonance，CW EPR）谱仪中的模拟相敏检波电路，主要用于 NMR 信号的解调。在 DPSD 的前端使用滤波器滤除不期望的信号，再通过 ADC 转换为数字信号送入 DPSD 检波。

Nemoto[80]设计了变频的 DPSD 方法。与传统方法不同的是，该方法采用锁相探测方法，参考信号的频率在一带宽范围内不断改变，然后将不同参考频率的检波信号存储后累加平均，得到信噪比较高的 NMR 数据。

Baldrighi P 等[81]在 NMR 数字接收机的 FPGA 内实现了 DPSD 方法，减少了外围的模拟电路，大部分功能采用数字器件实现，接收机增益达到 60 dB。

在 NMR 测井仪的回波信号检测电路中，DPSD 发挥着重要的幅度和相位检测作用。Xiao 等[82]设计了 NMR 测井仪，其信号采集电路由 DSP 和 FPGA 构成，将 DPSD 方法移植到 DSP 器件中，带宽从 600 kHz 到 1 MHz，实现 NMR 自旋回波的幅度和相位检测，接收机增益可达 105 dB。

豆成权[83]、张凯[84]等讨论了多重自相关、DPSD、互功率谱等多种微弱信号检测方法在 NMR 测井仪中的性能，认为尽管多重自相关方法在频率测量中有较高的准确性，然而需要多次自相关运算，检测时间长，计算复杂度较大；而 DPSD 方法可对确定信号和非高斯信号进行检测，在数据信噪比很低的时候仍具有较高的检测精度。

张新发等[85]针对 DPSD 在纳伏级微弱信号检测中的应用，讨论了 DPSD 检测中的关键参数（ADC 精度、采样频率等）的选择，认为 DPSD 方法中使用高阶低通滤波器的检测效果比带通滤波器更好，ADC 的精度越高（即位数越多），DPSD 的灵敏性越好。

由于数字低通滤波器的幅频性能决定了 DPSD 方法的检测效果，刘越等[86]采用切比雪夫 II 型 II R 结构的数字低通滤波器提取调幅信号的幅度，有效将与信号频率相同的噪声分离出来，信噪比得到有效提高。

3. 小波变换

小波变换因其优异的时频分析性能被数学家们称为"信号的显微镜"，该方法可以在多个尺度下分析被测信号，也即是小波变换的多分辨率分析。小波变换已经广泛应用于 NMR 信号的数据压缩、信号预测、降噪分析和特征提取。小波变换的降噪性能主要受到母小波函数、分析小波系数时选取的阈值策略等因素的影响。通过小波变换对数据进行压缩是通过选择一定的编码方法，舍弃与信号不相干的信息（或噪声），数据压缩也属于降噪方法之一。

Wood 等[87]应用小波包分析（wavelet package analysis）为低信噪比（小于 5）的 MRI 图像进行降噪，能有效改善 MRI 图像质量，而小波复数降噪方法能得到更清晰的边缘效果，对于密度较低的成像部分能取得更好的分辨率。

Ahmed 等[88]基于小波变换提出了"critically-sampled"时频变换算法为 NMR 信号降噪，通过小波分解后对小波系数进行阈值降噪，该算法具有较低的计算复杂度，能有效抑制噪声，得到较高信噪比的 NMR 数据。

Serban[89]使用多维小波变换分解生物分子的 NMR 信号，根据小波系数之间的相关性，采用 SURE 算法对 NMR 测量数据降噪。阈值的选取自适应于分解层次和小波系数的错误发现率（false discovery rate），降噪后能得到更高分辨率的谱线。

Prinosil 等[90]采用全局阈值法和 Bayesian 最小风险方法评价硬阈值、软阈值和非负 Garrote 阈值方法在 MRI 图像降噪中的性能，从而优化 MRI 测量数据的阈值，降噪后的切片图像具有更高的分辨率。

Wu 等[91]采用硬阈值法为 NMR 测井数据进行降噪处理，降噪结果更优于 IIR 滤波器，能有效提高测井数据的信噪比。

Liu 等[92]将 SBHP（subband block hierarchial partitioning）算法扩展到 4D 对 MRI 图像进行压缩和降噪，与 3D 体积压缩法相比，能得到更高信噪比、更高分辨率的图像。

Trbovic 等[93]结合主分量分析（principal component analysis，PCA）和小波变换降噪方法为配体 NMR 信号进行聚类分析。对降噪后的小波系数进行归类，能优化计算效率，得到分辨率更高的一维和二维 NMR 信号。

Neue[94]讨论了小波分析和傅里叶变换应用于 NMR 波谱中的优缺点，通过小波变换能得到分辨率和信噪比更高的 NMR 波谱。

Cobas 等[95]讨论了一种基于小波变换的 SPIHT（set partitioning in hierarchical trees）数据压缩算法，采用 9/7 小波、4 层分解对 2D NMR 图像进行小波分解，最大压缩比能达到 800:1，从而实现 NMR 回波信号的降噪，在较高压缩比时能较好地重构多维 NMR 谱。

Cavaro-Ménard 等[96]应用小波变换对心脏的 MRI 图像进行压缩，将小波变换和 JPEG 有损压缩方法进行了对比，小波变换具有更好的压缩性能。

Shao 等[97]利用 DWT（discrete wavelet transform）对 NMR 数据进行压缩，通过对比分析不同母小波函数、不同分解层次的重构误差来选取母小波函数和分解层次，可实现 20:1 的压缩比。将压缩后的 NMR 波谱采用免疫算法选取具有相似特征的化学组分，得到更准确的化学组分信息。

Kim[98]等基于复小波变换（complex wavelet transform）在多尺度下观测代谢物的 NMR 信号，采用能量集中漂移（energy shift-intensitive）方法提取代谢物的谱峰并根据其特征进行归类。

Zhang 等[99]利用小波变换重构非均匀磁场下的 NMR 信号。利用小波能量谱提取密度、化学位移、频率波动范围、信号能量等信息，再通过反褶积重构信号，抑制非均匀磁场对 NMR 信号的影响。

Ding 等[100]采用 CWT（continuous wavelet transform）分析固态样品 SPEDA（single pulse excitation with delayed acquisition，SPEDA）实验的 FID 信号，不需要采用高速旋转样品和同核去耦处理，可得到高分辨率、高灵敏度的固态 FID 信号。

Li 等[101]采用小波变换对低信噪比的 NMR 信号进行恢复。在毛管电泳 NMR（capillary electrophoresis NMR）实验中，电泳电流常常引起 NMR 谱线扭曲，谱峰幅度发生扭曲，测得的 NMR 信号信噪比很低。采用多分辨率小波变换估计谱线的初始频率，结合梯度下降算法和 Lorentzian 函数来得到更高质量的谱线。

Lin 等[102]采用小波能量谱分析 NMR 信号的特征，当脉冲扳倒角达到最优的时候小波能谱能得到最大值，用于优化 NMR 实验参数。

　　Djermoune 等[103]提出了一种非迭代的快速子带分解方法，通过连续对残差估计来决定分解层次，减少运算复杂度。与傅里叶变换相比，对于低信噪比 NMR 数据具有更高的检测效率，更低的运算复杂度。

　　郑传行等[104-105]讨论了基于小波变换的 UDWT （undecimated wavelet transform）方法，在保持回波信号峰值的同时为低场 NMR 信号降噪。李杰[106]采用了小波变换和基于 FB-LP 算法的线性预测方法抑制低场 NMR 信号中的噪声。

4. 其他降噪方法

　　Sibusiso 等[107]在 1984 年利用最大熵方法 （maximum entropy method，MEM）为 NMR 生物化学波谱降噪。MEM 方法能有效地压制噪声，增强谱线分辨率，降噪后的谱图直观清晰，具有更高的分辨率。Krzysztof 等[108]采用 MEM 方法减少多维 NMR 实验的维度和采集时间，选取统计模型自动分辨谱峰。Marion[109]采用稀疏采样方法加速 3D 和 4D 谱采集速度，通过 MEM 重构经稀疏采样后的 NMR 谱，至少减少了 60 个小时的 4D NMR 实验时间。Hyberts[110]等采用 poisson-gap 方法对 NMR 数据进行采样，利用前向最大熵重构 （forward maximum entropy） 方法增强 NMR 数据的分辨率和灵敏度。Heaton 等[111]应用 MEM 方法和多维分解方法在保障 NMR 谱线质量的同时缩短实验时间。Stanek[112]，Mobli[113]，Riseman 等[114]采用 MEM 方法分析质子自旋转动测量，通过 χ^2 拟合局部场分布的矩，从时域谱中提取局部场分布 （local field distribution）。

　　PCA （principal component analysis） 从多次观测的数据中提取出信号的主要成分。该方法从大量的数据中提取出具有相似特征的元素，从而简化计算复杂度，主要应用于 NMR 信号降噪、化学组分和化学位移谱定量分析等。Halouska 等[115]利用 PCA 方法从随机噪声中提取出有用的化学位移谱。通过设定一个合理的阈值可以抑制噪声。

　　另外，电路的热噪声被自旋系统吸收从而形成吸收电路噪声。热噪声会导致轻微的磁化矢量波动。该噪声主要与电路的温度、阻抗、频率有关。Giraudear 等[116]采用 DNP （dynamic nuclear polarization） 方法检测 NMR 自旋回波信号中的吸收电路噪声和自旋噪声。

21.3　研究内容及技术路线

　　在分析井下极端环境 NMR 自旋回波强度和噪声来源的基础上，从自适应谱线增强 （回波检测前）、数字相敏检波 （回波检测中） 和小波变换降噪 （回波检测后） 三个环节探讨适用于井下 NMR 降噪的方法。主要研究内容包括以下几点。

（1）基于自适应滤波器原理和谱线增强方法（adaptive line enhancement，ALE），结合 NMR 测井过程中噪声的特点，研究适用于井下 NMR 降噪的相位校正-自适应谱线增强（phase correction-adaptive line enhancement，PC-ALE）方法，采用基于 NLMS 和 AP 算法的双级自适应降噪方法滤除 NMR 测井信号中的噪声，增强数据的信噪比；为了消除自适应滤波器组延迟造成的 NMR 信号相位扭曲，在频率域对相位进行补偿。

（2）由于低通滤波器的幅频特性决定了 DPSD 对 NMR 回波的检测性能，对比分析不同窗函数的低通滤波器对 NMR 回波检测的影响，从而选择适合于低信噪比 NMR 数据的低通滤波器窗函数和滤波器阶数。

（3）阈值的选取直接影响了小波变换对 NMR 测井信号的降噪性能。根据最大相关系数确定小波消失矩和分解层次，采用 Stein 无偏风险估计（Stein unbiased risk estimation，SURE）算法在不同分解层次上取不同的阈值对岩心 NMR 回波信号降噪，减少实验时间，提高岩心测量数据的信噪比，为储层评价提供更准确的孔隙度信息。

（4）针对 NMR 测井过程中来源复杂的噪声，提出一种正则化-启发式阈值（regularization-heursure，R-Heursure）算法为 NMR 测井数据降噪。通过最大相关系数能量准则选取最优化的母小波函数、消失矩和分解层次，在不同消失矩、不同分解层次下对原始回波串进行多分辨率分析。采用的正则化因子与 NMR 测井信噪比、地层孔隙结构相关，有效分离 NMR 测井响应信息与噪声，提高 NMR 测井数据的信噪比，反演后的结果更能准确地反映地层信息。

（5）提出一种基于 FPGA 的三通道低场 NMR 谱仪脉冲编程器设计，每一个通道均可独立、灵活地调节射频脉冲的频率、幅度和相位，也可并行实现 NMR 实验所需的复杂脉冲序列。脉冲编程器主要由计时器、循环计数器、寄存器、储存器、线驱动器及命令解释器等部分构成，采用高精度的 100 MHz 外接 OCXO（oven controlled crystal oscillator）作为 FPGA 的时钟源，保证低场 NMR 谱仪中天线所激发的脉冲、接收回波信号的时钟、ADC/DAC 器件的时钟等模块同步进行，实现稳定、准确的 NMR 回波信号采集和处理。

首先从外部环境噪声、测量线圈、电子元器件等方面系统分析了 NMR 测井过程中的主要噪声来源，简要回顾了近年来常用于 NMR 信号的降噪方法。硬件部分主要讨论前置放大器、模拟滤波器、数字滤波器等在 NMR 接收电路中的降噪性能和近年来的发展与应用；软件部分总结了自适应滤波、数字相敏检波方法（DPSD）、小波变换、最大熵方法、主分量分析等先进的数字信号处理方法在 NMR 降噪处理中的应用。

然后以 Bloch 方程为基础，简要分析了 NMR 现象的机理及 NMR 测井的信号强度。比较分析系统辨识、信号增强、信号预测等自适应滤波技术在 NMR 测井降噪中的优缺点，结合 NMR 信号特点，提出了 PC-ALE 降噪方法，采用双级互联的降噪方式抑制噪声对自旋回波的影响；在频率域校正因滤波器组延迟而造成的相位漂移，增强 NMR 测井回波信号的信噪比。

然后回顾了目前 NMR 谱仪中的主流回波检测方法，并对比分析了多种微弱信号检测方法的优缺点，归纳出 DPSD 方法在回波检测应用中的优越性；通过数值模拟对比分析了不同阶数、不同类型的数字滤波器在回波检测过程中的降噪性能，探讨了适合于 DPSD 方法的数字滤波器类型及滤波阶数。

随后讨论了小波变换在低信噪比回波串信号降噪中的应用。对于岩心实验中的噪声，采用 SURE 算法进行降噪处理；而对于 NMR 测井，由于噪声来源较实验室测量更为复杂，提出了 R-Heursure 降噪方法。为了使选取的阈值恰好能大于噪声水平而不丢失小孔（或微孔）的响应，采用与地层孔隙结构、NMR 测井原始信噪比相关的正则化因子约束估计的阈值，并分析了各因素对正则化因子的影响。数值模拟和测井数据处理验证了 R-Heursure 算法的降噪性能。

最后讨论了低场 NMR 谱仪中脉冲编程器的设计。脉冲编程器接收来自上位机的指令，产生射频脉冲所需的频率字和相位字，在低场 NMR 谱仪中具有非常重要的作用。提出一种基于 FPGA 的三通道脉冲编程器设计，每一个通道均可独立、灵活地调节射频脉冲的频率、幅度和相位。三通道的设计可以为岩心 NMR 实验提供有力的保障。通过脉冲编程器实现了常用于流体分析的多种 NMR 脉冲序列，可满足不同 NMR 测量的要求，能采集到较高信噪比的回波串。

降噪处理的信号流程如图 21.2 所示。由 NMR 探头采集到的自旋回波信号经过前放和次级增益后将信号幅度放大，通过 RC 低通滤波器将混叠在 NMR 信号中的高频噪声滤除。采用 ADC 将模拟信号转换为数字信号送入数字信号处理芯片内。由于得到的数字信号包含了来源复杂的噪声，基于外界干扰与 NMR 回波不相关的特点，采用 PC-ALE 方法分离回波包络与噪声；由于数字低通滤波器的幅频性能决定了 DPSD 方法对回波幅度和相位的检测能力，在对比分析多种窗函数的滤波性能后，结合回波串呈指数衰减的特征，采用基于 Gaussian 滤波器的 DPSD 方法检测出每个回波包络的幅度和相位；由于小波变换可以在不同尺度、不同分解层次中观测回波串的时频特性，采用小波变换方法将回波串信号进行小波分解，对分解后的细节系数（高频分量）分别采用 SURE 算法和 R-Heursure 算法做阈值降噪，再通过小波重构回波串信号，从而有效抑制噪声对 NMR 测井的影响，提高信号的信噪比。这三个过程分别在回波检测前（PC-ALE）、回波检测（DPSD）、回波检测后（SURE/R-Heursure）实施。

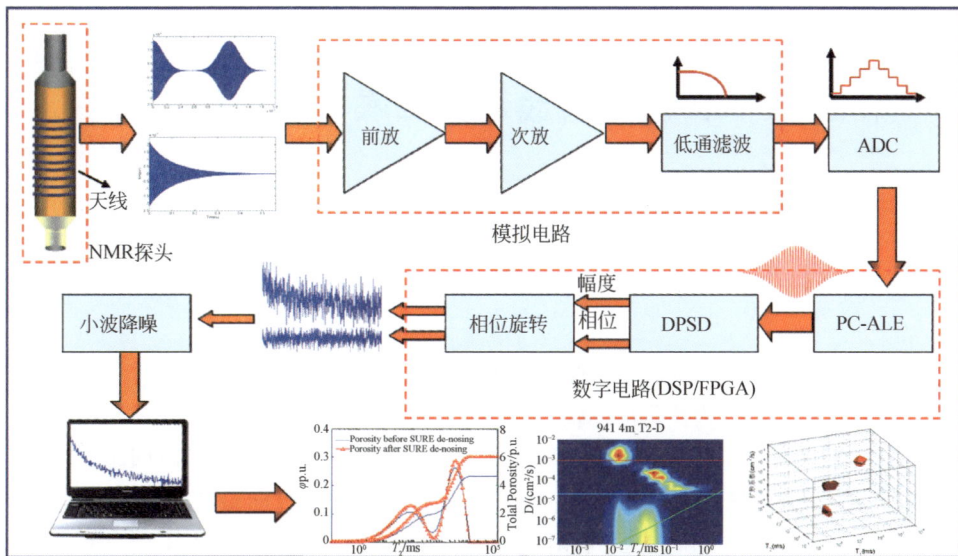

图 21.2　NMR 测井信号测量与降噪方法

第22章 自适应谱线增强降噪（回波检测前）

本章以 Bloch 方程为基础描述了 NMR 信号产生的机理。介绍了基于自适应滤波的 PC-ALE 降噪方法，通过数值模拟和实验验证该方法对 NMR 自旋回波的降噪性能。

22.1 NMR 测井的信号强度

在 20 世纪 40 年代，Bloch 首次引入纵向弛豫时间（T_1）和横向弛豫时间（T_2）到磁化矢量 M 的动力学方程中，T_1 和 T_2 分别描述纵向磁化矢量 M_z 和横向磁化矢量 M_{xy} 由非平衡状态到平衡状态所需的时间，建立了 NMR 现象的基本方程：

$$\mathrm{d}M_x/\mathrm{d}t = -M_x/T_2;\ \mathrm{d}M_y/\mathrm{d}t = -M_y/T_2;\ \mathrm{d}M_z/\mathrm{d}t = -(M_z - M_0)/T_1 \quad (22.1)$$

$$\mathrm{d}M/\mathrm{d}t = \gamma M \times B_0 + R \cdot (M - M_0) = \gamma M \times B_0 - (M_x i + M_y j)/T_2 - (M_z - M_0)k/T_1 \quad (22.2)$$

式中，$R = \begin{bmatrix} 1/T_2 & 0 & 0 \\ 0 & 1/T_2 & 0 \\ 0 & 0 & 1/T_1 \end{bmatrix}$；$R$ 为弛豫矩阵；负号表示状态由非平衡状态向平衡状态方向的变化。

NMR 信号来自于具有磁矩的原子核（如 ^1H、^3H、^{13}C、^{15}N 等）在磁场作用下磁化矢量的变化。NMR 信号的产生和测量主要分为 4 个阶段：极化、施加射频脉冲、撤除脉冲、自旋回波检测。以氢原子核为例，在各阶段的状态简述如下。

（1）氢原子核在没有外加磁场作用的时候呈杂乱无章的分布，氢核的磁化矢量方向不一，被测样品在宏观上不表现出磁性，如图 22.1 所示。

（2）当对样品施加方向为 z 方向的外加磁场（即静磁场）时，氢原子核的能级在外加磁场作用下会发生塞曼分裂形成低能态和高能态，如图 22.2 所示。

相邻能级之间的能量差为

$$\Delta E = E_{m-1} - E_m = \gamma \hbar B_0 \quad (22.3)$$

其中低能态的氢原子核总数比高能态的氢原子核总数要多，氢原子核沿外加磁场 B_0 相反的方向以频率为 $\omega_0 = \gamma B_0$ 作拉莫尔进动，而磁化矢量 M 与外加磁场 B_0 的夹角为 θ_0。在初始时刻的磁化矢量 M_0 可以用 Curie 定律描述：

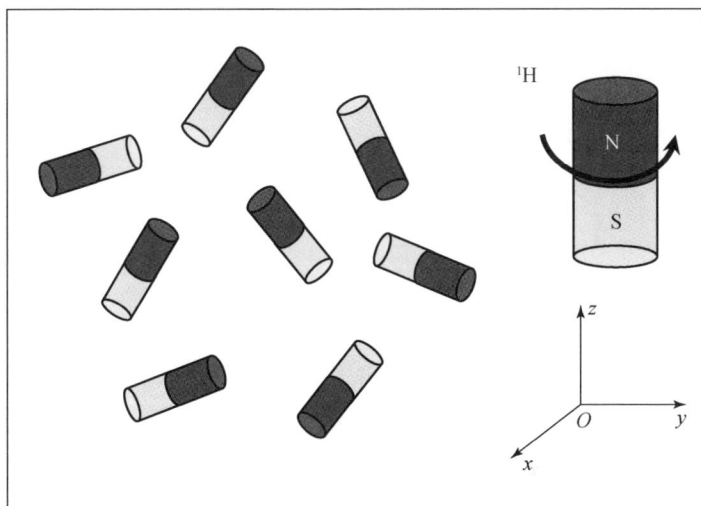

图 22.1   氢核在极化前的分布

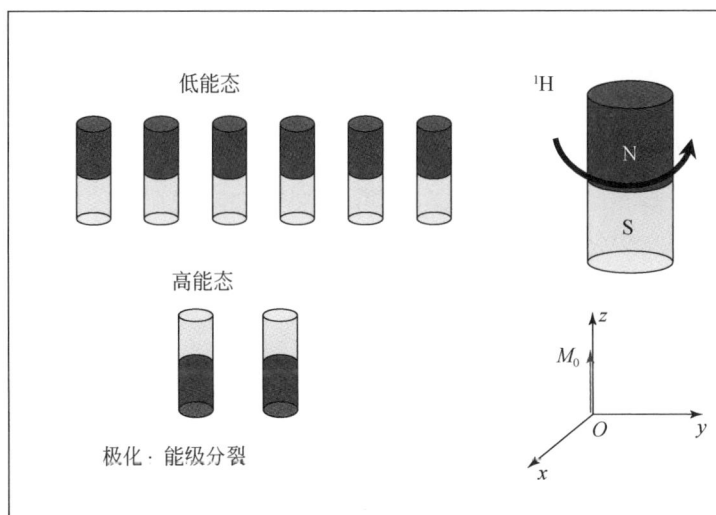

图 22.2   氢核被极化后发生能级分裂

$$M_0 = \frac{N\gamma^2\,\hbar^2 I\,(I+1)\,B_0}{3kT} \tag{22.4}$$

磁化矢量 M 可以用角动量方程描述，即

$$\mathrm{d}M/\mathrm{d}t = \gamma M \times B_0 \tag{22.5}$$

写成矩阵形式为

$$(\mathrm{d}/\mathrm{d}t) \begin{bmatrix} M_x \\ M_y \\ M_z \end{bmatrix} = \gamma \begin{vmatrix} i & j & k \\ M_x & M_y & M_z \\ 0 & 0 & B_0 \end{vmatrix} \tag{22.6}$$

由式（22.6）可以得到

$$\dot{M}_x = \gamma M_y B_0 = \omega_0 M_y ; \quad \dot{M}_y = -\gamma M_x B_0 = -\omega_0 M_x ; \quad \dot{M}_z = 0 \tag{22.7}$$

式中，$\dot{M}_x$，$\dot{M}_y$，$\dot{M}_z$ 分别表示磁化矢量 $\boldsymbol{M}$ 的一阶微分。对该微分方程求解，可得磁化矢量在实验室坐标系下的三个分量分别为

$$M_x = M_{0(y)} \sin（\gamma B_0 t）; \quad M_y = M_{0(y)} \cos（\gamma B_0 t）; \quad M_z = M_0 \cos（\theta_0） \tag{22.8}$$

（3）脉冲作用。为了能观测到 NMR 信号，需要对极化后的 NMR 信号施加与静磁场方向垂直的射频脉冲，以下将分别从单个脉冲和连续脉冲作用于氢核的情况讨论。

a. 单个脉冲作用。

当对被测样品施加与静磁场方向垂直、强度为 $2B_1 \cos（\omega t）$ 的射频脉冲时，处于能级分裂的原子核由于吸收射频能量发生能级跃迁，低能态的原子核转化为高能态，而高能态的原子核转化为低能态。由于弛豫的时间比脉冲作用时间长，因此可以忽略弛豫时间，Bloch 方程简化为

$$\mathrm{d}M/\mathrm{d}t = \gamma M \times B = (\mathrm{d}/\mathrm{d}t) \begin{bmatrix} M_x \\ M_y \\ M_z \end{bmatrix} = \gamma \begin{vmatrix} i & j & k \\ M_x & M_y & M_z \\ 2B_1 \cos（\omega t） & 0 & B_0 \end{vmatrix} \tag{22.9}$$

$$\dot{M}_x = \gamma B_0 M_y = \omega_0 M_y$$

$$\dot{M}_y = \gamma \left[2B_1 M_z \cos（\omega t） - B_0 M_x \right] \tag{2.10}$$

$$\dot{M}_z = -2\gamma B_1 M_y \cos（\omega t）$$

b. 连续脉冲作用。

在 NMR 实验中，射频脉冲是以连续的方式施加在样品上的，考虑到弛豫的影响，Bloch 方程在连续射频脉冲的作用下为式（22.10）。

在实验室坐标系下求解式（22.10）是比较困难的，将实验室坐标系转换为旋转坐标系 $O'（x'，y'，z'）$，该旋转坐标系的频率为 ω，z' 与实验室坐标系 $O（x，y，z）$ 的 z 轴重合，x' 一直指向磁化矢量的运动方向，y' 与 x' 垂直，如图 22.3 所示。在旋转坐标系下，拉莫尔进动频率变成了 $（\omega_0 - \omega）$，磁化矢量在 $y'z'$ 平面上绕 x' 左旋转动，也即章动。在旋转坐标系下转换为

$$
\begin{cases}
\dot{M'}_x = (\omega_0 - \omega) \, M'_y - M'_x/T_2 \\
\dot{M'}_y = \gamma B_1 M'_z - (\omega_0 - \omega) \, M'_x - M'_y/T_2 \\
\dot{M'}_z = -\gamma B_1 M'_y - (M'_z - M_0) \, /T_1
\end{cases}
\tag{22.11}
$$

对该一阶微分方程求解后可得到旋转坐标系下磁化矢量的三个分量：

$$
\begin{cases}
M'_x = \dfrac{(\omega_0 - \omega) \, \omega_1 M_0 T_2^2}{1 + \omega_1^2 T_1 T_2 + (\omega_0 - \omega)^2 T_2^2} \\[2mm]
M'_y = \dfrac{\omega_1 M_0 T_2}{1 + \omega_1^2 T_1 T_2 + (\omega_0 - \omega)^2 T_2^2} \\[2mm]
M'_z = \dfrac{\left[1 + (\omega_0 - \omega)^2 T_2^2\right] M_0}{1 + \omega_1^2 T_1 T_2 + (\omega_0 - \omega)^2 T_2^2}
\end{cases}
\tag{22.12}
$$

式中，ω 为共振频率；ω_0 为 Larmor 频率，$\omega_0 = \gamma B_0$，即进动频率；ω_1 为射频频率，$\omega_1 = \gamma B_1$，即章动频率。当 $\omega = \omega_0$ 时产生 NMR 现象，式（22.12）为

$$
M'_x = 0; \quad M'_y = \frac{\omega_1 M_0 T_2}{1 + \omega_1^2 T_1 T_2}; \quad M'_z = \frac{M_0}{1 + \omega_1^2 T_1 T_2}
\tag{22.13}
$$

当连续施加的射频脉冲经过时间 τ 后，旋转坐标系与实验室坐标系重合，而此时磁化矢量 M 与 z 方向的夹角 θ_P 称为脉冲扳倒角，与脉冲的持续时间和射频场强度 B_1 有关：$\theta_P = \gamma B_1 \tau$。

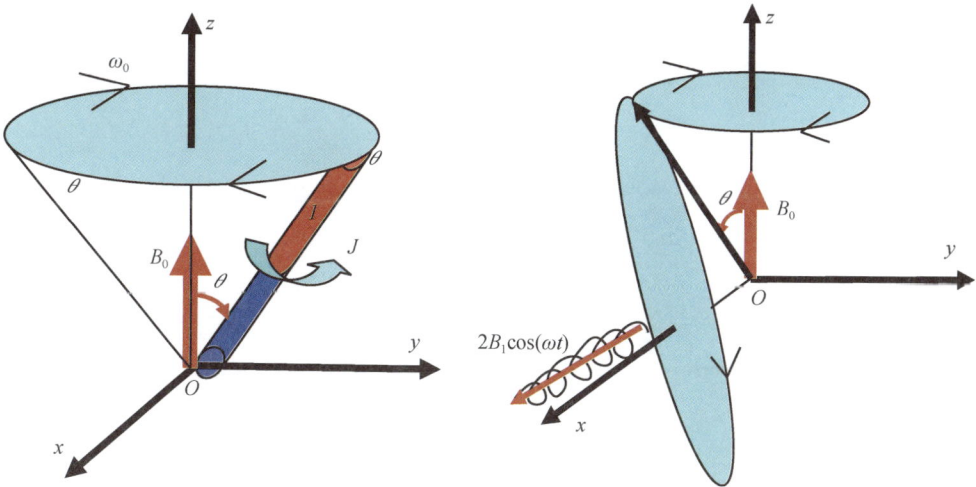

图 22.3　章动与进动（脉冲作用）

（4）撤除脉冲。若撤去脉冲信号，原子核开始发生弛豫，由非平衡态向平衡态转化，Bloch 方程改写为

$$dM/dt = \gamma \begin{bmatrix} i & j & k \\ M_x & M_y & M_z \\ 0 & 0 & B_0 \end{bmatrix} - (M_x i + M_y j)/T_2 - (M_z - M_0)k/T_1 \quad (22.14)$$

也即

$$\dot{M}_x = \gamma M_y B_0 - M_x/T_2; \quad \dot{M}_y = \gamma M_x B_0 - M_y/T_2; \quad \dot{M}_z = -(M_z - M_0)/T_1 \quad (22.15)$$

求解该一阶偏微分方程后得

$$\begin{aligned} M_x &= M_0 \sin\theta_P \sin(\omega_0 t) \exp(-t/T_2) \\ M_y &= M_0 \sin\theta_P \cos(\omega_0 t) \exp(-t/T_2) \\ M_z &= M_0 [1 + (\cos\theta_P - 1) \exp(-t/T_1)] \end{aligned} \quad (22.16)$$

由式（22.16）可知，当撤除脉冲作用后，脉冲扳倒角达到 90°时，如果在 x 方向上接收 NMR 信号，x 方向的磁化矢量得到最大值，然后在静磁场 B_0 的作用下以 $1/T_1$ 的速率向 z 方向恢复（由非稳态向稳态转化）；如果脉冲扳倒角为 180°，在 x 方向上最初的磁化矢量为零，当经过一段时间后（即当 θ_P 为 $\pi/2$ 时），x 方向的磁化矢量达到最大值，而后又以 $1/T_2$ 的速率衰减。磁化矢量 M 在 xy 平面上以 ω_0 的速率进动，其进动的振幅为图 22.4 所示的底面圆周的半径并以 $1/T_2$ 的速率衰减。

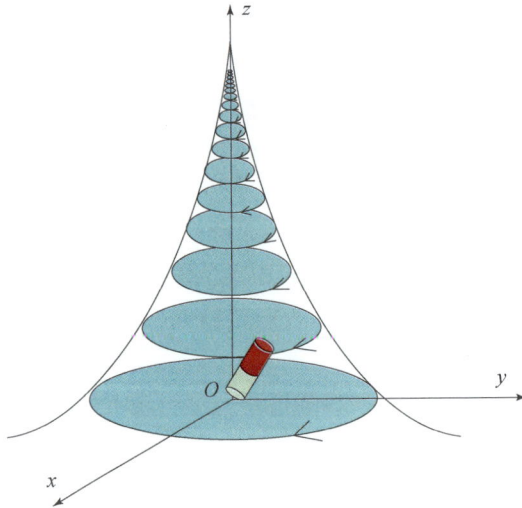

图 22.4　章动与进动示意图（撤除脉冲后）

（5）NMR 信号检测。根据法拉第电磁感应定理，当在 x 方向放置一个线圈，其感应电动势为[29]

$$E_{\text{coil}} = -\frac{N\mathrm{d}\phi}{\mathrm{d}t} = \frac{Q\mathrm{d}M}{\mathrm{d}t} \tag{22.17}$$

$$V_x = Q\frac{\mathrm{d}M_x}{\mathrm{d}t} = QM_x\ (0)\ \cos\ (\omega_0 t)\ \exp\ (-t/T_2)\ +\varepsilon \tag{22.18}$$

式中，N 为线圈匝数；ϕ 为磁通量；Q 为线圈的品质因子；M_x (0) 为在 x 方向的初始磁化矢量；ε 为噪声。同理，若线圈放在 y 方向，则

$$V_y = Q\frac{\mathrm{d}M_y}{\mathrm{d}t} = QM_y\ (0)\ \sin\ (\omega_0 t)\ \exp\ (-t/T_2)\ +\varepsilon \tag{22.19}$$

由于磁化矢量是以 $1/T_2$ 的速率衰减的，线圈接收到的电动势也以同样的速率衰减。

上述求解考虑的是均匀磁场条件的 NMR 信号强度，当静磁场是非均匀时，Hürlimann 等[117]的给出了 CPMG 脉冲序列在非均匀磁场下的 NMR 信号强度：

$$\begin{aligned}
V_{x,\,y}(t) &= \frac{2\chi}{\mu_0}\int \Phi(r)B_0^2(r)\frac{\omega_1(r)}{I}F[\Delta\omega_0(r)]m_{x,\,y}(rt)\mathrm{d}r + \varepsilon \\
&= \frac{2\chi}{\mu_0}\iint f(\Delta\omega_0,\ \omega_1)\ (\omega_{RF}-\Delta\omega_0)^2 \times F(\Delta\omega_0)m_{x,\,y}(\Delta\omega_0,\ \omega_1)\mathrm{d}\Delta\omega_0\mathrm{d}\omega_1 + \varepsilon
\end{aligned}$$
$$\tag{22.20}$$

其中，

$$\Delta\omega_0 = (\omega_{RF}-\gamma\mid B_0\mid) \tag{22.21}$$

式中，$\Delta\omega_0$ 为偏置频率；ω_{RF} 为射频频率；B_0 (r) 和 B_1 (r) 分别为静磁场和射频场强度；γ 为旋磁比；χ 为原子核磁化系数；$m_{x,y}$ (rt) 为点 r 在时间 t 的横向磁化矢量；Φ (r) 为孔隙度；ϕ 为射频脉冲的相位；f ($\Delta\omega_0$, ω_1) 为静磁场和射频场决定的分布函数；F ($\Delta\omega_0$) 为检测系统的频率响应。

对于 NMR 测井，测井仪外壳到点 r 的距离也就是 NMR 测井仪的探测深度，结合式（22.4）和式（22.20）求解后，可估算测井仪的信号强度 $V_{x,y}$：

$$V_{x,y} = \frac{I_s\ (I_s+1)\ N_s\gamma^3\ \hbar^2 B_0^2}{3kT} \cdot \frac{C_r LB_1 r\Delta r\Delta\theta}{I} \tag{22.22}$$

式中，I_s 为核自旋数；N_s 为切片内自旋原子核的个数；γ 为旋磁比；$\hbar$ 为普朗克常量；B_0 为静磁场强度；k 为玻尔兹曼常量；T 为天线的工作温度；C_r 为天线的系数因子；L 为天线长度；B_1 为射频场强度；r 为测井仪的探测深度；Δr 为切片厚度；$\Delta\theta$ 为天线开角；I 为天线的电流强度。以 Schlumberger 的 MR Scanner 型、Halliburton 公司的 MRIL-P 型和 Baker Atlas 的 MREx 型 NMR 测井仪为例，假设天线在井眼中的温度为 100 ℃，流过天线的电流 I 为 20 A，切片厚度为 0.1 cm，切片内 [1]H 的自旋原子核个数为 6.02×10^{23}，由式（22.22）估算的 NMR 测井信号强度如表 22.1 所示。

表 22.1　井下 NMR 仪探测特性与信号强度估算

探测特性	MR Scanner	MRIL-P	MREx
静磁场强度（T）	0.013 ~ 0.024	0.013 ~ 0.020	0.013 ~ 0.023
工作频率（kHz）	500 ~ 1 000	500 ~ 800	450 ~ 880
探测深度（cm）	3.801 ~ 10.160	20.320	5.588 ~ 10.160
天线长度（cm）	19.050	60.960	45.720
天线开角（°）	60	360	120
信号强度估算（nV）	4 ~ 70	43 ~ 156	29 ~ 295

由表 22.1 可知，NMR 信号幅度的大小与静磁场强度、天线长度、天线开角等因素相关。以 Halliburton 公司的 MRIL-P 型仪器为例，采用分布在 5 个频带的 9 个不同频率进行测量，产生厚度为 1 in 的探测区域，在探测区域磁场强度大约为 $1.76×10^{-2}$ T，磁场梯度为 $1.7×10^{-3}$T/cm，共振频率在 500 ~ 800kHz，采用软脉冲发射，脉冲宽度 12 kHz，由天线感应测得的 NMR 信号电压通常只有几十纳伏，幅度非常微弱。在井眼中受到电磁辐射、仪器运动的电噪声、磁场耦合干扰等多种噪声的污染，信号常常被淹没在噪声中，测量数据信噪比很低[30]。

22.2　自适应谱线增强原理

正如 22.1 节所述，天线探测到的 NMR 自旋回波信号为具有正弦特征的振荡信号，自旋回波的频率与射频频率一致。为了从幅度微弱的带噪信号中提取有用的 NMR 信号，需要一种对正弦信号敏感的降噪方法，而自适应滤波方法对于正弦信号具有很好的追踪性能，因此在本节将详细探讨自适应滤波在 NMR 自旋回波降噪处理中的应用。

22.2.1　自适应滤波

自适应滤波主要应用于系统辨识、信号增强、信道均衡、信号预测等方面。系统辨识主要应用于宽带信号处理，通常情况下输入信号是白噪声，期望信号是宽带信号，自适应滤波器代表了未知系统；信号增强用于多个输入变量的信噪分离，输入为可测量的噪声，期望信号为噪声污染的信号，当滤波器收敛后，输出误差为信号的增强形式；信号预测分为前向预测和后向预测形式，其输入是噪声污染的信号，期望信号是带噪信号的时延，当滤波器收敛后，滤波器代表了输入信号的模型[118]。信号增强和信号预测已广泛应用于测量信号的降噪处理。

自适应噪声抵消是信号增强的一种应用，该方法能从带噪信号中检测和提取有用信号，有效分离噪声和有用信号，从而提高信号的信噪比。自适应噪声抵消至少需要 2 个以上的通道分别用于接收带噪信号和噪声，其中噪声的接收需要远离信号源。自适应噪声抵消是将接收到的噪声作为参考信号，求取滤波器的输出与带噪信号（期望信号）的误差作为自适应算法的参数，从而通过自适应算法迭代更新自适应滤波器的系数向量。当自适应算法收敛后，输出的误差为滤波后的降噪信号。而步长用于提高自适应算法的收敛速度。其基本原理如图 22.5 所示。

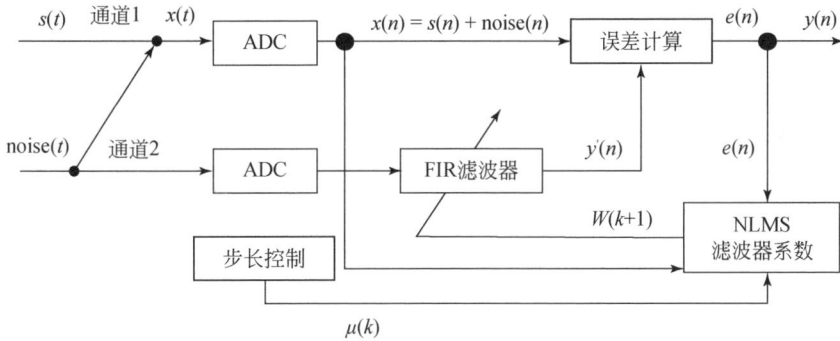

图 22.5　自适应滤波中的自适应噪声抵消系统

22.2.2　自适应谱线增强

自适应谱线增强（adaptive line enhancement，ALE）属于自适应滤波的信号预测范畴，由 McCool 等[119]于 1980 年提出，是自适应噪声抵消的一种退化形式，已经广泛应用于微弱信号检测和噪声抑制。在 ALE 系统中，没有外部参考信号可以利用，主要利用信号与噪声的相关性来抑制噪声。由于窄带信号周期明显，而宽带噪声周期性差，延迟一段时间后窄带信号的相关函数会显著地强于宽带噪声，因此将原始输入信号接入具有固定延迟的延迟线作为参考信号。只要选取的延迟时间足够长，参考信号的宽带噪声和原始输入的宽带噪声相关性就会迅速减弱，而窄带周期信号的相关性不会受到影响[118,120]。ALE 系统会有一个学习过程，也就是误差信号趋于不断减小的过程。当学习过程进入稳态后，滤波器输出是原窄带周期信号和一个随机的误差，误差可以通过选取合适的步长因子而达到很小的振幅，而自适应滤波器的输出近似认为是原窄带周期信号[120]。ALE 原理图如图 22.6 所示。

对于井下 NMR，由于仪器是在较高速度运动的状态下进行测量，探头的体积受到严格限制，不可能用多组天线来接收来自地层和井眼的噪声，因此限制了

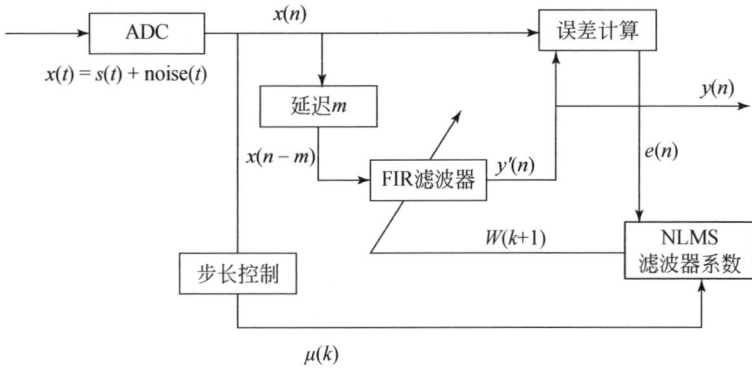

图 22.6　自适应谱线增强信号图

自适应噪声抵消方法在井下 NMR 中的应用。而 ALE 方法只需一组天线探测 NMR 信号，利用信号与噪声的自相关性自适应调节滤波器的系数，在本书中采用 ALE 方法抑制噪声。

22.2.3　自适应算法

在自适应滤波的整个过程中，自适应算法发挥着重要的作用。自适应算法用于求取自适应滤波器输入与输出误差 e（n）的最优化，从而更新自适应滤波器的系数。当算法收敛时，自适应滤波器取得稳定、最优的滤波器系数。

一些常用于自适应滤波器系数更新的最优化方法有以下几种。

（1）均方误差法（mean square error，MSE），其函数表达式为

$$G\left[e\left(n\right)\right]=E\left[\mid e(n)^{2}\mid\right] \tag{22.23}$$

（2）最小二乘法（least square，LS），其函数表达式为

$$G[e(n)]=\frac{1}{n+1}\sum_{i=0}^{n}\mid e(n-i)^{2}\mid \tag{22.24}$$

（3）加权最小二乘法（weight least square，WLS），其函数表达式为

$$G[e(n)]=\sum_{i=0}^{n}\lambda^{i}\mid e(n-i)^{2}\mid,\ 0<\lambda<1 \tag{22.25}$$

（4）瞬时平方值法（instantaneous square value，ISV），其函数表达式为

$$G\left[e\left(n\right)\right]=\mid e(n)^{2}\mid \tag{22.26}$$

不同的最优化方法有各自的优缺点，针对不同的应用环境和信号特点应选择不同的自适应算法。以井下 NMR 的实时降噪为例，需要考虑在回波间隔内（最短为 0.2 ms）实现回波包络的单次迭代降噪处理，因此自适应算法计算的复杂度和收敛速度成为首要考虑的因素。

自适应算法是根据 20 世纪 40 年代 wiener 提出的最优线性滤波器理论发展起

来的，也即维纳滤波器理论[118]。为了满足非线性时变系统的滤波要求，维纳滤波器通过自适应调整滤波器参数，根据参考信号过去值的线性组合去估计被测信号的最佳值，也即使估计误差的均方值达到最小。首先，简要回顾维纳滤波器系数的求解推导。

在自适应 FIR 维纳滤波器中，求滤波器系数向量 $w(n)$ 的最优解的目的是使输入与输出的误差 $e(n)$ 的 MSE 达到最小，也就是使准则函数 $\varepsilon(n) = E[e^2(n)]$ 达到最小。

对于 FIR 横向滤波器，假设滤波器系数向量为

$$w(n) = [w_1(n), w_2(n), \cdots, w_L(n)]^T \quad n=0, 1, 2, \cdots L-1 \tag{22.27}$$

将信号取样而构成的信号 $X(n)$ 为

$$X(n) = [x(n), x(n-1), \cdots, x(n-L+1)]^T \tag{22.28}$$

则带噪信号 $y(n)$ 与滤波器输出 $z(n)$ 的误差 $e(n)$ 为

$$e(n) = y(n) - z(n) = y(n) - w^T(n)X(n) \tag{22.29}$$

依照最小均方误差准则，自适应算法就是通过调整滤波器参数使得式（22.29）的均方值达到最小，即

$$E[e(n)X(n)] = 0 \tag{22.30}$$

令 p 为 $x(n)$ 与 $y(n)$ 的互相关向量，R 为 $x(n)$ 的自相关矩阵，将式（22.29）代入式（22.30）中，则有

$$Rw(n) = p \tag{22.31}$$

当 R 为满秩时，其解为

$$w_0 = R^{-1}p \tag{22.32}$$

这个解为维纳最优解，当滤波器系数向量 $w(n) = w_0$ 时的滤波器称为维纳滤波器。此时，均方误差的最小值为

$$\varepsilon_{\min} = E[y^2(n)] - p^T w_0 \tag{22.33}$$

该算法求解过程涉及矩阵求逆，当滤波器的系数向量维数较高时，计算量会很大。为了避免矩阵求逆运算，发展了最陡下降法和 Levinson-Durbin 算法[118]。

最陡下降方法利用误差曲面的梯度来引导梯度搜索方向，沿着梯度向量的负方向不断校正滤波系数，校正量正比于梯度向量的负数，最终到达最小均方误差点，从而获得最优滤波效果[118]。该方法的缺点是每次迭代都需要知道均方误差函数梯度的精确值。Widrow 和 Hoff 于 1960 年提出了最小均方根（least mean square，LMS）算法[121-122]，减少了计算的复杂度，缩短了收敛时间。该算法不需要计算输入信号的相关函数，也没有矩阵求逆运算，计算量得到很大缩减，因此基于 LMS 算法的自适应滤波器设计在很长一段时间成为研究热点，LMS 算法

的推导如附录 A 所示。LMS 算法的计算步骤如下：①选定权系数初始值；②计算当前时刻的滤波器输出；③计算误差；④根据误差计算下一次的滤波器权函数；⑤循环执行（1）～（4）；⑥重复迭代，直至算法收敛。

整个 LMS 算法过程中，步长因子决定了算法的收敛速度和失调量的大小。为了寻求最佳的步长因子和减小算法的复杂度，近年来发展了归一化均方误差（nomalized least mean square，NLMS）[123]、变换域 LMS[124-126]、符号误差[127-129]、量化误差[130-132]、LMS- Newton[133] 及仿射投影（affine projection，AP）[134-136] 算法等。

22.2.4　自适应滤波器结构

大多数自适应滤波器采用的是 FIR 或者 IIR 结构，然而自适应滤波器与 FIR 滤波器（在本书中将经典的具有 FIR 结构的数字滤波器简称为 FIR 滤波器）也有一些不同之处：FIR 滤波器只允许截止频率以内的信号通过，是一种时不变滤波器，其参数和结构在设计时就已固定，如果设计的滤波器是线性的，那么输出信号是输入信号的线性函数；而自适应滤波器是一个以某种性能要求为目标，参数不断变化的时变滤波器。常用的自适应横向 FIR 滤波器结构如图 22.7 所示。

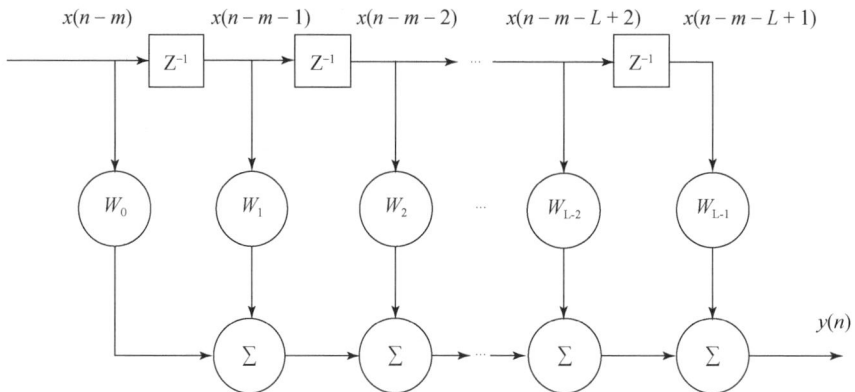

图 22.7　FIR 横向滤波器结构图

图 22.7 中，进入 FIR 横向滤波器的信号为经过延迟 m 后的信号 $x(n-m)$，Z^{-1} 表示滤波器的延迟线。由图可知，尽管自适应降噪方法具有较好的噪声抑制性能，但由于滤波器结构特有的组延迟特性，自适应滤波器输出信号仍存在相位漂移问题。相位漂移会引起自旋回波发生扭曲变形，从而影响回波幅度和相位的正确提取。本章 22.3 节将讨论如何解决自适应降噪方法在自旋回波信号降噪中的适用性及解决滤波器输出的相位漂移方法。

22.3　PC-ALE 原理

正如第 22.2.1 节分析，井下 NMR 仪器的天线在检测 NMR 自旋回波信号的同时，也会检测到来自于外界的干扰；另外，当振荡的电流经过天线时，天线会产生振铃。这些不期望的信号叠加在幅度微弱的 NMR 自旋回波信号上，使得天线接收到的信号信噪比很低。接收到的信号经过前置放大、低通滤波等处理后，需要对自旋回波进行降噪处理，以便于更准确地提取出回波幅度和相位等信息。

在本节将讨论一种结合了 NLMS 算法和 AP 算法优点的降噪方法——PC-ALE。PC-ALE 方法主要由 2 个模块构成：噪声抑制和相位校正。噪声抑制模块主要由时延、计数器、滤波器系数计算、FIR 横向滤波器等部分构成，主要实现自旋回波的降噪处理。相位校正模块主要由 DFT（discrete fourier transform）和 IDFT（inverse discrete fourier transform）构成，实现频率域对预测深度和滤波器组延迟引起的相位漂移的补偿。整个算法的结构如图 22.8 所示。

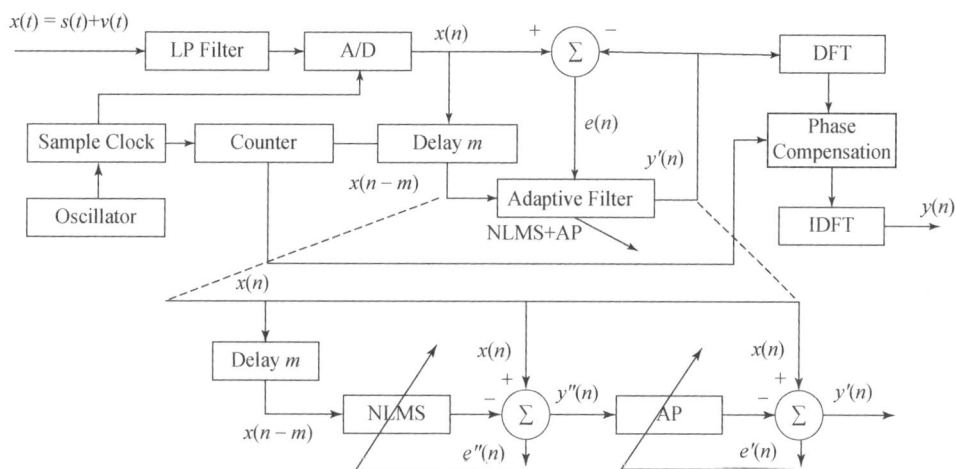

图 22.8　PC-ALE 算法原理

22.3.1　ALE 算法选取

对于 NMR 自旋回波信号，可以表示为

$$x(t) = s(t) + \varepsilon = E\sin(2\pi ft + \phi_0) + \varepsilon \tag{22.34}$$

式中，E 为自旋回波的幅度；f 为射频频率（即 Larmor 频率）；ϕ_0 为自旋回波的初始相位；ε 为背景噪声。

带噪自旋回波 $x(t)$ 经过低通滤波器滤除高频噪声后，通过 ADC 转换为数

字信号 x（n）。将 x（n）延迟 m 个采样时间单位（即预测深度），延迟后的自旋回波 x（$n-m$）仍然具有很好的相关性，而噪声具有不相关性。将延迟后的自旋回波 x（$n-m$）送入横向 FIR 自适应滤波器中，滤波器的初始输出为

$$y'(n) = \sum_{k=0}^{L-1} W_k(n)x(n-k+1) \tag{22.35}$$

式中，W_k（n）为自适应滤波器第 n 次迭代后的系数；L 为滤波器阶数。定义带噪自旋回波与自适应滤波器输出的误差 e（n）为

$$e(n) = x(n) - y'(n) \tag{22.36}$$

将误差 e（n）反馈给滤波器系数计算部分，用于更新自适应滤波器的系数，使得滤波后的自旋回波信号与带噪回波具有最好的相关性，当误差达到最小值，说明滤波器系数已经稳定收敛，算法可以很好地追踪到具有正弦特征的 NMR 信号。

如果采用 LMS 算法更新滤波器系数，公式为（LMS 算法参考附录 A）

$$W(n+1) = W(n) + \mu x(n)e(n) \tag{22.37}$$

式中，e（n）为自适应算法在 n 时刻的误差；μ 为步长，且 $0 < \mu < 1/\lambda_{max}$，$\lambda_{max}$ 为带噪自旋回波 x（n）的自相关矩阵的最大特征值。

然而，对于 NMR 测井信号的降噪处理需要考虑几个重要的因素。首先，需要从带噪信号中准确地提取出幅度和相位信息；其次，为了满足 NMR 测井仪的快速测量，要求自适应算法的复杂度要小。例如，NMR 测井时，为了能快速测量多孔介质中流体的弛豫时间，回波间隔通常为几毫秒，如果算法的处理时间太长，就不能满足快速测量。最后，对于自旋回波信号的降噪处理，自适应算法的收敛特性和鲁棒性是非常重要的。

在 LMS 算法中，步长是固定的，因此收敛速度比较慢，采用变步长的方式来提高算法的收敛速度。NLMS 算法在不需要做矩阵相关运算的条件下计算瞬时均方误差，因此具有更快的收敛速率。另外，与其他自适应算法相比，NLMS 算法对正弦信号有更好的追踪性能。在 PC-ALE 算法中，NLMS 算法作为自适应谱线增强降噪处理的前级处理，通过 NLMS 算法降噪处理后，自旋回波的相关性得到了增强。NLMS 算法原理参见附录 A。

NLMS 算法的步长更新公式为

$$\mu_{NLMS}(n) = 1/\left[2x^T(n)x(n)\right] \tag{22.38}$$

其自适应滤波器系数的更新公式为

$$W_{NLMS}(n+1) = W_{NLMS}(n) + \left[\mu_{NLMS}(n)e(n)x(n)\right] / \left[b+x^T(n)x(n)\right] \tag{22.39}$$

式中，b 是一个很小的常量，在本论文中 b 取 10^{-10}。

另外一种提高收敛速率的方法是仿射投影（affine projection，AP）算法，AP

算法通过重复利用过去的数据来提高滤波算法的收敛速度，其计算复杂度主要与重复利用的数据的个数有关[118]。经过 NLMS 算法降噪处理后，NMR 自旋回波信号的相关性增强了，而 AP 算法对于具有一定相关性的数据有较好的降噪性能，因此应用于 ALE 系统的第二级降噪处理。AP 算法将数据投影到正交的空间，在正交空间内对数据进行处理，减小了运算量，AP 算法原理参见附录 B。

AP 算法的自适应滤波系数更新公式为

$$W_{AP}(n+1) = W_{AP}(n) + \mu_{AP} x(n) \left[x^T(n) x(n) \right]^{-1} e(n) \qquad 0 < \mu_{AP} < 2$$

$$(22.40)$$

22.3.2　相位补偿

PC-ALE 系统的第二个模块是相位校正。在采用 ALE 方法降噪时延迟了 NMR 自旋回波，由于 FIR 滤波器特有的结构和组延迟特性，延迟会导致自旋回波的相位漂移，从而引起回波畸变，幅度也会随之发生变化。为了减小延迟的影响，需要对延迟后的自旋回波相位进行补偿。

时间域的延迟在频率域上表现为相位的漂移。由于预测深度是已知的，可以根据对预测深度计数，在频率域对降噪后的自旋回波进行补偿。相位补偿主要有以下三步。

（1）采用 DFT 将降噪后的自旋回波从时间域转换到频率域：

$$Y'(k) = DFT[y'(n)] = \sum_{n=0}^{N-1} y'(n) \exp\left(-j \frac{2\pi}{N} nk\right)$$

$$k = 0, 1, \cdots, N-1; \quad n = 0, 1, \cdots, N-1 \qquad (22.41)$$

式中，$y'(n)$ 为降噪后的 NMR 自旋回波；j 为虚数单位；$Y'(k)$ 为自旋回波的频率谱；N 为采样个数。

（2）在频率域对 NMR 自旋回波乘以一个相位校正因子：

$$Y(k) = Y'(k) \times \exp\left(j \frac{2\pi}{N} mk\right) \qquad (22.42)$$

式中，$Y(k)$ 为相位补偿后的自旋回波频率谱；m 为 ALE 系统的预测深度，由 ADC 的采样时钟确定。

（3）通过 IDFT 将频率域相位补偿后的自旋回波变换到时间域：

$$y(n) = IDFT[Y(k)] = \frac{1}{N} \sum_{k=0}^{N-1} Y(k) \exp\left(j \frac{2\pi}{N} nk\right) \qquad (22.43)$$

PC-ALE 系统的整个降噪流程如图 22.9 所示。首先，通过 NLMS 算法分离窄带自旋回波和宽带噪声，增强自旋回波信号的相关性；其次，采用 AP 算法降低自旋回波信号中的噪声；最后，在频率域对降噪后的自旋回波信号进行相位补偿，从而减小滤波器组延迟和时延对自旋回波的影响。

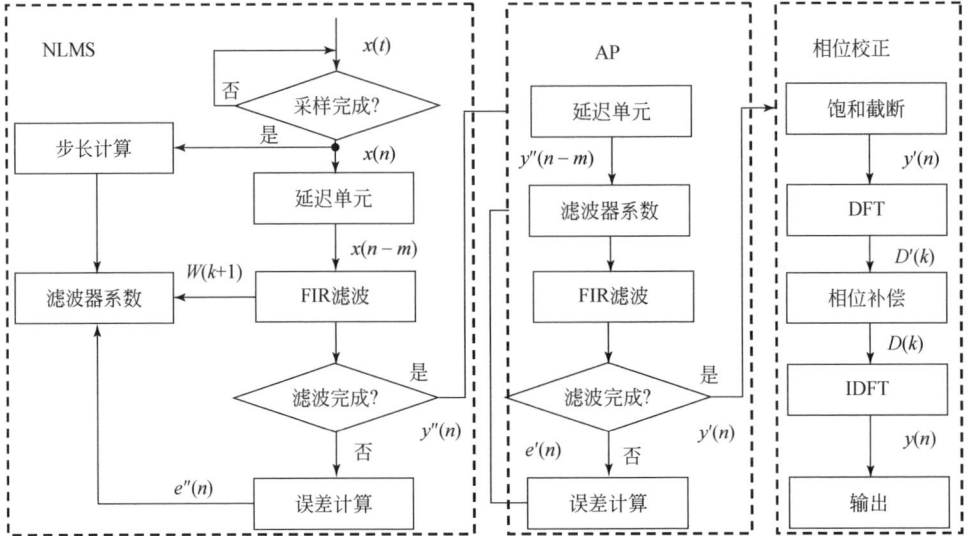

图 22.9　PC-ALE 降噪流程图

由图 22.9 可知，PC-ALE 的降噪流程主要分为三个部分，第一部分为 NLMS 滤波，第二部分为 AP 滤波，第三部分为相位校正。

（1）由天线接收到的 NMR 信号经过前置放大器、次级放大器进行电压幅度的放大，再通过低通滤波器滤除混叠在 NMR 信号中的高频分量，再经过 ADC 将模拟信号转换为数字信号。

（2）采样结束后的 NMR 信号分为两路，一路用于延迟，另一路用于参与误差的计算。

（3）将延迟后的带噪回波取第 $1 \sim L$ 个点（L 为滤波器长度）通过 FIR 自适应滤波器，滤波器的系数初始化为 1，也可预先设置为某种性能稳定的滤波器窗函数系数，如 Gaussian 窗、Hamming 窗、Hanning 窗等。

（4）将滤波后的 NMR 信号与原带噪信号作为参数，根据 NLMS 算法计算误差，并将误差传递给滤波器系数模块，根据式（22.39）进行滤波器系数更新。

（5）取延迟后带噪回波的 $(L+1) \sim 2L$ 个数据点，通过具有新系数的 FIR 滤波器进行滤波处理，将滤波后的数据与原带噪回波进行误差计算，并把误差传递给滤波器系数模块。

（6）根据新计算的误差计算新的滤波器系数，并将新系数传递给 FIR 滤波器。

（7）反复执行步骤（5）和步骤（6），直到误差达到最小，算法此时收敛。

（8）将 NLMS 算法滤波完成后的信号传递给第二级，重复步骤（3）～

（7），算法采用 AP 算法，直到自适应滤波完成。

（9）自适应滤波结束后，将滤波结束后的数据进行截断，使滤波后的数据与原数据长度保持一致。

（10）在滤波过程中，由于采用了延迟处理，NMR 信号的相位发生了变化，根据式（22.41）~（22.43）采用 DFT 在频率域对滤波后的 NMR 信号进行相位补偿。

（11）采用 IDFT 将频率域数据变换到时间域，PC-ALE 降噪处理结束。

22.4　PC-ALE 数值模拟

建立回波幅度为 1 mV 的自旋回波模型，通过增加高斯噪声来验证 PC-ALE 算法的有效性。模型参数为：Larmor 频率为 50 kHz，对应的静磁场强度为 1.174 ×10^{-5} T，采样频率 1 MHz，增加均值为 0、方差为 1 的随机噪声后自旋回波的信噪比为 -12.352 dB。其中信噪比的定义为

$$\text{SNR} = 10 \log_{10} \left(E_s / E_n \right) \tag{22.44}$$

式中，E_s 和 E_n 分别表示信号和噪声的能量。

正如 22.3 节所述，受到回波间隔时间的影响，降噪过程需要考虑算法的计算复杂度和信噪比的提高两个关键因素。比较分析了多种自适应算法的收敛速度和降噪性能，以便选出适用于低信噪比 NMR 自旋回波的降噪处理算法，如图 22.10 所示。

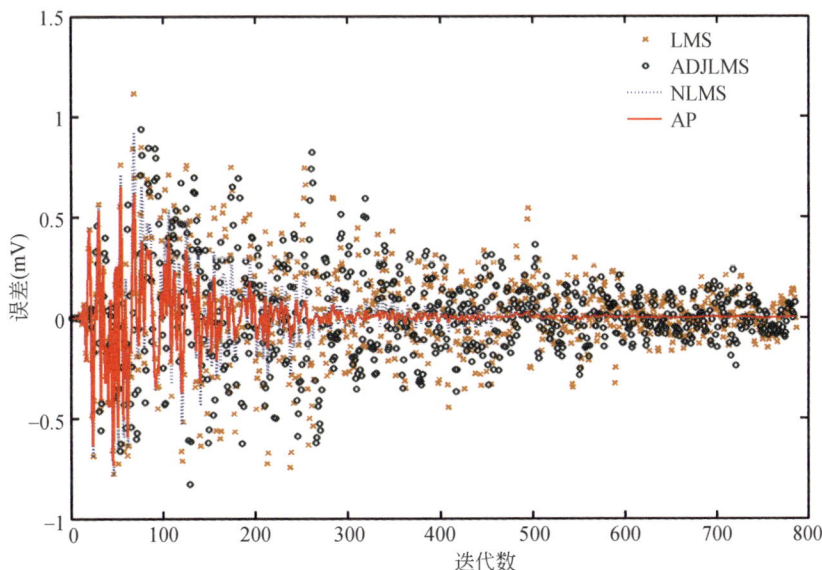

图 22.10　不同算法收敛速度对比

固定步长为 0.005，滤波器阶数为 32，延迟个数为 3

由图 22.10 中可知，NLMS 算法和 AP 算法具有更好的信噪比增强性能、更快的收敛速度，因此在 PC-ALE 降噪处理过程中选用这两种算法。在整个算法的仿真分析中，固定步长为 0.005，自适应滤波器阶数为 32 阶，预测深度为 3。

对比分析了 6 种不同自适应算法的降噪效果。其中收敛速度最快的为 AP 算法，在 220 次迭代后误差输出几乎为 0。其次是 NLMS 算法，误差输出为 0 需要 280 次迭代。而 LMS 算法和 ADJLMS 算法[137]收敛速度很慢，需要 770 次迭代才能收敛，显然不适用于 NMR 自旋回波的降噪处理。6 种不同自适应算法的降噪性能如表 22.2 所示，表中 BLMS（block least mean square，BLMS）和 DLMS（delay least mean square，DLMS）分别为块最小均方根和延迟最小均方根算法。

表 22.2　不同自适应算法降噪性能比较

算法	SNR（dB）	时间（ms）	MA（mV）	SA-TE（mV）
Echo Model			0.995	0.995
Noisy Echo	−12.352		2.826	2.304
LMS[a]	−5.973	0.131	2.303	1.741
BLMS[a]	−5.999	0.036	2.240	1.712
ADJLMS[a]	−5.599	0.049	2.498	1.756
DLMS[a]	−5.998	0.032	2.299	1.512
NLMS[b]	−2.716	0.029	2.147	1.322
AP[a]	−2.217	0.072	2.216	1.385
NLMS[b]+AP	1.054	0.109	1.928	1.223

a 固定步长采用 0.005，滤波器阶数为 32，延迟个数为 3。
b NLMS 的步长采用式（22.39）计算。

表中第 2 列和第 3 列分别为各种算法降噪后的信噪比和计算时间。从表中可以看出，NLMS 算法相对于其他自适应算法具有最好的降噪性能。尽管计算时间略高于 DLMS 和 ADJLMS 算法，但是信噪比的提高是几种算法中最优的。另外，采用双级降噪的方式（NLMS+AP）能取得最好的降噪性能，信噪比能提高 13.406 dB。

在表 22.2 中也对比分析了不同算法对两种常用的回波幅度提取方法的影响，如第 4 列和第 5 列所示。第 4 列为最大峰值（maximum peak，MA）提取方法，第 5 列是采样平均方法（sample average nearby the half of echo time，SA-TE）。根据 NMR 现象的产生原理，当忽略噪声影响时，自旋回波的最大幅度应该出现在时间点为 TE/2 处。然而，由于噪声的随机干扰，对于低信噪比的 NMR 自旋回波幅度，其最大值并不一定在时间点 TE/2 处。当采用多种算法对自旋回波进行降噪处理后，NLMS 和 AP 的双级降噪处理方法优于其他自适应算法。

利用双级降噪处理后的结果如图 22.11 所示。图 22.11（a）为构造的无噪自旋回波，采样点数为 800，其 MA 和 SA-TE 检测的幅度均为 0.995 mV。图 22.11（b）为带噪回波，受到噪声的影响，自旋回波的形状已经不能分辨，采用 MA 和 SA-TE 检测的幅度分别为 2.826 mV 和 2.304 mV，已经不能正确反映自旋回波的幅度信息。图 22.11（c）为 PC-ALE 方法的第一级降噪处理（NLMS 算法），信噪比已经由带噪回波的 -12.352 dB 提高到了 -2.716 dB，利用 MA 和 SA-TE 检测的幅度分别为 2.147 mV 和 1.322 mV，然而，第 600~800 个数据点仍然存在较严重的噪声干扰。这是由于在前 280 个数据点的降噪处理中算法已经收敛，后部分的噪声被算法判定为信号。但是，经过 NLMS 算法处理后，自旋回波的相关性得到了有效提高，这对于第二级的 AP 算法降噪非常重要。图 22.11（d）为 AP 算法降噪后的结果，可以看出，回波已经具有较好的包络形态，信噪比提高到了 1.054 dB，采用 MA 和 SA-TE 检测的幅度分别为 1.928 mV 和 1.223 mV，与模型的幅度较为接近。

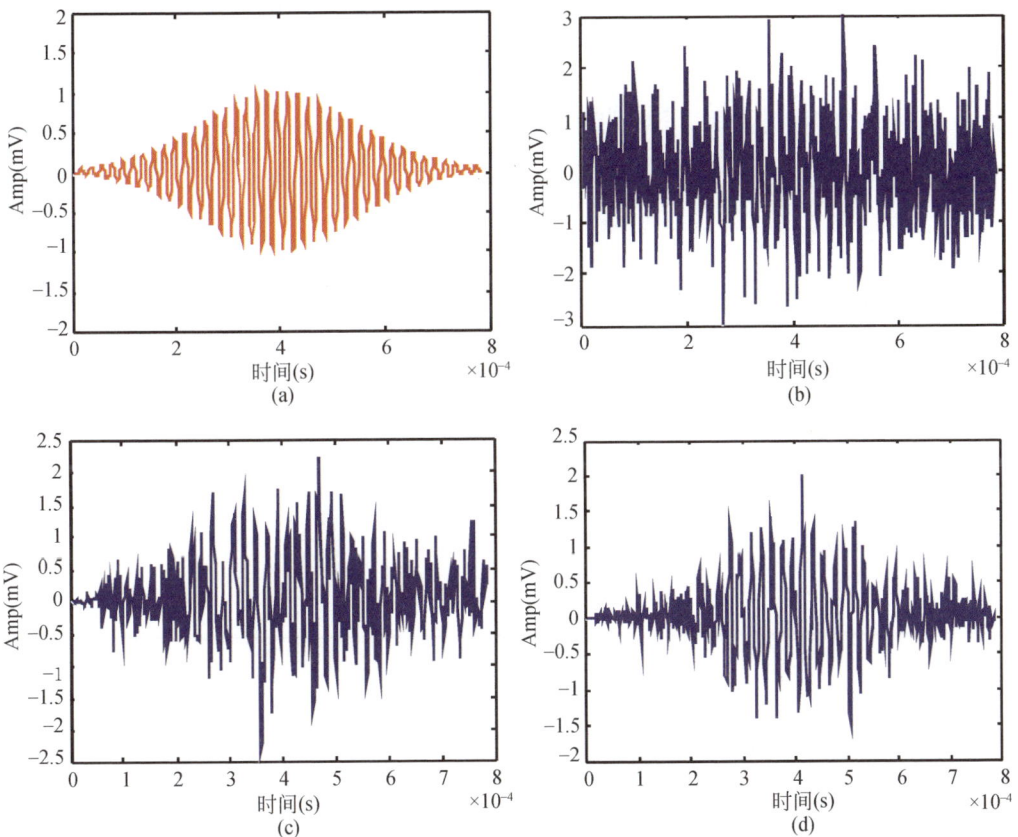

图 22.11　PC-ALE 方法降噪性能

（a）自旋回波模型；（b）带噪回波；（c）NLMS 降噪（第一级）；（d）AP 降噪（第二级）

　　另外，MA 方法检测的回波幅度比 SA-TE 方法高的原因与自适应算法的收敛速率和算法失调的矛盾有关。当算法已经收敛（即滤波器系数不再更新），叠加在峰值的噪声会被作为信号进行处理，降噪性能会下降，导致误差的增大。而且，由于噪声具有不相关性，通过累加平均可以减小噪声的影响，而 SA-TE 方法起到了平滑滤波和提高信噪比的作用，因此 SA-TE 方法检测的幅度信息比 MA 方法更准确，信噪比改善也更好一些。

　　根据式（22.41）～（22.43）对时域延迟造成的相位漂移进行校正，如图 22.12 所示。校正后的相位与原自旋回波一致。由此可见，经过 PC-ALE 双级降噪处理后，噪声已经得到了有效抑制，自旋回波恢复了包络形态，其幅值已经接近模型，信噪比从 -12.352 dB 提高到了 1.054 dB，由于延迟造成的相位漂移得到了校正。

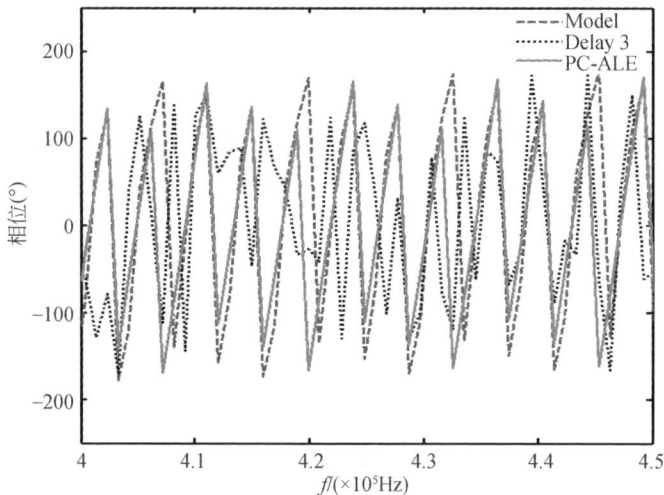

图 22.12　PC-ALE 的相位校正结果

虚线为模型的相位，点线为延迟 3 个采样点后的相位，实线为经过校正后的相位

22.5　PC-ALE 回波降噪实验

22.5.1　流体测量降噪

　　为了验证 PC-ALE 方法的有效性，通过实验室自制的 NMR 岩心分析仪采集不同信噪比的自旋回波进行降噪处理，实验设备的主要部件如图 22.13 所示。探头采用 Halbach 结构，连接在便携式 NMR 岩心分析仪上进行采集，如图 22.14（a）所

示。其静磁场强度为 0.1 T，对应的射频频率为 4.258 MHz，采样频率为 34.064 MHz，90°脉冲宽度为 9.500 μs，180°脉冲宽度为 19 μs，等待时间 TE 为 0.4 μs，采样点数为 2 400，样品为纯水。

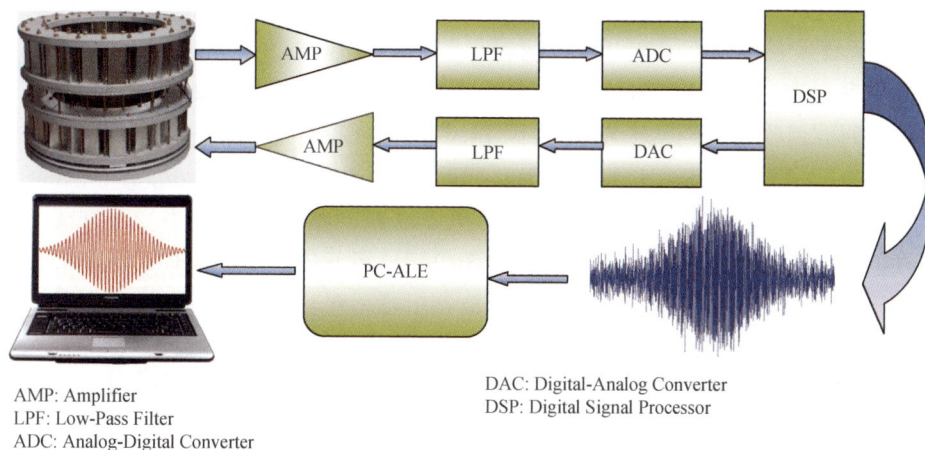

AMP: Amplifier
LPF: Low-Pass Filter
ADC: Analog-Digital Converter

DAC: Digital-Analog Converter
DSP: Digital Signal Processor

图 22.13 PC-ALE 降噪实验装置

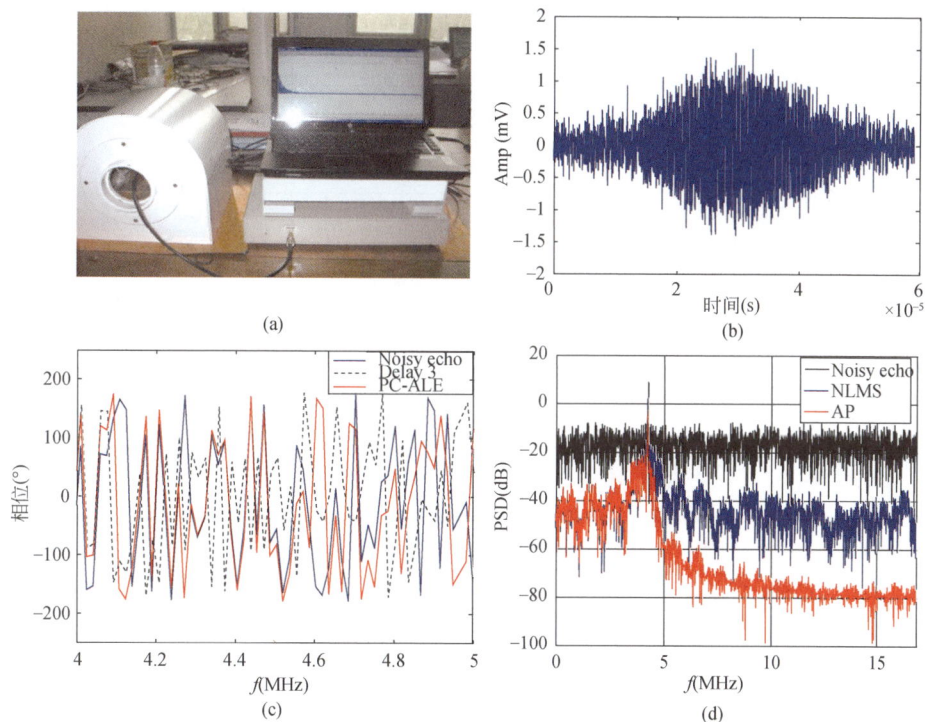

图 22.14 NMR 流体测量的 PC-ALE 降噪结果

样品为纯水，$N=32$；$b=1$；$\mu_{AP}=0.1$

　　线圈接收到的 NMR 信号经过前置放大和二次放大后送入低通滤波器滤除高频分量；再经过 ADC 转化为数字信号送入 DSP 芯片中。从 DSP 中读出采集到的回波包络存储在电脑硬盘中，选取不同的自适应算法对回波信号进行处理，测试和验证最优的 NMR 测井降噪的自适应算法。

　　PC-ALE 方法在笔记本电脑上运行。图 22.14（b）为 NMR 岩心分析仪采集到的带噪回波，采用 MA 和 SA-TE 方法检测的回波幅度如表 22.3 所示。采集到的自旋回波信噪比分别从 5.899 dB 到 14.228 dB，尽管回波的幅度有所降低，然而噪声得到了有效抑制，信噪比得到了较好改善。由于相位漂移受到诸如磁场的非均匀性、射频场偏移、模拟滤波器的积分过程、NMR 谱仪的不稳定性等多种因素的影响，很难完全消除各种因素对相位漂移造成的影响。然而 PC-ALE 方法着重于自旋回波信号的信噪比提高和滤波器组延迟对自旋回波的影响，其他因素的影响会在以后的工作中考虑。通过 PC-ALE 方法降噪后的自旋回波信号的功率谱密度（power spectrum density，PSD）如图 22.14（d）所示。噪声的 PSD 由 -20 dB 降低到了 -60 dB，噪声得到了有效抑制。

表 22.3　PC-ALE 降噪性能对比

序号	Noisy spin echo				Output of PC-ALE				phase (°)*
	SNR	MA (mV)	SA-TE (mV)	phase (°)*	SNR	MA (mV)	SA-TE (mV)		
1	5.899	1.380	1.210	139.590	7.0604	1.351	1.198		140.249
2	5.663	1.373	1.064	135.809	6.879	1.133	1.063		133.652
3	8.412	2.009	1.836	173.190	22.544	1.819	1.692		175.897
4	9.043	1.510	1.177	−158.463	20.787	1.246	1.151		−161.199
5	9.559	2.032	1.465	−89.898	20.381	1.964	1.791		−87.550
6	9.092	2.094	1.781	28.678	22.087	1.869	1.680		27.365
7	9.033	1.818	1.724	−147.785	14.338	1.722	1.551		−146.204
8	11.275	1.938	1.678	13.774	21.382	1.837	1.688		12.286
9	12.998	2.035	1.857	128.137	22.571	1.991	1.794		129.202
10	14.228	1.855	1.521	126.703	15.368	1.811	1.642		123.922

＊计算的相位值为共振频率点 4.258 MHz 时的相位，自适应滤波器阶数为 32 阶，预测深度为 8。

22.5.2　岩心测量降噪

　　为了验证 PC-ALE 算法对岩心测量的有效性，对实验室运动型 NMR 测量系统的岩心测量结果进行降噪处理。整个测量装置如图 22.15 所示。

　　该测量系统主要由可编程逻辑控制器（programmable logic controller，PLC）、

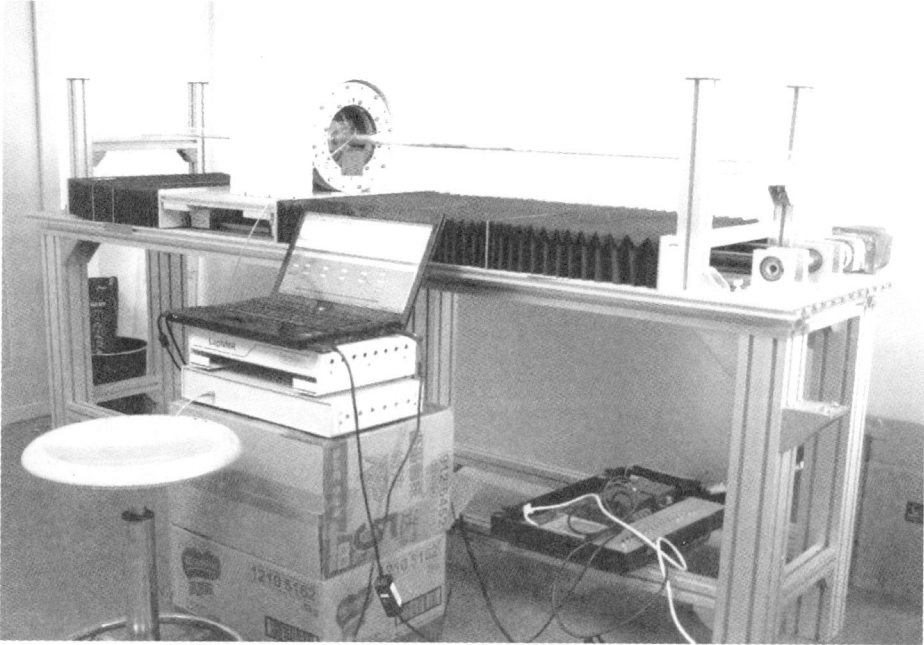

图 22.15　运动型 NMR 测量系统

步进电机、滑台、探头、前置放大/功率放大、NMR 谱仪等部分构成，如图 22.15 所示。PLC 主要用于控制步进电机的运动速度，从而调整载有探头的滑台按照用户指定的速度对样品进行扫描；滑台长度为 1.5 m，可实现直径为 2.54 cm、长度为 1 m 的全直径岩心连续测量。探头均匀区域的磁场为 0.23 T，对应的 Larmor 频率为 9.793 MHz。采用 NT NMR 软件设计脉冲序列和 NMR 回波信号的采集，采用 Labview 软件控制步进电机的运动速度，软件的采集界面和控制界面如图 22.16 所示。

　　由于整个测量是在运动状态下进行的，测量结果受到探测区域内样品大小、探头运动速度等多种因素影响，分析实验设备可知以下几点内容。

　　（1）在实验室测量时噪声主要来源于 PLC，另外由于实验室接地性能不好，由此产生的地电位差噪声影响了实验结果。

　　（2）由于步进电机为顺磁材料，尽管对其已经进行了屏蔽处理，但是屏蔽材料中的顺磁杂质和屏蔽的密封性对测量结果仍有一定的影响。

　　（3）当探头没有运动到样品区域时，谱仪所采集到的信号为各种噪声的叠加，在相同的实验条件下，可以认为测量到的噪声具有相同的统计水平。

　　（4）探头进入样品区域时，采集到数据为 NMR 的信号与噪声的叠加。

　　在对岩心进行运动测量之前，需要在静止状态下对岩心进行刻度。静止状态

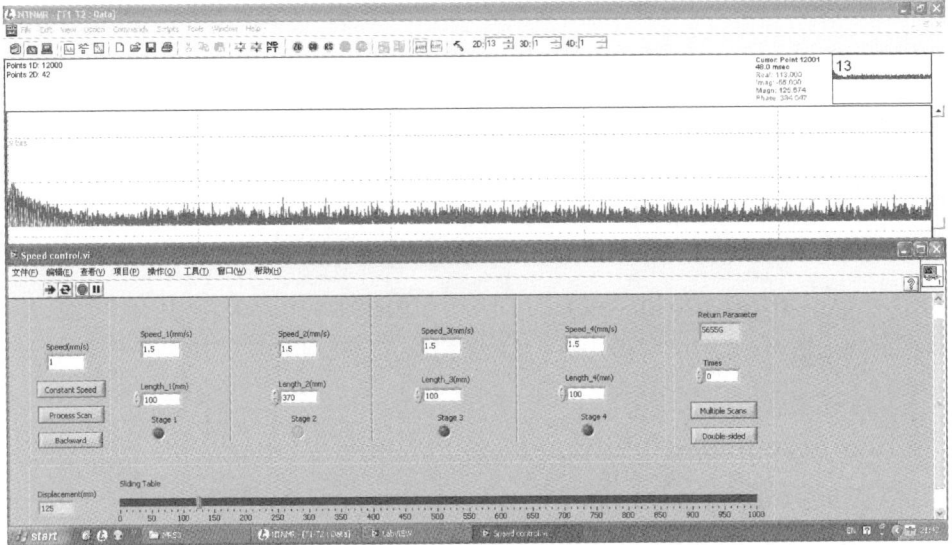

图 22.16　运动型 NMR 测量系统数据采集和运动控制界面

下的采集参数为：极化时间（TW）8 s，回波间隔（TE）0.16 ms，回波个数 500 个，采集点数 12 000，采样频率 250 kHz，累加 64 次。图 22.17（a）为静止测量时采集到的岩心回波串信号，采集的回波串信号尚未刻度。图 22.17（b）为岩心回波串经过纯水刻度后反演的 T_2 谱。该岩心为细砂岩，称重孔隙度为 10.8 p.u.，NMR 孔隙度为 10.6 p.u.。

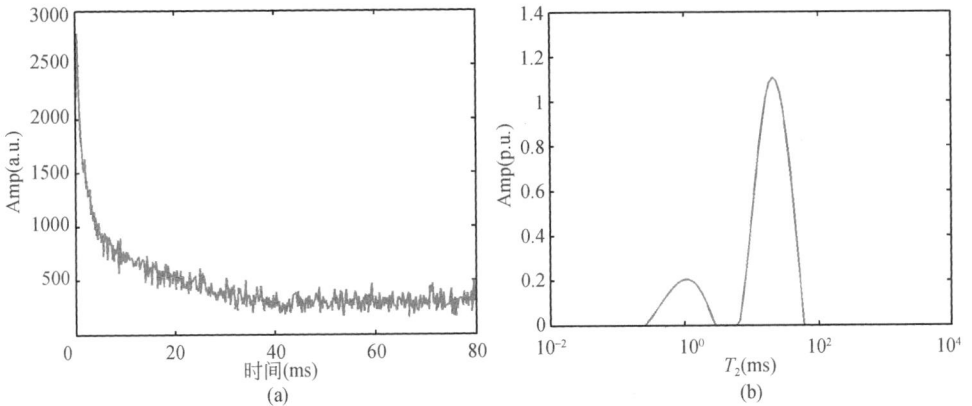

(a)　　　　　　　　　　(b)

图 22.17　NMR 岩心测量的回波串和反演的 T_2 谱

采用运动型 NMR 测量系统对该岩心进行运动测量，采集到的自选回波分别为不累加、4 次、8 次和 16 次累加，分别如图 2.18（a）、（b）、（c）和（d）所示。运动时的采集参数为：极化时间（TW）8 s，自旋回波个数为 10，采集点数为 12 000，采样频率为 1 MHz。由图 22.18（a）可知，在不累加时很难分辨出自旋回波的正弦特征，噪声幅度较大，NMR 信号被淹没在噪声中，信噪比很低；当累加 8 次后，自旋回波的正弦特征明显，然而噪声仍然较大，影响回波幅度的准确提取。

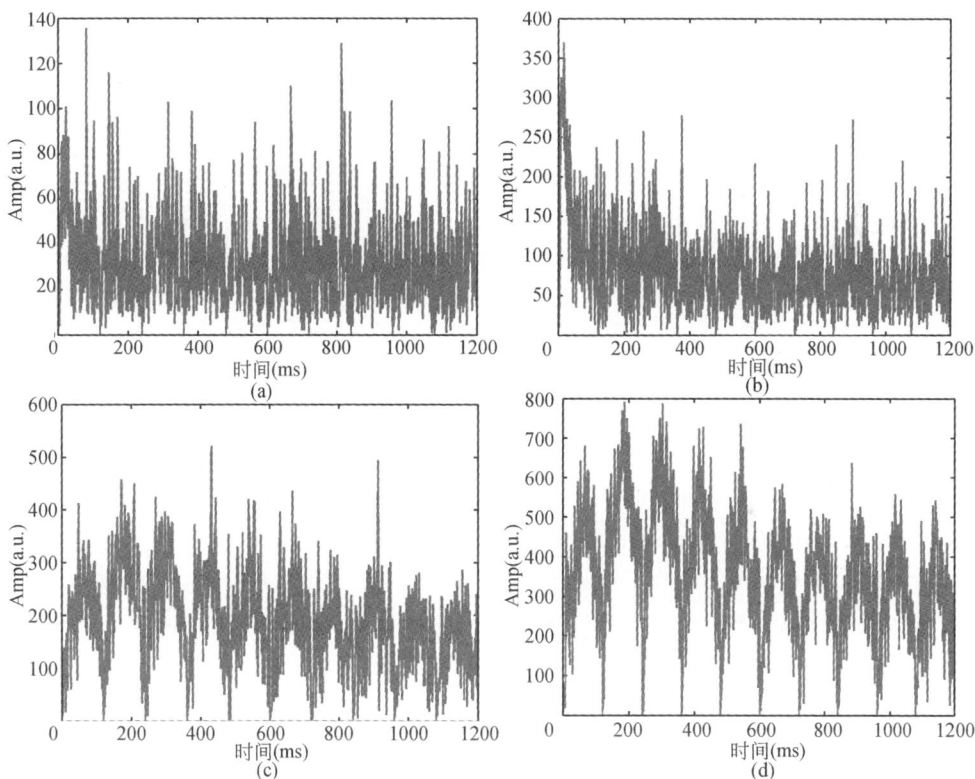

图 22.18　运动型 NMR 测量系统采集到的 10 个自旋回波（3#岩心）
（a）不累加；（b）4 次累加；（c）8 次累加；（d）16 次累加

采用 PC-ALE 算法对采集到的自旋回波进行降噪处理，滤波器系数的更新如 22.3 节所述。首先将滤波器的系数初始化为 1，系数根据式（22.39）实现 1200 次迭代，自适应滤波器阶数为 16，滤波器系数变化如图 22.19 所示。

图 22.19（a）和（c）为 NLMS 算法和 AP 算法的系数不同迭代次数时的变化，滤波器系数初始化为 1。可以看出前 100 次迭代时，滤波器系数变化较大，这是算法为了追踪到信号而不断地调整滤波器系数，因此前 120 次迭代的输出误差也比较大。当算法跟踪到信号后，自适应滤波器系数根据信号变化的特点不断

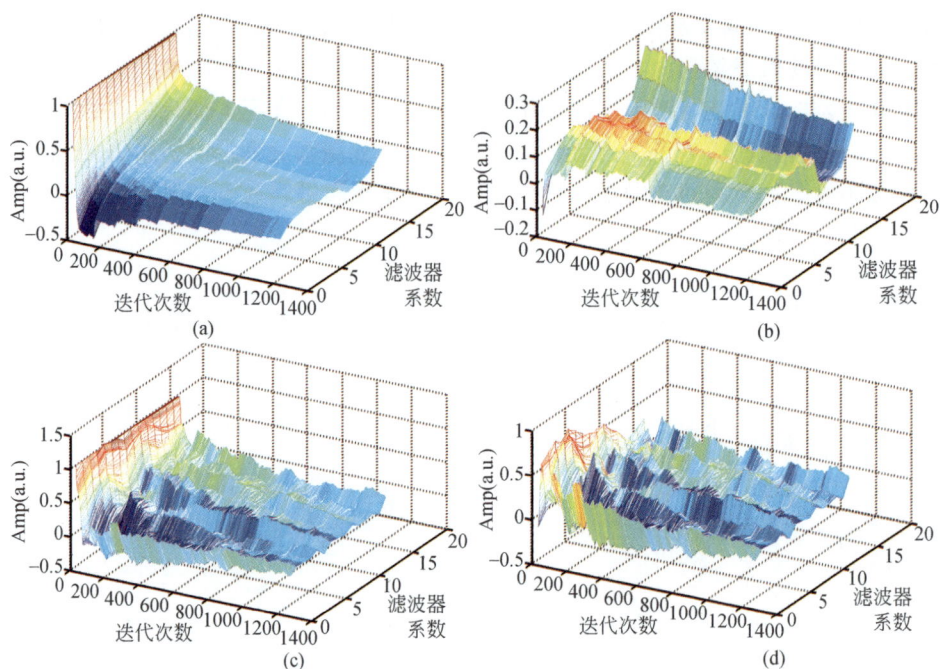

图 22.19　PC-ALE 算法自适应滤波器系数变化

调整，当输出误差达到最小时算法收敛，滤波器系数不再有变化。图 22.19（b）
和（d）为采用 16 阶 Gaussian 滤波器系数作为初始系数时 NLMS 算法和 AP 算法
的系数变化。可以看出，NLMS 算法的滤波器系数变化不大，而 AP 算法在 200
次迭代后才开始收敛，然而 AP 算法的误差却能很快衰减到最小值附近，两级串
联实现后的输出误差如图 22.20 所示。

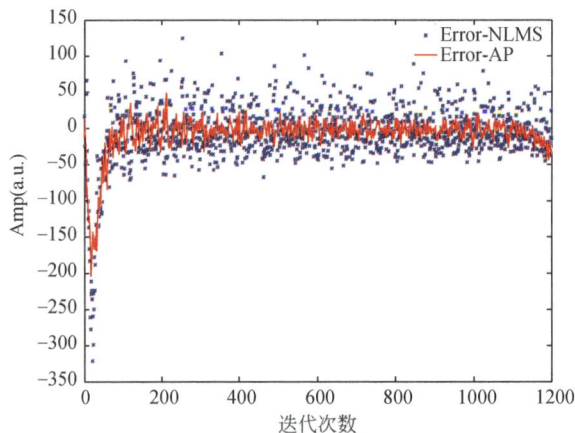

图 22.20　3#岩心两级降噪的误差输出

　　图 22.21 为 3#岩心在单次扫描时采用 PC-ALE 方法的降噪结果。由图 22.21 (a) 可以看出，在单次扫描和不累加时（图中虚线）回波幅度非常微弱，已经看不到回波包络的形状，回波信号被淹没在噪声中，信噪比非常低。经过 PC-ALE 的第一级降噪（NLMS 算法）后，自旋回波信号逐渐恢复了包络的形状。经过第二级降噪（AP 算法）后，噪声得到了有效抑制，提高了回波信号的信噪比。降噪处理时，前 100 次迭代过程中算法不断更新自适应滤波器系数，因此输出结果有较大的误差；当算法收敛后能得到较稳定的输出结果。经过双级降噪处理后，噪声的 PSD 由 24 dB 下降到了 4 dB 左右，噪声得到了较好的抑制，如图 22.21 (b) 所示。

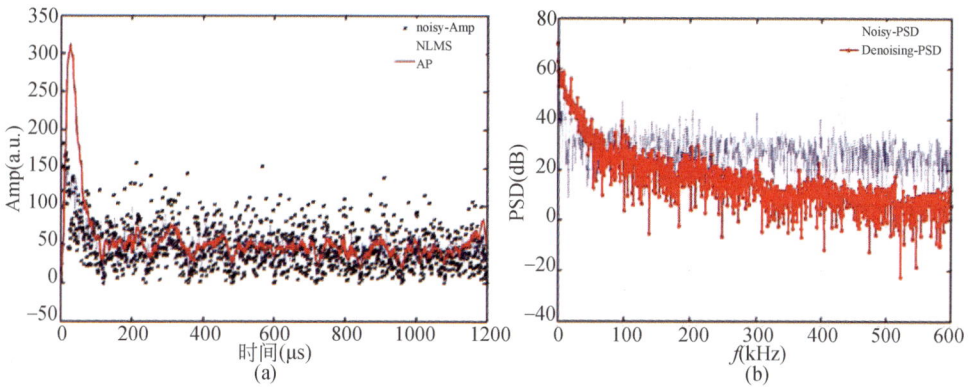

图 22.21　3#岩心降噪前后对比
(a) 单次扫描，不累加；(b) 双级降噪处理

　　图 22.22 为该岩心降噪前后的频谱，经过 PC-ALE 处理后，100~500 kHz 随机分布的噪声分量已经得到了抑制，仅在 0~100 kHz 有少量的噪声存在。回波信号的频谱主要集中在零频率附近，这是由于接收到的自旋回波包络已经经过数字相敏检波（DPSD），对回波信号进行了一次频谱搬移，将自旋回波信号从 Larmor 频率搬移到了零频率，DPSD 检波方法将在第 23 章详细讨论。

　　图 22.23 (a)、(b)、(c) 分别为 3#岩心在不同累加次数的降噪结果与原测量数据的幅度值对比，采用本书 22.4 节所述 SA-TE 方法从回波包络中提取回波幅度值。随着累加次数的增大，采用 PC-ALE 算法降噪后的幅值有所降低，当累加次数大于 4 次后，由于数据的信噪比增大，降噪后的幅度值低于累加平均的幅度值，由此可知，PC-ALE 算法适用于信噪比较低的回波降噪。当信噪比较高时，算法降噪性能下降，容易引起幅度值的降低。图 22.23 (d) 为不同累加次数的降噪结果对比，可从图中看出累加次数大于 4 次后，降噪后的回波幅度较为稳定。

　　3#岩心采集到的自旋回波在 2 次累加和 4 次累加时信噪比仍然很低，正弦特

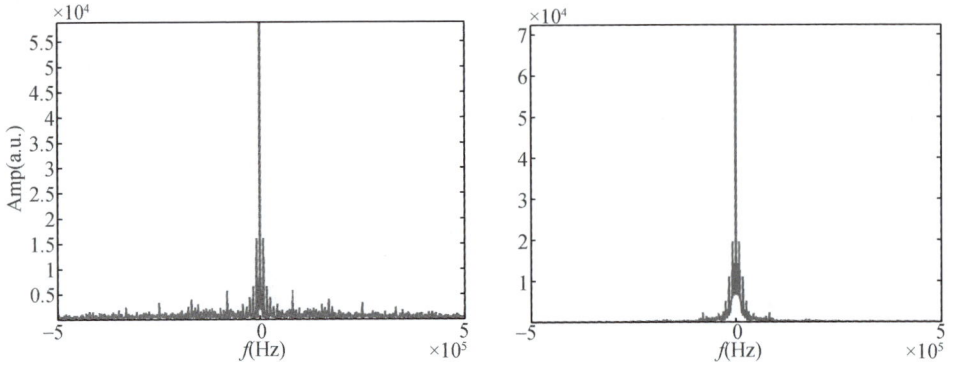

图 22.22　3#岩心降噪前后的频谱

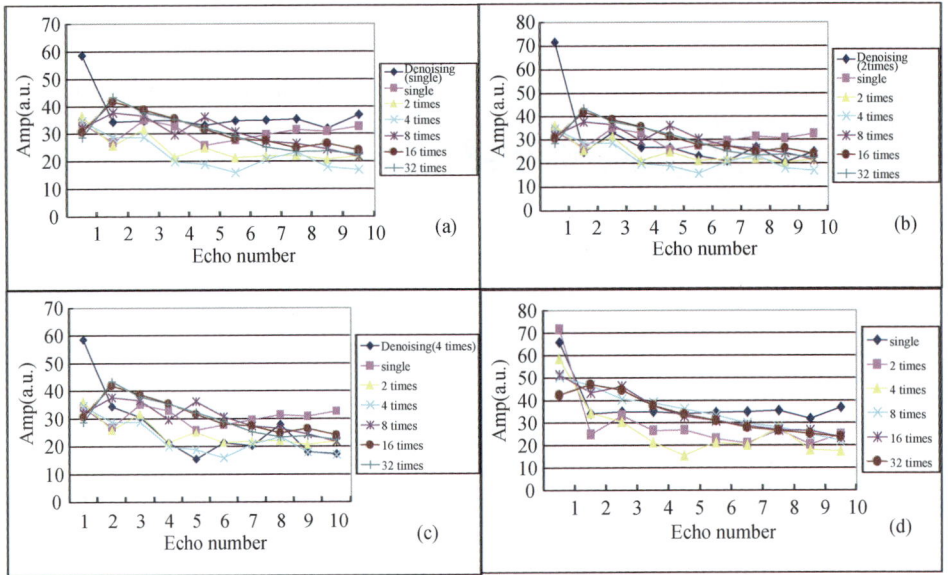

图 22.23　3#岩心不同累加次数降噪性能对比

征的自旋回波信号被淹没在噪声中。经过 PC-ALE 方法降噪后，4 次累加的降噪结果逐步反映了每个包络（即正弦波）的峰值，而 2 次累加的降噪结果仍然无法识别第 5 个和第 6 个包络，而在 4 次累加的降噪结果中已经有一些变化，如图22.24（a）和（b）所示。随着累加次数的增大，8 次累加后的结果正弦特征明显，经过 PC-ALE 方法降噪后，叠加在正弦波上的噪声得到了较好的抑制，信噪比得到较好的改善，回波曲线光滑，如图 22.24（c）和（d）所示。受到算法收敛速度的影响，PC-ALE 方法的前 100 次迭代结果与带噪数据有较大的误差，这是由于滤波器系数被初始设置为 1，与最优化的滤波器系数相差甚远，因此自适应滤波效果不明显。由于 PC-ALE 方法的第二级处理（即 AP 算法）采用了固定值为 0.05 的步长因子，而 NLMS 算法采用的是可变步长因子，因此 AP 算法的收敛速度较 NLMS 算法慢，在实际应用中第 1 个回波的幅度值可采用第一级 NLMS 的降噪输出。

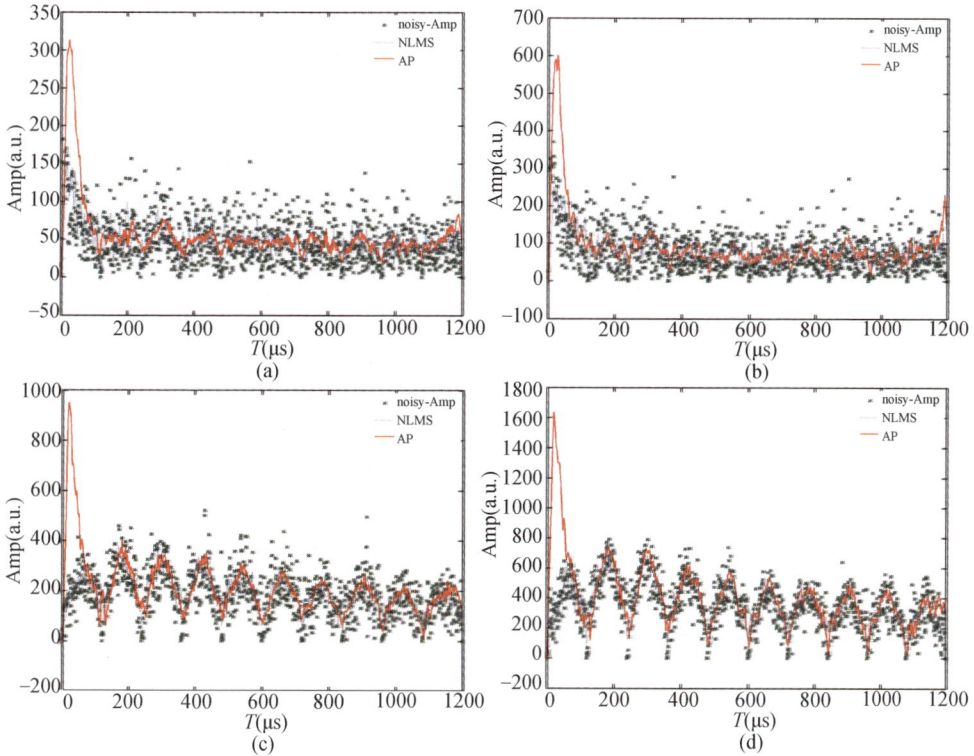

图 22.24   3#岩心不同累加次数的降噪结果

累加次数分别为 2 次、4 次、8 次和 16 次

22.6   小   结

数值模拟和实验用于评估 PC-ALE 方法对自旋回波的降噪性能。PC-ALE 方法结合了 NLMS 算法和 AP 算法的优点，采用双级互联的方法为低信噪比 NMR 自旋回波降噪。NLMS 算法能很快追踪到具有正弦特征的 NMR 测井自旋回波信号，可变步长因子提高了算法的收敛速度，经过第一级自适应降噪（NLMS 算法）处理后，自旋回波信号的信噪比和相关性均得到了提高；第二级降噪方法采用 AP

算法，利用算法特有的数据重用特性，在提高算法收敛速度的同时抑制噪声对信号的污染，从而有效改善 NMR 自旋回波的信噪比。

由于 PC-ALE 方法采用了横向 FIR 滤波器结构，滤波器的组延迟造成了自旋回波信号的相位漂移，根据延迟的个数在频率域对自旋回波的相位进行补偿，再从频率域转换到时间域，从而避免了由组延迟造成的相位漂移问题。

通过双级降噪处理后能较准确地检测出自旋回波的幅度信息，噪声能得到有效抑制，回波包络形态能得到有效改善，经过相位校正后的自旋回波能减小滤波器组延迟和时延造成的相位漂移。

另外，通过数值模拟可知，由于 SA-TE 方法的平滑滤波性能和累加平均效果，其比 MA 方法更能准确地检测回波幅度。为了提高收敛速度，需要兼顾考虑 NMR 自旋回波的指数衰减特性，进一步研究适用于 NMR 测井信号降噪的可变步长因子算法。

第 23 章　基于 DPSD 的降噪 （回波检测中）

23.1　微弱信号检测方法

NMR 测井是在高温、高压、体积受到严格限制的极端条件下进行测量的，测量结果受到切片内样品体积、含氢指数、钻井液矿化度等多种因素的影响，信号幅度微弱。因此，NMR 测井信号的检测属于微弱信号的范畴。

多年来，基于微弱信号的检测有了长足的发展，很多专家、学者分别从硬件和软件方法上研究出了多种检测方法。常用于微弱信号检测的方法有取样积分方法、数字平均方法、自相关检测[138-139]、互相关检测[140-145]、互功率谱检测[146]、正弦自适应检测方法[147]等。取样积分方法主要通过模拟电路实现，将模拟信号分成多个满足精度要求的时间间隔，并对时间间隔内采集到的信号进行取样和积分；数字式平均方法主要由数字电路实现，是将取样后的信号通过 ADC 转换为离散信号，通过数字电路实现累加和平均，避免了模拟电路存在的漏电和漂移问题；自相关检测和互相关检测的计算原理相似，不同的是自相关检测方法针对的是同一个信号，而互相关检测方法针对的是不同的信号，可以认为自相关法是互相关的一种特例。

对于 NMR 测井仪接收到的信号，可以认为是宽带噪声和窄带自旋回波信号的叠加。如果对测量到的 NMR 带噪信号进行延迟，当延迟较大时，由于噪声具有随机特性，不具有自相关性。然而 NMR 自旋回波信号为周期性信号，在延迟较大时其自相关性表现明显。利用这一特性，经过自相关处理便能从带噪信号中提取出有用的 NMR 信号。自相关检测需要对信号做较大的延迟才能有效分离出有用信号和噪声，因此容易丢失信号的相位特性，相位的丢失容易引起 NMR 回波信号的畸变，影响回波幅度的正确提取。然而 NMR 测井仪测量到的回波信号的频率是已知的（其频率为拉莫尔频率），可以利用数字器件（如 DDS 等）产生频率相同、相位已知的余弦信号作为参考信号与带噪回波信号作互相关，从而从带噪回波信号中提取出 NMR 信号的幅度和相位信息。数字相敏检波方法（DPSD）就是利用互相关的这种特性，其已经广泛应用于 NMR 谱仪中，该检测方法原理将在本章 23.2 节详细描述。

不同检测方法的原理及优缺点如表 23.1 所示。

表 23.1　不同检测方法对比

检测方法	检测原理	优点	缺点
取样积分	将每个信号周期划分为若干个时间间隔,在每个时间间隔取样	信噪比随积分时间的增加而增大,适用于信号幅度较小的高频信号	信号幅度较大时容易引起测量误差
数字平均	在每个信号周期均匀取样多次	运算过程中不会引入噪声和误差,没有漏电和漂移问题,信噪比与累加次数相关	适用于低频和中频信号,取样脉冲宽度较宽,分辨率差
自相关	利用噪声在不同时刻的相关特性从噪声中提取信号的幅度和频率	当延迟时间较大时,能从噪声中检测信号的幅度和频率	丢失了信号的相位特性
互相关	利用同频参考信号与被测信号作互相关	从噪声中提取信号的幅度、频率和相位信息	谐波分量的幅度、次数、相位等信息都会丢失
互功率谱	从参考信号与被测信号的互相关功率谱中计算被测信号的幅度	只要测量时间无限长,噪声可以被完全排除,而且不存在零漂问题	谱分辨率依赖于被测信号的信噪比,谱峰的位置易受被测信号的初相位的影响

对比分析上述信号检测方法的特点,选择基于互相关检测的 DPSD 方法检测 NMR 测井信号。一方面,DPSD 方法适用于低频信号检测,具有很高的线性度和较宽的动态范围(可大于 120 dB);另一方面,在 NMR 测井应用中,感兴趣的只是 ^{1}H 核自旋回波信号的幅度、频率和相位,对于叠加在拉莫尔频率上的谐波分量并不是期望的信号。此外,DPSD 算法在测量信噪比低至−30 ~ −60 dB 的强噪声背景下的弱信号幅值时仍具有很高的精度[49],上述优点对于低信噪比的 NMR 信号检测尤为重要。

23.2　DPSD 原 理

相敏检波是一种很成熟的弱信号检测方法。在 20 世纪 60 年代早期,相敏检波方法依赖于模拟电路实现,主要通过模拟乘法器实现。尽管模拟相敏检波电路有较强的噪声抑制能力,但要求模拟低通滤波器的积分时间很长。随着数字技术的飞速发展,相敏检波方法已经逐步被数字器件所代替,从而产生了 DPSD 方法,在目前已经广泛应用于 NMR 回波幅度和相位的检测。

23. 2. 1　DPSD 的数学原理

DPSD 检测方法能很好地抑制噪声、改善信号信噪比，已经广泛应用于 NMR 谱仪的回波幅度和相位检测中。

天线检测到的 NMR 回波信号经过放大、滤波等处理后再通过 ADC 将模拟信号转换为数字信号 $x(n)$，设 ADC 转换后的回波信号为

$$x(n) = s(n) + noise(n) = A_i \cos(\omega n + \phi) + noise(n) \qquad (23.1)$$

参考通道用于产生与共振频率（Larmor 频率）相同、相位相差 90° 的两路正交信号 $r_1(n)$ 和 $r_2(n)$：

$$r_1(n) = \cos(\omega n) \qquad r_2(n) = \sin(\omega n) \qquad (23.2)$$

利用乘法器将回波信号与两路正交信号相乘：

$$
\begin{aligned}
y_1(n) &= x(n) r_1(n) \\
&= \frac{A_i}{2} \left[\cos(2\omega n + \phi) + \cos\phi \right] + \frac{A_n}{2} \left[\cos((\omega_n + \omega)n + \phi_n) \right. \\
&\quad \left. + \cos((\omega_n - \omega)n + \phi_n) \right]
\end{aligned}
\qquad (23.3)
$$

$$
\begin{aligned}
y_2(n) &= x(n) r_2(n) \\
&= \frac{A_i}{2} \left[\sin(2\omega n + \phi) - \sin\phi \right] + \frac{A_n}{2} \left[\sin((\omega_n + \omega)n + \phi_n) \right. \\
&\quad \left. - \sin((\omega_n - \omega)n + \phi_n) \right]
\end{aligned}
\qquad (23.4)
$$

式中，A_i 和 A_n 分别为回波和噪声的幅度；ϕ 为回波的相位；ω 为回波的频率，也即 Larmor 频率；ω_n 和 ϕ_n 是噪声的频率和相位。

由式（23.3）和（23.4）可以看出，当回波信号经过乘法器相乘后，产生了 2 倍频的分量 $\cos(2\omega n + \phi)$ 和 $\sin(2\omega n + \phi)$，以及 $\cos[(\omega_n + \omega)n + \phi_n]$ 和 $\sin[(\omega_n + \omega)n + \phi_n]$，这对于 NMR 信号的处理是不期望的。而这些不期望得到的频率分量可以选用具有较好幅频特性的数字低通滤波器滤除。

假设经过数字低通滤波器的输出 $y_1'(n)$ 和 $y_2'(n)$ 为

$$y_1'(n) = \frac{A_i}{2}\cos\phi + \frac{A_n}{2}\cos[(\omega_n - \omega)n + \phi_n] \qquad (23.5)$$

$$y_2'(n) = -\frac{A_i}{2}\sin\phi - \frac{A_n}{2}\sin[(\omega_n - \omega)n + \phi_n] \qquad (23.6)$$

等式右边的第一项为 NMR 回波信号的幅度，第二项为噪声。为了提高 NMR 回波信号的信噪比，采用积分器对回波信号进行累加，假定经过累加后噪声已经消除（等式右边第二项），两个通道的积分器的输出只有回波幅度 U_{01} 和 U_{02}：

$$U_{01} = \frac{A_i}{2}\cos\phi, \quad U_{02} = -\frac{A_i}{2}\sin\phi; \qquad (23.7)$$

通过 U_{01} 和 U_{02} 可以计算出每个自旋回波的幅度 U_0 和相位 θ，从而实现自旋回波信号幅度和相位的检测。

$$U_0 = \sqrt{U_{01}^2 + U_{02}^2} = \frac{A_i}{2}, \quad \theta = -\arctan\frac{U_{02}}{U_{01}} \tag{23.8}$$

上述原理简述如下：回波信号经过高精度 ADC 器件由模拟信号转换为数字信号后，与脉冲发射频率一致的离散参考信号 $r_1(n)$ 和 $r_2(n)$ 相乘，$r_1(n)$ 和 $r_2(n)$ 相位相差 $90°$。回波信号与参考信号相乘后，两个通道均产生和频分量和差频分量信号。经过低通滤波器后，和频分量和通带外的噪声被滤除。为了提高数据的信噪比，将采样的自旋回波数据累加平均，再经过乘法器和除法器得到每个自旋回波的幅度和相位，其检测原理如图 23.1 所示。

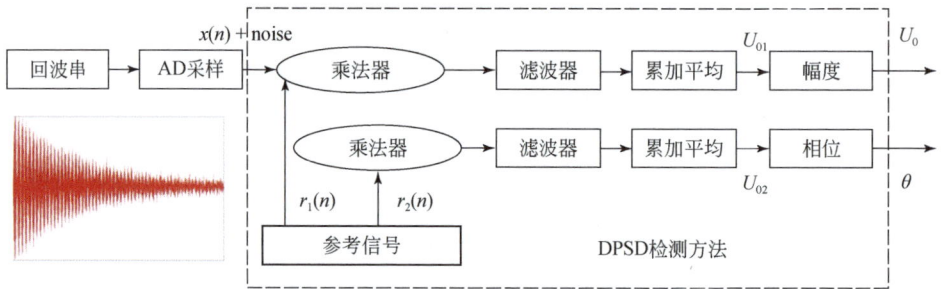

图 23.1　DPSD 检测方法原理

23.2.2　数字低通滤波器在 DPSD 方法中的作用

由上节分析可知，DPSD 回波检测方法以正交参考信号为基准，将原回波信号的频谱迁移到 $\omega=0$ 处，再使用带宽很窄的数字低通滤波器对原回波信号滤波，滤除和频分量与冗余过采样数据，从而能够准确地检测 NMR 回波幅度和相位信息。因此，数字低通滤波器的幅频特性决定 DPSD 方法检测回波信号的性能，这是由于以下几方面。

（1）回波信号与同频率的参考信号相乘后，会产生和频分量和差频分量，和频分量将原信号的频谱搬移到 2 倍原信号频率处，这是不期望的结果。

（2）来自于电子器件的电阻热噪声、散弹噪声、闪烁噪声等与外界干扰噪声叠加在一起，而这些噪声为宽带噪声，为了有效检测出回波幅度和相位，数字低通滤波器需要滤除通带外的多种噪声。

（3）DPSD 算法在 DSP 中实现，低通滤波器的带宽可以根据实际需要做得很窄，其频带宽度不受调制频率的影响，稳定性也远远优于带通滤波器。

（4）由于在采样的过程中采用多倍采样，过采样使得回波信号的频谱周期大于奈奎斯特采样率，采样后的信号频率波形产生空隙，过采样的数据点也需要通过设计的数字低通滤波器滤除，因此滤波器的幅频特性显得尤为重要。

然而，很少有文献讨论滤波器的窗函数和结构对 DPSD 在 NMR 检测中的影响，而在实际应用中，通常选取滤波性能稳定的 Hamming 窗[148]或 Hanning 窗等，在 23.4 节中将讨论不同窗函数的 FIR 滤波器对 DPSD 检波性能的影响。

23.3　数字低通滤波器设计

23.3.1　数字滤波器简介

正如 23.2.2 节所述，滤波器的幅频特性决定了 DPSD 方法的回波检测效果，本节将重点讨论 DPSD 方法中滤波器的设计方法。

数字滤波器已经广泛应用于 NMR 信号的滤波处理，因为数字滤波器具有以下优点①数字滤波器的通带具有非常平滑的幅度特性，经过数字滤波器后的输出信号幅度不会发生畸变；②NMR 信号从通带到阻带的过渡带可以在数字滤波器中设计得很窄，而模拟滤波器很难做到；③在阻带内的信号可以得到很好的抑制，不容易反馈进通带内。

经典的数字滤波器可分为 FIR（finite impulse response）和 IIR（infinite impulse response）滤波器设计。

IIR 滤波器采用递归结构，结构上带有反馈环路，包括直接型、正准型、级联型、并联型等结构形式。该滤波器在运算时采用舍入处理，随着误差的增大，输出容易产生寄生振荡。从性能上讲，IIR 滤波器传输函数的极点可以位于单位圆的任何位置，相比于 FIR 滤波器，可用较低的滤波器阶数实现高的选择性能，且 IIR 的幅频特性精度较 FIR 滤波器的精度高。然而，IIR 滤波器输出信号的相位呈非线性，对于相位敏感的 NMR 信号在滤波输出后很容易引起相位畸变。相位畸变会引起自旋回波发生扭曲，从而影响回波幅度和相位的准确提取。

FIR 滤波器采用非递归结构，传输函数的极点位于单位圆的原点，只能用较大的滤波器阶数实现高的选择性能，滤波器组延迟较大。然而，FIR 滤波器不仅能实现稳定的系统输出，在满足幅频响应要求的同时，还可以获得严格的线性相位特性，且设计灵活，便于编程实现，这对于 NMR 回波信号的实时处理尤为重要。因此，FIR 滤波器在 NMR 谱仪中得以广泛应用。

数字滤波器的设计是在模拟滤波器设计的基础上，将模拟滤波器的频率响应 $G(s)$ 转换为数字滤波器的频率响应 $H(z)$，由于 FIR 滤波器是 IIR 滤波器的一种退化形式，在此仅简单描述 IIR 滤波器的设计方法。

IIR 滤波器的设计主要借助于已经非常成熟的 Butterworth、Chebyshev 等模拟滤波器的设计思想，设计步骤如下。

（1）根据信号的频率预设滤波器的设计指标，如通带最大衰减 α_p、阻带最小衰减 α_s、通带上限角频率 Ω_p、阻带下限角频率 Ω_s 等。

（2）根据设计指标计算传递函数的幅频响应 $G(j\Omega)$，该幅频响应则代表了模拟滤波器的类型：

$$\alpha_p = -10\lg |G(j\Omega_p)|^2; \ \alpha_s = -10\lg |G(j\Omega_s)|^2 \tag{23.9}$$

（3）根据幅频响应 $G(j\Omega)$ 求取模拟滤波器的传递函数 $G(s)$：

$$|G(j\Omega)|^2 = G(s)G^*(s) = G(s)G(-s)|_{s=j\Omega} \tag{23.10}$$

$$G(s) = \frac{b_0 + b_1 s + \cdots + b_{N-1}s^{N-1} + b_N s^N}{a_0 + a_1 s + \cdots + a_{N-1}s^{N-1} + a_N s^N} \tag{23.11}$$

（4）将模拟低通滤波器的传递函数 $G(s)$ 转换为数字滤波器的传递函数 $H(z)$：令 $G(s)$ 的单位冲激响应为 $g(t)$，对应的数字滤波器的单位抽样响应为 $h(n)$，数字滤波器的传递函数为

$$h(nT_s) = g(t)|_{t=nT_s} = g(t)\sum_{n=0}^{\infty}\delta(t - nT_s) \tag{23.12}$$

$$H(z) = \sum_{n=0}^{\infty} h(nT_s)z^{-n} = (\sum_{i=0}^{M} b_i z^{-i})/(1 + \sum_{j=0}^{N} a_j z^{-j}) \tag{23.13}$$

式中，$h(n)$ 为滤波器的响应函数；M 和 N 分别为分子和分母的多项式系数的个数。令 $z = e^{j\omega}$，则该 IIR 滤波器传递函数的频率响应为

$$H(e^{j\omega}) = \frac{1}{T_s}\sum_{k=-\infty}^{\infty} G(j\Omega - jk\Omega_s) \tag{23.14}$$

当式（23.11）中的分母 a_j（$j = 0, 1, \cdots, N$）全为零时，传递函数具有全零点形式，IIR 滤波器退化为 FIR 滤波器，其传递函数为

$$H(z) = Y(z)/X(z) = \sum_{n=0}^{N-1} h(n)z^{-n} \tag{23.15}$$

频率响应为

$$H(e^{j\omega}) = \sum_{n=0}^{N-1} h(n)e^{-j\omega n} \tag{23.16}$$

求解该方程，可得 FIR 滤波器的输出为差分方程：

$$y(n) = b(0)x(n) + b(1)x(n-1) + \cdots + b(N-1)x(n-N+1) \tag{23.17}$$

$b(n)$ 也即所求的 FIR 滤波器系数。

23.3.2　窗函数设计法

为了 DPSD 方法能用于自旋回波的实时测量，需要考虑数字滤波器的复杂度

和 DPSD 检测方法在数字芯片中的运算时间，整个运行时间不能超过回波间隔（TE）时间的一半。因此，需要采用复杂度较小、设计简单而又能满足预期设计指标的数字滤波器。

FIR 滤波器是在对理想的滤波器频率特性作一定近似的基础上进行设计的[149]。常用于求取滤波器系数 $b(n)$ 的方法有窗函数法、最优化设计方法、约束最小二乘逼近法、升余弦函数法等，窗函数法由于设计简单、输出稳定、易于实现等优点成为一种快捷的设计方法，在 NMR 谱仪的设计中常被使用。

在采用窗函数法设计 FIR 滤波器时，要达到设计指标主要依赖于所选的窗函数幅频性能和该窗函数响应函数 $h(n)$ 的长度 N，即滤波器的阶数。通过不断地调整 N 直到满足设计指标。

窗函数设计是用具有一定宽度的函数 $w(n)$ 截断无限冲激响应序列 $h_d(n)$，得到有限长的脉冲响应序列 $h(n)$，也即滤波器系数 $b(n)$：

$$h(n) = h_d(n) \, w(n) \tag{23.18}$$

要使 FIR 滤波器获得线性相位，系数 $b(n)$ 必须满足中心对称条件：

$$b(n) = b(N-1-n) \text{ 或 } b(n) = -b(N-1-n) \tag{23.19}$$

对于 N 阶的线性相位滤波器，其群延迟可以用滤波器阶数 N 和采样频率进行计算，因此滤波后的输出仍保持原信号的波形。

23.4　数字滤波器窗函数

不同的窗函数对信号频谱的影响是不一样的，这主要是因为不同的窗函数产生泄漏的大小不一样，频率分辨能力也不一样。常用的滤波器窗函数有 Rectangle、Hanning、Hamming、Kaiser、Blackman、Gaussian 等。Rectangle 窗主瓣窄，旁瓣大，频率识别精度最高，但幅值识别精度最低；Blackman 窗主瓣宽，旁瓣小，频率识别精度最低，但幅值识别精度最高；Gaussian 窗可提高随时间指数衰减信号的信噪比。几种常用的窗函数的形状和幅频响应如图 23.2 所示。

理想的窗函数，应该具有最小的 3 dB 带宽 B（主瓣幅度归一化）、最小的边瓣峰值 A 以及最大的边瓣谱峰渐近衰减速度 D[149]。表 23.2 对比分析了常用的几种窗函数的性能。

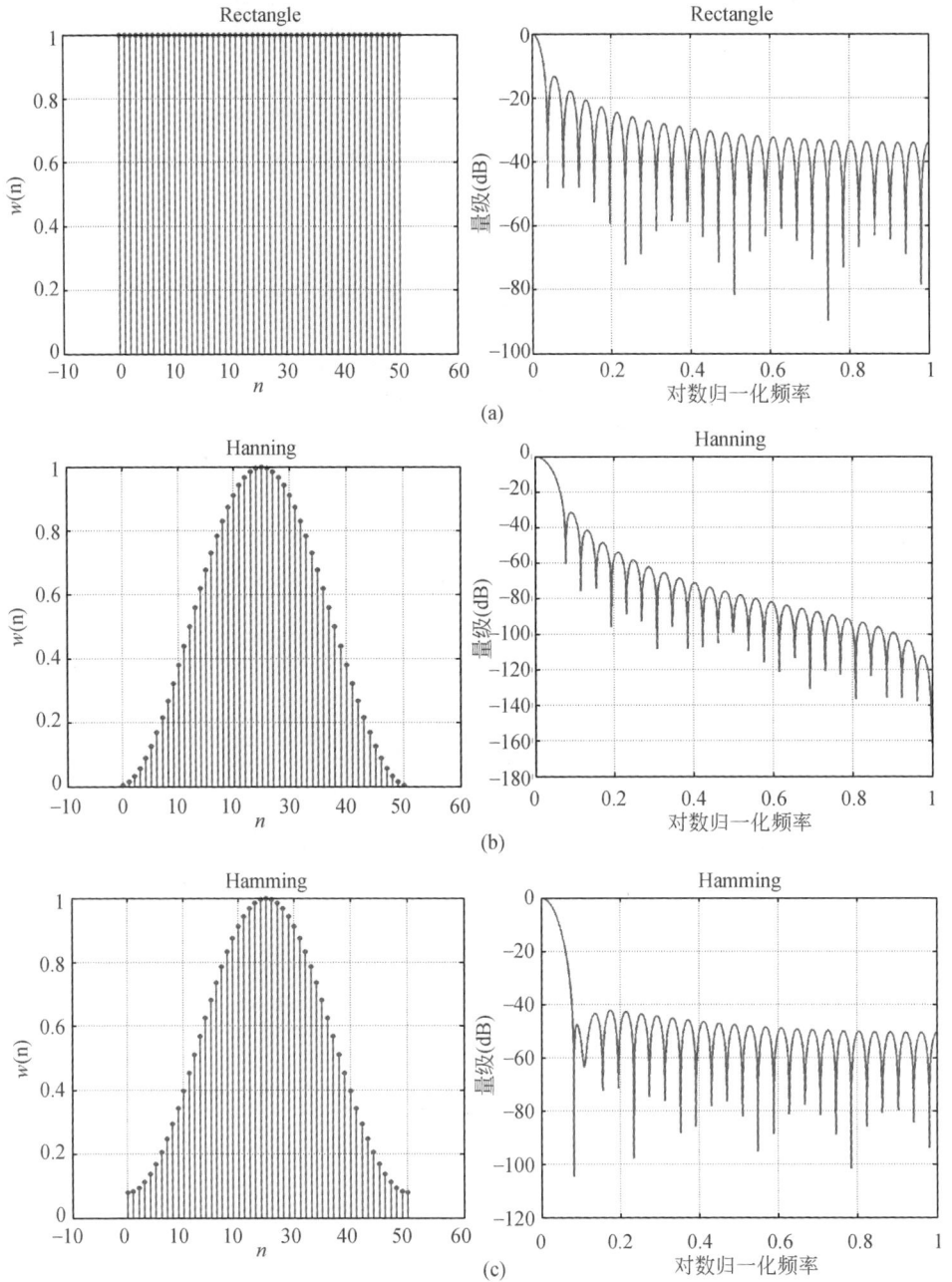

(a)

(b)

(c)

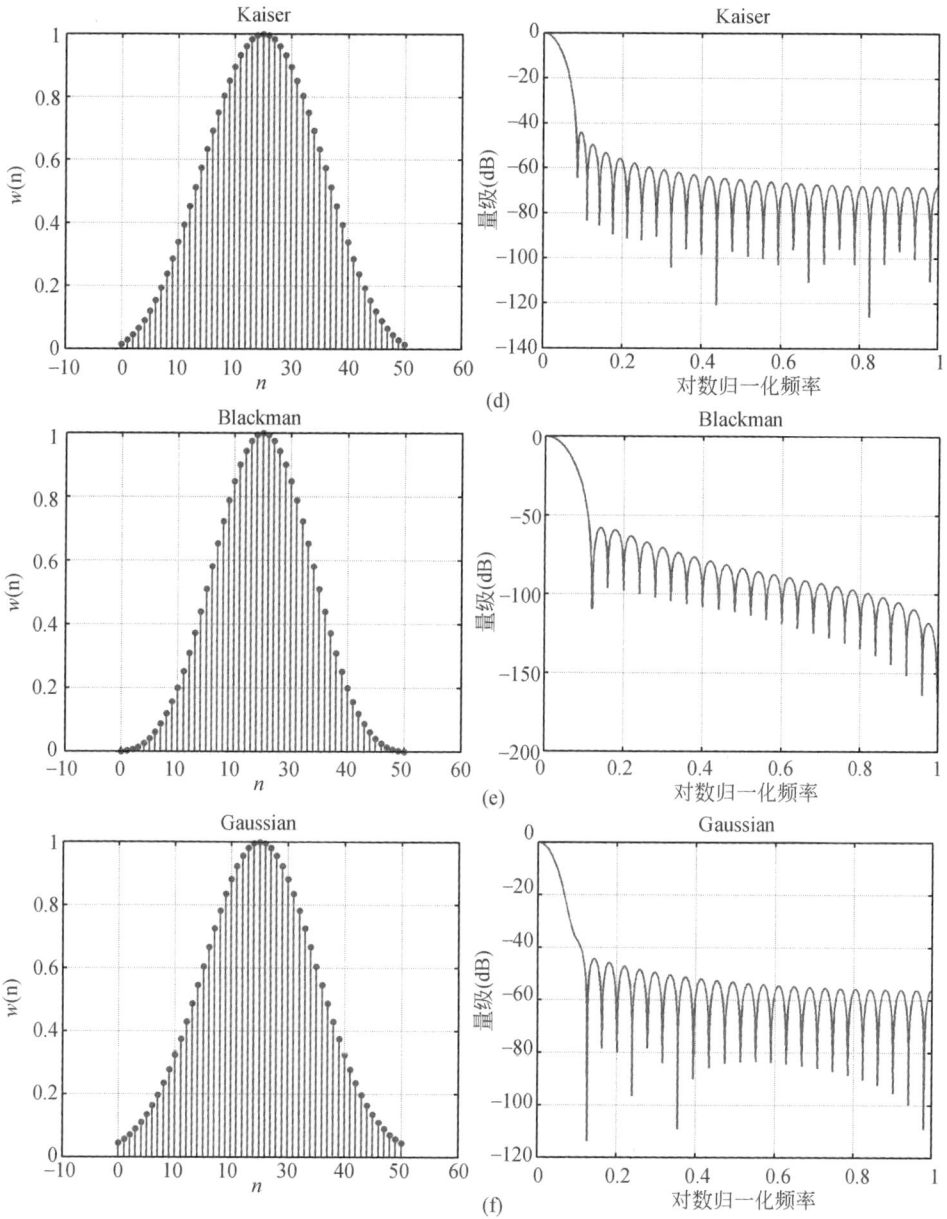

图 23.2　窗函数的时域图形和幅频特性

（a）Rectangle；（b）Hanning；（c）Hamming；（d）Kaiser；（e）Blackman；（f）Gaussian

表 23.2　常用窗函数的性能

窗函数	B	A（dB）	D（dB/oct）	LKF（%）
Rectangle	0.890 Δω	−13	−6	9.300
Hanning	1.440 Δω	−32	−18	0.050
Hamming	1.300 Δω	−43	−6	0.040
Kaiser	1.710 Δω	−55	−18	
Blackman	1.680 Δω	−58	−18	
Gaussian	1.650 Δω	−55		

注：Δω 表示窗函数频域带宽；dB/oct 表示滤波器衰减斜率；LKF（leakage factor）表示泄露因子。

在对比分析各种窗函数对 NMR 自旋回波的检测性能的基础上，本书选用高斯窗函数作为 DPSD 方法中的低通滤波器。

高斯滤波器是一种根据高斯函数的形状来选择权值的线性平滑滤波器，这种滤波器对去除服从正态分布的高斯噪声有很好的效果[150]，高斯函数的形式为

$$w（t）= \exp（-t^2/2\sigma^2）\qquad(23.20)$$

σ 决定了高斯滤波器的宽度。高斯滤波器系数的最佳逼近由二项式展开的系数决定[150]。高斯滤波器的二项式逼近的 σ 可用高斯函数拟合二项式系数的最小方差来计算。设计高斯滤波器的另一种途径是直接从离散的高斯分布中计算模板值。为了计算方便，一般希望滤波器权值是整数[150]。

此外，由于回波信号随时间指数衰减，在磁场强度很低时伴随着较强的干扰噪声，而且大多数噪声符合正态分布特征，综合表 23.2 中滤波器的性能指标，选用 Gaussian 窗作为数字低通滤波器窗函数。因为 Gaussian 窗主瓣窄，边瓣峰值较其他窗函数小，频域的能量主要集中在主瓣以内，对符合正态分布的噪声有很好的滤波效果。

23.5　DPSD 方法数值模拟

为了考查 DPSD 中数字低通滤波器的幅频特性对检测方法的影响，选用 Gaussian 窗数字低通滤波器考察仿真回波包络的滤波效果。无噪回波峰值幅度为 1 mV，共振频率（Lamor 频率）为 10 kHz，采样频率为 80 kHz，在回波中增加随机噪声。

增加噪声后的回波包络已经失去指数衰减特征，出现多个峰值点，回波峰值幅度为 1.707 mV，远大于无噪回波峰值幅度；回波幅值较弱处已经淹没在噪声

中，如图 23.3（a）所示。分别采用 8 阶、16 阶、32 阶和 40 阶 Gaussian 低通滤波器对带噪回波滤波，从而决定在满足 DSP 处理速度的同时找到最佳的滤波器阶数。经过 8 阶 Gaussian 低通滤波器后的回波信号在峰值处仍然受到比较严重的噪声干扰，峰值点不连续，且出现多个峰值，滤波效果不理想，如图 23.3（b）所示；回波信号经过 16 阶 Gaussian 低通滤波器后仍存在多个峰值点，峰值较弱处仍然受到较强噪声的干扰，但回波具有良好的包络特性，如图 23.3（c）所示；经过 32 阶 Gaussian 低通滤波器后已经滤除了大部分噪声，回波包络明显符合指数衰减特征，如图 23.3（d）所示。而 40 阶的滤波效果与 32 阶大致相同，说明 32 阶已经能很好地滤除自旋回波中的噪声，即使增加了滤波器阶数，也只是增加了滤波器的计算复杂度，而效果改变不明显，如图 23.3（e）所示。图 23.3（f）是模拟的无噪自旋回波。

为了定量分析不同窗函数滤波器在 DPSD 检测方法中对回波幅度的检测性能，分别选用几种常用窗函数的 32 阶低通、带通滤波器对模拟的回波信号进行分析，以确定适合于 NMR 回波信号滤波的最佳滤波器。其中，设计的带通滤波器带宽为 4 kHz，回波信号 8 倍采样，累加 8 次。

从表 23.3 可以看出，32 阶 Rectangle 低通滤波器由于边瓣幅度大，幅值识别精度低，回波幅度过压制，经 DPSD 检测后的幅值为 0.948 mV，低于无噪回波幅度；32 阶 Blackman 低通滤波器边瓣幅度小，幅值分辨率最高，对频率的识别精度低。由于噪声的宽频带特性，Blackman 滤波器对噪声的削弱并不理想，滤波后的峰值幅度为 1.482 mV，检测的回波峰值仍叠加了大量噪声；32 阶 Gaussian 低通滤波器经 DPSD 方法检测的回波峰值为 1.096 mV，最接近于无噪回波峰值，与其他窗函数滤波器相比具有最佳的滤波效果。在 DPSD 检测回波信号时，带通滤波器的噪声削弱效果没有低通滤波器的效果好，回波幅度的检测并不理想。这是因为，与低通滤波器相比，带通滤波器的带宽必须很窄，需要很高的 Q 值，这样对噪声的压制效果才会理想。而且带通滤波器的频带宽度容易受调制频率的影响，如果调制频率为高频，其稳定性远远低于低通滤波器。

表 23.3　不同滤波器对 DPSD 方法的影响　　　（单位：mV）

滤波器	Rectangle	Hanning	Hamming	Kaiser	Blackman	Gaussian
Low-Pass	0.948	1.216	1.131	1.158	1.482	1.096
Band-Pass	1.668	1.525	1.557	1.334	1.237	1.220

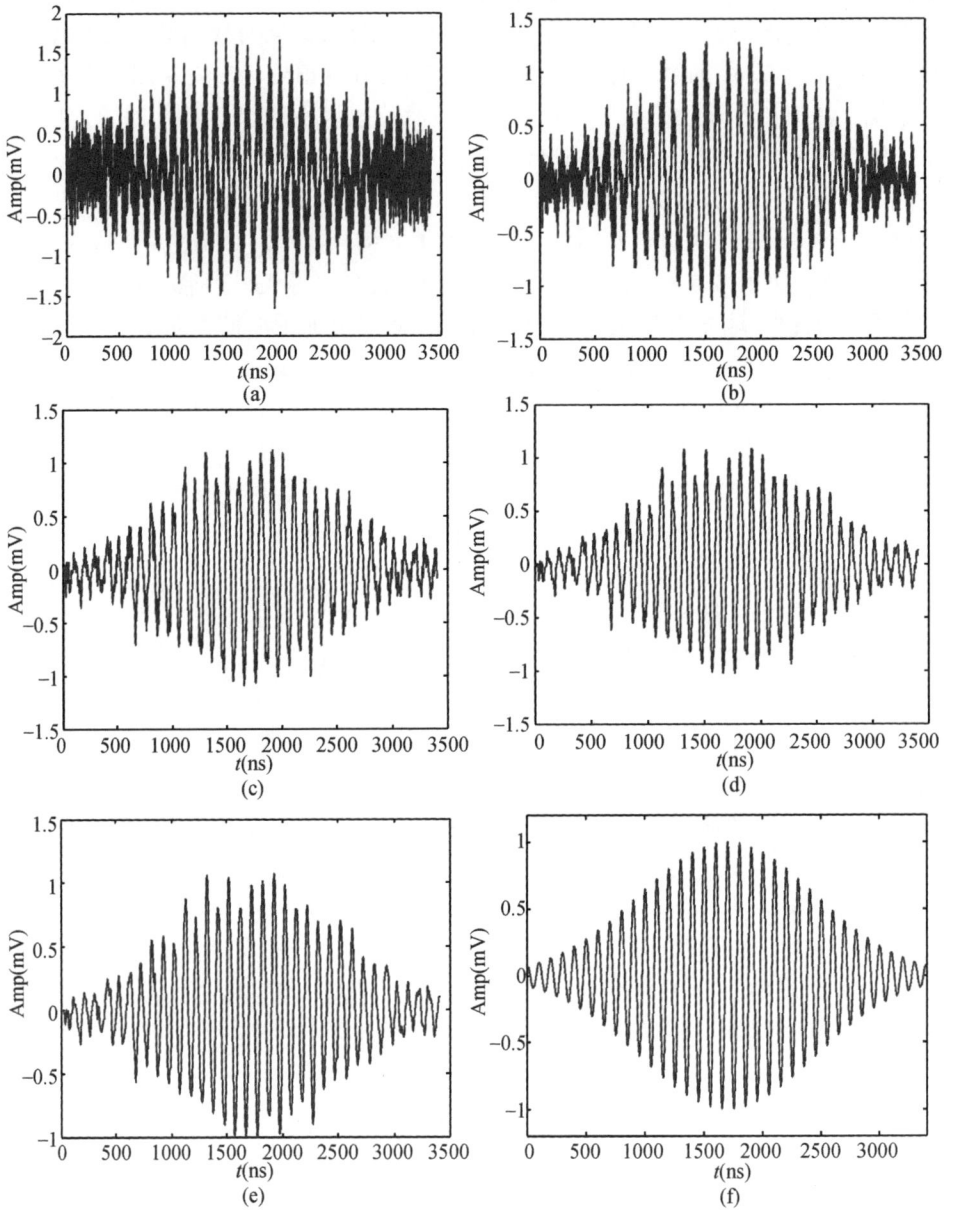

图 23.3　不同阶数 Gaussian 低通滤波器降噪效果对比

（a）带噪回波；（b）～（e）8 阶、16 阶、32 阶和 40 阶 Gaussian 滤波器滤波效果；（f）自旋回波模型

23.6 实验结果分析

23.6.1 实验设备

回波信号的检测与交变脉冲的发射是密不可分的。根据应用领域的不同，谱仪硬件结构和检测方法也不一致[151-154]。以实验室自制低场 NMR 谱仪为例，该谱仪主要由发射通道、接收通道和门控通道构成。发射通道激发处于热平衡状态的原子核在交变脉冲的作用下产生 NMR 现象；接收通道将天线探测到的微弱 NMR 信号转换为电压信号，信号增益后通过下变频去除载波频率，经过 ADC 将模拟信号转换为数字信号后送入 DSP 进一步处理；门控通道通过开关控制天线按照一定的时间序列，交替实现射频脉冲的发射和 NMR 信号的接收，上述原理如图 23.4 所示。

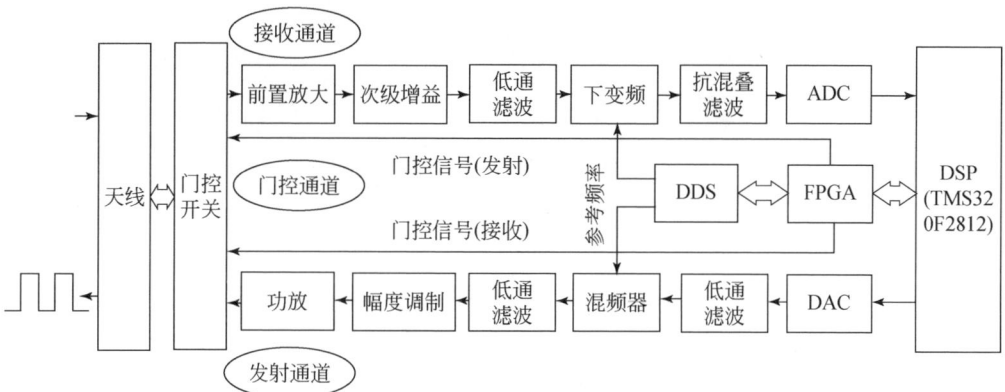

图 23.4 脉冲发射与 NMR 回波信号采集原理图

回波检测电路主要由 DSP、FPGA、ADC 和抗混叠滤波器等器件组成。采集电路接收来自前置放大电路的回波信号，采样时钟由 FPGA 提供。经过多级放大后的回波信号做抗混叠滤波处理、模数转换后送入 FPGA 缓存，缓存的数据通过总线方式传输到 DSP 中。另外，DSP 生成一定位数的 DDS（direct digital synthesis）控制和时序指令，产生 DDS 所需要的频率字，通过 FPGA 传输给 DDS 芯片，由 DDS 芯片生成所需的时钟信号返回给 FPGA。控制和时序指令包括射频脉冲的宽度、回波采集个数、回波间隔、增益刻度等。FPGA 完成整个电路的时序控制，控制 DDS 生成脉冲序列所需的时钟信号，并为回波采集电路提供精准的采样时钟。

23.6.2　实验设计与结果

为了验证 DPSD 方法在低信噪比 NMR 回波检测中的有效性和 32 阶 Gaussian 低通滤波器的效果，将 DPSD 检测方法植入 DSP（TMS320F2812）中，结合 Halbach 结构 0.1 T 和 0.23 T 永磁体探头对回波检测方法进行验证。实验样品为纯水，采用 CPMG 脉冲序列测量样品的 T_2 值，其中 90°脉冲宽度 9.500 μs，180°脉冲宽度 19 μs，回波间隔 400 μs。

将实验室自制 NMR 岩心分析仪分别连接到 0.1 T 和 0.23 T 探头，探头的敏感区域为均匀磁场，DPSD 回波检测方法在数字采集板中实现，整块数字采集板如图 23.5（a）所示。通过数字示波器检测 NMR 自旋回波的输出，并将检测结果保存，示波器检测结果如图 23.5（b）所示。

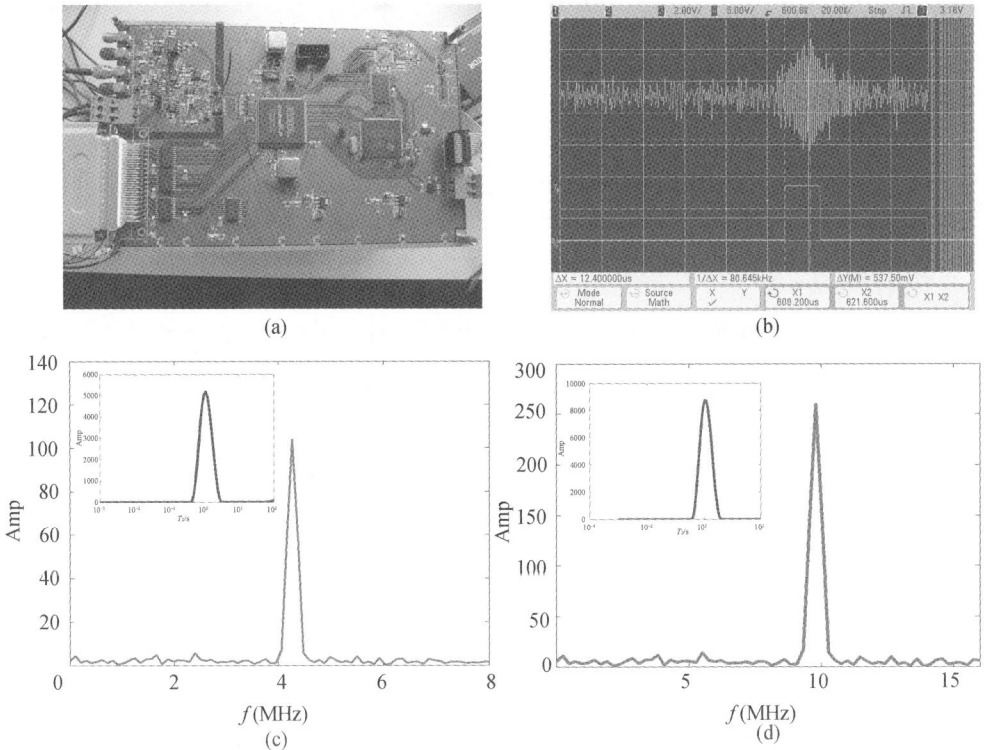

图 23.5　0.1 T 和 0.23 T 探头回波串采集与滤波后的频谱

（a）数字采集板；（b）示波器输出；（c）0.1 T 探头的回波串频谱；（d）0.23 T 探头的回波串频谱

0.1 T 探头对应的射频频率为 4.258 MHz，采样频率为 34.064 MHz；0.23 T 探头对应的射频频率为 9.793 MHz，采样频率为 78.347 MHz。图 23.5（c）和图

23.5（d）分别为 NMR 谱仪在 0.1 T 和 0.23 T 探头采集到的回波串经 DPSD 方法检测后的水样频谱。经滤波后的回波信号带宽很窄，只有 1 个共振频率点（Larmor 频率），分别为 4.258 MHz 和 9.793 MHz，其他频率成分已被有效滤除。图 23.5（c）和（d）中左上角为水样回波串信号的反演 T_2 谱，T_2 弛豫时间具有很好的一致性，均为 1 s 左右，反演后的幅度未经过刻度。在 NMR 回波检测中，由于射频频率较低，检测电路中仍然存在幅度较大的 $1/f$ 噪声，受到仪器硬件灵敏度的限制，还存在 20 nV 以下的微弱噪声。这些噪声具有宽频带的特性，当落入低通滤波器的通带内后，低通滤波器将无能为力。但是，较低的噪声幅值对于回波幅度的检测影响不大。

23.7　小　　结

　　井下 NMR 信号微弱，回波幅度和相位的检测需要一种强噪声下具有较高线性度和较宽动态范围的微弱信号检测方法。本章对比分析了不同微弱信号检测方法的优缺点，选取基于互相关的 DPSD 方法作为 NMR 自旋回波幅度和相位的提取方法。

　　由于低通滤波器的幅频特性决定了 DPSD 方法提取回波信号的效果，对比分析了不同窗函数的滤波器对 NMR 回波信号噪声的抑制性能。通过数值模拟和实验验证，结合回波信号随时间指数衰减的特点，设计了适用于低信噪比 NMR 回波滤波的窗函数和滤波阶数。结合 0.1 T 和 0.23 T 探头对 DPSD 检测方法进行了验证，运用设计的数字 Gaussian 低通滤波器能滤除 Larmor 频率以外的噪声，更能准确提取回波幅度和相位。将 DPSD 方法应用于低信噪比 NMR 回波信号检测中，噪声能得到较好抑制，回波数据信噪比得到显著改善。

第 24 章　小波变换降噪（回波检测后）

24.1　小波变换原理

24.1.1　连续小波变换和离散小波变换

近几年来，小波变换因其实用、简单、便捷、降噪效果明显等优点被广泛应用于数据压缩、图像处理、地震勘探资料预处理、雷达通信、信号降噪等领域。

小波变换主要分为连续小波变换 CWT（continuous wavelet transform）和离散小波变换 DWT（discrete wavelet transform）。CWT 即把基本小波（母小波）φ (t) 作位移 b 后，在不同的尺度 a 下与待分析信号 x（t）作内积[155-156]。母小波函数为母小波在不同的位移 b 和不同的尺度 a 下的伸缩，定义母小波函数为

$$\varphi_{a,b}\ (t)\ = \frac{1}{\sqrt{|a|}}\varphi\left(\frac{t-b}{a}\right) \tag{24.1}$$

且母小波必须满足

$$c_\varphi = \int_R \frac{|\ \hat{\varphi}\ (\omega)\ |^2}{|\ \omega\ |} \mathrm{d}\omega\ < \infty \tag{24.2}$$

式中，$\dot{\varphi}$（ω）为 φ（t）的傅里叶变换。而 CWT 定义为信号与母小波函数的内积，经过变换后可得到 CWT 的系数 CWT_x（a，b）：

$$\mathrm{CWT}_x(a,\ b) = < x(t),\ \varphi_{a,\ b}(t)\ > = \frac{1}{\sqrt{|a|}}\int x(t)\varphi^*\left(\frac{t-b}{a}\right)\mathrm{d}t \tag{24.3}$$

式中，<>表示内积，φ^*（）表示共轭。而 CWT 的反变换（即连续信号重构）为

$$x(t) = \frac{2}{c_\varphi}\int_0^\infty \left\{ \int_{-\infty}^{+\infty} \frac{1}{a^2} \mathrm{CWT}_x(a,\ b)\left[\frac{1}{\sqrt{|a|}}\varphi\left(\frac{t-b}{a}\right)\right]\mathrm{d}b \right\}\mathrm{d}a \tag{24.4}$$

对于 CWT，尺度因子 a 和位移因子 b 都是连续的。而目前大多数连续信号处理时都已经离散化，因此对尺度因子和位移因子也需要离散化，离散小波定义为

$$\varphi_{j,k}\ (n)\ = a_0^{-j/2}\varphi\ (a_0^{-j}n - kb_0) \tag{24.5}$$

式中，j，k 分别对应于 CWT 尺度因子和位移因子的离散值，且

$$a = a_0^{\ j},\ b = ka_0^{\ j}b_0;\ j = 1,\ 2,\ \cdots,\ J; \tag{24.6}$$

通常，实际应用中以 2 的幂次数进行采样，即取 $a_0 = 2$，$b_0 = 1$。每当分解层次 j 增加 1，采样间隔就扩大一倍，式（24.5）变成

$$\varphi_{j,k}(n) = 2^{-j/2}\varphi(2^{-j}n - k) \tag{24.7}$$

式（24.7）也被称为"二进小波"。此时，对应的二进 DWT 为

$$\mathrm{DWT}_x(j,\ k) = \sum_{n=0}^{+\infty} x(n)\varphi_{j,\ k}^*(n) \tag{24.8}$$

而 DWT 的反变换（离散信号重构）为

$$x(n) = \sum_{j\in Z}\sum_{k\in Z}\mathrm{DWT}_x(j,\ k)\varphi_{j,\ k}(n) \tag{24.9}$$

式中，$\varphi_{j,k}^*(n)$ 为 $\varphi_{j,k}(n)$ 的共轭；$\mathrm{DWT}_x(j,\ k)$ 为离散小波变换系数。在本书中所讨论的小波变换均是基于二进小波的离散小波变换 DWT。小波变换的示意图如图 24.1 所示。小波变换通过在不同的尺度下观测带噪回波串，得到不同位移下的小波系数。小波系数反映了小波与信号的相似程度，小波系数越大，两者具有越好的相似性。尺度越大，小波函数衰减越慢，频率越低，时域的分辨率越小，而频率域的分辨率较高；尺度越小，小波函数衰减越快，频率越高，时域的分辨率越高，而频率域的分辨率减小。在不同的尺度和不同的分解层次下，带噪回波串被分解为近似系数和细节系数，近似系数反映了信号的低频分量，而细节系数反映了信号的高频分量。

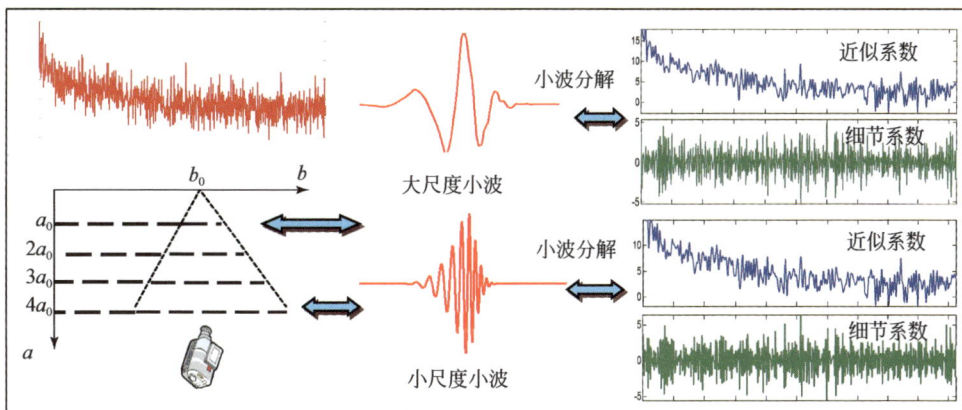

图 24.1　小波变换示意图

24.1.2　小波分解与重构

　　1989 年，Mallat 将小波变换和多分辨分析结合起来，提出了 Mallat 快速算法[157]，为小波分析向工程化应用奠定了基础。Mallat 算法对信号进行小波分解和重构的具体推导可参考附录 C。

　　根据 Mallat 算法对信号进行小波分解后，原信号被分解为小波系数的集合：

$$\begin{cases} C_0[x(n)] = x(n) \\ C_j[x(n)] = \sum_k \bar{h}(2n-k)C_{j-1}[x(n)] \\ D_j[x(n)] = \sum_k \bar{g}(2n-k)C_{j-1}[x(n)] \end{cases} \tag{24.10}$$

式中，$C_j[x(n)]$ 和 $D_j[x(n)]$ 分别为第 j 层分解后的近似系数（反映低频分量）和细节系数（反映高频分量），小波分解的过程如图 24.2 所示。

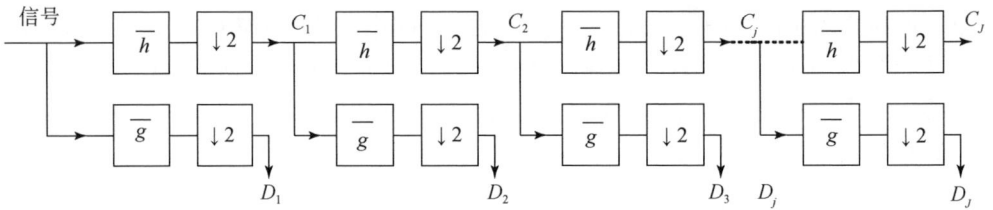

图 24.2　小波变换信号分解结构图

将信号以 2 次幂下采样，得到近似系数 C_j 和细节系数 D_j；

$\bar{h}$ 和 $\bar{g}$ 分别为小波分解滤波器的低通滤波和高通滤波器；↓2 表示隔点采样

小波重构是小波分解的逆过程，对处理后的小波系数隔点插零，再与低通滤波器 h 和高通滤波器 g 卷积求和，从而实现信号的重构，重构公式为

$$C_j[x(n)] = 2\Big\{\sum_k h(n-2k)C_{j+1}[x(n)] + \sum_k g(n-2k)D_{j+1}[x(n)]\Big\}$$
$$j = J-1, \ J-2, \ \cdots, \ 1, \ 0; \tag{24.11}$$

当 $j=0$ 时，$C_0[x(n)]$ 就是重构后的信号。小波重构的过程如图 24.3 所示。

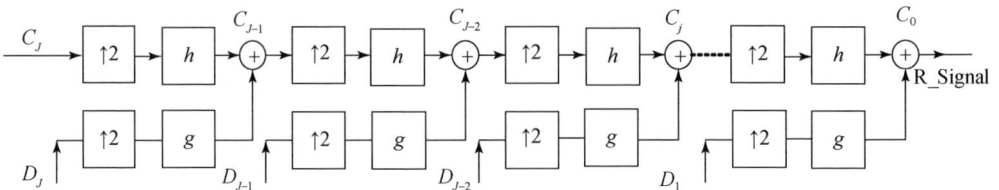

图 24.3　小波变换信号重构

将处理后的近似系数和细节系数以 2 次幂插值重构；h 和 g 分别为小波

重构滤波器中的低通滤波和高通滤波器；↑2 表示隔点插零

由以上推导可知，DWT 把母小波函数看做基本频率特性为 $\varphi(\omega)$ 的带通滤波器在不同尺度 a 下对信号做滤波。DWT 中，小波尺度不再是连续的，而是以幂级数做离散化。对于 NMR 测井，回波串经过 DWT 后被分解为高频与低频分量，细节系数（高频分量）主要反映了小孔和噪声，而近似系数（低频分量）

主要反映中孔和大孔的 NMR 响应。

以 Symlets 小波为例，小波分解时的低通滤波器 $\bar{h}$ 和高通滤波器 $\bar{g}$ 的幅频响应如图 24.4 所示，而小波重构时的低通滤波器 h 和高通滤波器 g 的幅频响应如图 24.5 所示。

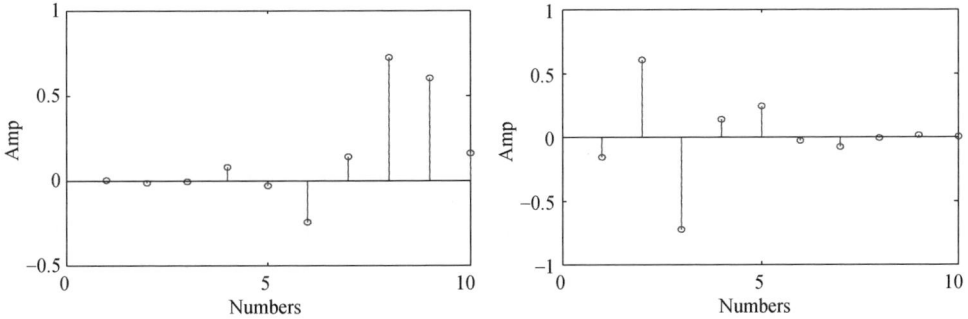

图 24.4　小波分解时的低通滤波器和高通滤波器（db5 小波）

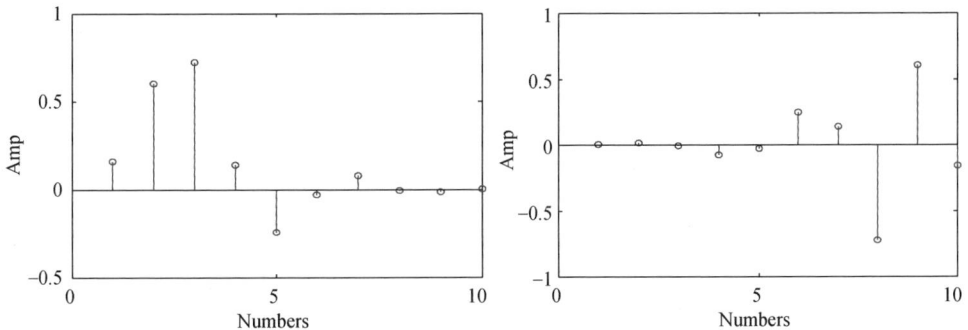

图 24.5　小波重构时的低通滤波器和高通滤波器（db5 小波）

DWT 主要应用于特征信号的提取、数据压缩、信号的降噪处理，其分析过程包括以下三个简单的步骤。

（1）小波分解：根据信号的特征，选取适合于观测信号的小波、恰当的分解层次和尺度函数，对信号进行小波分解。

（2）系数处理：采用某种算法或者估计方法对小波分解后的近似系数和细节系数进行处理。对于降噪分析，则是将与信号无关的、非显著的小波系数滤除。

（3）小波重构：利用处理后的系数进行信号重构，这个过程是小波分解的逆过程。

24.2 节将根据以上步骤讨论小波变换应用于 NMR 信号的几种降噪方法。

24.1.3 小波变换降噪

针对信号的不同特点，常用的小波变换降噪方法有以下几种。

（1）Mallat 提出的模极大值重构降噪[157]：该方法通过确定各尺度的模极大值并通过迭代法重构信号，能有效地保留信号的奇异点信息。该方法需要经过多次迭代，计算量大；而且在小尺度下小波系数受噪声影响很大，易产生许多伪极值点；大尺度下会使信号丢失某些重要的局部奇异性[158]。

（2）Xu 等提出的空域相关法降噪[159]：该方法利用信号与噪声小波系数在尺度空间上具有不同相关性的原理抑制噪声。但如果小波分解的系数位置出现不对应，则相关系数会出现一定的偏差，从而影响降噪的性能。Xu 等[159]将空域相关方法应用于图像的降噪处理，该方法能增强边缘检测，保留 80% 以上的边缘信息。

（3）Donoho 提出的阈值降噪[160~164]：阈值降噪法直接在各尺度上对小波系数进行阈值处理，其关键是确定阈值，噪声能得到很好的抑制，且信号的特征突变点能得到很好的保留[165]，因此在降噪处理中应用较为广泛。

Donoho 曾提出通用阈值选取公式[160]，在任何尺度和分解层次下选用统一的阈值：

$$T = \sigma \sqrt{2\log\ (N)} \tag{24.12}$$

潘泉等[166]对阈值选取公式做了一些改进：

$$T = \sigma \sqrt{2\log\ (N)} / \log\ (j+1) \qquad j = 1,\ 2,\ \cdots,\ J-1,\ J \tag{24.13}$$

式中，σ 为噪声标准差；N 为数据采样点数；J 为小波分解层次。

Lang 等[167]使用十一进制的位移不变、非正交小波基代替常用的正交小波基进行降噪处理。当采用同样的分解层次时，其噪声抑制性能高于常用的小波基。

24.2　SURE 降噪方法

24.2.1　SURE 算法原理

多分辨率 SURE 算法[166]对信号采用多尺度、自适应、软取阈值的分析方法，在不同的分解层次上选取不同的阈值对小波系数进行滤波处理。

设接收到的 NMR 测井信号为 $X\ (t) = f\ (t) + w\ (t)$，$f\ (t)$ 为信号，$w\ (t)$ 为噪声。设 B 为规范正交基，$B = \{g_m\}$，$0 \leq m < N$，其中，g_m 为滤波器系数，m 为分解层次下的小波系数个数。带噪信号 $X\ (t)$ 在规范正交基 B 下分解为高频

小波系数 $W_B[m]$ 和低频小波系数 $f_B[m]$，且满足：

$$X_B[m] = f_B[m] + W_B[m] \tag{24.14}$$

式中，$X_B[m]$ 为 $X(t)$ 的小波系数。带噪信号 $X(t)$ 通过一个决策算子 D 来估计原信号 $f(t)$，决策算子 D 是正交基 B 下的投影，通过优化 D 以便使期望风险最小化，所得的估计子为

$$F = DX = \sum_{m=0}^{N-1} d_m(X_B[m]) g_m \tag{24.15}$$

式中，g_m 为滤波器系数；d_m 为阈值函数。对于不同的取阈值方式，有硬取阈值和软取阈值两种。

硬取阈值：

$$d_m(x) = \rho_T(x) = \begin{cases} x, & \text{若} \mid x \mid > T \\ 0, & \text{若} \mid x \mid \leqslant T \end{cases} \tag{24.16}$$

软取阈值：

$$d_m(x) = \rho_T(x) = \begin{cases} x-T, & \text{若} \, x \geqslant T \\ x+T, & \text{若} \, x \leqslant -T \\ 0, & \text{若} \mid x \mid \leqslant T \end{cases} \tag{24.17}$$

在小波基下，阈值估计子可改写为

$$F = \sum_{j=1}^{J} \sum_{m=0}^{2^{-j}} \rho_T(\langle X, \Psi_{j,m} \rangle) \Psi_{j,m} + \sum_{m=0}^{2^{-J}} \rho_T(\langle X, \phi_{J,m} \rangle) \phi_{J,m} \tag{24.18}$$

式中，J 为分解层次；Ψ 为小波；ϕ 为尺度函数；$\rho_T(x)$ 为硬（或软）取阈值函数；$<X, \Psi_{j,m}>$ 为小波分解系数。由式（24.18）可知，对于阈值估计方法，估计风险的大小与阈值密切相关。为了提高信号的信噪比，可以通过最小化风险估计，计算自适应于数据或小波分解系数的阈值。

设 $r(f, T)$ 为阈值 T 时的估计子风险，由带噪数据 $X(t)$ 计算而得，T 可以通过求极小化的 $r(f, T)$ 而被优化。Donoho 和 Johnstone 认为可用 $\mid X_B[m] \mid^2 - \sigma^2$ 来估计 $\mid f_B[m] \mid^2$，所得的估计子为[156]

$$\tilde{r}(f, T) = \sum_{m=0}^{N-1} \varphi(\mid X_B[m] \mid^2) \tag{24.19}$$

其中，

$$\varphi(u) = \begin{cases} u-\sigma^2, & \text{若} \, u \leqslant T^2 \\ \sigma^2+T^2, & \text{若} \, u > T^2 \end{cases} \tag{24.20}$$

Donoho 和 Mallat 等已证明：通过忽略 f 的影响，可由小波系数的中位 M_x 来估计噪声的标准差：

$$\sigma = M_x/0.6745 \tag{24.21}$$

此时，$\tilde{r}$ (f, T) 就是 Stein 无偏风险估计子 (SURE)[156]。

为了寻找最小的 SURE 估计子 $\tilde{r}$ (f, T)，需要将 N 个小波系数 $X_B[m]$ 以降序排列，寻找第 l 个小波系数，满足

$$X_B[l] \leq T \leq X_B[l+1] \tag{24.22}$$

则式 (24.19) 可以改写为

$$\tilde{r}(f, T) = \sum_{k=l}^{N} |X_B[k]|^2 - (N-l)^2\sigma^2 + l(\sigma^2 + T^2) \tag{24.23}$$

Donoho 等已证明，当取 $T = X_B[l]$ 时，可以得到最小化的 $\tilde{r}$ (f, T)。

将阈值选取自适应于尺度 2^j，可形成多分辨率 SURE 阈值算法：在大尺度 2^j 时，阈值 T_j 应该较小，以避免将太多的大幅值信号系数置为零，这样会增加风险[168]；在小尺度 2^j 时，阈值应该较大，能准确将信号与噪声的小波系数分辨出来，达到降噪的目的。

根据 NMR 回波信号的特点，在 24.4.1 节和 24.5 节中分别选用 Symlets 小波和 Daubechies 小波作为母小波，通过消失矩、分解层次、相关系数三者的组合图版，选取最大相关系数下的消失矩和分解层次对信号进行分解[169]，运用 SURE 算法在不同的分解层次下考查 SURE 算法对岩心 NMR 信号的降噪性能。

24.2.2 SURE 降噪流程

SURE 算法降噪的流程如图 24.6 所示。图 24.6 (a) 为小波变换降噪的处理流程，虚线方框内为 SURE 算法，算法实现流程如图 24.6 (b) 所示。

SURE 算法降噪的步骤为：

(1) 载入 NMR 回波串信号；

(2) 采用 Daubechies 小波或 Symlets 小波作为母小波函数；

(3) 通过小波分解将 NMR 回波串 10 层分解；

(4) 建立最大相关系数图版，并从相关系数图版中选取最优的消失矩、分解层次和对应的小波系数；

(5) 选取对应分解层次的细节系数，保存每个系数的序号；

(6) 对第 j 层的细节系数按从大到小重新排序；

(7) 计算重排后的细节系数的中值；

(8) 根据步骤 (7) 计算的中值和式 (24.23) 计算估计子的极小值；

(9) 根据步骤 (8) 计算的极小值和式 (24.17) 计算阈值；

(10) 重复步骤 (6) ~ (8) 计算各分解层次的阈值，对各层细节系数进行比较，大于阈值绝对值的保留，小于阈值绝对值的按式 (24.17) 计算新阈值；

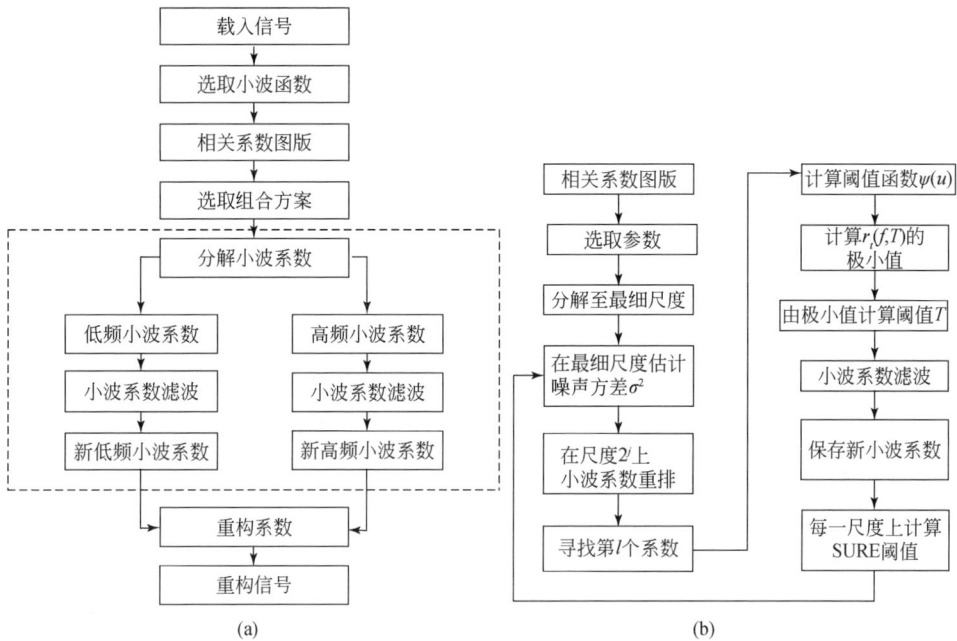

图 24.6　小波变换处理流程

（a）小波分解与重构；（b）SURE 算法流程

（11）保存各层新的细节系数；

（12）采用隔点插零法重构信号，得到降噪后的 NMR 回波串信号；

（13）对近似系数和新的细节系数进行小波重构，从而得到 SURE 算法降噪后的 NMR 回波串信号。

24.3　regularization-heursure 算法原理

对于井下 NMR 降噪处理，由于噪声来源复杂，不可能像实验室那样通过对多次连续测量的结果进行累加，以尽可能提高信噪比。因此，需要结合多种影响因素和地层孔隙结构特征对 NMR 数据进行降噪处理。本节将讨论基于小波变换的正则化–启发式阈值（regularization-heursure，R-Heursure）降噪方法在 NMR 数据降噪中的应用。

24.3.1　NMR 相位旋转

通常 NMR 测井服务公司提供原始回波串的幅度 $E_{amp}(i)$ 和相位 ϕ_i，设每个回波的幅度为

$$E_{\mathrm{amp}}(t_i) = M(t_i)/M_0 = \sum_{j=1}^{m} f_j \mathrm{e}^{-t_i/T_j} + \varepsilon_i, \ i = 1, \cdots, n \qquad (24.24)$$

回波串由正交的实部和虚部构成，假设实部和虚部分别为

$$E_R(i) = A_i\cos\phi_i + \varepsilon_i^R \qquad (24.25)$$

$$E_I(i) = A_i\sin\phi_i + \varepsilon_i^I \qquad (24.26)$$

$$\phi_i = \arctan\left[E_I(i)/E_R(i)\right] \qquad (24.27)$$

式（24.24）又可改写为：

$$E_{\mathrm{amp}}(i) = \sqrt{\left[E_R(i)\right]^2 + \left[E_I(i)\right]^2} \qquad (24.28)$$

由式（24.27）和式（24.28）可以分别求出原始回波串每个回波的实部 $E_R(i)$ 和虚部 $E_I(i)$。将整个回波串的实部和虚部分别累加，有

$$\sum_{i=1}^{n} E_R(i) = \left(\sum_{i=1}^{n} A_i\cos\phi_i\right) + \left(\sum_{i=1}^{n} \varepsilon_i^R\right) \qquad (24.29)$$

$$\sum_{i=1}^{n} E_I(i) = \left(\sum_{i=1}^{n} A_i\sin\phi_i\right) + \left(\sum_{i=1}^{n} \varepsilon_i^I\right) \qquad (24.30)$$

结合式（24.29）和式（24.30）可以得到旋转相位角 ϕ_P：

$$\phi_P = \arctan\left[\sum_{i=1}^{n} E_I(i)\Big/\sum_{i=1}^{n} E_R(i)\right] \qquad (24.31)$$

结合式（24.25）、式（24.26）和式（24.31）将实部和虚部进行相位旋转，有

$$\begin{aligned} S(i) &= E_R(i)\cos\phi_P + E_I(i)\sin\phi_P = \left(A_i\cos\phi_i + \varepsilon_i^R\right)\cos\phi_P + \left(A_i\sin\phi_i + \varepsilon_i^I\right)\sin\phi_P \\ &= A_i + \left(\varepsilon_i^R\cos\phi_P + \varepsilon_i^I\sin\phi_P\right) = A_i + U(i) \end{aligned} \qquad (24.32)$$

其中，

$$U(i) = \varepsilon_i^R\cos\phi_P + \varepsilon_i^I\sin\phi_P \qquad (24.33)$$

$$\begin{aligned} V(i) &= -E_R(i)\sin\phi_P + E_R(i)\cos\phi_P = -\left(A_i\cos\phi_i + \varepsilon_i^R\right)\sin\phi_P + \left(A_i\sin\phi_i + \varepsilon_i^I\right)\cos\phi_P \\ &= -\varepsilon_i^R\cos\phi_P + \varepsilon_i^I\sin\phi_P \end{aligned} \qquad (24.34)$$

由式（24.32）和式（24.34）可知，通过相位旋转方法后将原始回波串分离为信号道 $S(i)$ 和噪声道 $V(i)$。而 NMR 测井的信噪比 SNR_P 定义为 $S(i)$ 的最大值与 $V(i)$ 标准差的比值，即

$$\mathrm{SNR}_P = \mathrm{Max}\left[S(i)\right]/\mathrm{std}\left[V(i)\right] \qquad (24.35)$$

然而，由式（24.32）可知，经过相位旋转后的回波串 $S(i)$ 中仍然包含了噪声分量 $U(i)$，为了尽可能提高测量数据的信噪比，需要采用降噪方法将噪声分量 $U(i)$ 从 $S(i)$ 中分离出来。

24.3.2　R-Heursure 算法原理

在采用 DWT 分析回波串信号时，需要综合考虑母小波的选择、消失矩、

分解层次以及采用适用于 NMR 信号特征的噪声估计算法，以期望得到更好的降噪效果。由于阈值的选取直接影响小波系数的处理，在整个降噪过程中非常重要。

当 NMR 测井数据中的噪声为白噪声时，由于白噪声的功率谱密度为常数，而硬阈值法计算的阈值也是常数，只要计算的阈值刚好能大于噪声水平，便可达到对白噪声的抑制效果；当测井数据中含有多种来源的噪声时，噪声的功率谱密度为函数形式，因此需要在不同的分解层次上采用不同的阈值降噪，SURE 算法具有较好的噪声抑制性能。为了使选取的阈值能恰好大于噪声水平，而不至于损失小孔或微孔的信息，结合硬阈值法和 SURE 阈值法各自对白噪声和有色噪声降噪的优点，采用 R- Heursure 为带噪回波串降噪。

分别定义第 j 层细节系数的目标函数 $T_{a,j}$ 和比较函数 $C_{a,j}$ 为

$$T_{a,\,j} = \big[\, (\sum_{k=1}^{N} \parallel W_j(k) \parallel^2) - N_j \,\big]/N_j; \qquad (24.36)$$

$$C_{a,j} = \big[\, \log_e (N_j) \,/\log_2 2 \,\big]^m / \sqrt{N_j}, \quad m \text{ 常取 } 1.5. \qquad (24.37)$$

式中，N_j 为第 j 层细节系数的个数；$W_j(k)$ 为第 j 层、第 k 个小波细节系数。由式（24.36）可知，比较函数 $C_{a,j}$ 主要与数据长度有关，而 $T_{a,j}$ 是对第 j 层小波系数能量的统计平均，反映了细节系数的起伏程度。杨福生等[155] 已给出了式（24.37）的证明。

为了控制选取的阈值刚好大于噪声水平，在第 j 层选取的阈值中加入了惩罚函数 λ：

$$T_{\text{Heur}} = \begin{cases} T_h{}^{\lambda} & T_{a,j} < C_{a,j} \\ T_S{}^{\lambda} & T_{a,j} \geqslant C_{a,j} \end{cases} \qquad (24.38)$$

$$\lambda = (\log_e \sigma_n^j)\,]^{\alpha} \qquad (24.39)$$

$$\alpha = c \cdot \frac{\sigma_s}{\sigma_n^j} \cdot \frac{1}{\text{SNR}_P} \cdot \frac{1}{\phi_{\text{raw}}} = \frac{c \cdot \sigma_s^2}{\sigma_n^j \cdot \text{Max}\,[\,S(i)\,] \cdot \phi_{\text{raw}}} \qquad (24.40)$$

$$\sigma_n^j = M_h^j/0.6745 \qquad (24.41)$$

式中，T_h 为根据式（24.13）计算的硬阈值；T_s 为根据式（24.17）计算的 SURE 阈值；σ_s 为相位旋转时分离出的噪声标准差；σ_n^j 为第 j 层细节系数噪声的估计，反映了原始回波串经过相位旋转、小波分解后噪声的统计水平；M_h^j 为第 j 层细节系数的中值。由于 NMR 回波信号是呈指数衰减的，$\log_e \sigma_n^j$ 可以对指数信号起平滑作用；此外，为了避免小孔信息被作为噪声被过滤，所选取的阈值只能刚好大于噪声水平，$\log_e \sigma_n^j$ 可以避免阈值过大造成信号失真。而 α 是一个与地层的孔隙结构、回波幅度和噪声水平相关的正则化因子，反映不同孔隙结构下 NMR 测井响应的变化情况。在微孔（或小孔）地层，原始测量的回波幅度和信噪比低，

回波串衰减快，除了前几个回波，大部分数据落在基线附近，λ 就要大才能达到压制噪声的目的；而在中孔（或大孔）地层，由于 NMR 测井仪器切片内所含流体多，回波幅度和信噪比相对较大，回波串衰减慢，为了减小信号失真，阈值的选取就要小，λ 的取值也要小。由式（24.40）可知，SNR_p 与 λ 为反函数，通过惩罚函数 λ 可以控制每一个分解层次下的阈值，既能自适应于信噪比的变化，又能避免选取的阈值过大而损失小孔（或微孔）信息，这对于提高低孔地层的信噪比非常重要。常数 c 用于控制算法的适用范围，当 SNR_p 大于 40 时，c 为 0，否则，c 为 1。

根据 1.1.2 节反演算法对信噪比的依赖性分析可知，当信噪比大于 40 后，SVD、BRD、SIRT 等反演算法均能较准确地得到孔隙度信息。从数据处理的角度来分析，在数据的信噪比较高的情况下进行降噪，算法无疑会滤除部分有用的信号，造成不必要的损失。在正则化因子的控制下，当采集到的 NMR 回波数据信噪比高于 40 时，R-Heursure 算法将失效，即对小波分解后的系数不作任何处理再进行重构；当信噪比低于 40 时，正则化因子结合相位旋转后估算的原始信噪比、带回波串计算的孔隙度及回波串的最大幅度值控制选取的阈值，使得选取的阈值能自适应于 NMR 测井响应的变化。

24.3.3　R-Heursure 算法降噪流程

R-Heursure 算法降噪的步骤如下。

（1）将井下 NMR 采集的回波串信号进行相位旋转，得到信号道和噪声道。

（2）从相位旋转后的信号道和噪声道估算回波幅度和原始信噪比。

（3）采用 Symlets 小波作为 R-Heursure 算法的母小波函数（参考 24.4.2 节）。

（4）结合 24.4.2 节所建立的图版和相位旋转后的结果选择小波分解的层次。

（5）采用小波分解将 NMR 回波串分解到最细的尺度，得到近似系数和细节系数。

（6）根据式（24.36）对各层的细节系数判断是采用硬阈值法还是软阈值法。

（7）硬阈值法采用式（24.13）、软阈值采用 SURE 算法计算（参考 24.2 节）。

（8）根据式（24.40）计算指数因子 α。

（9）根据式（24.39）计算正则化因子 λ。

（10）利用步骤（9）计算的正则化因子更新步骤（7）计算的阈值。

（11）根据步骤（10）计算的新阈值对各层细节系数进行比较，保留大于新阈值绝对值的系数，小于新阈值绝对值的系数根据式（24.17）重新计算。

（12）保存各分解层次新的细节系数。

（13）采用隔点插零法重构信号，得到降噪后的 NMR 回波串信号。

经过对近似系数和新的细节系数进行小波重构，得到 R-Heursure 算法降噪后的 NMR 回波串信号，算法的降噪流程如图 24.7 所示。

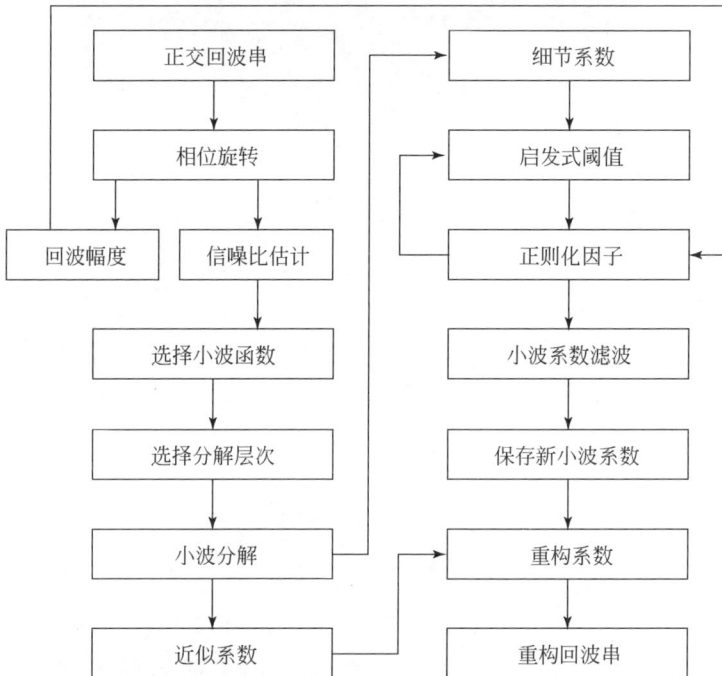

图 24.7 R-Heursure 算法的降噪流程

24.4 数 值 模 拟

24.4.1 SURE 算法数值模拟

根据井下 NMR 回波串信号呈多指数衰减的特点，选用具有紧支撑性和双正交性的 Daubechies 小波和 Symlets 小波，通过消失矩、分解层次、相关系数三者的组合图版，选取具有最大相关系数的消失矩和分解层次对信号进行分解。如图24.8 所示，当消失矩为 5、分解层次为 5 时，Daubechies 小波具有最高的相关系数（相关系数为 0.995）；Symlets 小波在消失矩为 4、分解层次为 10 的时候具有最大的相关系数（0.951）。图 24.9 为 Symlets 4 小波和 Daubechies 5 小波在不同分解层次依据式（24.20）和式（24.23）计算出的 SURE 算法阈值。

图 24.10 为 NMR 回波模型降噪前后的对比。由图 24.10（a）中可知，回波

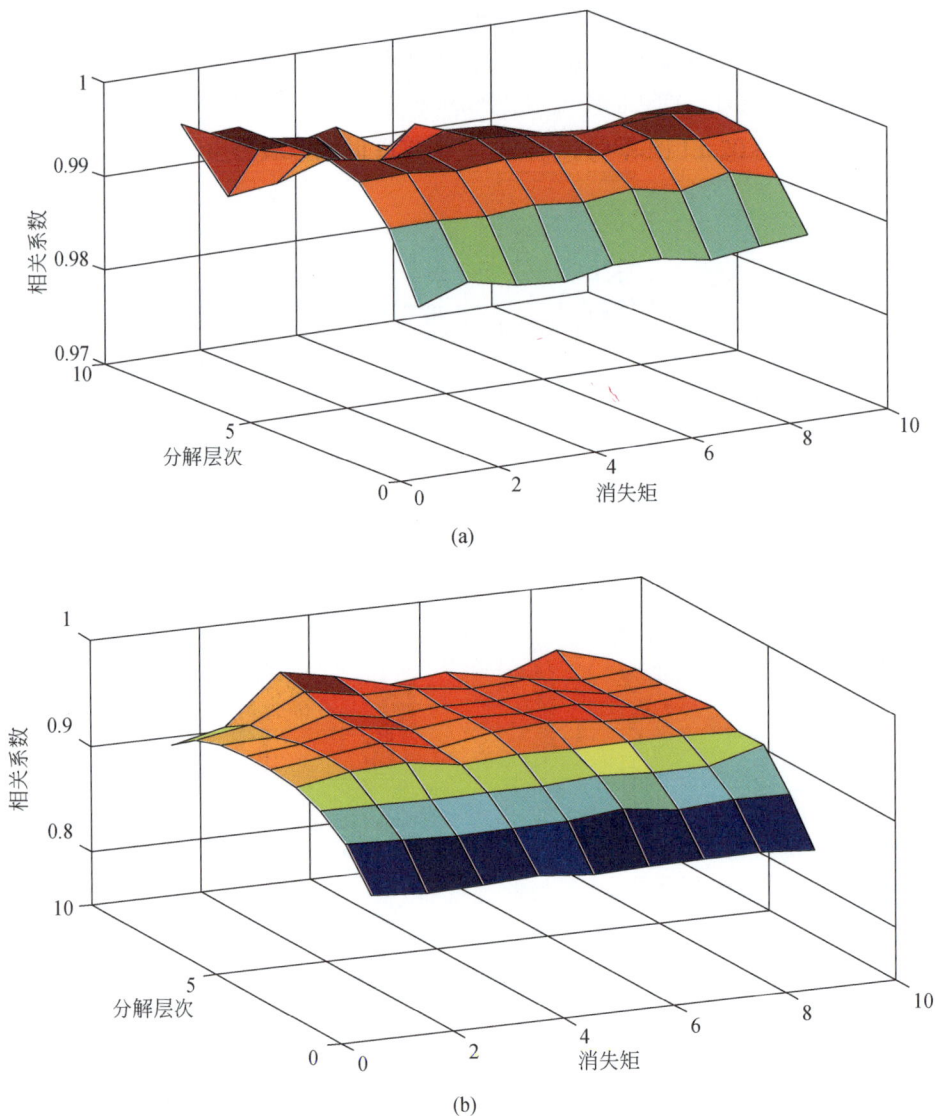

(a)

(b)

图 24.8　Daubechies 小波（a）、Symlets 小波（b）的相关系数

相关系数、分解层次、消失矩均为无量纲（下同）

信号具有较大的噪声分量，信噪比仅为 8.108。采用多分辨率 SURE 算法对带噪信号降噪处理后，噪声分量得到了很好的压制，信噪比分别提高到了 13.717 和 15.502，如图 24.10（b）和图 24.10（c）所示。图 24.10（b）为选用 Symlets 4 小波，10 层分解的降噪结果；图 24.10（c）为选用 Daubechies 5 小波，5 层分解的降噪结果。

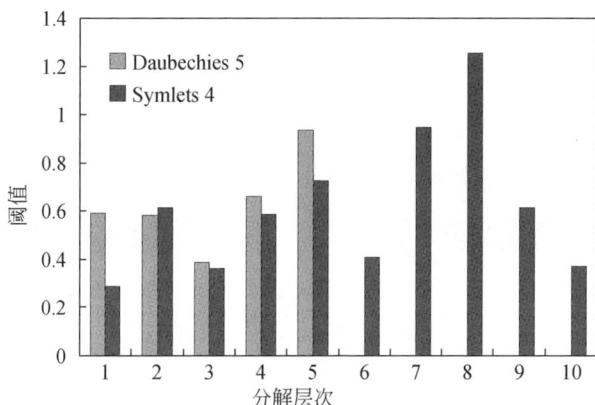

图 24.9　Daubechies 5 小波和 Symlets 4 小波在不同分解层次的阈值

　　为了检验 SURE 算法的优越性，对比分析了模极大值重构法、空域相关法、通用软阈值法与 SURE 算法降噪后的回波信号 SVD 反演结果，如图 24.11 所示。图 24.11（a）与（b）分别选用 Daubechies 5 小波和 Symlets 4 小波作为母小波，由图可知：增加噪声后的回波信号反演为单峰特征，其 T_2 谱与模型有较大的差异，丢失了微孔组分的信息；由于 NMR 回波串信号的噪声系数在不同的分解层次上具有不同特性，通用软阈值法在各个分解层次上选取统一的阈值，降噪效果不明显，信噪比变化不大，T_2 谱不能体现微孔组分；由于小尺度下的小波系数受噪声影响较大，模极大值重构降噪方法在小尺度下产生的伪极值点易被认为是真实信号的小波系数；空域相关法适合于较高信噪比数据，它对于低信噪比 NMR 测井数据降噪，容易产生间断、不连续点。而且，如果不同尺度下的小波系数位置发生偏移，则不能反映小波系数的真实相关性。但是，由于信噪比的提高，模极大值重构法和空域相关法的 T_2 谱已逐渐体现微孔组分。采用多分辨率 SURE 算法，在不同消失矩、不同分解层次上选取不同的阈值，克服了以上降噪方法的缺点，降噪后信噪比得到了较大提高，反演结果已能分辨微孔组分，T_2 谱趋向双峰，更为接近原模型。

　　在本节中，以均方根误差（RMSE）和信噪比（SNR）为比较参量，对比分析了上述几种小波降噪方法。通常情况下，有较好的信噪比和较低的 RMSE 的算法具有更好的降噪性能。表 24.1 和表 24.2 的数据证明：在处理低信噪比 NMR 数据时，SURE 算法具有最好的降噪性能，模极大值重构法和空域相关法次之，Donoho 提出的通用软阈值法效果最差。

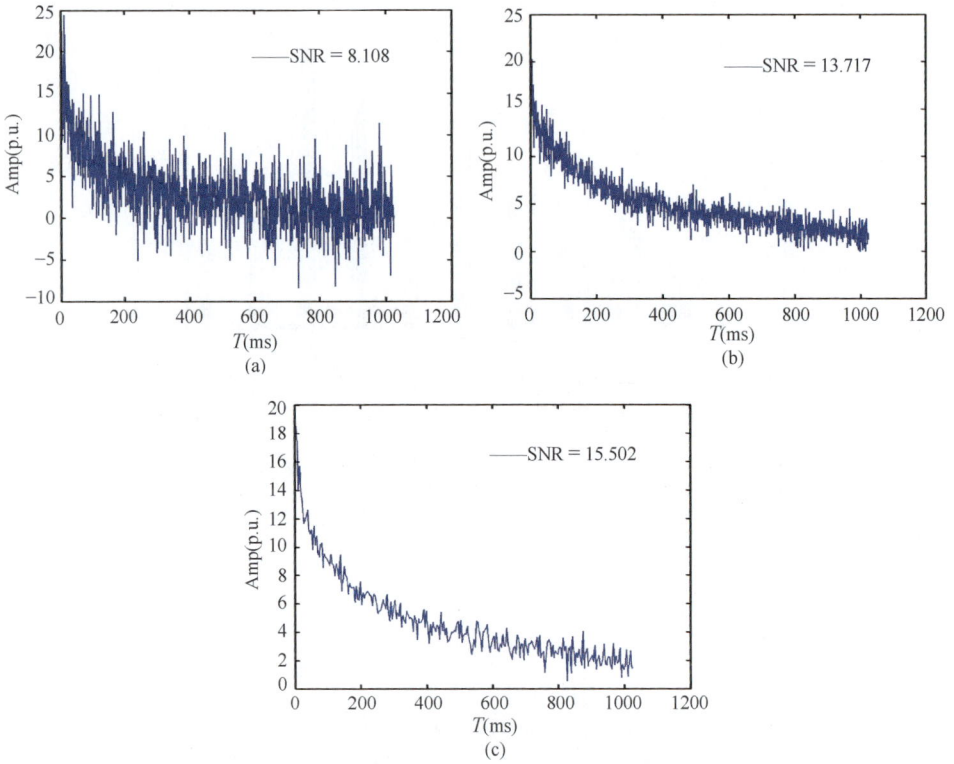

图 24.10　SURE 算法在不同小波基下的降噪结果

Amp 为相对信号幅度，无量纲；T 为回波采集时间（下同）；（a）带噪回波串，信噪比为 8.108；
（b）Symlets 4 小波降噪结果，信噪比为 13.717；（c）Daubechies 5 小波降噪结果，信噪比为 15.502

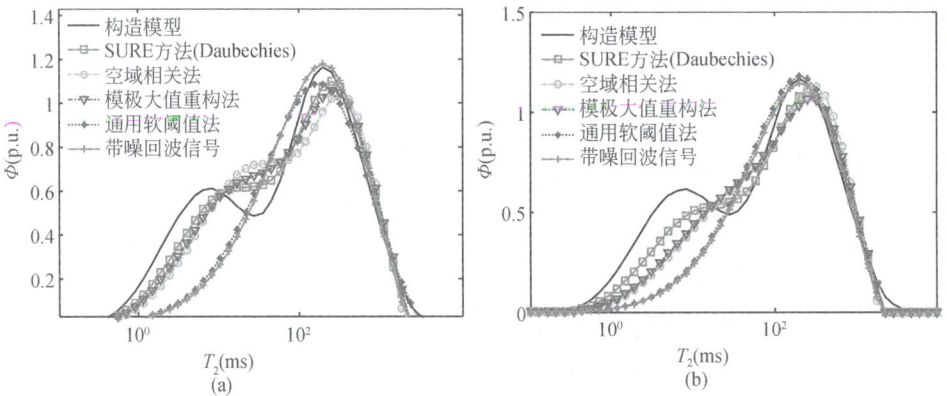

图 24.11　不同算法降噪后的 T_2 谱对比

Φ 为刻度后的孔隙度；T_2 为横向弛豫时间；（a）Daubechies 5 小波各种算法对比；（b）Symlets 4 小波各种算法对比

表 24.1　各种算法降噪效果对比（Symlets 4）

估计器	带噪信号	通用软阈值法	模极大值重构法	空域相关法	SURE 算法
SNR	8.108	9.216	12.553	12.729	13.717
RMSE		0.229	0.171	0.163	0.153

表 24.2　各种算法降噪效果对比（Daubechies 5）

估计器	带噪信号	通用软阈值法	模极大值重构法	空域相关法	SURE 算法
SNR	8.108	9.568	13.866	14.015	15.502
RMSE		0.214	0.165	0.162	0.151

24.4.2　R-Heursure 算法数值模拟

1. 模型建立

图 24.12（a）和（b）为 24.4.1 节所建模型在 8 组不同 TE 下正演的回波串信号，添加了均值为 0 的随机噪声，信噪比分别为 100 和 10。图 24.13（a）和（b）分别为不同 TE、信噪比分别为 100 和 10 时的 SVD 反演结果，由图 24.13（b）可见，反演结果呈单峰显示，仅能反映可动流体体积，而束缚流体体积由于奇异值的截断而丢失。图 24.14 为采用 Daubchies 小波 4 层分解后的近似系数和细节系数（信噪比分别为 100 和 10）。从以上不同信噪比的回波串经过小波分解后可以看出以下几点。

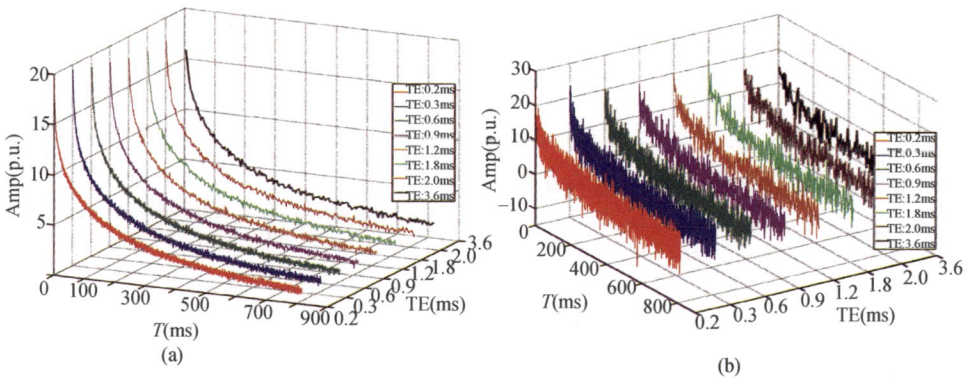

图 24.12　不同回波间隔（TE）下的回波串

（a）SNR=100；（b）SNR=10

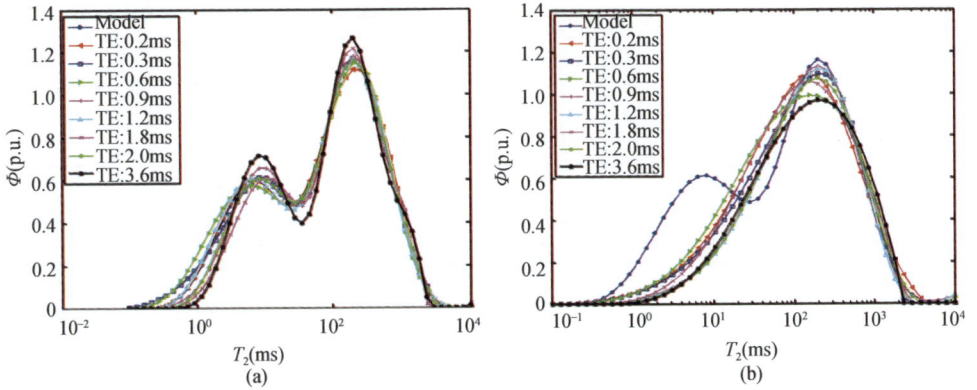

图 24.13　不同回波间隔（TE）下的反演结果

（a）SNR = 100；（b）SNR = 10

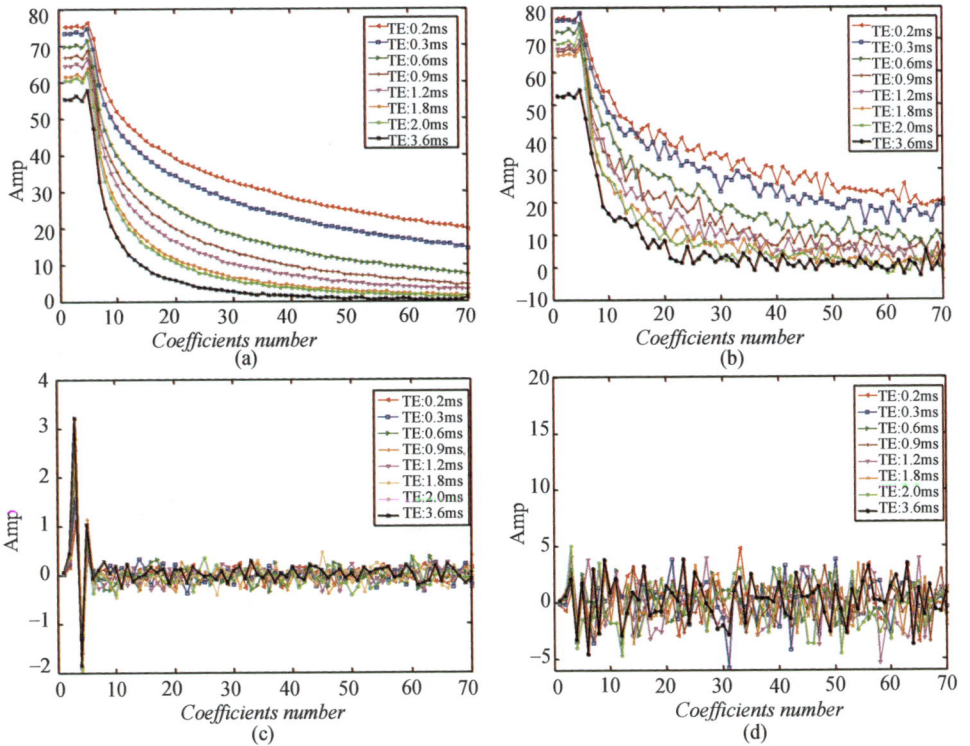

图 24.14　不同回波间隔（TE）下的近似系数和细节系数（信噪比分别为 100 和 10）

（1）随着信噪比的降低，近似系数逐渐呈现不光滑趋势，这是由噪声所引起的；而细节系数的幅值发生了较大变化，且具有随机统计特性，说明噪声主要集中在细节系数。

（2）NMR 微孔响应由于弛豫时间短、衰减快，具有高频特性，主要集中在细节系数，因此在对细节系数进行降噪处理时需要考虑微孔的信息，在采用不同阈值做降噪处理时需要有效分离微孔响应与噪声。

（3）即使信噪比发生了较大变化（从 100 降到 10），近似系数仍能很好地反映 NMR 回波串的衰减特性，噪声的增大对于近似系数的影响不大。

（4）近似系数对于等待时间（TE）的选取较为灵敏，具有很好的时间分辨特性，且随着 TE 的增大，系数幅度逐渐降低，但衰减趋势相似；而细节系数不具有时间分辨特性，具有随机分布的特征，系数幅度随着信噪比的降低而增大。

（5）近似系数的前几个点并不服从指数衰减特性，这是由母小波函数的宽度引起的。小波分解的实质是利用不同尺度的母小波函数与被观测信号做相关从而得到不同平移因子下的多组相关系数。而小波重构是小波分解的逆过程，通过数据重构，这几个点仍能恢复 NMR 的前几个回波幅度。

2. 选取小波函数

通常，井下 NMR 信号由两道相互正交的信号构成，即实部和虚部。为了能对正交信号构成的自旋回波串进行降噪，应该选用具有正交特性的小波函数对 NMR 信号进行时频分析。大多数降噪方法均选用具有正交特性的 Daubechies 小波、Symlets 小波或 Morlet 小波。

不同的小波函数具有不同的函数形状和正交特性，因此对降噪的效果均有不同的影响。为了能选择更优的小波函数，本节将介绍一种基于最大系数能量的选取小波函数的方法。定义最大相关系数能量 MECC（maximum energy of correlation coefficient）为

$$\text{MECC} = \sum_{j=1}^{J} \left(\frac{\sum_{i=1}^{n} \left[C_j(i) - \overline{C_j} \right] \left[D_j(i) - \overline{D_j} \right]}{\sqrt{\sum_{i=1}^{n} \left[C_j(i) - \overline{C_j} \right]^2} \sqrt{\sum_{i=1}^{n} \left[D_j(i) - \overline{D_j} \right]^2}} \right) \tag{24.42}$$

式中，J 为分解层数；$\overline{C_j}$ 和 $\overline{D_j}$ 分别为第 j 层分解近似系数和细节系数的均值；$C_j(i)$ 和 $D_j(i)$ 分别为第 j 层分解的近似系数和细节系数。

图 24.15 和图 24.16 为不同母小波函数在不同信噪比时的系数能量。不失一般性，具有最大能量的母小波函数最适合于 NMR 数据的降噪处理，小波系数能量的计算由式（24.42）给出，其中消失矩假设为 4。从图中可以看出，在不同

信噪比下 Symlets 小波具有最大的小波系数能量，而且小波系数随着信噪比的提高而能量增大，因此，建议 NMR 测井数据的小波降噪处理采用 Symlets 小波。当信噪比低到 5 以下时，能量的变化并不大，说明当 NMR 测井数据的信噪比低于 5 时，信号已经完全被噪声淹没，已经不能从原始测井数据中正确分离出 NMR 信号。

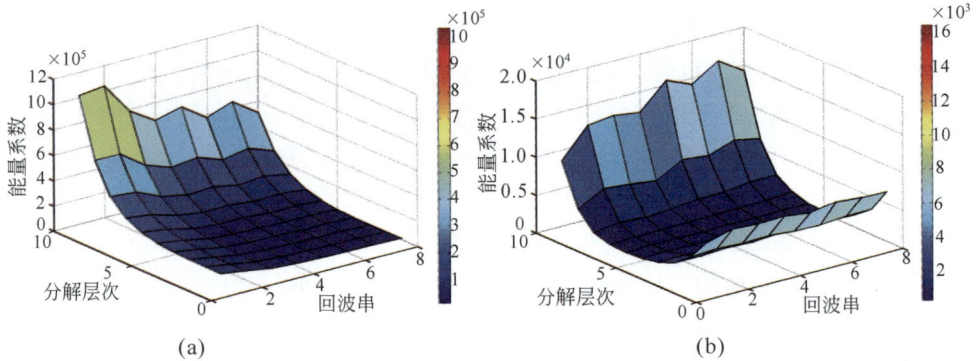

图 24.15　不同分解层次下的能量系数

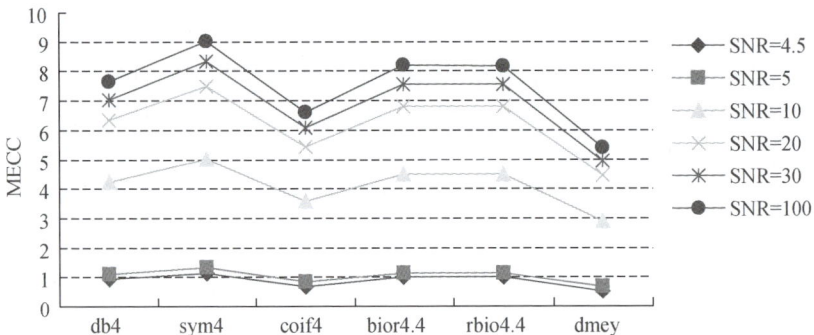

图 24.16　不同信噪比、不同母小波函数下的最大相关系数能量
分解层次从 1～10 层，采用的消失矩为 4

3. 消失矩和分解层次

小波分解时，消失矩和分解层次的选择对于回波信号的降噪处理非常重要。消失矩越大，支撑长度就越长，对应的小波滤波器越平坦；而分解层次决定了小波分解对回波信号变换后的精细程度。当信噪比高时，所需的分解层次就应该小，从而保证信号的损失最小。当信噪比低时，为了有效分离信号与噪声，需要在多个分解层次分析回波信号，也即小波变换的多分辨率分析。由图 24.17 可

知，随着消失矩的增大，降噪处理时所需的分解层次变小；随着信噪比的降低，回波信号所需分解的层次越来越多；当消失矩在 7 以后，分解层次将不再变化，说明消失矩过大只是增加了计算复杂度，而对于带噪信号的总能量没有变化。

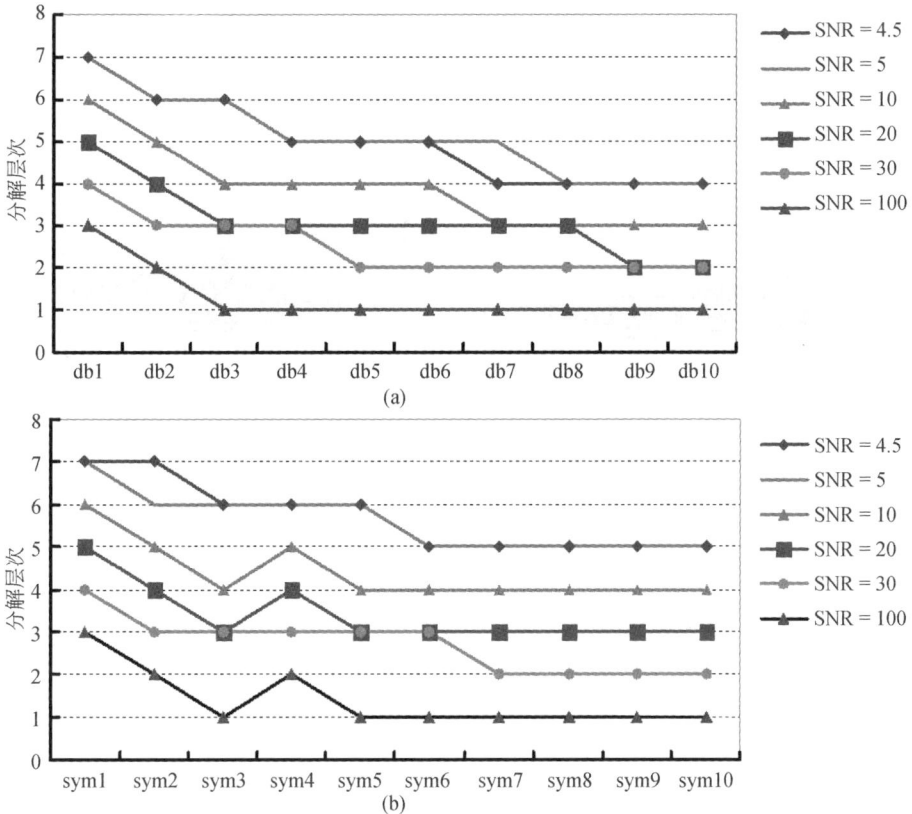

图 24.17　Daubechies 小波和 Symlets 小波在不同消失矩的分解层次

综合以上分析，使用小波变换对井下 NMR 数据进行处理时，建议使用"sym4"小波，根据图 24.17 不同回波串数据的初始信噪比（即最大回波与噪声标准差的比值）自适应选择分解层次。

4. 正则化因子

图 24.18 为不同信噪比、不同孔隙度下正则化因子的变化。由图 24.18 （a）中可以看出，随着信噪比和孔隙度的不断增加，正则化因子 α 逐渐趋于 0，选取的阈值也越接近于 0，即对回波串不做降噪处理；在信噪比和孔隙度很低的情形下，正则化因子的取值要大于估计的噪声水平，选取的阈值要大才能达到压制噪声的目的。当信噪比大于 40 时，反演方法已经能得到较为准确的孔隙度信息，为了

避免降噪后的回波串失真，选取的阈值要很小，降噪效果不明显。图 24.18（b）反映了不同信噪比下估计的噪声和正则化因子的关系，正则化因子随着信噪比的增大而减小，随着噪声比的增大而增大。

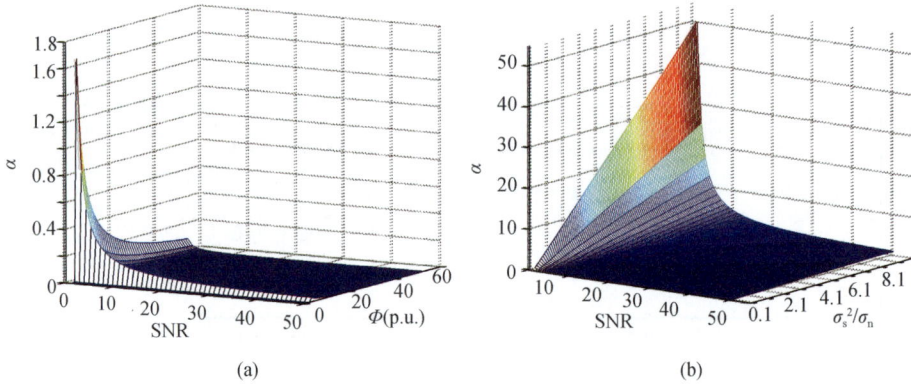

(a)　　　　　　　　　　　　(b)

图 24.18　正则化因子的影响因素

（a）不同信噪比、不同孔隙度下的正则化因子，噪声比值假定为 5；
（b）不同噪声比值、不同信噪比下的正则化因子，假定孔隙度为 20 p.u.

　　然而，过低的孔隙度会限制降噪算法的性能。当孔隙度很小时，孔隙内氢原子总数少，NMR 信号更为微弱，即使选取的阈值较大，得到的信号总量也非常小，难以正确计算出孔隙分布特征和孔隙度等地层信息。表 24.3 为 23.4.1 节所建模型采用 R-Heursure 算法降噪前后的结果对比，反演算法分别选用 SVD 方法和 BRD 方法。

表 24.3　R-Heursure 降噪前后模型对比

SNR _raw	SNR_ R-Heursure	BVI_ SVD	MPHI_ SVD	BVI_ BRD	MPHI_ BRD	BVI_ R-Heursure	MPHI_ R-Heursure
∞	∞	7.088	19.928	7.088	19.928	7.088	19.928
100	100	7.199	20.015	6.872	19.646	6.872	19.646
80	80	7.089	19.893	7.386	20.249	7.386	20.249
50	50	7.624	20.335	6.733	19.637	6.733	19.637
30	34.392	5.417	18.457	6.382	19.243	6.827	19.638
20	29.657	3.984	17.095	4.647	17.691	6.335	19.366
10	22.115	2.971	16.686	4.746	17.881	6.699	19.111
5	20.756	2.271	15.617	7.132	19.229	5.453	18.709
4	9.881	2.394	16.055	0.586	14.833	2.815	16.519

表中第 1 列为增加噪声后模型的信噪比，第 2 列为采用 R-Heursure 算法降噪后的信噪比，第 3 列和第 4 列分别为降噪前 SVD 反演算法计算的束缚水孔隙体积和 NMR 有效孔隙度，第 5 列和第 6 列分别为降噪前 BRD 反演算法计算的束缚水孔隙体积和 NMR 有效孔隙度，第 7 列和第 8 列为采用 R-Heursure 算法降噪后采用 SVD 反演算法计算的束缚水孔隙体积和 NMR 有效孔隙度。由表24.3 可知：

（1）当模型信噪比大于 50 后，反演算法已经能准确地反映真实的孔隙度信息，受到正则化因子的约束，R-Heursure 算法不实施降噪处理，分解后的小波系数保留原值；当信噪比低于 30 后，正则化因子自适应于测量数据的信噪比和孔隙特征，约束阈值的变化，从而提高数据的信噪比。

（2）表中采用了常用的两种较为稳定的反演算法（SVD 和 BRD）对降噪前后的结果进行比较，相比而言，SVD 算法因奇异值截止值的选取与噪声幅度有关，更依赖于测量数据的信噪比，当信噪比低于 20 后，受到截止值的影响，束缚水体积部分逐渐减小；而 BRD 算法随着信噪比的降低，平滑因子对噪声的平滑性能下降，束缚水体积的计算也不准确。通过 R-Heursure 算法降噪后信噪比都提高到了 20 以上，因此得到的束缚水体积与模型接近。

（3）当信噪比大于 50 时，两种反演算法均能得到准确的总孔隙度；当信噪比低于 30 时，总孔隙度开始减小，这是由于反演算法逐渐不能正确反映束缚水体积；降噪后随着信噪比的提高有所改善，受到正则化因子的影响，小孔（或微孔）响应的细节系数与噪声分离出来，因此总孔隙度的计算与模型较为接近。

（4）算法的适用范围；当信噪比低于 5 时，NMR 测井信号已经完全淹没在噪声中，算法的降噪效果不明显，反演后不能得到正确的束缚水体积，孔隙度与模型有较大的差异，说明算法失效。

24.5　实验结果分析

24.5.1　数据准备

为了验证 SURE 算法的降噪性能，使用 Oxford DRX NMR 谱仪对 10 块四川普光气田 A 井的碳酸盐岩岩心进行了孔隙度测量。称重孔隙度测量采用岩心常规分析方法（烘箱恒温 90℃，连续 24 小时烘干，然后水饱和 48 小时）。NMR 实验采用 CPMG 脉冲序列，90°脉冲持续时间 9 μs，180°脉冲持续时间 18 μs，采样频率100 kHz，回波个数 8192，回波间隔 600 μs，累加 4 次，实验结果及 SURE 算法降噪后的计算结果如表 24.4 所示。

表24.4　普光气田 A 井岩心孔隙度测量与算法处理结果比较

岩心编号	称重孔隙度 （p. u.）	核磁孔隙度 （p. u.）	SURE 处理后的 孔隙度 （p. u.）	降噪后孔 隙度增量 （p. u.）	原信噪比	降噪后 信噪比
281	15.6	15.2	15.4	0.2	16.335	20.713
282	11.5	10.9	11.2	0.3	12.617	17.885
285	11.2	10.7	10.9	0.2	11.953	16.281
286	9.5	8.8	9.3	0.5	9.182	14.125
288	12.2	11.8	12.1	0.3	14.328	17.912
729	6.1	5.3	6.0	0.7	7.822	16.358
736	10.1	9.5	9.9	0.4	10.287	14.428
737	17.9	17.7	17.9	0.2	18.215	22.337
741	11.4	10.9	11.3	0.4	12.389	17.429
744	13.0	12.5	12.8	0.3	14.592	19.637

由表24.4可知，所测岩心最大孔隙度为岩心737，称重孔隙度测量与核磁孔隙度测量误差为0.2 p. u.；孔隙度最小为岩心729，称重孔隙度测量与核磁孔隙度测量误差为0.7 p. u.。称重孔隙度较 NMR 测量结果偏大，主要由于 NMR 岩心分析仪内部电子器件产生的噪声对 NMR 测量的影响。运用 SURE 算法对数据做降噪处理后，削弱了噪声影响，减小了两种测量方法的误差。而且，在相同的实验条件下，岩心孔隙度越大，孔隙中含有的^{1}H 质子数目越多，NMR 回波信号幅度相对较大，与低孔隙度测量数据相比信噪比更高，测量的孔隙度与称重孔隙度测量更接近；具有低孔隙度的岩心由于 NMR 回波信号幅度相对较小，受到噪声污染后信噪比更低。低信噪比数据在反演时，为了压制噪声分量对反演结果的影响，选取的奇异值截止值较大，奇异值保留个数减少，反演后的孔隙度相对称重孔隙度误差较大；当数据信噪比较大时，为了保留更多回波信息，奇异值截止值的选取较小，奇异值保留个数较多，反演后的孔隙度更接近于称重孔隙度。

24.5.2　SURE 算法降噪

SURE 算法降噪前后孔隙度的增量变化还与小尺度上选取的小波系数阈值有关。由于噪声能量主要集中在小尺度，当数据信噪比较低时，小尺度小波系数的阈值选取较大，噪声得以有效抑制，反演时保留了更多的奇异值，从而使得降噪前后孔隙度增量较大；当数据信噪比较高时，为了保留更多的信号，小尺度上选取的阈值较小，小波系数保留较多，反演前后孔隙度的增量较小，从而体现了

SURE 算法的自适应特性。

　　以孔隙度最小的 729 号岩心为例，运用 SURE 算法对测量数据做降噪处理，比较回波信号的信噪比及反演后孔隙度变化。采集到的回波信号如图 24.19（a）所示；图 24.19（b）为采集到的回波信号放大，有用信号被淹没在大量的噪声中，数据的信噪比较低。

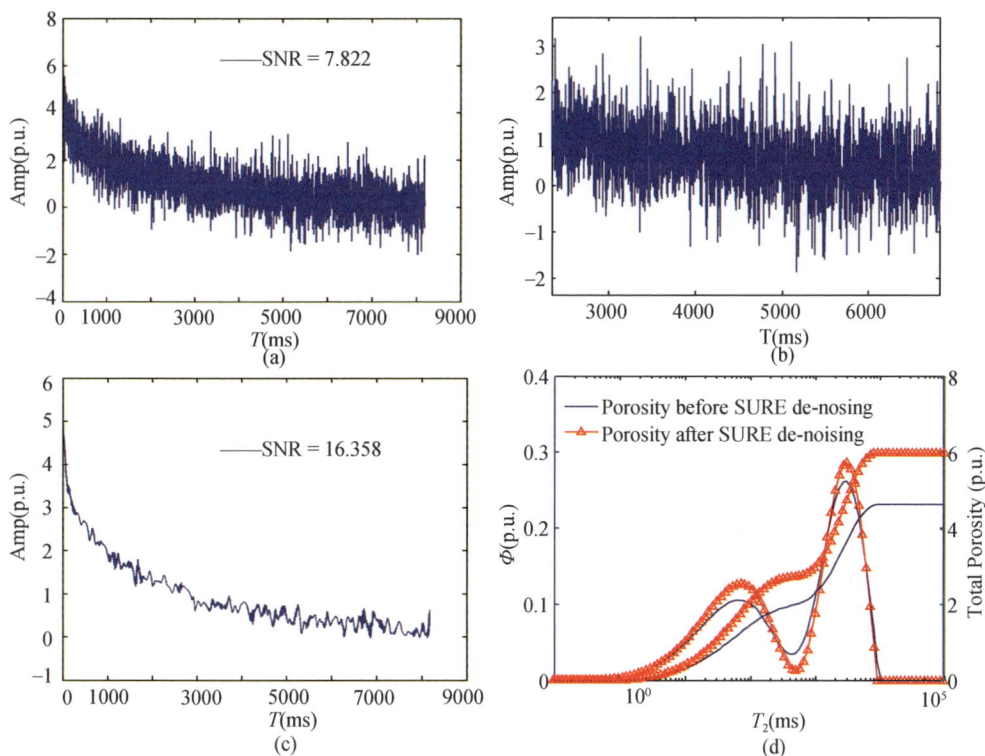

图 24.19　SURE 算法降噪前后的回波信号及 T_2 谱与总孔隙度

（a）带噪回波串；（b）放大后带噪信号；（c）运用 SURE 算法降噪后的信号；
（d）降噪前后数据的 T_2 谱与总孔隙度

　　选取 Daubechies 小波作为母小波，消失矩、分解层次与原信号平均降噪效果的相关系数如表 24.5 所示。对应最高相关系数（0.938）的消失矩和分解层次分别为 4 和 6，选用 Daubechies 4 小波对带噪信号 6 层分解。使用 SURE 算法对带噪信号降噪，由式（24.20）和（24.23）计算的各层阈值如表 24.6 所示。降噪后的回波信号如图 24.19（c）所示，可见原信号中的噪声分量得到了很好的压制。图 24.19（d）为带噪信号和降噪信号通过 SVD 反演后的 T_2 谱，降噪前原数据信噪比为 7.822，降噪后信噪比为 16.358；利用降噪前的回波信号计算的总孔隙度为 5.3 p.u.，而降噪后计算的岩心总孔隙度为 6.0 p.u.，更接近称重孔隙度（6.1 p.u.）。可见，SURE 算法有效地提高了回波信号的信噪比，反演时保留了更多的奇异值，反演结果更接近于称重方法得到的岩心孔隙度。

表 24.5　消失矩和分解层次的相关系数表

消失矩	分解层次								
	2	3	4	5	6	7	8	9	10
2	0.712	0.737	0.855	0.814	0.913	0.832	0.827	0.755	0.701
3	0.755	0.768	0.833	0.872	0.916	0.859	0.849	0.821	0.808
4	0.806	0.882	0.894	0.931	0.938	0.935	0.909	0.884	0.826
5	0.817	0.846	0.885	0.901	0.923	0.916	0.902	0.864	0.848
6	0.882	0.879	0.911	0.903	0.895	0.852	0.837	0.811	0.798
7	0.859	0.893	0.896	0.877	0.834	0.828	0.808	0.769	0.737
8	0.832	0.816	0.787	0.802	0.815	0.795	0.763	0.755	0.726
9	0.755	0.784	0.811	0.803	0.796	0.776	0.758	0.739	0.709
10	0.701	0.743	0.829	0.801	0.782	0.753	0.738	0.716	0.683

表 24.6　Daubechies 4 小波不同分解层次下的 SURE 算法阈值

消失矩	分解层次					
	1	2	3	4	5	6
4	1.622	1.103	1.258	1.303	1.419	1.237

24.6　井下 NMR 实例分析

24.6.1　稠油层降噪分析

对内蒙古二连盆地白音查干凹陷地区 X 井的 NMR 原始数据运用 R-Heursure 降噪方法进行处理，处理井段为 900~920 m，降噪前后反演结果如图 24.20 所示。图中，第 1 道为深度，第 2 道为岩性曲线，第 3 道为电阻率曲线，第 4 道、第 5 道分别为降噪前短 TE（1.2 ms）和长 TE（6.0 ms）的回波串反演结果，第 6 道、第 7 道分别为采用 R-Heursure 降噪后的短 TE（1.2 ms）和长 TE（6.0 ms）的回波串反演结果，第 8 道为综合处理结果。

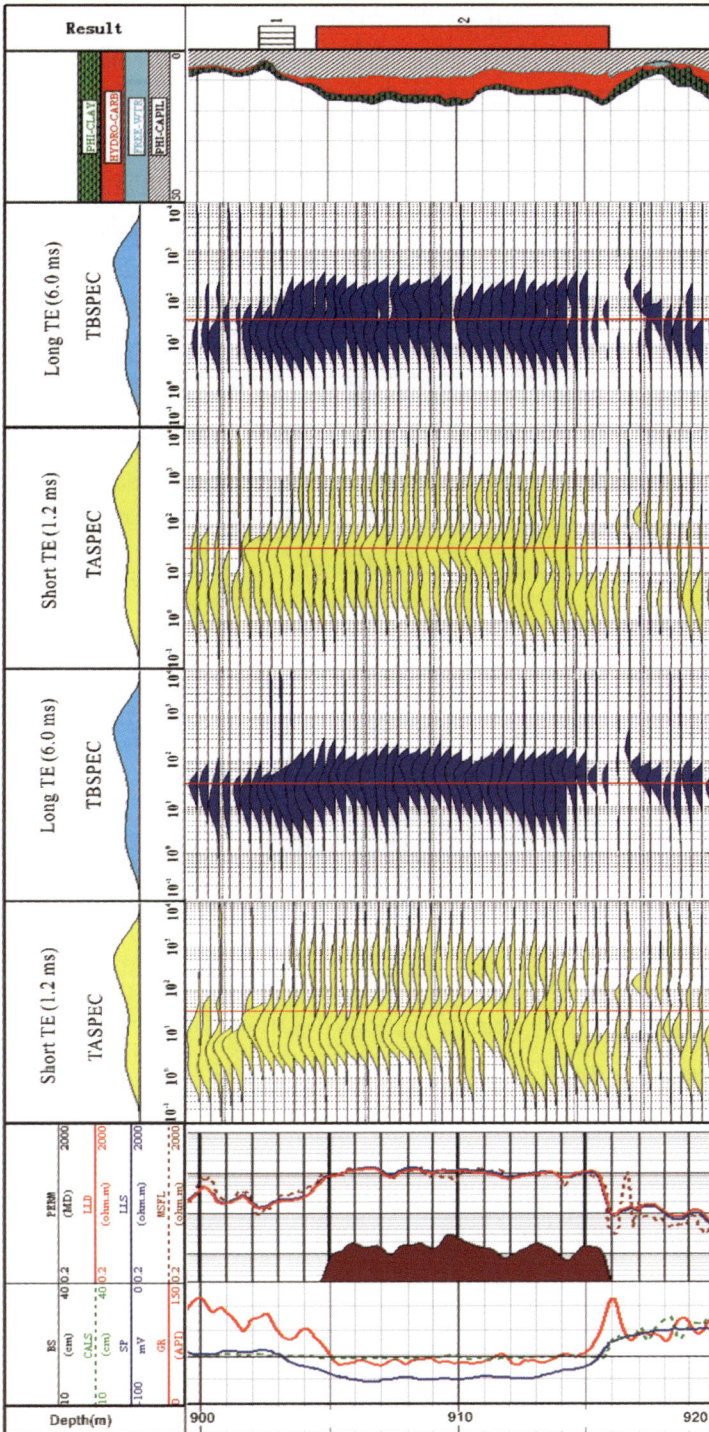

图 24.20　X井R-Heursure降噪处理结果

由图 24.20 可以看出，GR 和 SP 显示该段为较好储层，渗透率显示物性较好，电阻率值较高，综合显示该段为油层。NMR 测井观测模式选用 DTWEADC412，长 TE（6.0 ms）的 T_2 谱比短 TE（1.2 ms）前移明显，且比较整齐。在 T_2 截止值（33 ms）附近有很强的峰，短 TE 部分在目的层显示为双峰，长 TE 呈单峰显示，集中在 33 ms 附近，不能有效区别 BVI 和 FFI。降噪前，905～915 m 段的短 TE（1.2 ms）部分 T_2 谱主要呈双峰显示，能有效分离束缚水和可动流体，但是不能分辨出黏土束缚水峰和毛管束缚水峰；长 TE（6.0 ms）部分 T_2 谱主要呈单峰显示，且峰值幅度较大，但不能分辨出黏土束缚水峰和毛管束缚水峰。这是由于长 TE 采集的回波个数只有 80 个，回波个数太少，采集的回波信号还没有衰减完，长弛豫组分采集不完整，使得反演结果不能真实反映长 T_2 组分的信息，如图第 5 道和第 7 道数据所示。经过 R-Heursure 方法降噪后，信噪比得到了提高，目的层段（904.5～916.0 m）短 TE（1.2 ms）部分 T_2 谱呈三峰显示，黏土束缚水峰在 4 ms 附近，毛管束缚水峰幅度较强，峰值在 33 ms 附近，可动流体峰幅度微弱，呈拖拽现象，峰值在 400 ms 左右。长 TE（6.0 ms）部分 T_2 谱呈双峰显示，束缚水峰在 20 ms 附近，可动流体峰值在 100 ms 左右，两峰的幅度都较强。

经过降噪处理后，已经能有效分离束缚水体积和可动流体体积，且峰值幅度增大。降噪前后的处理结果如表 24.7 所示。

表 24.7　NMR 降噪前后对比——X 井为例

深度 （m）	SNR_raw	SNR_R	SNR_add	BVI_raw （p.u.）	BVI_R （p.u.）.	MPHI_raw （p.u.）	MPHI_R （p.u.）	por_add （p.u.）
900.4	9.7	23.3	13.7	8.8	8.7	9.3	10.2	0.9
901.2	8.6	18.6	10.1	8.3	8.7	9.3	9.8	0.5
902.4	8.6	16.9	8.3	8.5	8.9	9.2	11.1	1.9
903.6	10.4	12.6	2.2	8.6	8.4	10.9	11.2	0.3
904.4	16.1	25.5	9.4	10.2	9.9	14.9	15.4	0.5
905.8	17.9	34.6	16.7	9.1	9.8	16.1	16.9	0.8
906.4	15.0	32.4	17.3	7.6	8.4	14.0	14.9	0.9
907.8	15.2	33.2	18.1	7.8	8.2	14.2	14.7	0.5
908.6	14.5	32.9	18.4	7.7	8.1	13.0	14.0	1.0
909.8	18.7	42.1	23.5	8.8	8.1	15.3	15.3	0.0
910.2	16.1	38.2	22.0	5.9	6.1	11.3	11.8	0.4
911.8	13.7	36.7	23.0	7.9	7.7	12.5	13.0	0.5
912.6	14.4	28.9	14.5	6.1	5.2	12.6	12.8	0.2
913.4	18.9	43.6	24.7	12.5	12.5	17.4	17.6	0.2
914.6	16.9	22.4	5.5	10.3	9.9	16.9	17.1	0.1

深度 （m）	SNR_raw	SNR_R	SNR_add	BVI_raw （p.u.）	BVI_R （p.u.）.	MPHI_raw （p.u.）	MPHI_R （p.u.）	por_add （p.u.）
915.4	14.1	23.2	9.1	10.3	10.5	13.1	13.3	0.2
916.2	5.3	9.3	4.0	4.5	4.8	5.1	5.9	0.8
917.2	3.2	5.3	2.1	1.3	1.8	2.3	2.9	0.6
918.2	5.0	9.0	4.0	1.8	1.8	2.6	2.9	0.2
919.2	6.8	11.4	4.6	6.3	6.6	8.5	8.7	0.2
920.2	5.3	8.3	3.1	4.3	4.6	4.9	5.4	0.5

表中第 1 列为深度，第 2、3、4 列分别为降噪前后的信噪比和信噪比增量（SNR_add），第 5、6 列分别为以 33 ms 为截止值计算的降噪前后束缚水体积，第 7、8、9 列分别为降噪前后的 NMR 有效孔隙度和孔隙度增量（por_add）。由表 24.7 可知，目的层段（904.5～916.0 m）的物性较好，NMR 有效孔隙度（MRIL porosity，MPHI）都在 10 % 以上，原始 NMR 数据的信噪比大部分都在 15 以上；经 R-Heursure 算法降噪处理后，信噪比均有较大改善，而孔隙度增量（por_add）主要与黏土束缚水体积和毛管束缚水体积部分相关。在降噪前受到信噪比的影响，不能有效分离黏土束缚水体积和毛管束缚水体积，降噪后长、短 TE 的 T_2 谱显示束缚水部分有很好的双峰显示，如图 24.20 的第 6 道和第 7 道。而在 916.2 ～ 918.2 m 层段，物性较差，孔隙度在 5 以下，原始 NMR 数据的信噪比在 5 左右，降噪前后反演结果变化不大，信噪比没有明显改善，仍然不能有效分辨出黏土束缚水峰和毛管束缚水峰。

该井试油层段为 904.5～915.5 m，试油密度为 0.9463 g/cm³，原油黏度为 1184.4 mPa·s，渗透率为 614.687×10⁻³ μm²，有效孔隙度为 17.9 p.u.，总孔隙度为 21.2 p.u.，试油结果表明该层段为物性较好的稠油储层。

24.6.2　算法适用范围

由 24.4.2 节的分析可知，R-Heursure 算法的有效范围为 $5<SNR_p<40$，对于孔隙度很小的致密地层，如果采集的 NMR 数据的信噪比很低，信号已经完全淹没在噪声中，降噪算法也无法从带噪数据中提取出有效的 NMR 信号。为了进一步讨论 24.4.2 节的算法适用范围，对 M 井的 NMR 结果进行降噪处理，降噪处理前后如图 24.21 所示。

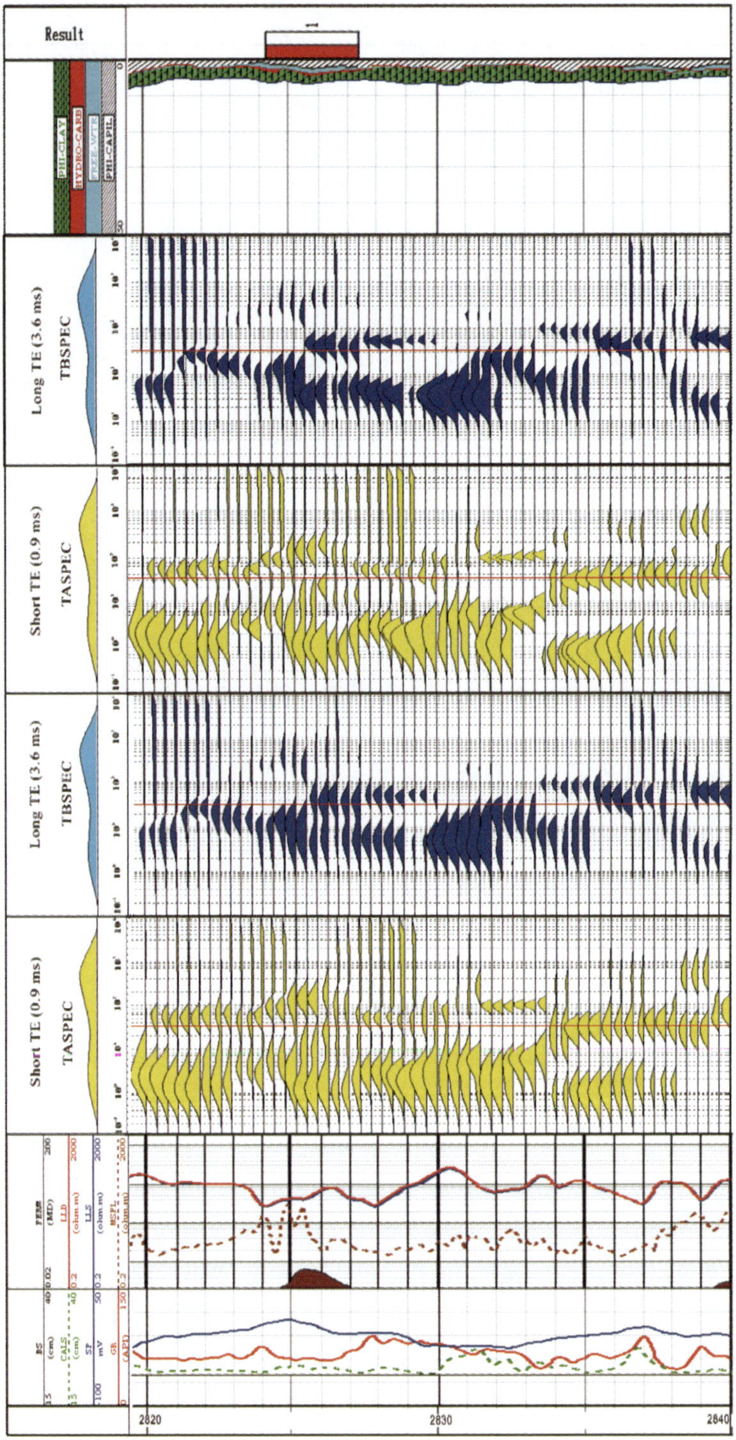

图 24.21　M井R-Heursure降噪结果

图 24.21 中第一道为深度道，第二道为钻头直径（BS）、井径、自然电位和自然伽玛，第三道为渗透率、深、中、浅电阻率，第四道和第五道分别为降噪前的短（0.9 ms）、长（3.6 ms）TE 得到的 T_2 谱，反演方法为 SVD 反演算法，第六道和第七道分别为采用 R-Heursure 算法降噪后的短、长 TE 反演得到的 T_2 谱，第八道为解释的泥质束缚水、毛管束缚水、可动流体体积和烃指示，最后一道为根据降噪后 T_2 谱的解释结果。从常规测井资料来看，GR、SP 和渗透率显示该段储层物性较差。NMR 测井观测模式选用 D9TE308，反演后得到的 T_2 谱幅度微弱，短 TE（0.9 ms）的 T_2 谱呈双峰显示，左峰位于 1～10 ms，右峰位于 10～100 ms，右峰幅度微弱，有拖拽现象；长 TE（3.6 ms）的 T_2 谱呈不明显的双峰显示，左峰位于 10 ms 以前，为束缚流体，右峰幅度较低，右边界基本位于 200 ms 左右，有明显的拖拽现象。长、短 TE 在降噪处理前均无法分辨出黏土束缚水峰和毛管束缚水峰。

根据岩心实验结果，在 2820～2825m 层段和 2830～2840m 层段，岩心测量孔隙度大多数在 2～6 p.u.，NMR 资料的原始信噪比均低于 5，NMR 信号已经完全淹没在噪声中，R-Heursure 算法已经无法从带噪数据中提取出有效信号，降噪前后结果变化不大，算法失效；在 2825～2828m 层段，随着孔隙度的增大，NMR 信噪比大于 5，尤其是长 TE 的测量结果，降噪前无法分辨泥质束缚水峰和毛管束缚水峰，降噪后能有效分离泥质束缚水、毛管束缚水和可动流体体积，降噪前后对比结果如表 24.8 所示，表头说明与表 4.7 一致。

表 24.8　NMR 降噪前后对比——M 井为例

深度（m）	SNR_raw	SNR_R	SNR_add	BVI_raw (p.u.)	BVI_R (p.u.)	MPHI_raw (p.u.)	MPHI_R (p.u.)	por_add (p.u.)
2820.4	4.7	10.1	5.3	4.6	5.0	5.1	5.4	0.3
2821.7	4.1	8.6	4.5	4.0	4.1	4.5	5.2	0.7
2822.5	3.8	5.1	1.3	2.9	2.5	4.4	4.0	-0.3
2823.5	4.6	6.0	1.4	1.3	1.5	2.8	2.9	0.1
2824.5	5.2	12.4	7.2	1.8	2.1	4.0	4.2	0.2
2825.5	7.9	14.0	6.1	5.2	6.0	8.2	9.3	1.1
2826.5	5.1	12.6	7.5	2.9	3.8	5.5	6.6	1.1
2827.5	3.4	6.4	3.1	2.8	2.9	3.9	4.0	0.1
2828.3	4.7	9.9	5.2	4.3	4.7	5.5	5.9	0.4
2829.5	5.2	9.9	4.7	4.9	5.1	6.1	6.8	0.7
2830.5	4.5	9.2	4.6	4.0	4.4	5.3	6.0	0.6

续表

深度 （m）	SNR_raw	SNR_R	SNR_add	BVI_raw （p.u.）	BVI_R （p.u.）	MPHI_raw （p.u.）	MPHI_R （p.u.）	por_add （p.u.）
2831.6	4.4	8.7	4.3	4.1	4.5	5.2	6.1	0.9
2832.8	3.3	5.0	1.7	3.4	4.2	4.2	5.2	1.0
2833.5	4.0	8.5	4.5	3.6	3.4	4.3	4.5	0.3
2834.4	4.7	9.1	4.5	1.6	2.5	3.8	4.1	0.3
2835.1	5.0	8.5	3.5	1.6	2.4	3.9	3.8	0.0
2836.6	4.9	8.8	3.9	3.1	3.4	5.4	5.8	0.4
2837.6	3.7	6.9	3.2	2.9	2.9	4.6	4.8	0.2
2838.6	3.3	5.5	2.2	0.9	1.2	2.7	2.8	0.1
2839.5	3.8	8.7	4.9	0.1	0.0	3.0	3.0	0.0

对该井 2824.4 ~ 2826.6 m 进行射孔，采用地层测试方式进行试油，日产油 0.03 m³，产水 1.16 m³，经测试，原油密度为 0.8476 g/cm³，黏度为 13.31 mPa·s，地面脱气密度为 0.8476 g/cm²，综合常规测井解释该层为差油层。

24.7　小　结

本章讨论了小波变换在井下 NMR 数据降噪中的应用。利用小波变换在多个尺度下对 NMR 信号进行观测，并通过一组正交基将回波串分解为反映大孔和中孔响应特征的近似系数与反映小孔和微孔响应的细节系数，而噪声主要集中在细节系数中。为了提高 NMR 测井数据的信噪比，而不损失小孔信息，需要在不同的分解层次上选取不同的阈值对细节系数进行信号和噪声的分离。

1. SURE 算法

多分辨率 SURE 算法对 NMR 信号采用多尺度、自适应、软取阈值的分析方法，在不同的分解层次选取不同的阈值对细节系数进行滤波处理。在本章中，根据 NMR 回波信号呈多指数衰减的特点，采用具有紧支撑性和双正交特性的 Symlets 小波 Daubechies 小波作为母小波，选取具有最大相关系数的消失矩和分解层次对 NMR 信号进行分解。

在每一分解层次通过估计噪声方差、系数重排、寻找中值、最小风险估计等过程计算出各层的阈值，大于该阈值的系数保留，小于该阈值的系数根据 SURE 算法重新计算，最后通过隔点插零法重构 NMR 信号。根据数值模拟和岩心实验验证，该方法较好地抑制了低信噪比 NMR 数据中的噪声，能获得更高的信噪比，反演结果更能准确地反映岩石物理信息。

2. R-Heursure 算法

在 NMR 测井过程中，由于噪声来源更为复杂，需要综合考虑多种 NMR 测井的影响因素。在本章中提出了 R-Heursure 算法用于井下 NMR 数据的降噪处理。为了使选取的阈值刚好能大于噪声水平而不损失小孔（或微孔）的响应信息，采用正则化因子约束估计的阈值。而正则化因子与测量数据的信噪比、地层孔隙结构等因素相关。通过数值模拟和实际 NMR 资料处理验证了算法的有效性。经过 R-Heursure 算法降噪后，提高了 NMR 信噪比，从 T_2 谱上能有效分离出束缚水和可动流体体积，反演后的结果更能准确地反映地层孔隙结构特征，为储层流体识别和储层评价提供准确的信息。

另外，由于不同母小波函数具有不同的函数形状和正交特性，因此对降噪的性能有不同的影响。通过数值模拟不同信噪比时的井下 NMR 数据降噪，Symlets 小波在不同的信噪比时具有最大的相关系数能量，建议在采用 R-Heuresure 算法为 NMR 降噪时选用该小波。

当 NMR 测井数据的信噪比低于 5 时，信号已经完全被噪声淹没，R-Heursure 算法已经不能从原始测井数据中正确分离出 NMR 信号和噪声，算法失效。因此，在孔隙度极低（低于 5 p. u.）的致密地层，建议降低测井速度，采用点测或更多次累加的方式以提高测井信噪比，从而得到更准确的地层信息。

第 25 章 结 论

由于低场 NMR 磁场强度低，采集到的回波信号幅度微弱，容易受到来源复杂的噪声的影响，通常测量的数据信噪比较低。本书在系统分析 NMR 测井噪声来源的基础上，针对 NMR 信号在处理的各个阶段，采用先进的微弱信号数字信号处理方法在不同的阶段实施降噪，抑制噪声对 NMR 测井数据的影响，有效提高 NMR 信号的信噪比。主要取得以下几个方面的认识。

（1）井下 NMR 信号微弱，噪声来源复杂。噪声来源大致可分为三类：一类是来自天线检测到的外界干扰，包括电磁辐射干扰、仪器运动的电噪声等；第二类是振荡的电流经过天线时产生的噪声，包括磁场耦合干扰、振铃等；第三类是测井仪的电子元器件产生的噪声，主要包括电阻热噪声、散弹噪声、$1/f$ 噪声、爆裂噪声、地电位差噪声、ADC 产生的量化噪声等。

（2）由于自适应滤波方法对于正弦信号具有很好的追踪性能，采用双级互联的 PC-ALE 方法对天线检测到的自旋回波进行降噪处理。该方法采用基于线性预测理论的自适应谱线增强结构，选取 NLMS 算法和 AP 算法作为自适应算法更新自适应滤波器的系数。PC-ALE 方法主要包括两部分：双级自适应滤波和相位校正。NLMS 算法用于第一级降噪，能有效分离窄带自旋回波和宽带噪声，增强自旋回波信号的相关性；第二级采用 AP 算法抑制自旋回波信号中的噪声。为了校正自适应滤波器结构组延迟造成的相位漂移，根据延迟的个数在频率域对自旋回波的相位进行补偿。经过 PC-ALE 方法降噪后，噪声得到有效抑制，自旋回波的信噪比得到较大改善。

（3）基于互相关的 DPSD 方法已经广泛应用于 NMR 自旋回波的幅度和相位检测。DPSD 方法中滤波器的幅频性能影响着该方法对回波幅度和相位的准确提取。针对 NMR 信号为时间指数衰减的特点，对比分析了常用的几种基于 FIR 滤波器结构的窗函数应用于 DPSD 方法中的性能，通过数值模拟和实验验证了 Gaussian 滤波器在众多窗函数中更适用于 NMR 回波幅度和相位的提取。

（4）小波变换可以在不同尺度、不同分解层次中观测回波串，具有多分辨率的特性。通过寻找小波基下最优消失矩与分解层次，根据噪声分量的变化自适应选取阈值。SURE 算法与传统的小波降噪方法相比，能更好地压制噪声，降低最小化估计的风险。采用 SURE 算法降噪后，可以减少岩心 NMR 实验的累加次数，节约测量时间，降噪后能获得更高信噪比的测量数据，反演结果更能准确地反映岩心孔隙度信息。

（5）母小波、消失矩和分解层次的选择都能影响到小波变换的降噪性能。不同的母小波具有不同的时频特性和正交特性，消失矩决定了小波滤波器的特性，而分解层次决定了小波分解对回波信号变换后的精细程度。而这三个参数一般是根据经验进行选择，具有一定的人为因素。采用最大系数能量准则选取母小波、最大相关系数准则确定消失矩和分解层次，根据数值模拟和测井数据处理，建议岩心实验采用 Daubechies 5 小波、NMR 测井数据采用 Symlets 4 小波进行降噪处理。

（6）在 NMR 测井过程中，噪声来源较实验室测量更为复杂。结合硬阈值和软阈值的优点，提出 R-Heursure 算法用于细节系数的阈值估计。正则化因子的选取与地层信息和测量数据的原始信噪比相关，通过正则化因子控制每一个分解层次下的阈值，使得所选取的阈值既能自适应于信噪比的变化，又能避免阈值过大而损失小孔（或微孔）的信息。通过数值模拟和实际测井资料处理，R-Heursure 算法能有效提高 NMR 测井数据的信噪比，反演后的结果能有效分离出束缚水体积和可动流体体积，更准确地反映了地层孔隙结构特征。

（7）脉冲编程器接收来自上位机的指令，产生射频脉冲所需的频率字和相位字，协调电路各模块的同步运行，在低场 NMR 谱仪中具有非常重要的作用。提出一种基于 FPGA 的三通道脉冲编程器设计，每一个通道均可独立、灵活地调节射频脉冲的频率、幅度和相位，时间分辨率可达 0.233 Hz，相位分辨率可达 0.006 rad，最小延迟时间 5 μs，可以为岩心 NMR 实验的多种脉冲序列测量提供有力的保障。

然而，由于噪声来源的复杂性及随机性，本书研究工作还有很多地方需要改进和完善。对后续的研究工作建议如下。

（1）NMR 噪声抑制的方法有很多，需要在 NMR 信号的不同处理阶段针对具体问题具体分析，选用何种方法及参数才能得到最优化方案值得深入研究。

（2）自适应算法的收敛速度和失调误差是相对矛盾的，书中仅选用了成熟稳定、收敛速度较快的 NLMS 算法和 AP 算法，然而自适应算法的收敛速度仍然是讨论的热点，适用于低信噪比 NMR 测井信号的变步长自适应算法仍是降噪处理的关键。

（3）对井下 NMR 降噪时，可根据不同地质条件建立母小波函数、消失矩及分解层次图版，从而减小降噪方法的运算复杂度，实现更快的降噪处理。

（4）提出的 R-Heursure 算法对于信噪比低于 5 的 NMR 数据将失效，限制了该方法在我国超低孔、低渗油气藏中的应用。因此，正则化因子还需结合更多影响 NMR 信噪比的因素进行改进。

参 考 文 献

［1］ Bloembergen N, Purcell E, Pound R. Relaxation effects in nuclear magnetic resonance absorption. Nature Phys Rev, 1947, 73（7）：679-712.

［2］ Bloch F, Hansen W, Packard M. Nuclear induction. Physical Review, 1946, 70（7-8）：460-474.

［3］ Bloch F, Hansen W, Packard M. The nuclear induction experiment. Physical Review, 1946, 70（7-8）：460-474.

［4］ Purcell E, Torrey H, Pound R. Resonance absorption by nuclear magnetic moments in a solid. Physical Review, 1946, 69（1-2）：37-38.

［5］ Hahn E. Nuclear induction due to free Larmor precession. Physical Review, 1950, 77（2）：297-298.

［6］ 赵喜平. 磁共振成像. 北京：科学出版社, 2004.

［7］ 肖立志. NMR 成像测井与岩石 NMR 及其应用. 北京：科学出版社, 1998.

［8］ Coates G R, Xiao L Z, Prammer M G. NMR logging：principles and applications. Texas：Gulf Professional Publishing, 2000.

［9］ 肖立志, 柴细元, 孙宝喜. NMR 测井资料解释与应用导论. 北京：石油工业版社, 2001.

［10］ 肖立志, 谢然红, 廖广志. 中国复杂油气藏 NMR 测井理论与方法. 北京：科学出版社, 2011.

［11］ 俎栋林. NMR 成像学. 北京：高等教育出版社, 2004.

［12］ 王筱文, 肖立志, 谢然红, 等. 中国陆相地层 NMR 孔隙度研究. 中国科学（G）, 2006, 36（4）：366-374.

［13］ 刘双惠, 肖立志, 胡法龙, 等. NMR 测井地层界面响应特征研究. 地球物理学报, 2008, 51（4）：1262-1269.

［14］ 谢然红, 肖立志. 储层流体及其在岩石孔隙中的 NMR 弛豫温度特性. 地质学报, 2007, 81（2）：280-283.

［15］ 谢然红, 肖立志, 赵太平. NMR 岩心实验分析的标准样品研究. 核电子学与探测技术, 2007, 27（2）：194-198.

［16］ 谢然红, 肖立志, 王忠东, 等. 复杂流体储层 NMR 测井孔隙度影响因素. 中国科学（D）, 2008, 38（1）：191-196.

［17］ 谢然红, 肖立志, 刘家军, 等. NMR 多回波串联合反演方法. 地球物理学报, 2009, 52（11）：2913-2919.

［18］ 谢然红, 肖立志, 邓克俊, 等. 二维 NMR 测井. 测井技术, 2005, 29（5）：430-434.

［19］ 谢然红, 肖立志, 廖广志, 等. 低渗透储层特征与测井评价方法. 中国石油大学学报：

自然科学版，2006，30（1）：47-51.

[20] 谢然红，肖立志. NMR 测井探测岩石内部磁场梯度的方法. 地球物理学报，2009，52（5）：1341-1347.

[21] 廖广志，肖立志，谢然红. 内部磁场梯度对火山岩 NMR 特性的影响及其探测方法. 中国石油大学学报（自然科学版），2009，33（5）：56-60.

[22] Liao G Z, Xiao L Z, Xie R H. Method and experimental study of 2- D NMR logging. Diffusion Fundamentals, 2009, 10: 28. 1-28. 4

[23] Xiao L Z, Liao G Z, Wang Z D, et al. Inversion of NMR relaxation measurements in well logging. Wiley published, 2008.

[24] Liao G Z, Xiao L Z, Xie R H, et al. Probing the internal gradient fields of volcanic rocks and analyzing the influence of NMR properties. The first international forum on petroleum sustainable development for Ph. D candidates, 2007.

[25] Liao G Z, Xiao L Z, Xie R H, et al. Multi- exponential inversion of NMR relaxation measurement in porous media. SPWLA topic conference in NMR, Guilin China, 2006.

[26] Legchenko A, Descloitres M, Vincent C, et al. Three-dimensional magnetic resonance imaging for groundwater. New Journal of Physics, 2011, 13: 025022.

[27] Legchenko A, Baltassat J, Beauce A, et al. Nuclear magnetic resonance as a geophysical tool for hydrogeologists. Journal of Applied Geophysics, 2002, 50 (1-2): 21-46.

[28] Gev I, Goldman M, Rabinovich B, et al. Detection of the water level in fractured phreatic aquifers using nuclear magnetic resonance (NMR) geophysical measurements. Journal of Applied Geophysics, 1996, 34 (4): 277-282.

[29] Chen P, McCarthy M, Kauten R. NMR for internal quality evaluation of fruits and vegetables. Transactions of the American Society of Agricultural Engineers, 1989, 32 (5): 1747-1753.

[30] Spyros A, Dais P. ^{31}P NMR spectroscopy in food analysis. Progress in Nuclear Magnetic Resonance Spectroscopy, 2009, 54 (3-4): 195-207.

[31] Mariette F. Investigations of food colloids by NMR and MRI. Current Opinion in Colloid & Interface Science, 2009, 14 (3): 203-211.

[32] Espy M, Baguisa S, Dunkerley D, et al. Progress on detection of liquid explosives using ultra-low field MRI. IEEE Transactions on Applied Superconductivity, 2011, 21 (3): 530-533.

[33] Perlo J, Demas V, Casanova F, et al. High- resolution NMR spectroscopy with a portable single- sided sensor. Science, 2005, 308 (5726): 1279.

[34] Perlo J, Casanova F, Blümich B. Ex situ NMR in highly homogeneous fields: ^{1}H spectroscopy. Science, 2007, 315 (5815): 1110-1112.

[35] Anferova S, Anferov V, Arnold J, et al. Improved Halbach sensor for NMR scanning of drill cores. Magnetic Resonance Imaging, 2007, 25 (4): 474-480.

[36] Blümich B, Perlo J, Casanova F, et al. Mobile single- sided NMR. Progress in Nuclear Magnetic Resonance Spectroscopy, 2008, 52 (4): 197-269.

[37] Blümich B, Casanova F, Appelt S, et al. NMR at low magnetic fields. Chemical Physics Letters, 2009, 477 (4-6): 231-240.

[38] Stejskal E O, Schaefer J, Waugh J S. Magic-angle spinning and polarization transfer in proton-enhanced NMR. Journal of Magnetic Resonance, 1977, 28 (1): 105-112.

[39] Doddrell D M, Pegg D T, Bendall M R. Distortionless enhancement of NMR signals by polarization transfer. Journal of Magnetic Resonance, 1982, 48 (1): 323-327.

[40] Homer J, Perry M, Palfreyman S. Accelerated relaxation of sensitive nuclei for enhancement of signal-to-noise with time. Journal of Magnetic Resonance, 1997, 125 (1): 20-27.

[41] Klomp D, Kentgens A, Heerschap A, et al. Polarization transfer for sensitivity-enhanced MRS using a single radio frequency transmit channel. NMR in Biomedicine, 2008, 21 (5): 444-452.

[42] Takeda K, Noda Y, Takegoshi K, et al. Quantitative cross-polarization at magic-angle spinning frequency of about 20 kHz. Journal of Magnetic Resonance, 2012, 214 (1): 340-345.

[43] Dunn K, Bergman D, Latorraca G. Nuclear magnetic resonance: petrophysical and logging applications. New York: Pergamon, 2002.

[44] Butler J, Reed J, Dawson S. Estimation solutions of first kind integral equations with nonnegative constraints and optimal smoothing. SIAM Journal on Numerical Analysis, 1981, 18 (3): 381-397.

[45] 王忠东, 肖立志, 刘堂宴. NMR 弛豫信号多指数反演新方法及其应用. 中国科学 (G 辑), 2003, 33 (4): 323-332.

[46] 张恒荣. 基于 BG 理论的 NMR 弛豫谱反演. 北京: 中国石油大学 (北京) 硕士学位论文, 2010.

[47] 廖广志, 肖立志, 谢然红, 等. 孔隙介质 NMR 弛豫测量多指数反演影响因素研究. 地球物理学报, 2007, 50 (3): 932-938.

[48] 高晋占. 微弱信号检测. 北京: 清华大学出版社, 2004.

[49] 戴逸松. 微弱信号检测方法及仪器. 北京: 国防工业出版社, 1994.

[50] Fukushima E, Roeder S. Spurious ringing in pulse NMR. Journal of Magnetic Resonance, 1979, 33 (1): 199-203.

[51] Sun B, Taherian R. Method for eliminating ringing during a nuclear magnetic resonance measurement: United States, US 006, 121, 774 A. 2000.

[52] 冯士伟. 半球谐振陀螺误差分析与测试方法设计. 哈尔滨: 哈尔滨工业大学硕士学位论文, 2008.

[53] 张燕. 低噪音高灵敏度 γ 辐射探测器研制. 太原: 中北大学硕士学位论文, 2007.

[54] Aja-Fernández S, Tristán-Vega A, Alberola-López C. Noise estimation in single- and multiple-coil magnetic resonance data based on statistical models. Magnetic Resonance Imaging, 2009, 27 (10): 1397-1409.

[55] Schlagnitweit J, Dumez J, Nausner M, et al. Observation of NMR noise from solid samples. Journal of Magnetic Resonance, 2010, 207 (1): 168-172.

[56] Grage H, Akke M. A statistical analysis of NMR spectrometer noise. Journal of Magnetic Resonance, 2003, 162 (1): 176-188.

[57] Giraudearu P, Müller N, Jerschow A, et al. ¹H NMR noise measurements in hyperpolarized liquid samples. Chemical Physics Letters, 2010, 489 (1-3): 107-112.

[58] Cherifi T, Abouchi N. A CMOS microcoil-associated preamplifier for NMR spectroscopy. IEEE Transactions on Circuits and Systems- I : Regular Papers, 2005, 52: 12.

[59] Dieter R, Rheinstetten. Low-noise preamplifier, in particular, for nuclear magnetic resonance (NMR): United States, US 7, 123, 090 B2. 2006.

[60] Nordmeyer-Massner J, De Z, Pruessmann K. Noise figure characterization of preamplifiers at NMR frequencies. Journal of Magnetic Resonance, 2011, 210 (1): 7-15.

[61] Redfield A, Kunz S. Analog filtering of large solvent signals for improved dynamic range in high-resolution NMR. Journal of Magnetic Resonance, 1998, 130 (1): 111-118.

[62] Hoenninger J. Multi-frequency digital low pass filter for magnetic resonance imaging: United States, US 005, 739, 691A. 1998.

[63] Lou X. Method and system for processing magnetic resonance signals to remove transient spike noise: United States, US 6, 529, 000 B2. 2003.

[64] Edwards C M, Chen S. Improved NMR well logs from time-dependent echo filtering. SPWLA 37th Annual Logging Symposium, 1996.

[65] Schneider F, Schütz B. Automatic digital preemphasis for dynamic NMR-magnetic fields by means of a digital IIR filter: United States, US 007, 474, 100 B2. 2009.

[66] Lendi P, Tschopp W. Digital filter for NMR and MRI applications: United States, US 20, 050, 225, 324 A1. 2005.

[67] Vanhuffel S, Chen H, Decanniere C, et al. Algorithm for time-domain NMR data fitting based on total least squares. Journal of Magnetic Resonance, 1994, series A, 110 (2): 228-237.

[68] Chen H, Huffel S V, Vandewalle J. Bandpass prefiltering for exponential data fitting with known frequency region of interest. Signal Processing, 1996, 48 (2): 135-154.

[69] Chen H, Huffel S V, Ormondt D, et al. Parameter estimation with prior knowledge of known signal poles for the quantification of NMR spectroscopy data in the time domain. Journal of Magnetic Resonance, 1996, series A, 119 (2): 225-234.

[70] Koehl P. Linear prediction spectral analysis of NMR data. Progress in Nuclear Magnetic Resonance Spectroscopy, 1999, 34 (3-4): 257-299.

[71] Cochrane C, Lenahan P. Real time exponentially weighted recursive least squares adaptive signal averaging for enhancing the sensitivity of continuous wave magnetic resonance. Journal of Magnetic Resonance, 2008, 195 (1): 17-22.

[72] Cochrane C, Lenahan P. Adaptive signal averaging method which enhances the sensitivity of continuous wave magnetic resonance and other analytical measurements: United States, US 20, 100, 066, 366 A1. 2009.

[73] Pajevic S, Weiss G, Fishbein K, et al. Use of the adaptive line enhancement filter for SNR im-

provement in NMR spectroscopy. Proc. Intl. Soc. Mag. Reson. Med. , 2000, 8: 1778.

[74] Asfour A, Raoof K, Fournier J, et al. Nonlinear identification of NMR spin systems by adaptive filtering. Journal of Magnetic Resonance, 2000, 145 (1): 37-51.

[75] Razazian K, Bobis J, Dieckman S, et al. DSP-based on-line NMR spectroscopy using an Anti-Hebbian learning algorithm. Proceedings of the IEEE International Symposium on Industrial Electronics, 1995, 2: 781-785.

[76] Samsonov A, Johnson C. Noise-adaptive nonlinear diffusion filtering of MR images with spatially varying noise levels. Magnetic Resonance in Medicine, 2004, 52 (4): 798-806.

[77] Li G, Xu H. Digital quadrature detection in nuclear magnetic resonance spectroscopy. Review of Scientific Instruments, 2009, 70 (2): 1511-1513.

[78] Lascos S, Cassidy D. Multichannel digital phase sensitive detection using a field programmable gate array development platform. Review of Scientific Instruments, 2008, 79 (7): 074702.

[79] Tseitlin M, Iyudin V, Tseitlin O. Advantages of digital phase-sensitive detection for upgrading an obsolete CW EPR spectrometer. Applied Magnetic Resonance, 2009, 35 (4): 569-580.

[80] Nemoto N S. Magnetic resonance involving digital quadrature detection with reference signals of variable frequency: Japan, EP 1, 739, 445 A1. 2007.

[81] Baldrighi P, Castellano C, Canina D, et al. Digital nuclear magnetic resonance acquisition channel. 11th Euromicro Conference on Digital System Design Architectures, Methods and Tools, 2008: 399-404.

[82] Yu H J, Xiao L Z, Li X, et al. Novel detection system for NMR logging tool. 2011 IEEE International Conference on Signal Processing, Communications and Computing, ICSPCC 2011, 2011: 1-4.

[83] 豆成权. NMR 测井弱信号检测方法研究. 武汉: 华中科技大学硕士学位论文, 2007.

[84] 张凯. NMR 测井仪信号检测电路设计与实现. 武汉: 华中科技大学硕士学位论文, 2007.

[85] 张新发, 刘富, 戴逸松. DPSD 算法性能研究及参数选择. 吉林工业大学学报, 1998, 3 (28): 40-45.

[86] 刘越, 戴逸松, 刘君义, 等. 应用 DPSD 算法测量调幅信号的研究. 计量学报, 2000, 21 (3): 222-226.

[87] Wood J, Johnson K. Wavelet packet denoising of magnetic resonance images: importance of Rician noise at low SNR. Magnetic Resonance in Medicine, 1999, 41 (3): 631-635.

[88] Ahmed O, Fahmy M. NMR signal enhancement via a new time-frequency transform. IEEE Transactions on Medical Imaging, 2001, 20 (10): 1018-1025.

[89] Serban N. Noise reduction for enhanced component identification in multi-dimensional biomolecular NMR studies. Computational Statistics & Data Analysis, 2010, 54 (4): 1051-1065.

[90] Prinosil J, Smekal Z, Bartusek K. Wavelet thresholding techniques in MRI domain. 2010 International Conference on Biosciences, 2010: 58-63.

[91] Wu L, Kong L, Cheng J. Wavelet de-noising algorithm for NMR logging application. Journal of Information and Computational Science, 2011, 8 (5): 747-754.

[92] Liu Y, Pearlman W. Four- dimensional wavelet compression of 4- D medical images using scalable 4-D SBHP. Data Compression Conference Proceedings, 2007: 233-242.

[93] Trbovic N, Dancea F, Langer T, et al. Using wavelet de- noised spectra in NMR screening. Journal of Magnetic Resonance, 2005, 173 (2): 280-287.

[94] Neue G. Simplification of dynamic NMR spectroscopy by wavelet transforms. Solid State Nuclear Magnetic Resonance, 1996, 5 (4): 305-314.

[95] Cobas J, Tahoces P, Manuel M, et al. Wavelet-based ultra-high compression of multidimensional NMR data sets. Journal of Magnetic Resonance, 2004, 168 (2): 288-295.

[96] Cavaro- Ménard C, Duff A, Balzer P, et al. Quality assessment of compressed Cardiac MRI. Effect of lossy compression on computerized physiological parameters. International Conference on Image Analysis and Processing, 1999: 1034-1037.

[97] Shao X, Yu Z, Sun L, et al. Resolution of muticomponent NMR signals using wavelet compression and immune algorithm. Spectrochimica ACTA, part A, 2003, 59: 1075-1082.

[98] Kim S, Wang Z, Oraintara S, et al. Feature selection and classification of high-resolution NMR spectra in the complex wavelet transform domain. Chemometrics and Intelligent Laboratory Systems, 2008, 90 (2): 161-168.

[99] Zhang Z, Peng L, Cai S, et al. Signal reconstruction in unstable magnetic field NMR with wavelet analysis. IEEE, Image and Signal Processing 2nd International Congress, 2009: 1-4.

[100] Ding S, McDowell C. High resolution, high sensitivity proton NMR spectra of solids obtained using continuous wavelet transform analysis. Chemical Physics Letters, 2000, 322 (5): 341-350.

[101] Li Y, Lacey M, Webb A, et al. Spectral restoration from low signal-to-noise, distorted NMR signals: Application to hyphenated capillary electrophoresis- NMR. Journal of Magnetic Resonance, 2003, 162 (1): 133-140.

[102] Lin Y, Peng L, Chen Z, et al. Wavelet analysis of nuclear magnetic resonance signal charac-teristics. International Conference on Wavelet Analysis and Pattern Recognition, 2007, 4: 1891-1895.

[103] Djermoune E, Tomczak M, Mutzenhardt P, et al. A new adaptive subband decomposition approach for automatic analysis of NMR data. Journal of Magnetic Resonance, 2004, 169 (1): 73-84.

[104] Zheng C, Zhang Y M. Noise reduction for low-field pulsed NMR signal via stationary wavelet transform. The Eighth International Conference on Electronic Measurement and Instruments, ICEMI, 2007: 746-750.

[105] Zheng C X, Zhang Y M. Low- field pulsed NMR signal de- noising based on wavelet transform. Signal Processing and Communications Applications, SIU, 2007: 1-4.

[106] 李杰. 低场脉冲 NMR 中噪声削弱方法的研究. 北京：中国科学院研究生院电工研究所

硕士学位论文, 2004.

[107] Sibusiso S, John S, Richard G B, et al. Maximum entropy signal processing in practical NMR spectroscopy. Nature, 1984, 311: 446-447.

[108] Krzysztof K, Jan S, Anna Z, et al. Random sampling in multidimensional NMR spectroscopy. Progress in Nuclear Magnetic Resonance Spectroscopy, 2010, 57 (4): 420-434.

[109] Marion D. Combining methods for speeding up multi-dimensional acquisition. Sparse sampling and fast pulsing methods for unfolded proteins. Journal of Magnetic Resonance, 2010, 206 (1): 81-87.

[110] Hyberts S, Takeuchi K, Wagner G. Poisson-gap sampling and forward maximum entropy reconstruction for enhancing the resolution and sensitivity of protein NMR data. Journal of the American Chemical Society, 2010, 132 (7): 2145-2147.

[111] Heaton N J. Muti-measurement NMR analysis based on maximum entropy: United States, US 6, 960, 913 B2. 2005.

[112] Stanek J, Kozmiński W. Iterative algorithm of discrete Fourier transform for processing randomly sampled NMR data sets. Journal of biomolecular NMR, 2010, 47 (1): 65-77.

[113] Mobli M, Stern A S, Hoch J C. Spectral reconstruction methods in fast NMR: reduced dimensionality, random sampling and maximum entropy. Journal of Magnetic Resonance, 2006, 182 (1): 96-105.

[114] Riseman T M, Forgan E M. Maximum entropy μSR analysis II: the search for truthful errors. Physica B: Condensed Matter, 2003, 326 (n1-4): 230-233.

[115] Halouska S, Powers R. Negative impact of noise on the principal component analysis of NMR data. Journal of Magnetic Resonance, 2006, 178 (1): 88-95.

[116] Giraudeau P, Müller N, Jerschow A, et al. ^{1}H NMR noise measurements in hyperpolarized liquid samples. Chemical Physics Letters, 2010, 489 (1-3): 107-112.

[117] Hürlimann M, Griffin D. Spin dynamics of Carr-Purcell-Meiboom-Gill-like sequences in grossly inhomogeneous B0 and B1 fields and application to NMR well logging. Journal of Magnetic Resonance, 2000, 143 (1): 120-135.

[118] Diniz P. 自适应滤波算法与实现（第二版）. 北京: 电子工业出版社, 2004.

[119] McCool J, Widrow B, Zeidler J, et al. Adaptive line enhancer: United States, US 4, 238, 746. 1980.

[120] 李明阳, 柏鹏. 基于 FPGA 的自适应谱线增强系统设计. 现代电子技术, 2010, 33 (10): 118-121.

[121] Widrow B, Hoff M E. Adaptive switching circuits. IRE Western Electric Show and Convention Record, 1960: 96-104.

[122] Widrow B, Stearns S. Adaptive signal processing. Englewood Cliffs: Prentice Hall, 1985.

[123] Yassa F. Optimality in the choice of convergence factor for gradient based adaptive algorithm. IEEE Trans. on Acoust. , Speech, and Signal Processing, 1987, ASSP-35: 48-59.

[124] Narayan S, Peterson A, Narasimha M. Transform domain LMS algorithm. IEEE Trans. on

Acoust. , Speech, and Signal Processing, 1983, ASSP-31: 609-615.

[125] Marshall D, Jenkins W, Murphy J. The use of orthogonal transform for improving performance of adaptive filters. IEEE Trans. on Circuits and Systems, 1989, 36: 474-484.

[126] Lee J, Un C. Performance of transform- domain LMS adaptive digital filters. IEEE Trans. on Acoust. , Speech, and Signal Processing, 1986, ASSP-34: 499-510.

[127] Mathews V. Performance analysis of adaptive filters quipped with dual sign algorithm. IEEE Trans. on Signal Processing, 1991, 39: 85-91.

[128] Verhoeckx N, Claasen T. Some considerations on the design of adaptive digital filters equipped with the sign algorithm. IEEE Trans. on Communications, 1984, COM-32: 258-266.

[129] Mathews V, Cho S. Improved convergence analysis of stochastic gradient adaptive filters using the sign algorithm. IEEE Trans. on Acoust. , Speech, and Signal Processing, 1987, ASSP-35: 450-454.

[130] Sethares W, Johnson C. A comparison of two quantized state adaptive algorithms. IEEE Trans. on Acoust. , Speech, and Signal Processing, 1989, ASSP-37: 138-143.

[131] Xue P, Liu B. Adaptive equalizer using finite- bit power- of- two quantizer. IEEE Trans. on Acoust. , Speech, and Signal Processing, 1986, ASSP-34: 1603-1611.

[132] Bermudez J, Bershad N. A nonlinear analytical model for the quantized LMS algorithm: the arbitrary step size case. IEEE Trans. on Signal Processing, 1996, 44: 1175-1183.

[133] Diniz P, Biscainho L. Optimal variable step size for the LMS/Newton algorithm with application to subband adaptive filtering. IEEE Trans. on Signal Processing, 1992, SP-40: 2825-2829.

[134] Ozeki K, Umeda T. An adaptive filtering algorithm using an orthogonal projection to an affine subspace and its properties. Electronics and Communications in Japan, 1984, 67-A: 19-27.

[135] Gay S, Tavathia S. The fast affine projection algorithm. Proc. IEEE Int. Conf. on Acoust. , Speech, and Signal Processing, 1995: 3023-3026.

[136] Sankaran S, Beex A. Convergence behavior of affine projection algorithms. IEEE Trans. on Signal Processing, 2000, 48: 1086-1096.

[137] Shynk J. Frequency-domain and multirate adaptive filtering, IEEE Signal Processing Magazine, 1992, 9: 14-37.

[138] Hinedi S, Polydoros A. DS/LPI autocorrelation detection in noise plus random- tone interference. IEEE Military Communications Conference, 1988, 2: 443-447.

[139] Krébesz T, Kolumbán G, Tse C, et al. Performance improvement of autocorrelation detector used in UWB impulse radio. 2010 IEEE International Symposium on Circuits and Systems: Nano-Bio Circuit Fabrics and Systems, 2010: 3761-3764.

[140] Iqbal, Mohammad A, Grant, et al. A novel normalized cross- correlation based echo- path change detector. 2007 IEEE Region 5 Technical Conference, TPS, 2007: 249-251.

[141] Shi K, Ma X L, Zhou G T. A double-talk detector based on generalized mutual information for stereophonic acoustic echo cancellation systems with nonlinearity. Conference Record - Asilomar Conference on Signals, Systems and Computers, 2008: 2161-2164.

[142] Shaw S, Hsiao Y. A quasilinear wide-range radiometer amplifier implemented with correlated phase-sensitive detection. Review of Scientific Instruments, 1999, 70 (5): 2533-2536.

[143] Tapson J. Mixed signal phase sensitive detection. 2010 IEEE International Symposium on Circuits and Systems: Nano-Bio Circuit Fabrics and Systems, 2010: 1292-1295.

[144] Mathew G, Farhang-Boroujeny B, Ng C. Design of analog equalizers for partial response detection in magnetic recording. IEEE Transactions on Magnetics, 2000, 36 (4 II): 2098-2108.

[145] Frigo F, Collick B, Frigo L, et al. Method and apparatus of MR data acquisition using ensemble sampling: United States, US 6, 564, 081. 2003.

[146] 戴逸松, 石要武. 测量 nV 正弦电压的互功率谱方法. 电工技术学报, 1992, 2: 38-42.

[147] 李星辰. 正弦弱信号的自适应检测方法的研究. 重庆: 重庆大学硕士学位论文, 2009.

[148] Takeda K. A highly integrated FPGA-based nuclear magnetic resonance spectrometer. Review of Scientific Instruments, 2007, 78: 033103.

[149] 胡广书. 数字信号处理. 北京: 清华大学出版社, 2003.

[150] 罗晓晖. 双高斯差模型的低层次视觉尺度要素检测研究. 重庆: 重庆大学博士学位论文, 2002.

[151] 胡海涛, 肖立志. 电缆 NMR 测井仪探测特性研究. 波谱学杂志, 2010, 27 (4): 572-583.

[152] 胡海涛, 肖立志, 吴锡令. 一种评价 NMR 测井仪探测特性的方法. 波谱学杂志, 2011, 28 (1): 76-83.

[153] 李新, 肖立志, 胡海涛. 随钻 NMR 测井仪探测特性研究. 波谱学杂志, 2011, 28 (1): 84-92.

[154] 吴保松, 肖立志. 井下 NMR 流体分析实验室及其应用. 波谱学杂志, 2011, 28 (2): 228-236.

[155] 杨福生. 小波变换的工程分析与应用. 北京: 机械工业出版社, 1999.

[156] Mallat S. A wavelet tour of signal processing. Burlington: Elsevier Science, 2009.

[157] Mallat S. A theory for multiresolution signal decomposition: the wavelet representation. IEEE TPAMI, 1989, 11 (7): 674-693.

[158] 杨兴明, 吴永忠, 孙锐, 等. 基于小波多分辨率分析和新的阈值自适应的信号去噪. 合肥工业大学学报 (自然科学版), 2007, 30 (12): 1580-1584.

[159] Xu Y S, Weaver J B, Healy D M, et al. Wavelet transform domain filters: a spatially selective noise filtration technique. IEEE Transactions on Image Processing, 1994, 3 (6): 747-758.

[160] Donoho D L, Johnstone I M. Ideal spatial adaptation via wavelet shrinkage. Biometrika, 1994, 81 (12): 425-455.

[161] Donoho D L, Johnstone I M. Adapting to unknown smoothness via wavelet shrinkage. Journal of the American Statistical Association, 1995, 90: 1200-1224.

[162] Donoho D L, Johnstone I M. Wavelet shrinkage: asymptopia ? Journal of the Royal Statistical Society Series B, 1995, 57 (2): 301-369.

[163] Donoho D L, Mallat S, Sachs R V. Estimating covariances of locally stationary processes: consistence of best basis methods. In Proc. of Time- Freq. and Time- Scale Symp. , 1996: 337-340.

[164] Song G X, Zhao R Z. Three novel models of threshold estimator for wavelet coefficients. 2nd International Conference on Wavelet Analysis and Its Applications, 2001: 145-150.

[165] 张旭东, 詹毅, 马永琴. 不同信号的小波变换去噪方法. 石油地球物理勘探, 2007, 42 (增刊), 118-123.

[166] 潘泉, 张磊, 孟晋丽, 等. 小波滤波方法及应用. 北京: 清华大学出版社, 2005.

[167] Lang M, Guo H, Odegard J, et al. Noise reduction using an undecimated discrete wavelet transform. IEEE Signal Processing Letters, 1996, 3 (1): 10-12.

[168] 吴冬梅. 小波基下的多分辨率 SURE 阈值信号估计. 西安科技大学学报, 2005, 25 (3): 345-348.

[169] 王希武, 董光波, 谢桂海, 等. 基于小波变换的 NMR FID 信号的去噪方法研究. 核电子学与探测技术, 2008, 28 (2): 365-370.

[170] Handa S, Domalain T, Kose K. Single- chip pulse programmer for magnetic resonance imaging using a 32-bit microcontroller. Review of scientific instruments, 2007, 78: 084705.

[171] Takeda K. OPENCORE NMR: Open- source core modules for implementing an integrated FPGA- based NMR spectrometer. Journal of Magnetic Resonance, 2008, 192 (2): 218-229.

[172] Takeda K. A highly integrated FPGA-based nuclear magnetic resonance spectrometer. Review of scientific instruments, 2007, 78: 033103.

[173] http: //kuchem. kyoto- u. ac. jp/bun/indiv/takezo/opencorenmr/index. html.

[174] Belmonte S, Sarthour R, Oliveira I, et al. A field- programmable gate- array- based high-resolution pulse programmer. Measurement Science and Technology, 2003, 14: N1-N4.

[175] 陈楠, 陈杰华, 胡鹏, 等. 基于 FPGA 的 NMR 数字化发射机. 波谱学杂志, 2008, 25 (2): 243-249.

[176] 肖亮, 汤伟男, 王为民. 基于单片 FPGA 的磁共振成像梯度计算模块. 波谱学杂志, 2010, 27 (2): 163-171.

[177] Carr H, Purcell E. Effects of diffusion on free precession in nuclear magnetic resonance experiments. Physical Review, 1954, 94 (1): 630-638.

[178] Meiboom S, Gill D. Modified spin- echo method for measuring nuclear relaxation time. Review of Scientific Instruments, 1958, 29: 688-691.

附录 A   NLMS 算 法

由第 21 章 21.2.3 节的推导可知，自适应算法的最优维纳解为

$$w_0 = R^{-1}p \tag{A.1}$$

其中，

$$R = E \left[x(n) \; x^T(n) \right]; \quad p = E \left[d(n) \; x(n) \right] \tag{A.2}$$

利用最陡下降法搜索式（A.1）的解，可表示为

$$w(n+1) = w(n) - \mu \hat{g}_w(n) = w(n) + 2\mu \left[\hat{p}(n) - R(n) \; w(n) \right] \tag{A.3}$$

式中，$n = 0, 1, 2, \cdots, L-1$，L 为滤波器的阶数；$\hat{g}_w(k)$ 为滤波器系数的梯度向量的估计；$\hat{p}(k)$ 和 $\hat{R}(k)$ 分别为向量 $\boldsymbol{p}$ 和矩阵 $\boldsymbol{R}$ 的估计值，且

$$\hat{p}(n) = x(n) \; x^T(n); \qquad \hat{R}(n) = d(n) \; x(n) \tag{A.4}$$

利用最陡下降法得到梯度的估计值为

$$\begin{aligned}
\hat{g}_w(n) &= -2d(n) \; x(n) + 2x(n) \; x^T(n) \; w(n) \\
&= 2x(n) \left[-d(n) + x^T(n) \; w(n) \right] \\
&= -2e(n) \; x(n)
\end{aligned} \tag{A.5}$$

若用瞬时平方误差来代替 MSE，并对其微分，则有

$$\begin{aligned}
\frac{\partial e^2(n)}{\partial w} &= \left[2e(n) \frac{\partial e(n)}{\partial w_0(n)} 2e(k) \frac{\partial e(n)}{\partial w_1(n)} \cdots 2e(n) \frac{\partial e(n)}{\partial w_N(n)} \right]^T \\
&= -2e(n) \; x(n) \\
&= \hat{g}_w(n)
\end{aligned} \tag{A.6}$$

而滤波器系数的更新公式为

$$w(n+1) = w(n) + 2\mu e(n) \; x(n) \tag{A.7}$$

由式（A.7）可知，LMS 算法中滤波器系数更新时每次迭代需要 $L+2$ 次乘法，误差信号的计算需要 $L+1$ 次乘法，因此 LMS 算法的复杂度主要来自于乘法运算以及每次迭代更新滤波器系数的计算，计算量比较大。为了减少 LMS 算法的计算量，提高算法的收敛速度，采用可变步长因子使得瞬时误差快速达到输出误差最小化。此时，滤波器系数的更新公式可以表示为

$$w(n+1) = w(n) + 2\mu e(n) \; x(n) = w(n) + \Delta \hat{w}(n) \tag{A.8}$$

瞬时平方误差为

$$e^2(n) = d^2(n) + w^T(n)x(n)x^T(n)w(n) - 2d(n)w^T(n)x(n) \tag{A.9}$$

其平方误差为

$$\hat{e}^2(n) = e^2(n) + 2\Delta\hat{w}(n)\,x(n)\,x^T(n)\,w(n) + \Delta\hat{w}(n)\,x(n)\,x^T(n)\,\Delta\hat{w}(n)$$
$$- 2d(n)\,\Delta\hat{w}(n)\,x(n) \tag{A.10}$$

而平方误差与瞬时平方误差的差 $\Delta e^2(n)$ 为

$$\Delta e^2(n) = \hat{e}^2(n) - e^2(n)$$
$$= -2\Delta\hat{w}(n)\,x(n)\,e(n) + \Delta\hat{w}(n)\,x(n)\,x^T(n)\,\Delta\hat{w}(n) \tag{A.11}$$

若选取合适的步长因子使得 $\Delta e^2(n)$ 达到最小化（为负值），同时令

$$\Delta\hat{w}(n) = 2\mu e(n)\,x(n) \tag{A.12}$$

则式（A.11）为

$$\Delta e^2(n) = -4\mu e^2(n)\,x^T(n)\,x(n) + 4\mu^2 e^2(n)\,[x^T(n)\,x(n)]^2 \tag{A.13}$$

为了使 $\Delta e^2(n)$ 能得到最小值，令

$$\frac{\partial e^2(n)}{\partial\mu} = 0 \tag{A.14}$$

求取式（A.14）偏微分方程，则有

$$\mu_{\text{NLMS}} = \frac{1}{2x^T(n)\,x(n)} \tag{A.15}$$

通过式（A.15）可以使得 $\Delta e^2(n)$ 取得最小值。同时，LMS 算法滤波器系数的更新公式变为

$$w(n+1) = w(n) + \frac{e(n)\,x(n)}{x^T(n)\,x(n)} \tag{A.16}$$

　　为了控制失调对滤波器系数的影响和避免在 $x^T(n)\,x(n)$ 很小时计算出过大的步长，需要引入一个很小的失调因子 b，滤波器系数的更新公式变为

$$w(n+1) = w(n) + \frac{\mu_{\text{NLMS}}e(n)\,x(n)}{b + x^T(n)\,x(n)} \tag{A.17}$$

式（A.17）为 NLMS 算法的滤波器系数更新公式。

附录 B AP 算 法

如果输入信号具有一定的相关性，AP 算法则为另一种提高自适应算法收敛速度的方法。AP 算法通过重复利用过去的数据来提高滤波算法的收敛速度，其计算复杂度主要与重复利用的数据的个数有关。为了减小计算复杂度，利用步长因子实现算法失调和收敛速度的折中。

为了更好地理解 AP 算法，假设有 M 维的滤波器系数空间 π（n–1）和估计的滤波器系数空间 π（n），输入向量 A（n）和 A（n–1）的夹角为 θ，这个角度也是两个空间的夹角，如图 B.1 所示。其中 $\pi_{n-1} \cap \pi_n$ 为两个空间的交集。

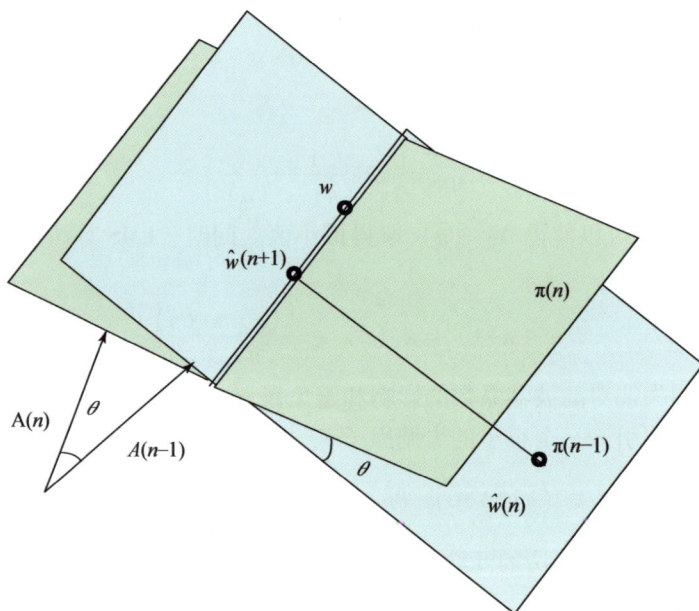

图 B.1 AP 算法示意图

由图 B.1 可知，当夹角 θ 为 ±90°时，算法的收敛速度最快；而当 θ 为 0 或 180°时，算法的收敛速度最慢。将最后的 M+1 个输入信号写为

$$X_{\mathrm{AP}}(n) = \left[A(n),\ A(n-1),\ \cdots,\ A(n-M)\right]$$

$$= \begin{bmatrix} x(n) & x(n-1) & \cdots & x(n-M) \\ x(n-1) & x(n-2) & \cdots & x(n-M-1) \\ \cdots & \cdots & \cdots & \cdots \\ x(n-N) & x(n-N-1) & \cdots & x(n-M-N) \end{bmatrix} \tag{B.1}$$

则原输入信号变为一个 $N{\times}M$ 的矩阵。定义第 n 次迭代的滤波器输出 $y_{\mathrm{AP}}(n)$、期望信号 $d_{\mathrm{AP}}(n)$ 及误差输出 $e_{\mathrm{AP}}(n)$ 为

$$y_{\mathrm{AP}}(n) = \begin{bmatrix} y_0(n) \\ y_1(n) \\ \cdots \\ y_M(n) \end{bmatrix} = X_{\mathrm{AP}}^{\mathrm{T}}(n)\ \hat{w}(n) \tag{B.2}$$

$$d_{\mathrm{AP}}(n) = \begin{bmatrix} d(n) \\ d(n-1) \\ \cdots \\ d(n-M) \end{bmatrix} \tag{B.3}$$

$$e_{\mathrm{AP}}(n) = \begin{bmatrix} d(n)-y_0(n) \\ d(n-1)-y_1(n) \\ \cdots \\ d(n-M)-y_M(n) \end{bmatrix} = d_{\mathrm{AP}}(n)-y_{\mathrm{AP}}(n) \tag{B.4}$$

定义滤波器向量系数 $\hat{w}(n+1)$ 与 $\hat{w}(n)$ 的差为 $\Delta\hat{w}(n+1)$，即

$$\Delta\hat{w}(n+1) = \hat{w}(n+1)-\hat{w}(n) \tag{B.5}$$

为了使得滤波器系数 $\hat{w}(n+1)$ 与 $\hat{w}(n)$ 尽量接近，转化为求取式（B.5）的最小化：

$$\min\left\{\frac{1}{2}\parallel\hat{w}(n+1)-\hat{w}(n)\parallel^2\right\} \tag{B.6}$$

其约束条件为

$$d_{\mathrm{AP}}(n)-X_{\mathrm{AP}}(n)\ \hat{w}(n+1) = 0 \tag{B.7}$$

采用 Lagrange 乘子法将上述约束最小的求解转化为无约束条件的求解，定义 Lagrange 算子 $\lambda_{\mathrm{AP}}(n)$ 为

$$\lambda_{\mathrm{AP}}^{\mathrm{T}}(n) = \left[\lambda_0,\ \lambda_1,\ \cdots,\ \lambda_{N-1}\right] \tag{B.8}$$

式（B.6）的求解转化为

$$Q(n) = \frac{1}{2}\parallel\hat{w}(n+1)-\hat{w}(n)\parallel^2 + \lambda_{\mathrm{AP}}(n)\left[d_{\mathrm{AP}}(n)-X_{\mathrm{AP}}^{\mathrm{T}}(n)\ \hat{w}(n+1)\right]$$

$$\tag{B.9}$$

为了使得 $Q(n)$ 的梯度为零, 对该函数求偏导并令该微分方程为零:

$$\frac{\partial Q(n)}{\partial w(n+1)} = 0 \tag{B.10}$$

该微分方程的解为

$$\hat{w}(n+1) = \hat{w}(n) + X_{AP}(n) \lambda_{AP}(n) \tag{B.11}$$

将式 (B.11) 带入 (B.7), 有

$$X_{AP}^{T}(n) X_{AP}(n) \lambda_{AP}(n) = d_{AP}(n) - X_{AP}^{T}(n) \hat{w}(n) = e_{AP}(n) \tag{B.12}$$

根据式 (B.12) 求解出 Lagrange 算子 $\lambda_{AP}(n)$:

$$\lambda_{AP}(n) = [X_{AP}^{T}(n) X_{AP}(n)]^{-1} e_{AP}(n) \tag{B.13}$$

将式 (B.13) 代入式 (B.11) 中, 引入步长因子 μ_{AP} 来折中失调误差与收敛速度的矛盾, 式 (B.11) 改写为

$$\hat{w}(n+1) = \hat{w}(n) + \mu_{AP} X_{AP}(n) [X_{AP}^{T}(n) X_{AP}(n) + bI]^{-1} e_{AP}(n) \tag{B.14}$$

式 (B.14) 为 AP 算法的自适应滤波器系数更新公式。式中引入了很小的常量 b 作为失调因子, 避免矩阵 $X_{AP}^{T}(n) X_{AP}(n)$ 求逆中的数值问题。

附录 C   Mallat 算 法

1986 年，Mallat 结合多分辨分析和小波分析理论提出了著名的 Mallat 算法[156]。其中多分辨分析是建立在尺度函数 $\phi(x)$ 上的，尺度函数定义为

$$\phi(x) = \sum_k p_k \phi(2x - k) \tag{C.1}$$

$$p_k = 2 \int_{-\infty}^{+\infty} \phi(x) \overline{\phi(2x - k)} \, dx \tag{C.2}$$

将 $2^{j-1}x - n$ 代入式（C.1）中，可得

$$\phi(2^{j-1}x - n) = \sum_k p_{k-2n} \phi(2^j x - n) \tag{C.3}$$

$$\phi_{j-1, n} = \frac{1}{\sqrt{2}} \sum_k p_{k-2n} \phi_{j, k} \tag{C.4}$$

其中，

$$\phi_{j,k} = 2^{j/2} \phi \ (2^j x - k) \tag{C.5}$$

令 W_j 是由小波函数 $\phi \ (2^j x - k)$ 张成，小波函数为

$$\phi(x) = \sum_k (-1)^k \overline{p}_{1-k} \phi(2x - k) \tag{C.6}$$

而 $W_j \subset V_{j+1}$ 是 V_{j+1} 中 V_j 的正交余，W_{j-1} 是 $V_{j-1} \in V_j$ 的正交余，因此

$$\begin{aligned} V_j &= W_{j-1} \oplus V_{j-1} \\ &= W_{j-1} \oplus W_{j-2} \oplus V_{j-2} \\ &\cdots \\ &= W_{j-1} \oplus W_{j-2} \oplus \cdots \oplus W_0 \oplus V_0 \end{aligned} \tag{C.7}$$

将 $2^j x - n$ 代替式（C.6）中的 x，则有

$$\phi(2^j x - n) = 2^{-(j+1)/2} \sum_k (-1)^k \overline{p}_{1-k+2n} \phi_{j+1, k} \tag{C.8}$$

$$\phi_{j, n} = 2^{j/2} \phi(2^j x - n) = 2^{-1/2} \sum_k (-1)^k \overline{p}_{1-k+2n} \phi_{j+1, k} \tag{C.9}$$

设信号 x 可以由空间 V_j 中的信号 x_j 逼近，即

$$x \approx x_j \in V_j \tag{C.10}$$

则信号 x 可以表示为

$$x = \sum_k < x, \ \phi_{j, k} > \phi_{j, k} \tag{C.11}$$

根据式（C.6）~式（C.9），信号 x 还可以表示为

$$x = \sum_k < x, \phi_{j-1,k} > \phi_{j-1,k} + \sum_k < x, \phi_{j-1,k} > \phi_{j-1,k} \qquad (C.12)$$

式（C.12）将信号 x 分解为标准正交基 $\phi_{j-1,k} \cup \phi_{j-1,k}$ 上的系数 $<x, \phi_{j-1,k}>$ 和 $<x, \phi_{j-1,k}>$，且

$$< x, \phi_{j-1,k} > = 2^{-1/2} \sum_k \bar{p}_{k-2n} < x, \phi_{j,k} > \qquad (C.13)$$

$$< x, \phi_{j-1,k} > = 2^{-1/2} \sum_k (-1)^k p_{1-k+2n} < x, \phi_{j,k} > \qquad (C.14)$$

$$\phi_{j,k} = 2^{-1/2} \sum_n \bar{p}_{k-2n} \phi_{j-1,n} + 2^{-1/2} \sum_n (-1)^k p_{1-k+2n} \phi_{j-1,n} \qquad (C.15)$$

式（C.13）和式（C.14）为小波分解公式。而小波重构是小波分解的逆过程，小波重构公式为

$$< x, \phi_{j,k} > = 2^{-1/2} \sum_n p_{k-2n} < x, \phi_{j-1,n} > + 2^{-1/2} \sum_n (-1)^k \bar{p}_{1-k+2n} < x, \phi_{j-1,n} >$$

$$(C.16)$$

令

$$a_k^j = 2^{j/2} < x, \phi_{j,k} >, \quad b_k^j = 2^{j/2} < x, \phi_{j,k} > \qquad (C.17)$$

则式（C.12）、式（C.13）、式（C.14）和式（C.15）可以改写为

$$x = \sum_k a_k^{j-1} \phi(2^{j-1}t - k) + \sum_k b_k^{j-1} \phi(2^{j-1}t - k) \qquad (C.18)$$

$$a_n^{j-1} = \frac{1}{2} \sum_k \bar{p}_{k-2n} a_k^j, \quad b_n^{j-1} = \frac{1}{2} \sum_k (-1)^k p_{1-k+2n} a_k^j \qquad (C.19)$$

$$a_k^j = \sum_n p_{k-2n} a_n^{j-1} + \sum_n (-1)^k \bar{p}_{1-k+2n} b_n^{j-1} \qquad (C.20)$$

而 a_k^j 称为近似系数；b_k^j 称为细节系数。

设序列 $\bar{h}$ 和 $\bar{g}$ 分别为低通滤波器和高通滤波器的响应：

$$\bar{h}_k = 2^{-1} \bar{p}_{-k}, \quad \bar{g}_k = 2^{-1}(-1)^k p_{k+1} \qquad (C.21)$$

由式（C.19）可得

$$a^{j-1} = D(\bar{h} \cdot a^j), \quad b^{j-1} = D(\bar{g} \cdot b^j) \qquad (C.22)$$

$D(\ )$ 表示隔点采样。式（C.22）可以一直分解下去，直至所有样本点不能分解，分解后得到系数集：

$$\{a_k^{j-n}, b_k^{j-n}, \cdots, b_k^{j-1}\} \qquad (C.23)$$

以上为小波分解的公式推导。而小波重构时，设序列 h 和 g 为

$$h_k = p_k, \quad g_k = (-1)^k \bar{p}_{1-k} \qquad (C.24)$$

由式（C.20）可得

$$a^j = h \cdot [R(a^{j-1})] + g \cdot [R(b^{j-1})] \qquad (C.25)$$

R（）表示隔点插零；h 和 g 分别为低通滤波器和高通滤波器；a^0 为重构后的新信号。根据 Mallat 的推导，在小波分解和小波重构的过程中，分解滤波器 $\bar{h}$、$\bar{g}$ 和重构滤波器 h 和 g 起着非常重要的作用。通过滤波器进行分解和重构的示意图可参见 24.1.2 节。

后　记

　　我在 1982 年 3 月大学本科毕业设计时进入井下核磁共振领域。在高守双教授的指导下，对地磁场核磁共振测井以及 Jasper Jackson 利用人工磁场的 "Inside-out" 方法做了系统调研和文献综述，并利用国产连续波核磁共振谱仪，建立了测量岩石孔隙度的方法。以此为起点，开始了我迄今为止超过 33 年对井下核磁共振的学习和探索之路。

　　我对核磁共振的兴趣于 1991—1995 年在中国科学院武汉物理与数学研究所攻读博士学位时被进一步激发。在叶朝辉院士和杜有如教授及波谱与原子分子物理国家重点实验室多位杰出科学家的鼓励教导下，在 Jasper Jackson 博士、Eiichi Fukushima 博士等的热情帮助下，我更加坚定地把自己定位在井下极端环境核磁共振方向上。我认为，这个方向不仅极具挑战，而且还非常有趣！

　　1996 年我获得英国皇家学会资助进入诺丁汉大学化学系跟随 Ken Packer 教授（FRS，皇家学会会员）学习，不久后在伦敦受聘到美国 Western Atlas，使我真正接触井下核磁共振的国际前沿。而 1997—2002 年在美国 NUMAR/Halliburton 休斯顿技术中心工作期间与 George Coates 等专家为伴，使我体会到已经在国际前沿耕耘。

　　2003 年我加入中国石油大学，希望在中国进一步发展井下核磁共振技术。中石油、中海油、中石化、科技部、国家外国专家局，以及特别是国家自然科学基金委员会，给予了大力支持。在过去的近 13 年时间里，从井下核磁共振适应性、资料处理与解释应用、脉冲序列与正反演方法，到科学仪器关键技术及系统装置的研制，我走过了从 40 ~ 53 岁的黄金岁月。

　　在本书出版之际，除了要衷心感谢工业界的众多合作者，我还要特别感谢我的同事和学生们。Vladimir Anferov 和 Sophia Anferova 于 2008 年起从德国来到我的实验室，协助我指导学生和研发仪器。博士生谢然红（现为教授、博士生导师）、付建伟（高级工程师）、廖广志（副教授），一直在我的团队起到核心支撑作用。博士生胡发龙（中石油）、胡海涛（中石油）、李新（中石化）、于慧俊（德国）、傅少庆（中石油）、谢庆明（重庆市）、吴保松（美国）、邓峰（中石油）、刘化冰（新西兰）以及硕士生安天琳（壳牌石油）、张宗富（斯伦贝谢）、刘双惠（雪佛龙石油）、郭宝鑫（德国）、朱万里（中石油）、黄科（中石油）等，纷纷以井下核磁共振科学仪器的关键技术为目标，进行深入探索和论文研究。特别是胡海涛、于慧俊、傅少庆、谢庆明四位博士生在本实验室前期工作基础上完成的研究为本书提供了直接素材。没有他们的出色工作，不可能有这些成果问世。Bernhard Blumich、Bruce Balcom、Boqin Sun、Yiqiao Song 等在不同阶段对我的研究提供了重要帮助，在此一并致谢。

本书是我们这些年对井下极端环境核磁共振科学仪器探索的一个小结，由国家自然科学基金国家重大科研仪器研制项目"极端环境核磁共振科学仪器研制"（编号：21427812）和重点项目"复杂油气藏核磁共振测井新理论与新方法研究"（编号：41130417）及中国石油大学（北京）学术专著出版基金资助出版。本书的贡献者还有胡海涛、于慧俊、傅少庆、谢庆明，他们四位是本书的共同作者。尽管我们对书中内容的正确性做了很大的努力，但由于水平有限，书中谬误和遗漏之处难免，恳请海涵和批评指正。

肖立志
2016 年 1 月